オウムインコ類マニュアル

《第二版》

翻訳者(翻訳順)：

福士　秀人

山口　剛士

坂田　明子

今川　智敬

楠田　哲士

山田　麻紀

西飯　直仁

水上　昌也

牧野　幾子

学窓社

BSAVA Manual of Psittacine Birds

Second edition

Editors:
Nigel Harcourt-Brown
BVSc DipECAMS FRCVS
30 Crab Lane, Harrogate, North Yorkshire HG1 3BE
and
John Chitty
BVetMed CertZooMed MRCVS
Strathmore Veterinary Clinic, 6 London Road,
Andover, Hants SP10 2PH

Published by:

British Small Animal Veterinary Association
Woodrow House, 1 Telford Way, Waterwells
Business Park, Quedgeley, Gloucester GL2 2AB

A Company Limited by Guarantee in England.
Registered Company No. 2837793
Registered as a Charity.

A catalogue record for this book is available from the British Library.

ISBN 0 905214 76 5

The publishers and contributors cannot take responsibility for information provided on dosages and methods of application of drugs mentioned in this publication. Details of this kind must be verified by individual users from the appropriate literature.

Typeset by Fusion Design, Wareham, Dorset, UK
Printed by Replika Press Pvt. Ltd., India

目　次

第４部　臨床的な症候群

第５部　法　律

著者一覧

J R Best BVSc MRCVS
Quantock View, Steart, Somerset, TA5 2PX

John Chitty BVetMed CertZooMed MRCVS
Strathmore Veterinary Clinic, 6 London Road, Andover, Hants, SP10 2PH

Brian H Coles BVSc DipECAMS Hon. FRCVS
4 Dorfold Way, Upton, Chester, Cheshire, CH2 1QS

Martine De Wit DVM
White Oak Conservation Center, 581705 White Oak Road, Yulee, FL 32097, USA

Gerry M. Dorrestein DVM PhD DipVet Pathology Hon Memb ECAMS
Department of Pathobiology, Section Pet Avian, Exotic Animals and Wildlife, Utrecht University, Yalelaan 1, 3584 CL Utrecht, Netherlands

Thomas M. Edling DVM MSpVM
PETCO Animal Supplies Inc., San Diego, CA 92121, USA

Neil A. Forbes BVetMed CBiol MIBiol DipECAMS FRCVS
RCVS Recognised Specialist in Zoo Animal and Wildlife Medicine
Great Western Referrals, Unit 10, Berkshire House, County Park Business Park, Shrivenham Road, Swindon, Wilts, SN1 2NR

Simon J Girling BVMS(Hons)DZonnMed CBiol MiBiol MRCVS
RCVS Recognised Specialist In Zoo Animal and Wildlife Medicine
Cambusbarron, Stirlingshire

Nigel H. Harcourt-Brown BVSc DipECAMS FRCVS
30 Crab Lane, Harrogate, North Yorkshire, HG1 3BE

Alan Jones BVetMed MRCVS
The Cottage, Turners Hill Road, Worth, Crawley, West Sussex, RH10 4LY

Alistair M Lawrie BVMS MRCVS
The Lawrie Veterinary Group, 25 Griffiths Street, Falkirk, FK1 5QY

Michael Lierz Dr med vet MRCVS
Institute for Poultry Diseases, Freie Universität Berlin, Koenigsweg 63, 14163 Berlin, Germany

Deborah Monks BVSc(Hons)MACVSc CertZooMed MRCVS
Great Western Referrals, Unit 10, Berkshire House, County Park Business Park, Shrivenham Road, Swindon, Wilts, SN1 2NR

Aidan Raftery MVB CertZooMed CBiol MiBiol MRCVS
Avian and Exotic Animal Clinic, 221 Upper Chorlton Road, Manchester, M16 0DE

Ron Rees Davies BVSc CertZooMed MRCVS
The Exotic Centre, 12 Fitzilian Avenue, Harold Wood, Romford, Essex, RM3 0QS

April Romagnano PhD DVM DipABVP(Avian)
5500 Military Trail, 40, Jupiter, FL 33458, USA

Peter W. Scott MSc BVSc FRCVS
RCVS Specialist in Zoo Animal and Wildlife Medicine
Vetark Professional, PO Box 60, Winchester, SO23 9XN

Michael D. Stanford BVSc MRCVS
Birch Heath Veterinary Clinic, Birch Heath Road, Tarporley, Cheshire, CW6 9UU

Thomas N. Tully, Jr DVM MS DipABVP(Avian)DipECAMS
School of Veterinary Medicine, Louisiana State University, Baton Rouge, LA 70803-8410, USA

Kenneth R. Welle DVM DipABVP(Avian)
All Creatures Animal Hospital, 708 Killarney, Urbana, IL 61801, USA

翻訳者一覧

翻訳者（翻訳順）

福士　秀人　（岐阜大学理事・副学長）
山口　剛士　（鳥取大学農学部獣医衛生学教授）
坂田　明子　（獣医師）
今川　智敬　（鳥取大学農学部獣医画像診断学教授）
楠田　哲士　（岐阜大学応用生物科学部動物保全繁殖学准教授）
山田　麻紀　（獣医師）
西飯　直仁　（岐阜大学応用生物科学部獣医内科学准教授）
水上　昌也　（水上犬猫鳥の病院院長）
牧野　幾子　（ふじさわアビアン・クリニック院長）

はじめに

このマニュアルの初版が1996年に出版されて以来，オウムインコ類の内科学・外科学には多大な進歩があり，今回の第二版は全面的にこの新しい情報に対応している．一般診療における臨床獣医師向けに企画されたものであるが，このマニュアルは動物園獣医学における一層の研鑽をしようとする人たちやさらに深く学ぼうとする人たちにとっても非常に役立つはずである．

第1部では一般によく飼育されている鳥種に関する同定，取り扱い，解剖学および生理学を扱っている．第2部では臨床例への対応に関する助言に向かい適切な診断法を記述する．第3部では硬部組織および軟部組織の外科学を取り扱っている．第4部は臨床的な症候群への系統的な取り組みおよびそれらの管理を扱っている．この部における1章はオカメインコとセキセイインコの一般診療においてよく見られる問題に焦点をあてており，臨床現場でしばしば問題となる予算的な抑制を考慮した処置法に関する助言を与えている．

最後の第5部では人獣共通感染症，貿易および同定方法を含む法的規制および愛玩鳥の飼育に関する倫理について読者の注意を喚起している．

マニュアル全体をとおして，形式や相互参照が素早くでき，さらに情報にたやすく辿り着けるように構成されている．写真や挿画はたぐいまれな品質である．

編者ならびに筆者はこの総括的なマニュアルを完成させることができ喜びにたえない．オウム類の臨床例は一般臨床医にとって毎日あるわけではないが，それらの症例に遭遇した時には取り組みがいのあるものである．このマニュアルは改善された看護と治療のための真の基盤を与える．

常ではあるが，BSAVA マニュアルライブラリーに秀でた新たな一冊を加えることができることに対し出版委員会ならびに Woodrow House の編集部に感謝の意を表する．

Ian Mason BVetMed PhD CertSAD DipECVD MRCVS
BSAVA President 2004-2005

序　文

このマニュアルの本来の目的は一般臨床医のためのオウムインコ類の内科学および外科学である．一方，このテーマについてより深く学ぼうとする人たちのために入門教科書としても使える．1996年に以前の版が出版されて以来，オウムインコ類の獣医学において多大な進展があり，前書と本書における違いとして反映されている．

野生下や飼育下のオウムの健康状態を理解することなしに病鳥を的確に診断し治療することはできない．はじめの3章では読者がこの定法を得られるように努めている．栄養，行動および繁殖に関しては章ごとに正常状態を異常所見とともに考察している．

多くのオウムインコ類の病鳥は非常に重篤か危篤な状態で来院する．本書の第2部では，病鳥の保定や検査に関する臨床情報および臨床検体の採材について，病鳥の初期安定化および入院についても合わせ，考察している．引き続く各章は麻酔，外科，全身疾患および個々の臓器ごとの疾患を取り扱っている．これらは全体を読むことも，また，必要に応じ参照することもできるように配慮されている．

一般診療獣医師にとって最もよく見られるオウムインコ類の病鳥は小型の鳥である．小型で経済的に安価であるため，これらの病鳥の検査や治療は困難なものとなっている．我々は，そこで，小型オウムインコ類の病鳥に関する1章を設け，よく見られる徴候や症候群をまとめて記載するとともにこれらの鳥の介護に対する臨床的な取り組み方を示している．

最後の章ではオウム類を所有し販売することに関する法的および倫理的側面とともに人獣共通感染症について考察し獣医師はこれらの話題にどのように関与しているかを記載した．

多くの臨床獣医師にとって病的なオウムの来院は突然であり，予期せぬことである．付録として各種のよく見られる徴候に関する診断的アルゴリズムを提供している．これらは臨床獣医師がアルゴリズムに沿って段階を追った取り組みを行うとともに，さらに情報が必要な時はそれぞれの対応する章を参照できるようになっている．他の有用な付録として薬物の処方，属名および学名の一覧および排泄物に関する図説を含んでいる．

編者2名は一般診療の分野から鳥類の獣医学へと理解を深めていった．我々は本書が実践的で使いやすく，さらに適切なガイドとしてオウムインコ類の獣医学に反映されることを望んでいる．

編者は各章の著者に非常に優れた貢献をしてくれただけでなく出版期限を遵守してくれたことにより編集作業を楽にしてくれたことに感謝する．我々はまたBSAVAのMarion Jowett氏および彼女のチームに対しこのプロジェクトを通して励ましてくれたことにも感謝したい．

最後に，といって最小ということではなく，我々の妻と家族に対し本書の編集に費やした時間を支え，また許容してくれたことに感謝したい．

John Chitty
Nigel H. Harcourt-Brown

2004年12月

翻訳にあたって

この度,『BSAVA オウムインコ類マニュアル《第二版》』の翻訳が出来上がり，出版されることとなりました．このマニュアルの第一版の翻訳は我が国の獣医師の皆様をはじめ，オウムインコ類の愛好家など多くの方に支持されてきました．今回の第二版は，さらに充実した内容となっており，第一版に引き続いて，関係の方々にとって重要な書となることと思います．

特に，実用性に富んだ内容であることが，第二版の特徴となっております．同じ伴侶動物であっても，オウムインコ類を含む鳥類は哺乳類にはないさまざまな特徴を持っています．第二版では，これらの特徴やその特徴に起因する疾病をより実践的に理解することができるようになっております．第一版と同様，座右の書としてご活用いただけることを確信しております．

発刊に至るまでにはさまざまな困難がありましたが，鳥取大学の山口教授ならびに我が国の鳥類獣医学をリードする先生方のご尽力により，この書が出来上がりました．この場を借りて，翻訳を分担いただいた皆様に心より感謝申し上げます．

最後になりましたが，この書は 山口啓子様はじめ学窓社の皆様のお力添えなしには成し得ませんでした．翻訳者を代表して感謝の意を表します．

平成28年5月吉日

福士秀人

1

種と自然史

Brain H. Coles

序論および総論

オウムインコ類は84属，353種に分類されている．オウムインコ類は大きな頭部と力強い湾曲した嘴という固有の特徴を持っており，他のいかなる系統の鳥類とも関連のない古い系統の鳥である．頸部は短く対趾足を持つ，すなわち第二趾と第三趾は前方に，第一趾と第四趾は後方に位置する．このような構造に加え嘴が第三の手として動くため樹上で機敏に活動することが可能で，摂食中に逆さまにぶら下がることもある．

オウムインコ類は旧世界(東半球，またはヨーロッパ大陸)で進化したと考えられるが，最も古い化石が発見されたオーストラリアで進化した可能性もある．オウムインコ類は6000万年前の暁新世に，インコ科(オウムインコ類の大部分)とオウム科(cockatoos, 5属，18種)という二つの主要な科に分岐した．現在，オウムインコ類の大部分は熱帯や亜熱帯地域に生息しているが，オーストラリアやニュージーランドの温帯地域でも多くの種が発見されており，化石はフランスやカナダ国境を北限とした北米で発見されている．

オウムインコ類の大きさは最大3 kgに及ぶスミレコンゴウインコから10 gほどしかない小型のインコ類にわたる．オーストラリアやアジアに生息する多くのオウムインコ類には性的二型があるが，アフリカや新世界の種では明らかな性差は見られない．

分布，生息および食餌

温帯の森林，サバンナ，低木地帯，半砂漠および熱帯雨林(表1.1)といった生息地に，高度によって異なった種のオウムインコ類が各々の縄張りを形成している．膨大な種類の果実や花を付ける木々が豊富な熱帯雨林(特に新亜熱帯)では，最も多くの種類のオウムインコ類が生息している．

オウムインコ類は全体的に種子を主食としている(表1.1)．そのため，コンゴウインコ類やバタン類の一部やアラゲインコといった例外はあるが，多くのオウムインコ類は果物の外側の果肉部分は食べず栄養価の高い種子を食べようとする．種子を取り出すために，上嘴の下側に果実や木の実を舌で挟みながら下嘴を彫るように動かして殻や果肉を剥き，強い圧力をかけて実を割る(コンゴウインコ類の場合200 psi以上の圧力がかかる)．実を割る過程の間，異なる部位に圧力がかかるように舌で少しずつ実を回転させる．コンゴウインコ類の中には果実を食べることに加え，花や成熟した葉を食べ花蜜を飲むものもいる．コンゴウインコ類は時折，有毒なタンニンを含む可能性のある未熟な果実を摂食することがある．これらの有毒な作用に打ち勝つため川の土手の粘土を摂食し，さらに同時に必要な無機物も摂食している可能性がある．

オウムインコ類には，花蜜や花粉のみを摂食するものがいる．これはヒインコ亜科で「ローリー」や「ロリキート」という名で知られ，「ブラシ状の舌を持つインコ」と呼ばれることもある．これらの鳥は舌が長く，完全に伸長すると表面が直立した毛状の表皮性乳頭で覆われていることがわかる．これにより花粉を擦り取ることが可能になっている．

オウムインコ類の多くは捕食者からより安全な木々の上で摂食するが，落下した果実や種子を地上で探すこともある．セキセイインコのような小型種の中には他のオウムインコ類と異なり多くの時間を地上で過ごすものもいて，餌を掴むために足を使う．動物性の食物は多くのオウムインコ類の食餌において大きな役割を果たさないと思われる．しかしある種の甲虫，昆虫，蛾の幼虫を摂食することもある．またスミレコンゴウインコはリンゴガイ(淡水巻き貝)を食べることがある．しかしオウムインコ類は日和見食性で，とても順応性のある鳥である．ロンドン郊外やイングランドの南部地方では，長年にわたって冬の間餌台での給餌を行っているため，ワカケホンセイインコは生存を助けられ個体数が増加している．世界中の多くの都市でも野生化したこの鳥が庭園や果樹園を訪れ，森林地帯で生息し，あらゆる種類の穀類の農作物を襲う．

注目すべき点は，オウムインコ類は猛禽類のような鉤状の嘴を持っているが口は大きく開かないということである．オウムインコ類は留鳥であるが(季節によ

表 1.1　一般的に飼育されているオウムインコ類(続く)

分類と一般名	全体的な特徴	生息地	食　性	繁　殖		
				産卵数	孵化日数	成熟日数
オウム科(*Cacatuidae*), 6属18種 **バタン類**(Cockatoos) (下のオカメインコ亜科(*Nymphicinae*)も参照) 	• 威嚇するために直立した冠羽を持つ点で他のオウムインコ類と明確に区別できる. 大きさは大型の**ヤシオウム**(1 kg)からオカメインコ(平均90 g)にまで及ぶ. • 大多数の種では全体の羽は基本的に白で, 種に特有の模様がある. • 羽には緑と青がない. • 虹彩は雄が黒, 雌は茶, 未成熟鳥は薄いグレー. • **キバタン**：大型(500～1260 g)と小型(228～315 g)の種がある. • **タイハクオウム**：530～610 g • **オオバタン**：670～800 g	• **ヤシオウム**は主にニューギニアの森林とサバンナ林 • **オーストラリアキバタン**は北, 東, 南オーストラリアの広々した大森林, 森林と農地 • **コバタン**はスラウェシ島と他のインドネシアの島々の林, 森の端, 沿岸の平原 • **タイハクオウム**と**オオバタン**はともにインドネシアのモルッカ島の別々の地域	• **オーストラリアキバタン**は主に樹木で採食する. 種子, 木の実, 果実 • **コバタン**は樹木で菜食する. 果実など. 種子や穀物探しもする. • **オオバタン**は樹木で採食する. 果実, 木の実, 種子 • **タイハクオウム**もオオバタンに似るが, 昆虫も食べる.	• 3～4個(ただし小型の種は最多7個)	• 平均4週間	• 平均8～12週間
オカメインコ亜科 (*Nyphicinae*) **オカメインコ**(Cockatiel) 	• バタンの最小種の代表 • 種の典型は茶色っぽい灰色で, 白い羽の雨覆羽. 雄の額, 冠羽, 頬の斑点, 喉は黄色, 目立つ橙色の耳羽. 雌は冠羽が小さく, 基本的な色合いは同じだが黄色がより少なく, 翼(風切り羽)の裏側に縞模様がある(雄は黒). • 未成熟鳥は性成熟する6カ月まで雌に似る.	• 沿岸地域を除くオーストラリア全域	• 主に地上でイネ科の種子, 果実, ベリー(ヤドリギのものも), 穀物(農業者に有害動物と見なされる)	• 4～7個	• 12～18日	• 平均4～5週間

表 1.1　(続き)一般的に飼育されているオウムインコ類

分類と一般名	全体的な特徴	生息地	食　性	繁　殖		
				産卵数	孵化日数	成熟日数
ヒインコ亜科(*Loriinae*) ※ヒインコ科(*Loriidae*)とされる場合もある(監訳者注)，11属，55種 **ローリー類**(Lories)と**ロリキート類**(Lorikeets) 	• 多くは先が細く長い尾を持つが，中には尾羽がそれほど長くなく，先が丸くなっている種もある． • 多くは中型サイズ(平均20～24 cm)だが，最小は13 cmで最大は42 cm • 大部分は種によって赤，青，黄色の光沢のある明るい羽を持つ． • 最もよく知られているのは**ゴシキセイガイインコ**(額，頭頂部，頬が青く，頭部の下部は黒い．襟が黄色く，胸部は赤に黒の縞模様．腿は黄色に緑の縞模様．上部は緑)	• 東南アジアの群島．種によっては(ゴシキセイガイインコ)はオーストラリアの北部，東部，南部にも生息	• 花粉や果汁を食べるためのブラシ状の舌を持つ．果実，花も食べる．	• 1～5個 • 小型の種は大型種より多く産む傾向がある．	• 23～30日	• 平均42～90日 • 小型の種は大型の種より早く成熟する．
アオハシインコ属(*Cyanoramphus*)，6種(アオハシインコに8亜種) 一般に Kakarikis と呼ばれる． 	• 小型から中型，ややずんぐり，長く尖った尾を持つ． • 全体の羽はほとんど緑，上部は下部より少し濃い． • 全種は外側が青紫の風切り羽を持つ傾向がある．大多数は背尾部の両側に赤い斑点を持つが，多くは頭部にさまざまな赤い模様を持つ． • **キガシラアオハシインコ**は属の中で典型的：赤い蝋膜，黄色い額 • 23～26 cm，50～113 g	• ニュージーランドと近隣の島の多結実する森や雑木林	• 種子，ベリー，新芽，花．無脊椎動物も重要な餌	• 5～9個	• 平均20日	• 平均6週間
ヒラオインコ属(*Platycercus*)，8種 **ヒラオインコ類**(Rosellas) 	• 中型サイズ(25～36 cm，平均100～120 g) • 長く徐々に増加する尾羽．全種は背中にはっきりした斑点または縁取りされた羽が見られる． • 赤，黄色，緑，青紫の種に特有の多様な模様を持つ．	• オーストラリアのさまざまな場所に異なる種が生息	• 主に種子を食べ，多くの時間を地上で食料を探して過ごす．	• 平均4～7個	• 19日	• 13～14週間

表1.1　(続き)一般的に飼育されているオウムインコ類

分類と一般名	全体的な特徴	生息地	食　性	繁　殖		
				産卵数	孵化日数	成熟日数
キキョウインコ属 (*Neophema*)，7種 **キキョウインコ類** (Grass Parakeets) 	• 外形はセキセイインコに似ているがやや大きい(平均20～21 cm，44～61 g)． • 性的二型の傾向がある．特に**ヒムネキキョウインコ**と**キキョウインコ** • **アキクサインコ**(体の上部は茶，腹部はピンク)を除いて，すべて上部は緑の羽に黄色い腹部で体の他の部分に赤，青，黄色の種特有の模様がある．	• さまざまな種がオーストラリアの異なる場所に生息 • **アキクサインコ**と**ヒムネキキョウインコ**は中央オーストラリアの広域に生息	• イネ科や他の植物の種子，果物，実，新芽，小さな昆虫	• 平均 3～5個	• 18～20日	• 平均 30～35日
セキセイインコ属 (*Melopsittacus*)，1種 **セキセイインコ**(Budgerigar) 	• 原種は平均18 cm，30 gだが，多くの飼育の突然変異種はより大きく(26～29 cm)重い(35～85 g)． • 野生では後頭部，頸，体は基本的に黄色く黒の縞模様で咽喉を横切る黒い点の列．腹部は緑がかった黄色．飼育下で繁殖されたさまざまな突然変異の色がある．	• 沿岸から離れたオーストラリアの広域とタスマニア • 生息地は多様性に富み大森林や，森林から開けた草原，穀物，乾燥した雑木林，アカシアが生えた砂漠	• イネ科の種子(大きさ0.5～2.5 mm)，アガサの種子 • 地上またはその付近で食べる．	• 4～6個	• 平均18日	• 平均30日
オオハナインコ属 (*Eclectus*)， **オオハナインコ**(Eclectus Parrot) 1種，9亜種(それらの多くは飼育下で繁殖) 	• がっしりしている(355～615 g)． • 雄は輝く緑，横腹と下部の羽は赤，上嘴は橙色 • 雌は黒い嘴，頭部，背部，尾部は暗い赤，明るい紫の体，尾の先端は黄色(図18-1参照)	• ニューギニア，周辺の島々，オーストラリアの北端 • 標高1000 mより低い森林地帯，草原，さらに公園にも棲む傾向がある．	• 果物，種子，ナッツ，芽，つぼみ	• 2個	• 26日	• 12週間

表1.1 （続き）一般的に飼育されているオウムインコ類

分類と一般名	全体的な特徴	生息地	食　性	繁　殖		
				産卵数	孵化日数	成熟日数
ホンセイインコ属(*Psittacula*)，14種 **ホンセイインコ類**(Ringneck Parakeets) 	• 大きな嘴．体よりも長く次第に細くなる尾羽 • 性的二型 • 雄は通常赤い嘴，頸の周りのよく発達したリングまたはより目立つ頭の色 • **ワカケホンセイインコ**(95～143 g)は1亜種はアフリカ，他はインド．雄は緑にピンクと黒の頸のリング，赤い顎．雌はリングがなく嘴の先端が黒い．飼育下の**ワカケホンセイインコ**には多くの色の多様性がある． • **オオホンセイインコ**はより大きい(200～250 g)：雄はピンクの頸のリング，赤い肩 • **ダルマインコ**(135～170 g)：赤い嘴，灰色の頭，黒い下顎，ピンクの胸，緑の体．雌はこれよりくすんでいる．	• **ホンセイインコ**はサハラ砂漠以南のアフリカ諸国，インド全域，パキスタン．全タイプの落葉樹の生息地 • **オオホンセイインコ**はインドからタイまで；低地の森林と樹木に覆われた地域 • **ダルマインコ**は北インドとインドシナ．落葉樹林	• 果物，種子，花．ほとんどの種が果樹園，耕作地，公園を襲撃 • **ホンセイインコ**はインドで最も有害な動物とみなされている．	• 3～4個	• 22～26日	• 6～8週間
サトウチョウ属(*Loriculus*)，10種 **サトウチョウ類**(Hanging Parrots) 	• ボタンインコ類と近縁で，嘴がより美しく尖っていることを除いて外観がよく似ている．英名(Hanging parrots)は，止まり木に逆さまにぶら下がる習慣から名付けられた． • 大きさは11～16 cm，22～35 g • 全体はほとんど緑．多くの種では尾羽と頭頂部が赤い．赤，青，黄色の種特有の色が入る • 種によっては嘴の色は黒またはオレンジ色	• 東南アジアのさまざまな場所とインド亜大陸 • 大森林と森林	• 果物，ベリー，蜜，種子	• 平均2～4個	• 平均22日	• 平均5週間

表1.1　(続き)一般的に飼育されているオウムインコ類

分類と一般名	全体的な特徴	生息地	食　性	繁　殖		
				産卵数	孵化日数	成熟日数
ボタンインコ属(*Agapomis*)，9種 **ボタンインコ類**(Lovebirds) 最も有名なのは**コザクラインコ**(*Peach-faced Lovebird*)(*A. roseicolis*) 	• 小さくずんぐりして，比較的大きな嘴と短く丸い尾 • ほとんどの種で雌雄差はないが雄はやや大きい傾向がある． • 大きさは15～18 cm，43～63 g • 種特有の表現型．全体は緑の羽，額から眼の真後ろまで，さらに頬と咽喉はローズピンク．背尾部は明るい青 • 飼育されている多くのものは突然変異種(パステルブルーやパイドなど) • サトウチョウとともに，この二つの属のみが巣材集めを雌が行い，羽の間に巣材を挟んで運ぶ．	• サハラ砂漠以南のアフリカ諸国 • 大森林，森林，サバンナ	• 穀物の種子，トウモロコシ，栽培されたヒマワリの種子，果物(イチジク，マンゴー)，芽，葉	• 3～6個	• 平均23日	• 平均43個
ヨウム属(*Psittacus*) **ヨウム**(Grey Parrot) 亜種；**コイネズミヨウム** 	• **ヨウム類**はおそらくオウムの中で最も知られているだろう． • 平均402～490 g • 全体の色はグレーで，眼の周りと背尾部はより明るい．尾は赤，嘴は黒 • 虹彩は成鳥は黄色，3～4カ月までの幼鳥は黒色，4歳齢までに黄色になる． • 亜種の**コイネズミヨウム**は少し小さく(平均350 g)，尾羽は赤でなく栗色，嘴の上部は角色	• 基亜種は中央アフリカのギニア湾から西ケニア，タンザニアにかけて生息． • **コイネズミヨウム**はシエラレオネとコートジボワールに限定される． • 野生の個体が多くのアフリカの都市にいる． • 森林の開拓地の端，森林，サバンナ，沿岸のマングローブ，耕作地	• 種子，イチジク，果実(特に油ヤシの種の周りの果肉部分)	• 2～3個	• 21～30日	• 平均80日
ハネナガインコ属(*Poicephalus*)，9種 最も有名：**ネズミガシラハネナガインコ**(Senegal Parrot)と**ムラクモインコ**(Meyer's Parrot) 	• ずんぐりしていて，短く四角い尾を持つ． • **ネズミガシラハネナガインコ**(21～23cm，120～161g)は背部の羽と頸は緑，胸部と腹部は黄色，灰色の頭 • **ムラクモインコ**の背部は茶褐色，頭頂部と手根関節に黄色の斑点，胸部と腹部は青緑色 • **ムラクモインコ**の虹彩はオレンジ，**ネズミガシラハネナガインコ**は黄色	• サハラ砂漠以南のアフリカ諸国の各地域にさまざまな種が生息 • **ネズミガシラハネナガインコ**は中央および西アフリカ • **ムラクモインコ**は中央および東アフリカ • 両種は森林，サバンナに生息	• 種子，穀物，果物，イチジク，葉の芽	• 平均2～4個	• 平均25～31日	• 平均63日

表 1.1　（続き）一般的に飼育されているオウムインコ類

分類と一般名	全体的な特徴	生息地	食　性	繁　殖		
				産卵数	孵化日数	成熟日数
コンゴウインコ類（Macaws） **コンゴウインコ属**（*Ara*）15 種 **スミレコンゴウインコ属**（*Andorhynchus*）3 種 （**スミレコンゴウインコ**を含む） 	• 長く先端の細い尾を持ち，スマートで優雅な鳥 • 大きさは比較的小型の種（**コミドリコンゴウインコ** 34 cm, 150～180 g）から**スミレコンゴウインコ**（100 cm, 1600 g）や人気のある**ルリコンゴウインコ**（86 cm, 1300 g）にまで及ぶ．ほとんどの種には羽を欠く顔の裸出部がある（果実を食べる時に羽が固まったりしないためだろう）．種によってはこの部分がピンクに染まり，気分で変化する． • 種によって青, 赤, 黄，緑と色はさまざまである．	• アマゾン流域の広い範囲，多くの種は同じ場所に生息 • 標高によって棲み分けているのかもしれない． • 生息地は水没林，拋水林，落葉性の松林，マングローブ湿地	• 種子，果物，ヤシの実，イチジク，葉，花，蜜	• 平均 1～3 個	• 平均 24～30 日（大型種ではより長い）	• 13～14 週間
コニュア類（Conures）：二つの主要な属 **クサビオインコ属**（*Aratinga*）19 種 **ウロコメキシコインコ属**（*Pyrrhura*）18 種 	• すべて小型から中型のサイズ，長い段階的な尾を持つ．**クサビオインコ属**は他の属より大きい（28～37 cm，155～185 g）．全体の羽は緑色で，種特有の赤，茶，青の模様がある．例外は**コガネメキシコインコ**（全身は黄色で，前頭部と側頭部および腹部は薄いオレンジ，翼は主に緑色，黄緑色の尾）と，**ナナイロメキシコインコ**（頭部，胸部，腹部のみ黄色）． • **ウロコメキシコインコ類**（24～26 cm, 72～94 g）：全体の羽は黒ずんだ緑で種特有の他の色の模様がある．多くは赤茶の尾を持ち，頸部と胸部に鱗状または波状の模様の羽を持つ種もいる．	• 種ごとにアマゾン流域の各地域に限定して生息しているものも多いが，一部はカリブ海に生息	• 種子，果物，ナッツ	• たいてい 2～4 個（最多 7 個）	• 平均 4 週間	• 平均 8 週間

表 1.1　(続き)一般的に飼育されているオウムインコ類

分類と一般名	全体的な特徴	生息地	食　性	繁　殖		
				産卵数	孵化日数	成熟日数
ルリハインコ属(*Forpus*), 7種 **ルリハインコ類**(Parrotlets) 	• 小型でずんぐり，尾は短く尖る． • 多くの種は12～13 cm, 20～28 g. 最も大型は**キガシラルリハインコ**(平均14.5 cm, 30～38 g) • いくつかは性的二型 • 雄では全体の羽は緑で青から青紫の初列雨覆羽を持つ．種によっては青い背尾を持つ．ほとんどの種では頭と頸は淡い緑(**キガシラルリハインコ**では額と頸は黄色)	• **マメルリハインコ**はアンデスの太平洋沿いの乾燥した地域 • 他の種はアマゾン流域各地に限られる．	• 果実，ベリー，芽，種子	• 平均4～6個	• 平均17～22日	• 平均35～40日
シロハラインコ属(*Pionites*), **シロハラインコ(カイクー)類**(Caiques)，2種 **ズグロシロハラインコ**と**シロハラインコ** 	• 両種とも中型サイズ(23 cm，130～170 g) • 嘴はいくぶん細く，嘴の上部は著しく隆起 • 両種は白い胸部と腹部．翼の大部分と尾羽の上部は緑，初列風切り羽は青紫 • **ズグロシロハラインコ**は黒い額と頭頂部．**シロハラインコ**はオレンジの額と頭頂部と黄色い頸	• **ズグロシロハラインコ**はアマゾン流域北部 • **シロハラインコ**はアマゾン流域南部	• **ズグロシロハラインコ**は種子，果実の果肉，花，時に葉を食べる．	• 2～4個	• 27～29日	• 平均10～11週間
アケボノインコ属(*Pionus*)，8種 **アケボノインコ(ピオナス)類**(Pionus Parrots) 	• すべて中型サイズ(平均26～28 cm, 170～275 g) • すべての種は比較的短く四角い尾羽と尾羽の下に赤い羽を持つ． • **アケボノインコ**と**ヨゴレインコ**を除く多くの種で全体の羽は曇った緑か薄黒い茶色 • 頸部に鱗状の模様や，種特有の模様を持つ種もいる．	• アマゾン流域とカリブ地域の各地に特定の種が生息する． • 大森林，森林と耕作地	• **アケボノインコモドキ**は種子(70%)，花(20%)，トウモロコシ(8%)，果実(2%)を食べる． • **アケボノインコ**はバナナも食べる．	• 3～5個	• 24～29日	• 平均8～12週間

表 1.1　(続き)一般的に飼育されているオウムインコ類

分類と一般名	全体的な特徴	生息地	食　性	繁　殖		
				産卵数	孵化日数	成熟日数
ボウシインコ属(*Amazona*)，27種 **ボウシインコ類**(Amazon Parrots) 	• ずんぐりして，短く丸い尾羽を持つ． • 全体の羽はほとんど緑で，他の色の種特有の模様がある． • **アオボウシインコ**は典型的な中型のサイズ(平均400 g)で，頭頂，顎，喉が黄色く前頭部とろう膜の上が青い． • **キソデボウシインコ**は全身が緑で，次列風切り羽の外側3列の下側に目立つオレンジ色の斑点がある．平均298～469 g	• **アオボウシインコ**と**キソデボウシインコ**はアマゾン流域の広域に生息するが，**アオボウシインコ**はパラグライとブラジル北部まで生息し，**キソデボウシインコ**はさらに北部と，北と東の沿岸地方に向かって生息． • 両種は雑木林，サバンナ，ヤシ林，水の流れに沿った拠水熱帯雨林	• 果物，花，葉の芽，種子	• 3～4個 **アオボウシインコ**は最多8個．	• 23～25日	• 58～60日

る移動[渡り]を行わない)，ヨウムのように放浪し，食料を求めてかなりの距離(1日に最長30 km)を飛翔するものもいて，夜は従来の巣のある場所まで帰る．

社会生活

オウムインコ類は社会的な動物であり，騒々しいことはよく知られている．野生では鳴き声を使って群れの団結を保持したり，番いの絆を強めたり，危険を警告したりする．多くのオウムインコ類は群れで生活し，中には数千羽で構成されるようなとても大きな群れを作るものもいる．大部分のオウムインコ類は一夫一妻制であり，一生を通じて番いを形成する．番いは採食や巣での生活など，ほとんどすべてのことを1年を通して一緒に行う．一つの群れの中にはより小さな家族の集団があり，次の繁殖期まで一緒に過ごす．家族の集団の中で，幼鳥は経験豊かな年上の鳥を観察したり兄弟と交流することで学んでいく．年上の鳥は，乾燥地帯に生息する種では干ばつの時に利用する最も近い泉の場所を知っており，熱帯雨林で生息する種では果実を付ける木の場所やその時期を知っているようだ．幼い時から同種の鳥との社会生活を行っていない幼鳥は，他の種の鳥に育てられた幼鳥に見られるような不都合な影響が現れることがある．

繁殖生物学

一部の例外を除き，オウムインコ類は巣作りをする．適当な木の自然の空洞や，他の種の鳥(キツツキなど)が使わなくなった巣穴を利用するようである．オウムインコ類は必要に応じてもとの穴を拡大したり改造したりする．崖や急斜面の穴や，シロアリの塚に巣を作る種もいる．順応性のある種では建物や古い管の穴を利用するものもいる．巣は深さ0.5～2 mにもなる．セキセイインコは暗期の長さに刺激され産卵を開始すると考えられており，これは他の種にとっても同様に重要な要素である．巣に草を敷き詰めることが時折あるが，巣穴を作り直した時に出た木片をベッドとして使うことの方が多い．

適切な巣穴を持つことが繁殖周期にとって最も重要な要素だろう．巣を守る時に番いの間で雄より雌の方が攻撃的になる傾向がある．多くのオウムインコ類は繁殖期中，巣の周辺1 mを縄張りにするが，中には巣を共同で使う種もいる．また異なる種が同じ木に巣を作ることもある．多くの種で求愛行動として食物を渡したり，伴侶鳥の羽繕いを行う．通常，巣の準備は雌雄どちらの鳥も行うが，抱卵するのはほとんどの場合に雌のみである．

オウムインコ類のすべての種の卵は白色で比較的小さい．通常1日おきに産卵するが，大型種の中には産卵間隔が5日間もあるものもいる．産卵数は小型種では最多で11個だが，大型の鳥では1～3個だけである(**表 1.1**)．最初の卵を産むとすぐに抱卵を開始するため，すべての卵が孵化する時には先に孵化したヒナが順に成長していく．中には兄弟の約2倍の大きさに成長しているヒナもいる．

産まれたばかりのヒナは綿毛に覆われている．雌は産卵後，1週目には巣にとどまってすべての卵を孵化させ産まれたヒナを温める．この間，雄は雌に食餌を運び，雌はヒナに順に餌を与える．すべての種で親鳥は嗉嚢から餌を逆流させてヒナに与える．ヒナは嘴を親鳥の嘴の中に入れ，お互いの下嘴にあるロート状の溝を通して食物を渡す．2週目以降はすべての卵が孵化し，ヒナが体温調節できるようになると雌は短い時間巣を離れヒナの餌やりを雄と分担する．この初期段階が終わると，両親鳥は成長期の幼鳥に必要な量の食餌を探すためにさらに長い時間巣を離れる．他の種の鳥に比べ，オウムインコ類は成長と成熟が遅い傾向がある．セキセイインコは6カ月で性成熟するが，大型種の中には数年かけても性成熟しないものもいる．

2

解剖学と生理学

Nigel H. Harcourt-Brown

外　皮

オウムの最表層は羽で覆われている．その羽は断熱，防御およびオウムの飛翔を可能にする連続した層を構成している．外皮は哺乳類の外皮に比べて薄く(羽の生えている部分で13 μm)，より虚弱であるが，哺乳類同様の構造で角質層を有している．その基底層に接して存在する未熟な有核細胞は油滴を含んでおり，細胞外に出されるとケラチンとなる．これは鳥の表層を覆う油の層(皮脂)であり，これが皮膚を柔軟にし，乾燥から守ると同時に抗微生物の特性を有する．

大部分のオウム類では，尾の基部の背側に尾腺が存在する．尾腺は二葉に分かれた全分泌腺である．腺細胞は完全に脱落し撥水性の分泌物を形成するが，他の多くの性質を有している．通常羽の皮脂の僅か7%が尾腺で形成される．多くの新熱帯区のオウム(ボウシインコ，アケボノインコおよびソデジロインコなど)は尾腺を持たない．鳥類には汗腺および皮膚腺は存在しない．熱の放散は，特に飛翔中に，気道と脚から行われる．

鳥類の皮膚は哺乳類に比べて薄い(80～200 μm)．その皮膚は羽胞，羽を動かす平滑筋と弾性腱を含んでいる．また血管や神経も分布している．

皮下組織は，しばしば分離した脂肪体として認められる脂肪を含んでいる．ボウシインコやある種のバタン類は他のオウムより多量の脂肪を有しているようであり，展示用のセキセイインコはその胸に多量の脂肪体を持っている個体が選択的に繁殖される．この複雑な皮下組織はまた横紋筋を含んでおり，羽の動きに反応する．

抱卵斑は腹壁の腹側，後方の皮膚に見られる．雌で，生殖を刺激するホルモンがこの領域の羽を消失させ，産卵前に多量の血液供給を促す．抱卵斑は卵と接触し，卵の温度変化を感じる神経が豊富に分布しており，鳥が温まりすぎた卵の冷却あるいは冷えすぎた卵の加温によって抱卵を調節することができるようにしている．また抱卵斑は，温度変化や低酸素に反応して卵から放出される一酸化窒素を感じることができる．

脚の遠位部は鱗状の皮膚で覆われている．その鱗(鱗片)の大きさはさまざまである．足と趾の腹側は，趾の関節と屈筋腱を保護するための強く密着した肉質のパッドが存在する．これは鳥がその足でしっかりと掴むことができるようにしている．蝋膜(cere)は上嘴の基部の羽の存在しない皮膚領域であり，オウムではよく発達しており，種によっては(セキセイインコなど)色の有無で雌雄を区別できる．

羽　毛

羽は大変複雑な表皮構造である．それは表皮の強靱な角質細胞の派生物であり，皮膚の深部に侵入している羽胞によって構成されている．いったん形成されると，羽は色素顆粒と油脂とともに十分な空気の層を蓄える．羽(訳註：外装羽とは羽軸を有する羽)は羽区(正羽区)として知られている限局した領域に配列している．羽(外装羽)の存在しない領域(無羽区)は裸あるいは純綿羽と綿羽で覆われている．これらの無羽区は，羽区の外装羽がそれぞれ覆うため，一般的には見えない．

いくつかの羽の型が存在する．

- **外装羽**は体表の羽の大部分を構成する．それぞれの羽は中心を通る茎あるいは軸を持ち，その片方に羽枝を有している．羽枝はさらに近位および遠位小羽枝に分かれ，それらは隣り合う小羽枝と鉤あるいはフックで絡み合う．外装羽は体の大部分を覆い，また主軸羽や尾羽でもある(図2.1および2.2)．
- **綿羽**は短い羽軸と長い柔らかい羽枝を持っている．この羽は外装羽の下に見られ，断熱層を形成している．
- **準綿羽**は上記2型の羽の混合型であり，基部が綿羽で先端が外装羽である．この羽は外装羽区の辺縁に見られる．
- **粉綿羽**は常に成長を続ける白から灰色の綿羽である．その羽枝は先端から絶え間なく落下し，鳥全体(嘴を含む)と周囲を覆う細かい白色の屑とな

図2.1 マキシミリアンアケボノインコの翼の腹側観

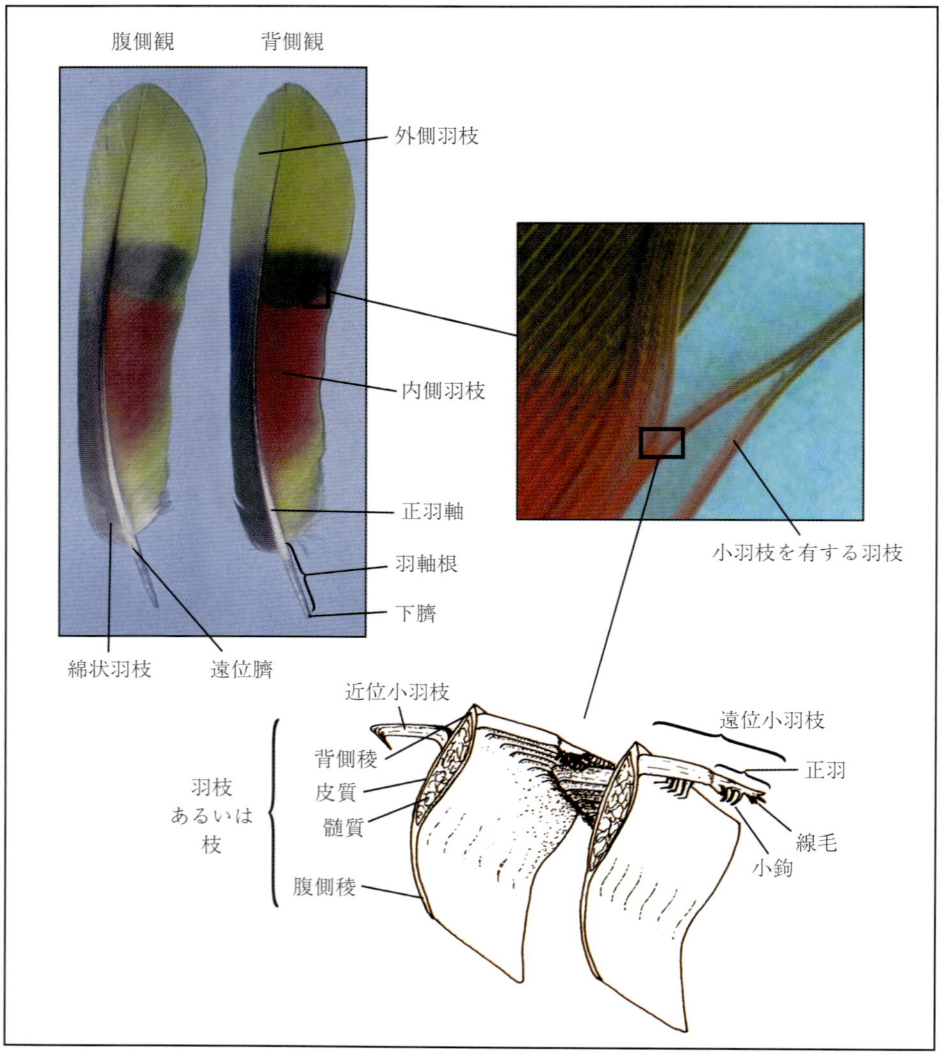

図2.2 1匹のボウシインコから同じ日に抜け落ちた2本の尾羽(retrices)の背側および腹側観．羽は尾の左右からのもので，鏡面対称である．皮膚についている羽では濾胞の外皮が下臍に突出して，羽軸根の内側に小さな盛り上がりを形成する．この盛り上がりは(外傷によって)刺激され，古い羽が消失した時に新しい羽を産生する．臍は成長する羽の血管の経路を運命づける．翼の内側の羽の上で，遠位の小羽枝は3本の小さな鉤と3本の腹側の線毛を有している．遠位の小羽枝を腹側から見ると，その鉤は刷毛状の縁を形成している．それぞれの鉤は近位の小羽枝の横断面がCの形をした円に掛けることができる．近位の小羽枝の羽はその先は丸く曲がり，羽の外縁に向かって広がる．

る．これは白パタンインコで顕著である．粉綿羽は翼の下の体表にパッチ状に(バタン類など)あるいは散在して見られるだけかもしれない(スミレインコなど)．

- **毛羽**は長い棘とその先端の羽枝の房から構成されている．この羽は知覚性のヘルプスト小体と深く関連しているので，知覚検出器であろうと推測されている．この羽はおそらく，飛翔にとって重要な外装羽の緊張や動きを感知するのであろう．それぞれの風切り羽は10本以上の毛羽と密接に関連している．
- **剛羽**は短い棘状の羽で，眼，眼の周囲領域（耳）の周囲にある．それらは保護の役割がある．

羽の色

オウムは色鮮やかな羽を有している．その色はオウムの種類を特徴づけ，行動による合図を強調するのに使われる．それはまた性的な違い，カモフラージュおよび若齢あるは成体の特徴をも表現している．これらの特徴は哺乳類（霊長類以外）と比べてもよく発達しており，鳥類は発達した色覚を有している．

羽の着色はいくつかの方法でなされている．色は色素によって作り出されているかもしれない．茶色，黄色および黒色のメラニン色素がメラノサイトによって産生されるが，赤と黄色はカロテノイドやキサントフィルのようなカロテノイドによって作り出されている．これらの食餌性色素は羽細胞の脂肪体に溶け込んでいる．白色は，色素を持たない羽の空気層を通る光のすべての波長が反射，屈折するために発色する．青い色素はまれであり，セキセイインコの明るい青色は（青色を作り出すものと同じ効果である），直径0.6 μm以下の粒子に光が拡散することによって起こるチンダル現象によるものである．大部分のオウムは緑色の羽を有しており，それは黄色のカロテノイドと青色のチンダル現象の合成である．選択的な繁殖がこれらの色の一色あるいは他の色を欠く鳥を作り出し，そのような鳥は青色あるいは黄色一色である．オウムでは紫外線の反射が起こるが，それは羽の構造的特徴によるものであり，色素によるものではない．

換　羽

成熟した羽と未熟な羽は一般的にその色と形が異なる．羽は抜け落ちる傾向にあり，毎年生え変わる．最初の換羽は普通3～10カ月齢で始まるが，その後は1年に1回，普通は繁殖期あるいは繁殖後に正常な換羽がある．換羽は定められた一連の羽の消失によって起こる．翼羽と尻羽が左右対称性に抜け換わる．翼羽は尾羽あるいは軟羽より換羽に時間がかかり，完全に翼羽が換羽するのにモモイロインコで160日かかる．

羽の成長にはエネルギーを必要とする．特に小型のオウムは顕著で，換羽はしばしば鳥の活性を下げ，また十分なタンパク質を要求し，羽の成長のために特に含硫アミノ酸を必要とする．羽は血液の供給された羽軸から成長するが，羽が十分に形成されると血液供給は止まり，羽は死ぬ．古い羽は新しく成長する羽により羽胞から押し出される．

換羽は甲状腺や生殖腺を刺激する多くの外的要因により引き起こされ，そこから分泌されるホルモンが換羽を誘導する．いったん換羽が始まると，成長する換羽から産生される他の（未知の）局所的因子が隣接した羽の換羽をつぎつぎと引き起こす．この現象は翼羽で顕著であり，そこでは最初に抜け落ちる羽は普通，第六主翼羽であり，続いて翼羽に沿って内外方向へ換羽が起こる．成長中の羽は多量の血液供給を受け，角質の鞘に取り囲まれて皮膚から伸び出す．羽が成長すると，鞘は破れ羽が広がり，嘴や爪による羽繕いがやりやすくなる．いったん羽が十分に成長すると，血液供給は絶たれるが，羽は生きた組織である表皮の襟巻きのような羽胞に包まれて存続する．羽が生え変わるころになると，この襟巻きが増殖し始め，古い羽を羽胞の外に押し出す．もし羽が成熟前に抜き取られると，その表皮の襟巻きが引き裂かれ，この損傷が新しい羽の成長を刺激する．

嘴と爪

嘴は図2.3に詳細を記載した．

各つま先の先端にある爪は，厚い角質を持ち，石灰化しているという点で嘴に似ている．爪は厚く，より急速に成長する背側部分と，平坦で柔らかい腹側部分から構成される．背側部分の成長が著しくなるにつれ，爪は腹側に曲がり，握るためには理想的な構造になる．

筋骨格系

骨格（図2.4）は羽のように軽いが，高い強度を持つよう設計されている．いくつかの骨の髄腔は骨髄ではなく空気で満たされている．

頭　蓋

頭蓋は二つの大きな眼窩を有した軽い箱であり，その眼窩は多くのオウムでは完全な骨性の輪で覆われている．上顎は前上顎骨と鼻骨で構成され，他の頭蓋骨に比べて可動的である（図2.5）．大型のオウムでは嘴と頭蓋骨の結合部に滑膜関節が存在する（図2.3）．小型のオウムでは，この部位が伸縮性の弾性膜で結合されている．下顎は二つの癒合した下顎骨で構成されている．下顎骨は頭蓋骨と直接関節していない．上下顎の，お互いに独立した複雑な動きは，嘴が基本的な鋏の動き以上に多くの繊細な動きができるようにしている．顎の靱帯と筋肉はまた，高度に特殊化している．上顎は中空の空気を詰めた内腔を有し，それは上部呼吸器系と繋がっている．

椎骨，肋骨および前肢帯

オウムは他の大部分の鳥と同様に大変柔軟な頸を

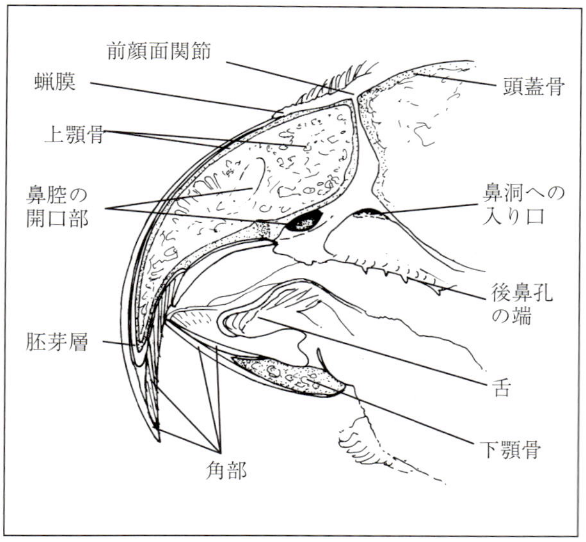

図2.3 ヨウムの頭部吻側端矢状断面．先のとがった嘴（角質の覆い）は硬く強靱な表皮構造である．嘴は下顎，上顎とも基礎となる骨に付着しており，上顎は嘴の形を決定するように形成される．骨の基礎は，皮膚とコラーゲンと弾性線維によって結合する骨膜によって覆われている．皮膚の典型的な層は変形し，壊れることのない細胞結合によってお互いが強く結びついたケラチンで満たされた細胞によって形成されている．角質層は大変厚く，角化細胞はまたハイドロキシアパタイト結晶で満たされている．
嘴のある部分では表層に大変発達した神経分布が存在するが，大部分は神経が全く分布していない．嘴は，角質層に対応する胚芽層と支持骨を覆う胚芽層の両方から，生涯を通じて常に成長する．嘴が成長するにつれ，その吻側端が厚くなる．大型のコンゴウインコでは，蝋膜の近くで作られ吻側端に達するのに少なくとも9カ月かかる．嘴の外側および内側表面は別々に形成される．上顎の内側はその成長から，角部にある棚状の突起で分けられる二つの領域があるようである．ヨウムはその棚状突起の端に下顎の端をはたくようにして大きなカチカチという音を出す．その吻側部は重層構造を呈しているが，嘴が正常に摩耗すると滑らかである．嘴の形は，下の嘴が上の嘴の内側表面を削ることによって主に維持される．これは噛む時に起きているが，休息しているオウムもまたその下嘴を上嘴に左右にやすりをかけるようにすり減らしている．嘴の外側の層（外皮）はまた鳥が嘴を止まり木に擦りつけることによって磨かれている．幼齢オウムは嘴の端の背側にある卵歯を使って孵化する．卵歯はハイドロキシアパタイトを含んだ角質細胞の円錐で，嘴が成長するにつれ消失する．

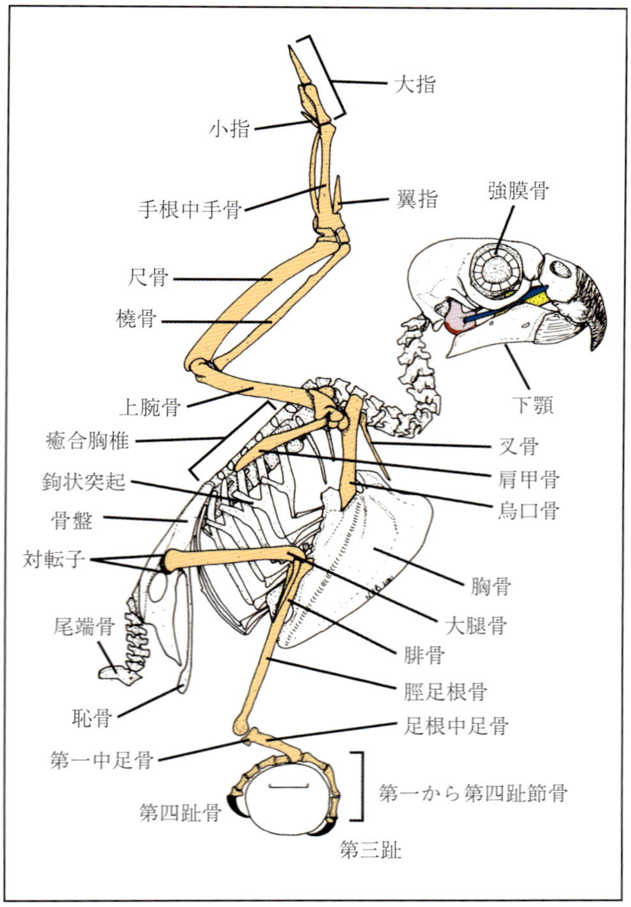

図2.4 アケボノインコ骨格の右側面．鳥は正常な立位で描かれているが，正確には翼が挙上している．顎は正常な静止時の咬合である．眼窩は強膜骨を含んでいる．骨格は大変軽いけれども鳥の体は大変強靱である．
実際の肋骨は胸骨部と椎骨部の結合したものである．体壁は椎骨部肋骨に接して後方に伸びる鉤状突起によって補強されている．胸骨は可動性のある関節によって胸骨部肋骨と結合しており，若干の可動性を持つ関節で烏口骨と，頑丈な線維性靱帯で叉骨の腹側端と結合する．

持っている．肺より上の椎骨は癒合胸椎として知られており柔軟性に欠ける．残りの胸椎，腰椎，仙椎は完全に癒合し，複合仙椎を形成する．尾椎と最後の尾端骨は自由に動くことができ，尾羽を支持する．

肋骨は近位で胸椎と，遠位でよく発達した胸骨と関節する．竜骨（キール）は骨性隔壁を形成し，その外側に胸筋が存在する．胸骨は，肩甲骨，鎖骨，烏口骨からなる前肢帯を支持している．烏口骨は支柱として働き，肩を胸骨から一定の位置に保っている．肩甲骨は肋骨に接して存在している，そして左右の鎖骨は癒合して叉骨（癒合鎖骨）として知られている一つの構造になっている（叉骨はボタンインコやナナクサインコなどの2，3のオウムには存在しない）．叉骨はばねとして働き，下向きに圧迫されるとエネルギーを溜め込む．これらの三つの骨はその近位で靱帯により結合され，上腕骨の頭と関節を形成するが，それらの骨が集まった関節面は三骨間孔を形成し，その穴を烏口上筋の腱が通る．

翼

翼の骨（図2.1および2.4）は上腕骨，橈骨，尺骨（不完全に癒合した3本指の手）から構成される．分離した橈骨および尺側手根骨があり，その遠位の手根骨と中手骨は癒合し手根中手骨となる（図11.10参照）．小翼指（親指）は動きの範囲が広く，大指および小指は

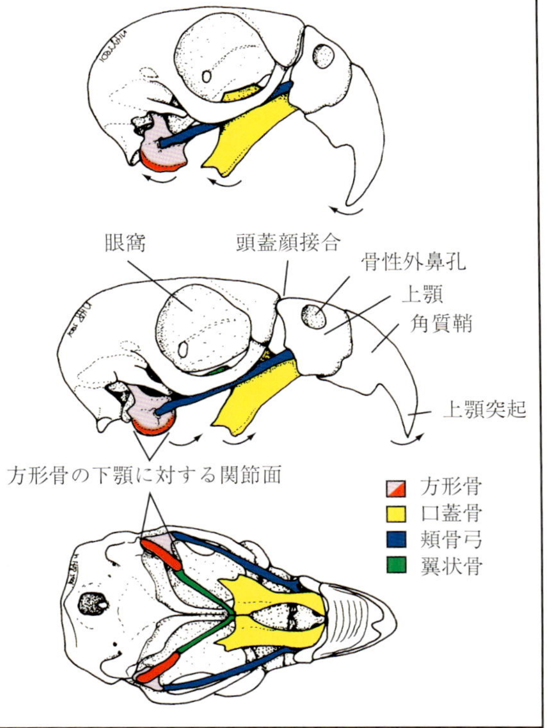

図2.5 アケボノインコ頭蓋骨の側面および腹側面．オウムは大変可動性のある顎を持っている．下の嘴は上の嘴に対して吻側，後方および側方に動かすことができ，上顎の先端を下顎の内側に持ってくることもオウムは可能である．これらの動きのすべては顎の骨の動きと特徴的な顎の筋肉（オウムは他の鳥と比べて多くの顎の筋肉を有している）の動きの相互作用である．筋肉は顎の骨と口蓋の骨格を動かす．方形骨（ピンク色）は高い可動性を有し，下顎との関節（濃い赤）を形成する．口蓋方形骨橋の残りと頬骨弓は，結合している上顎と協調して動く．上顎が上がる時，方形骨を動かし，その結果下顎も同時に吻側に動かす．オウムの顎は単に可動性が高いだけではなく，非常に強い．その強さは頭蓋顔接合によってもたらされている．

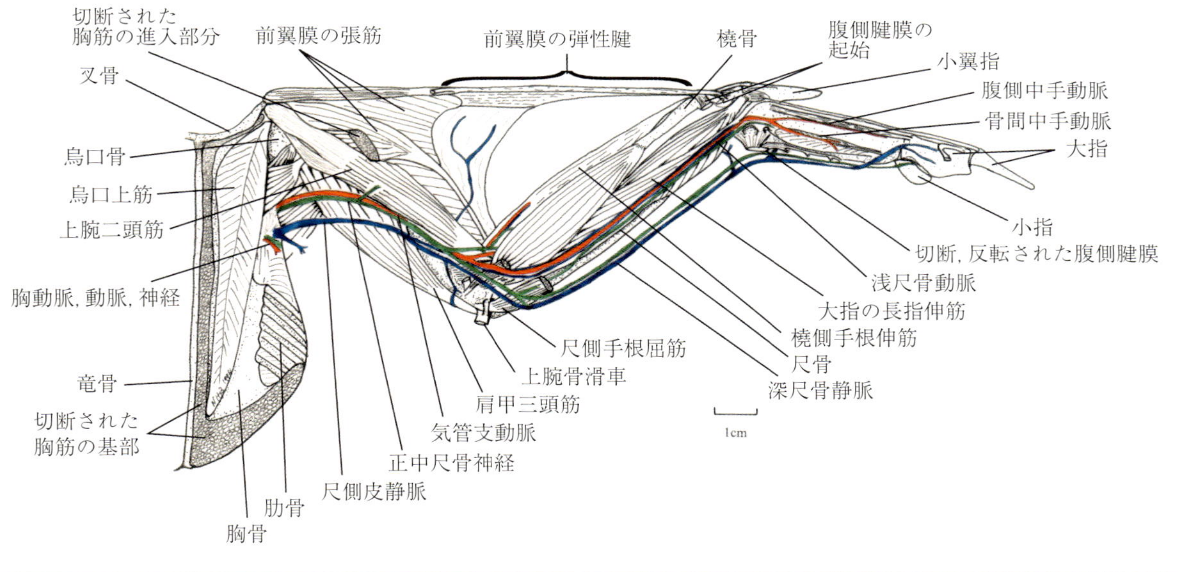

図2.6 ヨウムの翼の腹側面．動脈は赤，静脈は青，神経は緑．胸筋は取り除かれている．上腕動脈は橈骨動脈を分け，それから尺骨動脈となる．浅尺骨動脈は腹側手根動脈と指動脈に分かれる．深尺骨静脈は遠位の翼から戻ってくる主要な静脈である．烏口上筋が肩の三骨間孔に入っているのが認められる．

結合した一つの骨を形成する．翼はたたんでいる時は可動性が高いが，広げている時は肩の関節部で動く傾向があり，他の部位は背腹にかかる力に耐えている．風切り羽の軸は尺骨と手の骨の背側面に密に結合しており，主翼羽は副翼羽より強く結合する．

翼の主要な筋肉群は胸骨の上にある（図2.6）．胸筋は収縮することで翼の下方へのはばたきを起こし，鳥の総体重の15～20％を占める．胸筋の背側（あるいは深部）には烏口上筋がある．その腱は三骨間孔を通り，上腕骨の前背側の縁に付着する．通常の羽ばたきによる飛翔の間，烏口上筋は上腕骨を回転させ，その結果，翼の前縁が上に上がる．このことは鳥が下降気流の中でその高度を維持することを可能にしている．ゆっくりとした飛翔や離陸の際には肩の筋肉が翼を上げる．前翼膜(皮膚の三角形の部分)は肩の前面から手根と肘の後端で形成される．前翼膜の前縁はその内側を，さまざまな筋肉と腱によって結ばれた弾性腱によって支えられる．その筋肉のすべてが翼の形を維持している．肘関節は屈曲の時に広い可動範囲を持ち，橈骨と尺骨は内転および外転する．

脚

オウムの脚(図2.7)は大腿骨，脛足根骨(脛骨と足根骨の近位の列が癒合)および短い腓骨からなり，腓骨は腓骨稜より下に伸びない(図2.4)．足根中足骨もまた短い骨であり，足根骨の遠位列と癒合した第二，三，四中足骨との結合によって形成される(図11.11も参照)．第一中足骨は独立している．オウムの足は対趾足である．つまり第二，三趾は前方にあり，第一，四は後方に向いている．骨盤は腸骨，坐骨，恥骨の癒合によって形成される．寛骨臼は骨の稜とその上の線維性膜から構成される．寛骨臼の後背方は対転子である．それは大腿骨の対転子と関節し，鳥が通常の立位の時に脚の屈曲を防ぐ．足の形と短い足根中足骨のため，オウムは木登りと食物の取扱いが大変得意である．しかし，平らな面を歩く時は典型的なアヒル歩行あるいは振り子歩行となる．特に(コンゴウインコのような)足と同様に後ろの足根中足骨で歩く種では特徴的である．

翼同様，脚の主要な筋肉群は胴体と近密な関係にあり，多くの筋肉が長い腱を伸ばしている．足が曲がっている時あるいは掴んでいる時，その握りを最小限の筋力で維持するため屈筋腱とその腱鞘の間にはロック機構が存在する．オウムは長趾伸筋は四趾すべてに伸びている．

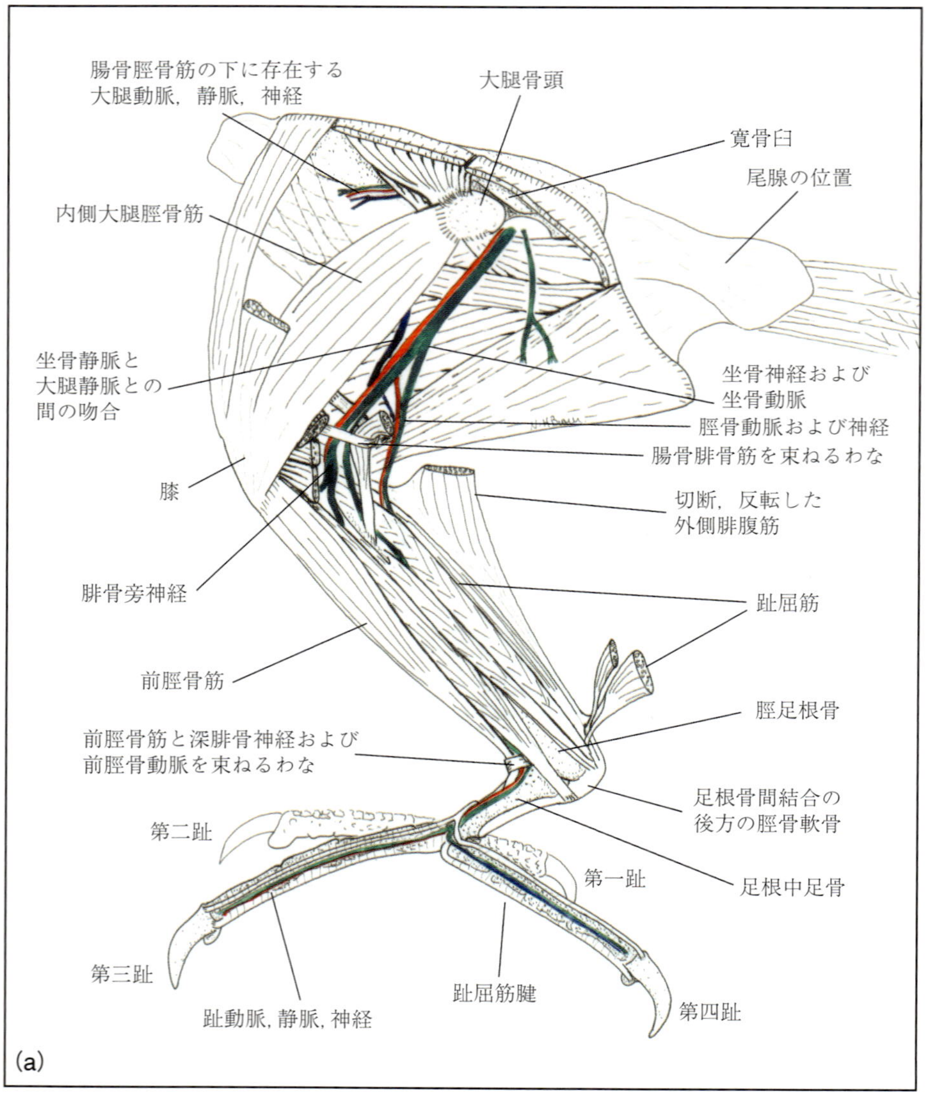

図2.7　(a) ヨウムの左脚の側面．骨盤と癒合仙骨を含む脚は脊柱から切り離されており，第一および第二趾以外の外皮は取り除かれている．主要な神経，動脈および静脈を描くために，腸骨と腓骨を結ぶ筋と外側の腸骨と脛骨の筋は取り除かれ，外側の腓腹筋と第二および第三趾屈筋はその基部で切断され反転されている．(続く)

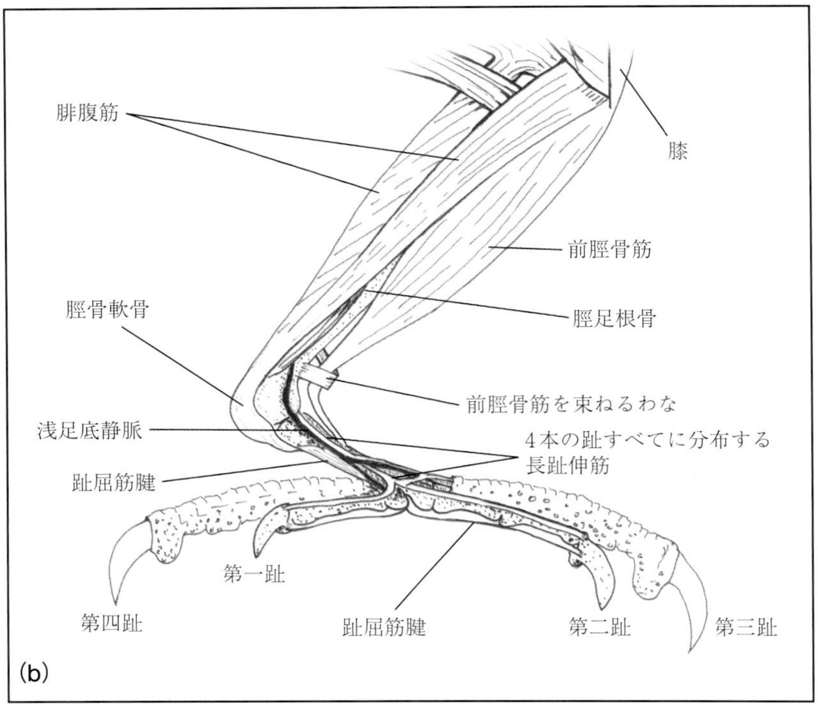

図2.7 (続き)(b)第三および第四趾以外の皮膚が取り除かれたヨウムの脚の遠位部．趾から戻ってくる主要な静脈は浅足底静脈である．脛足根骨の遠位3分の1はいったん皮膚を剥ぐとそれを取り囲む軟組織がほとんどないのでよく見える．
終始部の腱は長く，腱が関節の上を走るところではいくつかの変化が見られる．腸腓骨筋(膝の屈筋)と前脛骨筋(足根骨間の関節の屈筋)はともにストラップ状のわなによってそれぞれの関節に近い場所にまとめられている．これらのわなを通る腱に平行して神経と血管の束が走る．腓腹筋(足根骨間の伸筋)が足根骨の下に入り，その線維状の腱が脛骨の軟骨を覆い，それから後足根中足骨上の屈筋腱を覆う．脛骨の軟骨にはいくつかの穴があいており，小趾屈筋腱が通る．2本の大趾屈筋腱は足根骨下のこの領域の穴を通る．小屈筋は複雑な足先の動きの大部分を担っており，大屈筋は遠位の趾節骨に達し，力強い趾の屈曲を生み出す．趾伸筋腱は図11.5に示されている．足根中足骨の領域には細かな動きを作り出すいくつかの小さな固有の筋が存在する．

髄腔と骨髄骨

成長中のオウムは，大部分の骨の髄腔に活性のある骨髄を含んでいる．成長が止まる時，多くの骨は含気骨になる．多くの椎骨，骨盤，胸骨，上腕骨には気嚢から憩室が進入し，その髄腔を占める．

骨髄骨(図2.8，18.3も参照)は不安定な骨で，通常繁殖期の雌鳥にのみ出現する．その形成はエストロジェンとアンドロジェンによって調節されており，そのためにホルモン異常を伴う未産卵の鳥にも形成されうる．骨髄骨は胎子の骨のように勘合する針状骨から構成され，それは長骨の骨内膜表面から成長する．骨髄骨はハーバース層板を持たず，通常の骨よりコラーゲン量が少ない．その形成と消失は産卵周期で変化する．

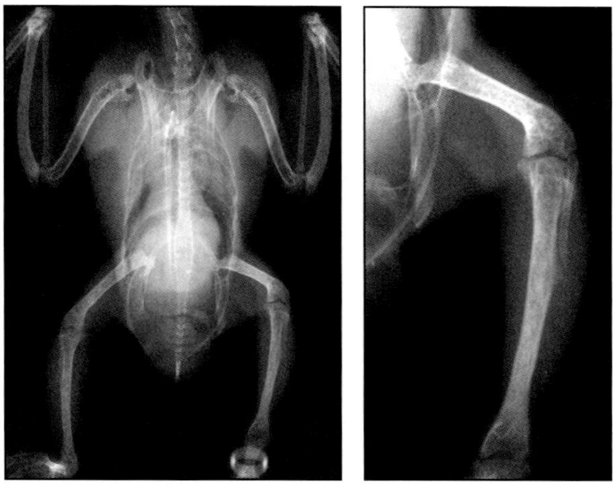

図2.8 骨髄骨は含気していない骨の骨髄腔に存在する．長骨において明らかであり，ボウシインコでは上腕骨にはないが，大腿骨には存在する．図のX線写真が撮られた2週間後，この鳥は5個の卵を産んだ．

体　腔

鳥類は体腔を胸腔と腹腔に分ける横隔膜を持たない．一般的に鳥には16の体腔が存在する．そのうちの八つは呼吸器系に連絡しており，空気を含む(気嚢)．他の八つは空気を含まず，左右の胸腔，心膜腔，四つの独立した肝腹膜腔である．腸腹膜腔は前胃から直腸までの胃腸管，生殖腺，脾臓，腹気嚢を含む．腎臓と生殖管は腹膜外腔にある．

消化器系

口　腔

オウムは鳥の中では独特の固有の筋肉を有する厚く先端の平滑な舌を持っている．このことは，多くのオウムが種のような食物を拾い上げ，顎に対してうまく操作することを可能にしている．舌はまた脂肪と海綿状の脈管組織を含んでいる．ローリーやロリキートではその舌が巻き上がって溝を形成し，数百の剛毛を供えている．この毛は花粉や花蜜を集めるのに役立っている．

唾液腺は多数存在し，口蓋，舌，口腔底，口角，頬，咽頭内に広く分布する．その腺は分枝複合管状腺であり，それぞれの小葉は多くの分泌導管を含む．その導管は共通の洞に開口し，その後単一の導管を介して開口する．このような導管は多数あり，口の周りを囲む小さな開口部のように毛で覆われていない眼の周りにも見られる．このような腺は副交感神経によって刺激され，主に粘液を分泌する．

食　道

食道は頸部の左側に位置し，胸郭前口で形を変えて嗉嚢を形成する（図2.9）．蠕動運動が食道を食道下部に動かし，嗉嚢の内容物と混和する．

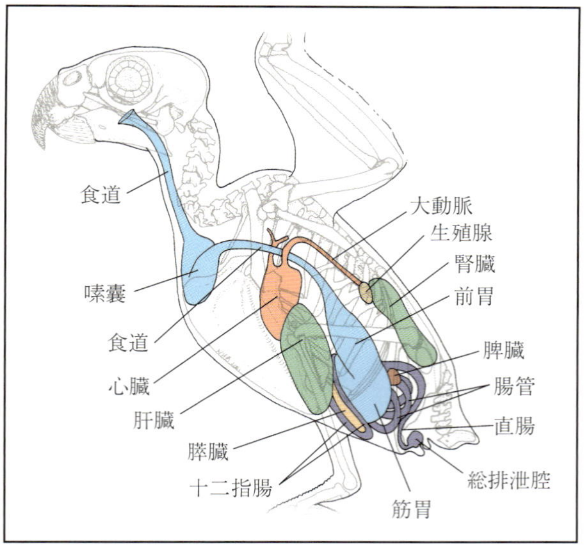

図2.10 ボウシインコの内臓の左側面

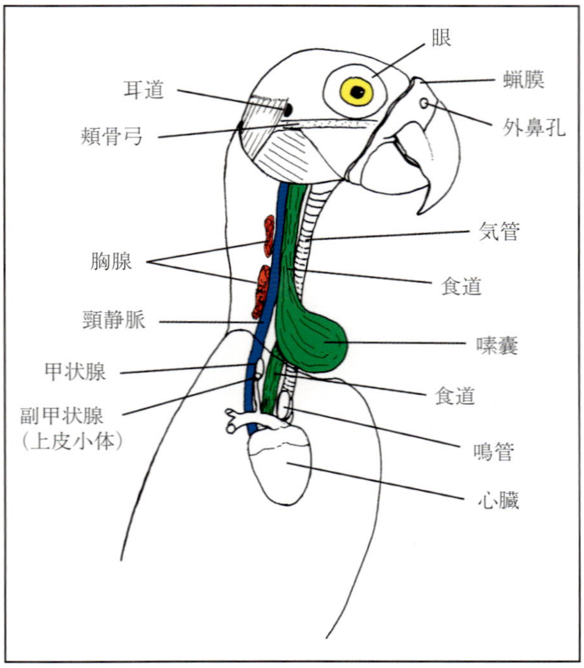

図2.9 ヨウムの頸部右側面．胸腺は若齢鳥ではよく発達しており，頸部の両側に見られる．鳥が歳をとるにつれ退縮する．左右2本の頸静脈のうち通常は右が太い．食道，心臓および鳴管はお互い大変近くに存在する．頸部で描かれたすべての構造は皮下にある．

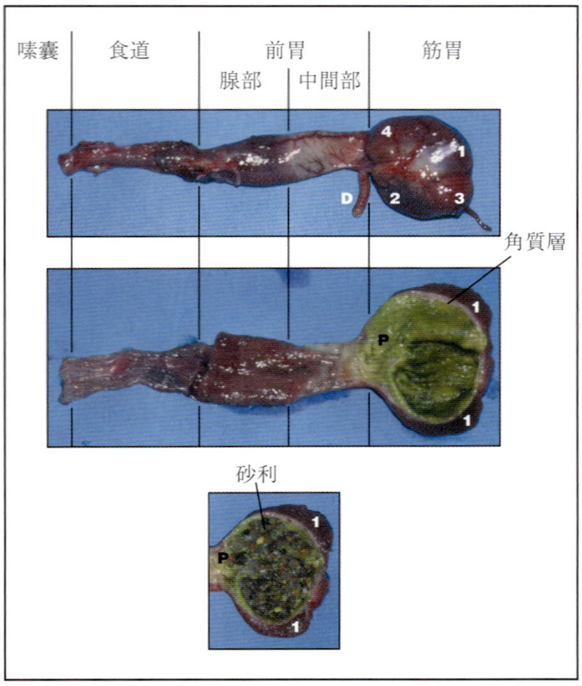

図2.11 典型的なオウム（ボウシインコ）の食道（嗉嚢の遠位）から十二指腸に至る消化管の外側面と内側面．前胃の腺部はその濃い色とその表面に蜂巣状の構造があることで区別される．中間部は色調が薄い．筋胃の体部は2箇所の厚い筋肉領域（1，2）と2箇所の薄い筋肉領域（3，4）に分かれ，筋胃内盲嚢に対応している．胃の幽門部（P）と十二指腸（D）への入り口は筋胃の近位にある．角質層はオウムではよく発達している．オウムが砂利を食べた場合，健康な筋胃は常に砂利を含んでいる．

胃

胃は前胃と筋胃（砂嚢）に分けられる（図2.10および2.11）．前方の前胃は腺胃であり，塩酸とペプシンを分泌する酸ペプシン細胞を含む．後方は筋胃である．中間帯は砂嚢に開口する．オウムでは砂嚢は極端に筋肉に富み，食物を砂で引き潰すために内側面および外側面も適応している（図2.11）．その内側は角質（koilin層）で覆われ，この層はケラチンではなく炭水化物-タンパク複合体である．胃の幽門部は砂嚢の筋質部と十二指腸の間にある．その部位は内分泌細胞を含んでいる．X線検査で，食物が前胃と砂嚢との間である周期で行き来しているのが観察されている．

腸　管

十二指腸は腸管のU字ループの部分である．空腸と回腸はU字ループの続きに配置されるかあるいは渦巻き状に存在する．回腸と空腸の移行部には卵黄憩室(卵黄嚢と卵黄胞茎の遺残)がある(図7.2参照)．腸管の壁は3種類の上皮細胞が存在する．刷子縁を有し，吸収能を持つ主細胞，粘液を分泌する杯細胞および胃や膵臓の細胞と共同で散在する内分泌器官を構成する内分泌細胞である．食物の化学的消化と吸収は小腸で行われる．大腸は短く，一対の退化した盲腸は回腸と直腸の結合部位に出現する．腸管は総排泄腔に注ぐ(図2.12)．オオハナインコの腸管の長さは他の大型オウムのほぼ2倍である．

膵　臓

膵臓は三つの葉がある．背葉は十二指腸ループ内で腹葉の上に存在し(図15.5a参照)，小さな脾葉は膵臓の前方の部分から脾臓に向かって伸びている．膵臓は哺乳類と同様，トリプシンを含むアミラーゼ，リパーゼ，プロテアーゼなどの外分泌性消化酵素を分泌する．また膵臓はインスリンとグルカゴンを分泌するが，インスリンはグルコースの代謝にはほとんど影響せず，グルコース代謝は主にステロイドホルモンにより調節されている．

肝　臓

肝臓は左右の葉からなる(右葉が大きい)．それぞれ葉から1本の胆管が出ており，1本に結合する．大部分のオウムでは(バタン類を除く)胆嚢をかき，右葉の胆管が主胆管となり，十二指腸に連絡する．

泌尿器系

オウムの腎臓は複合仙骨の左右の腎窩に存在する．左右の腎臓は前，中，後部に分けられる(図2.13)．それぞれの部位は腎臓表面に小さな塊状に見られる多くの小葉から構成され，その小葉は腎臓の基本的単位である．腎臓の血管供給は大変複雑である．

尿素より尿酸が鳥類の窒素代謝の最終産物である．尿酸は肝臓で形成される．少量は糸球体濾過で分泌されるが，90%は尿細管で活発に分泌される．尿酸は塩と混じって直径数μm程度の小球を形成し，粘液と混じってコロイド溶液となる．これは不溶性の尿酸塩が尿管の中で沈殿するのを防ぐ．

尿酸分泌は殻で覆われた卵の中で成長する胚子にとって生命にかかわる．尿酸は尿膜に移動し，結晶状の無水の沈殿物として蓄積され，これは水を分泌物から再利用することを可能にしている．尿酸は不溶性であるため，卵の閉鎖した空間では毒性を示さない(尿素が無毒であるように)．孵化後，鳥では尿酸分泌に，

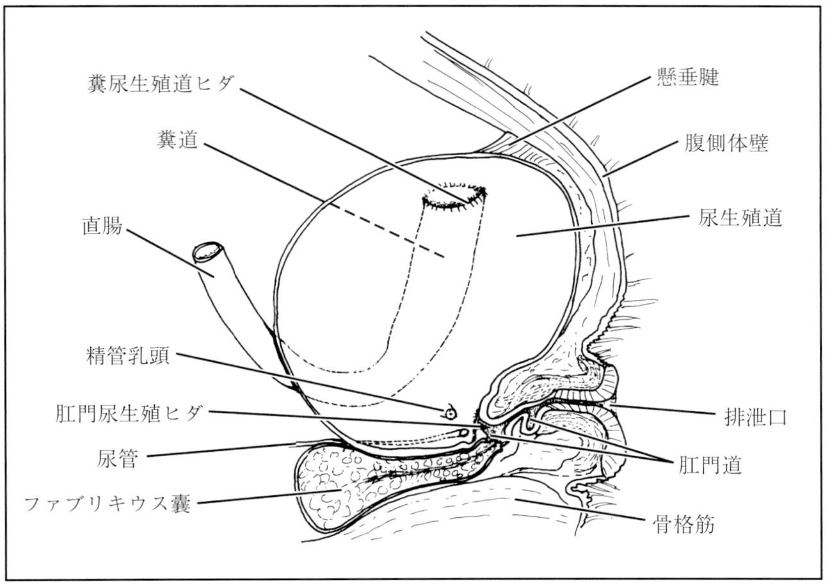

図2.12 9カ月齢，雄ヨウムの総排泄腔内腔，左側面．鳥は仰臥位にある．尿生殖道はほぼその最大容積まで拡張しており，内視鏡像によく似ている．総排泄腔は尿管，生殖器，消化器系の終点である．オウムでは，総排泄腔の三つの部屋は管状には配列しておらず，尿生殖道が最大である．直腸は明瞭な境界がなく糞道に開口する．糞道は直腸より大きく，尿生殖道の左外側に密着し，その腹外側に開口する．糞道と尿生殖道の結合部は開閉することが可能となっている．尿生殖道は中間の部屋である．尿管と生殖管尿生殖道に開口する．尿管は比較的背側で小さな盛り上がりを通って開口する．精管は尿生殖道の出口に近い外側に小乳頭を形成して開口する．左側の卵管は同部位に開口し，鳥が成熟する時に消失する開口部を覆う膜を伴って成長する．右の卵管は永久的に閉鎖している．肛門道は最後の区画であり短い．肛門道は尿生殖道とよく発達した半円状の尿生殖肛門道ヒダによって分けられている．総排泄腔嚢(ファブリキウス嚢)はポーチ状の憩室であり，若齢鳥では肛門道に中心管で開口する．ファブリキウス嚢は6週齢のオウムでは総排泄腔より大きいが，次第に退縮し，鳥が性成熟するころまでには小さな痕跡となる．総排泄腔の最後は排泄口であり，よく発達した筋肉によって閉じた状態にある．家禽では尿生殖肛門道ヒダの外転によって排泄口を通して直接肛門道をからにすることができる．卵は肛門道を通して卵管から直接排出される．時折オウムは排便する時，緊張した声を上げる．それは一般的に異常な徴候ではない．オウムの死体ではこの尿生殖道への出口が肛門道の入り口の反対に位置することがある．これは横隔膜のない鳥に発声を起こす体腔の圧力により起こる．糞尿生殖道ヒダは卵が排出される間閉じるといわれる．オウムでは新しく産卵された卵にはけっして糞便は付着しておらず，このヒダは筋肉を含んでいる．

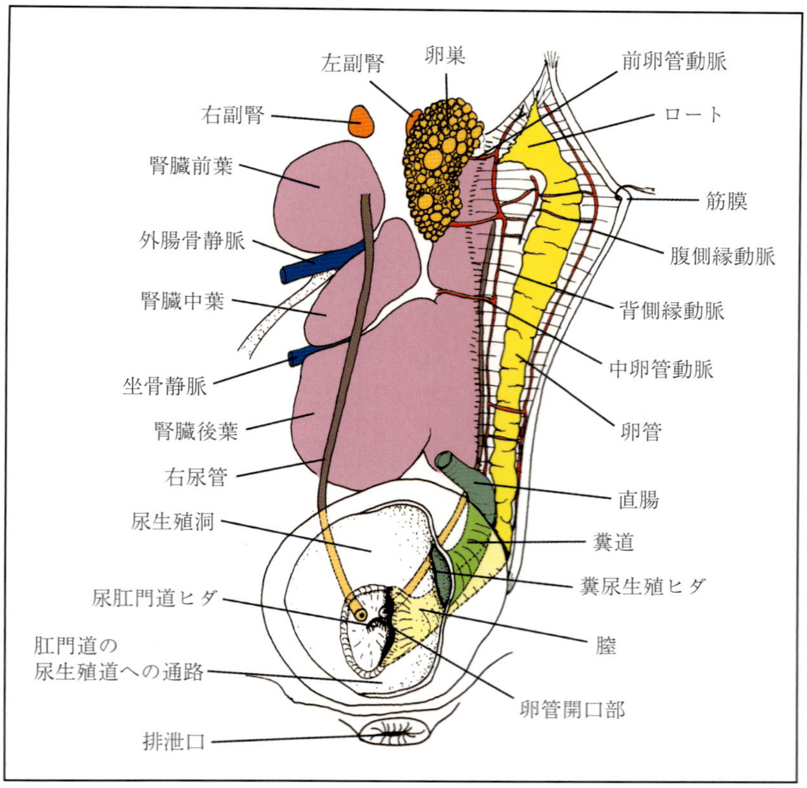

図2.13 性的に成熟したヨウムの泌尿生殖器．ヨウムは腹臥状態で，重なっている消化管は切除されている．卵管とその動脈分布を示すため，卵管は筋索によって左側に牽引されている．腹側縁動脈は腹側靭帯の中にあり，背側縁動脈は背側靭帯の中を走る．卵管静脈は切除されている．尿管動脈網のいくつかは見やすくするため切除され，卵管の尾動脈分布は総排泄腔により隠されている．十分に発達した卵管は鳥の体長の2倍になり，図に示すより，曲がりくねって折りたたまれた状態で収められている．その内腔は大きく異なっているが，卵管の各領域をその外側の違いで区別することは難しい．右の卵管および卵巣の痕跡を見つけることもまた難しい．このイラストでは十分に成熟した卵子はほぼ卵巣と同じ大きさである．卵子は順次大型化・成熟し，そして産卵期の間，たった一つの十分に成長した卵が存在するが，通常多くの中型サイズの卵子が成熟を待っている．

哺乳類よりも腎臓で多くの水分を失う．

腎小体は2種類ある．哺乳類型の腎小体は腎小葉の髄質に見られ，よく発達した糸球体と尿細管ループを持っている．爬虫類型の腎小体は小葉の皮質に見られ発達の悪い糸球体と尿細管ループから構成される．実験的にある種の鳥に塩負荷をかけると，尿細管ループを持たないため，尿細管濾過で塩の濃縮ができない爬虫類型の腎小体から血流がなくなることが示された．他の種類では異なる機構が働く（Goldstein and Skadhauge, 2000）．

腎門脈および糸球体から流出する静脈は尿細管周囲の毛細血管叢を形成する．この血管叢は近位尿細管を取り囲み，尿酸塩は静脈血から取り除かれ，近位尿細管に分泌される．腎臓に入る血管の3分の2がこの静脈系由来である．門脈循環には一対の弁があり，流入静脈には括約筋があるため，腎臓に入る血流は調節されている．すべてあるいは一部の静脈血は腎臓組織に流入するか，全く流入しない．このことは静脈血の心臓への還流を増加させ，多量の血流を肢に流すことにより放熱を可能にするため，活動性が高まった時に有効と考えられている．

尿（粘液と水でコロイド状）は尿管をゆっくり粘性を持って流れ，尿生殖洞に入り（図2.12および2.13），それから逆蠕動によって糞道および直腸にまで運ばれる．そこでは排泄まで貯留される．この時，水と塩は糞道と腸内で再吸収される．多くの鳥では，10～20％の水および70％の Na^+ が再吸収され，20％ K^+ が分泌される．乾燥環境に適応した野生のセキセイインコは室温で乾燥した種子の餌で体内の大部分の水分を維持でき，水を飲む必要がない．

生殖器系

雄

雄の生殖器は，腎臓の頭側に接して存在する，左右一対の活性のある精巣からなる．多くのオウムでは，発生の際に生殖細胞が右の生殖腺（卵巣あるいは精巣）から左の生殖腺へ移動するため，右の精巣が左より小さい．不活性の精巣は小さく，明瞭な血液供給がない．性的に活性化するとそれらの精巣はより大きくなり発達した血管が認められる．精子は精巣上体に集められ，らせん状の精管に流れる．精管はその遠位が膨らみ精液小体として精子を貯留する．このような構造で，その温度は周囲の組織より6℃は低くなる可能性がある．付属生殖腺はない．

雌

雌のオウムでは生殖管の左側だけが十分機能的に発達する（図2.13）．卵巣への血液供給は多く，その血管は極めて短い．卵巣は腎臓の頭側，副腎の隣で体壁に密着している．卵巣は多くの明瞭な濾胞を有しており，その濾胞は未成熟な鳥では小さく，成鳥では繁殖

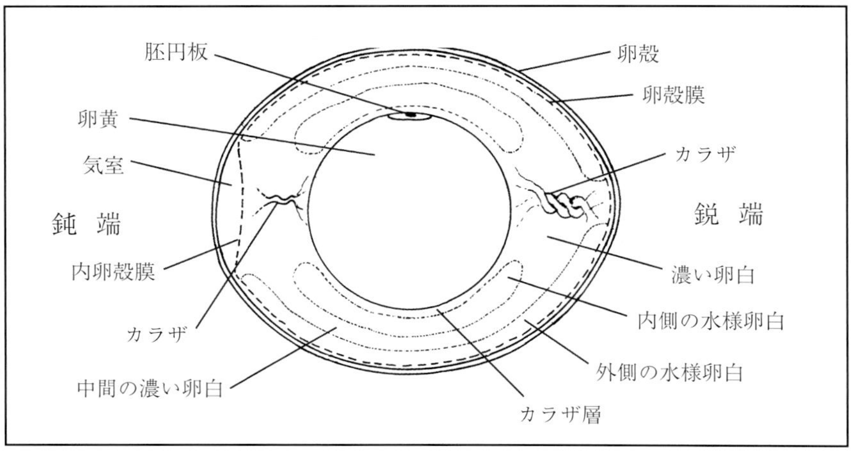

図2.14 オウムの卵は白色で比較的小さく，鈍端と鋭端との違いがほとんどない．大部分のオウムは卵を異なる日に産む．卵は産み落とされた時から抱卵(通常は雌によって)される．オウムは卵を静かに覆い続け，それらを定期的に転卵する．

硬い外側の殻は外力に耐えるように形成されるが，内部からの力によって簡単に割れる．卵殻の外側の層は小皮である．薄く，頑丈な連続した脂質とタンパク質の被覆で，卵に滑らかな光沢感を与え，水と細菌に対する抵抗性に関係している．卵殻はカルシウム沈着したタンパク質(98% $CaCO_3$と2%タンパク性間質)で，複雑な構造を持っている．卵殻のこの部分は胚子が必要とするカルシウムの大部分を供給する．卵殻の表面はその表面(卵皮の下)に開口する孔を有し，それはまた殻の中を通り卵殻膜に繋がる小管に連続している．これらの構造はガス交換を可能にしている．孔は卵の鈍端に最も多く存在する．2枚の卵殻膜があり，内卵殻膜は卵白の上に，外卵殻膜は厚く卵殻に付着している．卵が排出されるとすぐに，冷却によって鈍端部で2枚の膜が分離され気室を形成する．

透明なタンパク質の豊富な卵白はオウムの卵の約75%を占める．卵白はいくつかの区画に分けられる．卵黄は厚く粘調性のある卵白層で覆われ，母オウムが卵を定期的に転卵することによって，その層はねじれ濃縮され，カラザになる．カラザは卵黄が卵の最も背側に浮き上がりそうになることを防いでいる．厚い卵白はまた衝撃吸収材としても貢献する．より流動性のある卵白にはより流動性の高い部分とオボムチンの少ない部分の2種類の領域がある．これらの領域は卵が乾燥するのを防ぎ，そして初期の胚子に供給される空気と栄養を速やかに混合，拡散することを可能にしている．卵白は成長する胚子への水，無機物イオンの供給源であり，さらなる栄養素の供給源である．卵白は孵卵中に完全に消費される．卵白中のリソゾームと同様のタンパク質は卵への細菌の進入を防ぐ．

卵黄はオレンジ色で，その表面に目に見える胚盤がある．この領域に関してはより密度の薄い水様の白い卵黄である．転卵の間，卵黄の全体は胚盤を含む領域が最も背側(抱卵している鳥に最も近い)に位置するように配置する．卵黄は2種類の膜で覆われている．50%固形であり，そのうち99%はタンパク質であり，胚子の主要な栄養源である．卵黄の成長の後期には卵黄は直接胚子の腸管と繋がる．

卵殻のカルシウムは十二指腸および上部空腸から，あるいは骨の再吸収によって供給される．消化によって十分なカルシウムが得られれば，腸管が主要なカルシウム源となる．消化物が十分なカルシウムを含まない場合には，追加のカルシウムは骨髄骨から得られ，これがなくなると皮質骨から吸収する．カルシウム要求に対して骨髄骨は不安定な供給源であり，適度なカルシウムを含む飼料を与えられていても，カルシウムの需要が最大限に達している場合には骨髄骨が使われる．消化管から吸収されるカルシウムによって骨髄骨はすぐに置換される．産卵期には，養鶏は優先的にカキ殻を磨り潰したものを含む餌を与えられる．この時期のカルシウム豊富な餌の嗜好は他の種類の鳥にも認められる．孵卵の最後の3分の1には，内卵殻膜を裏打ちする尿膜絨毛膜が，卵殻の内側の層を溶かす弱い酸を分泌し，胚子の骨格を形成するカルシウムを供給する．

期になると卵黄の出現により大きくなる．濾胞は平滑筋，血管および神経からなる茎でつるされて発達する．濾胞は大きな一次卵母細胞とそれを囲む重層の壁を含み，その壁は将来，卵胞破裂口によって分離される．排卵は卵胞破裂口に亀裂が入り，卵子(二次卵母細胞)が卵管ロートによって包まれる．一連の動きは卵巣を取り巻く左の腹気嚢の大きさによってより容易になる．もし卵子が脱落し卵管ロートによって包み込まれなかった場合，通常は再吸収される．

卵管は背腹の靱帯によって支えられ，五つの部位から構成される．

- 最初の部位，卵管ロートは卵子が排出された時に拾い上げ，卵白の最初の層で包み込む．卵子の精子による受精は，卵子が卵巣から放出され卵白で包まれるまで約15分間の限られた時間にある．これは，精子が卵管粘膜のヒダの中に蓄えられていることで可能になる．
- 卵は膨大部を通り，この部位でさらに卵白が追加される．
- 狭部では卵殻膜が産生され，それが卵を取り囲むと同時に卵の形を決定する．
- 卵はその後，卵殻腺に入る．そこで卵は卵管滞在時間の80%を過ごす．最初に卵は水を吸収し丸い卵型まで大きくなる．その後，炭酸カルシウムとタンパク質からなる殻が分泌され，最終的に卵に光沢のある外観を与える小皮によって包まれる(図2.14)．卵殻は，卵殻膜から表面に繋がる数千の小さな孔を有しており，これにより胚子は呼吸ができる．オウムではその殻は白色である．
- 卵管の最後の部分は筋肉性の膣であり，多くの種で精子を貯蔵することができる精子小窩を有している．多くの種(セキセイインコなど)では活性のある精子が貯蔵され，数日間放出される．交尾の後，精子の一部は貯蔵され，一部は2，3分のうちに卵管ロートにまで達することができる．

従来から卵は卵管内を下降すると記載されるが，実際には，卵管の長さと卵の大きさのため，卵は体腔の中で比較的一定の位置を保っており，一方で卵管は蠕動運動により卵を動かそうとしている．

心血管系

オウムは大部分の鳥と同様に急激で長時間の高度な筋運動を維持できなければならない．鳥の心臓は同程度の大きさの哺乳類の心臓に比べより大きく，その心拍は非常に速い．鳥は高い心拍出量を示し，セキセイインコでは最大運動負荷の時にヒトや犬の7倍になる．この高い心拍出量は高い動脈圧（180/140 mmHg）と協調している．鳥類の心筋細胞はその直径が哺乳類の心筋細胞より小さい．

4室の心臓は体の比較的中心で肺の腹側に位置する．心臓は心膜によって囲まれており，その膜は胸骨と肝臓の腹膜嚢に付着している．右の房室弁は筋肉性の弁であり心室の自由面に存在し，他の弁は哺乳類のものと同様である．

動静脈はその分布が哺乳類に類似している．種間で違いがあり，例えばバタン類では左の総頸動脈は右に比べて著しく細い．頸静脈の吻合が頭部のすぐ後方にあり，それは左の頸静脈の血流をより大きな右の頸静脈に合流させる．大腿静脈と坐骨静脈の間にも吻合があり，大腿静脈は脚の主要な静脈になっている．

腎糸球体への高圧の血液供給は3本の腎動脈によってなされている．また低圧の血液供給は外腸骨静脈（大部分が大腿静脈からくる）と，最終的に腎尿細管を囲む腎門脈に存在し，それは尿酸塩の分泌を促すように働く．最大のエネルギーが必要になった時，血流はすべて腎臓を素通りすることも可能である．

リンパ系

リンパ管は鳥類では哺乳類ほど多くは存在しない．体幹の中ではリンパ管は動脈と密接に関連しているが，一方体幹の表面では静脈に伴行している．リンパ管は大静脈に連絡している．オウムはリンパ節を持たず，脾臓や骨髄のリンパ組織は胸腺とファブリキウス嚢に形成される．

胸腺（**図2.9**）は頸の基部にある数対の小葉で構成される．胸腺は胸腺由来（T）リンパ球を産生し，その細胞は基本的には卵黄から移動してきた細胞であるが一部ファブリキウス嚢由来（B）のリンパ球もある．

ファブリキウス嚢（**図2.12**）は鳥類特有のものである．それは肛門道の背正中の憩室であり，また鳥の成長期によく発達する．オウムではファブリキウス嚢は薄い壁の袋であり，Bリンパ球の主要な供給源である．その袋は穏やかならせんを描いており，通常鳥が成熟するころまでに痕跡的組織となる．この後Bリンパ球は骨髄で産生される．

リンパ節は鳥類ではまれであり，もしある時は甲状腺付近に一対，腎臓付近に一対が出現する．リンパ管に粘膜付属リンパ組織が存在し，リンパ組織の集簇が消化管および眼鼻領域に見られ，さまざまな大きさのリンパ組織が他のすべての器官にある．

脾臓は鳥の体の右側，前胃と筋胃の境界部に位置している．脾臓は赤血球を貪食し，リンパ球と抗体を産生するが，赤血球産生は見られない．

呼吸器系

鳥の体は腹腔内の臓器と多くの空気で満たされた袋を有している（**図2.15**）．二つの肺は一次気管支に始まる相互に連絡した気道であり，最終的に孔（小口）を介して気嚢に入る．8個の気嚢が存在する．単一の頸および鎖骨間気嚢，二つの前胸，後胸，腹気嚢である．頸気嚢および鎖骨間気嚢は椎骨，上腕骨および他の体腔の外に位置する軟組織内に侵入している．肺の後腹側には胸および腹気嚢がある．気嚢の正確な構造と体の含気化は属間で異なり種間でも異なることがある．例えば大腿骨は猛禽類では含気化されるが，オウム類では含気化されない．気嚢は基本的に二つの機能を有している．すなわち，鳥の体重の軽減化と次に述べるような動きによって空気を肺から引き出すことによる換気である．ガス交換は行われていない．呼吸の動きは胸骨を上げたり下げたりし，また肋骨を伸ばしたり縮めたりする．この動きは空気で満たされた気嚢を伸展縮小するが，肺の容積は変化させない．

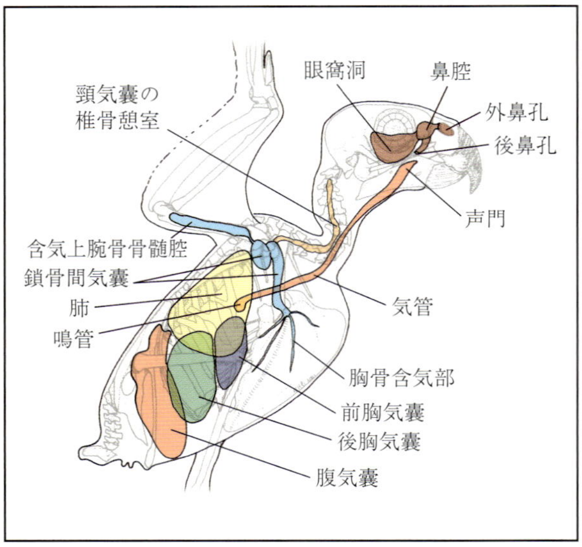

図2.15　ボウシインコの呼吸器官の右外側面

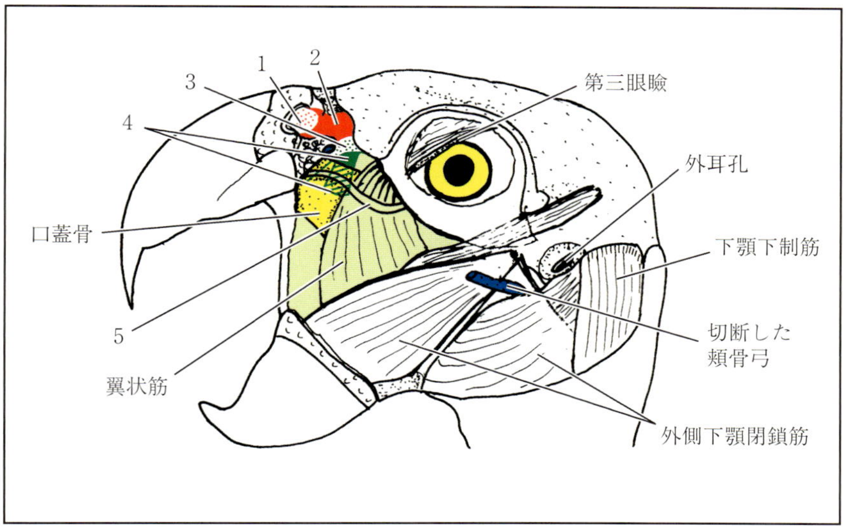

図2.16 ヨウムの頭部側面．頬骨弓と眼窩洞の外壁が取り除かれている．眼窩洞の内側面は翼状筋と口蓋骨の上を覆っている．鼻腔は覆っている骨を取り除くことによって開く．
1. 前庭部は吻側鼻甲介を含み，非線毛重層扁平上皮で覆れている．鼻腺の分泌物がここに分泌される．この部位が吸気を濾過，加温および加湿する．
2. 呼吸部は中鼻甲介を含み，線毛粘膜上皮で覆われている．下部呼吸器の感染を防御する第一線である．ヨウムでは後鼻甲介が存在せず，嗅神経はおそらく後背側鼻気道にあるであろう．線毛は粘液を後方とその後，腹側に動かす(ニワトリでは10 mm/分の速さで)．上皮の下には空気を暖めるための血管豊富な層がある．この領域も鼻腺からの分泌液をためているので，この領域は濾過と嗅覚とともに加湿と加温を効率的にする主要な役割を果たしている．
3. この領減は上記の領域(1と2)，口蓋への空気の通路(4)および眼窩洞の開口部との共通の区画である．眼窩洞はその開口部にある粘膜腺の豊富な分布により湿っている；開口部の粘膜線毛の動きは大変速い．
4. 気道の腹側の領域は口蓋に繋がり，口蓋骨と翼状筋の中間にある．鼻涙管がこの領域に開口する．
5. 第五脳神経の鼻口蓋枝が眼窩洞の内側面を横断する．眼窩洞は頭蓋周囲の空気で満たされた膨らみを多数有する．それらは上顎骨内，そしてまた椎骨周囲に広がり，嗉嚢と肩部にまで達する．

上部気道は空気を暖め，湿度を与え，濾過するフィルター機構(鼻口と鼻甲介)を備えている．鼻腔はまた，拡張した空気で満たされた眼窩洞に繋がっている(図2.16)．空気は口蓋にある切れ目(後鼻孔)を通って喉頭に入る．喉頭は音を出す能力はないが，開閉することができ，その際に音を調節する．気管は切れ目のない石灰化した気管輪で構成される．気管は複雑で可動性のある構造の鳴管で終わる．オウムの鳴管の内側は鳴管弁があり，その遠位に外側鼓状膜とその後ろに2本の一次気管支が分かれ，それぞれが片方の肺に分布する．鳴管の外側面には形状の変化した気管および気管支軟骨に付着する数本の筋肉が終始し，このシステムが声を作り出す．一次気管支はより小さな気道に枝分かれし，それらはすべて連絡しているが，最終的に肺を通り抜けて気嚢に続く．この気道の複雑な経路と空気力学的な弁の存在が，空気の大部分が肺組織の大部分を通る一方向の流れを可能にしている(図2.17)．

ガス交換の最終単位は気道の最も小さな領域つまり含気毛細管である．含気毛細管は気道が吻合した三次元のネットワークを構成しており，そこを空気が通る．気道の大きさは，より大きな気道の壁にある平滑筋や，含気毛細管を覆い気道壁にある細胞から分泌される界面活性剤により調節，維持されている．

鳥類呼吸器系の他の主要な特徴は，哺乳類に比べガス交換がはるかに効率的なことである(Box 2.1)鳥は哺乳類では極端な低酸素状態を生み出す環境においても元気に飛翔することができる．

吸気と呼気は活発な過程である．肋骨が前外側に動き胸骨を前腹側に押す．横隔膜はないが，この動きが鳥の体内容積を増加させ，空気を気嚢に引き込む．呼気は筋肉の活発な収縮によって引き起こされ，呼吸器系の外に空気を強制的に押し出す．麻酔の間，腹臥位の鳥では吸気のために体全体を持ち上げなければならない．腹臥位の鳥はいくつかの気嚢を膨らませる能力が減少し，呼吸不全となることがある．

中枢神経系

鳥の中枢神経系は哺乳類のものに類似している．脳は同じくらいの大きさの動物では哺乳類の脳ほど大きくはないが，爬虫類の脳より大きい．大脳皮質は発達が非常に悪い．前丘(視葉)は巨大で，視神経の総横断面積は脊髄のものより大きい．嗅上皮は発達が悪い(19章参照)．

脊髄は形態的に他の脊椎動物のものと同様で，中心部の灰白質とそれを囲む三つの白質の柱(背，腹，外側)から構成される．鳥には辺縁核が存在し，これが灰白質を囲み，腹側で脊髄を横断するように線維を伸ばす交差性神経と考えられ，白質の柱に沿って非局所的知覚神経線維を伸ばす多シナプス性神経細胞であるかもしれない．脊髄は脊椎と同じ長さで，馬尾は存在せず脊髄は髄膜で覆われている．硬膜外腔は液体よりもむしろゼラチン様物質で満たされている．大きな静脈洞が椎管の背側面に沿って走り，延髄の領域で大きく発

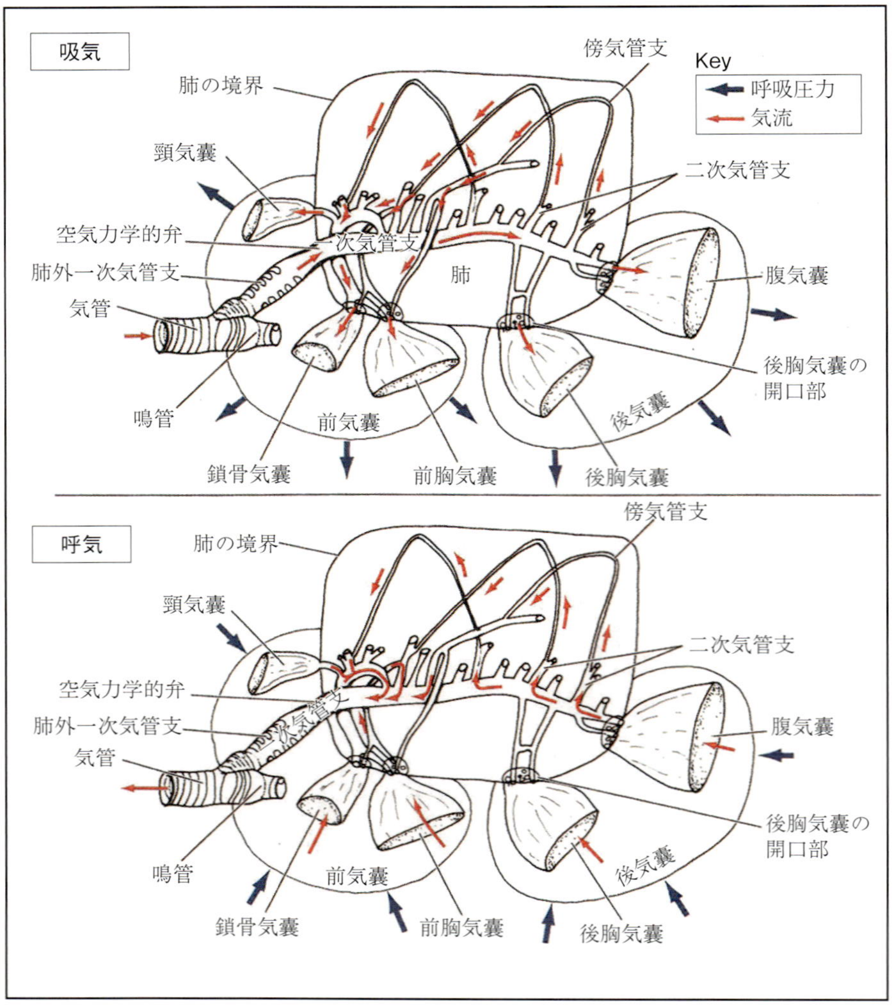

図2.17 鳥の肺内の空気の動き．吸気の移動は気嚢の容量を増加させ，呼気は減少させる．肺の容量と形は変わらない．傍気管支の配置と空気力学的弁の存在のため，空気は傍気管支野中を方向性がなく移動し，その中でガス交換が行われる．

BOX 2.1 鳥類と哺乳類の肺の比較

鳥類の肺は呼吸の際にその形を変えない，そしてその気道も変化しない．ガス交換の最終単位（気道細管）は哺乳類の肺胞（35 μmあるいはより大きい）より小さい（3～10 μm）．気道は鳥に特有の3層の物質によって覆われており，気道内の液状物質を少なく保つための界面活性剤として働く；表面張力の影響下で気道が虚脱するのを防ぎ，気道直径を顕著に減少させない程度に防御能を持つ液体層を十分薄く保ち，肺水腫の危険を減少させる．その小径の気道は酸素拡散勾配を大きく促進させる．

哺乳類では各肺胞の空気は1回の呼吸サイクルで一定の割合で1回だけガス交換される．鳥では肺内の一方向の空気の移動がある．盲端である肺胞が存在しないので，呼吸サイクルにおいて死腔が存在せず，すべての空気がガス交換に使われる．

血管－気相間の壁（毛細血管内皮細胞/基底層/呼吸上皮細胞）は哺乳類に比べ鳥類は3分の1の厚さである．

気道細管の中で血流は空気の流れの方向とは逆の方向になる傾向があり，これが大きな拡散勾配を生む．これは対交流ガス交換として知られている．

鳥類の肺は，哺乳類の肺より，体重グラムあたりの毛細血管血液量が20%大きい．肺の血液量はまた呼吸サイクルにおいて一定であり，哺乳類の場合と異なる．

達している．静脈洞は腎臓の循環と吻合している．グリコーゲンボディーは腰仙随の背側柱の左右の分かれ目に見られる．グリーコーゲンボディーを作る2種類の神経線維は血管拡張を調節し，神経分泌の機能を有していると考えられる．

翼は腕神経叢から神経の供給を受ける（図19.2参照）．腕神経叢は腹側および背側両方の神経束を伸ばすため，翼は神経に囲まれており，その神経束は脚に着く前に腎臓と骨盤の間を通る．

感　覚

視覚は鳥の最も重要な感覚であり，大部分の種で眼は大きい．耳は眼ほど発達がよくないが，いくつかの役割を持っており，聴覚はオウムにとって重要である．

眼と視覚

オウムのような古い種では頭部の幅が狭く，眼が外向きについている傾向がある．オウムの（片眼の）視野は300度であるが，両眼視の視野は鳥類で最も狭く，6から10度である．

眼（図2.18）には小さな前眼房があり，その角膜は哺乳類のものより薄い．後眼房はもっと大きいが，オウムでは眼が球形あるいは管状よりむしろ平坦である．その形状のため，網膜は広い視覚鋭敏な領域を持つ（単一な視覚鋭敏領域を持つ哺乳類とは異なる）．毛様体は水晶体を支え，2種の横紋筋を含んでいる．前および後強膜角膜筋である．眼球とその内側にある筋肉は，角膜辺縁にある骨性の強膜骨によって支持されている．

水晶体は柔らかく，水晶中心体があり，それが環状の水晶体質によって取り囲まれている．水晶体質とは水晶体包液で満たされた水晶体包によって分けられている．遠近調節は後強膜角膜筋によって効果的に行われ，後強膜角膜筋が毛様体を水晶体に押しつけるように働くと，水晶体の湾曲が強くなる．水晶体は単に柔らかいだけではなく，紫外線を透過させる．

眼の筋肉は紅彩を調節している筋肉も含め横紋筋であるので，鳥は紅彩やその他の調節を意識的に行うことができる．多くのオウムが虹彩を行動学的信号として活用しており，特にボウシインコは虹彩で色を点滅させることができる．

網膜は大多数を占める錐状体といくつかの桿状体から構成される．それぞれの錐状体は固有の神経節細胞を有し，脳は一対一に対応した信号を受け取り，このことが優れた視覚を可能にしている．一方，数個の桿状体は一つの神経節細胞とシナプスを形成しており，少しの光でも神経刺激が起きることを可能にしている．これは優れた暗視能力を示している．哺乳類のように，大部分の鳥で桿状体を欠いた中心野が存在する．錐状体は油滴を含んでおり，短波長の光を吸収し，長波長の光を通す遮光フィルターとして機能すると思われる．セキセイインコはオレンジ色，黄色および青白い緑の油滴だけを有している．色のついた種子を使った実験でセキセイインコは青を識別するが赤に対する感受性がないことが示されている．これはセキセイインコが赤色の油滴を欠いているためであろう．鳥は紫外線（UV）により表現される色を識別することができる．これは熱帯地方の果実食性の鳥には有効である．熱帯林の果実は成熟するとUV反射性を有するようになる．多くのオウムはUV反射性の羽を持ち，それが年齢や性差を示す．

多くの非捕食性の鳥種は，頭部を回転させ片眼で対象物に近づいて見ることが多い．しかし，鳥類には眼を動かすための外来筋があり，オウム類は，より広く上下や前方を見るために眼を動かすことができる（例えば，オウム類は自身の嘴の先端を見たり，餌を選んでついばむ時には餌を見ることができる）．これにより，数度の範囲で視野を変えることができる．網膜細胞の配置は種によって多様で，このことは鳥種の飛翔や探索の行動に関係している．飛翔の間，多くの鳥は地上と水平線を同時に見ることができ，両者の距離が異なっていても同時に焦点を合わせることが可能である．これは網膜の異なる部分を使用しているだけでなく，視覚信号が脳の異なる部位に伝わっていることによる．これまでに櫛状突起から後眼部への組織液の移動が示されている．

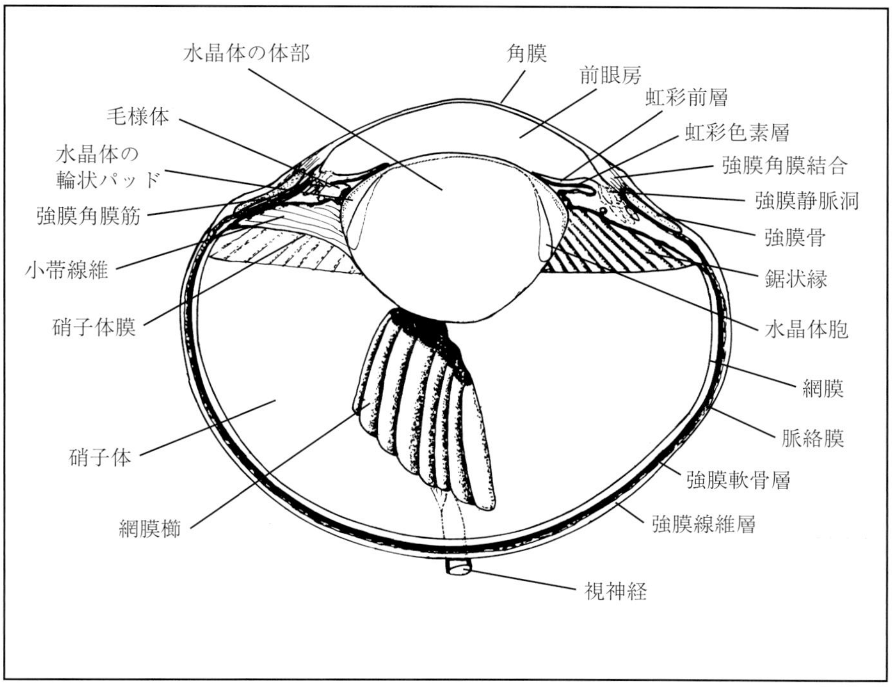

図2.18 ヨウムの左眼球の腹側面．懸垂する靭帯は，その下にある鋸状縁を見せるために眼球の側頭（右）は切除されている．強膜軟骨層は強膜骨の内側面に隣接している．強膜骨は角膜に連続する線維性組織で囲まれている．虹彩の内側表面は多数のメラニン顆粒を含有している；その色素層は毛様体周囲に連続し，最終的に脈絡膜の色素細胞層を形成する．視神経は網膜櫛によって覆われるため，眼底鏡では観察することができない．視神経は強膜を通過するにつれ扁平になる．水晶体は一つの嚢胞として形成される；水晶体の体部はその後極から発生し，嚢胞をほぼ満たすまで増殖する．その発生の後期では，輪状パッドが辺縁のリングとして形成される．輪状パッドと水晶体体部との間の隙間はもともとの水晶体胞の遺残である．この図の眼球は直径16 mmである．

半透明の瞬膜が眼を防御し清潔にしている（図2.16および19.4参照）．瞬膜は第六脳神経に支配された二つの筋肉で自発的に動かされている．瞬膜が眼の上を素早く動き，瞬膜に関連する分泌腺から分泌物が出て，分泌物は涙管へと戻る．

3

飼育法

Alan K. Jones

はじめに

オウムインコ類は獣医診療の観点から大きく二つのグループに分類される．野生の鳥と大きな違いのない種(多くの大型オウムインコ類)および何世代も飼育され野生種と大きく異なる種(セキセイインコ，オカメインコ，そして多くの小型インコ類)である．これらの鳥に利用できる種々の飼育方法について，一般の臨床医との関連を含めて紹介する．飼育方法は，疾病発生に多くの影響を及ぼす．

表3.1 繁殖期における共同の禽舎の長所と短所

長　所	短　所
1箇所で複数の鳥を飼育すると以下の点で繁殖活動に良い影響がある． • 番いの相手を広い範囲から選択できる． • 野生環境に近い行動ができる． • 繁殖状態の相互刺激	• 繁殖期間中は攻撃的になる可能性が高い(肢部を失ったり，死に至ることもある)． • 飛翔場が過密状態の場合は繁殖活動が抑制される． • 優位の鳥は番いになり繁殖するが，他の鳥の繁殖を妨害することがある．

飼育設備

飼育方法は大型禽舎での飼育と，屋内ケージでの小規模な飼育に分けられる．

禽　舎

配　置

禽舎は屋内または屋外にあり，その両方を組み合わせることも一般的である．後者には建物内に睡眠のための区画または巣箱の区画のどちらか，もしくはその両方を用意し，そこに餌入れと水入れを備える．この建物には開閉可能な出入口を取り付け，戸外の金網で覆った飛翔場と繋げて拡張する．オカメインコやセキセイインコのような種は，通常は群れを形成する社交的な鳥である．このような共同の禽舎では争いを避け，巣や卵や幼鳥への危害を防ぐため，十分な止まり木や，食餌，飲み水，巣作りのための場所を用意することが重要である(**表3.1**)．

多くのより大型のオウムインコ類は，隣接して繋がった一続きの飼育場で番いごとに飼育される．これにより飼育者は特定の番いを管理し，餌や巣の場所の競争を避けることが可能になる．多くの鳥は互いに生まれつき攻撃的であることが多く，他種の鳥を見ると繁殖活動が妨げられることがある．このため，隣接する鳥は相性のいいものを選ぶべきである．飛翔場は「二重の網」，すなわち最低3 cmの間隔を開けて2層に固定した金網で囲むことが重要である．これにより，隣の鳥の肢端を攻撃することを防ぎ，同時に猫，ネズミ，猛禽類といった捕食者が金網を通してオウムインコ類に危害を加えることも防ぐ．

構　造

檻に適した金網は筒状に巻いた物や羽目板状の既製品が市販されている．ワイヤの太さや「ワイヤゲージ」は，飼育する鳥種によって異なる．例えば大型のコンゴウインコは，小型のキキョウインコ属に使用する金網(16または19 G)よりも太いもの(13 G)が必要である．安い網は亜鉛中毒(20章)の原因になるため，品質の良いものを使用する．

網は金属製または木製の枠に取り付ける．木材は鳥に安全な防腐剤で処理する(例えばタンニン処理または水溶性の木材塗料)．鳥の嘴(特に大型のコンゴウインコ，オオホンセイインコおよびオオダルマインコのような種)は破壊力が強いため，露出した木製の骨組みを金属板で保護するか，金属で骨組みを作る．

げっ歯類の侵入を減らすため，レンガやブロックで作られた頑丈な低い壁の上に金網の骨組みを取り付けることが理想である(**図3.1**)．床には土，芝，小石，木屑，コンクリートや舗装材を敷く．土の中には虫卵が存在する場合があるので，腸内寄生虫に感染しやすくなることがある．木材製品は*Aspergillus* spp.の胞子を含んでいることがある．このため，床に石材，コ

図3.1 屋外の飼育場で飼育されるコンゴウインコの巣箱に注目．禽舎の正面に自由に飛翔できるベニコンゴウインコが数羽見られる．

図3.2 地面から離れた状態の禽舎では排泄物が網の床から下に落ちる．禽舎の正面には自由に飛べるルリコンゴウインコが見られる．

ンクリートあるいは舗装材を敷くことでこれらの疾病の危険性を減少させ，また定期的に水を撒くことで糞便の堆積を防ぐことができる．他にも「禽舎の床」が網状になっていて地面から離れていれば(図3.2)，糞便や不要な餌が下に落ちて鳥との接触を避けることができる．針金の上で長い時間を過ごすと肢を傷付けることがあるため，十分な止まり木を用意することが重要である．また害獣が禽舎の支柱を登ってこられないようにすることも必要である．地面の餌を探す性質のあるモモイロインコのような種が明らかに寄生虫に感染しやすいが，このような方法はこういった鳥種にとっては，必ずしも最適な方法とはいえない．

禽舎の屋根を風雨がそのまま入るような網にする場合には，ねぐらや雨除けとして使える巣箱を設置する．あるいは屋根に部分的または全体的に覆いを付ける．強い直射日光を避けるため日陰は必要だが，新鮮な空気，日光，雨に触れることで羽や皮膚の健康状態は大きく改善される．一方で，猛禽類や害獣から襲われる危険性や，野鳥の糞便から病原体に汚染される可能性があるなど健康上不利な点がある．しかし，これらの健康上の危険性よりも，「屋外飼育」で得られる利益の方が大きい．

立　地

飼育場施設の立地は重要である．日光や風向といった地域の環境因子を考慮しなければならない．ある地域では寒くてひどい環境の原因となるものが，より温暖な気候の地域では心地良い日陰や雨除けとなる場合がある．

近くに生える植物は大きな影響を与える．落ち葉が禽舎内に散乱し，張り出した枝葉で薄暗くなり水滴が絶え間なく落下することになり結果的に藻類が成長する．禽舎の屋根に届く枝がリスやネズミの通路になることもある．嵐で折れた枝は建物を破損することもある．また一般に飛翔場内の植物はオウム類がすぐに傷付けてしまうため，共存には適さない．

空港，交通量が多い道あるいは工業地帯の近辺では鳥の健康に悪影響を及ぼす可能性がある．人間の隣人も重要である．

- オウムは騒々しいため，隣人からの苦情により不和になったり，鳥の飼育をやめなくてはならなくなる．
- オウムたちは近所の猫，騒々しい犬や子供に動揺する．特に繁殖期は，卵や幼鳥が死ぬこともある．
- 隣人がバーベキューや焚き火を頻繁に行う場合，鳥にとって重大な脅威となり，有毒な煙が禽舎内に吹き込んで鳥が死ぬこともある．

禽舎が完全に屋内にある場合，集中的な飼育システムが問題を招くことがある．例えば，不十分な換気により感染性病原物質(特に呼吸器系)が急速に拡大して感染しやすくなる(表3.2)．一方で，気温，湿度および照明(紫外線を含む)の調節が可能であるという利点がある(Box3.1)．

表3.2 屋外飼育場の長所と短所

長　所	短　所
• 空間的余裕があり，飛翔が可能である． • (屋外の飛翔場がある場合)日光と新鮮な空気が得られる． • ほとんどの鳥に適している． • より「自然な」行動が見られる可能性がある．	• 屋外の生活に順応する必要がある． • 捕食者や野生動物によって攻撃されたり，疾病が持ち込まれる可能性がある． • 盗難の危険性がある． • 激しい悪天候やその他の環境の災害 • 鳥を動揺させずに健康状態や行動の監視を行うことが困難である．

BOX3.1 屋内飼育オウムインコ類のための紫外線照射設備. M. Stanfordのご厚意による.

- 正常なビタミンD代謝と繁殖行動を行うため，すべての屋内飼育のオウムインコ類に(UV-AおよびUV-Bを発する)人工の全波長光源(フルスペクトラムライト)の設置が必要である.
- 鳥の正常な視覚にはUV-A(315～400 nm)が重要である. 紫外線が羽に反射することで鳥の眼に見えるようになる. これにより正常な繁殖行動が行われるようになる.
- UV-B(285～315 nm)照射は鳥のビタミンD合成に重要である. 特にヨウムには重要で，ヨウムは飼育下でカルシウム代謝疾患に罹患しやすいことが知られている.
- 電球は鳥から30 cm以内になるように設置する.
- ライトは少なくとも1日60分は照射する. 鳥の原産地に似た光周期にすることが望ましいだろう.
- 波長295 nmを放射する電球はビタミンD合成にとって最も効果的である. 市販の電球にはArcadia社の鳥用全波長電球(36W FB36)やPhilips社のFlutone管(TLD/96S)がある.
- 過剰なUV-Bの照射がビタミンD毒性を引き起こすことはないだろう.
- UV-B照射を物理的に妨害するような器具を電球と鳥の間に置かないようにする. たいていのガラスやプラスチックはUV-Bを透過しない.
- 電球は可視光よりも先にUV-Bが照射されなくなるため，6カ月ごとに交換する.

ケージ

愛玩鳥のオウムインコ類の飼育には，ほとんどの場合ケージが利用される. ケージにはさまざまなデザインや大きさがあり，価格や仕上げも幅広く鳥よりも高額になる場合もある.

飛ぶように創られた生物をケージ内に完全に閉じ込めることの是非については現在も議論がある. しかし鳥を家庭環境で飼育する場合，適切なケージの使用が最も安全であることは疑いがない. ケージは鳥の避難所や休憩場所と考えるべきで，ペットは可能な限りケージの外で止まり木に立たせたり飼い主とともに自由にさせる必要がある. 1981年に実施された野生生物および田園地帯保護法(the wildlife and countryside Act 1981)に関連し，ケージの最小サイズ(22章)は，鳥が翼を三方向すべてに完全に広げることができなければならないと法律で定められている. したがって翼幅90 cmあるコンゴウインコのケージは90×90×90 cmよりも小さなものであってはならない. これは最小限の大きさであるため，限られた期間あるいは一時的にケージに留める時にのみ使用する.

鳥の輸送のために小さなケージや箱があると便利である(4章). 住家が騒々しい場合，この箱は鳥に休息や睡眠を与えるためにも有用で，ストレスによる毛引き(16章，17章)をする鳥の隔離にも利用できる. 大型のケージは輸送が困難であるため，清掃や移動のための解体や再構築に耐えるよう十分な強度でなければならない.

ケージの構造

金属線の強度に関しても，禽舎と同様に飼育する鳥に適合する基準がケージに適用される. 重要な点は，ケージの側面が湾曲せず平面になっていることで，円形や卵円形のケージはオウムインコ類にとって快適ではない. 針金の格子は垂直方向よりも水平方向の針金が多くなくてはならない. これは大部分のオウム目がよじ登り行動で長い時間を過ごすためで，垂直方向よりも水平方向の針金の方がよじ登りが容易である.

ケージには清掃しやすい材質を用い，排泄物や病原体が入るための隙間の無いようにする. 軽いプラスチックトレイは衛生的だが割れやすく，長期の使用には向かない. 多くのケージは金属線をビニールで覆った針金で作られており，新品の時は魅力的だがオウムの嘴に対する耐久性がなく下層の金属がむき出しになり錆びる. ビニールの破片やむき出しになった金属製の排泄物入れは健康を害する危険がある.

大型のケージは床に直接設置するように設計されており，小型の物はテーブルや棚の上に置く. 他にもケージを適切な高さに上げるための脚がついているものもある. この台には棚が組み込まれていることがあり，この棚が脚を支えることで安定性も良くなる. 脚に設置されたキャスターで重いケージを容易に動かすことができる. このケージには，底面にトレイや餌の散乱を防ぐための金属の「スカート」が設備されているものもある(図3.3)

ケージの設備

鳥の快適性と安全性が最も重要で，ケージには考慮すべきいくつかの危険因子がある. 設計に欠陥のある留め具や派手な装飾物によって(飼い主や鳥の)指が狭まったり，鳥が逃げ出すことがある. 塵埃・排泄物の入る隙間に関してはすでに述べている. しかしながら，安全面で最も重要な点は，上述の禽舎に関する項で言及したようにケージの金属による亜鉛中毒の可能性である. 仕上げに粉体塗装されたケージは安全で，飼い主は，実際に「亜鉛不使用」のケージであることを確認することが必要である.

ケージにはその内側に合うように切られた止まり木が付属し，普通は滑らかな木やプラスチックで作られていることが多い. これらは清掃が容易だが，できるだけ早く(無毒性で安全な供給源から得た)自然の枝と交換すべきである. 適切なトネリコ，ハシバミ，ヤナギ，ユーカリ，クリ，イチジク類，ニワトコ，処理されていない果樹などが適している. 止まり木は趾を伸

図3.3 良質の市販ケージ．その大きさとケージと組み合わされた「プレイスタンド」と排泄物を受ける「スカート」に注目．ケージ内には多くの玩具，止まり木および餌入れのための空間がある．

ばしすぎたり，きつく曲げすぎたりせず，楽に止まり木に巻きつくよう，種に適した直径にすべきである．太さが適切な範囲内である止まり木は自然木と同様，金属やプラスチックよりも不規則な形をした脚の状態の改善に寄与し，また木を噛み砕くという身体的な気晴らしを与える．このため止まり木は定期的に取り換えることが必要となるが，鳥にとってはより幸福で健康的である．

「プレイスタンド」は鳥にさらなる刺激と自由を与える（図3.4）．この遊具は市販の製品（一般に止まり木に円形の受け皿や給餌用カップが付属しているものが多い）を用いるか，自然の枝を用いて自作する．トレイや塵埃の飛散を防止するスカートが付いていることもあり，止まり木にさまざまな玩具を付ける．

餌と水の容器は，通常ケージに付属している．これらはプラスチック，セラミックあるいはステンレス製の容器で，さまざまな方法で取り付けてあることが多い．オウムインコ類は容器をひっくり返して空にして遊ぶため，金網に引っ掛けるだけのシンプルなＤカップの餌入れ（図3.6）は長期間の使用には向かない．各容器はケージの側面を開けて中に入れ，外部から固定して設置する．容器がケージの内側から外側へと180

図3.4 市販の玩具つきプレイスタンド．

図3.5 回転式餌入れが推奨される.

図3.6 典型的な不適切な小型のケージで飼育されているヨウム．Ｄカップの餌入れが柵に引っ掛けてあることに注目.

度回転する回転式餌入れはさらに便利で，ケージ内に入らずに容器の取り外し，清掃，交換が可能である(図3.5)．回転台は外部から固定する．同じ基準が屋外禽舎で飼育されている鳥の給水にも適用されている．回転式餌入れを設置することで，各禽舎内に順に入る必要がなくなり，戸外飼育の鳥の世話や管理が迅速，簡便になる.

屋内飼育鳥における問題

屋内飼育の鳥は，禽舎の鳥と同様に食餌や中毒が問題となる場合がある．また，禽舎の鳥以上に問題となりそうなのは，騒々しいペットや子供にさらされることである．鳥たちはまた，さまざまな種類の独自の家庭環境を経験する.

最も多いのは，日光および新鮮な空気の不足に加えて室内の暖かく乾燥した空気(特に冬の暖房がついている時)による羽の質の悪化で，羽がもろくなり，色がくすみ，炎症が起き，最後には毛引きに至る(16章)．このことは，質の悪い餌や，退屈な場合に悪化することがある．臨床医は，屋外飼育より屋内飼育の鳥で，羽の状態を観察する機会が多く，毛引きは孤独な人工飼育の鳥の情緒的な「不安」である程度説明されている場合もあるが，屋内の環境や空気はこのことに大きな影響を与えている.

人間や他の鳥とのかかわりや，むしろその欠如，または飼育に不向きな気質がストレスとなり疾病に繋がる．オウムインコ類はしばしば最小限の空間で飼育され(図3.6)，噛みついたり屋内を損傷する恐れがあるために外に出されないことが多い．これによってさらに監禁状態にしてしまうという悪循環を引き起こす．もし鳥が屋内で自由が許されたとしても，他のペット，火や煙突，鍋，鏡そして窓といった危険に遭遇したり，開いた戸から逃げる可能性がある．他にも家庭内には塩，チョコレート，アルコール，煙草の煙(マリファナ中毒が愛玩鳥のオウムインコ類で見られたこともある)，有毒な植物(Speer and Spadafori, 1999)，そして焦げつき防止加工した台所器具を加熱し過ぎたり料理用の油を燃焼することで出る有害な煙などの危険がある.

鳥の選択と入手

野生または飼育繁殖

オウムインコ類は今も原産国から輸入されているが検疫や輸入の規則は徐々に変化している(22章)．オウムインコ類を飼育する場合にも猛禽類で必要とされているように，脚環の装着および番号登録という形で飼育許可と登録を要求されることが増える可能性がある.

野生で捕獲された鳥はサルモネラ症，パチェコ氏病，クラミジア症，そして腸内寄生虫といった感染症を運んだり，年齢や気質が不確かであることが多い．野生の鳥は飼い馴らされることはあまりないが，馴れる可能性もある.

愛玩鳥を購入する場合，飼育繁殖された鳥が理想的であるように思われる．人に馴れており，野生の生息数を危険にさらすことがない．しかし実際にはこの理想はいくつかの理由で実現されていない．第一に人工飼育された鳥の多くは，特に孵卵器で孵化して人の手で飼育された場合，野生の鳥に比べて強健ではない(図3.7)．この鳥類飼育分野はまだ比較的新しく，より強く健康なオウムインコ類の幼鳥の飼育法はまだわかっていない(18章参照)．第二に，幼鳥を飼育する室内で他の感染症が急速に広がり，ペットショップを通してさらにその子孫に広がる．自然界にはオウムインコ類の嘴と羽毛病(psittacine beak and feather disease：PBFD)，ポリオーマウイルス，前胃拡張症(proventricular dilatation disease：PDD)といった長い潜伏期を持つウイルス感染症が存在し，入手可能な

図3.7 人工飼育されているコンゴウインコの幼鳥．

飼育繁殖オウム類が増すにつれ鳥類飼育の現場に広がっている（13章）．

家庭で繁殖した鳥の多くは，野生種の本来の性質を残しているため，性成熟にともない深刻な心理的問題を発症することがある．オウムインコ類を人工飼育しても家禽化されるわけではない．閉じ込められた状態を受け入れ適応するには選択的な遺伝子変化をするため何世代も必要となる．このような鳥が成熟すると鳥は自分が何者であるのかという点で混乱し，ヒトと他の鳥との両方とのかかわりがどちらも困難になる．これにより不適切な性行動，攻撃，叫び声，破壊性または毛引きといった問題行動が引き起こされる．このような鳥は管理が難しいため繰り返したらい回しにされ，眠らされたり，「自然保護区」に捨てられることもある（17章）．

鳥の種類

前述のように，オウムインコ類の長い寿命に責任を持ち，騒音，散乱，破壊の可能性があることを自覚する必要がある．一般にこれらは安価なペットではなく，市場で安く売られている鳥は粗悪な飼育背景や不健康で感染症を運ぶ可能性があることから，飼育者は結果的に買った鳥が高価だったと後悔することとなる（Speer and Spadafori, 1999 ）．

雌雄鑑別

性別と年齢を確認する．飼育者が繁殖用の鳥を必要としている場合は性別が重要であり，一般に大型のオウムインコ類の多くは性成熟すると同性よりもむしろ異性の人間の飼い主になつく．人工飼育された若齢鳥は，飼育者と同じ性別の人間に対して反応することがよくあるが，鳥がどのようにして飼育者の性別を認識しているのかはわかっていない．

オウムインコ類の中には性別により外見が異なる種がある．セキセイインコは蝋膜の色が異なり，灰色オカメインコは羽が異なる．ワカケホンセイインコの雄の成鳥は頸部に色のついた輪の模様がある．タイハクオウムは虹彩の色が異なる．しかしこれらの違いがわかるのは成鳥のみであり，幼鳥は両性ともよく似た外見である．オカメインコやセキセイインコの新しい色調突然変異の中には，性別による明らかな色の差異がないものもいる．例外として，オオハナインコ（図18.1参照）は幼鳥の羽が生えそろうとすぐにはっきりとした羽の違いがわかる．

単一形の種（オウムインコ類の大部分）は血液または羽サンプルのDNA解析や内視鏡検査（外科的雌雄鑑別）（18章）で性別を判定する．このような鳥は検査の証明書とともに販売され，それに関する個体識別のリングが脚に取り付けてある．

成　熟

すべての種の幼鳥，特にタイハクオウムは魅力的で衝動買いを招く．このような鳥はすぐに飼いならされて扱いやすいが，必ずしもそのままではない．ヨウムや大型のコンゴウインコは幼鳥の時に灰色の虹彩を持つ．6カ月齢から徐々に黄色になり，通常1歳齢で完全に黄色になる（図3.8）．オウムインコ類の幼鳥は成鳥に比べて足の外皮が柔らかく，嘴は滑らかで

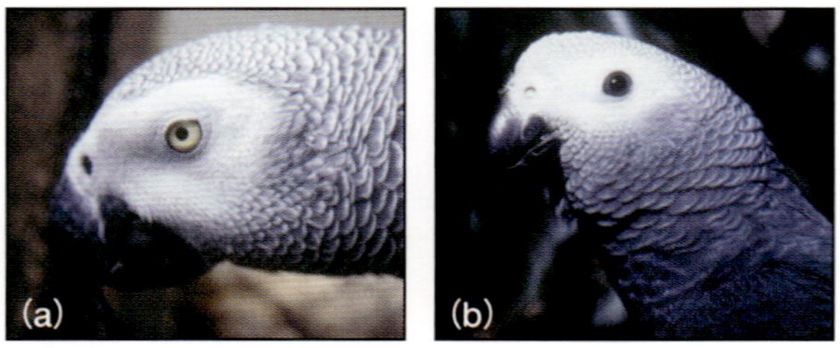

図3.8 (a)黄色の虹彩を持つヨウムの成鳥，(b)灰色の虹彩を持つ幼鳥．

図3.9 コンゴウインコ．成鳥（左）と幼鳥（右）で頭部の輪郭と嘴の比率の違いに注目．

艶がある．また嘴は幼い時ほど下嘴の比率が大きい（図3.9）．

種の選択

表3.3に一般的に市販されている種の特徴と飼育の適合性について大まかな要点を示した．生物学的な詳

表3.3　一般的に飼育されている鳥種．（続く）

大型コンゴウインコ類	• 十分な広さと音が出せる場所が必要 • コンゴウインコを例外として，多くは意外なほど穏やかな鳥 • 長寿（40～50年）；破壊的 • 羽に特有の匂い．
小型コンゴウインコ類（コミドリコンゴウインコ，キエリヒメコンゴウインコなど）	• 一般に好ましい小型オウムインコ類だが，この種も騒々しく破壊的 • 共通して毛引きが多い．
オウム類	• 黒色種は希少種で専門家向きであるため，熱心な愛好家だけが飼育している． • 白色種は一般的で容易に購入できるが，家で飼育する愛玩鳥としては理想的ではない． • 可愛らしい幼鳥の多くは，成長に伴って神経過敏で要求が多く，毛引きをし，叫び声をあげ，攻撃的で破壊的なはみ出し者へと変わる．そして最後には家から家へとたらい回しにされ，不幸な運命に陥る．しかしこれは鳥に落ち度はなく，もとはといえば世話をする人間がこの種の身体的および精神的要求について理解が欠如していたことが原因である． • 体からたくさんの粉塵を出す．
アケボノインコ類	• 小型，魅力的，通常は静かで問題のない鳥 • 警戒した時にする特有の過呼吸を上部呼吸器系の疾患と間違えることがある．
ハネナガインコ類とシロハラインコ類	• 大きさや適合性から同じグループに分類されるが，前者はアフリカ大陸（ムラクモインコ，ネズミガシラハネナガインコ，ズアカハネナガインコ）そして後者は南米が原産地である． • どちらも要求が多すぎず，素晴らしい性格で遊び好きであり，家庭用の良い愛玩鳥となる． • シロハラインコ類は騒々しい場合がある．
ボウシインコ類	• 典型的な「緑色オウム」 • 寿命35～40年 • 種は多様で，一般に興味深い個性であり神経質すぎることはない． • 時々攻撃的になることがあるが，普段は良い家庭用愛玩鳥であり，一人の人間に執着することもない． • 騒々しいことがある（しかしそれは少なくとも「音楽のような」雑音である）． • ケージの中では肥満になりやすい． • 副鼻鏡の疾患に関連するビタミンA欠乏症に非常になりやすい． • 独特な羽の匂いがある．
ヨウム類	• 「ヨウム」は最も一般的な愛玩鳥である．銀灰色の羽，赤い尾，黒色の嘴 • コイネズミヨウムは若干小型で，濃い灰色の体，栗毛の尾，角色（→白色）の嘴 • 知能が高く，よく話したり真似をするが，要求が多く，「一人の人間だけに馴れる鳥」になることがよくある． • 寿命35～40年 • 飼育者が1日中仕事で外出している場合は，この鳥を飼うべきではない． • 欲求不満による毛引きを予防するために，継続的な精神的，身体的刺激が必要である． • 食物を選り好みすることがよくある． • ビタミンA欠乏症や低カルシウム血症になりやすい． • たくさんの粉塵を落とす．
オオハナインコ	• 興味深い鳥．はっきりとした性的二型 • 通常は静かに周囲を熱心に観察しているようだが，時々突然声を出す． • 羽の疾患や低カルシウム血症になりやすい． • 他の一般的な種よりも多くの果実を食べるため汚い糞便をする． • もっと人気が出ても良い種である．
ヒインコ類	• 色彩豊か，陽気で活発だが，果実と花蜜を接食するために汚れる． • 屋外禽舎の方が向いている．
コニュア	• 2群からなる．一般に禽舎で飼育される． • クサビオインコ属はとても騒々しいので屋内での飼育には向いていない． • ウロコメキシコインコ属の方が小型で一般に静かである．若鳥の時から飼い始めれば愛玩鳥にできる．陽気
セキセイインコ	• 色彩豊かでケージ飼育する愛玩鳥として親しまれているが，熱心な飼育者は展示や繁殖のために多羽飼育している． • 後者の鳥は大きくなる傾向があり，家庭向きの品種としては適さない． • 肥満，すべての型の腫瘍，ウイルス性や遺伝性の羽疾患になりやすい．

表3.3　（続き）一般的に飼育されている鳥種

オカメインコ	• とても一般的で，屋内のケージまたは屋外禽舎のどちらでも飼育でき，非常に多くの色彩の変異種がある． • 非常に騒々しいが，社交的 • 並外れた数の卵を産卵する．これは家庭環境では問題になる（18章） • 黄色と白色の品種は皮膚と羽の疾患になりやすい．粉塵を出す．
他のパラキート類	• ホンセイインコ属（ワカケホンセイインコ），小型のオーストラリアの種（アキクサインコ，ヒムネキキョウインコ，そして他のキキョウインコ属）およびより大型のオーストラリア種（クサインコ）を含む． • クサインコとワカケホンセイインコはペットショップで愛玩鳥として販売されているが，これは勧められない．これらの鳥は屋内のケージ飼育よりも，屋外禽舎での飼育に向いている．キキョウインコとそれに関連した種は，特に人気があり，魅力的で飼育が簡単で多くは静かである． • オキナインコは群れで生活する鳥であるが，個別に飼育しても楽しませてくれる扱いやすい愛玩鳥になる．

細については1章を参照．**表3.3**に示した解説は一般論であり，飼育者やその鳥の個性には必ず例外がある．

一般的な世話と福祉

- 食餌はとても重要である．栄養不足とそれに関連した栄養疾患は鳥類診療で最もよく見られる疾患の根源になる．栄養疾患や**粗びき**穀物使用の是非については15章で詳しく検討する．
- 鳥の羽にとって**水**が重要であることはすでに述べた．日常的な**水浴びや霧吹き**は，羽の乾燥や質の悪化を防ぐためには不可欠で，結果的に生じる毛引きを防ぐことになる．
- **寄生虫制御**は13章，15章および16章で詳しく述べる．オウムインコ類の毛引きの原因として一般的には外部寄生虫を考えることが多いが，実際はまれである．輸入されたばかりの鳥や禽舎の鳥，地面から直接餌を食べる鳥種には内部および外部寄生虫に対する処置が必要になるかもしれない．しかし室内飼育が確立しているオウムインコ類では問題になることが少ない．
- 環境の質を高めることが重要で不可欠である．高い知性を持つ生物であるため，彼らは幸福であるためには継続的な精神的肉体的刺激が必要で，他の鳥やヒトと定期的に交流することが望ましい．飼育者不在であれば，ラジオやテレビをつけたままにしておくことも良い（しかし鳥に適切な休息を取らせることも重要である．過度な刺激は退屈と同じくらいストレスが多い）．玩具やパズルを与えるべきである．お気に入りの餌を筒，木製のブロックあるいは空の木の実の殻の中に隠しても良い．ペットショップには多くのアクリル，木，皮，縄の鳥類玩具（**図3.4**）があるが，ダンボール箱，ボール紙の巻物あるいは松ぼっくりといった安くて簡単な代用品の利用で終わりのない作業療法を行うことができる．

個体識別法

鳥の個体識別は以下の項目を含む多くの理由のために重要である．

- 繁殖を行う飼育者が特定の鳥を番いにできたり，特定の両親の子を見分けることができる．
- 血統や仕入先を突き止めることができる．
- 所有権の確認ができる．

オウムインコ類は飛んで容易に逃亡するため，迷い鳥になった場合の身分証明が必要になることがよくある．残念ながら，オウムインコ類は金銭的価値が高いため，盗難される可能性も大きい．盗難された鳥が発見された時，盗難を確実に立証し正しい飼い主に返すためには鳥の身分を証明するための明確な証拠が必要になる（National Theft Register と Independent Bird Register の連絡先はこの章の最後に記載）．

鳥に印を付ける方法はいろいろとある．

- **入れ墨**が（猟犬のグレーハウンドや農場の動物に行うように）用いられてきたが，鳥類の皮膚には哺乳類の皮膚ほど持続してインクが残らない．レース用のハトで行われているように，風切り羽の上に飼い主の電話番号をゴムで印字する方法は，換羽までの一時的な期間有効である．
- 変形した嘴やつま先が欠けているなどといった鳥の見分けのつく特徴がある場合は，明確な外観を**撮影**することが有用である．大型のコンゴウイン

図3.10 ベニコンゴウインコの顔に認められる羽の線は，個体識別に用いることができる．

図3.11 脚環の装着に用いる閉環プライヤー．

コ類の顔の羽の線は人間の指紋のように固有のものであるため撮影して記録する(**図3.10**)．

- **DNA法**を用いて雌雄鑑別した鳥はそのDNA分析結果を保管する．これは各鳥に固有のものであるため今後の個体識別や血液関係の問題が起きた場合に役立つ．DNA分析は関連研究室に具体的な依頼をする必要がある．
- **マイクロチップ挿入法**は鳥類への使用が増加している．シンプルで信頼性が高くほぼ確実な個体識別法である．挿入部位に関する手技と考察の全詳細は6章で示す．チップに対して鳥はあまり違和感を感じず，最新の物は合併症を引き起こすこともないようである．初期は異なったチップに異なった読み取り装置(スキャナー)を使用することで混乱が起きたが，現在の型はISO規格に適合し，すべての製品が共通して読み取り可能であり，移動することもない．

脚環の装着

現在最も一般的に行われている鳥の個体識別法は脚環の装着である．脚環は足の趾骨と踵の間の，羽の生えていない足根中足骨に取り付ける．脚環は，閉環状の物と開閉式のものがある．閉環状の脚環は金属の切れ目のない環で，鳥が幼鳥の時にのみ装着できる．この時はまだつま先が小さく柔らかいため，脚環が足関節を通り足根中足骨にはめることができる．

開閉式(または分割式)脚環は不完全な環として製造され，年長の鳥の下脚部にプライヤーのような工具を使って装着する(**図3.11**)．これらの脚環は下記のような単純な個体識別のために用いる．輸入や輸出における法的必要条件，または科学的雌雄鑑別に従った雌雄の確認．脚環は外部から見ることができるという点ではマイクロチップより好都合である．

プラスチック製の脚環は，本来はスズメ目の種や水鳥のみに適したもので，オウムインコ類は嘴で容易に取り外してしまう．断面が平らなアルミニウム製の脚環は小型のオウムインコ類には適しているが，大型の鳥は噛み切って取り外してしまう．さらに悪いことに，強力な嘴で脚環を脚に締めつけて重度の傷を負ったり，脚の一部を失うこともある(6章)．この金属は色分けしてあるので，記録した色はセキセイインコの群れの中で鳥の孵化した年の識別などに用いられている．ブリーダーの頭文字や電話番号，さらに孵化した年や脚環のサイズを示す文字や数字が記号で表示されることがある．アルファベット順の後半のアルファベット記号(U, V, Wなど)はその前の記号(R, S, T)よりもサイズが大きい(**図3.12**)．しかしすべてに共通した表記法はなく，英国で許可された正式な登録もない．このため，逃げ出した鳥を脚環から個体識別することは困難である．

大型のオウムインコ類の多くは頑丈で噛み切れないステンレス製の脚環を付けている(**図3.13**)．平たい物もあるが，断面が円形の物の方が一般的である．幼鳥には閉環状の脚環が装着され，通常はブリーダーの

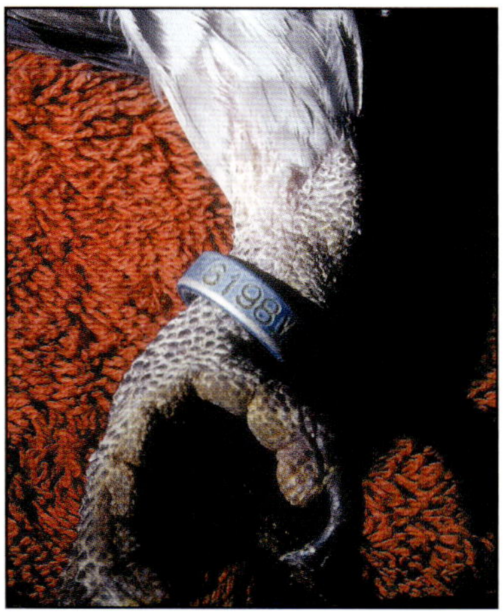

図3.12 ブリーダーのアルミニウム製脚環．

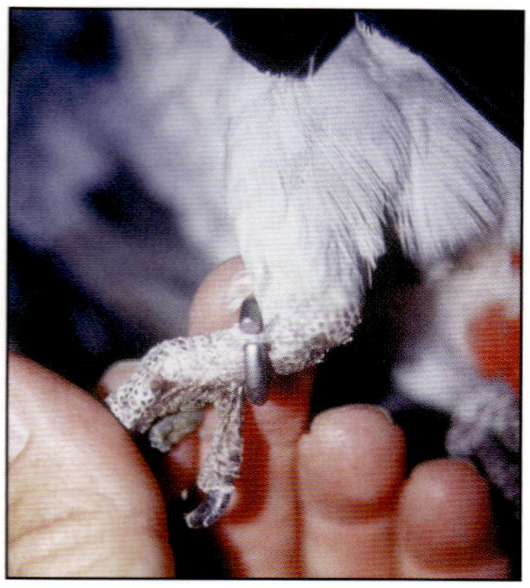

図3.13　ステンレス製の性別判定脚環．

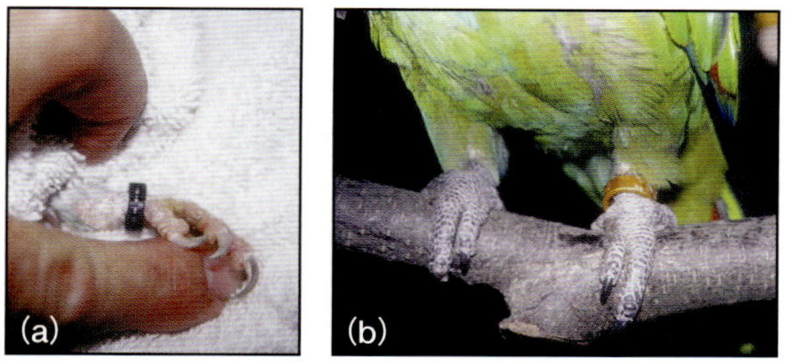

図3.14　Andrew Greenwood が使用したリベットで固定している「スイス式」の雌雄鑑別脚環．(a) 雄（黒色），(b) 雌（金色）．

頭文字が記されている．分割式の脚環は年長の鳥に装着し，数字と文字の記号が刻印されている．最も一般的なタイプは輸出入時の個体識別や外科的雌雄鑑別の結果を記録するために使用される．

脚環の着色は容易ではなく，雄鳥は右脚に，雌鳥は左脚に装着することが慣例的に受け入れられており，外見から容易に識別できる．しかしブリーダーや輸入者が似たような脚環を鳥の性別とは無関係に利用しているため，単純な外観からだけで性判定された鳥と判断すべきではない．雌雄鑑別を行った獣医師の頭文字を確認するため，脚環の記号を必ず読み取る必要がある（表3.4）．

よく見られる脚環の最後の型はスイス製の開閉式脚環で，リベット（鋲）を用い成鳥に取り付ける．内視鏡検査による性別判定の結果を2色で色分けして示すものもあり，黒色は雄，金色は雌に使用される（図3.14）．

表3.4　脚環でよく用いられる接頭語（これ以外の組み合わせはブリーダーの頭文字や輸入品の脚環の可能性がある）

AEUK	Avic Euro（輸入業，販売業）
BII	Bird International（ブリーダー，フィリピンからの輸出）
PSUK	Parrot Society UK（PS 会員の所有する鳥）
SEXED／SEXD	Pegasus Bird（Essex の販売業者）にて雌雄鑑別
EBER	英国種／人工飼育
獣医師の性別判定脚環	
ADM	Demod Malley
ABVET	Andres Brieger
AEAC	Avian & Exotic Animal Clinic,Manchester
AL	Alistair Lawrie
AKJS	Alan K Jones
BCS	Brian Stockdale
BHVC	Birch Heath Veterinary Centre
CJH	Chris Hall
DNA	DNA sexed via Avi-Gen
JRB	Richard Best
MGB	Matt Brash
NF	Neil Forbes
NHB	Nigel Harcout-Brown
PWS	Peter Scott
WHWW	William Wildgood

有用な住所

登　録

National Theft Registers
(coordinated by John and Anita Hayward)
PO Box 243
Bicester
OX26 1ZN
tel. 01869 325699

Independent Bird Register
The white House Business centre
Hatton Green
Hatton
Warwick
CV35 7LA
tel. 0870 6088500
www.ibr.org.UK

脚環製造

AC Hughes Ltd
1 High Street
Hampton Hill
Middlesex
TW12 1NA
tel. 020 8979 1366
www.achughes.com

Lambournes
Marche Way
Battlefield Enterprise Park
Harlescott
Shrewsbury
SY1 3JE
tel. 01743 443883
email:sales@lambournes.net

JE Bandings Ltd
Unit4, Bessborough Works
Molesey Road
West Molesey
Surrey
KT8 2HF
tel. 020 8941 5444

協　会

The Parrots Society UK
92a High Street
Berkhamsted
Herts
HP4 2BL
tel. 01442 872245
www.theparrotsocietyuk.org

出　版

Cage & Aviary Birds (weekly)
IPC Media
King's Reach Tower
Stamford Street
London SE1 9LS
tel. 020 7261 6116
email:Bird@ipcmedia.com

Birdkeeper (monthly)
IPC Media
King's Reach Tower
Stamford Street
London SE1 9LS
tel. 020 7261 6116
www.birdkeeper.com

Parrots (monthly)
Imax publishing Ltd
Unit B2, Dolphin Way
Shoreham-by-Sea
West Sussex
BN43 6NZ
tel. 01273 464777
www.parrotmag.com

4

ハンドリング

J.R.Best

ハンドリングの基本的な原則

臨床検査または治療の手順のためにオウムインコ類をハンドリングする際の原則は，他の動物を保定したりハンドリングを行うことと似ている．すなわち，動物を保定するのと同時に動物と取扱者の両方が怪我の危険や苦痛が最小限で済むように行う．オウムインコ類の特に小型種は繊細なので，思いやりのないハンドリングによって傷付けたり，衰弱させてしまい，その結果怪我や苦痛の影響をさらに受けやすくさせてしまうかもしれないということに留意することが重要である．扱いにくい罹患鳥をうまくハンドリングするには，自信を持ってしっかりと固定し，しかし決して手荒にきつく扱わないことである．これは経験を通して体得するしかない．

小型のオウムインコ類は咬んで痛みを与えることができるだけであるが，大型種の場合，強力で独特の嘴によって重大な怪我を負わされることがある．オウムインコ類は，積極的に攻撃してくることはほとんどないが，捕獲時には活発に抵抗し，咬みついて防御しようとする．捕獲しハンドリングしている間は，鳥の頭を素早く完全に抑え，翼と脚を保定するのが必須である．

どんな時であっても，ドアと窓を閉めた室内で扱うべきである．室内を暗くすると，活動的な鳥をケージから捕まえたり，逃げた鳥を取り戻したりするのが楽になる．同様に，赤い光や暗い部屋では鳥は落ち着くかもしれない．オウムインコ類をハンドリングしようとする場合，彼らの性質と飼われ方にも注意しなければならない．人工育雛によって飼い馴らされたペットの鳥は，いつも通り優しくハンドリングし，めったにハンドリングされたことのない鳥小屋や鳥かごの鳥とは違う扱いが必要である(17章)．しかし，どんなによく馴れている鳥であってもそうでなくても，すべての大型オウムインコ類には重大な怪我を負わされることがある．

鳥(特にペットの鳥)をハンドリングする際は，飼い主から離れた部屋で行うことも賢い選択肢である．多くの飼い主は，自らの鳥がハンドリングされているのを見て，苦しまされていると思う．そして彼らの存在がひょっとすると鳥にとっては，飼い主と一緒にいることが不快な経験を連想させる原因になるかもしれない．このように鳥と人間の絆に損害を与えることになる．経験ある鳥の飼育者は，彼ら自身の鳥をハンドリングする際に，良い助手になる場合もある．検査の間，罹患鳥と助手の両方の安全についての責任は獣医師にあり，そして実行できる範囲内で鳥を扱うための方針を考えなければならない．

大部分の中型から大型のオウムインコ類は，タオルや布を使って保定することができ，その方法については以下に述べる．しかし，次のような想定される問題を防ぐことに留意しなければならない．

- とてもきつく握ってしまうと，胸壁を過度に圧迫し，呼吸を危うくしてしまう．
- 長時間仰向けに握っていると，特に腹部腫瘤や体腔液のある鳥の場合，呼吸を危うくしてしまう．
- 特に老齢の鳥や肥満の鳥，そして呼吸困難の鳥はうっ血性心不全のため衰弱してしまう．
- 長時間のハンドリング(特に頭を覆っている場合)や捕まえられることから激しく抵抗して逃れようとする場合は高体温を発症させる．ボウシインコはたった4分間のハンドリングで高体温になり得ることが既に明らかになっている(Greenacre and Lusby，2004)．

危険度の高い罹患鳥をハンドリングする場合は事前に飼い主にこれらの危険について注意深く説明すべきである．緊急事態の場合には酸素をすぐに使えるようにしておく必要がある．

病気の伝染を減少させること

オウムインコ類のハンドリングにおいて，健康と安全は密接にかかわり，第一に身体的な怪我のリスクがあり，さらに取扱者と助手に対する人獣共通感染症という現実のリスクもある．使い捨ての検査用手袋を使うことは，鳥のハンドリングを行うすべての人と収容設備への感染のリスクを低減させるだけでなく，罹患鳥間の交差感染の危険も低減することになる．交差感染を防ぐために，洗濯したてのタオルと布をそれぞれの鳥で区別して使い，それは鳥が病院にいる間にだけ使うようにする．タオルは紫外線の光を反射しないものを使うようにする．鳥は紫外線の光の影響を受けやすく，そのようなタオルは僅かなストレスの原因になるかもしれないからである．それは，ほとんどの粉末洗剤には紫外線の働きを高める成分が入っていることにも留意すべきである．

さらなる予防策として，特にクラミジア感染症(22章)の可能性がある場合には空気感染を起こすため，鳥のいるところでは必ず手術用のマスクやゴーグル，保護眼鏡を着用すべきである．

捕　獲

オウムインコ類をハンドリングする際の最初の行程として，普通は輸送用のケージやボックスから取り出す必要がある．ここでは，逃げるという大きなリスクが伴う．部屋のすべての窓とドアを閉めることや，部屋の外から妨害されるという思いも寄らない出来事が起こらないよう，確実にしなければならない．

可能なら，動物病院ではその鳥自身が使い馴れた汚れたケージを使って診察を受けると，とても有利である．罹患鳥をそこから捕獲するまでの間，これは安全な入れ物となり，そして通常の飼育管理の状況や，姿勢や呼吸，糞便の性状などの臨床徴候の指標を得て，離れた状態から鳥を評価する機会がその診察獣医師に与えられる(5章)．入院を要する罹患鳥は，鳥専門の部門で管理を受けるのが良いが，観察や投薬のための短期間の入院であれば，その鳥自身のケージを使えば，よく馴れた収容設備になるだろう．

ほとんどのケージには，鳥を捕まえる際に脱走を最小限に抑えられる入り口がついている．ケージから玩具と止まり木を取り除くと，非常に簡単に捕まえることができる．ケージについている小さな入り口を使って鳥を捕まえたり取り出したりすることができない場合もある．しかし，多くのケージは土台を取り外して横に向けることができ，一度すべての止まり木を取り外して，逃げるのを防ぐために開口部に布を掛けてから鳥を捕まえられる．

小型のオウムインコ類(セキセイインコ，キキョウインコ類など)を除いては，ケージ内から鳥を捕まえるためにタオルや布を使うことが好ましい．タオルや布の厚さと大きさは，鳥の大きさによる．オウムインコ類を捕まえたりハンドリングしたりする際に厚手の

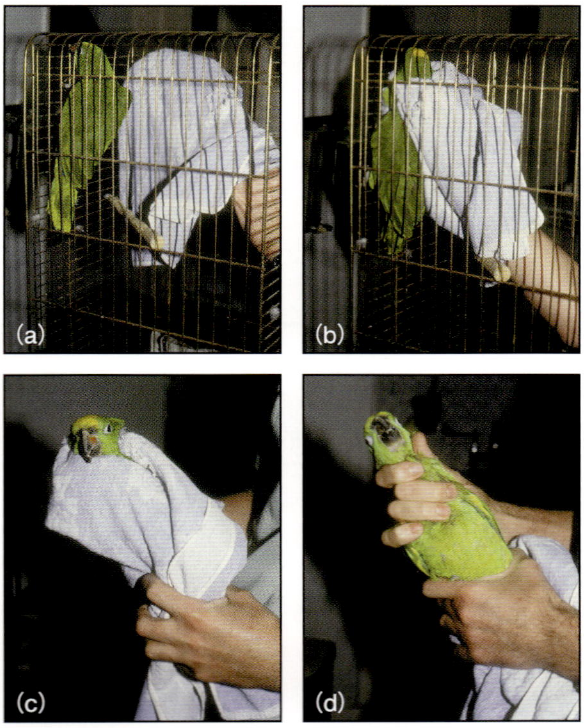

図4.1 (a)鳥(オオキボウシインコ)をケージの隅に追い込み，手を開いてタオルを掛ける．(b)鳥は手から向きを変えようとするので，頭を後ろからしっかりと掴み，手のひらを鳥の背中に当てる．(c)反対の手を使ってタオルで鳥の体を包み込み，脚と翼を保定する．止まり木から足と嘴を放させ，ケージから鳥を出す．(d)タオルがない場合の保定：きつくないようにしっかりと掴む．親指は頬に当てて，人差し指は頸部を囲むようにして，頭が回らないようにする．翼を掴んで押さえると，羽ばたくことができなくなる．

革手袋を使うことを好む飼育者もいるが，革手袋は器用さをかなり制限することになり，大型のオウムインコ類に咬まれることから保護するには不十分であるため，獣医師の診察時には通常勧められない．

鳥に近づく際，ハンドリングする者は安心させるような声のトーンで，急な動作を避け，静かに自信を持って近づくべきである．ケージ内では，金網を登るように誘導し，タオルや布を使って頸の周りを後ろから掴む(図4.1)．小型と中型の鳥は片手で捕まえることができるが，大型のオウムインコ類は両手で扱うか，場合によっては2枚のタオルを使う必要があるかもしれない．いったん鳥を保定し脚を金網から離したらケージから取り出すことができる．タオルや布は頭を覆ったり，鳥を完全に包み込んで翼と脚を抑えたりすることのできる十分な大きさのものを使うべきである．たいていの鳥は一度頭を覆って体を囲んでしまえば，もがくのを止めるだろう．

天井か背面に引き戸が付いている特製の木製輸送箱に入った鳥の捕獲は，直接行うしかない．多くの鳥は，前面入口のプラスチック製の猫用キャリーボックスに入れられる．これは，特に小型のオウムインコ類の場

合に，入り口が比較的大きく開くため，ハンドリングを行う者の腕の横をすり抜けて簡単に逃げてしまう．これは，鳥を捕まえようとする前に，入り口にタオルを掛けて少しだけドアを開けて行うことでそのリスクを減らすことができる．

ダンボール箱や，上の開くダンボール製またはプラスチック製のペット用キャリーも，捕まえる時に逃げる可能性がある．タオルや布をその入れ物の上に掛けて，掛けたタオルや布の下から蓋を開けるのが望ましい．鳥はタオルや布をかぶせて，頸の後ろをしっかりと掴むと捕まえることができる．

鳥小屋から鳥を捕まえるには，ほとんどの場合，手持ち用のネットを使うと最も簡単に安全に行うことができる(以下を参照)．たいていの鳥小屋には，飛翔エリアに繋がる作り付けのシェルターが備えられているため，シェルターが捕獲の助けになる．鳥小屋にいる繁殖用の鳥には，巣箱が与えられ，どの鳥もよく隠れたり休んだりする．デザインにもよるが，巣箱は鳥が入れば入り口を塞ぐことで捕獲するのに使うことができる．

ハンドリングの最中に逃げてしまったり，室内で飛び回っている鳥は，小型と中型の鳥の場合は手持ち用の捕獲ネット(枠付の適したネットは，鳥類の飼育用品を扱っているペットショップで入手可能である)を使い，大型の鳥には釣り用の網を使って捕まえると良い．手持ち用のネットを使う場合，止まり木に止まっている時や飛んでいる時でも捕まえることができる．一度ネットの中に鳥が入ったら，入り口を閉じるためにハンドルを180度回転させて捕まえる．大型のオウムインコ類は，最終的に床に着地することが多いので，コーナーへうまく追い込んでネットで捕まえたり，厚手の毛布や大きなタオル2枚を掛けて捕まえる．可能であれば室内を暗くし，懐中電灯を使って逃げた鳥を確認することで，鳥と捕獲者にとってのストレスをかなり減らせるだろう．麻酔を使う前には，捕獲した鳥を休ませることが重要である．そうしないと，興奮状態によって不整脈を起こさせやすくしてしまう．

検査と治療のためのハンドリング

オウムインコ類のハンドリングにおける基本原則は以下の通りである．

- ケージから鳥を捕まえたり，その後のハンドリングのために，必ず動物病院内の安全な場所を選ぶ．
- 窓とドアが閉まっていることを確認し，その室内には突然入ってこられないようにしておく．
- 検査に必要なすべてのものを必ず手元に置いておき，もし補助が必要なら飼い主ではなく訓練された専門職員を使う．
- とても活発な鳥や厄介な鳥を捕まえる場合は室内を暗くする．
- 鳥の頭を覆うために十分な大きさの洗い立てのきれいな布やタオル，毛布を使い，翼と体と脚を包む．
- 鳥の背側から頭と頸を掴んで，頭は覆い，翼と体は周りを包むのに十分余裕のある布を使って保定する．
- 鳥を長時間ハンドリングしない(できる限り4分以内に行う)．呼吸困難の徴候が見られた場合には，直ちに鳥をケージに戻す．
- 老齢の鳥や肥満の鳥，呼吸困難を呈する鳥を扱う場合は，最大の注意を要する．

いったん捕まえて保定すると，たいていのオウムインコ類は検査や処置を行うことができる．ほとんどの処置では，罹患鳥を保定するのに補助が必要となる．補助者が誰であっても，オウムインコ類のハンドリング技術や，特に大型のオウムインコ類をハンドリングする時の危険性について十分精通していることが，鳥と術者の安全のために不可欠である．飼い主による保定は必ずしも安全ではなく，怪我をさせてしまう実際のリスクや，後に訴訟になる恐れもあるため，例外的な状況を除いてはこのような行為は絶対にやめるべきである．

十分な大きさで厚みのあるタオルは，鳥の頸の後ろを安全に掴むことができ，頭と嘴をコントロールするのと同時に，視野を制限するために頭を覆い，もがくのを抑えるために翼と体と脚を包むことができる(図4.1)．ハンドリングしている最中は，多くの鳥，特によく馴れたペットの鳥は，頭頂部を優しく繰り返し撫でることで落ち着かせることができる．この方法でいったん効果的に保定することができれば，頭と体や，翼および脚の局所的な検査ができるようになるだろう．嘴や爪の手入れ，強制給餌のためのチューブの挿入，筋肉や皮下への注射，静脈穿刺(静脈注射)や吸入麻酔の導入など，多くの一般的な処置はこのような保定で十分である．

ハンドリングの後は，鳥をケージに戻す時に損傷を与えたり，さらなる怪我を防ぐことに注意しなければならない．もし止まり木に止まることができる場合は，タオルや布から優しく開放し，止まり木やケージの金網にすぐに登れるようにする．

鎮静や全身麻酔は多くの処置で必要とされる．特に痛みを伴ったり処置の時間が長引いたりする可能性のある場合や，X線撮影など不動状態を要する場合に必要である．鎮静や全身麻酔については8章を参照のこと．

小型のインコ類

インコ類の小型種(セキセイインコ，コザクラインコ・ボタンインコ類，キキョウインコ類)のハンドリングでは，大きなケージから小さな鳥を捕まえたりする場合以外は特別な問題はほとんどなく，咬まれるのは痛いがたいしたことはない．多くのペットの鳥は普通たくさんの玩具と止まり木がケージの中にあるので，それらの障害物を取り除くと捕まえやすい．たいていの場合，ケージには何羽かの鳥が一緒に入っており，目的の鳥を捕まえている最中や捕まえた後に，他の鳥が逃げないように注意しなければならない．前述したように，可能なら部屋を暗くすると，ケージの中の鳥をとても捕まえやすくなる．

先に述べたように，小さくて柔らかい布を使うと，鳥を扱う者が咬まれるのを防ぐことができる．多くのセキセイインコ，特によく馴れたペットや訓練された展示個体，そして多くのキキョウインコ類は素手で簡単に捕まえることができ，経験とともに自信を持ってできるようになる．リンガーグリップ(図4.2)によって一度捕まえてしまえば，検査や簡単な処置を行うためのハンドリングが可能になる．布の中で親指と人差し指の間に鳥の頸を押さえ，翼と体は手を握るように優しく保定する．

図4.2　検査のためのセキセイインコの保定(リンガーグリップ〈リンガーホールド〉)．

パラキート類と中型のオウムインコ類

パラキート類と中型(オカメインコ，ヨウム，ボウシインコ)から大型のオウムインコ類の多くは，人に育てられたペットで，飼い主はある程度扱うことができるものの，獣医師にみてもらう際には，しっかりと保定せずに検査を行うことは通常あまり賢い方法ではない．先述したように，もし補助が必要な場合は安全性と法的な理由から，できれば飼い主ではなく適任の者に任せるべきである．

可能ならいつも，制限された入れ物(ケージやキャリーケース)の中で鳥を捕まえ，先述したように保定すべきである(図4.1)．動物病院でペットの鳥を診察する際，飼い主の腕やさらには肩の上で診察を行うのはやめるべきである．この方法で診察にきた鳥は，飼い主に掴まれている間にタオルで保定することができるが，この方法は鳥が怪我をしたり取扱う者が咬まれたりするリスクが少なからずある．

検査や多くの簡単な処置は，鳥を適当な大きさのタオルで保定することで効果的に行うことができる．しかし，扱いづらい罹患鳥や長時間，あるいは痛みを伴う処置の場合は，適した薬剤の鎮静剤や全身麻酔を使う必要がある．

大型のオウムインコ類

中型のオウムインコ類で議論される技術は，大型のオウムインコ類(大型のバタン類やコンゴウインコ類)にも同様に適用できるが，大型のオウムインコ類に咬まれて大怪我になる可能性があることを注意しておかなければならない．鳥がどんなに飼い主によく馴れているように見えても，そのような鳥をハンドリングする時には十分な注意と警戒をしなければならない．

扱いづらいいくつかの大型のオウムインコ類を捕まえる場合，特に背後を向いて嘴と脚で自らを守ろうとするので，2枚の厚手のタオルや毛布を使って両手でまず頭，頸，翼，体，脚を保定すると安全である．いったん罹患鳥を保定してしまえば，検査のためにハンドリングしやすくするのに，タオルや毛布は外しても良い．

逃げたオウムインコ類の捕獲

オウムインコ類が逃げ出した時に取ると考えられる行動について，よくアドバイスを求められる．通常，ペットの鳥は部屋の中を自由に飛び回っている時や，非常に信頼している飼い主によって屋外を運ばれている時に逃げ出す．ほとんどのオウムインコ類は，通常の方法で羽切りされていても，特に驚いた時や，屋外で向かい風に向かって飛んでいる時には，ある程度は飛行することができることを強調しておきたい．飼い主に羽切りを頼まれた際に，このことをはっきり伝えておかなければならない．

逃げたペットのオウムインコ類のほとんどは，短い距離を飛んだだけで，普通はどこかに着地して留まり，じっとしておとなしくしている．それに対し，小型のパラキート類は動き回ってよく鳴いている場合がある．早朝は，それほど騒がしくなく鳥の鳴き声を聞き取りやすいので，行方不明になった鳥を捜すのに最も良い時間帯である．よく馴れた鳥は飼い主の声に反応したり，目立つ場所に彼らのケージを置いておくと戻って来るかもしれない．もし行方不明になった鳥を見つけたら，日が暮れてからだとより近づけるので，懐中電灯で照らしながら手持ちのネットで捕まえることができるかもしれない．鳥小屋から逃げた鳥は，入り口に餌を置いておびき寄せたり，仲間の鳥をおとりに使うことで，開放した入り口に安全だと思って入ってきやすくなるかもしれない．逃げた鳥にホースで水をかけると，鳥の飛翔能力が減少し再捕獲しやすくなるかもしれない．

特に地方のメディアを使って告知すると，行方不明の鳥を高確率で捜し出すことができ，またトランスポンダーを埋め込んでおくことで，飼い主の確認を確実に行うことができる．

5

初診：トリアージと救急処置

Aidan raffery

はじめに

トリアージとは，フランス語で「選別する」という意味を持つ trier という言葉に由来する．この考え方は救急医療の分野において発達した．生命の危機にかかわる状態にあり，一刻も早い処置を必要とする罹患鳥を，処置を待つことができるその他の罹患鳥の中から迅速に見つけ出すというプロセスのことである（図5.1）．

受付係のための情報

受付係は，動物病院において飼い主と最初に接触するスタッフである．鳥類の診察を行う動物病院では，受付係のために下記を準備しておく．

- 鳥の救急症例を見分けるためのガイドライン．このガイドラインには，簡潔であること，また治療にあたるまでの時間的余裕に基づいて分類されていることが求められる（表5.1）．
- その病院で治療できる種は何か，そして院内のどの獣医師が鳥類を担当することができるかについての情報
- その病院では対応できない症例を紹介することができる鳥類臨床医の一覧

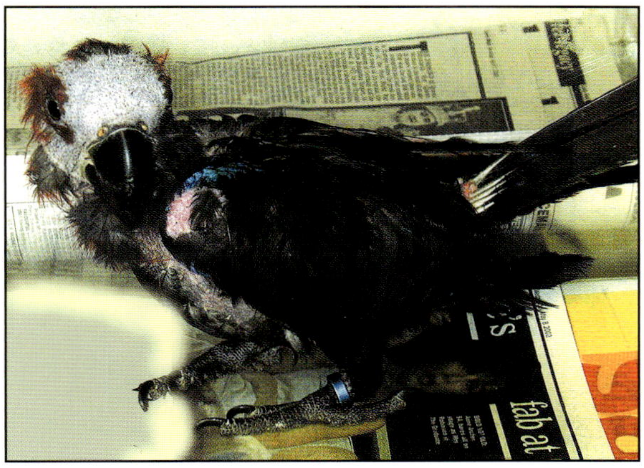

図5.1 全身の脱羽と皮膚の発赤が見られるものの，迅速な処置が必要な徴候は示していないオオハナインコ（図18.1と比較）．

診察時に十分な評価ができるように，受付係は飼い主に以下のものを持参するよう指示をする．

- 可能であれば，普段飼育しているケージに入れて鳥を連れてくる．それができない場合は，ケージの写真やビデオを持参する．来院前にはケージの掃除をしないこと．理想的には，排泄物が観察しやすいように，ケージの床に白い紙を敷く．
- 新鮮な排泄物（紙にのせて容器に入れる）
- 与えている食餌
- すでに施されたすべての治療に関する情報

表5.1 動物病院の受付係や鳥類の看護の訓練を受けていない看護師のための，電話によるトリアージ．罹患鳥がどの程度急いで受診すべきかを判断するためのもの．これは飼い主が主訴とする症状に基づいて作成している．

できるだけ早く受診すべき

- 排泄物の回数や外観の急激な変化
- 摂食量の急激な低下
- 態度，気質，ふるまいの変化
- 膨羽
- 鳴き声の減少
- 呼吸の変化，あるいは異常な呼吸音
- 体の一部の急激な肥大あるいは腫脹
- 出血あるいは外傷
- 嘔吐あるいは逆流
- 眼または口からの分泌物

24時間以内には受診すべき
（ただし上記の徴候がない場合に限る）

- 飲水量の増加あるいは減少
- 体重の変化，あるいは全身状態の変化
- 鼻孔からの分泌物
- 排泄物の数や外観の変化
- 摂食量の低下

疑問な点がある場合には，鳥類獣医学の資格や経験のある獣医師または動物看護師に相談すること．受付係が電話で獣医学的な助言をしてはならない．

- ビタミン，ミネラル，その他の与えているすべてのサプリメント

他からの転院症例の場合は，診察時に参照できるよう，病歴の情報提供をあらかじめ依頼しておく．

待合室や診察室は下記のように設計，管理されているのが望ましい．

- すべての鳥は，診察室に入るまで安全なキャリーケージの中で待っていられる．
- 開いた窓や保護カバーのない換気扇が一切ない．
- 騒がしい犬や，凝視する猫から隔離されている．
- 天井は低く，きちんと閉まる鍵つきのドアがある．
- 神経質な鳥を捕まえる時に使用できる赤色灯がある．

問　診

鳥の診察方法を体系化し，熱意を持ってすべての症例を診察しなくてはならない．詳細な稟告を取っている間は，鳥の異常な徴候を観察できる時間でもある．ふるまい，動作，体型，呼吸の深さと速さ，そして環境に対する鳥の反応に注意して観察する．**表5.2**は問診すべき項目のガイドラインである．診察を進めるにつれて，関連する器官のより詳細な問診が必要となることもある（各器官の章を参照のこと）．

表5.2　問診のガイドライン（続く）

1. シグナルメント
• 年齢（もしわかれば）
• 性別とその鑑定方法（性的二型，血液または羽髄のDNA鑑定，外科的鑑定，あるいは行動観察による不確かな鑑定）
• 雌の場合は繁殖歴（産卵の有無，有の場合は産卵数と頻度）
• 種：飼育下での繁殖あるいは自然界で捕獲，自然育雛あるは人工育雛
• 入手経路：ブリーダーから，ペットショップから，その他
• 飼育期間，以前の状況，入手時期
2. 環　境
• ケージ：ケージ内の備品，ケージの置き場所，大きさ，素材として使われている金属
• 止まり木：太さ，位置や構成が適正かどうか
• 光周期と光の種類
• 衛生：掃除の頻度と掃除の仕方
• 飼い主と鳥の触れ合い
• 他の鳥との接触（ペットショップ，禽舎，預かり施設への訪問を含む）
• 毒物への暴露：ケージの外で過ごす時に毒物に接触する可能性，キッチンで飼われていて調理中に発生した毒物に空気を介して接触した可能性

表5.2　（続き）問診のガイドライン

3. 食　餌
• 食餌内容：実際に食べているのは何か
• 購入時の袋は密封性か，あるいは非密封性か
• 食餌の準備および保管の方法
• 水の調達もと，サプリメント添加の有無，排泄物や水浴びによる飲み水の汚染の有無
• 衛生：食餌と水の容器の掃除と中身の入れ替え頻度
4. 症　状
• 受診した理由
• 症状がある場合，最初に気づいたのはいつか
• 症状が進行しているか，変化せず維持しているか，改善してきているか
• 飼い主が他の変化にも気づいているか（排泄物，鳴き声，摂食・飲水，ふるまいなど）
5. 病　歴
• 罹患鳥の過去の病歴は必ず確認すること（飼い主自身による処置や病院での治療歴を含む）．

診　察

鳥類は病気の徴候を隠すことが多いため，飼い主が異常に気づいた時には非常に重篤な状態となっていることがある．反対に，鳥と強い絆で結ばれた飼い主は，鳥が他人には隠してしまうような徴候を早期に気づく

図5.2　(a)この番いのアケボノインコモドキの雌は，半ば眼を閉じて，周囲への反応も示さず，止まり木に止まっていられないほど弱っていたため，捕獲されケージに入れて病院に連れて来られた．(b)同じ個体が，20分後に診察台の上でケージをよじ登り，警戒した様子を見せていた．この鳥はエルシニア症により間もなく死亡した．

こともある(図5.2).

鳥のハンドリングをする前に観察を行う．離れて観察することで，鳥に影響を与えることなく，態度，形態，姿勢，行動，呼吸回数と努力性呼吸の有無を評価することができる.

捕獲と保定

離れて観察した後に，詳しい身体検査を行うため，罹患鳥を捕えて保定する(4章)．重篤な症例では，保定する時間を最小限に留め，診察はごく短時間ですませる(本章で後述する「救急症例の安定化」を参照)．ハンドリングに必要なもの，検査に必要なもの，診断用の採材に必要なものが何かを決め，あらかじめ準備しておくことが重要である.

動物看護師はオウム類をハンドリングできる技能を身に付けておくことが必須である．不馴れな者が捕獲や保定を試みて鳥が激しく抵抗すると，重大な結果を引き起こすことがある．オウムインコ類のいくつかの種，特に大型のコンゴウインコは非常に力が強いため，助手は鳥の動きを制御できる十分な力がなくてはならない．そうでなければ，助手，獣医師，そして飼い主が怪我を負う危険が非常に高い．飼い主に自分の鳥の保定をさせてはならない．これは安全のためだけでなく，場合によっては飼い主と鳥との良好な関係を維持するためでもある.

体重測定

すべての罹患鳥は，診察のたびに体重測定を行う．入院中の鳥は毎朝必ず体重を測定する．訓練された鳥は体重計に設置した止まり木に乗せて測定し，そうでない個体は体重測定用の箱に入れて測定する(図5.3).

体重のみで，体型を評価してはならない．大胸筋の大きさや体腔の触診など，その他の要素も含めて評価をする.

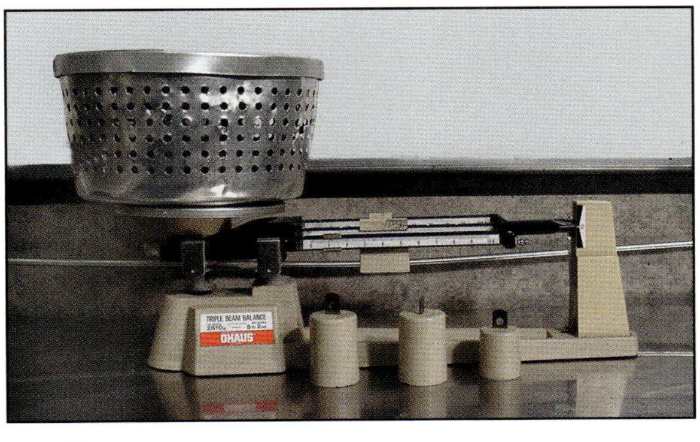

図5.3　天秤と鳥を入れる箱.

身体検査

臨床獣医師はその種の正常な状態をよく把握していなくてはならない(1, 2章)．鳥類臨床医を目指す者は，自分が治療することになるであろう種の正常な個体を，数多く診察できる機会を設けるようにすると良い．正常な個体に馴れ親しんでいることが，異常に気づくことができる唯一の方法である.

性　別

性的二型の種の性別は必ず記録しておく(3章)．雌雄同形の種は，DNA検査を行うか，あるいは腹腔鏡検査(しばしば病鳥の検査に用いられる)の際にあわせて雌雄鑑別を実施する(9章).

嘴

嘴は左右対称で，滑らかでなくてはならない．形や外観は，成長速度と同様に種に特異的なものである．近縁の種であっても，正常な長さには違いがある．例えば，ベニコンゴウインコはアカコンゴウインコと同程度の体重であるが，その嘴は後者よりも大きい．どちらの種も上嘴は主に象牙色で，摩耗した辺縁の先端だけが黒い．これに対してスミレコンゴウインコの嘴は黒く大きい(図11.20，11.21を参照).

ヨウムなどのいくつかの種は，比較的多くの脂粉を産生するため，黒い嘴が灰色のように見える．このような種では，艶のある黒い嘴は粉綿羽に異常を来たす疾患を示唆する(16章)．これに対して，他の種では

(a)

図5.4　(a)ナナイロメキシコインコの艶のある正常な嘴.(続く)

図5.4　(続き)(b)アオメキバタンの脂粉で灰色を呈した正常な嘴.

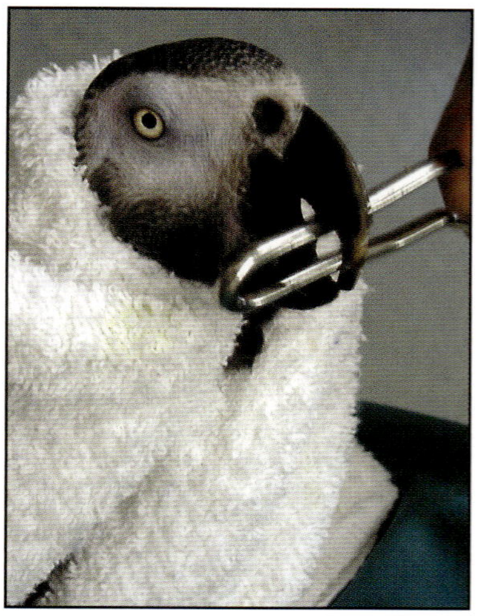

図5.6　金属の開口器をヨウムの口腔内検査に用いているところ.

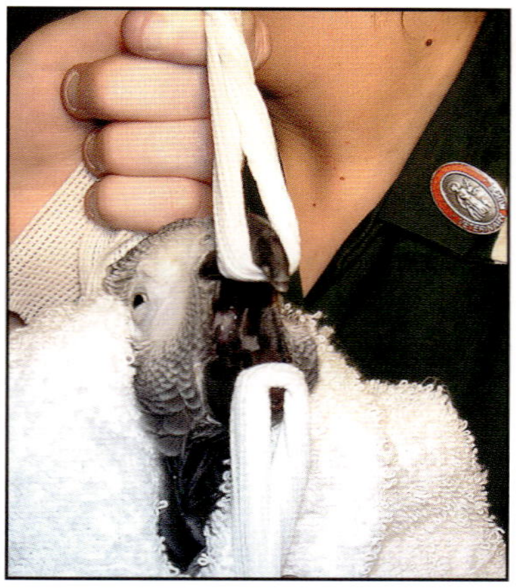

図5.7　ガーゼのひもを用いて口腔内検査をしているところ.

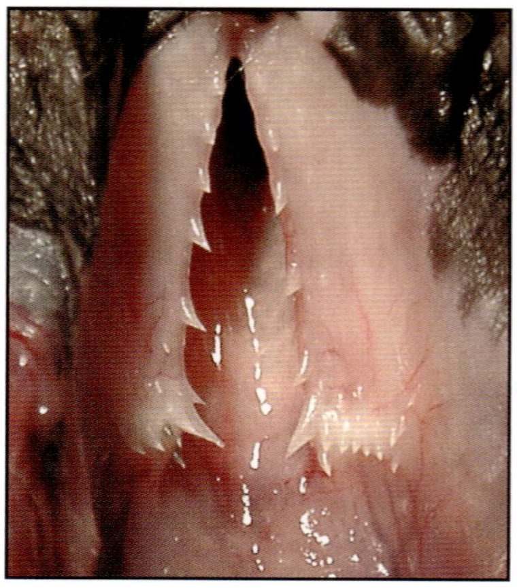

図5.8　モモイロインコの正常な(色素沈着のない)後鼻孔．乳頭の形や数には種差がある.

艶のある黒い嘴が正常である(図5.4および図13.4参照).

嘴の変形にはさまざまな病因がある.新生ヒナでは,嘴の変位が多く見られる．成鳥では，外傷による変形(図5.5)，すなわち骨折や成長板損傷により生じた溝や変位(11章)の他，不適切な嘴のトリミングによる医原性の変形(6章)も見られる．栄養素欠乏では嘴が粗く脆弱になる場合があり，開口させるために金属の開口器を用いると嘴が粉々になってしまう(12章).トリヒゼンダニ(特にセキセイインコで多い)や慢性肝障害も，嘴の状態が悪化する原因としてよく見られる(16，20章)．いくつかのウイルス性疾患でも嘴に異常を生じる(13章)．腫瘍性病変，特に扁平上皮癌やメラノーマでは嘴の湾曲を引き起こす.

図5.5　嘴に咬傷が見られるボタンインコ.

口　腔

口腔を診察する際には，鳥を片手で保定し，もう一方の手で開口器を用いると良い(図5.6).

その他の手段としては，2本のガーゼのひもを用いる(図5.7)．この方法は助手が必要ではあるが，嘴の角化状態が悪い場合でも損傷を与えにくい．口腔内をしっかりと検査するためには全身麻酔が必要な場合もある．なお，口腔内の検査には光源が必要である.

正常な口腔内粘膜は平滑かつ湿潤であり，ピンク色(もともと色素沈着している個体を除く)をしている(図5.8)．後鼻孔は硬口蓋を経て，鼻腔に開口しているが，左右対称でなくてはならない．後鼻孔の非対称性は，慢性の感染症，あるいは腫瘍に起因する可能性がある．左右対称の歪みや，後鼻孔の非開口すなわち後鼻孔閉鎖はヨウムでしばしば見られる(2章).

後鼻孔乳頭は，後鼻孔裂の辺縁から尾側内方に突出する．乳頭が丸みを帯びている場合には注意が必要である．これは他の徴候の中でも特に，ビタミンA欠乏症に関連する徴候だからである(12章)．後鼻孔裂

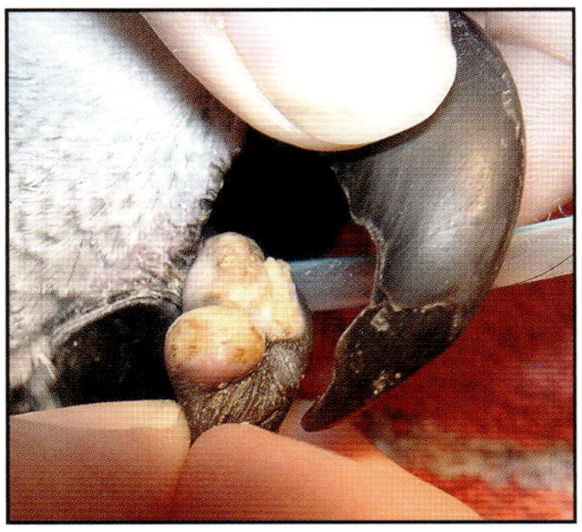

図5.9 ヨウムの舌に見られる複数の膿瘍.

表5.3 口腔内疾患

栄養学的	• ビタミンＡ欠乏症
非感染性	• 外傷 • 異物 • 局所的炎症
ウイルス性	• ヘルペスウイルス • ポリオーマウイルス • ポックスウイルス
細菌性	• 二次的な日和見感染
真菌性	• *Candida albicans* • *Aspergillus* spp.
腫　瘍	• 主に上皮性あるいは間葉系腫瘍

からの分泌物はすべて異常であり，鼻炎や副鼻洞炎に関連していることが多い．病因の特定には，後鼻孔裂の吻側部分から，細胞学的および微生物学的検査のサンプルを採取するのが有用である．

後鼻孔裂のすぐ尾側はロート裂で，そこに左右の耳管が開口している．これを無麻酔の鳥で観察するのは非常に難しい．

ほとんどのオウムインコ類の舌は厚く，肉づきが良い．舌の腫脹や肥厚が，特に側面に沿って見られる場合は，ビタミンＡ欠乏症による扁平上皮化生であることが多い（図5.9）．

可能であれば，喉頭開口部も観察する．この部分は，左右対称であり，平滑で湿潤な粘膜で覆われているのが正常である．気管からの分泌物が見られる場合は異常である．喉頭が常に開いている場合，特に鳴き声の変化や消失が同時に見られる場合には，下部呼吸器疾患が疑われる．

口腔内の肉眼的変化が，原発性であることはまれで，細菌感染は二次的であることが多い（表5.3，図5.10）．

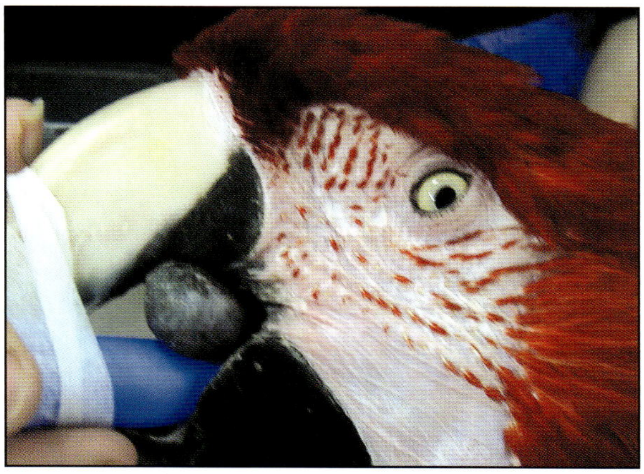

図5.10 口腔内腫瘍のあるベニコンゴウインコ．この種の蠟膜と図5.12のボウシインコの蠟膜の違いに注意．

眼

眼の検査は鳥の診察において重要であるが，特に外傷を負った鳥では必須である．眼に病変のある鳥は外傷を負いやすく，また逆に外傷（特に頭部の）を負った鳥では，眼も負傷していることが一般的である．

視力の評価は，鳥を保定する前に最初に実施する．鳥が食餌や水を見つけられるか，また，新たに置いた障害物を避けることができるか．徐々に視力が低下した鳥は，馴れ親しんだいつもの環境であれば問題ないが，新しいアイテムをケージ内に設置するとぶつかる．失明あるいは部分的に視力を失った鳥は，ケージの外では様子が異なり，飛翔したがらない．失明が疑われる場合は，鳥が動くものを眼で追うかどうかを検査する．オウムインコ類では，威嚇反射や瞳孔の対光反射は，信頼できる検査法ではない．

多くの種では，眼周囲の領域に羽が生えておらず，強い色素沈着が見られる．例えばキバタンでは淡い青色をしている．ルリコンゴウインコでは眼の周囲の白い領域に，細く黒い羽の線が見られるが，興奮すると白い部分がピンク色になり「赤面」する．眼周囲の腫脹には注意が必要である．鑑別診断には，眼窩洞炎，腫瘍，外傷，涙腺炎，*Cnemidocoptes* 感染および鳥ポックスなどが含まれる．

- 正常な眼瞼は左右対称であり，腫脹，変色，分泌物がない．
- 透明な瞬膜が眼球の上を素早く動き，瞬きとともに眼の表面に涙を拡散させる役割を果たす．
- 正常な結膜は淡いピンク色で，分泌物はない．
- 正常な角膜は哺乳類の角膜に類似しており，透明で左右対称である．
- 後眼房は，頭部外傷の際に最も損傷を受けやすい部位であるため，必ず確認する．

虹彩の色は種によって異なるが，いくつかの種では年齢や性別によっても異なる．多くの種では，未熟なヒナと成鳥では虹彩の色が異なる．例えばヨウムの場合，初めは灰色をしており，成長につれて黄色へと変化する(図3.8)．多くのバタン類では，虹彩の色は成鳥の雌雄鑑別に役立つ．例えばキバタンとタイハクオウムでは，雄の虹彩は濃い茶色で，雌は赤である．これに対しオオバタンの雄は黒，雌は濃い茶色の虹彩を持つ．

2章で眼の解剖，19章で眼科検査の詳細について記載している．

耳

外耳孔は左右とも必ず確認する．外耳孔は側頭部の眼のすぐ下の高さにあるが，開口部は羽に覆われている(耳介正羽)．

頭部を動かし，外耳道を観察するのに最適な位置を探す．もし異常が見つかったら，外耳道の内視鏡検査を検討する．通常はまっすぐな1.2 mmの針状鏡が最適である．

耳の感染症はまれである．もし感染が診断された場合には，免疫力低下を引き起こす基礎疾患の存在を疑って検査を行う．眼窩洞炎，特に眼窩後憩室に病変がある場合には，耳の腫脹を引き起こすことがある(14章)．外傷では出血が見られる場合もある．腫瘍は時々見られる．トリヒゼンダニは，外耳道やその周囲の皮膚の増殖を引き起こすことがある(図5.11)．通常は皮膚を掻爬し，顕微鏡検査をすることで診断できる．

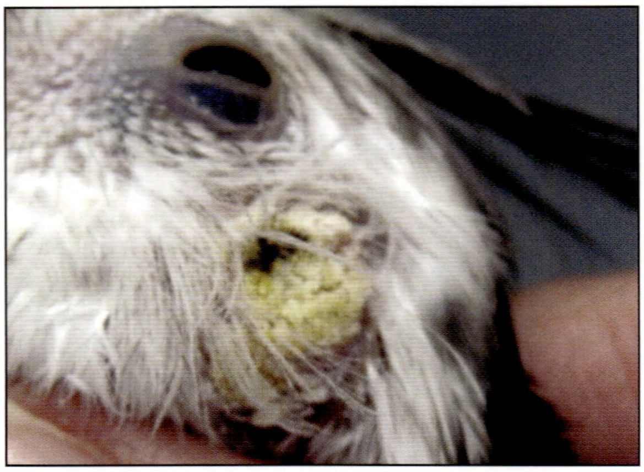

図5.11 トリヒゼンダニによるオカメインコの耳の変化．

蠟　膜

蠟膜とは，上嘴の付け根の肥厚した部分のことである．オウムインコ類では，鼻孔は蠟膜の中に開口している．オカメインコなどの種では蠟膜がよく発達しているのに対し，ボタンインコなどでは，蠟膜は小さく，羽に隠れている．自分が診察する種の正常な状態をよく知っておくことが重要である(図5.10と5.12)．雄のセキセイインコでは成熟に伴って蠟膜が青く変化する(突然変異色の個体では，蠟膜の色も異なる)．高齢の雌のセキセイインコでは，しばしば蠟膜が肥大化するが，鼻孔の閉塞が見られる場合には，過剰な角質を除去する必要がある．エストロジェン分泌性の腫瘍組織が存在するなどして，血中エストロジェン濃度が高くなっている雄では，蠟膜の色が青から茶色に変化し，肥大化することがある．

図5.12 キホオボウシインコ．よく発達した，典型的なボウシインコの蠟膜が見られる．

鼻

正常な外鼻孔は左右対称である．左右の鼻孔からの分泌物を確認する．分泌物は，羽に汚れが付着していたり，外鼻孔が部分的あるいは完全に閉塞していることで確認できることもある．慢性副鼻洞炎(細菌性あるいは真菌性)では，軟部組織のびらんにより，外鼻孔の拡大や，鼻石の栓塞が見られることがあるが，鼻石は除去する必要がある(14章)．

頭部と頸部

頭部，頸部の皮膚と羽に異常がないかを確認する．異常な腫脹があれば，詳しく検査を行う．眼窩洞炎は，しばしば軟部組織の腫脹を引き起こす．最もよく見られるのは，前頭部から眼にかけてであるが，副鼻洞のどの洞が腫脹しているかによって位置は異なる(図11.24参照)．トリヒゼンダニは嘴や耳の周囲の皮膚に鱗状化を引き起こす(図5.11)．

頸気嚢の膨張により，頸部の膨張が見られることがある．これに対し，気嚢の裂傷や含気骨の骨折により皮下気腫が見られることもある．頸部には，無羽域と呼ばれる羽のない領域があるが，時々飼い主がこれを「発見」し，異常と勘違いして受診することがある．無羽域の下には頸静脈が走っているので，静脈血が必要な場合には非常に採取しやすい．また，無羽域はこの領域の軟部組織(嗉嚢の内容物など)を透かして見るのにも有用である．時には，飼い主がある日突然，嗉嚢内の正常な種子による「しこり」に気づいて，鳥を連れてくることもある．

嗉　嚢

嗉嚢は注意深く触診し，その内容物の有無や硬さを確認する（強く触診すると，逆流を引き起こし，誤嚥の原因となる恐れがある）．絶食させている場合を除いて，嗉嚢の内容が空虚なのは異常である．食性の異なる鳥では嗉嚢の内容物が異なるため，正常な状態にも差異があることを臨床獣医師はよく理解していなくてはならない．

- 嗉嚢の内容物が柔らかい場合は，嗉嚢うっ滞の可能性がある（15章）．
- 嗉嚢に異物がある場合は，触知できることが多い．
- 嗉嚢の熱傷は，人工育雛のヒナで見られることが多い（図5.13）．嗉嚢壁の瘻管形成により受診する場合が多いが，壊死した皮膚の変色だけが見られる早期の段階で受診することもある．
- 咬傷は，嗉嚢に瘻管を形成する，もう一つのよくある原因である．小さな瘻管であれば内科的な治療で治癒することもあるが，外科的再建が必要な場合が多い（10章）．
- 嗉嚢壁の肥厚は，真菌や細菌の感染，トリコモナス症（セキセイインコでよく見られる），腫瘍などで見られる．検査用のサンプルは，滅菌した嗉嚢給餌用チューブで嗉嚢内容物を吸引することで採取できる．
- 嗉嚢あるいは頸部食道の穿孔は，チューブで給餌されている鳥で見られることがある．使っている器具が嗉嚢や食道を穿孔し，食塊が皮下に貯留する．
- セキセイインコでは，嗉嚢の上の皮膚に脂肪腫や黄色腫が見られることが多い．消毒用エタノールを塗布して，一時的に羽を湿らせると観察が容易になるため，嗉嚢に病変が及んでいるかどうかを確認しやすくなる．確定診断には細胞学的検査が必要となる．

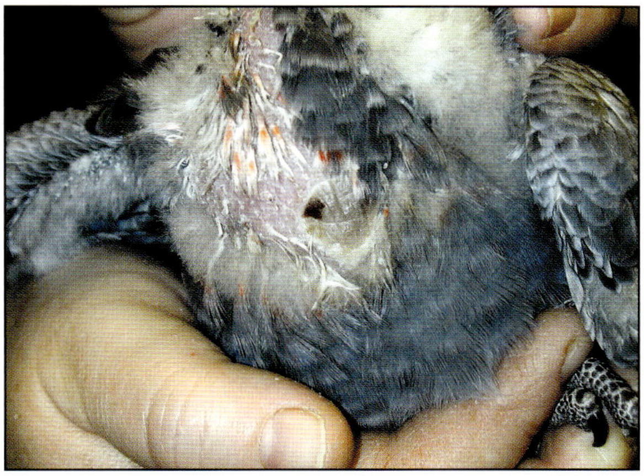

図5.13 嗉嚢チューブで熱い液体を給餌されたヨウムの皮膚壊死．この後，壊死した皮膚が脱落し，瘻管を形成した．

胸筋および竜骨

胸筋の触診は，鳥の体型を評価するのに有用である．その個体の過去の体重がわからない場合に，胸筋の大きさが体型を評価する最も良い指標となる．その領域の羽をアルコール綿で湿らせると，観察しやすくなる．

肥満になりやすい種では，この領域に脂肪が沈着していることが多く，皮下に容易に観察できる．内臓脂肪の方が沈着しやすいため，この領域に皮下脂肪が確認できれば，その個体は肥満と判断できる．左右の非対称性が確認された場合は，片翼の障害，神経学的疾患，あるいは胸筋そのものの異常による萎縮が示唆される．原因としては，外傷，腫瘍，あるいは感染，すなわち細菌，真菌，寄生虫（例えば住肉胞子虫の筋肉内シスト）などが挙げられる．

胸筋の出血は外傷によるものかもしれない．慢性肝炎などのような，血液凝固に異常を来たす疾患が存在する場合もある．特に大型のオウム類では，ポリオーマウイルス感染により胸筋の出血が生じることがある（図7.8参照）．

竜骨の隆起は種によって異なり，個体差は少ない．正常な竜骨はまっすぐで，凹みや歪みはない．変形は飛翔中の外傷によることが一般的である．その多くは巣立ちのころ，すなわち鳥が飛翔の仕方を覚えるころに，食餌中のカルシウム量が十分でないために骨が軟化し，竜骨の変形を引き起こしたものである．

胸筋や竜骨の領域は，バタン類でしばしば自傷行為が見られる．自傷行為の診察では，生化学的および血液学的検査，全身のX線検査を必ず実施する．微生物学的および組織学的検査のため，胸筋の生検が必要な場合もある．自傷行為は，器質的障害により引き起こされたものでなければ，精神的障害によるものである（16，17章）．根本的な問題の解決や，代替行為の促進をすることなく，カラーの装着だけで自傷行為を防止しようとしても，鳥の精神状態を悪化させるだけである．

体　腔

この領域は凹状をしているのが普通であるが，ヒナでは凸状である．体腔は液体または固体（臓器肥大，腫瘍，卵など）によって膨大する．軽く触診することで，その膨大が液体によるのか，充実性の腫瘤によるのかを確認できる．液体貯留の場合は，気嚢膜の破裂から肺水腫が生じている可能性がある．卵巣に卵胞がある場合には，過剰な触診により，卵胞が容易に破裂して卵黄性腹膜炎を引き起こすことがある．充実性の腫瘤が触知できる場合には，腫瘍，内臓肥大，卵，あるいは何らかの病理学的要因による内臓変位の可能性がある．

液体貯留の場合には，診断用のサンプル採取を行う．体腔膨大の検査では，超音波検査，X線検査，生化学的および血液学的検査が重要な場合が多い．確定診断のために内視鏡検査が必要となることもあるが，液体貯留の場合には禁忌である．

排泄口

排泄口は総排泄腔の開口部である．直腸，尿管そして雄雌の生殖路が，総排泄腔の内腔に開口している（図2.12参照）．排泄口は背側および腹側の唇によって形成され，横軸方向に開くが，正常な鳥では括約筋の働きによって閉じられている．正常な排泄口では，組織の脱出や分泌物はない．排泄口周囲の汚れや脱羽は異常であるため，その原因を調べる．

総排泄腔の検査は，排泄口および肛門道（総排泄腔の後部の小さな区画）に限られる．肛門道の粘膜を反転させるのに，湿らせた綿棒を用いることができる．総排泄腔をより詳しく検査するためには，内視鏡が必要となる（9章）．

排泄口から脱出する組織は，総排泄腔，卵管，尿管，直腸，腸重積あるいは腫瘤である（図5.14）．治療を開始する前に，正しい診断をすることが必須である（表5.4）．

総排泄腔炎は，尿酸結石または糞便/尿酸結石の混合物が，総排泄腔を占拠することにより引き起こされる．どちらも，総排泄腔からの排出が遅延または不完全となる疾患や，あるいは総排泄腔が完全に栓塞した場合に形成される．原因を特定しなければ再発する．

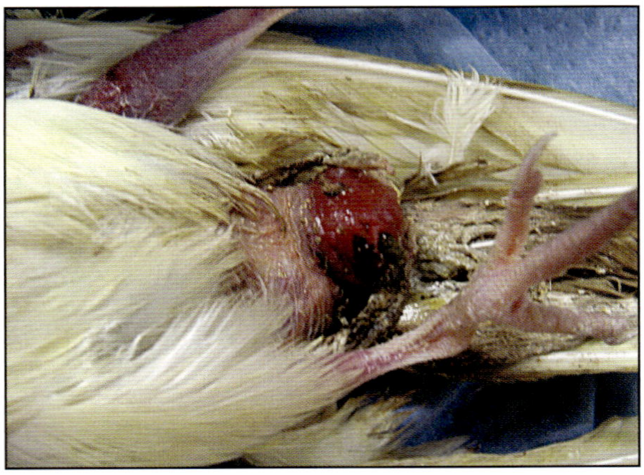

図5.14　総排泄腔の脱出が見られるオカメインコ．

表5.4　排泄口からの脱出

総排泄腔の組織	• 慢性的ないきみ，括約筋の機能低下，性的欲求不満
卵　管	• 産卵の合併症が一般的（卵管脱と直腸脱の鑑別は困難，内視鏡検査が必要な場合もある）
直　腸	• 長期的なしぶりが見られるすべての疾患に伴う． • 腸重積はまれに脱出することがあるが，直腸脱との鑑別は困難 • どちらの場合も救急症例であり，早急な外科的処置が必要（10章）
腫瘤組織	• 乳頭腫病変は，排泄口からの脱出が見られる最も一般的な腫瘤で，ボウシインコとコンゴウインコで多く発生する． • 乳頭腫病変であれば酢酸により白くなるため，確定診断が可能 • その他の組織であれば，細胞学的検査あるいは生検による確定診断が必要な場合もある．
細菌あるいは真菌による総排泄腔炎	• 時々見られるが，通常は総排泄腔あるいはその他の部位の異常に続発する．

後　肢

後肢の診察は，まず鳥を保定する前に行う．鳥は左右に均等に体重を負荷しているか，また歩様は正常か

鳥を保定したら左右の両後肢を触診し，筋肉量が同じかを比較する．腫脹あるいは萎縮している部位がないか注意する．萎縮は慢性疾患や神経学的異常により引き起こされる．腫脹は，膿瘍，腫瘍，血腫あるいは住肉胞子虫の筋肉内のシストなどによる．

筋肉の異常が見られた場合は，その領域に打撲を示唆するような皮膚の変色がないかを確認する．打撲した箇所は，2日ほどで鮮やかな緑色に変化する．この所見は外傷を示唆し，その部位には骨折があるかもしれない．後肢のすべての骨を注意深く触診し，関節が可動する角度や方向に異常がないかを調べる（2章）．

腫脹した関節は，X線検査および細胞学的検査を行う．もし敗血症が疑われる場合には，吸引採取して培養および感受性試験を行う．尿酸の沈着物が原因（すなわち，痛風）の場合には，皮下に観察できることが多い痛風の場合は，適切な治療計画を立てるため，そして予後判定のために必ず原因を調べる．

骨を注意深く触診すると，骨の変形が見つかる場合がある．成鳥では，角度の異常が見られることが多い．これは，成長期に十分な量のカルシウムやビタミンD_3が摂取できなかったことに起因する成長期骨形成異常，あるいは未熟な骨格で早期に運動したことが原因であることが多い(Harcourt-Brown, 2004)．X線検査により，触診ではわからなかった骨の角度異常が発見されることもある．最もよく異常が見られるのは脛足根骨である(Harcourt-Brown, 2003)．成鳥で見られるこれらの角度異常は，軽微で非進行性であるため，気に留める必要はない．しかしながら，極端な変形の場合は，後肢の正常な機能を回復するため，治療が必要である(11章)．骨の角度異常が成長期の鳥で見られた場合には，早急に治療を行う．骨格が成熟するのを待ってからの治療では，変形が非常に大きくなってしまう危険があり，また成長期の骨には高い再形成能力および治癒力があるためである(18章)．栄養学的および飼育上の問題点はすべて改善する必要がある．

骨折が疑われる時には，後肢の検査に十分な注意を払わなくてはならない．一般的に，鳥類の骨の周囲には組織がほとんどない．そのため，鋭利な骨折端が皮膚を穿孔しやすく，また支持を失った骨の破片や血管は破壊されやすいため，血腫が形成されやすい．骨折が疑われる時には，X線検査が必須であるため，罹患鳥の状態が安定したら直ちに撮影を行う(9，11章)．

足

オウムインコ類は対趾足で，各趾の先端には爪がある(2章)．正常な爪は平滑で適切な長さと形状である．爪切りは定期的に必要となるが，本来は，爪が適切に摩耗して，爪切りが不要な飼育環境を整えるよう努めるべきである．

足(および羽のない脚)の皮膚は，上側も足底側も規則正しい鱗状の模様を呈していなくてはならない．足底部の表面には中足趾節関節および趾の部分にパッドがある．これは，体重を支え，圧力に耐えるために肥厚した特殊な部位である．体重を支える面には隆起した模様が見られ，これは老鳥になっても確認することができる(図5.15)．この模様が消失し，パッドの皮膚が平滑で光沢がある場合は(図5.16)，症状が進行する前にその原因を調べ，改善しなくてはならない．不適切な止まり木，運動不足(3章)，肥満(12章)，足の血液循環が低下するあらゆる疾患，あるいは鳥が長時間じっと座っている原因となる事柄などが，この症状の原因であり，やがて「趾瘤症(バンブルフット)」に進行する可能性がある(11章)．

左右の趾の触診および関節の動きの評価を行う．関

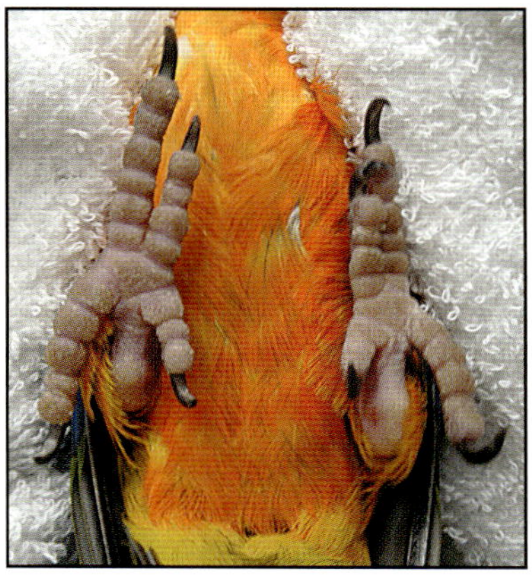

図5.15 正常なオウムインコ類の足底表面．

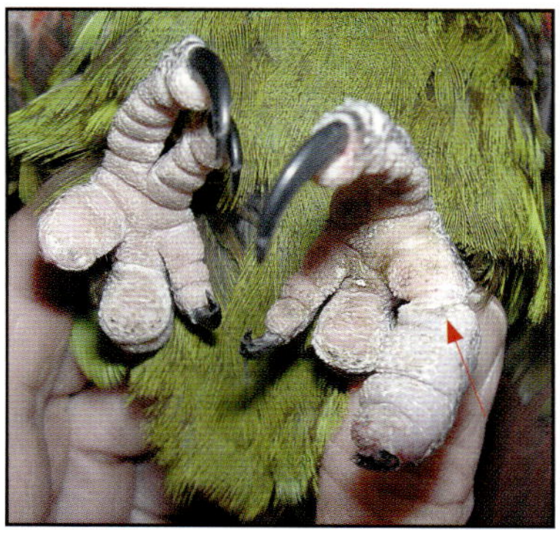

図5.16 線維組織の絞扼輪(矢印)により，遠位の趾端に腫脹が見られるヒメコンゴウインコの成鳥．足の表面の乳頭が発赤し，平坦になっていることに注意．

節の腫脹は，尿酸結晶の沈着(痛風：7，20章)，細菌性副鼻洞炎，外傷に続発する骨または軟部組織の変化，腫瘍あるいは炎症などにより引き起こされる．診断には，X線検査のほか，細胞学的，細菌学的，生化学的，血液学的検査などが必要な場合がある．

趾の腫脹は　線維組織の絞扼輪(図5.16)により引き起こされることがある．これは人工育雛のヒナで多く見られる(18章)．成鳥で見られた場合にも，ヒナの場合と同じように処置する．脚環による圧迫で，足全体が腫脹することがあり，セキセイインコで最もよく見られる．サイズの合っていない脚環を装着されていた場合もあるが，多くの場合は，増殖性の皮膚病変(トリヒゼンダニの寄生などに起因)が存在し，脱落した皮膚が脚環の下に蓄積したことによって，静脈の血行が遮断され，やがて絞扼が生じる(図5.17)．

外傷の原因は，咬傷や，飛翔中に閉まりかけたドアの上に着地したためであることが多い．自傷行為は，他の病変や神経炎による二次的なものかもしれない．体腔の肉芽腫性病変や腎肥大は，足に分布している神経の炎症を引き起こし，痛みをもたらすため，自傷行為の原因となることがある．セキセイインコの腎臓の腺癌では，腫瘍の浸潤による圧迫から，続発性の神経炎がよく見られ，片側性の跛行を引き起こす．

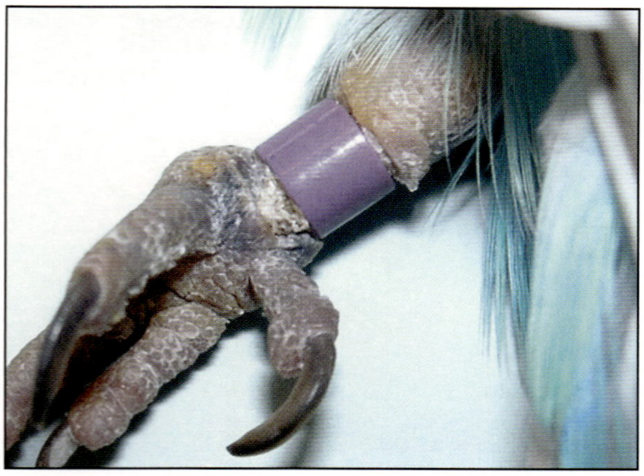

図5.17 セキセイインコの脚環に角化物質が集積し，静脈の循環が制限されている．

翼

飛翔能力の低下や，飛翔したがらないという稟告はあるか．全身状態の低下を引き起こす疾患が存在すると，飛翔能力が低下し，飛翔中に負傷しやすくなる．他の疾患を除外するために，眼科検査を含む詳しい診察が必須である．

鳥が止まり木に止まっている時に，翼をどのように保持しているかを観察する．翼の下垂は翼の障害を示唆する．すなわち，前肢帯（肩甲骨，鎖骨，烏口骨など）や胸筋の障害，神経学的欠損などである．疼痛も翼の機能障害を引き起こすため，神経学的欠損と間違えやすい．

後肢と同様に，翼の筋肉も注意深く触診し，腫脹や萎縮がないかを確認する．関節を触診して，腫脹，熱感，疼痛がないかを確認し，また可動する角度と向きを評価する．前肢帯および翼の骨に変形がないかを触診する．上腕の骨折は皮下気腫を引き起こすことがある．これは，鎖骨気嚢の憩室が上腕骨髄腔まで伸びているためである．

第一および第二翼羽は，尺骨，掌骨および指骨における付着部を触診する．消毒用エタノールで濡らして（寒くならないよう慎重に）羽を寝かせると，異常が発見しやすい．

前翼膜も触診する．この部位は，肩関節と手根関節の間の羽の生えた三角形の皮膚の領域である．その前側の辺縁には前翼膜靱帯があり，正常な飛翔のために非常に重要な靱帯である．ここに腫脹がないかを調べる．前翼膜および前翼膜靱帯の弾性は，触診時に容易に確認できる．前翼膜の腹側は，自傷行為の好発部位であり，局所的な慢性潰瘍性皮膚炎が見られることがある．この病変はボタンインコ，オカメインコ，ヨウムによく見られる（16章）．

羽

以下の稟告を取っておく．

- 最後の換羽はいつか
- 換羽はきちんと完了したか，それとも生え換わらない羽があったか
- その個体の換羽の頻度
- 換羽にかかった期間

正常なオウムインコ類では，12ヵ月ごとに換羽が見られる．換羽にかかる期間は種によって異なり，繁殖期かどうかによっても変化する．羽が生え換わる順序は決まっているため，換羽がどの程度進んだかを評価する指標となる．無症状の病鳥，栄養状態の悪い鳥，不適切な環境にいる鳥では，換羽の頻度が低下したり，換羽にかかる期間が長くなったり，あるいは換羽が完了しないことがある．さらに詳しく稟告を取る場合は，

- 羽の異常に飼い主が気づいたのはいつか
- 羽の異常は進行しているか
- 羽の異常は体のどの部分から始まり，どのような種類の羽に異常が見られるか
- 季節性があるか，また年間のどの時期に最初の異常が見られたか

変　色

羽の色が変化したり，換羽後に生えてきた羽の色が違っていることがある．ヨウムで，灰色であるべき羽が，赤色になる例がよく見られる．原因が明確でないことが多いが，サーコウイルス感染による場合もある（図13.7，16.14を参照）．このような症例では，検査の一環としてサーコウイルス感染を検査する．

換羽の際に，緑色の羽が黄色に置き換わることがある．これはウイルス性，栄養学的，あるいは内臓の疾患による場合がある．原因が解消されれば，その後の換羽で緑色に戻る．緑色の羽は，真菌の増殖によって黒く変化することがある．これは，有機物の破片が羽上に蓄積し，そこに空中の真菌の胞子が定着したことによる．換羽の頻度の低下や異常な羽づくろいが見られる場合は，基礎疾患を疑い検査する．

ヒナが成鳥になる際の正常な換羽を，異常と間違えないこと（del Hoyo *et al.*, 1997; Juniper and Parr, 1998）．

脱　羽

飼い主が無羽域（正常な状態で羽が生えていない皮膚領域）を見つけて，鳥を病院に連れて来ることがよくある．肩甲部の無羽域は，脱羽と誤解されやすい部位の一つである．

一般的な脱羽とは，羽が脱落して，新たな羽が生えてこないことである．皮膚を注意深く検査し，鳥が新たに生えてきた羽をむしり取っていないこと，また羽包の epidermal collar が新しい羽の成長を障害していないこと，を鑑別する．羽の成長障害が疑われる場合には，全身性疾患の可能性を調べる．

羽むしりによる脱羽や羽の損傷は非常に多い．これらの症例では，詳しい診察と栄養状態の評価が必須である．数カ月にわたる自宅での治療(飼い主は「倦怠」に対する処置を試みている)の後に受診することも多い．残念なことに，愛鳥家向けのほとんどの本が，羽むしりの主な原因は倦怠であるという間違った記載をしているためである．このような症例を管理するのは特に難しい．異常行動に対する処置は，基礎疾患の究明と同時に実施しなくてはならず，また異常行動が習慣化する前の早期の段階で診察することが重要である．

もし器質的疾患が除外された場合は，精神的障害が問題行動の引き金になっている．診断のために努力することが重要である(3，16，17章)．

羽の異常

さまざまな要因により，羽の異常が見られる．突然変異色は愛鳥家に珍重され，さまざまな羽色を持つ種も多いが，遺伝的疾患はまれである(3章)．セキセイインコでは，非常に大きな羽が生えている部位でハタキ状の羽が見られるが，これは遺伝的疾患である．

- オウムインコ類の**羽包嚢腫**は，ルリコンゴウインコで最もよく見られる(10，16章)．
- 羽弁の**ストレスマーク**は，羽の形成期に羽包が損傷を受けた結果である(16章)．血羽の外傷性あるいは炎症性の損傷は，局所的な出血を引き起こし，羽弁と羽軸に伸びる，水平の黒い線となるのが一般的である．
- **外部寄生虫**(シラミ，ダニ)は，英国の家庭で飼育されているオウムインコ類ではほとんど見られない．
- 複数の羽包における**羽包炎**により，異常な羽が形成されることがある．羽軸がくびれた羽では，折損，羽鞘遺残，羽髄腔の出血が生じたり，短い棍棒状の羽やカールした羽が見られる．これらの症状は全身性疾患の徴候であることが多い(13章)．局所的な疾患であれば，羽の異常も狭い領域に限定される．
- **羽からの出血**は，血羽として知られる発達中の羽の障害によるものである．これを羽髄腔の出血と混同してはならない．羽髄腔の出血は，前述の通り複数の羽で見られるのが一般的である．

羽の状態の悪化はさまざまな原因で見られる．検査が必要な羽の異常の場合もあるが，上手な羽づくろいがなされていない場合もある．このような症例の中には，不適切な環境で飼育されている個体もあり，羽から調理油や煙草の煙の臭いがすることがある．また，換羽の頻度が少ない個体もあるが，その場合には検査が必要である．

皮　膚

オウムインコ類においては，皮膚の異常を主訴に受診することはあまりない．皮膚に関連する疾患で最も多いのは，自傷行為によるものであるが，その原因は器質的疾患あるいは精神的疾患のどちらかである．例えば，自傷行為による前翼膜の慢性潰瘍性皮膚炎はボタンインコ，オカメインコ，ヨウムでよく見られる．この症状で最初に行うべき検査は，生化学的および血液学的検査，全身のX線撮影および糞便検査(特にボタンインコ，オカメインコでは，ジアルジア症が原因であることが少なくないため)である．バタン類では，自傷行為によって胸筋に大きな潰瘍が見られることも多い．

眼周囲の無羽域に見られる皮膚のあざは，ヨウムで見られることが多い．これは捕獲の際に暴れたり，保定によって生じたものかもしれない．あるいは，不器用な鳥や，運動失調の鳥が落下したためかもしれない．保定時の負傷におけるもう一つの好発部位は，手根部前側である．鳥が手根部を硬い所に打ち付けたためであるが，皮膚が裂開することもある．このような外傷については，鳥をハンドリングする前によく認識しておくべきである．なぜなら，外傷の原因として最も多いのは，飼い主が病院を受診するために鳥をキャリーケージに入れようと奮闘したことだからである．

皮下の腫瘤は，腫瘍あるいは膿瘍の可能性がある．セキセイインコやオカメインコなどでは，非腫瘍性病変である黄色腫がよく見られる．通常，鳥の膿瘍は乾酪性で，細菌性，マイコバクテリア性，あるいは真菌性である．診断には，腫瘤の細針生検による細胞学的検査および培養が必要な場合がある．

眼の周囲の腫脹は，副鼻洞炎に関連していることが多い(**図5.18**)．皮下気腫は含気骨の骨折あるいは気嚢の裂傷によるものかもしれない．これは頸部で最も多く発生するが，通常は頸気嚢の裂傷や膨張によるものである．

セキセイインコでは，後肢，蠟膜，および嘴周囲の無羽域における皮膚の角化亢進はトリヒゼンダニによることが最も多い．重篤な症例では，耳や，時には尾腺や排泄口の周囲の皮膚にも病変が見られることがある．診断は皮膚の掻爬により，顕微鏡下にてダニが容易に検出される．非常に重篤な症例の場合は，基礎疾

図5.18 眼窩前憩室の限局的病変により，鼻および眼周囲の腫脹と発赤を呈すオカメインコ．

患が存在するかもしれない．ヘルペスウイルスは，脚と足に肥厚した淡い斑点を形成することがあり，バタン類，コンゴウインコ，ヨウムで見られる（Schmidt *et al.*, 2003）．確定診断には生検が必要である．

温度（高温，低温の両方）による損傷では，皮膚の色が暗調化する．凍傷は末端（典型例は趾）を損傷する．黒化し，触ると冷たく，時には病変部から漿液血液状の滲出液が見られる．熱傷では，哺乳類の皮膚のような水疱形成は見られない．これは，鳥では表皮の下に大きな毛細血管叢が存在しないためである（Spearman and Hardy, 1985）．高温による損傷では，皮膚は暗調化し，ガサガサした外観を呈し，触ると硬く，可動性が低下している（図5.13）．

全身性の炎症を呈した鳥が受診することがあり，強い瘙痒感を示していることが多い．このような症例のほとんどは，体内の感染に対する皮膚反応であり，原因疾患を治療すれば皮膚病変は消失する．

尾　腺

オウムインコ類では，他の目の鳥に比べて，尾腺はそれほど発達していない．事実，ボウシインコのような一般的なものでも，尾腺のない種がある．尾腺のある種では，身体検査の一環として診察を行う．尾腺は，尾羽の付け根の背側（図5.19）に，葉状の構造物として隆起している．最もよく見られる疾患は腫瘍である．腺癌と腺腫のどちらも多く，セキセイインコでよく見られる．時に，尾腺の閉塞が見られることもある（図表16.18参照）．

心血管系

身体検査において，心血管系の評価は重要である．口腔粘膜の色および，顔や排泄口の皮膚の色（色素沈着がなければ）を評価する．鳥は外観上で黄疸を示すことはないため，粘膜が黄色く変化している場合は，食餌による色素沈着である．

毛細血管再充満時間（CRT，正常な鳥では1秒未満）は，色素沈着がなければ足の皮膚で評価することができる．血液循環の状態は，肘の内側を走行する尺側皮

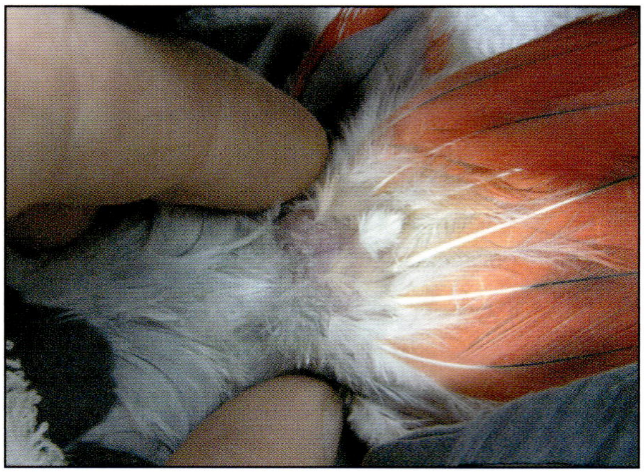

図5.19 ヨウムの正常な尾腺．

静脈あるいは尺側静脈の再充満時間を観察することで容易に評価できる．正常であれば，指での圧迫後の再充満時間はやはり1秒未満である．

聴診は胸筋の上で行う．心拍数は，種によって毎分110回から300回と幅があるが，大型種では落ち着いている時や，全身麻酔時には，ずっと少なくなる．興奮により心拍数は劇的に増加し，心拍数を数えることは非常に困難となる．弱い心音は感知しやすいが，これは心臓周囲の液体あるいは軟部組織が心音を遮断していることを示唆する．心雑音は大人しい大型種や，全身麻酔下にあるすべての種で聴取しやすい．正常であれば，そのような状態では心拍数は大きく低下するはずである．不整脈が聴取できることもある．洞性不整脈は正常であるが，その他の不整脈については検査が必要である（20章）．

心疾患の徴候（疾患によっては無症候性の場合もある）を以下に示す．

- 咳（真似をしている場合もあり）
- 呼吸困難
- 倦怠
- 失神
- 体腔の膨大
- 運動不耐
- 突然死

呼吸器系

気道の評価（14章）は，上部気道（口腔の下部，鼻，頭部および頸部）を含めて行う．呼吸回数および努力性呼吸の有無は，鳥をハンドリングする前に観察する．上部気道の開通性は，鳥の嘴を閉じたまま，左右の鼻孔を片方ずつ塞ぐことで評価できる．空気の流れに障害がある場合には，呼吸音の増大が見られ，完全に閉

塞している場合には，空気の動きはなくなる．眼窩洞の各憩室を軽く圧迫し，液体が鼻孔や涙管から排出されるかを確認する．この検査の後，後鼻孔からの分泌物を再度確認する．

気管の病変により，呼吸音が増大し，安静時であっても聴取できることがある．努力性呼吸があると，鳥の呼吸に合わせて尾羽が上下に動くことがあり，「テイルボビング」と呼ばれることもある．気嚢が縮小するような疾患（臓器肥大など）も，努力性呼吸の原因となる．咳は，気管あるいは鳴管の疾患で見られる症状ではあるが，時に鳥が哺乳類の咳を真似ている場合もある．鳴き声の変化は鳴管の疾患と関係しているのが一般的である．

聴診は，哺乳類の場合ほど有用ではない．これは鳥類の肺の解剖学的特徴のため，また呼吸時に限られた動きしかしないためである．しかしながら，肺，気嚢，および気管は必ず聴診し，異常な呼吸音がないかを確認しなくてはならない．下部気道疾患では，喘鳴，クリック音，クラックル，きしみ音が聴取できることがある．小児用聴診器を用いると聴取しやすい．聴取する場所は背側と，左右の体側（肋骨の上）である．気嚢は，背側と体側の表面が最も聴取しやすい．

保定後に，正常な呼吸数に戻るまでに3分以上かかる場合は，呼吸能力が低下している．急性の呼吸困難は救急症例であり，初期管理については後述する．呼吸器疾患を診察のみで診断できることはまれである（14章）．

救急症例の安定化

救急症例の診察では，途中で鳥を休ませる時間を取ることが最も安全である．鳥を集中治療ケージに入れ，最初に1分間の簡潔な身体検査を行う．この際，鳥の抵抗を最小限に抑えるためのハンドリング技術が必須である．

- 眼と鼻からの分泌物および腫脹を確認する．
- 口腔内を短時間で観察し，嗉嚢，胸筋，体腔を触診する．
- 尺側皮静脈あるいは尺側静脈の再充満時間により血液循環を評価する．
- 心音，肺音，気嚢音を聴取する．
- 排泄口を観察し，衰弱の程度を評価するため足の把握反射を確認する．
- 鳥が落ち着いていれば，体重を測定し，詳しい診察を行う．

詳しい診察や診断用のサンプル採取を開始する前に，鳥の状態を安定化させることが必須である．救急症例では準備が重要である．

- 鳥のハンドリングに必要となるものを決定し，拘束時間を最小限に抑えるため，それらをすべて準備しておく．
- 蘇生に必要となる薬剤の投与量を計算し，シリンジに吸引しておく．
- 獣医師と複数の看護師のチームで対処する．チームの全員がこれから実施する手技と鳥の保定に馴れていなくてはならない（8章）．

鳥の救急処置に必須の器材等（小さな動物病院では装備されていないことが多い）は，下記の通りである．

- グラム表示の秤：デジタルまたは天秤，1 g が計量できる精度で，10 g から2000 g までの計測ができるもの（その病院で診察する鳥の種類によって異なる）．
- 鳥用の入院ケージ（高い温度および湿度が維持できるもの）
- 鳥用の開口器（複数のサイズ）
- 嗉嚢給餌用チューブ（複数のサイズ）
- 吸入器（3 μm 未満の粒子が作れるもの）
- 厳選した鳥用の食餌
- 鳥の集中治療用に市販されている経消化管給餌用の製品
- 非経口補液用の加温器（図5.20）
- 鳥の看護の訓練を受けたスタッフ

安定化

循環血液量減少／ショック

循環血液量減少の補正は最優先事項である．鳥における循環血液量減少性ショックの典型例は，粘膜蒼白，静脈血再充満時間の延長および心拍数増加である．静

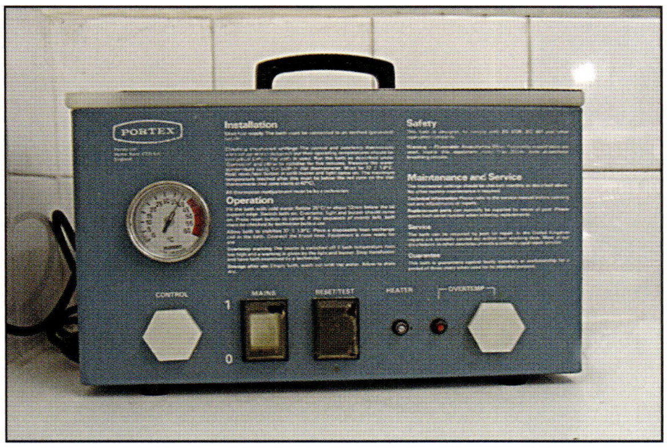

図5.20　非経口補液用の加温器．

脈の確保が難しく，骨内カテーテルが必要となる場合もある．

直ちに，カテーテル経由で5分以上かけてゆっくりとボーラス投与する．

- 乳酸リンゲル液（10 mL/kg）とヘモグロビンベースの酸素運搬体（5 mL/kg）の混合
- または，乳酸リンゲル液（10 mL/kg）とヘタスターチ（5 mL/kg）の混合

脱　水

脱水時には，経静脈，経骨，あるいは経口にて水分を投与する．維持量は50 mL/kg/日で，24時間ごとに不足分を見積り，補正する．

低体温

食欲不振の鳥はすぐに低体温になる．鳥は通常，哺乳類よりも深部体温が高い．すべての救急症例は30℃に加温された集中治療ケージに入れる．

低酸素症

集中治療ケージ内の酸素濃度の高い空気は，ほとんどの救急症例の鳥において有益であり，呼吸困難の鳥はすぐに安定化する．酸素マスクや透明のビニール袋を使用することも可能であるが，ストレスを与える可能性もある．気管や鳴管の閉塞による重篤な呼吸困難があり，酸素化しても30分以内に反応がない場合や，鳥の状態が改善しない場合には，気嚢チューブを設置する（8章）．

飢　餓

鳥は絶食により，すぐに消耗する．栄養学的支持は，まずブドウ糖液あるいはデキストロース液のボーラス投与から開始する．循環血液量減少が補正されたら，経消化管栄養を行う．最初は嗉嚢給餌チューブを用いて，オウムインコ類用に栄養素が調整された市販の製品を，製品の推奨量に従って与える（**表5.5**）．理想的な製品は，吸収されやすく，最低限の消化ですむものであり，最も望ましいのは全く消化の必要がないものである．

表5.5 オウムインコ類の集中治療用に市販されている経消化管給餌用の製品

製　品	製造者
Critical Care Formula	Vetark Professional（英国）
Emeraid Critical Care	Lafeber Company（米国）
Emeraid Nutri-Support	Lafeber Company（米国）
Emeraid Carbo-Boost	Lafeber Company（米国）
Poly-Aid	The Birdcare Company（英国）
Guardian Angel	The Birdcare Company（英国）

補液療法

晶質液

ブドウ糖-生理食塩水（すなわち，5%ブドウ糖液＋0.9%生理食塩水）は，最初の投与に理想的な水溶液である．ブドウ糖はすぐに吸収される炭水化物源であり，生理食塩水は，細胞外・細胞内液腔の水分喪失を急速に補填し，一時的に循環体液量を増加させるからである．

乳酸リンゲル液は，電解質と水分を供給し，乳酸は肝臓で代謝されて重炭酸塩となる．重炭酸塩は，アシドーシス（鳥類のほとんどの救急症例で見られる）の補正を助ける（Jenkins, 1997）．可能であれば，投与前に酸-塩基平衡を測定する．乳酸リンゲル液は維持補液として用いることができる．

膠質液

膠質液（ヘモグロビンベースの酸素運搬体，全血あるいは合成膠質液）は，血漿量を増加させるために用いられる．分子量が大きく，急速に血管外に出ていくことがないからである．天然と合成の膠質液が入手可能であり，循環血液量減少性ショックの治療には必須である．血液量減少性ショックの治療に，膠質液と晶質液を組み合わせることで，晶質液の必要量は40〜60%低減する（Raffe and Wingfield, 2002）．急性の病態でPCVが20%未満に低下した場合，あるいは慢性の病態で12%未満に低下した場合は，酸素運搬能のある膠質液を選択する．

合成膠質液：これらは，より安価な製剤(例えばHaemaccel, Intervet UK)である．主な欠点は，組織に酸素を運搬しないということである．全血や血漿に比べて，入手しやすく，安価で，危険性が低いという利点がある（Wingfield, 2002）．

酸素運搬体膠質液：ヘモグロビンベースの酸素運搬体（例えばOxyglobin, Biopure Netherlands BU）は，強力な酸素運搬能に加えてコロイド効果を有しており，救急症例ですぐに使用できるという利点がある．主な欠点は費用である（Raffe and Wingfield, 2002）．安全な投与量を確立するような臨床試験は行われていない．しかし，オキシグロビンはオウムインコ類の循環血液量減少性ショックで使用された実績があり，最大30 mL/kgを24時間以上かけて分割投与する．

血液は完全かつ生理学的な血液増量剤であるが，効果に乏しく，高額で，病気を拡散する可能性があり，

輸血反応のリスクを有する（Raffe and Wingfield, 2002）．ドナーは疾患のない同種の個体が理想である．可能であれば同属のドナーを用いる．単回輸血の場合は，ハトがドナーとされてきた．ドナーの体重の1％にあたる血液量が，安全に採取できる量である．抗凝固剤として，血液1 mLに対し，0.15 mLのクエン酸デキストロースを用いる（Jenkins, 1997）．再度輸血を行う前には，スライドグラスの上で，ドナーとレシピエントの赤血球と血漿を混合し，凝集反応あるいは溶血反応を確認する．

補液療法の経路

- **経腸補液**が推奨されるのは，救急症状や循環血液量減少がなく，消化管機能が正常で，重度の脱水がなく，嗉嚢からの逆流を起こさない意識レベルを有している症例である．これは最も生理的な経路であり，腸管の正常な構造と機能の維持を助けるという利点がある．経腸補液には，嗉嚢給餌用チューブを用いる．主な欠点は誤嚥のリスクである（Proulx, 2002）．
- **静脈内補液**は救急症例で推奨される．カテーテルが設置しやすい（練習が必要）のが利点である．大量のボーラス投与であっても，時間をかけて注入することができる．主な欠点は，鳥がカテーテルを外してしまわないように包帯で保護しなくてはならないことである．
- **骨内カテーテル**は，小型種や末梢循環が喪失している症例で設置しやすい．膠質液，晶質液ともに注入でき，静脈経路と同じ効果が得られる．主な欠点は，設置に痛みが伴うことであるが，救急症例では無麻酔で装着しなくてはならない場合もある．骨髄炎のリスクもある．骨内カテーテルもやはり，鳥に外されないように包帯で保護しなくてはならない．

たとえ装備や経験が不十分であっても，補液が必要な場合には　補液をしないよりも，可能な経路で補液をする方が望ましいということを強調しておく．しかしながら，鳥には気嚢が存在するため，体腔内補液は常に禁忌である．6章に嗉嚢給餌の方法，注射およびカテーテルの設置手順についての詳細を記載した．

入　院

鳥の診察を行う動物病院において，入院施設は必須である．罹患鳥の多くは，入院させ集中治療を行うことが必要だからである．

理想的な鳥類の入院ケージは，

- 温度と湿度が管理できる．
- ケージから鳥を捕まえやすい．
- 掃除と消毒を完全に実施できる．
- 重篤な症例の際，あるいは消毒のため，止まり木が取り外しできる．

オウム類は，捕食者（すなわち，犬，猫，フェレット，猛禽類）の姿や音から隔絶された場所で入院させる．鳥類の入院用に作られたケージも販売されている．あるいは，水槽や保育器を改造して使用することもできる（図5.21）．

図5.21　酸素濃度の高い空気と吸入器が装備された集中治療用の保育器．

救急症例と初期管理

倒れた鳥

1. キャリーケージから集中治療用ケージに移す際に，前述の「安定化」の項で記載した簡潔な身体検査を行う．
2. 止まり木を外し，加温（30℃）・加湿した酸素濃度の高い集中治療用ケージに鳥を入れ，普段食べている餌と水を，鳥の届く場所に置く．
3. 簡単な問診をする．
4. 静脈内あるいは骨内カテーテルを設置する．
5. 検査用の採血を行う．
6. 5％ブドウ糖液（5 mL/kg）および乳酸リンゲル液（5 mL/kg）をカテーテル経由でゆっくりとボーラス投与する．
7. 詳細な問診をする．
8. 安定化したら，詳しい診察を行う．

急性呼吸困難

1. キャリーケージから集中治療用ケージに移す際

に，前述の「安定化」の項で記載した簡潔な身体検査を行う．
2. 止まり木を外し，加温（30℃）・加湿した酸素濃度の高い集中治療用ケージに鳥を入れ，普段食べている餌と水を，鳥の届く場所に置く．
3. 気管や鳴管の閉塞がある場合には，気嚢チューブ（8章）設置のためチームと器材を準備する．
4. （気嚢チューブの設置後に）イソフルラン麻酔下で安定したら：
   - 静脈内あるいは骨内カテーテルを設置する．
   - 必要に応じて，気管と鳴管の内視鏡検査を行う．
   - X線撮影を行う．
   - 検査用の採血を行う．
   - ブドウ糖液（5 mL/kg）および乳酸リンゲル液（5 mL/kg）をカテーテル経由でゆっくりとボーラス投与する．

詳しくは14章を参照．

発　作

鳥の発作には多くの原因が考えられる．オウム類では，失神と発作はよく混同される．可能であれば，治療前に診断用の採材をすませる．治療により，それらの診断的価値が損なわれることがあるからである（19章）．

1. 簡潔な問診および，鉛やその他の毒物への暴露の有無を確認する．発作のパターンと経過，および過去3カ月のその他の症状を聴取する．急性の発現であれば，高温の環境にさらされていなかったかを確認する．
2. 可能であれば，詳しい診察を行う．発作を誘発するようであれば簡潔にすませる．
3. 静脈内あるいは骨内カテーテルを設置する．
4. 生化学的および血液学的検査のため採血する．
5. 5％ブドウ糖液（5 mL/kg）および乳酸リンゲル液（5 mL/kg）をカテーテル経由でゆっくりとボーラス投与する．ヨウムには，グルコン酸カルシウム（50～100 mg/kg）もカテーテル経由でゆっくりと投与する．
6. 発作を抑えるため，ジアゼパム（0.1 mg/kg）をボーラス投与する
7. 心臓発作を示唆する病歴がなければ，加温（30℃）した，酸素濃度の高い集中治療用ケージに鳥を入れる．
8. 止まり木を外し，床に柔らかい敷物を敷き，餌と水を床に置く．
9. 詳細な問診をし，鳥が落ち着いたら詳しい診察を行う．

卵　塞

1. 触診で診断できないこともあるため，その場合はX線検査が必要となる．
2. 鳥の状態に応じて，詳細な，あるいは簡潔な診察を行う．
3. 鎮痛薬を投与する．
4. 止まり木を外し，加温（30℃）・加湿した酸素濃度の高い集中治療用ケージに鳥を入れ，普段食べている餌と水を，鳥の届く場所に置く．
5. 先の尖っていないカニューレを用いて，総排泄腔に加温した水溶性ゲルを注入し，潤滑剤とする．
6. 嗉嚢給餌チューブでブドウ糖液（10 mL/kg）を与える．

卵塞とその合併症についての詳細は，18章を参照．

骨　折

1. 鎮痛薬を投与する．
2. 複雑骨折の場合は，最初に抗菌性被覆材で保護する．
3. 詳しい診察を行う．
4. 止まり木を外し，加温（30℃）・加湿した酸素濃度の高い集中治療用ケージに鳥を入れ，普段食べている餌と水を，鳥の届く場所に置く．
5. 肘関節より遠位の翼の骨折の場合，一時的な安定化として8の字包帯法を用いることができる．近位の骨折では体部に巻き付けることが必要である．
6. 嗉嚢給餌チューブでブドウ糖液（10 mL/kg）を与える．

骨折の管理については11章を参照．

急性の失血－循環血液量減少性ショック

鳥における循環血液量減少性ショックの典型例は，粘膜蒼白，静脈血再充満時間の延長，心拍数増加，ヘマトクリット値低下であり，失血の病歴があることも多い（Lichtenberger *et al.*, 2003）．

1. キャリーケージから集中治療用ケージに移す際に，前述の「安定化」の項で記載した簡潔な身体検査を行う．

2. 止まり木を外し，加温（30℃）・加湿した酸素濃度の高い集中治療用ケージに鳥を入れる．
3. 静脈内あるいは骨内カテーテルを設置する．
4. 簡単な問診を行う．
5. 直ちに補液を，カテーテル経由で5分以上かけてゆっくりとボーラス投与する．
   - 乳酸リンゲル液（10 mL/kg）とヘモグロビンベースの酸素運搬体（5 mL/kg）の混合
   - または，乳酸リンゲル液（10 mL/kg）とヘタスターチ（5 mL/kg）の混合
   - または，理想的には同種の健康なドナーから採取した全血（10～15 mL/kg）
6. 詳細な問診を行う．
7. 安定化したら，詳しい診察を行う．

6

基礎的な手技

John Chitty

はじめに

この章では，鳥類の臨床でしばしば必要となる基礎的な手技について述べる．いくつかは検査や診断手法の一部であり，その他はそれ自体が来院の理由となる手技（羽切り，嘴切り）についてである．正しい手技について知るだけでなく，関連する問題や来院の理由を学ぶことが重要である．

注射の手技

筋肉内注射

愛玩鳥に注射薬を投与する際の，最も一般的な投与経路である．筋肉が大きいこと，腎門脈系による薬物代謝への影響が考えられることなどから，注射は脚よりも胸筋群に行うことが多い．

注射の前に，羽を分け，皮膚を消毒する．注射針は筋肉の中央部から尾側部に刺入し，薬液を筋肉の中央部に注入する．つまり，胸骨に沿って尾側から頭側に針を進める（**図6.1** および **図6.2**）．薬剤を注入する前に，誤って血管内に注射していないか，内筒を引いて確かめる．

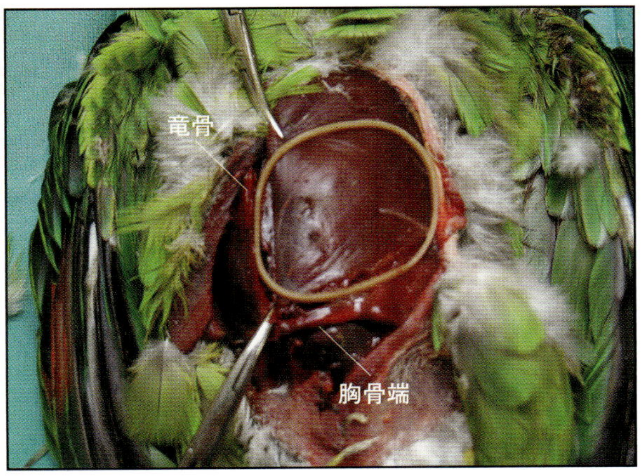

図6.1 ボウシインコの解剖．筋肉内注射やマイクロチップ挿入に適切な部位は胸筋群の中央～頭側である．

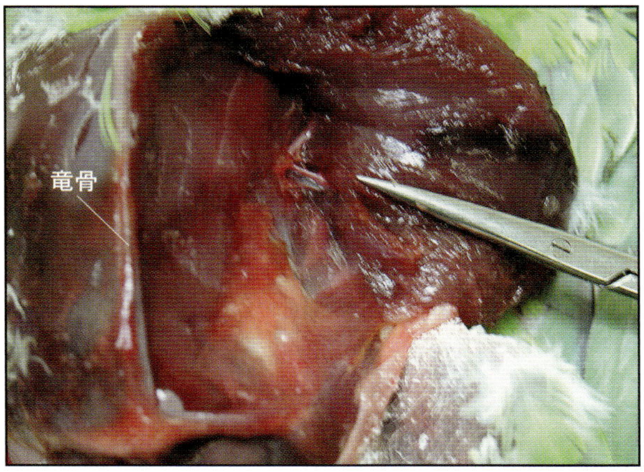

図6.2 表層の胸筋を反転すると，神経叢と血管が見える．この部位に注射する場合，これらを避けなければならない．

注射薬の粘稠度と鳥の体格を考慮したうえで，可能な限り細い注射針を使用する．23 G 以下の注射針を使用することが多いが，大型の鳥に粘稠性の薬剤を投与する場合などには，21 G の針を使うことがある．

以下の点に注意する．

- **刺激性の物質（図6.3）**：著者の経験では，いくつかの薬剤（エンロフロキサシン〈Baytril；Bayer, Newbury, UK〉，ドキシサイクリン〈Vibravenos；

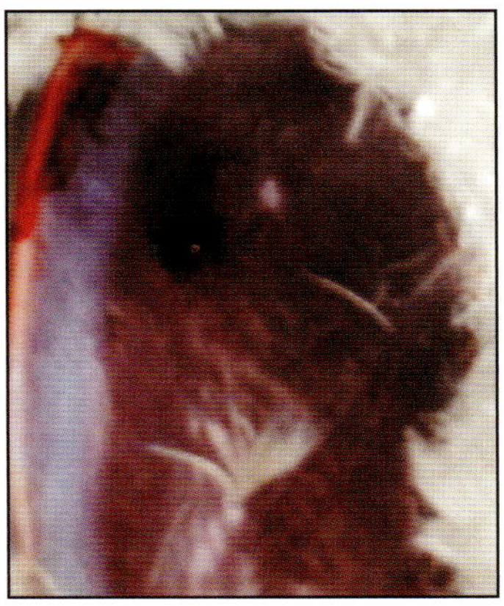

図6.3 この剖検標本では，2.5％バイトリル（Bayer）の単回投与による筋肉での反応が観察される．

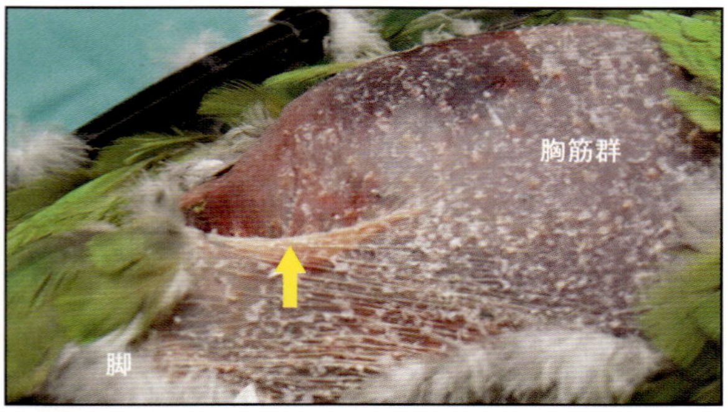

図6.4 矢印は側腹ヒダを示している（右側が頭側）．このヒダの下に多量の液体を投与できる「隙間」があることがわかる．

Pfizer, Sandwich, UK〉）や長時間作用型オキシテトラサイクリン製剤は非常に刺激性が高い．これらの薬剤を複数回筋肉内投与された鳥では，死後検査で広範な内出血が見られることがある．生前の検査でも，2.5%エンロフロキサシンの単回投与によって血漿クレアチニンキナーゼの増加が見られる場合がある．

- **投与量**：500 g の鳥に対し，0.1 mL を投与することは，体重70 kg のヒトに14 mL を投与することに等しい（重量：重量比で）．鳥類の胸筋はヒトよりもかなり大きいため，この比較の方法は単純すぎるが，状態の悪い鳥に対してさらなる疼痛の原因を作るような多量の注射は避けるべきである．

よって，刺激性の薬剤を繰り返し投与することは避け，できる限り早く経口投与に切り替える．経口投与が不可能である場合や，経口投与での吸収に問題がありそうな場合には筋肉内投与を行うが，注射部位を変えるべきである．このような場合，注射量が少なければ，脚の筋肉（頭側頸骨筋）に投与することもできる（図2.7を参照）．

多量の薬液（体重500 g あたり1 mL 以上）を投与する場合，注射部位を分割するか，皮下投与にする．ただし，特に Vibravenos（ドキシサイクリン）のような刺激性の薬剤は，痂皮を作りやすいため，皮下投与は避ける．

皮下注射

皮下注射は，輸液治療や多量の薬液の投与の際に，非常に便利な投与経路である．皮下投与部位からの吸収は速く，多量の液体（20 mL／kg まで）も15分のうちに吸収される．ヒアルロニダーゼを150単位／L で加えることで，吸収速度はさらに増加する．

投与部位は筋肉内投与の場合と同様に消毒を行う．側腹ヒダ（図6.4）が適切な投与部位である．注射時に，誤って体腔内に投与しないように注意する必要がある．

静脈内注射および採血

静脈内注射や採血は，**表6.1**と**図6.5**に記載した部位より行う（詳しい解剖学的部位については，**図2.6, 2.7, 2.9**を参照）．これらの静脈は表層に存在し，簡単に見つけることができる．

右頸静脈は頸部側面の無羽部の下に，表在静脈は脚の遠位の鱗状の皮膚下に存在する．尺骨静脈は肘部の比較的羽が薄い部位にあるが，露出させるために羽を

表6.1 静脈穿刺部位（続く）

部位	保定	利点	欠点	コツ
右頸静脈（6.6a, b および図2.9）	• 鳥を保定または麻酔し，頸を伸ばす．羽を分けると，広い無羽域に血管が見える．指で頸の根元を駆血する．	• 容易 • 多量に採血可能 • 比較的容易に止血可能 • 小型の鳥（150 g 以下）のみに推奨	• 左利きの人には非常に難しい． • 鳥が暴れると血管を傷付け，致死的な皮下出血を起こす． • 全身麻酔が推奨される． • 神経質な鳥や，呼吸困難の鳥では保定のストレスが大きい．	• 麻酔が推奨される． • 血腫の形成を防ぐために，穿刺後には指で優しく押さえる．
浅尺骨静脈／尺側皮静脈（図6.6c および図2.6）	• 保定もしくは麻酔を行い，仰向けにする．片側の羽を広げ，静脈を確認する．術者は空いた手で静脈を駆血する．	• 左利きの人にも容易 • 保定が比較的容易	• 血管が脆く，特に小型の鳥では多量の採血は困難．止血が難しいことがあり，鳥をケージ内で落ち着かせ，血圧が下がるまで安静にさせる必要がある（保定を続けるよりもこの方が良い）．頸静脈と異なり，出血が命にかかわることは少ない．出血があった場合，確認しやすいが，少量の出血が飼い主に不安を与えやすい． • 無麻酔下でケージ飼育の老齢鳥を扱う場合，羽を広げる際に上腕骨の骨折が起こりやすいので気を付ける．	• 組織接着剤を使うと，止血が容易となる．

表6.1　(続き)静脈穿刺部位

底側中足静脈/前蹠骨静脈(図6.6dおよび図2.7)	• 鳥を保定し，脚を伸ばす． • 術者は空いた手で静脈を駆血する．	• 血管が表層にあり，見つけやすく，駆血しやすい．しかしこの部位の皮膚に色素があると見えにくい． • 保定が容易である．	• 血管が非常に脆く，少量しか採血できない． • 止血が難しい．	• 他の静脈が駄目になった場合や，必要な血液が少量の場合に用いる． • 組織接着剤や簡単な包帯によって止血が容易になる．
爪	• 鳥を保定し，爪床が出るまで爪を切る． • 爪切りの項(後述)で記載した内容の逆を行えば出血が増える．	• 容易	• 組織液や爪についた糞尿が混入するため，生化学/血液学的検査には適さない．多量の採血は不可能．この手法は疼痛を伴う．感染の危険があるため，止血が重要となる．	• 雌雄鑑別やサーコウイルス検査，オウム病クラミジア検査などのために，少量の血液が必要な際に用いる．焼灼，硝酸銀，過マンガン酸カリウムなどで止血するのが望ましい．倫理的な問題にも気を配る必要がある．

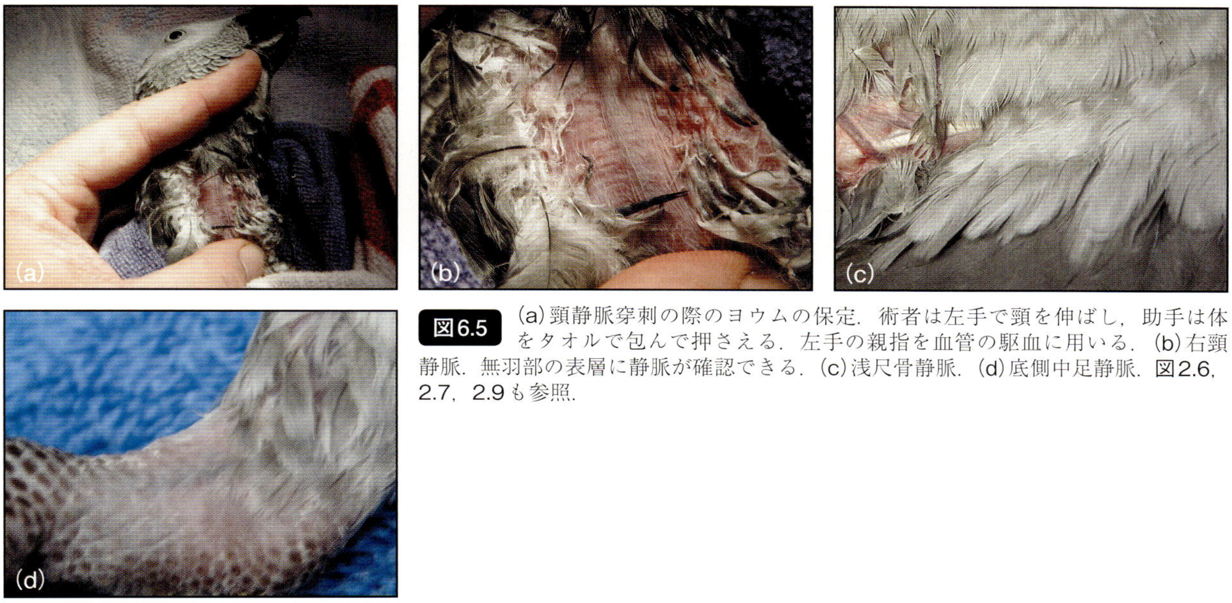

図6.5　(a)頸静脈穿刺の際のヨウムの保定．術者は左手で頸を伸ばし，助手は体をタオルで包んで押さえる．左手の親指を血管の駆血に用いる．(b)右頸静脈．無羽部の表層に静脈が確認できる．(c)浅尺骨静脈．(d)底側中足静脈．図2.6，2.7，2.9も参照．

除去する必要があることもある．アルコール綿で皮膚を濡らすと血管が見えやすくなり，羽を濡らすことで脇によけることができる．しかし，アルコールで濡らしすぎると低体温を起こす可能性があるので注意が必要である．

中型～大型の鳥で静脈注射または採血を行う場合，2人で実施する必要がある．超小型の鳥では片手による保定法により，手技が容易となる(図6.6)．

これらの静脈は薬剤や輸液剤の静脈内投与に適している．尺骨静脈を静脈内投与に用い，右頸静脈を採血に用いるのがわかりやすい方法である．非常に肥満した鳥(特にボウシインコ)から採血する場合，皮下脂肪によって静脈が見えないため，尺骨静脈を使用する．こ

図6.6　セキセイインコの右頸静脈への注射における，片手での保定法．

の場合，止血には十分注意する必要がある．また肝疾患が疑われる個体や，凝固異常のある個体でも同様である．

採血は2.5 または1 mLシリンジで行うことが多い．23～25 G，5/8インチの針を使用する．このサイズは鳥の大きさによって決めるが，血液学的な検査の際には血液細胞の損傷を避けるため，太い針を使用した方が良い．

哺乳類と同様に，体重の1%まで安全に採血することができる(400 gのヨウムでは4 mLまで)．ただし，これは健康な鳥の場合であり，病鳥や脱水した鳥ではこれより少なくなる．

薬剤の投与の際は，塞栓症を防ぐため，ゆっくりと投与する．

静脈カテーテルの設置

輸液剤の持続点滴またはボーラス投与，そして繰り返し薬剤の静脈内投与が必要な場合など，静脈内カテーテルの設置が必要になる症例もある．右頸静脈や尺側皮静脈(図6.7)が使用される．右頸静脈はしっかりと包帯を巻かなければ維持が難しい．尺側皮静脈は300 g以上の鳥で使用される．

カテーテルはテープで固定するか，その部位に縫合する．驚くべきことに，鳥はこれらのカテーテルを取ってしまうことは少ない(NA Forbesとの私信)．

骨髄内投与

骨髄内投与は持続点滴もしくは輸液のボーラス投与の際の静脈に代わる投与経路であり，尺骨(図6.8)または脛足根骨(上腕骨を用いてはならない)の髄腔に輸液剤を投与する．中心静脈洞によって，輸液はすぐに循環へと取り込まれる．細胞毒性や刺激性のない薬剤

図6.7 尺骨静脈に設置されたカテーテル(NA Forbesのご厚意による)．

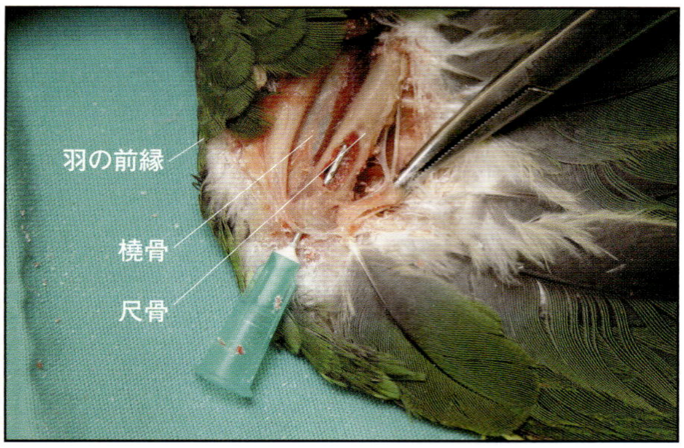

図6.8 骨髄内針設置部位を示した解剖．羽の背側表層，手根骨近位の背関節突起から挿入されている．

であれば，静脈内注射の薬剤も投与することができる．

これらの部位には容易に針の設置が可能であり，静脈カテーテルよりも維持が簡単である．しかし，輸液剤を圧力をかけて投与する必要がある場合には，シリンジポンプや‘Flowline’(Arnolds，UK)などの特別な器材が必要となる．

鳥には麻酔をかけ(緊急でなければ)，挿入部位を消毒する．そして骨に針を刺入する．専用の骨針か，通常の注射針を用いる(700 g以上の鳥には18 G，1.5インチ，200～700 gの鳥には21 G，1インチ，200 g以下の鳥には23 G，1インチ，100 g以下の鳥にはこの手法は推奨されない)．

- **尺骨**：手根骨近位の背側突起を見つける．手根骨を屈曲させ，その近位から髄腔内へ針を刺入する．髄腔内へ入ったことは，感覚でわかる．適切に骨髄内に設置されていれば，尺側皮静脈を見ながら少量の輸液剤を注入すると，輸液剤が流れるのが確認できる．
- **脛足根骨**：膝関節のすぐ遠位に脛骨突起があり，この突起を通って遠位側に針を進め，髄腔内に挿入する．側面の「脛骨プラトー」は髄腔よりも広いため，針は脛足根骨近位の頭側中央部より刺入する．この経路は他の部位よりも簡単そうに見えるが，針が骨髄腔の正しい位置に入ったかを感覚以外で知ることが難しい．

どちらの場合も，注射針をテープや包帯で固定する．これらの注射経路は，骨粗鬆症の鳥では注意が必要である．医原性の骨折を起こす可能性があるからである．また，骨髄炎が発生する可能性があるため，注射針の管理には注意が必要である．3日以上，同じ針を使用するのはやめた方が良いと思われる．

嗉嚢へのチューブ挿入

嗉嚢へのチューブ挿入は、経口薬や液体などを罹患鳥に与えるのに簡単で便利な方法である．麻酔をかけた鳥では，十分麻酔が覚めてから，嗉嚢へのチューブ挿入を行わなければならない．

プラスチック製のチューブは簡単に傷つき，切れてしまい，それを鳥が飲み込んでしまう恐れがあるため，金属製のゾンデが推奨される．しかし，金属製ゾンデは食道穿孔の危険性があるため，注意が必要である．可能な限り大きいサイズのゾンデを使用することで，気道への挿入を防ぐ．

鳥をタオルで保定し，親指と人差し指を口角にあて，嘴を開ける．大型の鳥の場合，開口器を使用する(5章を参照)．頸を伸ばし，声門の横背側にチューブを進める(**図6.9**)．抵抗があった場合や，鳥が疼痛を感じている場合には，チューブを抜去してもう一度最初からやり直す．液体を注入する前に，チューブが嗉嚢内に入ったことを確認する．

吐出を防ぐために，液体はあらかじめ温めておき，ゆっくりと投与する．容量は1回につき20 mL／kgを超えてはならないが，嗉嚢が空になればまたすぐに投与しても良い．

嗉嚢へのチューブ挿入は，診断のための嗉嚢洗浄液の回収にも用いられる．チューブを嗉嚢内に挿入し，温かい生理食塩水を注入する．そして少量を吸引し，検査を実施する．

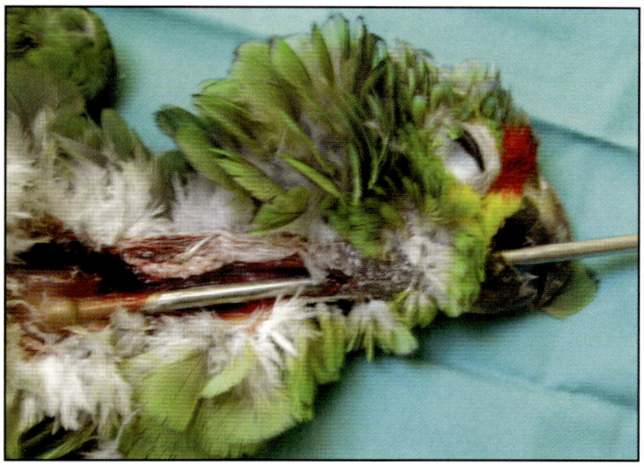

図6.9　死体標本における嗉嚢チューブの設置．まっすぐなチューブを用いる場合，それに合わせて頸を伸ばさなければならない．チューブは頸の右側に沿って挿入すると，嗉嚢までの食道内の通過が容易となる．

マイクロチップの設置

マイクロチップの設置は，個体識別のために効果的な方法であり，鳥や人間によって改ざんされたり，壊されたりしにくい利点がある．

挿入の前に，すでに鳥にマイクロチップが設置されていないかどうか確認する．挿入部位に関するガイドラインは，人によって，また国によって異なる．そのため，マイクロチップは右胸筋，頸の根本，大腿部などさまざまな部位に設置されている可能性がある．よって，マイクロチップが設置されていないかを確認する際には，鳥の全身をくまなく調べる必要がある．もし疑わしい場合には,全身のX線撮影を行うことが，マイクロチップが存在しないことを結論する唯一の方法である．

英国獣医動物学会(The British Veterinary Zoological Society)は，マイクロチップを左胸筋に設置することを推奨している．この方法は無麻酔でも麻酔下でも実施可能であるが，筆者は体重200 g以下の鳥には麻酔をかけることを推奨している．

羽を分け，皮膚を消毒する．針を筋肉の尾側3分の1の部位に挿入し，マイクロチップが筋肉の中央部にくるように針を頭側に進める(**図6.1**)．この部位の神経叢や血管(**図6.2**)を避けるため，マイクロチップをあまり頭側に設置しないことが非常に重要である(Monks, 2002)．

時折，出血が問題となることがある．これは皮膚を一方に引っ張って皮膚と筋肉の穿刺穴をずらすことで防ぐことができる．皮膚の穿刺穴を縫合や接着剤によって閉じても良い．

針を抜く際に，皮膚を指で押さえることで，針と一緒にマイクロチップが抜けてしまうのを防ぐことができる．

羽切り

羽切りはよく行われる手技であり，非常に簡単に実施できる．しかし，その影響や倫理に関する問題については複雑である.羽切りを行うかどうか(**表6.2**)，そして行う場合にはその方法(**表6.3**)について，さまざまな意見がある．結論として，オウムの寿命を伸ばす目的以外に，羽切りは飼い主のための長期的な管理法としては用いるべきではない(Hooijmeier, 2003)羽切りは短期的な訓練や行動治療のためにも用いられている．

羽切りはただ単純に「手軽な方法」として実施されるのではなく，訓練や管理のための手法である．筆者らの病院では，2回に分けて診察を実施する．1回目は30分かけて管理と訓練について話し合い，2回目は短時間で羽切りを実施する．本来，診療料金はかけた時間によって異なる．飼い主がこれに不満を持つことは少ない.むしろ飼い主の多くは獣医師が興味を持ち，飼い主と鳥がこの手技によって受ける恩恵を学ぶこと

表6.2　羽切りの利点と欠点

利　点	
安　全	• 飛翔により自身を傷付けることがなくなる.
破　壊	• 鳥が屋内の物を壊すことが減り，より飼いやすいペットとなる.
逃　走	• 鳥が逃げることがなくなる.
自　由	• 羽切りによって自傷や逃走の可能性が減ることで，飼い主は鳥をケージの外や屋外に出す機会が増える.
訓　練	• 鳥はより飼い主に依存するようになり，訓練や行動治療が容易となる.
欠　点	
• ペットが家庭飼育に適するように「改変」された場合，はたしてこれはペットとして正しいのか？	
• 羽切りによって，全く飛べなくなるわけではない．飛ぼうとして怪我をする可能性がかえって増える可能性がある.	
• 生え変わりによって新しい羽が生えてくる.	
• しばらくの間，鳥が飛べなくなると，飼い主は無頓着になり，鳥がまた飛べるようになった際にもドアや窓を開けたままにするようになる.	
• 羽切りによって「見えないケージ」を作ることになり，自由を減らす(鳥は行動学的に飛ぶことが必要であると考えられている)．鳥は戻ってくるように訓練することが可能であり，ハーネスを付けるようしつけることもできる(図22.1参照)．これらにより，鳥を外に連れ出すこともできる.	
• 羽切りの手法は完璧ではなく，またもしも羽切りをした鳥が逃げた場合，非常に弱い存在となる.	
• 羽切りをした鳥は，そうでない鳥よりも活動性が低くなり，太りやすい.	
• 羽切りが下手な場合，羽の咀嚼行動に繋がることが多い.	

表6.3　羽切りの手法

手　技	利　点	欠　点
片　側	• 飛翔をさせないという点で効果的	• バランスが悪く，落下による受傷が増える.
両　側	• バランスが取れるが飛べる可能性あり. • 落下により受傷しにくい.	
外側風切り羽の除去	• 除去する羽が少なくて済み，羽の先端がなくなることで飛べなくなる. • 除去によって「上昇」が防げるが，「前進」は維持されるため，安全に滑降することができる.	• 外側の羽を除去することで見た目が悪くなり，羽切りされたことが明らかにわかる. • この方法は自然な生え変わり周期を考慮しておらず，新しく生えた羽が保護されず，傷つくことが多いため，羽の咀嚼行動が起こりやすいともいわれる．生え変わり周期は鳥の種類によって異なることに注意する.
内側風切り羽の除去	• 見た目が良い. • 生え変わりの周期にいっそう気を配る必要がある．外側の羽が新しく生える羽を保護してくれる.	「上昇」でなく「前進」が妨げられるため，滑降ができなくなる.

を喜んでくれる.

羽切りは1回切りで，もう羽切りを行う必要がなくなることが理想である．次の点について，飼い主と話し合う必要がある.

- 羽切りは100%効果のある方法ではない．うまく羽切りすると滑降は可能であり，鳥は飛ぶことができる．自宅内での管理には引き続き注意が必要であり，屋外では十分な監視が必要となる．一般的に，鳥が飛ぶことに必死であるほど，羽切りの効果が低くなる.
- マイクロチップの設置が強く推奨される.
- 羽切りをしても屋内は安全ではない．鳥は問題なく床を歩くことができるし，物によじ登ることもできる.
- 号令に従って登る/降りる，戻るなどの基礎訓練を実施する(17章を参照).

どの手法を用いるかについては，以下の項目を考慮して選択する.

- **鳥の品種**．体重あたりの羽の表面積が広い種類では，多くの羽を除去しなければならない．良い例がオカメインコである．オカメインコでは両翼のほとんどの羽を切ったとしても，飛翔にあまり影響しないこともある．この品種では片側を切るのがより適切である.
- **羽切りの目的**．どの程度「飛べなくする」必要があるか．

- **経験**．どんな説にも反論はあり，経験豊かな獣医師は，他の人が危険だと考えている手法を好むことが多い．よって各獣医師が自分の好きな手法を見つけ，経験に基づいて改良する必要がある．飼い主(特に経験のある飼養家)に，特に好きな羽切りの手法がある場合，それを考慮に入れたうえで，羽切りの前に手法について話し合うべきである．飼い主がいつも正しいわけではないが，正しい主張であるかもしれない．

筆者は the Association of Avian Veterinarians (AAV)が採用している，両側の羽切りを好んで実施している．詳細についてはAAVが発行するラミネート加工のポスターに記載されている．要約を以下に記載する．

- 尾羽の長い，体幹の細い鳥(コンゴウインコ，その他のインコ)では，第五～十初列風切り羽を切る(**図2.1**を参照)．
- 体格が大きく，尾羽の短い鳥(ボウシインコ，ヨウム)では，第六～十初列風切り羽を切る(**図6.10**)．

羽切りが終わったら，試しに飛ばせてみる．もしも7.5 m以上飛べるようであれば，さらに両翼の初列風切り羽を切除する．そして再び飛ばせてみて，飛べる距離が7.5 m以下となるまで羽切りを続ける．どちらのグループに属する鳥も，初列風切り羽以外を切る必要はない．

いずれの手法を選んだとしても，次のことが必要である．

- 羽は1本ずつ，よく切れる鋏か爪切りで切る(**図6.11**)．これにより羽先の損傷が少なくなる．さらに他の羽を傷付ける可能性が減る．
- 羽の先端がささくれだったままにしない．
- 血羽を切らない．
  - 切除予定部位にある場合，その他の方法を用いる．
  - 羽が成長しきるまで羽切りを延期しても良い．
  - 1本だけ存在する場合，隣の羽を「保護役」として残し，後日あらためて切除する．
- 羽は皮膚と同一平面で切らず，羽軸を少しだけ残すことで新しく生える羽を保護する．しかし，雨覆羽より飛び出して残してはならない．切断端を雨覆羽で「隠す」ようにしなければ，羽の咀嚼行動の原因となる．

図6.10 ボウシインコの羽切り．両翼の第六～十初列風切り羽を切除した．切除端が雨覆羽から出ていないことに注目．羽切り前の正常な羽については**図2.1**を参照．

図6.11 正しい羽切りの方法．よく切れる爪切りを使用し，羽を1本ずつ雨覆羽の下で切断する．

インピング

羽切りをした場合，時として切った羽が生え変わりしない場合や(おそらく羽量の低下のため)，断端の咀嚼行動を起こす場合がある．このような場合にインピングによって，羽切りや咀嚼によって傷ついた風切り羽を取り替える．これにより羽の全長が元に戻り，咀嚼行動を減らし，生え変わりを促進し，再び飛翔が可能となる．飛べるようになることは鳥に対し精神的な刺激となり，咀嚼行動はさらに抑制されるようになる．

羽の材料は同じ個体から採取するため，後で使えるように飼い主には抜けた風切り羽を取っておくように伝えておく．これができない場合，同じ品種の鳥の物を使用する．しかし，これはインピングによって疾患が個体から個体へと伝播する危険性をはらんでいる．よって羽はオウムインコ類の嘴と羽毛病(PBFD)，ポリオーマウイルス，前胃拡張症(PDD)，パラミクソウイルス(PMV)などが陰性の個体からのみ採取する．羽はエチレンオキサイド滅菌が可能であり，使用前に一度冷凍することで感染の可能性を減らすことができる．最後の手段として，他の品種の羽を使用することもできるが，見た目におかしくなってしまう．

インピングは単純な手技であるが，手間がかかり，麻酔下での実施が望ましい．時間がかかり，動かない状態での方が容易だからである．基本的な手技(図6.12，6.13)は以下の通りである．

1. 傷ついた羽軸は，断端が平らになるように切る．
2. 付け替える羽を元の羽軸に合うように切り，新しい羽がもともとの羽と同じ長さになるようにする．このために，可能であれば同じ位置の羽を使用するのが望ましい(第1初列風切り羽には第1初列風切り羽，第2初列風切り羽には第2初列風切り羽)
3. 新しい羽を古い羽に「接ぐ」．プラスチックかダボ棒(小径の編み針やケバブ串)を切り，片側が古い羽にぴったり入るよう削る．反対側の先も同様に削り，新しい羽の軸に合うようにする．シアノアクリレート接着剤(組織接着剤)を両端に付け，羽軸に差し込む．この作業は接着剤が乾くまでに素早く行う．新しい羽が古い羽と同じになることが非常に重要であり，新しい羽が正しい方向を向いていなければならない．

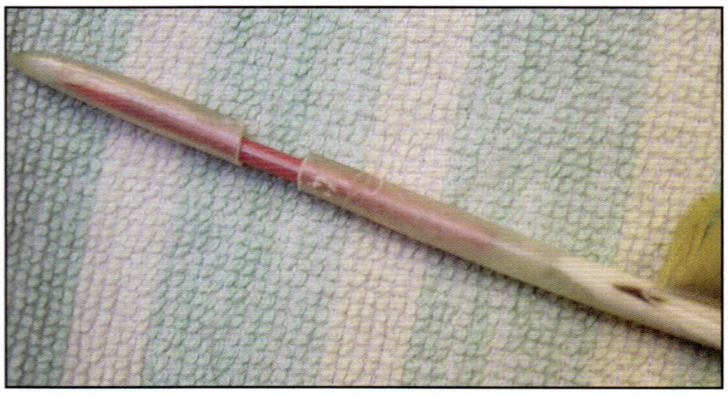

図6.12 インピングの手法．棒(この写真ではプラスチックの編み棒)を羽の断片に差し込み，接着する．新しい羽は適切な長さに切り，棒に固定する．

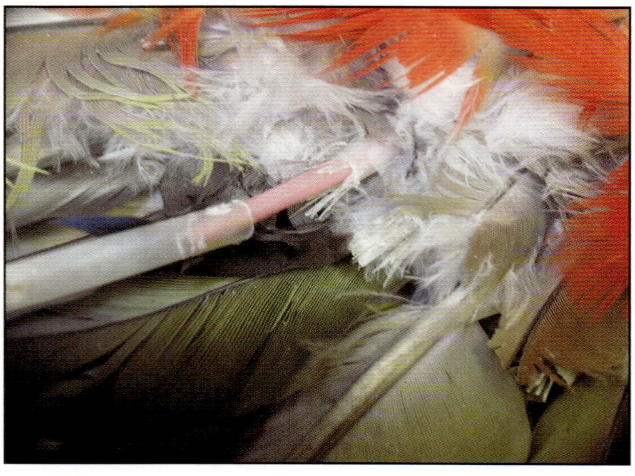

図6.13 インピング．咀嚼によって傷ついたコンゴウインコの初列風切り羽の羽軸に，新しい羽を設置している．

新たに接いだ羽は驚くほど耐久性があり，飛翔を可能にする．さらに驚くことは，この新しい羽を鳥はあまり気にしないということである．

血羽からの出血

血羽からの出血はよく起こり，大量出血で来院した鳥では鑑別診断のトップに挙げられる．

正しい方法を用いれば，出血を抑えることが可能である．結紮したり，血液凝固剤を出血部位に付けたりするのは一時的に効果があるが，再出血することが多く，感染することも少なくない．これにより羽の咀嚼行動が起こることがあり，ジストロフィーや嚢胞形成の原因となる場合もある．よって，出血している羽はできる限りすみやかに抜去すべきである．この処置は一般的に無麻酔で行われる．

傷ついた血羽をしっかりと把持し，少しひねりながらゆっくりと引き抜く．これによって羽の根本から入っている動脈が捻れ，伸ばされることで止血が得られる．また同時に新しい羽の成長も刺激される．毛穴から続く出血は，数分間圧迫することで止めることができる．

爪切り

鳥専用の爪切りや，小型の猫用爪切りが使用される(図6.14)．大型のオウムには研削工具(高回転のもの)を使用することが望ましい．研削工具によって爪の形を整えることができるが，皮膚や脚を傷付けないように気を付けなければならない．研削工具の熱によって爪が焼灼されるため，出血が起こることは少ない．

爪切りを用いる場合，爪は左右を挟む形で切らなければならない(図6.15)．これによって動脈を爪が圧迫する形となり，出血を抑えることができる．動脈は爪の先端で観察できることが多いが，白い爪(ボウシインコなど)の個体では見えやすく，黒い爪では見えにくい．よって予定の長さになるか，出血するまで少しずつ切っていくのが良い．

爪切りにおいて「切るべき長さ」というものはなく，個々に応じて判断するしかない．一般的に爪切りに全身麻酔は必要ないが，爪が重度に伸びている場合や，爪を正常な長さにするのに出血が避けられない場合には麻酔を行う．全身麻酔によって長時間の保定を避けることができる．

出血は硝酸銀のパウダーやスティック，過マンガン酸カリウムのパウダーや結晶などで止めることができ

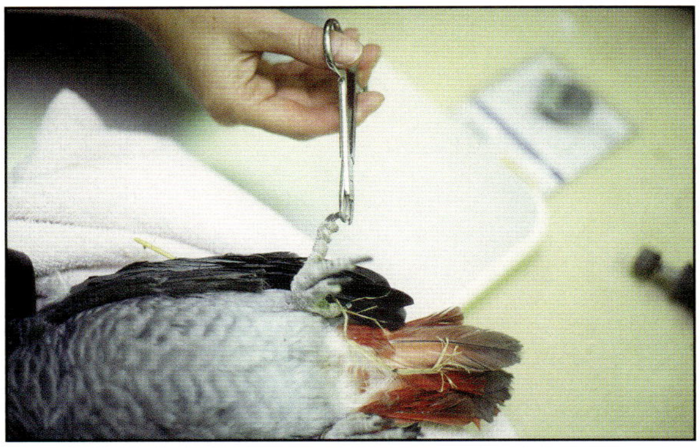

図6.14 小型の爪切りによるヨウムの爪切り．爪は左右を挟む形で切り，先端のみ切除していることに注目．代わりに研削工具を使用しても良い．

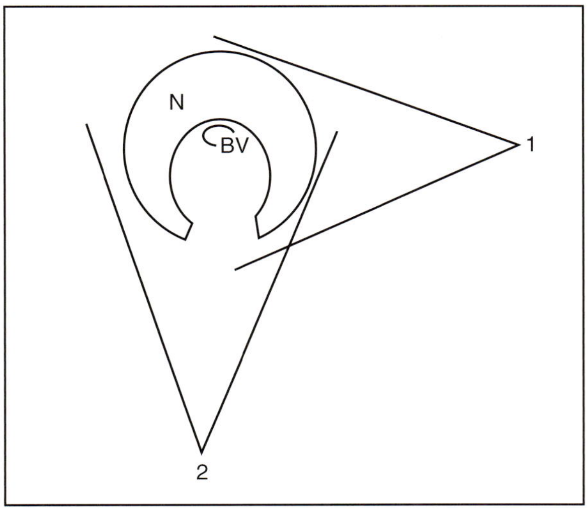

図6.15 爪の断面図．N：爪，BV：血管，1. 血液を少量採取する時の切断方向，2. 爪切りの時の切断方向（爪切り動作によって血管が周囲の爪にどのように圧迫される）．

る．出血が起きた場合には，止まり木をすべて取り除くと，鳥はケージの棒に掴まるため，爪先の血餅が外れてしまうことを防ぐことができる．出血が治まるまで，しっかり観察しなければならない．

爪の過長には潜在的な原因が存在する可能性を覚えておく必要がある．

- **止まり木の太さ**：止まり木には鳥の体格やその個体の好みによって適切な太さのものを用いなければならない．止まり木が適切でない場合，爪の過長だけでなく，脚の圧迫病変が同時に見られる．
- **止まり木へ止まれない状態**：関節炎など．
- **栄養不良または肝疾患**：ケラチン代謝異常によって成鳥はすぐに爪の過長を起こす．ボウシインコではこれらの疾患を起こしやすいようであり，同時に肝リピドーシスが見られる．

必要に応じて，爪切りを再度行う．決まった期間はなく，二度と爪切りが必要でなくなる個体も多い．爪切りを必要なくするためには，適切な止まり木と木と良質の食餌を与えることが必要である．コンクリート製の止まり木は爪をすり減らすのに有効であるが，鳥が適切に止まっていない場合には，皮膚を傷付ける原因になる可能性がある．

嘴切り

嘴切りは，正しくは「嘴の成形」といった方が良いかもしれない．嘴は精密に形作られており，力強く，かつ非常に細かい作業が可能である．嘴を形作るのは以下の要因である．

- 嘴自身の動き（上下の嘴同士にいる摩耗）
- 鳥自身による嘴同士による研磨
- 鳥自身による止まり木での嘴の研磨

嘴の成形は常に必要なわけではない．嘴が過長となった場合や，変形した場合（鋏状嘴など）などに行う．嘴の変形は以下の要因によって起こる．

- 若齢鳥での栄養不良（まれ）
- 嘴の損傷や，嘴の成鳥に影響する治療，嘴の組織への不可逆性の変化．これらは，外傷や疾患（セキセイインコの疥癬症）で起こる．
- 医原性．必要のない，または下手な嘴切りによって組織は損傷を受け，問題を悪化させる．例えば，rictal phalanges（上嘴の根本に存在）の損傷によって疼痛が起こると，鳥は嘴の使い方がいつもと変化し，鋏状嘴の原因となる（Speer, 2003b）．
- ケラチン代謝の異常（栄養不良，肝疾患）．嘴の過長が見られる成鳥では，全身の精査を行うことが重要である．

問題が変形や損傷に由来する場合，修復法（11章）を考慮する．しかし，通常の成形の方が人工物を使用するよりもうまくいく場合もある．

前述したように，嘴切りは「嘴の成形」といった方が良い．ただ単に嘴を短くするのではなく，正常な形にするのが目標であるためである．よって，実施前に正常な解剖（**図2.3，2.5**）について知っておく必要がある．種によって嘴の形態に差はあるが，基本的な形はすべてのオウム科の鳥で共通している．

小型の鳥以外では，嘴は低トルク，低回転の研削工具を使って成形することを推奨する（**図6.16**）．小型の鳥には，鳥用の爪切りと爪ヤスリを使用する．

図6.16 ヨウムの過長嘴をドレメルによって成形している.

図6.17 このルリコンゴウインコは前日受けた積極的な嘴切りについて，著者にセカンドオピニオンを求めて来院した．この鳥は嘴端と左側のRictal phalangesの損傷による痛みのために食餌をついばむことができなかった．これは正常なコンゴウインコの嘴の形とはいえないことは明らかであり，損傷部位の出血が続いていたことから，その部位での感染の可能性もあった．Rictal phalanges(矢印)は非常に傷つきやすく，鳥は反対側に力を入れるようになるため，摩擦が非対称となる．この鳥も，6週間のうちに鋏状嘴となってしまった．その後この鳥は改善のために4～6週間ごとの成形が必要であった．このことからも，積極的すぎる嘴切りは必ずしも実施の頻度を減らすわけではないことがわかる．

傷つきやすい深部の組織にまで及ばないよう，嘴の各層を注意深く，ゆっくりと削らなければならない．

出血した場合には，その部位を過マンガン酸カリウムや硝酸銀によって焼灼し，それ以上の研磨は中止する．

嘴切りの際に，より積極的に，より多くの部分を切除しても，嘴切りが必要になる期間が長くなるわけではない(図6.17)．このような処置は，さらなる損傷に繋がり，嘴切りの回数を増やすことになる．それよりも，嘴の形を整えることの方を推奨する．この方法は，短期的には成形の回数が多くなるかもしれないが，長期的には嘴を正常か，正常に近い形にするため，嘴切りの回数を劇的に減らすことができる．

また，嘴切りは麻酔下で行った方が良い．無麻酔の鳥(特に大型の品種)では，嘴，舌，そして術者を傷付けずに，細かい成形をすることはほとんど不可能だからである．麻酔をかけることによって鳥のストレスを軽減することもできる．嘴切りや成形によって出血した個体では，カルプロフェンを1回投与する．

脚環の除去

鳥の脚にはさまざまな識別用の脚環が取り付けられる(3章)．鳥の嘴による損傷，その他外部要因，腫脹，直下の皮膚の痂皮形成，脚環の不適切な部位への移動(足根間関節上など)によって，足への締めつけや組織の障害が発生することがある．さらなる腫脹は締めつけを悪化させ，悪循環に陥る．脚環を除去しない限り，周囲の組織の障害によって足を失うことなる場合もある．

脚に合わない脚環を装着した場合や，コンゴウインコでは(コンゴウインコはふ蹠骨全体を地面に着けて歩く)，圧迫による皮膚の壊死が起こる．進行すると，深部の感染や膿瘍となる．

飼い主が，問題の発生を心配して脚環の除去を希望する場合がある．この場合，脚環を外しても法律的に問題がないかを検討することが重要であり，必要であれば，適切な処置(マイクロチップの設置など)を行う(22章)．除去した脚環は保存しておき，飼い主に渡さなければならない．可能であれば，標識が読めるように，刻印部分でない部位で切った方が良い．

特に腫脹が激しい場合，脚環の除去は簡単でない時もある(そうでなくても大型種に用いられる硬いステンレスの脚環の除去は難しい)．動物病院にあるような通常の器具では難しいことがあり，カッターやのこぎりでは下の組織を直接傷付けたり，切る時に脚環がねじれて傷付けたりすることがある．後者は脚環の除去における医原性骨折の原因として最も多い．

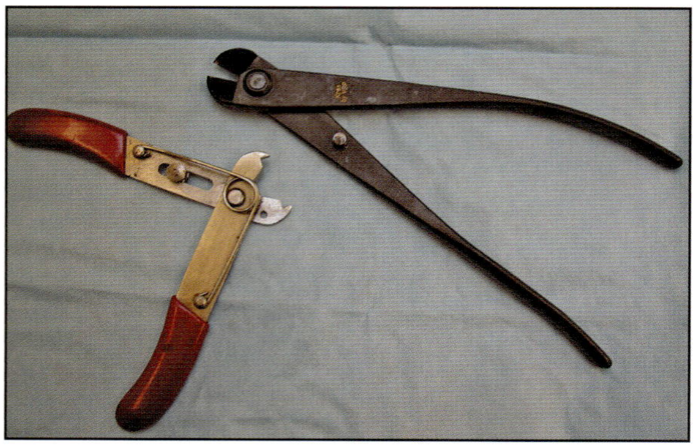

図6.18 脚環カッター．下のカッターは脚環が捻じれるのを防ぐために切れ込みが入っており，ステンレス以外の脚環に使用できる．上のカッターはより重く，切断面が鋭い．柄は使いやすい形になっている．これはステンレスの脚環の切断に用いることができる．

鳥を診察する動物病院では硬い脚環を除去するために，専用の脚環カッター(**図6.18**)や，ドレメルと切断用バーなどを準備すべきである．これらの器具が手に入らない場合，鉄の脚環を切るのに弓のこ刃を使用するが，これでは周囲の組織を傷付けやすい．小型のペンチ，細径のブルドックランプ，動脈鉗子などによって切断した脚環を掴み，曲げて脚から除去する．

鳥が暴れないように，この作業は必ず全身麻酔下で行うことをお勧めする．

切断用バーを用いる場合，周囲の組織への熱による損傷を防がなければならない．脚環を濡らした綿球で囲み，熱くなっていないかどうかを時々調べる．熱い場合，切断を止め，水で冷やしてから再開する．

安楽死

他の分野の獣医療と同様に，治療が不可能な場合，治療法が現実的でない場合，治療の費用が高すぎる場合で，鳥が苦しんでいる時には，病気の鳥を安楽死することは一つの選択肢である．また同じように，行動学的な疾患のある鳥を安楽死することは，保護シェルターに送るよりも良心的なのかもしれない．

原因が何であれ，安楽死には人道的な方法を用いなければならないし，飼い主の感情を考慮したうえで実施する必要がある．飼い主と鳥の間には非常に強い絆があることが多く，安楽死は飼い主にとってとてもつらいことである(Harris, 1997)．

小型の鳥に対して頸椎脱臼や断頭術を行うことは人道的な方法とはいえない．その代わりに，麻酔薬の過剰投与を行う．理想的にはペントバルビタールの静脈内注射が望ましいが，これに必要な保定を行うことは飼い主のストレスとなる可能性がある．よって静脈内注射の前に導入麻酔をかけると良い．飼い主が一緒にいる場合，麻酔ガスの排気が健康に及ぼす影響について考慮した方が良いだろう．ケタミンの筋肉内注射による鎮静を用いても良い．

ペントバルビタールの体腔内投与によって急速に死に至るが，そうでない場合もあり，その鳥に大きな苦痛を与えることになりかねない．よってこの方法は推奨されない．小型のオウム類ではペントバルビタールの心腔内投与を行うこともあるが，誤って肺内に注射してしまうと，鳥と飼い主に非常な苦痛を与えることになる．

死後剖検に遺体を供する場合，揮発性の麻酔薬の過剰投与による安楽死を行う．体腔内および心腔内への投与は組織に損傷を与えるため，剖検を行う場合は好ましくない．

7

臨床病理と剖検

Gerry M.Dorrestein and Martine de Wit

はじめに

完全な症例の評価には病歴，身体検査および必要な診断検査の実施が必要である．診断検査は多様で罹患鳥による必要性と臨床的に疑われる疾患によって最適な検査が行われる．すべての症例がその後も生存するわけではなく，多くの鳥類にかかわる臨床医が死後の剖検(Postmortem examination：PME)を実施し，その過程での不注意な観察や採材は，不必要あるいは誤った情報をもたらす可能性がある．解剖病理学的な変化は疾病の基礎であり，これらの変化を理解することは臨床医に，将来の罹患鳥のための正しい診断手法と治療方針の選択に新たな見方を与える．

この章では臨床および検査室での知見を病理学的変化と関連付け，またその逆の関連付けを行う．病理所見を例に臨床医が臨床的変化を理解できるように導き，さらに一つの診断に至るための適切な検査を示す．それはまた，臨床医がPMEを実践し，臨床症状を理解し正しい試料を得るための助けとなる．そのシステムとアプローチの大部分は著者らが日々病院および剖検室で学生教育の最後の年に獣医学生に教えていることを基礎にしている．

この章で用いる手法は血液学，細胞学，臨床生化学，尿検査，追加の検査室での試験およびPME，細胞学，寄生虫学のような形態学的手法である．この章では詳しい検査手法やその背景については扱わない．しかし，よく整備された獣医療施設内での可能性については言及する．

検査と試料の選択

診断用の試料と検査の臨床的価値は，正確な結果の解釈とともに，収集とその処理によって決定される(表7.1)．血液や糞便のようなより一般的試料に加え，他の多くの検査が診断に導きうる価値のある情報をもたらす．このような検査には，腹腔穿刺，組織あるいは骨髄穿刺，嗉嚢洗浄，膿瘻吸引，気管洗浄，気嚢洗浄，採尿などが含まれる．もちろん，これだけに限定されるものではない．同様の組織がPMEでも採取されることがある．寄生虫の取扱い，保存および固定に関しては多くの異なる意見があるが，著者らの検査室ではすべての寄生虫はグリセリンアルコール内に浸漬している(70%エタノール9対グリセリン1)．

これら試料の多くに施される基本的な検査には，肉眼的評価(透明度，色，匂い)，生標本(0.9%生理食塩水で溶解)および染色スメア(遠心の前後)の顕微鏡的評価，細菌学的評価(培養液の適切な選択をするための染色スメアの評価後)，およびいくつかの試料(生検試料)では病理組織学的評価がある．最も一般的に採材される試料は血液と糞便である(糞便検査は15章で

表7.1 院内検査室と外部検査所

	長　所	短　所
院　内	• 迅速な結果，特に電解質，酸-塩基，血液ガス，細胞診	• 技術/経験の少ない職員 • いくつかの機器を使った検査での信頼性/再現性の欠如 • 生化学機器の維持 • 質の悪い精度管理 • 有核赤血球の存在による血液学的検査の問題
外　部	• 熟練/技術のある職員，特に細胞学 • 質の良い精度管理 • 信頼性/再現性のある検査手順	• すべての検査所が鳥類の試料の取扱いに習熟していない，あるいはそのことに関心がない． • 検査所への長い輸送が微生物の死，血液試料の変性などを起こす． • 結果受け取りの遅延

考察されている）.

血　液

血液検査は診断を確定するために不可欠な検査といえるかもしれない．一般的なオウムインコ類の血液検査には全血球計算，血漿尿酸，胆汁酸，カルシウムおよび酵素（アスパラギン酸アミノトランスフェラーゼ，ガンマグルタミントランスフェラーゼ，グルタミン酸脱水素酵素，クレアチニンキナーゼ）分析とタンパク電気泳動が含まれている（表7.2～7.5）.

全血球計算には赤血球容積（PCV），総タンパク量（総固形物），アルブミン，白血球数（WBC）および偽好酸球，リンパ球，単球百分比が含まれる．さらなる検査は臨床症状と一般的なスクリーニング検査の結果および他の検査結果によって選択される．試料の種類や取扱いが不確定である場合，その分析を実施する検査所と連絡を取る必要がある．これは特に毒性物質の分析の際に適用され，いくつかの物質（亜鉛）では容器の選択が重要で，他の物質（鉛）の検出には抗凝固剤の選択が重要となる.

細胞形態（図7.1）および血液寄生虫を含む血液細胞学は，臨床検査および血液検査に重要な情報をもたらし，治療方針を立てる際に必須になるかもしれない．感染症に対する検査室での分析は，疾病が疑われている鳥，購入後の検査および鳥小屋の管理において不可欠である．PME実施前に，臨床診断に繋がる臨床検査所見を評価したり，疑われる病理学的変化の分別表を作成することは鳥類疾病の生理をよく理解するうえで重要である.

細胞学

血液細胞学および細胞学はどちらも個々の細胞の観察を基本にしている．疾病に罹患した状態では，これらがその病気によって引き起こされる病態生理学的変化についての情報を提供することがある．両手法は，獣医療の現場で施すことができる簡単，迅速，廉価な診断方法で，しばしば，病変を引き起こす病因物質が同定されることがある．しかし，獣医師はその診断学的細胞学の限界を認識しておかなければならない.

- 常に明確な診断ができるとは限らない.
- 組織構築に関する情報（同一スメア内の細胞が異なる臓器や病変部に由来しているかもしれない），病変の大きさあるいは悪性領域の浸潤程度に関する情報は得られない.
- 観察される細胞が病変の本当の性質を必ずしも表

表7.2　検査参照基準

血液検査[a]	ボウシインコ	ヨウム	コンゴウインコ	オカメインコ
白血球数（$\times 10^9$/L）	5～17	6～13	10～20	5～11
ヘマトクリット（l/L）	42～53	41～54	42～54	41～59
偽好酸球（%）	31～71	45～73	50～75	46～72
リンパ球（%）	20～67	19～50	23～53	26～60
単球（%）	0～2	0～2	0～1	0～1
好酸球（%）	0	0～1	0	0～2
好塩基球（%）	0～2	0～1	0～1	0～1
生化学	**ボウシインコ[b]**	**ヨウム[b]**	**コンゴウインコ[b]**	**オカメインコ[a]**
尿酸（mmol/L）	72～312	93～414	109～231	202～648
尿素（mmol/L）	0.9～4.5	0.7～2.4	0.3～3.3	
胆汁酸（mmol/L）	1.9～144	18～71	25～71	44～108
アスパラギン酸アミノトランスフェラーゼ（AST）（IU/L）	57～194	54～155	58～206	128～396
クレアチニンキナーゼ（CK）（IU/L）	45～265	123～875	61～531	160～420
ガンマグルタミルトランスフェーラーゼ（GGT）（IU/L）	1～10	1～4	1～5	
グルタミン酸デヒドロゲナーゼ（GDH）（IU/L）	＜8	＜8	＜8	
カルシウム（mmol/L）	2.0～2.8	2.1～2.6	2.2～2.8	2.05～2.71
グルコース（mmol/L）	12.6～16.9	11.4～16.1	12．0～17.9	12.66～24.42
総タンパク（g/L）	33～50	32～44	33～53	21～48
アルブミン：グロブリン比	2.6～7.0	1.4～4.7	1.4～3.9	

[a] Fudge, 2000a, [b] Lumeij and Overduin, 1990

現していない．この例として，腫瘍性腫瘤の潰瘍化した表面のスタンプ標本は細胞学的に炎症と感染の特徴しか示さない．

細胞病理学は病理組織学に競合するものではない．両者は最終的な診断に達する際にお互いに補完すべき関係にある．しばしば，1回の検査では標本内の細胞を同定することができない．病変を確定するために繰り返しスメアあるいは生検することが求められることがある．

PMEでは，細胞診断学が仮診断をなす際や複雑な状況で検査を始めるうえで有益である．細菌，真菌あるいは酵母感染を疑う症例の迅速な検査には不可欠である．多くの原虫感染の診断（*Giardia*〈図7.2〉，*Atoxoplasma*，*Microsporidium* および *Plasmodium* spp.など）は，選択した器官のスタンプ標本内にこれらの原虫を観察できるかどうかによる．この手法はまた腫瘍と炎症の迅速な鑑別のための有益な補助手段で

表7.3　血液生化学

パラメーター	出　所	意　義
胆汁酸	• 肝臓の門脈循環から漏出	• 肝機能の敏感な指標，急速に増減する．
ビリルビン	• 主要な胆汁色素，鳥には黄疸がない．	• 上昇は閉塞を示す．
カルシウム	• イオン化とタンパク結合型[a]	• イオン化カルシウムは正常では一定の濃度に保たれる．
クレアチニン	• クレアチニン代謝に由来．その濃度は通常一定	• 重篤な腎疾患：感染，糸球体濾過量減少，毒性物質，腎腫瘍
グルコース		• 糖尿病で上昇
尿　素	• タンパク分解による．糸球体を透過して排出される．	• 尿中に排泄され，その後再吸収される．腎機能評価には信用性はないが，上昇は脱水を意味する．
尿　酸	• タンパク分解の主要産物．腎尿細管によって分泌される．	• 高い尿酸値は腎疾患．正常値は肉食の種に比べ草食で低い．

[a] 大部分のカルシウムはタンパク結合性であるので，低アルブミンは自動的に総カルシウム量が低いことを意味し，それゆえイオン化カルシウムを測定することが最も有用である．

表7.4　酵素の解釈

酵　素	存在部位	放出の理由
アラニンアミノトランスフェラーゼ(ALT)	• 多くの組織に分布	• 非特異的細胞障害
アスパラギン酸アミノトランスフェラーゼ(AST)	• 肝臓，心臓，骨格筋，脳，腎臓	• 肝臓あるいは筋疾患，ビタミンE/セレン欠乏
アルカリホスファターゼ(ALP)	• 十二指腸，腎臓，肝機能低下 • 組織特異的アイソザイム	• 細胞活性の（障害ではない）増加．肝臓と骨疾患
クレアチンキナーゼ(CK)	• 骨格筋，心筋，脳	• 筋肉の障害，痙攣，ビタミンE/セレン欠乏，鉛中毒，筋肉内注射
ガンマグルタミルトランスフェーラーゼ(GGT)	• 胆嚢，腎尿細管上皮	• 肝細胞障害およびいくつかの腎疾患
グルタミン酸デヒドロゲナーゼ(GDH)	• 骨格筋，心筋，肝臓，骨および腎臓	• 肝壊死，溶血，筋肉障害

表7.5　血漿タンパク電気泳動における一般的異常

分画の変化	関連性
アルブミンの減少	• 産生の低下（肝機能不全のような），損失（消化管）の増加（前胃拡張症のような），あるいは消費の増加（慢性炎症のような）
α-グロブリンの増加	• 急性炎症あるいは感染，産卵が活発な雌
β-グロブリンの増加	• 急性炎症あるいは感染
γ-グロブリンの増加	• より慢性的な炎症あるいは感染

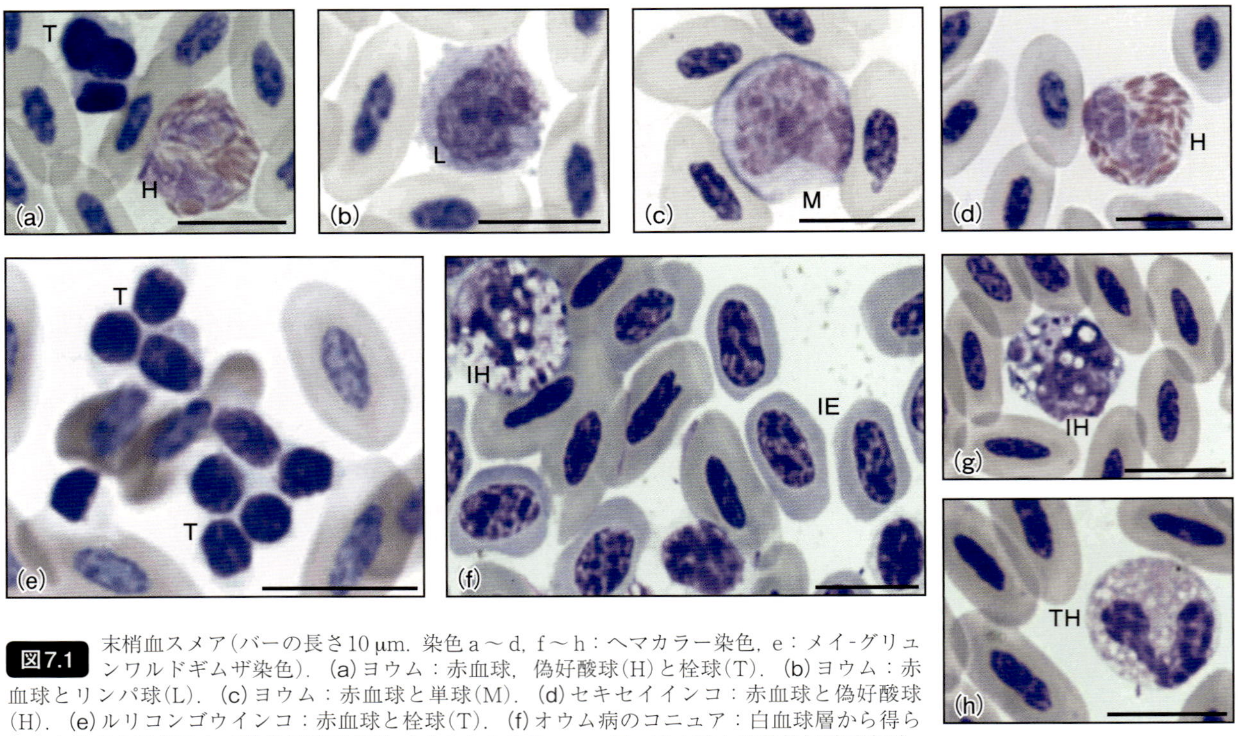

図7.1 末梢血スメア（バーの長さ10 μm．染色 a ～ d，f ～ h：ヘマカラー染色，e：メイ-グリュンワルドギムザ染色）．(a) ヨウム：赤血球，偽好酸球（H）と栓球（T）．(b) ヨウム：赤血球とリンパ球（L）．(c) ヨウム：赤血球と単球（M）．(d) セキセイインコ：赤血球と偽好酸球（H）．(e) ルリコンゴウインコ：赤血球と栓球（T）．(f) オウム病のコニュア：白血球層から得られた未熟赤血球（IE）と未熟偽好酸球（IH）．(g) オウム病のコニュア：赤血球と未熟偽好酸球（IH）．(h) オウム病のコニュア：赤血球と中毒の偽好酸球（TH）．

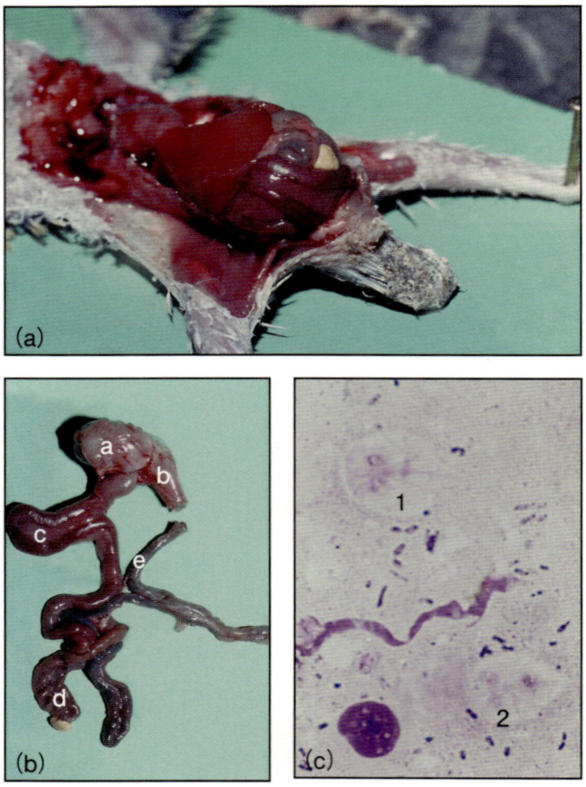

図7.2 (a) *Gialdia* 腸炎のセキセイインコヒナ鳥．(b) a＝胃（筋胃），b＝前胃，c＝十二指腸，d＝メッケル（卵黄嚢）憩室，e＝回腸．(c) 1，2＝*Giardia*（もとの倍率は1000倍，油浸）．

もある．

病院で行われる腫脹や，眼，鼻孔，創傷からの分泌物，体液，口腔，嗉嚢および総排泄腔の拭い液および糞便スメアの細胞学的検査は，病態あるいは症状の原因について多くの付加的情報を提供できる．生きている鳥の消化管からの細胞学的診断のための試料は綿棒あるいは吸引（総排泄腔，前胃，嗉嚢）によって得ることができる．PME に際して，消化管の試料は綿棒あるいはヘラを用いて病変部位を擦ることによって得られる．その試料はまた細菌培養や顕微鏡検査にも利用可能である．細胞は罹患鳥の死後急速に病変あるいは組織から剥離するため細胞学的試料は新鮮材料から得ることが重要である．

細胞学的評価は常に他の診断方法の補助的な意味がある．確定診断にはしばしば病歴，身体検査，鳥から得られた試料の評価，X 線，外科的検査，PME および病理組織学的検査での情報が必要になる．

採材法および試料作製

血液スメア

血液学的評価のための血液はいくつかの方法で得ることができる（6章）．血液スメアは新鮮で、ヘパリン処理していない血液（ヘパリンは血液細胞の正常な染

表7.6 ヘパリン処理とEDTA処理血液の鳥類組織学および生化学的検査結果に対する比較

ヘパリン処理血液	EDTA処理と凝固血液
• より多くの血漿を得られるので血液量は少なくて良い.	• 利用可能な血清が少なく，多量の血液が必要
• 総タンパク量は高い.	• フィブリノーゲンが消失する.
• 細胞が崩壊し，酵素や電解質を放出するので速やかに血漿を分離する.	• 凝集を収縮させ(通常室温で1時間)，ゲルチューブで遠心する.
• 郵送可能，血漿を分離しなければならない.	• 郵送可能，血清を分離しなければならない.
• 細胞学的には適していないので空気乾燥スメアを作成する.	• 細胞学的検査により適しているが，空気乾燥スメアも有用である.

色を妨害する)を用いて作製すべきであり，試料を得るために使われる注射針から，あるいはヘパリン未処理のヘマトクリット管に直接吸引した血液から得られる．EDTA処理された血液もまた利用できる(表7.6)．スメアは標準的な2枚のスライドグラスを用いた伸展法(訳者注)あるいはスライドグラスとカバーグラスを用いた方法で作製することができる．血液を伸展したのち，スメアは空気乾燥される．

細胞学的検査の試料

正確な細胞学的検査の実施には以下の四つの条件が必要である．

- 典型的部位の試料
- 質の良いスメア標本
- 優れた染色技術
- 細胞学的所見の正確な評価

細針吸引

細針吸引は，大きく組織を除去することなく迅速な仮診断のための良い細胞学的試料の採取を可能にし，検査室でも実施可能である．

スタンプ標本

スタンプ標本は分離された腫瘤あるいはPMEの際や体表で露出した病変部位を掻き取った組織を押しつけることで作製される．標準的なPMEでは肝臓，脾臓，肺の割面および消化管内腔面の掻爬からスタンプ標本を作製する．この試料のすべてを1枚のスライドグラス上に作製することができる．さらなるスタンプは肉眼的に変化している器官から作製する．器官の圧着には新鮮な割断面を用い，その面は適度に乾燥し，血液が付着していない状態でなければならない．この状態はその表面を清潔な紙タオルで，優しく拭い取ることによって得られる．スタンプ標本は，スライドグラスに腫瘤を優しく押しつけるかスライドグラスを腫瘤の表面に押しつけることによって作製する．あまりにも強く押しつけたり，スライドを急速に空気乾燥しないことが重要である．同じ器官のスタンプ標本をそれぞれスライドグラスの片面にいくつか作製すべきである．

もし標本に細胞成分が乏しい場合，細胞の剥離を促すためにヘラで腫瘤を掻き取ることによって多くの細胞を得られることがある．スタンプの操作は繰り返し行うか，あるいはヘラの上に付着している材料から作製すべきである．

直接スメア

直接スメアは吸引した体液(腹水や嚢胞内など)から作製することができる．この標本は血液スメアを作製する一般的な方法であるスライドグラス伸展法あるいはカバーグラス法を用いて作製される．「押しつぶし法」は粘稠性の高い濃い体液や固形組織を含む体液から標本を作る際に用いる．細胞成分の少ない液状材料にはスメアの細胞密度を上げるため濃縮を行う．体液を低速度で遠心(500 rpm，5分間)，得られた沈殿物のスメアやスメア作製用の細胞遠心機で作られたスメアが一般的に適切な細胞診の標本として用いられる．

固定および染色

検体を採取し，スメアを作製したら，試料を適切にスライド上に固定する．もしスメアを検査所に送る場合，スメアは空気乾燥後，適切に梱包し(スライドグラスの破損がかなり一般的に見られる)，各検体が明確に分かるよう識別し症例の履歴を同封する．

固定法は，どの染色法を施すかによって異なる．新しい空気乾燥した血液スメアや細胞学標本は，例えばギムザ染色や多くの簡易染色のようなロマノフスキー染色に適している．少なくとも二つのスライド標本を常に作製し，少なくともそのうちの一つは特殊染色が必要になった場合のために未染色で残す．

細胞学者はさまざまな色素および染色法を利用する．それには抗酸菌染色(*Mycobacterium* spp.)，ギムザ染色(細胞)，グラム染色(微生物)，Giminez変法(*Chlamydia* spp.)，スタンプ染色(*Chlamydia* spp.)(訳者註：*Chlamydophila*属は現在，*Chlamydia*属に再統合されており，本書では*Chlamydia*と表記しています)，およびズダンIII(脂肪滴)などがある(Campbell, 1995)．もし特異的な染色を適用する場合，最適な固定法を選択しなければならない．このような情報を得るために診断サービスが相談に応じてくれる．

この章の細胞学的記述は基本的に迅速ライト染色変法(ヘモカラー，メルク)で染色した標本をもとにしている．その迅速染色法の大きな利点は短い染色時間(一般的に20秒)で，これにより標本の迅速な検査が可能になり，満足のいく染色性を提供する．これらの染色は簡便な染色法が求められる検査室での使用に適している．多くの迅速染色法が，他の細胞学的標本との比較のため参照用のスメア標本を提供している．

検　査

スメアが染色され，乾燥されると光学顕微鏡による検査の準備ができる．標本の血液学的あるいは細胞学的な変化を正しく評価するには，しばしば血液学者あるいは細胞病理学者に相談する必要があるかもしれない．しかし多くの病因の認識は容易なことが多く，推定診断をすることができる．

低倍率(100倍あるいは250倍)での標本全体の観察は最初にスメアについての全体像を得るために必要とされる．これらの倍率で，観察者はスメアの細胞構成を評価し，組織構造あるいは大きな感染因子(ミクロフィラリアあるいは真菌要素など)を同定，細胞検査に最適な部位を決定することができる．油浸の倍率(1000倍)は細胞構造，細菌および他の微小な物質を検査するために使われる．

細胞構造を観察するのに加えて，細胞学者は，末梢血の量あるいは色素沈着の有無(図7.3)などその背景の特徴，スメアの異なる領域での厚さと細胞の分布を観察しなければならない．背景の特徴は検査材料の性質を明らかにするうえで有用かもしれない．タンパク質の凝集体は迅速染色標本では顆粒状の背景となる．細菌，結晶，崩壊した細胞の核および外因性物質(植物繊維，花粉および検査用手袋に由来するタルクやでんぷん結晶など)がスメアの非細胞性成分として観察されることがある．標本への過度の末梢血の混入は診断する細胞を隠したり，希釈してしまい解釈を困難にすることがある．

スメア上の色素沈着を細菌あるいは細胞内封入対と勘違いしてはいけない(図7.4)．色素沈着は大きさや形がさまざまで，細菌や多くの細胞内封入対より屈折性がある．スメアの厚さは細胞の外観やスメアの質に影響する．厚い領域では細胞がスライドグラス上で伸展することがなく，細胞は同一スメアのより薄い領域の同じ種類の細胞に比べより小さく，濃染する．このため厚いスメアでの細胞の検査は避けるべきである．細胞の分布にも注意する必要がある．

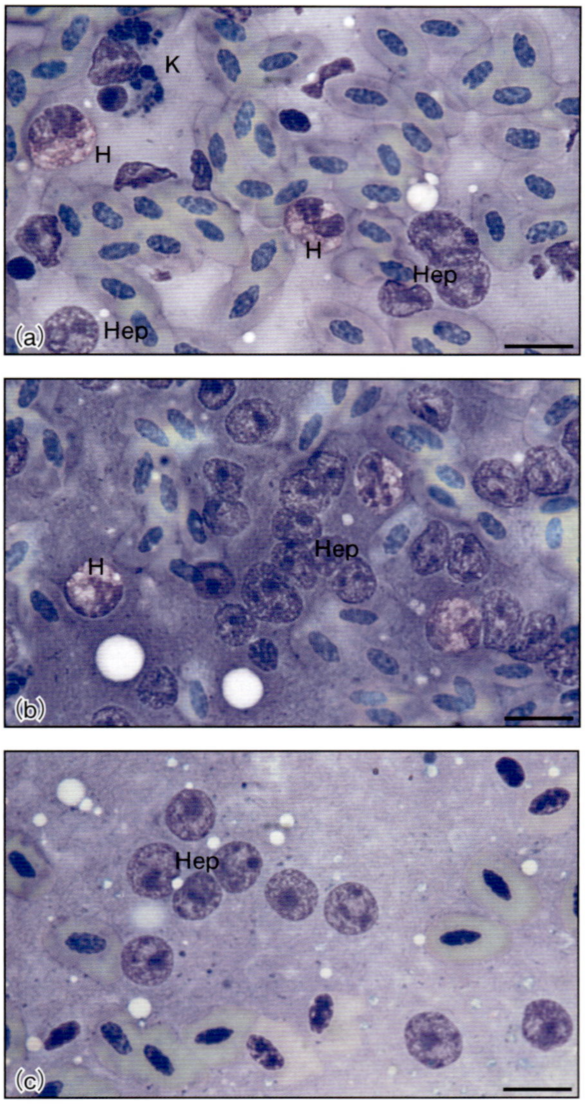

図7.3 コンゴウインコ肝臓の細胞診断．(a)血液が多すぎる標本，多数の赤血球．(b)厚すぎるスメア，個々の肝細胞を区別することが困難．(c)うまく作製されたスメア，肝細胞の核が全体的に重複しておらず，核の偏在に注目(Hep＝肝細胞，K＝ヘモジデリンを含むクッパー細胞，H＝偽好酸球)．バー＝10 μm．

微生物培養

鳥類専門獣医師は，微生物培養のため，複数の臓器からサンプルの採取を依頼されることが多い．後鼻孔および総排泄腔の好気培養がオウム類の通常の検査項目に含まれているが，どのような組織あるいは体液もサンプルとして採材される可能性がある．試料は対象とする部位からだけ，できるだけ清潔な状態で，汚染を避けるために周囲の組織を含まずに取り出すことが重要である．適切な大きさの滅菌綿棒を滅菌水あるいは細菌のない生理食塩水で湿らせて使用する．生検あるいは剖検組織および体液は，その材料に応じて異なる採材法および取扱い法が求められる．対象部位から採取した組織の通常の迅速染色は，どのような微生物が存在するかを示し，適切な培地選択の助けとなる．診療所内の検査室では(参照試験所から返されてきた

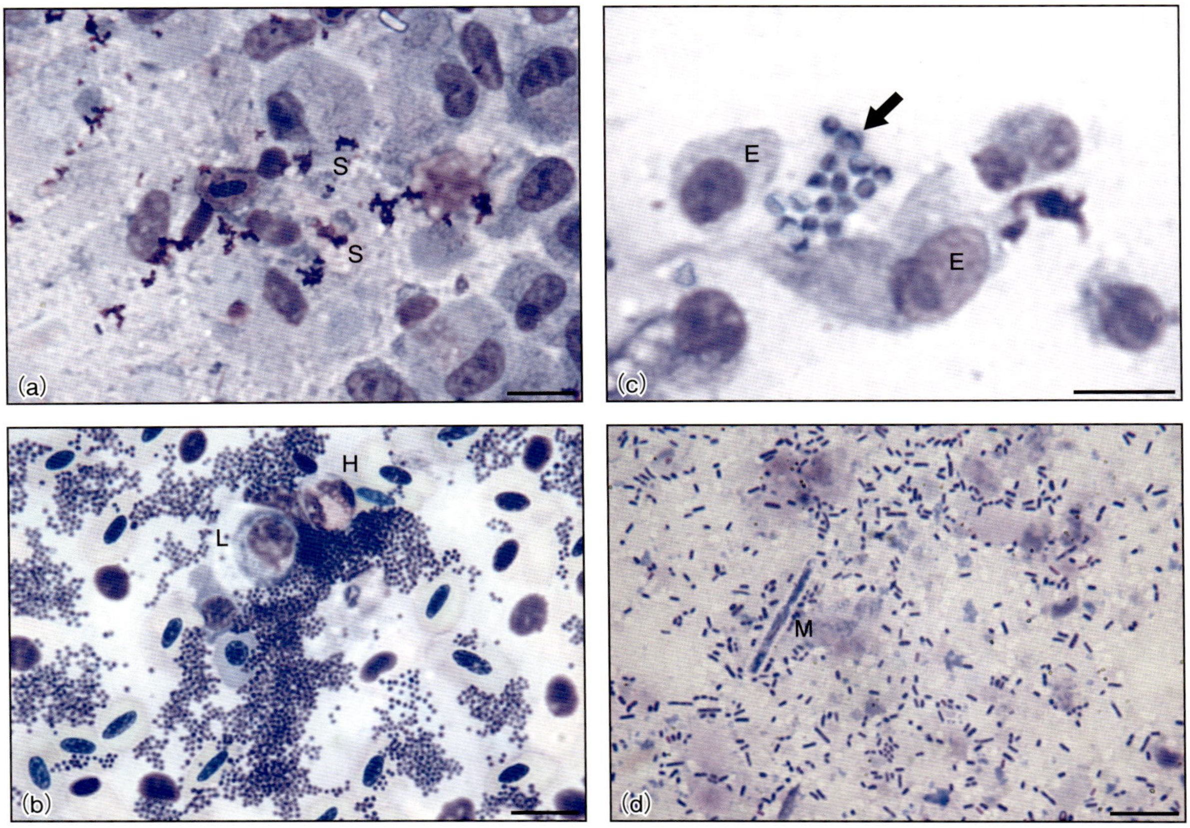

図7.4 (a)腸管：腸管上皮細胞と色素の結晶(S). (b)心内膜炎. *Streptococcus* sp.(L＝リンパ球, H＝偽好酸球). (c)肺 *Aspergillus* 胞子(矢印)と気管支上皮細胞(E). (d)腸管：桿菌と「メガバクテリア」, *Macrorhabdus ornithogaster* (M). バー＝10 μm.

結果も含め)染色スメアが所見の解釈に使用されることがある. 培養は慎重に解釈すべきで, 培養によって出現した微生物の意義については, 稟告, 身体検査および他の補助的診断検査に基づいて慎重に判断しなければならない.

採取と培養用の培地は推定される微生物に適したものを用いるべきである. 通常の好気的および嫌気的培養のために, 市販の滅菌綿棒と適切な輸送培地を使用する必要がある. 血液寒天培地およびマッコンキー寒天培地は, ほとんどの検査室での好気細菌培養のための標準的培地である. マッコンキー寒天培地は大部分の非腸内グラム陰性桿菌(*Pseudomonas* を除く)およびすべてのグラム陽性細菌の発育を抑制するので, まず最初は血液寒天培地に接種すべきである. ほとんどのグラム陰性腸内細菌(*Escherichia coli*, *Klebsiella* など)はマッコンキー寒天上によく発育する.

ウイルス, ある種の細菌（*Chlamydia*, *Mycobacterium* など), 多くの真菌および原虫は特別な培地を必要とする. 特殊な採材法, 取扱い法および輸送法については参照検査所に相談する. 一般的に, 特別な培養法の必要性について確信がない場合, 体液および組織材料は凍結しても良い. 長期の保存のため, −70℃の超低温冷凍庫が多くの診療検査室に設置されている.

大部分の皮膚糸状菌と *Malassezia* sp.(酵母菌の一種で, 近年オウム目およびスズメ目「カナリア」種にさまざまな羽の消失を伴った皮膚の肥厚および脱落を引き起こすことが知られている)を除いて, すべての医学的に重要な真菌(糸状菌である *Aspergillus* と最もよく認められる酵母である *Candida* を含む)は血液寒天培地で好気的37℃の培養で発育する. サブロー培地とデキストラン寒天培地は特異的に大部分の細菌の増殖を抑え, 真菌の発育を促すために使用される.

オウムの臨床病理学

多尿症／多渇症(PU／PD)

一次的な多尿症は腎疾患に直接関係している. 糖尿病, ストレス, 肝疾患, 高カルシウム血症, 心因性多渇症のような全身性疾患は二次的多尿症を引き起こすことがある. このような罹患鳥鑑別のための検査には尿検査, CBC および血液生化学検査が含まれる(表7.7).

多尿症を示す鳥の尿は非吸収性材表面の新鮮糞便から容易に採取できる. 標準的尿検査スティックがグルコース, ヘモグロビンおよびタンパクの検出に用いられる(表7.8).

鳥類の糸球体はアルブミンを含むほとんどのタンパク質を透過しない．このため鳥類の尿にはタンパク質が検出されないか微量しか検出されないことになる．糸球体腎炎は顕著なタンパク消失を起こすことがある．尿細管障害は中等度のタンパク尿を引き起こすことがある．正常な鳥類の腎臓では，グルコースはすべて近位尿細管で再吸収される．このため，尿細管の疾患は明瞭な糖尿を引き起こす．糖尿はまた高血糖がある場合や尿細管の吸収能が過剰である場合にも起こりうる．血尿は腎臓，尿管あるいは総排泄腔の炎症あるいは腫瘍性疾患で見られる．多尿の一次的および二次的原因をさらに鑑別するには血液検査が必要である．PU／PDの原因の正確な診断のために，さらにX線，内視鏡および生検のような診断的な検査がしばしば必要になる．

尿酸および尿素

尿酸は，鳥の主要な窒素排泄物で，腎機能を評価するために計測される．血中クレアチニン濃度は鳥類の腎機能の評価に適していない．尿酸の約90%が近位尿細管で分泌されるが，ほんの僅かな部分だけが糸球体で濾過される．哺乳類と同様に，鳥類の腎臓は充分に余裕のある能力を持つと考えられている．オウムにおいて血漿中の尿酸値の上昇は近位尿細管の50%以上の障害あるいは重篤な脱水に関連している可能性がある．

血漿中の尿素の測定は腎疾患と脱水の鑑別に有用かもしれない．尿素は肝臓で合成され，糸球体濾過によって排泄され，そして脱水では再吸収が促進される．血漿尿素が正常で，血漿尿酸の上昇は腎疾患の指標と考えられる．血漿中の尿酸および尿素両方の上昇は脱水を示すが，腎疾患の可能性もまだある．

表7.7　腎疾患に関連した生化学

血漿タンパク	
アルブミン(肝臓で合成される)	・慢性疾患，肝機能不全および飢餓で減少 ・脱水および卵形成時に上昇
グロブリン	・慢性肝炎，急性および慢性炎症時に上昇
ヘパリンの使用は，フィブリノーゲンの存在のため，約5 g／Lタンパク量を上昇させる．	
尿　素	
	・糸球体で排出される． ・直腸で再吸収される． ・腎機能と脱水の指標としては信頼できない．
クレアチニン	
	・クレアチンの代謝に由来 ・濃度は通常，大変安定している． ・重篤な腎疾患で上昇
尿　酸	
	・鳥類での主要な窒素老廃物 ・約90%が近位尿細管に分泌される． ・少量は糸球体で濾過される． ・血漿中濃度の上昇は以下の疾患に関連する． 　・近位尿細管の50%以上の障害 　・重篤な脱水 正常な尿素濃度を伴った血漿中尿酸値の上昇は腎疾患を示している．血漿中の尿素および尿酸両方の上昇は脱水を示す．

表7.8　正常な尿の成分値(Hochleithner,1994)

尿比重	1,005～1,020
pH	6.0～8.0
タンパク	ごく微量
グルコース	陰性あるいは微量
ケトン体	無
ビリルビン	無
ウロビリノーゲン	0.0～0.1
血液	陰性あるいは微量
尿沈渣	異常：白血球または赤血球，上皮細胞，尿円柱，細菌

グルコース

血漿グルコースは，PU／PDを引き起こしうる他の原因を探るため測定されることがある．鳥類の全血の保存はグルコース測定にほとんど影響しない．しかし，その試料が数時間以上保管される場合には，グルコース値の低下を避けるため血漿と血球の分離が推奨される．オウムでは一過性の高グルコース血症を呈することがあるので，高グルコース血症の鳥は2日以内に再検査する必要がある．ストレス性高グルコース血症は糖尿病と鑑別することが困難なことがあるが，複数回のグルコース値の測定で55 mmol／Lより高い値が出る場合には糖尿病と関連している可能性がある．血中グルカゴンおよびインスリンの測定は糖尿病の診断にとって重要だが，これらホルモンの測定は一般的には利用できない．膵島の萎縮あるいは炎症を示す組織像は糖尿病であることを裏づける．

カルシウム

高カルシウム血症によるPU／PDは，産卵，飼料中の過剰なカルシウムあるいはビタミンD_3，あるいは悪性腫瘍によって引き起こされる．高カルシウム血症のオウムにPMEを施す場合，卵巣と卵管の状況に注意を払う必要がある．カルシウムおよびビタミンD_3の過剰給与は腎尿細管の萎縮性カルシウム沈着をもた

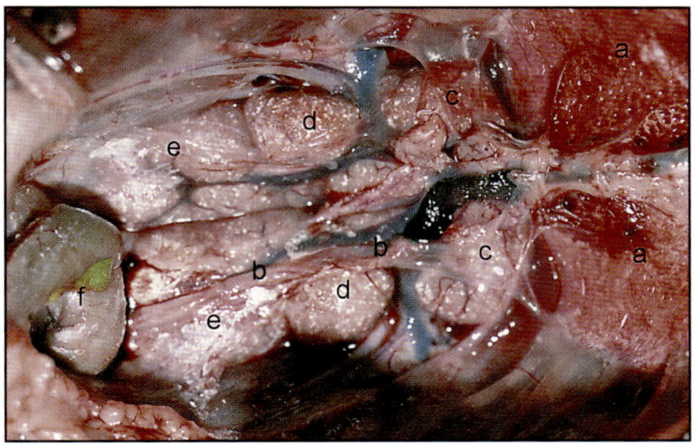

図7.5 ビタミンＤ中毒による若齢ルリコンゴウインコの腎炎．腎臓表面に見える尿酸塩結節に注意(a＝肺，b＝卵管，c＝腎臓前葉，d＝腎臓中葉，e＝腎臓後葉，f＝総排泄腔)．

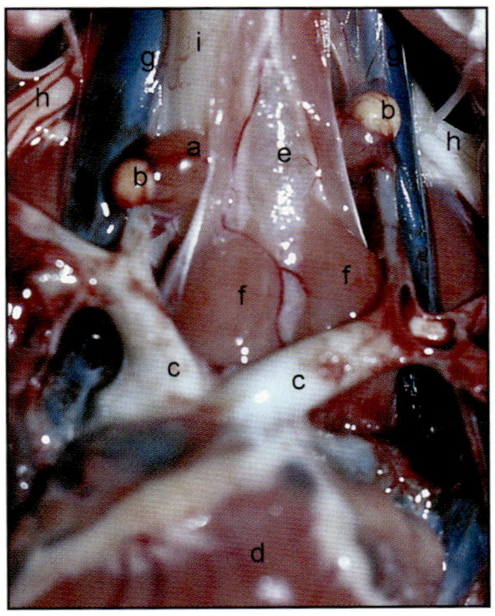

図7.6 ヨウムの上皮上体機能亢進．
a＝甲状腺
b＝上皮小体
c＝大動脈
d＝心臓
e＝気管
f＝鳴管
g＝頸静脈
h＝腕神経叢
i＝食道あるいは嗉嚢

らす(**図7.5**)．このような罹患鳥のPMEは上皮小体の過形成あるいは腫瘍化にも焦点をあてる必要がある(**図7.6**)．

総血漿タンパクは血症カルシウム濃度に影響を与える．大部分の検査機関で測定される総血漿カルシウムはイオン分画とタンパク結合分画から構成される．総血漿カルシウムの約3分の1はタンパク質に結合しており，生物学的に不活性である．このためタンパク濃度の上昇は見かけ上総カルシウム濃度を上昇させるが，生物学的に活性のあるカルシウム濃度は正常である．

緑から黄色の糞便

緑から黄色の糞便(**付録2**)は食欲不振あるいは肝疾患を示している．ビリベルジンは鳥の最も重要な胆汁色素である．食欲不振は糞便中のビリベルジンの濃度を高くし，これにより糞便が緑に変色する．ビリベルジン色素の糞便からの拡散によって尿も緑に変色することがある．胆汁の90%以上は空腸および回腸で再吸収され，腸肝循環に入る．肝臓の解毒作用の減弱したオウムでは，ビリベルジンの分泌が増加し，その結果尿酸塩および尿が緑色になる(ビリベルジン尿)．肝炎，肝腫瘍，線維症，リピドーシスあるいは血色素症は肝機能の低下を引き起こす可能性がある(20章)．

鳥類の血漿酵素測定は肝臓障害の現状について情報を提供する(**表7.9**)．血漿酵素活性の上昇は，障害を受けた肝細胞からの酵素の漏出に関連しているが，必ずしも肝機能低下を示しているわけではない．肝細胞障害は通常肝炎あるいは肝腫瘍に関連している．一方慢性的な肝線維症あるいはリピドーシスでは，急性の肝細胞からの漏出はほとんど認められない．肝細胞障害の検査に有効な血漿酵素はアスパラギン酸アミノトランスフェラーゼ(AST)，ガンマグルタミントランスフェラーゼ(GGT)およびグルタミン酸脱水素酵素(GDH)である．

血漿中のASTは肝細胞障害の大変感度の高い指標となるが，この酵素は筋組織内にも分布していることから，その特異性は低い．外傷，注射あるいは乱暴な扱いはまた，血紫ASTの上昇をもたらすことがある．肝臓の障害と筋肉の障害を区別するため血漿中のクレアチニンキナーゼ(CK)の測定が行われる．CKは筋肉障害に高い感受性と特異性を示す．もしASTとCKの両者が上昇すると，筋肉障害があり，肝疾患は証明されない．

GGTは肝障害の特異的な指標であるが，鳥類のGGT活性は低い．最も肝特異的な酵素はGDHであるが，その感度は低い．GDHは肝細胞のミトコンドリア内に分布している．血漿中のGDH活性の上昇は重篤な肝細胞障害あるいは壊死を示しており，それはウイルス，細菌あるいは真菌性の肝炎により引き起こされる．しかし，幼若なヨウムのサーコウイルス感染では肝酵素活性は上昇しない．広範囲の凝固壊死による急性肝壊死が起こり，酵素が血液循環に達するのが妨げられる．

血漿胆汁酸濃度の測定は肝臓による胆汁酸の補足能力に関する情報を提供する．血漿胆汁酸の上昇を伴う肝機能低下は肝線維症あるいはリピドーシスなどの病理学的変性によって起こされる．線維症や同様の重度の肝疾患では，急性の肝細胞への障害が存在しないため血漿中の肝酵素活性が正常値を示すことがあるため注意する必要がある．

X線検査および超音波検査は肝疾患の診断に有用だが，確定診断には組織学的検査のための肝生検が不可欠である(10章)．

呼吸困難を呈するオウム

CBCと血液生化学的検査だけでは特異的な呼吸器疾患の診断はできないが，X線検査，気管支鏡および内視鏡などのような他の検査に情報を加えることはできる．呼吸器系の急性および慢性炎症は白血球増加症と血漿タンパク電気泳動の変化を誘導する．

表7.9　肝疾患に関連した生化学

血漿タンパク

アルブミン（肝臓で合成される）
- 慢性疾患，肝機能不全および飢餓で減少
- 脱水および卵形成時に増加

グロブリン
- 慢性疾患，急性および慢性感染で上昇
- ヘパリン使用は，フィブリノーゲンの存在により，タンパク濃度を約5 g/L 上昇させる．

アラニンアミノトランスフェラーゼ
- 診断的意義がない．広く分布し，容易に上昇する．

アルカリホスファターゼ
- 十二指腸と腎臓に分布，肝臓の酵素活性は低い．
- 組織特異的アイソザイムがある．
- 細胞活性の増加により放出される．
- 若齢あるいは産卵期の鳥では通常上昇する．

ガンマグルタミルトランスフェラーゼ
- 胆管および腎尿細管上皮に存在
- 多くの種で：＜5 IU/L は正常
  5～10 IU/L は確定的ではない．
  ＞10 IU/L は異常
- 濃度は他の酵素とともに判断しなければならない．

アスパラギン酸アミノトランスフェラーゼ
- 肝臓，骨格筋，心臓，脳および腎臓に分布
- 他の検査と組み合わせで解釈する．
- 溶血で上昇
- 肝疾患では最後に上昇し，回復する．
- 上昇には72時間を要する．
- 常に CK と組み合わせて判断する．

乳酸デヒドロゲナーゼ
- 骨格筋と心筋，肝臓，腎臓，骨，赤血球に分布
- 5種の組織特異的アイソザイムが存在
- 非特異的であるがオウムでは肝疾患で上昇
- 筋肉障害で上昇
- 肝疾患では AST より上昇後減少が速やかに起こる．
- 半減期は24～36時間
- オウムの正常値は350 IU/L

胆汁酸
- 肝臓特異的
- 急速で敏感な増減を示す．
- 減少は検査の問題の可能性がある．
- ＜75 μmol/L は正常
- 75～100 μmol/L は確定的ではない．
- ＞100 μmol/L は上昇が確定的
- 胆嚢を持っていないオウムでは食後の上昇が起こる．胆嚢の有無により解釈が変ることはない．

ビリルビン
- 多くの鳥類はビリベルジンをビリルビンに変換することができない．しかしオウムにはビリルビンが存在する．
- 正常な値は＜10 μmol/L
  ＜5 μmol/L で血清は無色となる．
- 血清中あるいは血漿中のカロテノイドは黄疸と類似する．

偽好酸球増加は炎症性疾患で最初に現れる血液学的変化で，慢性的疾患では，その後リンパ球増加症あるいは単球増加症が起こる．ストレス反応はまた偽好酸球の増加を引き起こすことがある．このため，鳥類の白血球計測は最近の病歴を注意深く参照しなければならない．偽好酸球：リンパ球比の増加は生理的ストレスの指標となるかもしれない．アスペルギルス症の鳥は血漿タンパク電気泳動でグロブリン分画の上昇を示す，それはアルブミン：グロブリン比の低下を引き起こす（14章）．グロブリンの上昇は，非特異的炎症やウイルス，細菌，寄生虫または真菌による感染を示していることを強調しなければならない．呼吸困難を呈する症例，特に老齢のボウシインコでは血液検査を含む通常の診断的検査で，PCV の上昇以外の異常は見られない．もし高 PCV をもたらす他の原因が徐外されるなら，その鳥は肺萎縮で苦しんでいる可能性がある．肺萎縮を呈する症例では PCV の60％およびそれ以上の上昇が繰り返し認められる．その診断は唯一肺の生検あるいは PME によってのみ確定される．

消化器疾患

血液検査は消化器疾患を特異的に同定するものではない．炎症は CBC および血漿タンパク電気泳動により確認できるかもしれない．生化学は他の臓器に潜んでいる疾患を明らかにするかもしれない．糞便検査は鳥類のすべての臨床検査に組み込まれるべきで，GI 疾患の鳥には必須の検査である．寄生虫は新鮮糞便の直接スメア法および浮遊法で検出することができる．細胞学では異常な細菌叢および酵母感染が示されるかもしれない．細菌や真菌の培養は原因となる病原体の同定を可能にする．

吐きもどしをする罹患鳥では，嗉嚢のスワブを採取する．直接塗抹の検査，細胞診，培養検査が鞭虫，細菌あるいは酵母を同定するために行われる．嗉嚢の生検は前胃拡張症（PDD）が疑われる場合に行われる．PDD の病理組織学的変化は神経叢へのリンパ球の浸潤が含まれる．嗉嚢の生検試料は血液が供給されている部分から採材されるべきで，それは組織学的検査の際に十分な神経叢が含まれる可能性を高める．血漿アミラーゼおよびリパーゼの測定は膵炎および膵臓壊死あるいは膵臓腫瘍の診断に有用かもしれない．しかし，膵臓疾患の診断には膵臓の生検が必要である．

虚弱なヨウム

止まり木からの落下から痙攣に及ぶ虚弱性の病歴を持つオウムでは血漿カルシウムを測定する必要があ

る．低カルシウム血症性テタニーの典型的な病歴が，ビタミンやミネラルの添加剤を含まない不完全な種子を飼料として与えられたヨウムに認められることがある（12章および19章）．2 mmol／L 未満の血漿カルシウム濃度は虚弱の臨床症状を引き起こすことがある．このようなオウムでは上皮小体の過形成（図7.6）が見られ，骨格の脱カルシウムは起こさない．血漿カルシウムは血漿タンパクの測定とともに評価する必要がある．総血漿カルシウム量にはタンパク結合性非活性分画が含まれており，このため低タンパク濃度は総カルシウム濃度を見かけ上減少させるが活性型カルシウム濃度は正常に保たれている．イオン化カルシウム量の測定は鳥におけるカルシウムの状態をより正確に反映している．ヨウムでは，血中イオン化カルシウムの正常範囲が0.96～1.22 mmol／L と報告されている（Stanford, 2003b）．

イオン化カルシウム測定のための血液材料はヘパリン加で保存し，静脈から採血後，できるだけ早く分析する必要がある．これは，血液の pH の変化がイオン化カルシウム量の正確性に影響を与えるためである．しかし，血液採取管を空気との接触を最小限にするために血液で満たすか，血漿を血球成分から分離するために遠心しておけば外部の検査所に送ることが可能である．

表7.10 *Chlamydia psittaci* 感染の迅速な仮診断のための染色法

脾臓および気嚢からのスタンプ標本の作製と染色は死後による確定検査のクラミジア感染症の診断のための迅速な仮診断法となりうる．偽陽性および偽陰性の結果はともに起こりうるので，その場合 PCR あるいは病原体の分離による確定検査を実施しなければならない．しかし，ここに記載する方法は獣医臨床現場で，特にオウム病で死んだ鳥に対する速やかな初期診断のためには大変有用である．

脾臓および気嚢の一部の小さな試料（二つの組織は別々に扱う）を2枚のスライドグラスの間に置き圧着する．この押しつぶし法は2枚のスライドのどちらにもスタンプ標本を形成する．どちらのスライドもスタンプの方法に従って染色する．

1. スタンプ標本を乾燥して熱固定する（スメアを炎の中に3回くぐらせて熱する）．
2. 1：4 に希釈濾過した石炭酸フクシンで10分間染色する．
3. 水で洗浄
4. 3％酢酸で2分間浸す．
5. 水で洗浄
6. 濾過した3％マラカイトグリーン溶液で20 ～30 秒染色する．
7. 水で洗浄

スメアを乾燥させたのち，光学顕微鏡で観察することができる．*Chlamydia* は組織細胞の中の小さな赤い点状に見える（他の細菌および細胞は緑色である）．二つの組織の2枚のスメアで，*Chlamydia* がどちらか一つにのみ出現するかを評価する．陰性の結果は常に疑わしいので他の方法により確認しなければならない．

感染症の診断

クラミジアおよびウイルス診断を含む特異的な感染症検査

Chlamydia psittaci

Chlamydia psittaci 感染の臨床症状を示すオウム類には急性肝炎が認められる（13章）．血漿タンパク電気泳動は肝酵素の上昇および高グロブリン血漿によるアルブミン：グロブリン比の減少を示す．CBC は高白血球血漿を示す．

C. psittasi 感染を診断するための病院内での検査手法には，細胞染色あるいは特異抗原の検出がある．これらの検査は眼球結膜，後鼻孔および総排泄腔拭い液への *C. psittasi* の排出を明らかにする．これら拭い液塗抹標本のスタンプ染色またはマキャベロ染色で *Chlamydia* は赤く染色される（表7.10）．市販されている ELISA は拭い液内の *Chlamydia* 抗原を検出できる．これらの ELISA キットの大部分は基本約にヒトの *Chlamydia trachomatis* および *C. pneumoniae* の検出用に関発されたが，*Chlamydia psittaci* の検出にも適している．免疫蛍光（IF）検査もまた有用である．

細胞染色と抗原検出検査の欠点は細胞から放出された *Chlamydia* だけが検出可能であるということである．*Chlamydia* が細胞内にあったり抗生物質投与により細胞からの放出が阻害された場合には偽陰性になることがある．専門の検査機関では *C. psittaci* DNA を検出するポリメラーゼ連鎖反応（PCR）検査を実施している．*C. psittaci* に対する抗体を定量する血清学的検査もまた可能であるが，個々の症例の迅速診断には血清学的検査は有用ではない．しかしながら高い抗体価は，*Chlamydia* が感染していることの指標となる．血清学的検査を実施した場合，比較対象となるペア血清が必須であり，このことが診断を遅らせる．

クラミジア感染症は人獣共通感染症として高いリスクがある．PME では，体腔を開いた後，次の手順を進める前に感染の有無を確認するための検査を実施することが推奨される．クラミジア感染症の多くの症例で，心外膜炎，気嚢炎および肝炎（肝腫脹，しばしば表面に漿液線維素性の貯留が表面に盛り上がる）のような明らかな病変が存在する．しかしいくつかの症例では，そのような病変が明らかではない．脾臓はクラミジア感染症を検査する際に選択される臓器である．スタンプ標本を作製，乾燥しチール・ネルゼン変法にて染色，高倍（1000倍）の油浸対物レンズで観察する（図7.7）．*Chlamydia* の菌体は青緑色に染まる宿主細胞の細胞質内にマゼンタピンク色の小体が集塊として認められる．

古典的確定検査は培養検査であったが，大部分がクラミジアDNAを検出するPCR検査に置き換わっている．

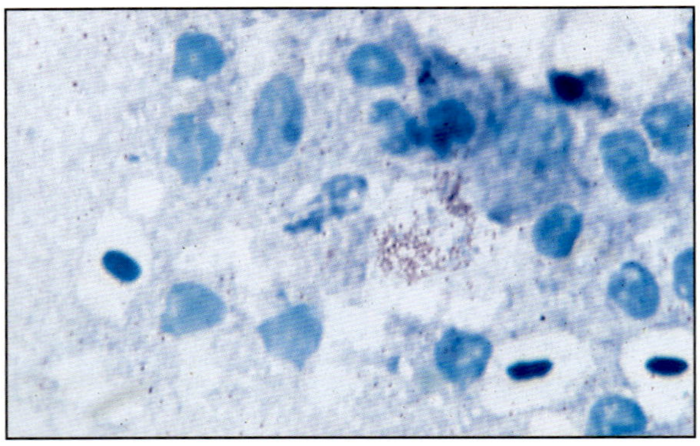

図7.7 オウム病に罹患したキキョウインコ属の肝臓のスタンプ標本に見られる赤く染まった*Chlamydia* 基本小体(スタンプ法).

サーコウイルス感染(オウムインコ類の嘴と羽毛病)

オウムインコ類の嘴と羽毛病(PBFD)の原因であるサーコウイルスの感染では，DNAを検出するためにPCRが有用である．検査にはヘパリン処理血液を用いる．臨床症状を示す鳥でPCR陽性であればその症状がサーコウイルス感染によることの証明となる．もし臨床症状を示さない成鳥がPCR陽性である場合，その鳥は一過性の感染である可能性を示す．このような鳥には90日後再検査することが望ましい．もし90日後にPCRが陰性である場合，ウイルスはすでに鳥から排除されている．90日後PCRが再び陽性であれば，その鳥はウイルスに持続的に感染していると考えなければならない．サーコウイルスの慢性感染症であるPBFDでは，形成異常を示す羽胞の生検によっても診断が可能である．塩基性の封入体がPBFDウイルスを示す．ウイルスは電子顕微鏡でも確認できるが，培養では検出できない．

サーコウイルス感染の急性症状を呈する幼若なヨウム(および他のアフリカ産オウム)では迅速な診断検査が必要になることがある．ペットショップで購入されたヨウムのヒナに大変よく見られる症状である．CBCにより数分以内にサーコウイルス感染を示唆することが可能である．すなわち，重篤な貧血と白血球数が0あるいは1×10^9/Lであることは急性の昏睡とともに幼若なヨウムに急性のサーコウイルス感染があることを強く示している．鳥が偽好酸球を持たず，また貧血を示し，血液のPBFD PCR検査が陰性である場合には，さらなる検査が必要である．このような場合の多くは骨髄のPCR検査が陽性である．PMEにおいてこのような幼若個体は肝臓壊死(図7.14)およびしばしば敗血症あるいは急性アスペルギルス症のような二次感染を起こしている．ファブリキウス嚢，骨髄および肝臓試料は常にPMEで採材しておく必要がある．それぞれの組織の一部は凍結，緩衝ホルマリン液での固定およびPCR検査へ回す．経済的な制約がある場合，まず骨髄をPCR検査に供するべきである．組織学的検査でファブリキウス嚢に塩基性封入体が確認されれば，サーコウイルス感染を疑わなければならない．

ポリオーマウイルス感染

ポリオーマウイルス感染はPCRで検出可能である．ウイルス血症は血液試料にて検出でき，ウイルスはまた総排泄腔の中にも確認できる．ウイルスが血液中にもはや存在しなくなった後も総排泄腔内には4週間以上もウイルスが検出される．しかし総排泄腔内のポリオーマウイルスDNAは断続的に放出されるため，検出できない場合がある．ポリオーマウイルス感染により鳥が死亡した場合，PMEで出血と肝臓壊死が検出される．核内封入体はさまざまな器官に認められるが，大部分は脾臓と腎臓の糸球体上皮細胞内である(図7.8)．特にポリオーマウイルス感染が疑われる場合や組織学的あるいはPCR検査により確定診断が必要な場合，この二つの器官はPMEの際に必ず採材する必要がある．

診断的剖検(PME)および病理学

完全なPMEは，しばしば疾病過程の本質的評価と理解のための最善の方法である．最終的な目的は情報と知識を得て，それを生きている罹患鳥にあてはめることである(Echols, 2003)．この節では，読者にPMEを各段階ごとに説明するとともに，各段階について，臨床上の所見および病理学的変化と結びつけながら，異なる可能性について考慮する．また，採材すべき試料と最終的診断に至るためにどのように処理するかということについても紹介する．**もしある鳥がパラミクソウイルス(ニューカッスル病)あるいは鳥インフルエンザで死亡したと推測する場合，臨床医は死体にメスを入れない状態で保ち，DEFRAに通報しなければならない(22章)．**

死亡原因の決定という明確な目的に加え，PMEは症例の管理や，治療について価値ある情報を提供する．ある場合には，PMEが法的措置のために不可欠である．PMEから最大限の成果を得るためには，病理学者との協議や病理組織学が必要である．経済的制限なく，臨床医が鳥の全身をPMEと病理組織学のために病理学者に提供できるのが理想である．多くの症例について，臨床家はPMEを実施しなければならず，また提供する組織を選択しなければならない．最大量の

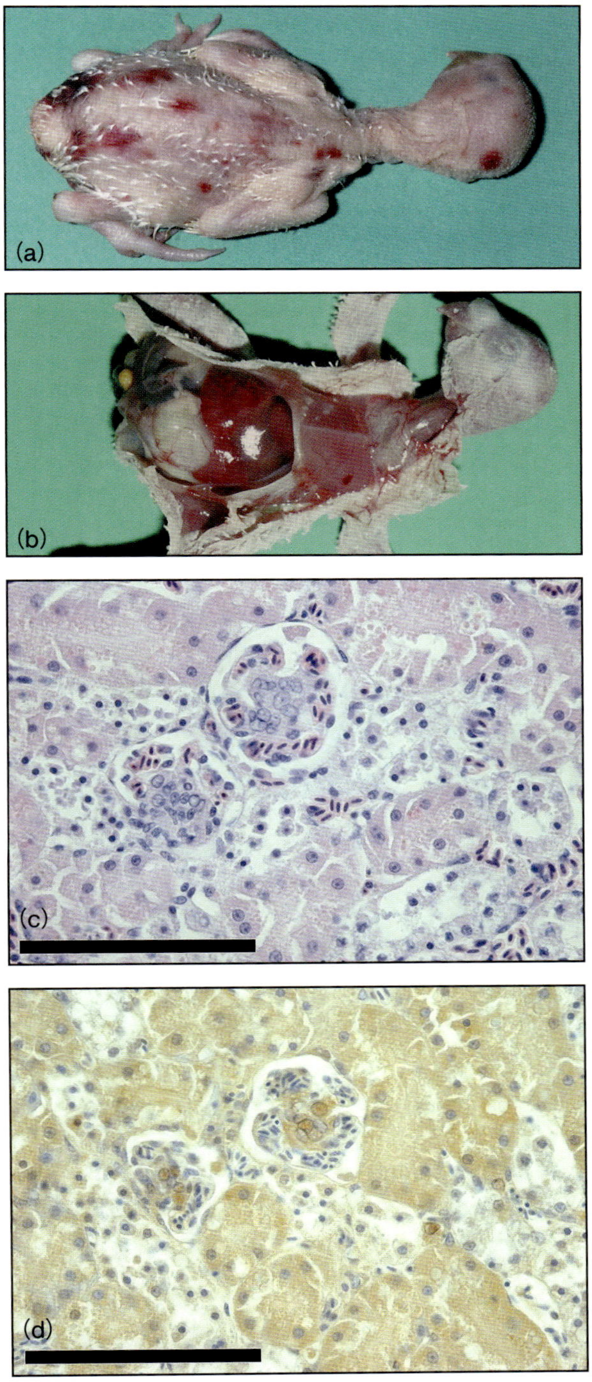

図7.8　ボタンインコヒナのポリオーマウイルス感染．(a)皮下出血，(b)腹水症，(c)腎臓の核内封入体の組織像．HE 染色，× 1000(油浸)，(d)腎臓の核内封入体の組織像，ABC ポリオーマウイルス，× 1000 (油浸)．バー＝100 μm.

情報が求められるため，一連のガイドラインには従わなければならない(Schmidt *et al.*, 2003)

診断を確定するため，病理学者は病変部の細胞および組織学的特徴とともに，臨床履歴(血液学，血液生化学，形態学的手法，治療検査を含む)，病変の肉眼的記載，培養結果およびその他のデータを利用する．このようなデータのいずれかの欠損や組織の不適切な運搬はこの過程の障害になる可能性がある．検査から得られる情報の質は，提供されたサンプルの選択と質および組織に付随する情報に直接比例している．

鳥に麻酔が必要な場合，血液学的試料は麻酔前に採材する必要がある．より大量の試料は，総頸静脈からあるいは麻酔下で胸口を通して直接心臓穿刺により得られるであろう．血清あるいは血漿は必ず分離後検査に出すか，PME の結果がでるまで保管凍結しておく必要がある．これは内分泌異常やウイルス感染の診断にも有効と思われる．日常的な血液学的検査もまた同様の試料を用いて行う．

安楽死の方法は，病理学者に伝える必要がある．バルビタール溶液の結腸内への投与は広範な病変を引き起こすので，最良の安楽死法は吸入麻酔ガスの過剰投与で，この場合，鳥の体に認められる人工的変化を最小にすることができる．

- PME は死後できるだけ速やかに行うべきである．
- 死体を急速に冷却するため，羽と皮膚を完全に濡らす目的で少量の石鹸あるいは界面活性剤を加えた冷水に完全に浸す(それはまた羽片によって感染性物質の飛散を防いでいる)．
- 死体を病理検査所に送る準備ができた場合，死体をビニール袋に入れ，周囲の空気をすべて抜き，袋を密封あるいは結んで，冷蔵し，さらなる指示を検査所に問い合わせる．
- 死体が死後即座に冷却され，死後72～96時間以内に検査所に運搬されるのであれば，死体は冷蔵(凍結ではなく)し，検査所に到着するまで低温を保つために十分な量の氷あるいは保冷剤と一緒に荷造りする．
- 検査所までの配達が96時間以上かかることが予想される場合，死体は冷蔵するよりもむしろ即座に凍結すべきである．凍結組織標本あるいは凍結遺体は，検査所に到着するまで凍結状態を保つため氷詰め(あるいは他の凍結剤)と梱包すべきである．
- 死体が極端に小さい(例えば胚子，ヒナ鳥あるいは大変小型の成鳥)場合，死体全体を組織学的検査に提供することになるかもしれない．体腔を開け，内臓を丁寧に分離し，死体全体をホルマリン生理食塩水溶液内に固定するのが最良である．

臨床家が PME を行うかあるいは単に診断用の材料を集めるにしても標本作製は系統的に行う必要がある．追加検査のための材料の正しい選択，材料の採取，保管，輸送の正しい方法は検査結果の質を大いに高める．適切な PME を行うための時間やそのための手順を正確で安全に行うための適切な施設が使用できない場合，誤りを犯しやすく，手順がうまく進まなかったり衛生状態や安全性が損なわれやすくなる．そのような場合には，病理学の専門家のいる検査所に死体を送ることが推奨される．

PME 所見が書かれた報告書は，臨床家が鳥の疾病状態の経過を辿るための助けになる．

陰性所見は，考えられるすべての所見が存在しないことを示しており，陰性所見もまた意味のある所見であることを認識することが重要である．

標本作製

PME を実施するためには，隔離された部屋で十分な照明と，換気された場所（ドラフト内がより好ましい）を使うこと，そして適切な防御服と手袋を身に着けることが推奨される．

羽，糞便および滲出液からのエアロゾルは感染性の可能性がある．人獣共通感染症（クラミジア感染症やマイコプラズマ感染症など）の可能性が少しでもあればマスクとできればより広範な防御具を身に着ける必要がある．鳥ボリオーマウイルスおよびオウムサーコウイルス感染の場合，羽の鱗屑や糞便を含んでいることも重要で，施設，服あるいは近くの鳥を汚染させないようにする．

消毒薬を PME 後すぐに清掃に使えるようあらかじめ準備しておく必要がある，しかし，消毒薬が細胞を溶かし，培養に必要な微生物を破壊する可能性があるため，消毒薬の溶液や蒸気に採材した組織を接触させないようにしなければならない，ホルマリン蒸気は，その染色性と解釈をひどく障害するので，培養すべき組織や細胞学的スメアを作る組織や血液と接触しないようにしなければならない．

器　具

器具は，PME 用と，生きた鳥の周囲では使用しない器具の2セット準備すると良い．1セットは鳥の体を開くために使用し，もう一つは体内の臓器試料を培養あるいはウイルス診断のために採取するために使う．どちらのセットも使用後，完全に洗浄し，滅菌しなければならない．

その器具セットには2本のメス刃とハンドル（1本は切開のため，もう1本は微生物学的試料を採取する前に器官の表面を焼却するため）有鉤ピンセット，鋏および片方のセットには骨を切り，脳を摘出するためのロンジュールを準備する（図7.9）．眼科用器具一式および頭部装着拡大鏡が小型の鳥，新生子および卵の中で死亡した胚子の PME には有効である．他の有用な器具としてグラム秤，虫眼鏡あるいは解剖顕微鏡および，吸収性のペーパーティッシュがある．

器具に加えて，次のようなものを準備する必要がある．

- 10％中性緩衝ホルマリン（＝4％ホルムアルデヒド）
- 羽や皮膚を湿らせ，消毒するための70％エチルアルコール
- 寄生虫試料を集めるための10％グリセリン加70％エチルアルコール
- ピペットの付いたボトル入り生理食塩水（0.9％ NaCl）（寄生虫検査のため）
- 適当な大きさの箱

補助的な診断手法のために必要な他の器具として，

- 血清学，血液学，細胞学用試料を採取するための注射筒と注射針
- スタンプ標本のための清潔なスライドグラス
- 細胞学のための染色セット（迅速染色とスタンプあるいはマキャベロ染色など）
- 液浸標本（寄生虫）のための清潔なスライドグラスとカバーグラス
- 微生物学的試料を採取する前にメス刃を加熱滅菌するためのバーナー
- 細菌あるいは真菌培養に適した輸送用培地を含む滅菌した綿棒あるいは培養試験管
- クラミジア，マイコバクテリア，ボリオーマウイルスおよびサーコウイルスのための輸送用培地または PCR のための機材
- ウイルス分離用組織送付用のペトリ皿あるいは凍結可能な試験管

デジタルカメラは，肉眼病変の記録や訴訟の可能性がある場合に有用である．

- 鳥の検査照会番号と日付を示すラベルを常に使用する．
- 死体あるいは器官の背景として青あるいは緑の紙を使用する．
- 大きさを示すためにプラスチックの定規あるいは使い捨ての紙の測定テープを使用する．

一般に PME の間には写真を撮る方が良い．できれば臨床家がカメラを使用する前に手袋を外すことができないのでそれを手助けする助手が写真を撮るようにするとより良い．一方，多くの場合死体に触ることなくピンセットと鋏を使って PME の大部分をこなすことが可能である．

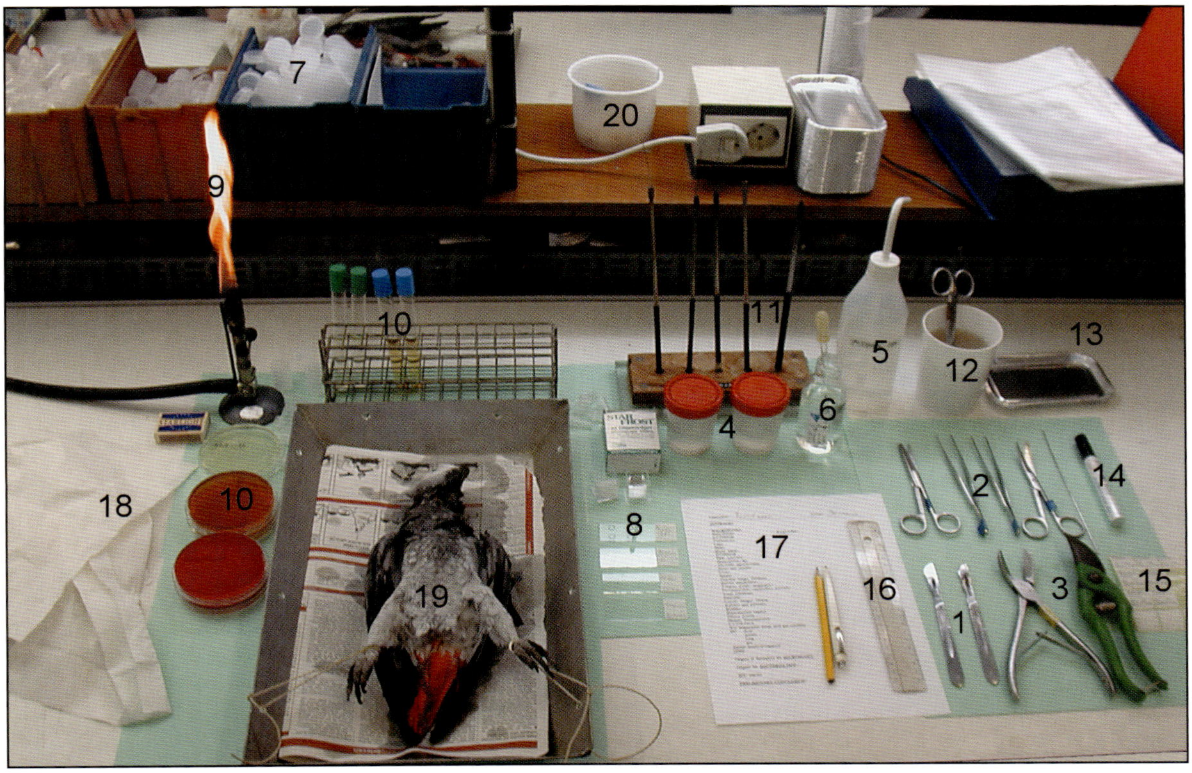

図7.9　剖検のレイアウト．(1)2本のメス刃とブレード，(2)1対の解剖用と1対の外科用ピンセットおよび2対の鋏，(3)骨切り鋏，(4)10%緩衝ホルマリンの入った容器，(5)羽と皮膚を濡らし，滅菌するための70%エチルアルコール，(6)湿潤標本のためのピペット付き生理食塩水，(7)予備の容器，(8)細胞学的検査と湿潤標本(寄生虫)用の清潔な標識附属のスライドグラス，(9)メス刃と培養用白金耳を加熱滅菌するためのバーナー，(10)細菌および真菌のための培地，(11)細菌学的採材のための白金耳，(12)器具の滅菌溶液のための容器，(13)小さな器官あるいは組織を置くためのアルミホイル皿，(14)防水ペン，(15)あらかじめ印字したラベル，(16)定規，(17)PME 作業手順とチェックリストのコピー，(18)作業の間のクリーニングに用いるペーパータオル，(19)剖検前に準備した鳥，(20)使用済みスライドグラスを廃棄するための消毒薬を入れた容器．

時間の節約と一連の作業の流れの中断を避けるため，PME 開始前にスライドグラスや密閉可能な袋およびホルマリンビンには，飼い主の氏名および収容する組織のメモを書いたラベルを貼っておくべきである．PME での所見を記録するため複写式の紙が使用でき，PME を終了し最終的レポートを書いた後に死体と一緒に廃棄する．

PME の手順

鳥の肉眼的 PME に適用される詳細な手法はさまざまだが，それぞれの場合すべての器官を検査しなければならない(Rae，2003)．チェックリストを使用するとすべての器官が検査されたかを確実にすることができる．すべての所見を記載し，このチェックリストが医学的記録の一部となる．

スタンプ標本は PME を完成させるため有用な追加資料となる(上述の細胞学の節を参照)．著者の手法では肝臓，脾臓，肺および直腸の各臓器から二つのスタンプ標本を作製している．病理学的変化が見られた臓器は自動的に付け加える．すべてのハト目およびオウム目の鳥については同一器官のスタンプ標本を用い *Chlamydia* spp. に対する免疫蛍光染色(IFT)を行う．

病理組織学的検査に供する組織の選択はいくつかの視点から決定される．

- 経済的理由：これは根拠が薄い．すべての試料(肉眼的に正常および異常を示すすべての臓器)を採取するのがより良い．次に病理学者と相談した後に選別した組織を送付し，残りは万一のために保存する．大変まれであるが，死体とともに焼却され診断が得られないことがある．
- 完全性：これは特に科学的研究にとって重要である．**表7.11** に示す組織すべてを採取する．
- PME の所見に基づく標準的な選別．このリストは実践的で，多くの場合，満足のいく診断の助けになる．

臨床症状あるいは肉眼的病変に基づいて，明らかにその障害と関連する臓器系の組織は優先する．もし明らかに関連する臓器系の組織が検査に出されない場合，意義のある診断が得られず失望することになるかもしれない．病変が存在する場合，周囲の正常組織も含めて試料とすべきである．

通常選択された組織は病理組織学的検査のために，適量の10％中性緩衝ホルマリン（容量1：10）内で固定する．最適な方法は，組織/器官が大量のホルマリン内で固定されるように大きなビンで固定を行う．内臓が送付される前（固定12～24時間後）にビンから固定液を取り除き固定された組織は袋に入れる．この方法は大量の固定液で良い固定結果を得，しかも郵送料を安くできる．サンプルはすべて5 mm未満の厚さにすることで良い固定が得られる．ホルマリンは，未切開の頭蓋冠や割れ目のない骨を通して脳内や骨髄にはうまく浸透しない．生のホルマリン固定組織は熱でシールしたビニール袋でうまく保存，送付できる．

病理組織学用の組織は凍結してはならない．凍結と解凍は組織の肉眼的性状を変化させるとともに病理組織学を価値の無いものにしてしまう．

毒性学的分析用の組織は凍結する必要がある．

表7.11 PMEの際に病理組織学的検査のために採材される組織

一般的に採材される組織
• 心臓 • 肝臓 • 肺 • 脾臓 • 腎臓 • 前胃 • 胃（筋胃） • 十二指腸 • 膵臓 • ファブリキウス嚢（幼鳥）
追加される組織（肉眼的病変が観察される場合）
• 皮膚，羽胞を含む • 胸筋 • 甲状腺 • 上皮小体 • 胸腺 • 気管 • 気嚢 • 副腎 • 精巣 • 卵巣と卵管 • 食道 • 嗉嚢 • 小腸 • 直腸 • 総排泄腔 • 脚の筋肉 • 坐骨神経 • 骨髄 • 脳

- 肝臓，膵臓，腎臓，脳および脂肪を採取し，それぞれ別々に凍結する．
- 嗉嚢あるいは前胃または胃の試料も採取し凍結する．
- 必要であれば，他の胃腸の部位を別々に採取し，非金属製の容器に入れる．この組織はアルミホイルで包んだ後，－20℃で凍結する．
- ウイルス分離のための凍結は－70℃が最適である．もしこれができない場合，組織は氷上の滅菌容器に入れ郵送（速達で）すべきである．診断検査を保留する場合，大部分の商業的検査所は組織を－70℃で凍結して保存する．

稟　告

PMEそのものを開始する前に，臨床医は臨床診断の鑑別リストを作成する必要があるし，あるいは影響を受けている器官系統について認識しておく必要がある．臨床症状と検査所見に基づいて，臨床病理学的変化をもたらす可能性のある病態生理学的経過のリストは，確定診断を支持し，確認するためにどんな試料が必要であるかを示すことになる．

飼い主が死んだ鳥を連れて来た時には，生きている罹患鳥が病院に連れてこられた時と同様に，その症例のすべての情報および病歴を聴取する必要がある．これには個体識別（種，年齢あるいはまた飼育開始日時，脚環あるいはマイクロチップ），飼育，飼料および環境変化についての情報，確認された臨床症状，投薬歴そして利用可能な場合は関連する検査値が含まれる．ケージや死体の入れ物は寄生虫の存在あるいは他の関連情報を得るため検査を行う必要がある．

最も重要な情報はワークシートにまとめておく必要がある．鑑別リストが作成され，関連した最も重要な器官が同定されることになる．多くの場合，死んだ鳥は突然死の経過を示している．突然死は肉眼的変化を考慮し評価すべきであり，その結果必要な組織が適切に選択される可能性がある（Schmidt *et al*., 2003）．

- 慢性化を示す変化がある場合，消化管および肝臓が最初に問題となる可能性がある．
- 鳥が正常な状態を示し，肉眼的変化が認められない場合，心臓，呼吸器，脳および内分泌腺のような器官の検査が必要である，なぜならこれらの器官の病気はしばしば突然死の原因となるからである．
- 選択すべき器官を決定するための，いかなる臨床症状あるいは肉眼的変化もなく，そして経済的な考慮すべき限界がある場合，多くの全身性疾患に関連している肝臓と脾臓が推奨される器官である．
- 1歳齢未満の鳥では，ファブリキウス嚢（図2.12）は，鳥の免疫系の状態を表す指標であり，しばしば他の器官では見られないサーコウイルスの特異的封入体を含んでいることから，検査が必須である．

訴訟の可能性があり，PME を病院内で行う場合：

- 全体を通し観察されるすべてのことを記録する．
- 脚環およびマイクロチップを保管する．
- 変化が見られない場合にも PME のすべての段階を証拠写真として撮影する．
- 多くの異なる試料を採材する．
- 症例の決着がつくまで，PME 後の死体を冷凍庫に保管する．
- 完全な組織の組み合わせを検査所に送り，もう一組の組織を保管する．
- 可能な毒性分析のため試料を保存し，細菌学的検査や PCR などその他の必要とされるあらゆる補助的検査を実施する．

死体の外観検査

- 死体を温水と液体界面活性剤で洗浄する．この作業は微生物，特に *Chlamydia psittaci* を含む塵埃を吸引する危険を著しく減少させる．それはまた体の表面を詳細に検査することを容易にし，また死体を開腹した時に内臓に乾燥した羽が付着することを防ぐ．
- 脚環の番号などを記録した後，顕著な腫脹あるいは損壊を触診し，すべての関節が十分に可動することを確認する．適当な骨のカルシウム含有量について長骨を曲げて見ることで確認する．雌ではＸ線写真が骨髄骨を評価する良い方法である．
- 一般的な体の状態，体重，筋量，関節，外皮（嘴や爪を含む），羽，体の開口部（眼，耳，鼻孔，排泄孔），尾腺（ある種において），外傷および異常部位について記録する（**表7.12**）．
- 保温性の欠如による極端なエネルギー損失が異常な羽によって引き起こされることに注意する．
- 竜骨（胸骨）上の筋肉および嗉嚢や腸管の充満度をもとに栄養状態を確認する．
- 重金属（例えば，ライフルの銃弾あるいは誤嚥した鉛）が疑われる場合，全体のＸ線写真を撮影する．

鳥の準備

小型の鳥は羽を湿らせ抜き取る．他のすべての鳥は PME 前にアルコール（70%）で体を湿らせる．これにより，皮膚の状態がより良く観察でき，皮膚の切開が

表7.12　外観検査で認められる変化の例（続く）

所　見	診　断	検　査
• 折れた羽	• 羽を引き抜く．	• 頭部の正常な羽
• 偏ってつままれ変性した羽	• オウムのサーコウイルス感染（PBFD）．ポリオーマウイルス感染はボタンインコ類とインコ類で異なる．	• 羽胞を含む皮膚の組織学的検査 • 引き抜いた羽の PCR 検査
• ヨウムにおけるピンク色の輪郭を持った羽	• オウムのサーコウイルス感染の疑い．鑑別＝色素形成細胞の障害．クロインコでは茶色の羽が同じ理由で白色に変わる．	• 羽胞を含む皮膚とファブリキウス嚢（若齢鳥では）の組織学的検査 • ファブリキウス嚢あるいは骨髄，肝臓，羽のサーコウイルス PCR 検査 • 肝臓の病理組織学的検査
• 翼と尾の主軸のストレスライン	• 栄養の不足，病気あるいは寄生虫症	
• 皮膚病変に沿った血羽，抜けた血羽と羽胞内の血羽		• 細菌学的検査（16章）および組織学的検査のために採材しホルマリンに入れる．
• 皮膚および鼻孔の変化	• *Cnemidocoptes* 感染，酵母感染	• 新鮮標本，細胞学的検査，培養検査，生検
• 外傷あるいは裂傷		
• 皮膚の出血（**図7.8**）	• 幼鳥では，ポリオーマウイルス感染に関係	
• 脚および肢の無羽部	• 鳥ポックス病変（オウム類では大変珍しい），趾瘤症，ヘルペスウイルス性足底皮膚炎，自傷	
• 種によっては尾の基部にある尾腺を検査	• しばしば慢性炎症および腫瘍	• 細菌学的検査および組織学的検査
• 舌の基部にある唾液腺の腫大	• ビタミンＡ欠乏症	• 化生性変化を調べる組織学的検査
• 舌および嘴の接合面の慢性壊死性病変（**図7.10**）	• マイコバクテリア感染（多くは *M. bovis*）	• 深部のスメア標本を抗酸性染色，組織学的検査，PCR

表7.12　（続き）外観検査で認められる変化の例

• 眼の上の腫脹あるいは充填物で拡張した鼻孔	• ビタミンA 欠乏	• 唾液腺の化生性変化の組織学的検査
• 結膜炎と副鼻腔炎	• クラミジア感染症，細菌(*Mycoplasma?*)，あるいは真菌感染．(*Chlamydia* 感染には肝臓病変の項参照)	• スタンプ染色，細胞学的検査，細菌あるいは真菌培養
• オカメインコでは，副鼻腔炎，側頭上顎洞炎および上顎筋の筋炎	• *Bordetella avium* あるいは他の細菌	• 細胞学的検査，培養，組織学的検査
• 結膜炎（オウム科の鳥では大変珍しい）	• 鳥ポックス病変	• 細胞学的検査，組織学的検査，培養
• 腹部あるいは他の部位の腫脹	• 腫瘍，卵性腹膜炎	• 剖検
• 総排泄腔の逸脱	• 乳頭腫	• 組織学的検査

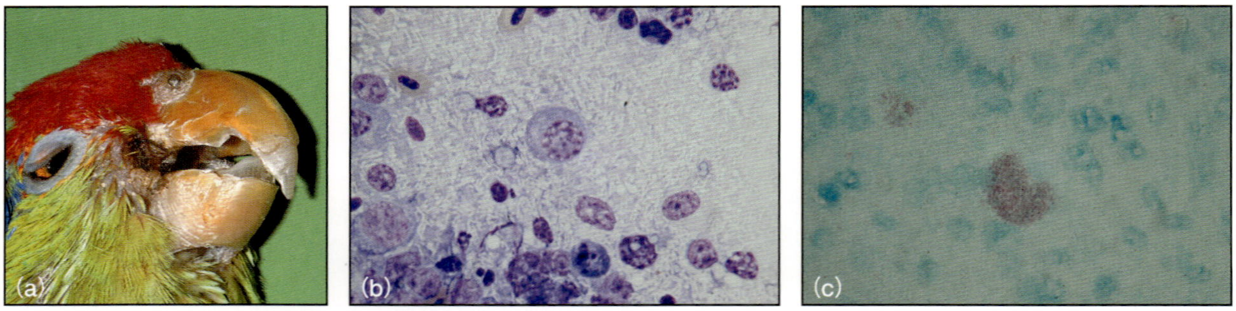

図7.10　(a)マイコバクテリアの舌感染を起こしたボウシインコ．スタンプ標本の(b)幽霊細胞（ヘマカラー染色，もとの倍率×1000）と(c)抗酸菌（チール・ネルゼン染色，もとの倍率×1000）．

できるように羽を分けることができる，また抜けた羽が剖検者をいらだたせたり，剖検者に害を及ぼしたり（人獣共通感染症などで）また内臓を汚染することを防ぐことができる．

鳥は背面を下にしておく．小型の鳥では翼と脚を釘あるいは針で解剖台に留める．大型の鳥は短いひもで金属製の板に縛りつける．脚を翼の端の上にピンで止めるか結びつけると羽がじゃまにならない．安全キャビネットは可能であれば使用すべきである．

剖　検

一般的に考慮すべき点（Schmidt *et al*., 2003）を以下に示す．

- 死後の組織変化は実際の生前の病変とは区別しなければならない．死亡からPMEまでの時間経過，周囲の温度および死体の凍結は考慮すべき因子である．死後変化は，その後の組織学的検査に影響を及ぼす．
- 血液の欠乏あるいは過多はどのような臓器でもその大きさ，色，硬さに影響する．色の変化は死亡の前あるいは後に起こることがある．その違いは経験とともに気づくようになる．
- 臓器の硬さは，死ぬ前の状況（細胞の浸潤や結合組織の増殖を含む）と死亡からPMEまでの時間経過によって影響されることがある．
- 組織の欠如は器官の大きさと重さに対称的あるいは非対称的変化をもたらすことがある．欠如は壊死あるいは萎縮を示しており，組織の膨化は肥大，過形成あるいは腫瘍によるものかもしれない．
- 鳥類学者と生物学者は鳥と臓器の重さを量り，標準的な鳥類学的測定を行う．嘴から尾の距離（もし羽の状態が良ければ），翼の前縁と後縁の直線距離あるいは脛骨の長さ．体重は死体を湿らせる前に測定しておく必要がある．健康状態もまた数値化する．愛玩鳥では，健康状態は単純に胸筋の量をもとにしている．すなわち悪液質（筋肉の消失）からよく鍛えられた筋肉まで（そしてその間のいくつかの段階）および体脂肪の量による．
- 死体の体重を測ること，そして少なくとも1箇所そしてできれば2箇所（長さ）を測定することが有益である．そうすることによって鳥の大きさが推定される．例えば，通常のヨウムの体重は350～600 gであり，その大きさはさまざまである．長さの測定がなければ400 gの鳥が痩せているのが正常なのかを判断することは難しい．健康状態のスコアは保存によっても影響を受けることがある．

完璧なPME行うための一般的手法は以下の通りである．

- 臓器の大きさを測定するためにグラム単位の秤を使用する．
- すべての管構造を開く．
- 小さな局所的病性を見つけるため，すべての実質臓器を1.5～2 mmの厚さにスライスする．
- 組織はホルマリン固定のために3～5 mm未満の厚さにする（最大10 mm）．
- 組織とホルマリンの比は1：10を保つ．
- 乾燥を防ぐためにPMEの間に組織試料を採材する．肉眼的検査が終了するまで待たない．
- 臓器や全身の広い範囲から試料を採取し送付することを覚えておく．
- 常に心臓，肺，肝臓，脾臓，腎臓，生殖器と副腎，前胃と筋胃および腸の一部（十二指腸と膵臓）を病理組織学的検査のために採材する．
- ウイルス感染が疑われる場合，組織をできるだけ早く－70℃で凍結（あるいは一時的に－20℃）あるいは輸送まで氷上に置く．

剖検の13ステップを，それぞれの段階での病理学的症例とともに以下に示す．

ステップ1：皮下組織

- 下顎から総排泄腔に至るまで胸骨に沿うように皮膚に正中切開を加える．食道と嗉嚢を避けることに注意する．
- 皮膚は有鉤の解剖用鉗子とメスを用いて反転させ，皮下組織および脂肪，嗉嚢，胸筋，竜骨，腹壁および脚の内側部を露出させる．
- 筋肉の色，脂肪の蓄積，腹部の容量および肝臓の大きさ，皮下の出血，浮腫，膿瘍あるいは胸筋内への注射の痕，そして皮下組織あるいは胸筋内の寄生虫に注意する．特に鳥が強制給仕させられた場合，飼料の逆流（気嚢内に）あるいは気管への飼料の混入，嗉嚢の穿孔あるいは破裂の徴候を探す．嗉嚢内の飼料の量を判断する．

胸筋の病態の例を**表7.13**に示す．

表7.13　胸筋：病態の例

所　見	診　断	検　査
• 脚あるいは胸筋の白色平行線	• *Leucocytozoon* spp.感染あるいは住肉胞子虫症	• 細胞学的にブラジゾイトを証明
• 腹部の右側の竜骨遠位の大型黒色点	• 肝腫脹	• 診断：下記参照

ステップ2：体腔（in situ）

- 烏口骨の部分から，胸筋に沿って胸壁の左右を縦断する切開を加える．
- 母指摂子で胸骨を掴み僅かに持ち上げながら腹部の皮膚に緊張を与える．
- メスを使って，肝臓を傷付けないように注意しながら，胸骨の後縁に沿って横断するように切開する．
- 大型ロンジュール，鋏あるいは鳥用鋏で肋骨，烏口骨および鎖骨を切断し，竜骨と胸筋をまとめて取り除く．その時気嚢が露出するので注意する．特に死んで間もない鳥では腕頭動脈を切断しないように注意する．そうでなければ血液が胸気嚢を介して肺に流入する．
- 露出した器官は，それらがさらに切り刻まれる前に，現状のまま外観を検査する必要がある．

肝臓の病態の例は**表7.18**および**図7.14**を参照．

クラミジア感染症は顕著な人獣共通感染症の危険を意味するので，検査をさらに進める前に，この時点でこの感染症の存在を確認する検査が推奨される．

- 鳥にクラミジア感染症を疑わせる病歴あるいは病変が認められた場合，顕微鏡検査（チール・ネルゼン変法で染色した脾臓のスタンプ標本）をPME続行の前に行うべきである．
- もし脾臓のスメアが*Chlamydia*陽性を示した場合，臨床の現場でPMEを完遂することを正当化できるかどうかは疑問である．死体は消毒液を染み込ませたペーパータオルで包み，安全な使い捨てポリエチレン袋に移すかあるいは委託検査所による確定のため冷凍庫に保管すべきである．

この時点で，可能であればX線写真と開腹した時点での所見とを比較し，X線で認められた結果および病変を確認あるいは再考する．臨床的に（真菌性）気嚢炎の診断がなされた場合，特に気嚢の状態に注意を払う必要がある．正常な気嚢はキラキラした透明な膜のように見える．

この時はまた，心疾患，カルシウム関連の内分泌疾患（上皮小体），甲状腺，肝疾患に関連した臨床的診断を検証する機会であり，そして十二指腸ループの膵臓，水腫性変化および重篤な胃腸疾患に注意する時である．バルビタールあるいは他の麻酔薬の注入による茶色の

表7.14 気嚢および心膜：病態の例

所　見	診　断	検　査
• 不透明で濡れた気嚢	• *Chlamydia* 感染	• 採材試料のチール・ネルゼン変法染色の細胞学的検査，IFT，PCR • 臨床所見と肝臓の病理も参照
• 膿状貯留物を伴った不透明な気嚢	• 細菌感染	• 細胞学的に桿菌，球菌，培養と感受性試験
• 数個の白色/黄色の斑点を伴った気嚢	• 真菌感染(図7.11)	• 新鮮標本上の菌糸，染色スメアとして，試料を擦り取る，培養(サブロー培地)
• ボタンインコにしばしば見られる黒色小点のある気嚢，特に頸気嚢，前肩甲骨気嚢	• *Sternostoma tracheocolum* 感染	• 白色/黄色物質を貯留した硬い気嚢 • 慢性真菌感染，大部分はアスペルギルス症 • 拡大鏡と新鮮標本
• 食物で満たされた気嚢	• 強制給餌	• 新鮮標本と組織学的検査
• 化膿性心膜炎	• 細菌感染(*Chlamydia* を含む)	• 採材試料のチール・ネルゼン変法染色の細胞学的検査，IFT，PCR • 臨床所見と肝臓の病理も参照
• 液体で満たされた心膜嚢(心膜水腫)	• 飢餓，悪液質，ポリオーマウイルス(若齢)(図7.8参照)	• 筋肉の退縮，浮腫およびゼラチン様脂肪組織，脾臓，腎臓の組織学的検査
• 白色粘液チョーク状貯留物の心膜と他の漿膜	• 内臓痛風，心膜炎，尿酸炎	• 肉眼解剖，結晶を伴った新鮮標本(偏光)；しばしば腎炎と併発している． • 臨床的な血中 PU/PD 値も参照

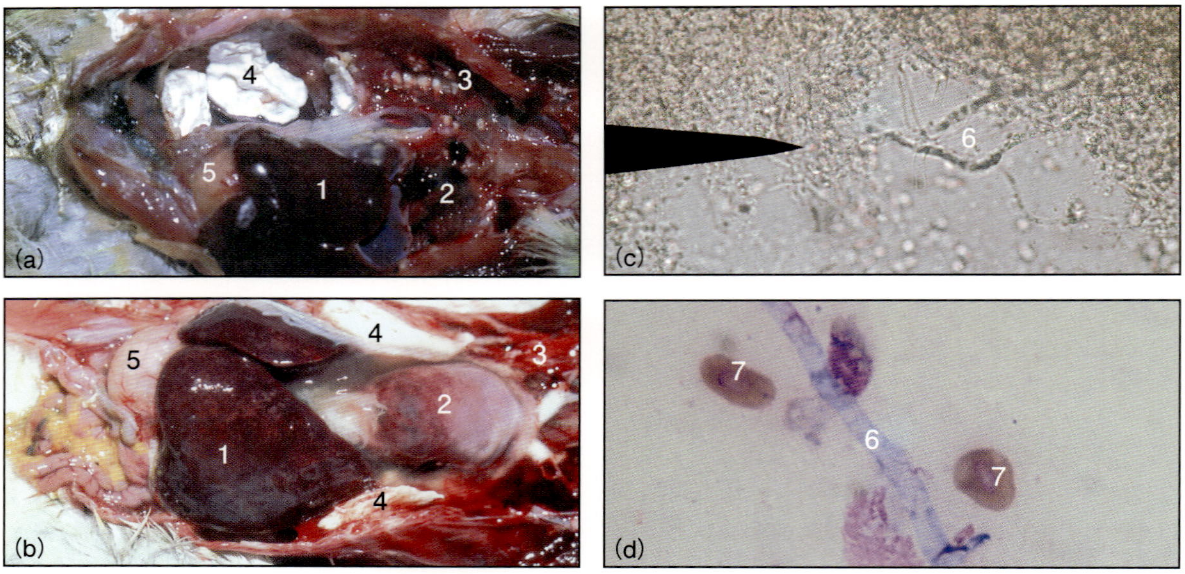

図7.11 アスペルギルス症．(a)ボウシインコの肺と気嚢の慢性気嚢アスペルギルス症．(b)バタンインコの慢性気嚢アスペルギルス症と心膜水腫．(1＝肝臓，2＝心臓，3＝肺，4＝真菌で満たされた気嚢，5＝筋胃)，(c, d)真菌の掻爬新鮮標本に見られた菌糸(c，もとの倍率×10)と(d)ヘマカラー染色(もとの倍率×1000)(6＝真菌の菌糸，7＝赤血球)．

変色，しばしば結晶沈着を伴う人為的変化に注意する．

- 異常を示す組織，あるいは滲出物からスメアを作製，変化が見られるようであれば気嚢からも作製する．
- 体腔液が存在する場合，分析のためそれを滅菌注射筒で採取する．

気嚢および心膜腔の病変例を表7.14に示す．

ステップ3：甲状腺，上皮小体および胸腺

- 心臓の頭側，鳴管の外側，総頸動脈に接して両側に存在する甲状腺と上皮小体(図7.6参照)を確認し，組織学的検索のために採材する．正常な上皮小体はかろうじて目視される．
- 若齢鳥では頸の両側，甲状線の頭側にある複数の灰白色小葉である胸腺を探し，組織学的検索のために採材する．

表7.15 甲状腺，上皮小体および胸腺：病態の例

所　見	診　断	検　査
• セキセイインコと若齢コンゴウインコ	• 腺腫様甲状腺	• 組織学的検査
• オウム(特にヨウム)	• 上皮小体機能亢進(図7.6参照)	• 組織学的検査
• 他の種，特に若齢鳥の上皮小体肥大	• 代謝性骨疾患	• 組織学的検査
• 気管に接した膿瘍	• *Salmonella*，*Escherichia coli* あるいは他の細菌による胸腺遺残への感染	• 組織学的検査，培養，細胞学的検査における桿菌

表7.16 脾臓：病態の例

所　見	診　断	検　査
• 気嚢の混濁を伴う脾臓の腫脹	• *Chlamydia* 感染	• 採材試料のチール・ネルゼン変法染色の細胞学的検査，IFT，PCR
• オウムの重度に腫脹したチェリーレッド色の脾臓	• ヘルペスウイルス感染(＝パチェコ氏病)あるいは住肉胞子虫	• 細胞内封入体を伴った肝臓壊死あるいは原虫，細胞学的検査，組織学的検査，IFT，ウイルス分離
• 大きさは正常で全体に壊死した脾臓	• レオウイルス感染	• 組織学的検査
• 腫脹し退色した脾臓	• (細菌性)敗血症	• 細菌の組織学的検出，培養
• 不規則な多発性黄色の病巣を伴った脾臓	• マイコバクテリア症	• 他臓器の同様な病巣，絢胞学的に不染性桿菌，抗酸性染色陽性 • 培養あるいはPCRによる鳥結核と牛結核との鑑別
• 大きく硬化した脾臓	• 腫瘍	• 細胞学的検査，組織学的検査
• 多発性粟粒状の壊死巣を伴い腫脹したもろい脾臓	• サルモネラ症，エルシニア症	• 肝臓内の類似病巣，細胞学的検査での桿菌の培養
• 小さな灰色の脾臓	• リンパ球欠乏，ストレス，ウイルス感染	• 細胞学的検査，組織学的検査，ウイルス同定

甲状腺，上皮小体および胸腺の病態の例を表7.15に示す．

ステップ4：脾臓

- 脾臓は筋胃をピンセットで掴んで持ち上げ，付着する膜/気嚢を切断し右側に反転させることによって見ることができる．この操作により脾臓は前胃，筋胃および肝臓の間に現れる．
- 大きさ，色および形を評価する．色の薄い点状構造に注意する．オウムの正常な脾臓は球形で，小さく，色が薄い(鳥では血液貯留器官ではない)．
- 脾臓を摘出し測定後，三つに分ける．それぞれをウイルス，*Chlamydia* 診断および病理組織学的検査に用いる．
- 新鮮な割面を過剰な血液を拭い取った後，塗抹標本を作製する．

脾臓の病態の例を表7.16に示す．

ステップ5：心臓と大血管

顕著な呼吸困難のような臨床症状あるいはX線で心肥大を示す場合，あるいは水腫性腹水が存在する場合は心臓に特別な注意を払う必要がある．

- 心膜の病変を確認したのち，心臓内の血液を微生物学的検査のために滅菌した注射筒と針で採取する．
- 心臓と大血管を摘出し，心尖を含むように切断し，開いた心室をチェックし，心室壁の厚さを評価する．
- 血流に沿って心臓と大血管を切開する．
- 血栓，心臓弁の心内膜性病変，心筋の変色領域を確認する．鳥の右大動脈弁は筋肉性であることに注意する．
- 動脈硬化を探すために大血管を切開する(主に，大動脈，肺動脈あるいは総頸動脈を，そして特にヨウムおよびボウシインコ類で)．

心臓と大血管の病態の例を表7.17に示す．

表7.17　心臓と大血管：病態の例

所　見	診　断	検　査
心　臓		
• 心外膜あるいは心内膜出血	• 敗血症あるいは瀕死時の現象(ポリオーマウイルスあるいはサーコウイルス)	• PME を継続
• ゼラチン様，漿液性心膜脂肪	• 飢餓，慢性疾患	• PME を継続
• 心筋内の退色あるいは線状病巣	• 変性性心筋症，ビタミンＥ/セレン欠乏に関与	• 組織学的検査
• 心筋の変性(炎症，壊死)	• 心筋炎 • 敗血症あるいはウイルス性疾患により起こる(ウエストナイルウイルス，PDD など).	• 細胞学的検査，組織学的検査，細菌分離，PME を継続
• 心筋嚢胞を伴う心筋症 • 左心室の内腔拡張と変化のほとんどない心室壁の厚さ	• 肉胞子虫あるいは *Leucocytozoon* • 心筋梗塞(図7.12)	• 細胞学的検査，組織学的検査 • 肺や肝臓のうっ血
血　管		
• 大血管内壁の内膜に生じた黄色斑，血管硬結	• 動脈硬化症(図7.13)	• 肉眼的，組織学的検査
• 大血管のカルシウム沈着	• 腎疾患あるいはビタミンＤ過剰症	• 臨床的腎臓の検査，腎臓の病理学的検査

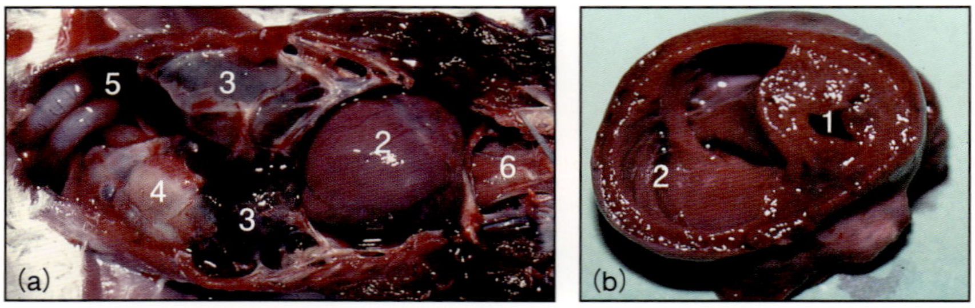

図7.12　心臓の収縮不全を呈するヨウム(1＝右心室，2＝左心室，3＝肝臓，4＝筋胃，5＝腹水，6＝鳴管).

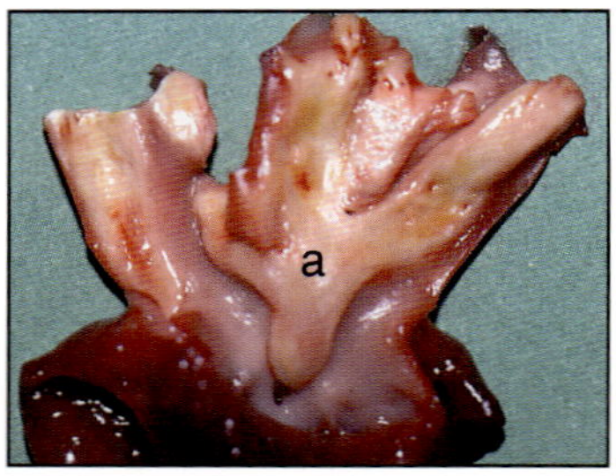

図7.13　ヨウムの動脈硬化症(a＝硬化斑)

ステップ6：肝臓

- 肝疾患の臨床病理学的検査結果を評価する.
- ピンセットで間膜を掴みながら腹腔から肝臓を分離し，間膜を鋏で切断する.
- 麻酔による安楽死後間もない鳥では門脈を切断することによって死体の中に血液が広がり，多くの変性を隠してしまうことがある.そのような場合，PME 実施まで2,3時間待つか,注射筒を用いて静脈から血液を抜いてしまうのが良い.
- 腫大，変色，炎症，うっ血，び漫性あるいは局所性病変について肝臓を観察する.
- この時点でまた，複数の肝臓組織を無菌的に採材する．材料の一部はそれぞれ，細菌学的検査，ウイルス分離あるいは DNA 検出(PCR)検査，*Chlamydia* 検査および病理組織学的検査に供する．肝葉の一部領域を焼却し，金属製ループ(図7.9)あるいは滅菌パスツールピペットを用いて組織を摘出する．境界明瞭な病変がある場合その病変の端から材料を採取するように試みる.
- 培養設備が装備されていない現場では，肝臓の一つの葉を滅菌したメスおよびピンセットを使用して分離し，滅菌した試料ビンに直接入れる.
- 試料は郵送するまで，4℃の冷蔵庫に保管する．できれば保温性の容器に氷を詰め，他の組織材料と一緒に(それぞれ別々の試料ビンに入れて)保管する.
- 細胞学的標本を作製するため，肝臓の半分から小片を切り出し，ピンセットで保持して濾紙で過剰な血液をぬぐい取り，3枚の顕微鏡用スライドグラスに切断面を押しつける．ヘマカラー染色およびチール・ネルゼン変法(*Chlamydia* 診断のため)で染色する．三枚目のスライドグラスは追加の染色に使用するか *Chlamydia* を免疫染色によって確認するため検査所に送る.
- 残りの組織は細胞学および，もし必要であれば毒性学的検査に使用する.

肝臓の病態の例を**表7.18**に示す．肉眼的肝臓の病態は**図7.14**に描かれている.

表7.18 肝臓：病態の例

所　見	診　断	検　査	備　考
• 退色領域を含む腫大した赤色斑の肝臓	• 肝炎	• 細胞学的検査で多くの炎症性細胞；微生物学的検査，凍結材料，組織学的検査	• 肝酵素の活性上昇
• ヨウムの白血球減少を伴う橙色の肝臓	• 急性サーコウイルス感染	• 組織学的検査，総排泄腔ファブリキウス嚢で封入体，PCR	• 肝酵素の活性上昇なし
• 壊死巣を伴った腫大した肝臓	• *Chlamydia*，ヘルペスウイルスあるいはアデノウイルス感染による肝炎	• 細胞学的検査，培養，組織学的検査にて活性のある黄色の尿酸	• しばしば肝酵素の高い値
• 著しく広範な急性肝臓壊死	• 細菌性敗血症，ポリオーマ，ヘルペスあるいはレオウイルスによる亜急性あるいは急性肝炎	• 肉眼的検査，細胞学的検査，組織学的検査，ウイルス検査，培養	• しばしば肝酵素活性が高く，黄色の尿酸塩
• 中心部の壊死を伴った限局的な黄色の増殖部	• マイコバクテリア症	• 他の臓器にも同様な病巣，細胞学的に不染性の桿菌，抗酸染色陽性	• 肝酵素の上昇および黄色の尿酸塩は認められない．
• 小型円形の壊死巣	• サルモネラ症あるいはエルシニア症	• 細胞学的に桿状細菌，培養，組織学的検査	
• 全体的腫脹，しばしばまだらに退色した肝臓	• 白血病	• 肉眼的検査(他の臓器もしばしば病変がある)，細胞学的および組織学的検査	
• 全体的腫脹，しばしば斑状，退色した柔らかい肝臓	• 変性	• 細胞学的に空胞を持った肝細胞；組織学的検査	
• 腫大した橙黄色の肝臓	• 脂肪肝，リピドーシス	• 肉眼的検査，ズダンⅢ染色の細胞学的検査，組織学的検査	• 肝酵素活性の上昇はほとんどない．
• 小さく退色し硬結した肝臓	• 慢性肝線維症	• 組織学的検査	• 肝酵素活性の上昇はないが，黄色の尿酸塩を認める

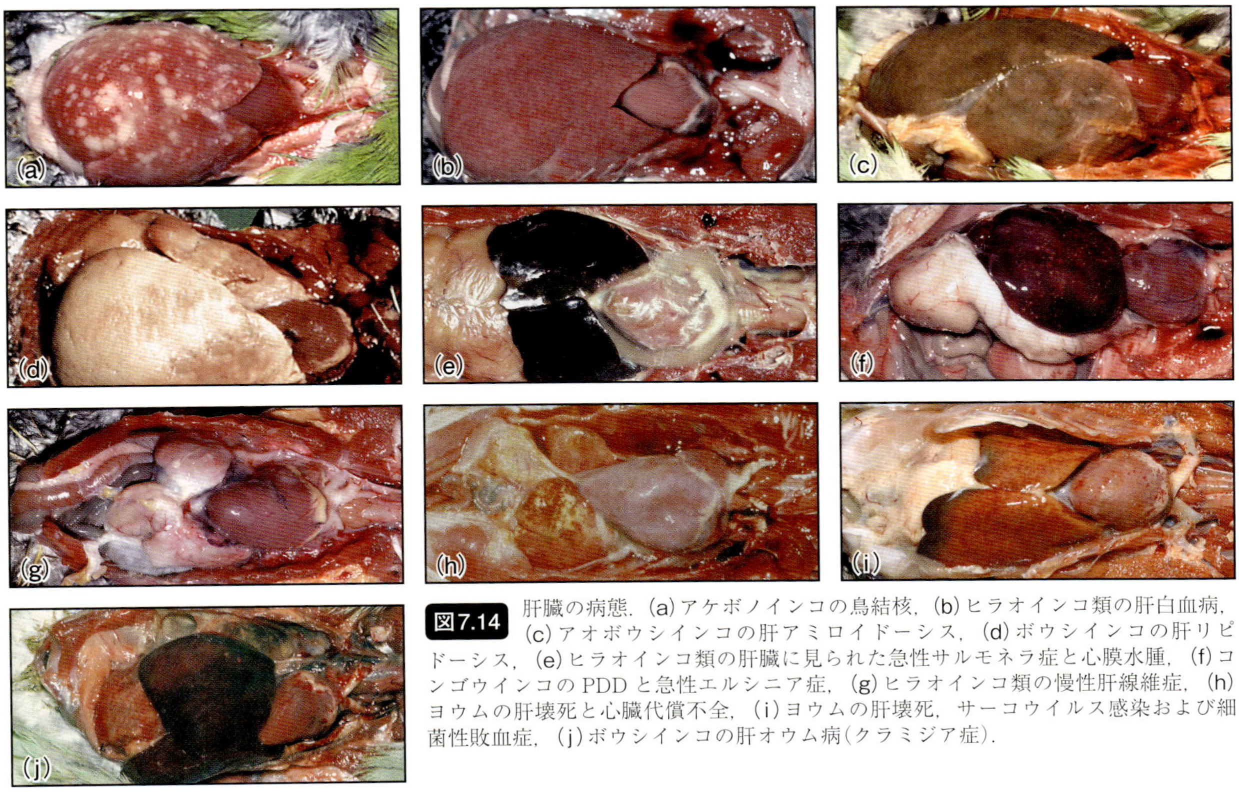

図7.14 肝臓の病態．(a)アケボノインコの鳥結核，(b)ヒラオインコ類の肝白血病，(c)アオボウシインコの肝アミロイドーシス，(d)ボウシインコの肝リピドーシス，(e)ヒラオインコ類の肝臓に見られた急性サルモネラ症と心膜水腫，(f)コンゴウインコのPDDと急性エルシニア症，(g)ヒラオインコ類の慢性肝線維症，(h)ヨウムの肝壊死と心臓代償不全，(i)ヨウムの肝壊死，サーコウイルス感染および細菌性敗血症，(j)ボウシインコの肝オウム病(クラミジア症)．

ステップ7：消化管

心臓と肝臓が摘出されたことで消化管はより観察しやすくなる．嗉嚢，前胃，筋胃，十二指腸および膵臓の大きさと外観に注意する．しかしこれらの器官の詳細な検査は後にする方が良い．したがって，

- 左右の気管支を切断し，副腎，生殖器，腎臓および肺を観察するため，気管を反転，消化管を鳥の右側に反転する．直腸を切断してはならない．
- 腹膜が癒着して腸が反転できない時は，筋胃の穿孔あるいは腹腔鏡検査後の腸への障害など，感染が起こる可能性のある点を確認する．
- 卵性腹膜炎の場合，黄色の濃縮された卵黄が癒着した腸のループ内に散在している．

ステップ8：泌尿生殖器

副腎（燈色から黄色）はしばしば活動中の生殖組織によって覆い隠されており，腎臓の前葉を副腎とそれに付着した生殖腺とともに採材する方が容易である．

- 外観による鳥の性判定．多くの種で，左の卵巣と卵管だけが発達する（図2.13参照）が雄の鳥では両側の精巣が発達する．一部の鳥（例えばある種のボタンインコなど）では生殖腺は色素を含んでいことがある（茶色あるいは黒色）．
- 卵胞の一般的大きさを記録し，変色，腫脹あるいは収縮した卵胞に注意する．そのような場合，*Salmonella* の選択培地を含む細菌学的検査のための試料を採取する．
- 卵管は肥大しているか？　滲出液と腫瘍の存在を確認するため卵管を切開し，必要に応じて細胞学，細菌学および病理組織学的試料を採取する．

生殖管の病態の例を表7.19に示す．

腎臓は複合仙骨の腎窩の中に存在し（図2.13参照）腰仙骨神経叢が腎臓の後葉の深部に走っている．尿管は両側腎臓の腹側面を後方に走る．

表7.19　一般的生殖管：病態の例

所　見	診　断	検　査
• 卵管内膜腫脹	• 卵塞症，卵結石	• 卵管切開
• 腎臓あるいは生殖腺に関連した不規則な腫脹	• 腫瘍 • セキセイインコに一般的，しばしば片方の脚の麻痺に関連	• 肉眼的および組織学的検査

- 特に，血中尿酸濃度が臨床約に上昇した場合，あるいはその部位の観察で内臓性通風が見られたところでは，特別に腎臓に注意を払う．腎臓の病態と脱水とを区別する．
- 病理組織学的検査のために採材された腎臓／副腎／生殖系組織に加えて，さらにウイルス学的（ポリオーマウイルス・パラミクソウイルス感染），毒性学的（鉛，亜鉛）および細菌学的（もし滲出液が存在すれば）検査のために腎臓の試料を無菌的に採材する．
- 特に後肢の虚弱あるいは機能不全がある場合，腎臓摘出後，腰仙骨神経叢を評価する．病理組織学的評価のためにこれらの神経をホルマリンに入れ標本とする．

腎臓の病態の例を表7.20に示す．

表7.20　腎臓：病態の例

所　見	診　断	検　査
• 白色の尿酸塩が退色した正常な大きさの腎臓表面に細かな網状模様に認められたり尿細管内に認められる（拡大鏡を使用）	• 尿酸塩の蓄積，脱水	• 組織学的検査（100％アルコール固定）
• しばしば内臓性通風とともに見られる白色病巣を有する不規則に退色し，腫脹した腎臓	• 腎痛風；腎炎（図7.5参照）	• 組織学的検査（100％アルコール固定）
• 多発性膿瘍を伴った不規則に腫大した腎臓	• 細菌感染	• 細胞学的検査，培養，組織学的検査
• 腫大し充血した腎臓	• 急性腎炎	• 組織学的検査
• 退色，腫大し脆い腎臓	• 腎臓変性	• 組織学的検査
• 白色，硬結した小さな腎臓	• 慢性腎線維症	• 肉眼的検査，組織学的検査
• 肉芽腫	• *Aspergillus* spp.	• 肉芽腫の切開表面の擦過標本 • ヘマカラー，培養（サブロー寒天），組織学的検査
• 不規則に腫脹し，大きくなる腎臓	• 腫瘍 • 坐骨神経の圧迫から臨床的に脚麻痺を引き起こす．	• 細胞学的，組織学的検査

ステップ９：呼吸器

肺を摘出する前にそのままの状態で観察する．特に臨床時に明らかな呼吸困難があった場合，この器官系を注意深く観察する．

- 肺にうっ血が見られるあるいは明瞭な病変がある場合，細菌および真菌の培養に供する必要がある．試料は，肺の表面を焼却するために熱したメスを使って，体の中にある状態の肺から採材するのが最も良い．
- ウイルスの存在が疑われる場合（例えばパラミクソウイルスなど），肺を気管の一部を含めて滅菌した容器に入れ，検査所に送るまで他の採材された器宮（脳，膵臓と十二指腸）と一緒に4℃で保管する．

肺は鳥類の胸腔内に固定されたように存在し，可動性はない．摘出には肋骨から肺組織を丁寧に剥ぎ取る作業が必要である．多くの場合，肺の変化は背側部にのみ認められ，もし肺が摘出されなければ見落とす可能性がある．鳥類の肺は一塊の組織であり，肉眼的病変は極めて顕著に現れるが，病理組織学的評価は結局単なるうっ血となるかもしれない．その反対に，肉眼的に正常な肺が顕著な組織学的病変を含むかもしれない．このため，肺は常に病理組織学的検査に含め，そして病変が局所的あるいは散在性である可能性があるため少なくとも一つの肺の大部分を採材するのが良い．

- 肺を中隔で切断し，スタンプ標本を作製する（肝臓，脾臓，腸管のスメアと一緒に）．この肺のスタンプはまた，血液細胞の病理変化と血中寄生虫（*Plasmodium*，*Haemoproteus* および *Toxoplasma pseudocysts*）の評価にも使用される．
- この時に，鳥の嘴を開き，口咽頭に大きな鋏を差込み，口の片側を切り開く．
- 下顎を反転させ，後鼻孔，舌，声門を含む口咽頭を検査する．
- 鋭利な鋏を声門に差込み，気管の背側，腹側ともに切断し，縦断する．この操作は，出血，滲出液，異物（オカメインコでは種子），肉芽腫および寄生虫，鳴管あるいは気管支の中に吸引された食物および白色のチーズ様物質・粘膜に付着した線維性物質などに注意しながら慎重に手際よく行うことが重要である．このような物質は通常真菌性のもので，もし存在する場合は，顕微鏡で（圧着標本を染色）観察しサブロー培地で培養する．

肺，気管および口腔の病態の例を**表7.21**に示す．

表7.21　呼吸器系：病態の例（続く）

所　見	診　断	検　査
肺（図7.15）		
• 濃い灰色の肺	• 肺水腫 • しばしば慢性心疾患の結果	• 切開表面の透明漿液－血様の体液，変性した組織は水に沈む．細胞学的検査，組織学的検査
• 濃い赤色の湿った肺	• 肺うっ血 • うっ血が他の臓器にあるか，急性の心臓変性があるかを観察 • DDX ポリテトラフルオロエチレン中毒，急性真菌感染と住肉胞子虫感染	• 切関面から血液のみ，変性した肺は水に浮く，肺は柔らかく均一に明るい赤色；細胞学的検査
• 暗色硬い肺でしばしば斑状および点状の変化を伴う．	• 肺炎巣	• 変性領域は固く水に沈む，切開面の細胞学的検査（炎症性細胞），組織学的検査，培養
• オカメインコのび漫性肺炎（一般的に気管炎，気管支炎を伴う）	• *Bordetella avium*	• 培養（増殖しにくい），組織学的検査
• 暗色，柔軟，脱力し，乾燥した肺	• 無気肺	• 切開面は表面から暗色を呈し，乾燥
• 肺全体に散在する白黄色の病巣	• アスペルギルス症， マイコバクテリア症	• 新鮮標本における菌糸，抗酸染色陽性桿菌（通常の迅速染色では不染性桿菌）：培養，組織学的検査，PCR
• 不規則に広がる壊死性肺炎巣で充血領域を見る．	• 細菌性肺炎 • 例えば *Salmonella* あるいは *Yersinia*	• 細胞学的検査および培養
気　管		
• オウムの鳴管に白色チーズ線維状物質	• 鳴管真菌症 • ビタミンA 欠乏による化生あるいは外傷後	• 新鮮標本での菌糸，培養（サブロー寒天），組織学的検査

表7.21　（続き）呼吸器系：病態の例

所　見	診　断	検　査
気　管		
• 気管内：赤い虫体	• *Syngamus* spp. • オウム類では大変珍しい．	• 試料の顕微鏡観察，組織学的検査
• 気管内：黒い点	• *Sternostoma* 属のダニ	
• 気管内：粘液と線維	• 鳥ポックス	
口		
• 舌の唾液腺の部位に黄色の膿瘍	• 化生，ビタミンA欠乏による．	• 新鮮標本，食餌履歴，組織学的検査

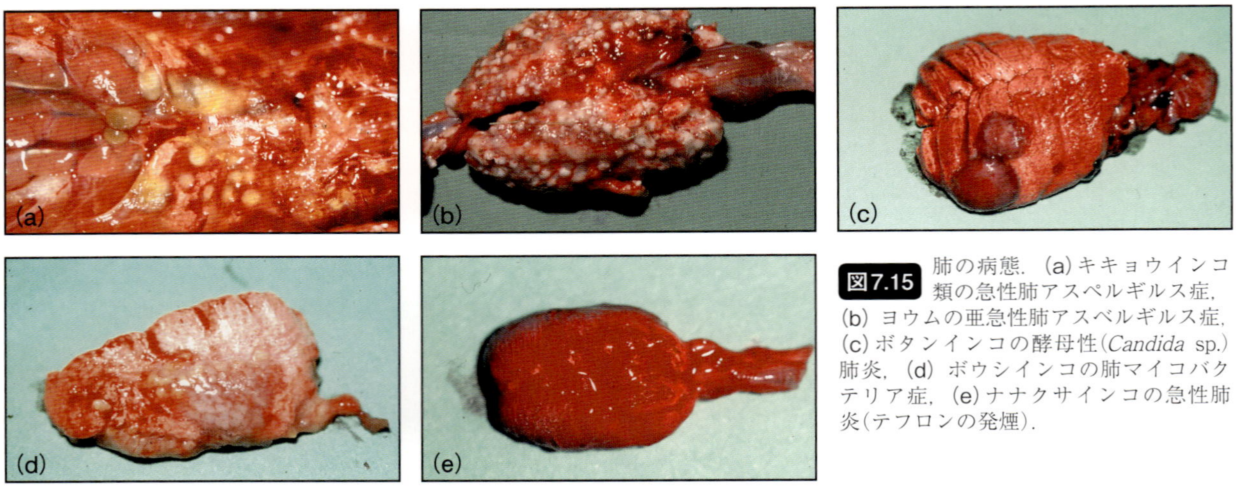

図7.15　肺の病態．(a)キキョウインコ類の急性肺アスペルギルス症，(b)ヨウムの亜急性肺アスペルギルス症，(c)ボタンインコの酵母性(*Candida* sp.)肺炎，(d)ボウシインコの肺マイコバクテリア症，(e)ナナクサインコの急性肺炎(テフロンの発煙)．

ステップ10：消化管

- 咽頭部に戻り，食道から嗉嚢の長さまで切開を進め，裂傷，穿孔，食道周囲の膿瘍および他の異常を探す．
- もし毒物の摂取を示す徴候が少しでもあれば，嗉嚢の内容物をビニール袋に採取し凍結する．PDD病変はしばしば神経に限定して出現するので，嗉嚢の大部分は，大きな血管や接している神経を含むように病理組織学的検査のために採材する必要がある．
- この時点で，嗉嚢の遠位端で食道を切断する．
- 遠位食道を後方に牽引し腸間膜付着部をきれいに切断することにより，全消化管が分離される．
- 分離に続き，総排泄腔の周りを一周するように切開を加え，総排泄腔周囲の皮膚および消化管と繋がったファブリキウス嚢を残すようにする．ファブリキウス嚢は一般的に6～12カ月齢より若齢の鳥に見られ，総排泄腔の背側に存在している(図2.12参照)．ファブリキウス嚢がある場合は常に採材すべきで，組織学的検索のために分割，凍結する(サーコウイルスあるいはポリオーマウイルスのPCR)．
- 鋏で遠位の食道を切開し，続いて前胃そして筋胃(角質層とともに)を切開する(図2.11参照)．その内容物の量，外来異物および重金属について検査する．想定される毒性検査のために組織を採材し凍結する．水で粘膜を洗い，粘膜あるいは粘膜ぬぐい液の未染色標本と乾燥スメアを作製する．
- 前胃と筋胃を分離してはならない．この峡部は鳥類の胃内酵母(以前はメガバクテリアとして知られていた)や胃癌がよく存在する場所である．病理組織学的検索のために(拡張した前胃を説明するPDDと他の原因を区別するために)少なくとも一つの大きな漿膜にある神経と血管が含まれるように，前胃，峡部および筋胃(すべてを一つの塊として)を一つの大きな標本として採材する．
- 幽門を切開し，十二指腸ループに進めていく．膵臓の最も大きな葉は十二指腸のループ内に存在するが，最も小さな脾葉は脾臓に接して存在している．
- 十二指腸ループ内の膵臓を含めた横断切片を採材し，ホルマリンに入れ，一つの切片は毒性学的検査に使用する．
- 空腸，回腸から直腸まで連続して腸管を切開していく．新生子では卵黄嚢と卵黄茎が消化の程度を評価する指標となる．培養のために卵黄嚢の内容物を無菌的に採材し，染色スメアを作製後，その残りをホルマリンに入れる．
- 病理組織学的検査のために，切開した腸管の触っていない部分を採材する．
- 腸管内容物の新鮮標本(通常2枚のスライド)と，顕微鏡検査(寄生虫および虫卵，オーシスト〈オウム類では大変少ない〉，クリプトスポリジウム，鞭虫(*Giardia*)，酵母および運動性の細菌)のため粘膜ぬぐい液の染色スメアを作製し，細菌培養を行う．
- 総排泄腔を切開し，乳頭状の変性，総排泄腔結石，外傷，炎症性病変を探す．

腸管の試料は以下のものを採取する必要がある．少なくとも異なる2箇所からの新鮮標本(生理食塩水で希釈)，迅速染色と可能であれば抗酸菌染色用のスメア，好気性および可能であれば嫌気性(細胞学的に芽胞)あるいは*Campylobacter*培養のための内容物．またウイルス検査(電子顕微鏡のネガティブ染色，ウイルス分離あるいはPCR)の組織および消化物を採材する．

消化管の病態の例を**表7.22**に示す．

ステップ11：鼻腔および眼窩洞

- 上嘴を鼻孔まで切断し鼻腔および眼窩洞を調べ，鼻甲介の対称性，粘液の存在，化膿性物質の存在を検査する．
- 培養のための試料を採材し，同じ試料から得られた染色スメアでの所見と培養結果を比較する．鼻腔および副鼻洞から汚染されていない試料を採材するのは不可能であるので，培養検査の結果は常に疑問の余地がある．
- 病理学的変化が存在する場合，組織学的検査のための材料を採材する．

鼻腔および副鼻洞の病態例を**表7.23**に示す．

ステップ12：神経学的検査

脳および脊髄はいくつかの病気，特にPDDの診断において大変重要である．臨床的に神経症状が認められたり，病歴からその鳥が死体で見つかる前に窓に飛び込んでいる可能性がある場合，常に頭蓋を切開することが重要である．

- 皮膚を剥離した後，外傷性の障害を調べる．頭蓋冠の中の出血に注意する，この部位は死後変化がよく見られ，頭部の外傷を示すものではない．
- 背側の頭蓋冠をロンジュールを用いて注意深く除去する．
- そのままの状態で脳を露出し，培養すべき膿瘍や頭蓋内あるいは髄膜下の出血など，明らかな異常がないかを観察する．
- 頭部を反転させ，脳の腹側と前方の付着部を切断して脳を摘出する．これが難しい場合，特に若齢あるいは小型の鳥では，頭蓋骨を切り開いて頭部を固定液に入れ，脳をその状態で病理学者に送る．必要な場合は，ウイルス，毒性検査のために脳の該当する部分をホルマリン固定の前に採材する．
- 脊髄を検査，採材するため，脊柱を脊髄と一緒にいくつかの小片に切断しホルマリンで固定する．この過程により，固定によってもろさが減少した脊髄をロンジュールを使ってより簡単に，最小限の障害で摘出することができる．
- 斜頸あるいは神経学的疾病がある鳥では側頭骨岩

表7.22　消化器系：病態の例

所　見	診　断	検　査
嗉　嚢		
• 白色物質蓄積による肥厚(トルコタオル)	• 酵母感染，カンジダ症	• 新鮮標本スメア，細胞学的検査，培養
• 灰色/黄色物質による壁の肥厚	• トリコモナス症(**図7.16**) • 特にセキセイインコ，小型のインコ，時折，気泡の蓄積	• 新鮮標本，細胞学的検査，組織学的検査
• 局所的な赤色粘膜肥厚	• 乳頭腫	• 組織学的検査
胃(前胃および筋胃)		
• 前胃および筋胃の拡張，しばしば種子(ヒマワリ)による閉塞	• 前胃拡張症(PDD)	• 組織学的検査
• 粘液が過剰で空の前胃，特に峡部	• 鳥類胃酵母(「メガバクテリア」)	• 新鮮標本および細胞学的検査
• 腎壁から剥離しづらい不均一なコイリン層	• 胃内真菌症	• 深部の新鮮擦過標本，細胞学的検査，培養

表7.22　（続き）消化器系：病態の例

所　見	診　断	検　査
腸		
• 小腸全体にある出血性の黒色物質	• 出血性素因（大規模な血液の腸内への流入）	• 病歴（長期の飢餓），肉眼的検査
• 管腔内の血液貯留を伴う，あるいは伴わない腸壁の肥厚	• 腸炎	• 新鮮標本および細胞学的検査，寄生虫；微生物学的検査
• 出血性内容あるいは虫体が詰まった腸壁の薄化	• 回虫症（図7.17） • 注意：オウムインコ類ではコクシジウム類はめったになく，しばしば回虫が見られる．	• 新鮮標本での虫体の証明
• 腸管の肥厚領域あるいは多発性肉芽腫	• マイコバクテリア症	• 細胞学的検査において非染色性桿菌，抗酸染色陽性，組織学的検査，培養あるいはPCR
• 出血性内容物	• 鉛中毒，*Clostridium* 感染，*Pseudomonas* 感染，*Giardia* spp.	• 筋胃内の鉛：肝臓および腎臓の鉛分析；細胞学的検査，培養
総排泄腔		
• 充血，赤色で肥厚した粘膜	• 乳頭腫	• 組織学的検査
膵　臓		
• 出血を伴う不均一な膵臓	• パラミクソウイルス性膵炎 • 特にキキョウインコ属では斜頸	• 組織学的検査

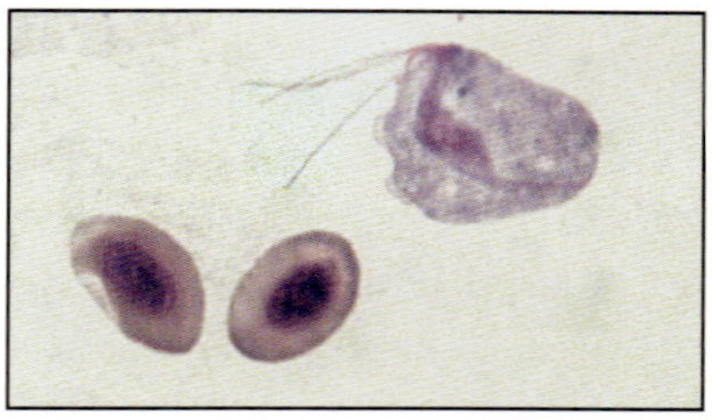

図7.16　セキセイインコ嗉嚢由来の *Trichomonas*．その鞭毛がはっきりと見える．2個の 赤血球も存在．（ヘマカラー染色，もとの倍率×100）．

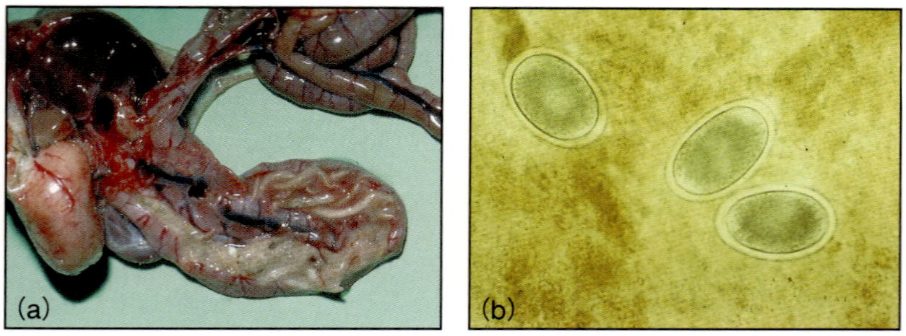

図7.17　ヒラオインコ類の腸管内寄生虫（*Ascaridia*）．(a)腸管に群生，(b)中卵，新鮮標本，もとの倍率×40．

表7.23　副鼻洞：病態の例

所　見	診　断	検　査
• 混濁した粘液の存在	• 細菌性あるいは真菌性副鼻洞炎	• 新鮮標本，細胞学的検査，培養

様部を中耳を含めるように広く採材固定し，病理学者に送る．

ステップ13：筋骨格系

骨髄は細胞学的および組織学的検査のために脛足根骨から容易に採材できる．

- 骨をきれいにして，ロンジュールを用いて骨を折る．
- 骨髄の一部をスメア作製のために採取したのち，骨髄をそのままホルマリンで固定する．
- いったん固定すると，固定する前はもろかった骨髄は切り出しが可能になり，組織学的に検査できるようになる．骨髄には白血病あるいは形成不全の過程，時にはサーコウイルスの封入体あるいはTB病変が観察される．骨髄はまた，特にファブリキウス嚢が退縮した鳥では，サーコウイルスを検出する絶好の場所である．
- 骨格筋の試料は，異常が認められる時あるいは臨床的に生化学的項目（CK）から異常が疑われる時には病理組織学的検査のために採材すべきである．筋肉の病変には外傷，出血，萎縮，カルシウム沈着および注射あるいはワクチン接種部位での反応が含まれる．筋炎，変性性筋障害および住肉胞子虫感染は組織学的に診断される可能性がある．

PME 記録用紙およびチェックリスト

1. 種類，体重，年齢/脚環番号，性，病歴の要約

2. PME の日時，PME 実施者の氏名

3. 肉眼所見：

概観検査

一般的身体状態，筋肉量，筋肉の強さ，発達した筋肉，中等度の筋肉，薄い筋肉，貧弱な筋肉，脂肪の蓄積

羽/外皮/外部寄生虫

骨格の触診

体の開口部/口腔

内部の検査

切開した状態での記載（写真を撮影）

脂肪/皮下組織/体壁

体腔（気嚢/胸腔/腹腔）

甲状腺，上皮小体，胸腺

脾臓（大きさ，色）

心臓，大動脈，他の血管

肝臓

生殖器系（生殖腺，生殖管）

呼吸器（鼻腔/副鼻洞，後鼻孔，喉頭，気管，鳴管，気嚢，肺）

泌尿器（腎臓，尿管）および副腎

消化管（嘴，舌，口咽頭，食道，嗉嚢，前胃，筋胃，十二指腸と膵臓，小腸，卵黄嚢，盲腸，直腸（結直腸），総排泄腔，ファブリキウス嚢，排泄口）

特殊感覚器（眼，耳，鼻）

筋骨格系，筋肉，骨格（胸骨，肋骨，椎骨，長骨），骨髄，関節

脳，下垂体，脊髄，髄膜，末梢神経

4. 新鮮標本の検査（嗉嚢，直腸，その他）

5. 細胞学的検査（肝臓，脾臓，肺，直腸）

6. クラミジア検査

7. 仮（鑑別）診断

8. 補助的診断：細菌検査，真菌検査，ウイルス検査，寄生虫検査，毒性検査，その他

9. 保存した組織：

10. 病理組織学的検査に送った組織：

図7.18　PME 記録用紙とチェックリスト．

- 特に臨床約に後肢の麻痺が見られる時は，脚の筋肉と大腿骨の背側面を走る坐骨神経を検査すべきである．
- 最後に，すべての主要な四肢の関節を検査する．X線で検出される骨または関節の病性はその部位を切開し培養と病理組織学的検査のための試料を採材する．繁殖中の雌では，骨髄骨の変化に注意すること．骨の柔軟性(例えば脛足根骨，肋骨など)はカルシウム不足が非常に進行している場合，カルシウム沈着不全の評価に用いられる．肋骨肋軟骨あるいは肋骨椎骨間結合に起こる，くる病性の「念珠病変」および竜骨あるいは他の長骨の形成不全は代謝性骨疾患の明らかな病変である．
- 関節における他の所見は線虫性（*Pelecitus* sp.），細菌性関節炎(染色スメアおよび培養)および関節痛風(尿酸塩の大量蓄積)である．

最終段階

これで肉眼的PMEを完了し，死体の残った部分はビニール袋に入れ，診断検査がすべて終わるまで凍結する．

- 新鮮標本はできるだけ速やかに観察する．観察の前に温めておく(最高で体温に)ことは，運動を活性化させることで動いている鞭毛虫の同定に役立つであろう．
- すべての滲出物あるいはまた採取したスタンプ標本を染色する．
- オウム病が疑われる場合，肝臓，脾臓および肺の採材物を*Clamydia*診断検査に回す(チール・ネルゼン変法，PCRおよび蛍光抗体法)．
- 組織，滲出物あるいはぬぐい液を上記したように細菌あるいは真菌培養に送る．*Campylobacter*は凍結下では生きていけないので，試料が*Campylobacter*の疑いがある場合を除いて，これらの試料をすぐに培養に回さないのであれば多くの場合凍結する．
- 実質組織(肝臓，脾臓，肺，腎臓および脳)をまとめた袋と別にした腸内容物は，DNAプローブ検査やウイルス分離の可能性があるため，冷蔵あるいは冷凍保存する．
- 病変のあるホルマリン固定組織あるいは一般的に診断に繋がる可能性のある組織学的病変のある組織を選択し，病理組織学的検査に提供する．これにはしばしば心臓，肝臓，腎臓，脾臓，肺，ファブリキウス嚢（採取できれば常に），脳，十二指腸/膵臓および前胃/筋胃が該当する．残りのホルマリン固定組織は，最初の組織で診断が確定されない場合のために保管する．
- 補助的診断のために採材した試料は一つにまとめ，ラベルを付け，輸送するまで適正に保管する．個々の試料に基本約な記載が添付されているかを確認する．
- 臨床所見との関連性を示した詳細なPME報告書(図7.18)を作成しこれを試料の記録として使用する．

臨床的な病歴と死後の所見との関連性を証明するように努める．

8

麻酔と鎮痛

Thomas M. Edling

はじめに

鳥類臨床獣医師が，麻酔を必要とする手技を30分以内に終わらせるように懸命に努力をしていたのは，そう昔のことではない．これは，鳥を長時間麻酔下で維持することで，深刻な合併症を引き起こす可能性が著しく高かったためである．幸いなことに，時が変わり，今では2時間以上もの間，鳥に麻酔をかけることは一般的(または，実行可能)なこととなった．この変化は，より安全な吸入麻酔薬の使用，換気法の改良，より良いモニタリング技術といった鳥類麻酔の進歩により，無呼吸と低換気という麻酔時に最も発生しやすい問題を効果的に防ぐことができるようになったためである．

鳥類の機能的残気量(functional residual capacity；FRC)はもともと小さいため，無呼吸は生命の危険に繋がる．肺に空気が流入せず，ガス交換が起こらないため，呼吸器系による生理学的バランスの維持が不可能となるためである．この問題の低減には，間欠的陽圧換気(intermittent positive pressure ventilation；IPPV)を用いることで，麻酔下でも罹患鳥を適切に維持するのに役立つ．

その他に鳥類の麻酔において必要不可欠なものとして，罹患鳥の正確なモニタリングが挙げられる．鳥の生理学的状態の変化を直ちに検知して，適切に対応することができるように，正確なモニタリングを行わなければならない．呼吸数と1回換気量を用いて罹患鳥の正確な換気状態を算出するような計算式はないため，正確なモニタリング技術は必須である．現在のところ，動物種にかかわらず換気状態を正しく評価できる唯一の方法は，動脈血二酸化炭素の測定である．鳥類においても，カプノグラフィの使用が動脈血二酸化炭素の測定に有効であることが確認されている(Edling *et al*., 2001)．

また，動脈血酸素化状態のモニタリングも必要である．動脈血の酸素化レベルを適正に維持することが必須なのは当然であるが，十分に酸素化できているからといって，必ずしも適正に換気できているとは限らないことを理解するのが重要である．鳥類では，重度の高炭酸ガス血症でも良好に酸素化されている場合があるからである．

幸いなことに，近年の鳥類麻酔の進歩，すなわちカプノグラフィ，IPPV，心電図，パルスオキシメーター，ドップラー血流計などの機器により，臨床獣医師は安全かつ効果的に鳥類に麻酔を施すことが可能となり，治療の可能性が大きく広がった．

麻酔前計画

問診と身体検査

詳細かつ網羅的な問診は，麻酔前に得られる最も重要な情報であろう．問診に続いて身体検査を行う．

- 問診中は，ケージ内の罹患鳥を静かに観察する．意識の状態，周囲の環境に対する反応，姿勢，羽の状態，呼吸の速さと深さに注意する．
- 最初に観察をした後，詳しい身体検査を行う．特に，鼻孔，口腔，後鼻孔裂，声門，腹部，総排泄腔，竜骨上の胸筋に注意する．また，心臓，肺，気嚢を聴診し，疾病の徴候がないか確認する．
- 身体検査，問診，その他の徴候から，さらに詳しい評価(全血球計算，生化学検査，糞便のグラム染色など)が必要と判断された場合には実施する．

順　応

新しい環境や普段と異なる環境は，罹患鳥にとってストレスとなる．多くの鳥は，限られた時間内に，そのような環境に順応することができないため，ストレスレベルは上昇し，病状が悪化することもある．鳥が飲食を拒絶すれば，支持療法が必要となる．したがって高ストレス下にある鳥では，麻酔前の詳細な身体検査を行う直前に来院させるのが良い．血液検査などの術前検査は，麻酔当日ではなく前もって実施しておくこともできる．

絶　食

麻酔中の逆流を防ぐため，嗉嚢を空にしておくことが重要である．鳥類においては，麻酔導入前の絶食時間の長さについて議論が分かれる．鳥類は代謝率が高く，肝臓のグリコーゲン貯蔵量が乏しいため，絶食は2～3時間以内に留めるのが望ましい．しかしながら，健康状態が良好なオカメインコや大型の種であれば，絶食は前夜から，絶水は2～3時間前から行っても問題はない（Franchetti and Kilde, 1978）．

保　定

飼い主の多くは，退院時の愛玩鳥の外観によって，獣医師の能力を判断する．不適切な捕獲や保定により，身体的な外傷を引き起こす場合がある．保定には，目の詰まった柔らかいタオルを用いるのが一般的である（4章）．

気嚢とポジショニング

気嚢はガス交換にあまり関与していない．そのため，（昔から推測されていたように）吸入麻酔の取り込みや，麻酔ガスの蓄積・濃縮にも重要な役割を果たすことはない．仰臥位では，気嚢の有効容積の低減により，正常な換気パターンが変化する．これは，腹腔内臓器の重さが腹気嚢および後胸気嚢を直接的に圧迫するためである．同様の，しかしもっと重篤な換気上の問題は，伏臥位の場合に生じる．これは，鳥自身の体重の大部分が胸骨を圧迫し，その動きを大きく制限するためである．仰臥位でも伏臥位でも，IPPVを行うことで，適切に換気することが可能である．

鳥類の呼吸器系は対向流性ガス交換であるため，吸入麻酔を気管経由あるいは気嚢経由のどちらでも行うことができる．上部気道の閉塞による無呼吸症例の換気にも，気嚢挿管は有効である．

間欠的陽圧換気

IPPVは，吸入麻酔時に正常な生理学的状態を維持するのに効果的な方法であり，手動あるいは人工呼吸器のどちらでも実施可能である．後者は高額ではあるものの，より定常的な換気ができ，また獣医師や看護士を拘束しないため，彼らを他の重要な麻酔中の処置に従事させることができる．

人工呼吸器には大きく2つのタイプがある．従量式は，気道内圧にかかわらず，設定した空気量を送るという方式である．これに対し従圧式は，設定した気道内圧に達するまで，空気を送るというものである．従圧式では，気道が閉塞した場合，送られる空気量が減少する．同様に，時間経過とともに呼吸器のコンプライアンス（膨張性）が低下すると，1回換気量も減少する．そのため，麻酔医が気づかない間に，徐々に低換気となる場合がある．これに対し従量式では，気管チューブが閉塞すると気道内圧が上昇し，麻酔医に警告を発するが，逆に回路に空気漏れがある場合には，毎回の換気量が減少するため，徐々に低換気となる．

また従量式では，気嚢の大きな損傷を伴う体腔内手術の際にも注意が必要である．このような症例では，麻酔ガスのほとんどが気嚢の損傷部から漏れてしまうため，設定した量の麻酔ガスを送るだけでは，換気や麻酔をコントロールすることができない．従圧式であれば，設定した気道内圧に達するまで麻酔ガスを送り続けることができるため，困難ではあるが，このような症例でも換気のコントロールが可能である．

IPPVの際，鳥の肺におけるガスの流入は逆転すると考えられている．これは，対向流性ガス交換は流入方向に依存せず，ガス逆流はガス交換に悪影響を与えないためである（Ludders *et al*., 1989a）．

吸入麻酔

吸入麻酔薬

吸入麻酔薬は全身麻酔時に用いられるが，安全に使用するためには，その薬理学的効果や物理的・化学的性質に対する知識が必要である．外科手術の際の麻酔では，意識，反射，痛覚の消失の他，深度が適正に管理できること，導入と覚醒が迅速であること，副作用が最小限であることが要求される（Muir and Hubbell, 2000a）．

現在，鳥類に用いられる吸入麻酔薬は，主にイソフルランとセボフルランの2種類である．近年ではデスフルランも入手可能ではあるが，専用の気化器が必要であることや，刺激臭があることから，鳥類で広く用いられるようになるかは疑問である．これらの吸入麻酔薬はいずれも，中枢神経系，呼吸器系，循環器系に対し用量依存的に作用する．

イソフルラン

イソフルランは鳥類臨床医によく用いられている．比較的安価で，導入・覚醒は比較的早く，血液溶解性は低く，代謝はごく少ないことに加えて，心臓におけるカテコールアミン誘導性不整脈の感受性を高めることがないという利点がある（Muir and Hubbell, 2000b）．吸入麻酔薬を1種類しか用意できない施設では，本薬剤を選択すべきである．麻酔が必要な大多数の症例で，非常に安全かつ効果的に用いることができ，ほとんどが呼吸器系から排出され，臓器への影響は最小限である．3～5％の濃度で，非常に速やかに導入することができ（1～2分），ほとんどの症例は1.5～2％で適切に維持できる．覚醒もまた非常に速やかであるが，覚醒時間は麻酔時間と直接的な関係にあるようである．

セボフルラン

セボフルランも素晴らしい麻酔薬である．イソフルランと比べて，MAC（最小肺胞内濃度）は2～3％と効果は劣るものの，血液／ガス分配係数が低いため（イソフルラン1.41に対して0.69），血液溶解性も低い．そのため，イソフルランに比べて，覚醒時間が短く，鳥が起立するまでの時間も短い（Greenacre and Quandt, 1997）．重篤な症例や長時間に及ぶ手術の際には，他の吸入麻酔薬よりも，セボフルランを用いた方が覚醒時間が短いため，良好な予後が得られる可能性が高まる．加えて，セボフルランは（イソフルランやデスフルランとは異なり），気道への刺激性がないため，マスク導入時のストレスも少ない．しかしながら，その利点に対して非常に高価であり，また血漿イオン化カルシウム濃度を有意に低下させることも確認されている（M. Stanford との私信）．

デスフルラン

デスフルランは比較的弱い麻酔薬であり（MAC 6～8％），罹患鳥に適切に薬剤を送達するためには，温度管理と加圧のできる専用の気化器が必要である．3種の薬剤のうち，血液／ガス分配係数（0.42）と組織溶解性（脳／血液分配係数はデスフルラン1.3，セボフルラン1.7）は最小である（Eger El, 1993）．このような物理的性質により，イソフルランやセボフルランよりも覚醒時間が短い（特に長時間の麻酔後）．デスフルランの刺激性により，ヒトでは，気道の不快感，咳，息こらえ，喉頭けいれんなどが生じるため，マスク導入には使用されない（Eger El, 1993）．

ハロタン

ハロタンは，心臓におけるカテコールアミン誘導性不整脈の感受性を高めることから，もはや鳥類に対して安全かつ信頼できる麻酔薬とは考えられていない．ストレス下の鳥では，血中カテコールアミンが高濃度に存在するため，ハロタンの使用は死に繋がる．不整脈は，麻酔下では回復が困難な心機能低下に繋がり，心停止を引き起こすことが多い．

亜酸化窒素

亜酸化窒素は単独で使用しても，鳥に麻酔することはできないが，ハロタンと併用して導入速度を速めたり，他の麻酔薬と併用して維持濃度を抑えることができる．

前述のような信頼できる薬剤を用いてもなお，麻酔にはリスクが伴う．手術に必要な濃度で用いることで，換気が抑制されるためである（Ludders *et al.*, 1989a）．すなわち，吸入麻酔の濃度が上昇すると，$PaCO_2$も上昇し，呼吸性アシドーシスの症状が現れる（Scheid and Piiper, 1989）．

麻酔効力

吸入麻酔薬の効力を測定する最も一般的な指標は，最小肺胞内濃度（minimum alveolar concentration；MAC）である．MACの一般的な定義は，動物に疼痛刺激を与えた際に，半数（50％）の個体を不動化させるのに必要な肺胞内濃度である．MAC値は，気化器における麻酔濃度ではなく，呼気終末濃度として測定される．しかし，鳥類の肺は肺胞を形成していないため，呼気終末濃度という用語は適切ではない．そのため鳥類においては，最小麻酔濃度（minimum anaesthetic concentration）をMACすることが提唱されてきた．最小麻酔濃度とは，鳥に疼痛刺激を与えても意図的な動作を生じない最小限の麻酔濃度と定義される（Scheid and Piiper, 1989）．バタン類におけるイソフルランのMACは1.44％である（Curro *et al.*, 1994）．

麻酔効力を比較するもう一つの方法は，動物に対して呼吸抑制と無呼吸を引き起こす濃度を測定するものである．麻酔指数（anaesthetic index；AI）はこの作用を推定できるもので，AIが低いほど，無呼吸を生じやすい．イソフルランのAIは，犬：2.51，猫：2.40（Steffey and Howland,1978），馬：2.33（Steffey *et al.*, 1977），アヒル：1.65（Ludders *et al.*, 1990）である．この数値から，イソフルランが哺乳類よりも鳥類において呼吸を抑制しやすいことが明らかである．

これは，鳥類ではハロタンよりもイソフルランの使用に大きな利点があることを意味する．ハロタンを使用した場合，呼吸停止と心停止がほぼ同じタイミングで生じるため，呼吸が停止すると，心臓も停止しているのが一般的である．これに対しイソフルランでは，まず呼吸停止が起こることが多いため，短時間ではあるが，鳥を死に至らしめる前に対処する猶予を麻酔医に与えてくれる．

呼吸回路とガス流

鳥類の吸入麻酔時には，ノーマンエルボー，改良リース，Ayre-Tピースおよびベイン回路といった，非再呼吸回路がよく用いられる．非再呼吸回路は，二酸化炭素を排出するために高い酸素流量を必要とするもの

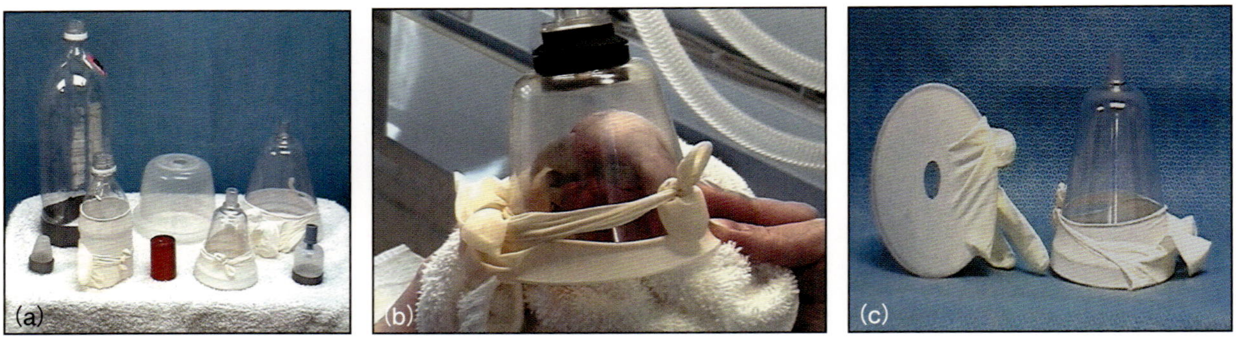

図8.1 (a)導入マスクは，プラスチック製のボトルや容器，シリンジ外筒，錠剤の容器といった，身の回りのさまざまな物から作ることができる．制約となるのは鳥の頭部の形と，獣医師の想像力だけである．(b)モモイロインコのマスク導入．頭部が完全にマスク内に入っていること，またマスク開口部がラテックス手袋で覆われていることに注意．(c)一般的な哺乳類用の小型マスクの開口部に，ラテックス手袋を装着して密着性を高めた導入マスク．手袋に開ける穴の大きさは鳥の頭部より僅かに小さくすること，また鳥の頭部が完全に入る大きさのマスクであること．上手に装着できていれば，状況次第でIPPVも可能である．

の，再呼吸回路と比較して呼吸時の抵抗が小さく，また気化器の設定変更にも素早く反応するといった利点がある．非再呼吸回路における酸素流量は，分時換気量の2～3倍，あるいは150～200 mL/kg/分である(Muir and Hubbell, 2000c)．

導入方法

愛玩鳥において，吸入麻酔で導入する際に最も一般的な方法はマスク導入である．鳥類は非常に効率的な呼吸器系を有するため，この方法は迅速，簡便，効果的という点で理想的である．マスクの大きさは，小動物用に市販されている小型のものから，プラスチック製ボトルやシリンジ外筒を用いたもの(**図8.1a**)まで幅広い．用意するマスクは，鳥の頭部および嘴の大きさや形によって異なる．導入時には，鳥の頭部全体をマスクの中に入れなくてはならないが，その際に眼や嘴を損傷しないよう注意する(**図8.1b**)．使い捨てのラテックス手袋の中央部に穴を開け，そこから鳥の頭部を入れられるようにして，マスクの開口部に装着しても良い(**図8.1c**)．手袋の穴の大きさは，鳥の頸部とほぼ同じ直径となるようにする．上手に作れば，鳥の頸部にぴったりと密着するためIPPVも可能となり，また環境中への麻酔ガス漏出も減らすことができる(漏出した麻酔ガスは適切な装置を用いて排気する必要がある)．

保定が困難な個体の場合は，チャンバーを用いたり，透明のビニール袋でケージ全体を覆うなどの方法で導入を行う．どちらの方法も有効ではあるが，欠点は，麻酔に対する鳥の反応を麻酔医が物理的に感知できないこと，聴診ができないこと，また，用手保定できていないため，麻酔の興奮期に鳥が自らを傷付けてしまう可能性があるということである．

文献には，いくつかの導入方法が記載されており，事前に酸素化する方法や，麻酔効果が得られるまで徐々に濃度を高める方法などがある．これらの方法は，意識消失までに長い時間を要するため，鳥の興奮が激しくなり，エピネフリン誘発性の事故に繋がる可能性が高くなる．

最も一般的かつ著者が好んで用いる方法は，気化器を高濃度に設定(麻酔薬によって異なるが，イソフルランは4～5%，セボフルランは7～8%)し，酸素流量を高く(1～2 L/分)して，導入マスクを鳥の頭にかぶせ，意識が消失するまでの数秒間は鳥の身体をタオルでしっかりと保定する．その後，術前処置の間は気化器の設定をMAC以下に下げておく，というものである．適切に行えば，この方法で導入時間も鳥へのストレスも低減させることができる．

挿　管

鳥類の挿管は，比較的簡単であり容易に習得できる技術である．前述の方法によりマスクを用いて導入した後，以下の手順で挿管する．

1. マスクを外して，麻酔ガスを停止する．
2. 助手が嘴を開ける．
3. 舌を優しくつまんで，前方に引き出す．
4. 舌根部に声門が確認できる．鳥の呼吸に合わせて声門が開くため，気管チューブの先端を声門に入れ，そのまま気管内まで挿入する．

鳥類で気管チューブを固定する方法として，信頼性の高いものがいくつかあるが，その一つを記載する．

1. 片面が粘着性の5 mm幅のビニールテープを用意し，短い長さに切っておく．気管チューブと舌の間に，テープの粘着面を気管チューブ側に向けて

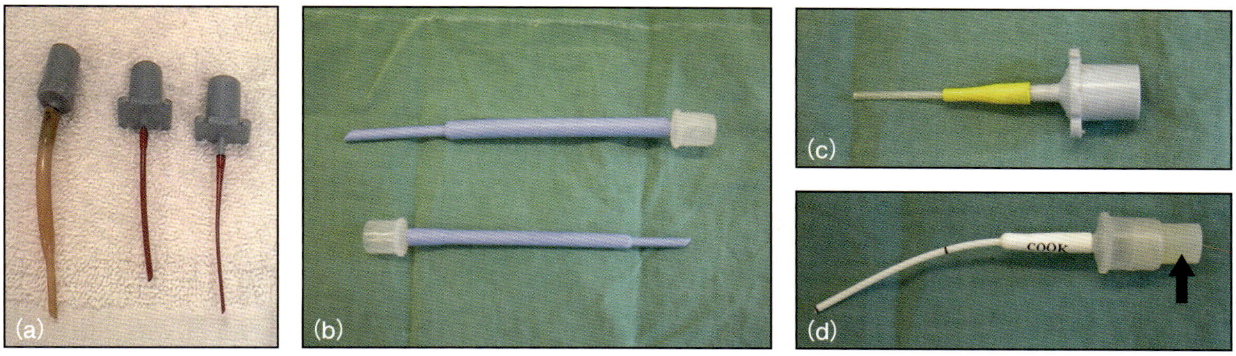

図8.2 (a)気管チューブの例．小型種には，コール形(左)や赤いゴム製カテーテルを用いて気管チューブを作成できる．(b) Stepped tube．段差があり，声門が閉じられるため，人工呼吸器の使用時に適している．カフは付いていないため，気道を最大化できる．(c)尿道カテーテルから作成したもので，小型種のオウム(オカメインコの小ささまで)に適している．(d)既成品では，僅か1.5 mm径の気管チューブが市販されている．ここに示したのは2 mm径で，大型のセキセイインコに適した大きさである．チューブの形を保持するスタイレットに注意(矢印)．

入れ，気管チューブと舌との距離が最も近い位置に，テープの長さの中央部を合わせる．

2. テープの両端を気管チューブに巻き付け，チューブの上側(ただし上嘴よりも下側)で交差させる．
3. 下嘴の外側にテープの両端を巻き付ける．

テープの粘着面を気管チューブと下嘴に巻き付けているため，チューブを固定でき，かつ容易に外すことができる．このように固定することで，チューブが外れるのを防ぐだけでなく，気管を損傷するリスクを低減することもできる(図15.4も参照)．

この段階でもう一つ重要なのは，鳥の眼の保護である．ほとんどの鳥では，眼が頭部よりも外側に出ているため，物理的な損傷を受けやすい．眼の損傷を防ぐため，手術台に近い方の眼を，柔らかい素材でドーナツ状に囲むようにする．眼科用潤滑剤が有用である．

気管チューブは，声門および気管とほぼ同じ太さのものを選択することで，気管に密着し，麻酔ガスが手術室内に漏れることなく，確実に鳥の体内に取り込まれる．ただし気管チューブが太すぎると，弱い気管組織を損傷するため，麻酔直後の気管狭窄に繋がる恐れがある．

もう一つ考慮しなくてはならないのは「死腔(デッドスペース)」，すなわち気管チューブ内，麻酔器からのホース内，および鳥の気管内のガス交換に関与しない領域である．死腔を最小限にするため，できるだけ短い気管チューブを使用することが非常に重要である．死腔が大きいほど，麻酔が困難となるからである．

10分間に満たない短時間の非侵襲的処置(レントゲン撮影，採血，身体検査など)の場合，通常は挿管不要である．このような場合は，マスクと鳥の頸部がしっかりと密着していることがより重要となる．挿管しなくても，ある程度のIPPVを行うことができるからである．処置に10分以上かかる場合や，侵襲性の場合は，挿管が必須である．

体重が100 g以上の鳥では，ほとんどの場合，市販の鳥用や小児用の気管チューブを用いて挿管ができる．困難ではあるが，僅か30 gの鳥でも挿管は可能である．このような小型種には，適切な太さの赤いゴム製カテーテルや血管内カテーテルを用いて気管チューブを作ることができる．また小型の鳥用に小さな気管チューブを製造しているメーカーもある(図8.2)．

挿管中に気管を損傷することのないよう十分に注意する．気管チューブは声門に密着していなくてはならないが，きつすぎてもいけない．カフ付きの場合は，カフを膨らませないか，あるいは十分に注意して膨らませる．鳥では輪状軟骨が気管を一周しており，柔軟性が限られているため，カフを膨らませすぎると気管粘膜を損傷する恐れがあるからである．挿管から数日経って，気管内腔の狭窄により鳥が呼吸困難を呈するまで，気管の損傷が明らかにならないこともある．

愛玩鳥で，吸入麻酔中の挿管に関連した最も一般的な問題は，気道閉塞である．気管チューブが細く，またガスが冷たく乾燥している場合は，粘液による完全あるいは部分的な閉塞の可能性が高くなる．これはアトロピンの前投与で防ぐことができない．気道が閉塞してくると，換気時の呼気相は延長する(Ludders and Matthews, 1996)．閉塞は，抜管してチューブ内を掃除することで解消できる．IPPVを行うと，持続的かつ強制的に鳥の体に空気を流入・流出させるため，気管チューブ閉塞の可能性は低下することが多い．

気嚢挿管

頭部，頸部，特に気管に対する外科的処置を行う場合，腹気嚢に挿管して麻酔を行うことが可能である．設置部位は，左側の腹腔鏡検査を行う部位と同じである(図9.10～13参照)．導入後，設置部位の準備が終わるまで，開放系のマスクにて麻酔を維持する．小さく皮膚切開し，皮下の筋層と気嚢壁を止血鉗子にて鈍性に貫通する．チューブを挿入し，縫合して設置する(図8.3)．

さまざまなチューブを使用できる．中型から大型のオウム類に使用可能なチューブが市販されているが，手作りのチューブを用いた成功例もある．セキセイインコやオカメインコに適したチューブは，犬や猫用の尿道カテーテルを短く切ったり，大口径の静脈カテーテルを用いたりして作成できる．大型種では，通常の気管チューブを滅菌して，適切な長さに切ったものを使用することもできる．チューブには側面にも穴を開けておく．

気嚢チューブが設置できたら，Ayre-T ピースを取り付けて麻酔ガスを流す．一般的には，ガス流量を気管挿管時の約3分の1程度まで低減する必要がある．気嚢チューブにつないだ人工呼吸器を用いて IPPV を行うことも可能である．通常は呼吸動作が無くなり，麻酔のモニタリングが難しくなる場合もあるため，心拍数と末梢血流のモニタリングが必須となる．必要であれば(気管の閉塞や炎症がある場合など)，治療が終了するまで気嚢挿管したままにすることもできる(奇妙なことに，気管が開通していない限り，オウムは気嚢チューブをそのままにしている)．気嚢挿管した鳥で再び麻酔導入する際には，通常のマスク導入を行う場合が多いが，鳥に麻酔がかかるまで気嚢チューブは閉じておく．

下部気道に重大な疾患がある場合や腹水貯留の場合には，本法は禁忌である．また，重度の臓器腫大や前胃拡張がある場合には注意して行う．

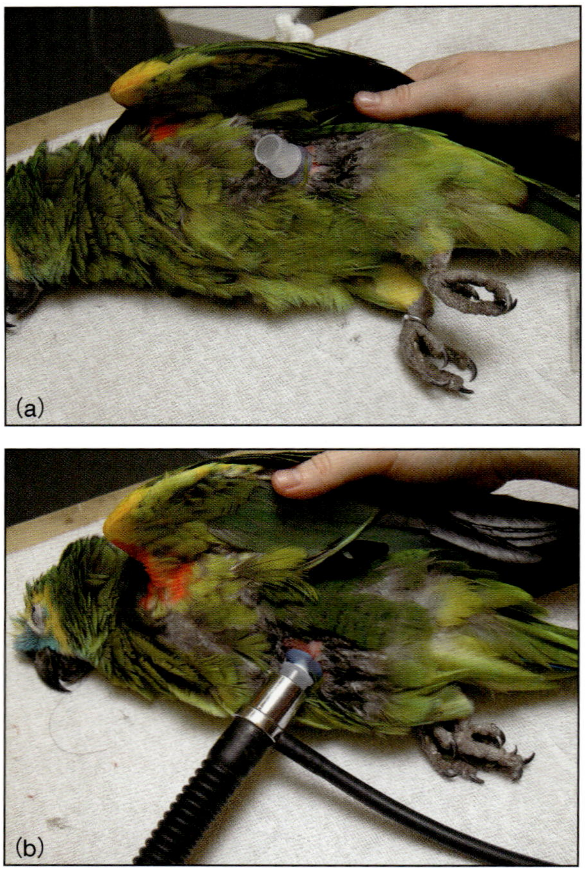

図8.3 (a)アオボウシインコの左側腹気嚢に挿管した気嚢チューブ．(b)T ピース回路を取り付けることで，麻酔が維持できるため，罹患鳥の鳴管におけるアスペルギルス腫の切除手術が容易となった．術後も留置できるように，気嚢チューブは縫合固定した(写真は John Chitty のご厚意による)．

注射麻酔

鳥類では，その生来の特性から，注射麻酔の使用には多くの問題が伴う．最も大きな問題は，安全かつ効果的な量を投与するのが難しいこと，種差が大きいこと，心肺抑制，覚醒時間の延長と覚醒時に暴れることである(Ludders and Matthews, 1996)．注射麻酔の利点はほとんどなく，主に費用と投与の簡便性に関連したもののみである．注射麻酔はその利点に対して問題が多すぎることから，特殊な状況(吸入麻酔を使用できない現場など)を除いて，著者は注射麻酔を使用すべきでないと強く主張する．注射麻酔の使用を決断した場合には，吸入麻酔のほとんどの利点は活用できないことを理解する必要がある．どんな注射麻酔薬を用いる場合でも，吸入による全身麻酔時と同様に，罹患鳥に挿管し，生理学的状態をモニタリングすることを勧める．

麻酔前投薬

鳥類の麻酔が，他の動物種と大きく異なる点の一つは，導入前と導入時の処置である．犬や猫では麻酔前投薬が一般的に用いられているが，鳥類ではほとんど使用されない．これは単に，ほとんどの鳥類の症例では必要がなく，罹患鳥のストレスを付加するにすぎないからである．鳥類の麻酔においては，注射麻酔薬と同様に，麻酔前投薬もその使用を正当化する理由がない．

副交感神経遮断薬

鳥類において，麻酔時に副交感神経遮断薬を用いるのは，ほとんどの状況で逆効果である．鳥類に副交感神経遮断薬(アトロピンとグリコピロレート)を投与すると，唾液や気管・気管支分泌液の粘性が亢進し，気道閉塞のリスクが高まる．用量は，アトロピンは筋肉内：0.02～0.08 mg/kg，静脈内：0.01～0.02 mg/kg，グリコピロレートは筋肉内：0.01～0.02 mg/kg，静脈内0.01～0.02 mg/kg である．

トランキライザー

ベンゾジアゼピン系のトランキライザー(ジアゼパム，ミダゾラムなど)は，良好な筋弛緩作用を有する．単独での投与，あるいはケタミンのような一次麻酔薬との併用でも鎮痛作用はない．ジアゼパムはマスク導入前の鎮静に用いることができ，導入時のストレスを低減するのに役立つ(Ludders and Matthews, 1996)．臨床獣医師の多くが，これらを有益な麻酔前投薬だと考えており，過剰なストレスによりコントロールが困難な症例に使用し，奏功している．この手法により，ノルエピネフリンおよびエピネフリンの血中濃度を低減でき，カテコールアミン誘導性不整脈の発生を減らすことができる．

ジアゼパムの重要な特性は，ミダゾラムとは対照的に，作用時間が短く，覚醒が早いことである．ミダゾラムはジアゼパムよりも効果が強く，特定の鳥種では，平均動脈血圧や血液ガスに悪影響を与えることはない．用量は，ジアゼパムは筋肉内：0.2～0.5 mg/kg，静脈内：0.05～0.15 mg/kg，ミダゾラムは筋肉内：0.1～0.5 mg/kg，静脈内：0.05～0.15 mg/kg である．

α受容体作動薬

キシラジン，メデトミジンなどのα_2受容体作動薬は，鎮静作用および鎮痛作用を有する．第2度心ブロック，徐脈性不整脈，カテコールアミン誘導性不整脈の感受性増加といった心肺への強い作用を持つ．キシラジンを高容量で単独投与した際に，呼吸抑制，興奮，痙攣が発現する鳥種がある(Ludders and Matthews, 1996)．ケタミンとの併用では，キシラジンの鎮静作用，鎮痛作用は増強される．この薬物群の唯一の利点は，過剰投与や覚醒遅延の際に，ヨヒンビンやアチパメゾールといったα受容体拮抗薬で対処できるということである．

全身麻酔薬

ケタミン

ケタミン塩酸塩は，シクロヘキサミンの一種で，非経口のあらゆる経路で投与可能であり，カタレプシー状態を生じる．簡単な外科処置や検査のための化学的保定には，ケタミンの単独投与が適しているが，大きな手術には不適切である(Ludders *et al.*, 1989b)．筋肉内投与で，3～5分程度で麻酔効果を示し，10～30分間持続する．覚醒には30分から5時間を要する．鳥種によって用量が異なるが，1 kg あたりの投与量は体重に反比例するのが一般的である．

ケタミンを高容量で投与しても，安定した麻酔効果は得られず，単に麻酔時間が延長し，安全域が狭くなるだけである．ケタミンは，ジアゼパムやキシラジンといった筋弛緩作用や鎮痛作用を高める他の薬剤と併用し，より良質な麻酔として用いるのが一般的である．

大型種では，ケタミンの静脈内投与も可能である．麻酔作用の発現は迅速で，持続時間は15分から数時間である．ジアゼパムとの併用で，導入や覚醒を円滑にし，筋弛緩作用を高めることもできる．その場合の一般的な用量は，ケタミン30～40 mg/kg，ジアゼパム1.0～1.5 mg/kg である．筋肉内投与の場合と同様に，鳥種によって麻酔に必要な用量は大きく異なる．重要なのは，ゆっくりと，数分間かけて少量ずつ投与することである．過剰な用量を急速に投与すると，無呼吸や，時には心停止を引き起こすこともある．

ケタミンはキシラジンと併用されることもある．100 mg/mL の濃度のケタミンを，20 mg/mL の濃度のキシラジンと等量混合する．この混合液を筋肉内投与することで，検査や簡単な外科処置に適した麻酔効果が得られる．投与量はケタミンの用量に基づいて決定し，静脈内投与も可能である．

麻酔を延長するため，ケタミンを追加投与することもできる．持続時間と覚醒時間は用量依存性であるが，高用量でも十分な鎮痛作用は得られない．

プロポフォール

プロポフォールは置換フェノール誘導体であり，静脈内投与による全身麻酔の導入，維持のために開発された．大きな利点は，効果の発現と覚醒の速さであり，そのため残存効果や累積効果がほとんどない．主な欠点は，用量依存性の循環器抑制と呼吸抑制(Machin and Caulkert, 1996)の他，麻酔時間が非常に短いことである．用量は，効果発現まで10 mg/kg をゆっくりと静脈内投与し，追加投与は1回あたり最大で3 mg/kg である．

鎮　痛

オウムのような被捕食種は，痛みに対する明らかな徴候を示さないため，疼痛の有無を見極めるのは困難である．オウムにおける疼痛評価の研究は，疼痛刺激を受ける前から，反復する疼痛刺激を認識し反応するという彼らの能力によって妨げられてきた．同様に，過剰な発声も疼痛の徴候というよりは正常なものである．

したがって，獣医師は以下の点を確認すると良い．

- 病変はヒトにとって痛そうか
- 病変は組織を損傷しているか
- 罹患鳥は疼痛を示唆するような行動を示しているか，例えば，気性の変化(攻撃的あるいは消極的)，落ち着きのなさ，羽づくろいの低下，止まり木に止まらない，倦怠，食欲低下，便秘，呼吸困難，跛行，術創や創傷を噛む，緊張性不動など．

もしこれらに該当する点があれば，罹患鳥は疼痛を感じていると見なし，鎮痛薬を投与する．これについては，Hawkins と Machin(2004)による素晴らしい概説がある．

α受容体作動薬(前述)やケタミン(後述)のような注射麻酔薬には鎮痛作用がある．オウムの鎮痛においては，オピオイド，局所麻酔薬，非ステロイド系抗炎症薬が使用されることが多い．

オピオイド

オピオイドは，小型哺乳類の術前に，先制鎮痛および術中の安定に必要な麻酔量を減らすことを目的として使用されることが多い．ハトでは，κ受容体がオピオイド受容体の大部分を占めるため，鎮痛薬としては，μ受容体作動薬よりも，κ受容体作動薬であるブトルファノールの方が良い(Mansour *et al*., 1988)．またバタン類において，麻酔維持に必要なイソフルラン濃度が，ブトルファノールにより低減することが確認されている(Curro *et al*., 1994)．ブトルファノールの用量は，筋肉内：1.0 mg/kg，静脈内：0.02～0.04 mg/kg である．

局所麻酔薬

鳥類の先制鎮痛として，局所麻酔薬が良好な結果をもたらすことが確認されている．しかしながら局所麻酔では，意識のある罹患鳥の保定やハンドリングに伴うストレスを解消することはできない．

ヒトや動物では，疼痛を予防する方が，疼痛を解消するよりも容易であることが知られており，脊髄後角ニューロンに対する反復刺激により，ニューロンの過剰感作を引き起こすことが確認されている．これらのニューロンは実際に形態が変化して，「ワインドアップ」が生じ，その結果として，連続する外部からの刺激に対する反応が変化する．ニューロンの過剰感作は，侵害刺激が無くなっても継続し，当初の刺激よりも20倍から100倍長く持続する(Woolf and Chong, 1993)．侵害刺激の伝達を阻止するための局所麻酔薬の術前投与は，「ワインドアップ」を予防または軽減することができ，切断術や骨折整復，体腔内の手術といった疼痛を伴う処置の際に特に有効である．ただし，過剰投与により発作や心停止を誘発することがないよう注意する．必要であれば，投与しやすくするために希釈して容量を増やしても良い．

要約すると，全身麻酔の際には「ワインドアップ」を防ぐため，局所麻酔薬を術前に投与する．一般的には，ハンドリングや保定が強いストレスとなるため，意識のある鳥の局所麻酔を目的として使用すべきではない．ただし，鳥のストレスが少なく，処置が簡単(爪の折損など)であるといったまれな状況においてはその限りではない．リドカインの用量は1.0～4.0 mg/kgで，少なくとも10倍希釈し，投与経路は筋肉内または皮下のみとする．

非ステロイド系抗炎症薬

非ステロイド系抗炎症薬(NSAIDs)は，シクロオキシゲナーゼを阻害し，プロスタグランジン産生を抑制する．プロスタグランジンは，シクロオキシゲナーゼの2つのアイソフォームであるシクロオキシゲナーゼ1(COX-1)とシクロオキシゲナーゼ2(COX-2)のどちらかを介して産生される．COX-1により産生されたプロスタグランジンは，正常な生理学的状況において常に存在している．これに対し，COX-2により産生されたプロスタグランジンの活性は間欠的である．NSAIDsはCOX-1とCOX-2の両方を阻害するものの，薬剤として好ましいのはCOX-2阻害作用の強いものである．NSAIDsの術前投与は，手術による組織の過敏性を抑え，また術後のオピオイドの投与期間を短縮することができる．鳥における用量は，経験的に確立されたものが多い(**表8.1**)．

罹患鳥のモニタリング

モニタリングは，鳥の麻酔時に最も重要なものである．鳥を維持し，適切にモニタリングする一方で，鳥の生理学的状態に対して適切かつ迅速に対処しなくて

表8.1　NSAIDsの用量

薬剤	用量
アセチルサリチル酸	5.0 mg/kg，経口，8時間ごと，または飲水250 mL中に325 mg
カルプロフェン	2.0～4.0 mg/kg，経口，12～8時間ごと
フルニキシンメグルミン	1.0 mg/kg，筋肉内，24時間ごと
イブプロフェン	5～10 mg/kg，経口，12～8時間ごと
ケトプロフェン	2.0 mg/kg，筋肉内または皮下，24～8時間ごと
メロキシカム	0.1 mg/kg，経口，24時間ごと
フェニルブタゾン	3.5～7.0 mg/kg，経口，8時間ごと
ピロキシカム	0.5 mg/kg，経口，12時間ごと

はならない．

麻酔中の問題として最も多いのが無呼吸と低換気である．鳥は機能的残気量が少ないため，無呼吸の時間は危機的である．肺への十分な空気の流入がなくなり，ガス交換が行われないため，呼吸器系による生理学的な酸塩基平衡の維持ができなくなる．

呼吸器系

麻酔中に適正な換気が行われているかを評価するため，呼吸数と1回換気量の両方をモニタリングすることが必要である．これらは，呼吸数と呼吸様式の観察，および体腔の聴診により把握できる．呼吸数と1回換気量を用いて罹患鳥の正確な換気状態を算出するような計算式はない．鳥の換気を正確に評価する唯一の方法は，動脈血二酸化炭素の測定である．

ヨウムを用いたある研究では，動脈血 CO_2 のモニタリングにカプノグラフィの使用が有効であり，呼気終末(end-tidal：ET) CO_2 は動脈血 CO_2 を常に5 mmHgほど高く見積もっていることが示唆された(Edling *et al.*, 2001)．鳥でカプノグラフィを使用する場合は，サイドストリーム方式のものとし，気管チューブによる死腔は最小限に留める．気管チューブのアダプタ内腔に挿入した18 G注射針を通して，呼吸回路にセンサを接続する(図8.4)

鳥の吸入麻酔の維持における陽圧換気は，人工呼吸器あるいは手動のどちらの方法も可能である．陽圧換気時の気嚢の容量損傷(過伸展による損傷)を防ぐために，気道内圧は15～20 cm H_2O を超えないようにする．IPPVを行う際には，罹患鳥を生理学的な正常範囲内で維持するために，1分あたりの回数か容量あるいはその両方で設定をし，$ETCO_2$ に応じて機械的あるいは手動のどちらかで換気を行う．ヨウムの吸入麻酔では，$ETCO_2$ が30～45 mmHgであれば，換気が適切であることを示すという指針がある(Edling *et al.*, 2001)．

循環器系

鳥類の循環器系のモニタリングには，聴診，心拍数，心電図(electrocardiogram：ECG)など，いくつかの非侵襲的な方法がある．また，血流計による末梢動脈のモニタリングでも心機能を評価することが可能である．8 MHzのドップラー血流プローブが拍動の回数とリズムをモニタリングするのに有効である．「拍動」の強さは波形の大きさと直接的に関連するため，この方法は抹消循環の評価に優れている．ECGは心臓の電気的活動を検知するものであり，そのモニタリングと記録には，標準的な双極肢誘導が用いられる．鳥類では心拍数が多くなるため(最大で1分間に500回)，それを検知し，正確に記録できる心電計を用いる．

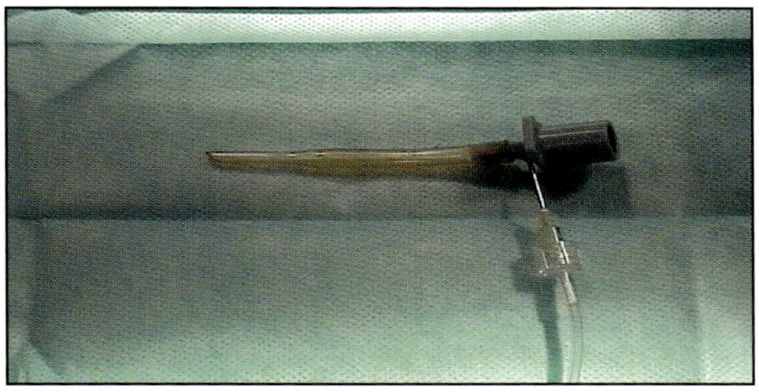

図8.4　死腔を減らすために短く切ったコール形気管チューブ．サイドストリーム方式のカプノグラフィを取り付けるため，気管チューブのアダプタを加工している．アダプタ内腔に18 G注射針を刺し，注射針先端の斜めに切った面を罹患鳥の方に向けている．

ECGを測定する新しい方法として食道プローブがある．プローブを食道に挿入し，アダプタを介して標準的なECGリード線を接続するというもので，肢誘導を用いることなく正確に測定することができる．オウムインコ類では，動脈血圧を直接的に測定するのは困難である．それは，身体が小さい，侵襲性がある，機器が高価という理由による．動脈血圧の測定は，走鳥類のような比較的大型の鳥類を対象として，実験用設備で行われる程度である．ECGの手法と解釈については20章に記載する．

中枢神経系

鳥の中枢神経系の評価は，顎緊張，総排泄腔反射，眼反射，足の反射，筋弛緩の直接的な観察により行う．ある研究では，理想的な麻酔深度は，眼瞼が完全に閉じて散瞳し，瞳孔対光反射は遅延し，角膜全体の上を瞬膜がゆっくりと動き，またすべての筋肉が弛緩し，疼痛反射が消失している状態としている(Korbel *et al.*, 1993)．経験豊富な獣医師にとっては，これらは麻酔深度の信頼できる指標となるものの，これらの中枢神経系の反射が残っている状態と，完全に消失している状態とでは微妙な違いしか見られず，後者は生命の危機的な状況である．

酸素化

適正な PaO_2 を確保することは，麻酔の予後を良好なものとするために非常に重要である．吸入麻酔中に，挿管して100%酸素を流した個体は良好に酸素化されているのが普通であるが，十分に酸素化した鳥であっても，無呼吸，換気血流比不均等，気管閉塞といった問題が生じた場合は動脈の酸素分圧が著しく変化する．粘膜色から変化を確認することも可能であるが，重症例では有効ではない．動脈血の酸素化の正確な指標となる唯一の方法は，動脈血ガスの測定である．パルスオキシメーターを用いた研究では，哺乳類の酸素飽和度を評価するには有効であるが，鳥類では常に正確な指標となるわけではないことが示唆された．ただし，経時変化のモニタリングには有効であった（Schmitt *et al.*, 1998）．パルスオキシメーターを使用している場合であっても，十分に酸素化されているから，換気も適切にできているとは解釈しないよう注意する．鳥類でも，他の動物種でも，PaO_2は換気状態の指標として信頼できるものではない．鳥では十分に酸素化されていても，同時に高炭酸ガス血症になることがある（Edling *et al.*, 2001）．

温　度

長時間の麻酔に伴う問題として最も多いのは低体温であるが，それにより麻酔の必要量は減少し，心臓が不安定な状態となり，覚醒時間が延長する．適切な体温の維持は，麻酔を成功させるのに最も重要な要素の一つである．罹患鳥の急激な体温喪失に繋がるさまざまな要因の中には，乾燥した麻酔ガスを呼吸器系に流すこと，術前の皮膚の消毒とその際に羽を除去すること，生理学的反応の鈍化，表面積に対して体重が少ないことなどが含まれる．低体温の鳥は，熱産生のため震える際に貯蔵エネルギーを消費してしまうため，術後にも大きく影響する．

麻酔中の体温維持にはさまざまな方法があり，循環式の温水マット，加温エアマット，保温手術台，保温のためのタオル，加温した補液などがある．加温エアマットを用いる場合は，罹患鳥の眼が乾燥しやすいため，よく潤滑させておく．加温エアマットは非常に効果的ではあるものの，特に小型の症例では，手術中に邪魔になることが多い．罹患鳥の深部体温を正常範囲内に確実に維持できるように，複数の方法を組み合わせて使用している獣医師が多い．

麻酔中に熱供給するための最も効果的な方法は，輻射熱源である（Phalen *et al.*, 1997）．この単純かつ安価な方法は，罹患鳥の身体に向けて輻射熱ランプを当てるというものである．この方法は手術の邪魔になることはないが，手術室にかなりの熱が加わるため，時には術者や助手が不快に感じることもある．覚えておかなくてはならないのは，これらの方法は非常に有効であるため，逆に致死的な高体温を引き起こす可能性もあるということである．体温のモニタリングは，長く軟らかいサーミスタプローブを食道から心臓の深さまで挿入して正確に行うことができる．総排泄腔での正確な体温のモニタリングも可能ではあるものの，罹患鳥のポジショニングや総排泄腔の活動性の時間的変化に依存する．

覚　醒

鳥類の場合，麻酔ガスを止めれば速やかに覚醒することが多い．鳥を麻酔回路から外し，酸素でフラッシュしてから，再度鳥を回路につなげて，100％酸素を流しながら覚醒させる．覚醒につれて筋肉の痙攣が起こる個体が多く，この時に聴診すると，筋肉の動きのために心音が聴取し難くなっている（Edling, 2001）．これを深麻酔と誤って解釈してはならない．これは術中には特に重要である．鳥が覚醒してくると，羽ばたきや脚の引き込みといった，より明らかな動きが見られるようになる．鳥が顎を動かし始めたら抜管し（気管チューブが噛み切られないように），タオルで軽く包んで立位に保持する．酸素を供給するため，導入に用いたマスクを，ラテックス手袋を外して使用する（タオルできつく包みすぎると，呼吸を阻害するだけでなく，体温が過剰に保持されて高体温も引き起こす）．鳥が自分で姿勢を維持できるようになるまで，そのまま保定する．この時点で，底を柔らかくした暗い箱に鳥を入れて，加温し酸素化したケージの中にその箱を入れる．こうすることで，鳥はよりストレスの少ない環境で，完全に覚醒することができる．ほとんどの症例が15～30分以内に吸入麻酔から完全に覚醒する．

麻酔時の緊急事態

麻酔による緊急事態はもはや，以前ほど一般的なことではなくなった．オウムインコ類は2時間以上の間，吸入麻酔下で良好に維持でき，疾患や死亡に繋がることも少ない．これは主に，モニタリングと生理学的指標の正常範囲内に罹患鳥を維持するという獣医師の能力によるものである．

緊急事態は一般的ではないものの，必要となる薬剤をあらかじめシリンジに吸引し，すぐに使用できるよう準備をしておく．緊急時に時間は重要な意味を持つため，大きなストレスの中で，薬剤を探して，用量を計算しようとすることは，幸せな結末と悲劇的な結末とを分けることとなる．長時間の手術，緊急手術，大量の失血の可能性がある手術，術中に循環器系の問題を生じた履歴のある鳥では，麻酔導入をしてから手術を開始する前に，血管内（尺側皮静脈，頸静脈，内中足骨静脈）あるいは骨内（尺骨，脛足根骨）にカテーテルを留置した方が良い．これにより，緊急時に鳥の循環器系を介した速やかな処置が可能となり，貴重な時間を節約することができる．また，持続的な補液も可能となるため，手術中に非常に有用である．表8.2に緊急時の一般的な対処法を記す．

表8.2 麻酔時の緊急事態：臨床的アプローチ

A. Airway（気道）	まだ挿管していなければ挿管する． 気道閉塞が疑われる場合は，気嚢挿管を行う．
B. Breathing（呼吸）	人工呼吸器につなぐ． ない場合は，回路内の再呼吸バッグを優しく圧迫して IPPV を行うか，あるいは竜骨が上下に動くように鳥の身体を優しく圧迫する． ドキサプラム 5 〜 10 mg/kg，静脈内
C. Circulation（循環）	静脈内あるいは骨内にカテーテルを設置する（6 章）． ハルトマン氏液のボーラス投与（10 mL/kg）の後，10 mL/kg/時で補液を行う． 鳥では胸骨圧迫による心臓マッサージは不可能
D. Drugs（薬剤）	心停止：エピネフリン 0.1 mg/kg，静脈内，骨内，心臓内または気管チューブ内，使用前にハルトマン氏液で 10 倍希釈 上室性徐脈による徐脈：アトロピン 0.01 〜 0.02 mg/kg，静脈内 その他，ECG 所見に基づく抗不整脈薬

9

画像診断

Nigel H. Harcourt-Brown

放射線学

放射線学は，臨床獣医科学のすべての分野において使用されている．犬や猫に使用されるほとんどの放射線技術は鳥類に応用可能である．全身のX線写真は，ほとんどの病気の鳥に対しルーチン検査として使用されている．

どのような小動物のX線撮影装置を使用しても，良質な鳥のX線写真を撮影することは可能である．X線撮影で，60 kV以上の電圧で撮影することは非常にまれであるが，大電流を使用することで被曝時間の短縮は可能となる，完全で良質なX線画像は20 mAの電流と0.2秒以下の露出時間で撮影可能である．露出時間が0.2秒以上の場合，X線画像にブレを生じてしまう．このため，増感紙が必要となる．ヒトの手足で使用される高解像度の増感紙は，猫や小型犬と同様に鳥類の撮影に大変有用である．高解像度の増感紙は高感度の増感紙より高電流が必要となるが，増感紙を用いないよりは電流を大幅に減らすことができる．高感度増感紙を使用した鳥類のX線撮影では，有用な情報の損失が非常に大きくなる．

フィルムと処理化学薬製品の選択は，使用するカセッテ内の増感紙のタイプによって決定される．マンモグラフィー・フィルムは適切な増感紙とともに使用することにより，詳細な部分を非常によく描出してくれる．しかし画像はフィルムの処理温度に左右され，増感紙は傷や埃によって簡単に画像上のシミの原因となる．マンモグラフィー・フィルムによって得られる詳細な画像の，心血管系や他の軟部組織の動きによるブレを防止するために露出時間を短縮するには，使用する機械に大電量が要求される．

罹患鳥のポジショニング

X線写真からどのような情報を得たいのかを考えることは重要である．筋胃内に金属があるかどうかを，ただのスクリーニングとして知りたい鳥と片足を痛めた鳥とでは異なる技術が要求される．正確な診断をするためには，通常2方向からの正しいポジションでの画像が重要であり，2方向目の画像は最初の画像と90度の角度で撮影する．英国では法律を順守しなければならないため，撮影に携わる者はX線照射中に罹患鳥から離れなければならない．そのため理想的なポジショニングで撮影するためには，何かしらのポジショニング用の機材が必要となる．さまざまなポジショニング用の装置を使用することで，覚醒状態のオウムを制御することができる．それらを適切に使用することで，全身のX線撮影が可能となる．ほとんどのオウムは全身麻酔の使用により最も上手く抑制され，砂袋とひもを用いることで理想的なポジショニングが可能となる．

鳥の全身のラテラル画像（図9.1）およびVD画像（図9.2）は一般状態を知るうえで非常に有用であり，しばしば臨床検査後の次の診断のステップとなる．2方向撮影が有用であるのと同様に，それぞれの画像を異なる二つの電圧（5 kVの差）で撮影することも有用と思われる．これによって正確な診断のための，最適な画像の組み合わせを提供してくれる．ひも，砂袋や酸化亜鉛テープはポジショニングに大変有用である．翼のラテラル画像の撮影では，翼が体側上面に覆いかぶさらないように，翼は背側に広げるべきである．飛ばなくなった鳥では，しばしば肩関節を完全に伸展することができない．そのため，翼をあまり強く背側へ引っ張りすぎると，上腕骨が骨折するかもしれない．両脚は尾側方向へ牽引して，保持するべきである．

X線写真の読影

呼吸器系

気管は頸の横にあって，体腔に向かって走行していて，鳴管で終わる．鳴管は一次気管支へと続いているが，通常確認できない．正常な鳥の肺は，ラテラル，VDどちらの画像においても確認することができる．ラテラル画像における正常な鳥の肺は，傍気管支がエンド-オンであるため，スポンジのように見える（図9.3）．

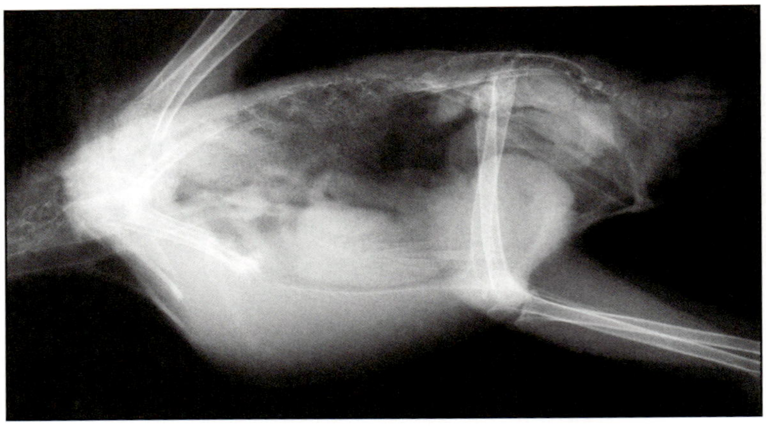

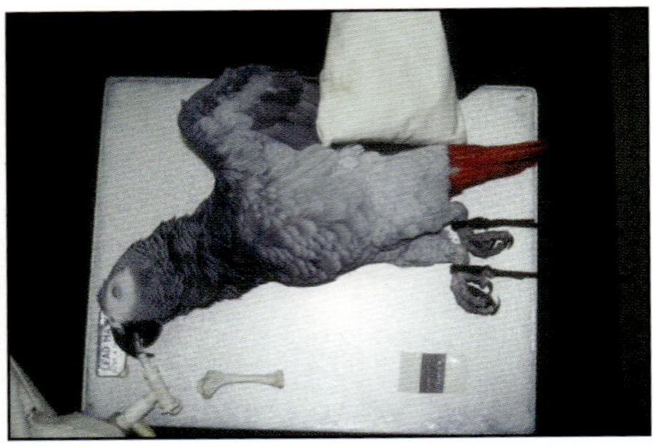

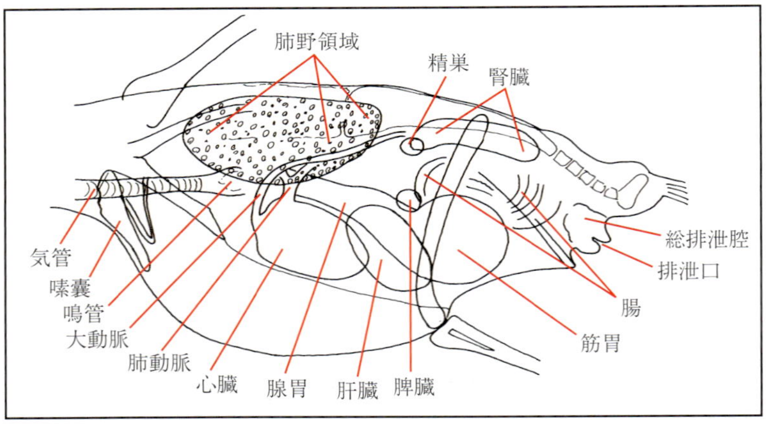

図9.1 雄と思われる正常なヨウムのラテラルX線画像．この鳥は筋胃内にグリットがない．12時間の絶食によって嗉嚢は空になっている．図2.4を見ることで各骨の部位を識別できる．

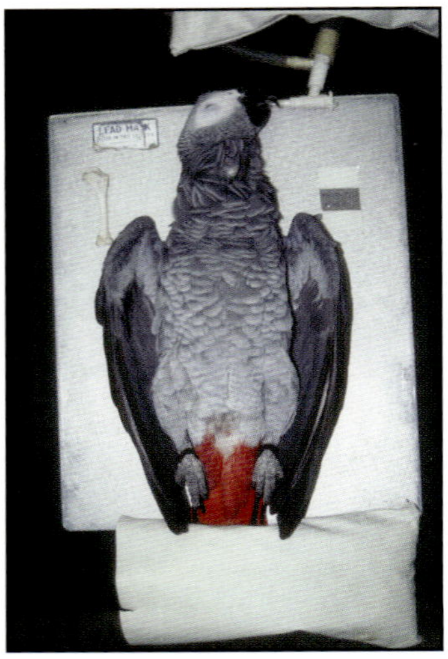

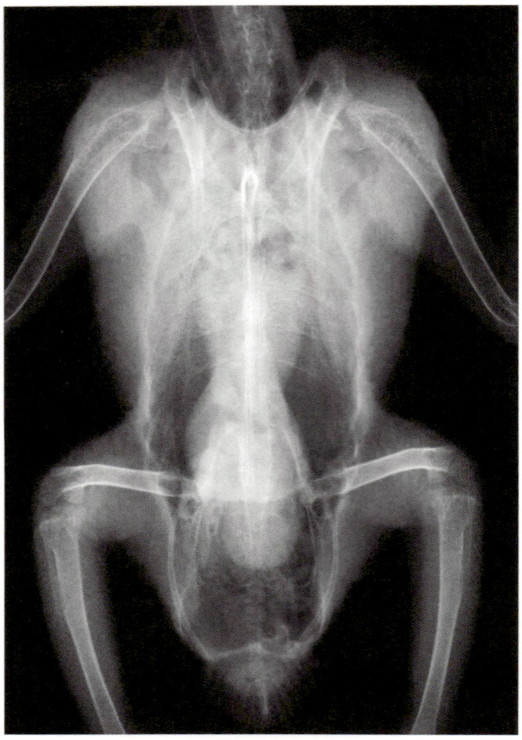

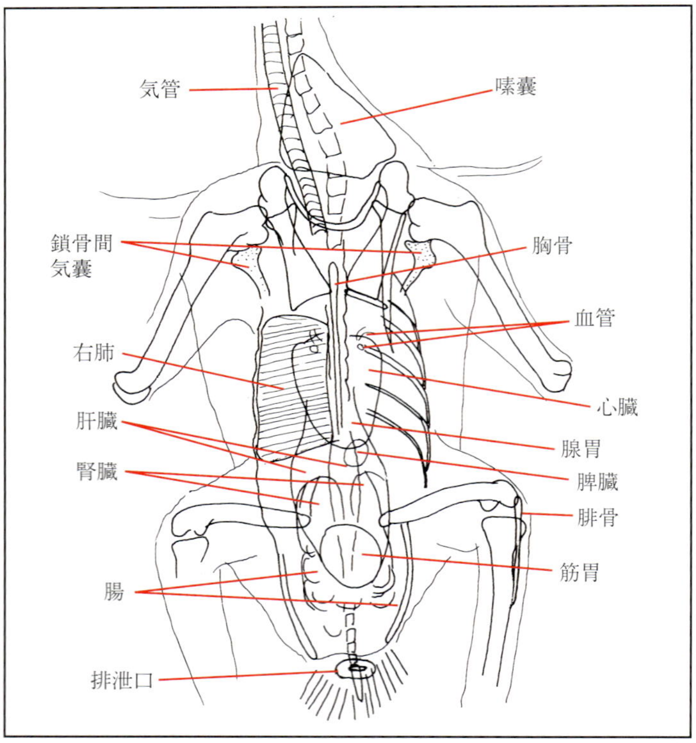

図9.2 雄と思われる正常なヨウムのVD画像．胸骨の線が脊椎に重なっているため，このヨウムは正しくポジショニングされている．図2.4と比較すれば各骨の部位を識別できる．この画像では傍気管支は親指の指紋のような連続した平行な線として認められる．図9.3との比較で，ラテラル画像ではスポンジのように見えることがわかる．

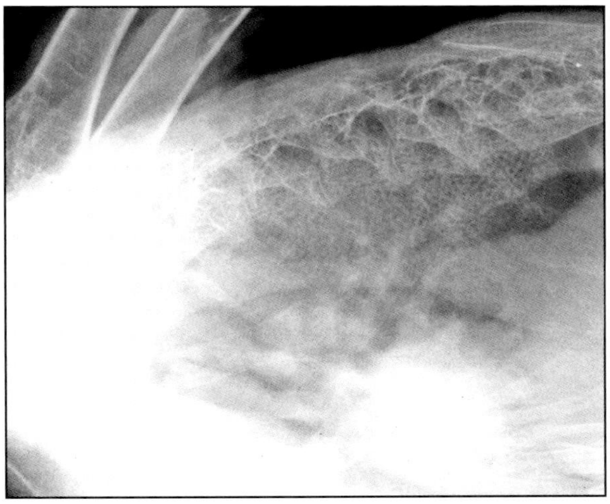

図9.3 正常な肺のラテラル画像．肺野内の傍気管支は真正面から観察すると，黒い点として観察される．5 kV 以上電圧を上げれば鳴管および気管はさらに明瞭となるが，詳細は損なわれる．

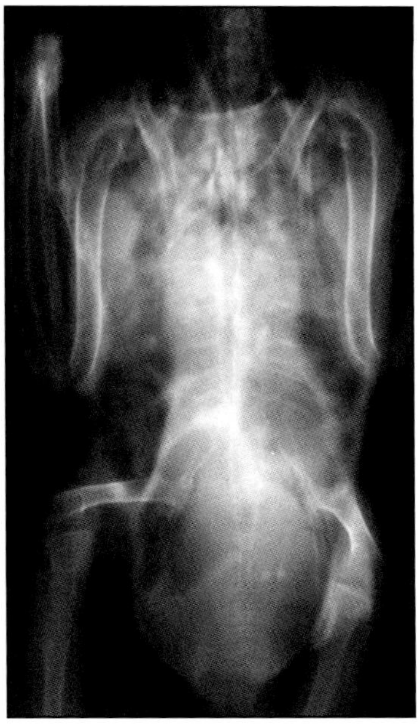

図9.4 呼吸困難と体重減症を呈したミミグロボウシインコ．傍気管支(指紋様)の詳細がなくなり，肺野に「ふわふわとした」不明瞭物体が認められる．気嚢壁が肥厚しているためすべての気嚢が明瞭に確認できる．気嚢内部は *Aspergillus fungus* で満たされていた．鎖骨間気嚢は過伸展し体の頭側部を横切り，それぞれの上腕骨内に入り込んでいることが明らかである．

ラテラル画像では，左右の肺は互いに重なって見えている．VD 画像では，肺に傍気管支が走行するため，左右の肺には指紋のような模様が認められる(図9.2)．気嚢は心臓や腹腔臓器周辺に認められ，空気で満たされている．鎖骨間気嚢はちょうど肩関節の下に認めることができ，中に空気が満たされているため，厚い周囲の筋肉と重なって黒っぽく見える．

肺炎と気嚢炎は両方の画像で確認することができる．肺炎に伴い，細かい肺の詳細は失われ，臓器が不鮮明になる．肺の膿瘍は増高したデンシティーの領域として確認でき，デンシティーは固形の液体で無い塊か，ハローのどちらかとして確認することができる．

気嚢炎の症例では，普通空気で満たされている気嚢が，膿や液体で満たされているのであれば，X 線不透過性となり，気嚢壁は分厚くなる．そして典型的なアスペルギルス症では小胞が現れる(図9.4)．腹部の腫脹を伴う呼吸困難の鳥では，気嚢内あるいは腹腔内に大量の液体が存在するのかもしれない．腹部の腫脹の一般的な原因は，うっ血性心不全，腫瘍，あるいは漿膜炎である．このような液体は，手術前には穿刺して抜去しておく必要がある．超音波画像診断装置は，液体を排泄する前に液体の存在を評価できるため，このような症例では大変有用である．

心臓血管系

心臓はラテラル，VD のどちらの画像でも確認できる(大動脈は，VD 画像上の心臓の上側面に，一対の点のように確認することできる)．ラテラル画像では，これらの血管がよりはっきりと認識することができる．血管は，心拡張，大動脈の石灰化や肺内に浮腫が存在するような場合は，X 線画像で確認することができる．うっ血性心不全による漏出液 / 浮腫と，内臓腫瘍，化膿性気嚢炎，漿膜炎や時には肝腫大による浸出液とを X 線検査で鑑別することは不可能である．この鑑別には，超音波画像診断装置が大変有用である．

体腔臓器

肝臓は VD 画像において最もよく観察できる．鳥が最近餌を摂取し腺胃(前胃)と筋胃が満たされているなら，あるいは病的な拡張が腺胃に存在するなら，肝臓は腹腔気嚢の領域を圧排するほど横に広がる．これは，病的な肝腫大とは異なる．腺胃はまた，VD 画像において肝臓の左側と重なるため，場合によっては肝臓が拡張しているか否かを知ることが困難になる．

腺胃はラテラル画像で最も鮮明に見ることができる(図9.5)．腺胃は正常でも食物によって拡張するが，何らかの症状を伴うような場合は病的な腫大や拡張で

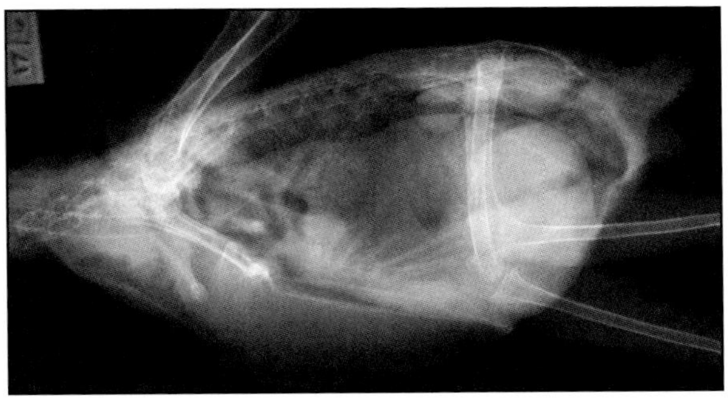

図9.5 PDD のヨウム．腺胃および筋胃が過剰に伸展している．いくつかの症例ではバリウムで最もよく描出させることができる．

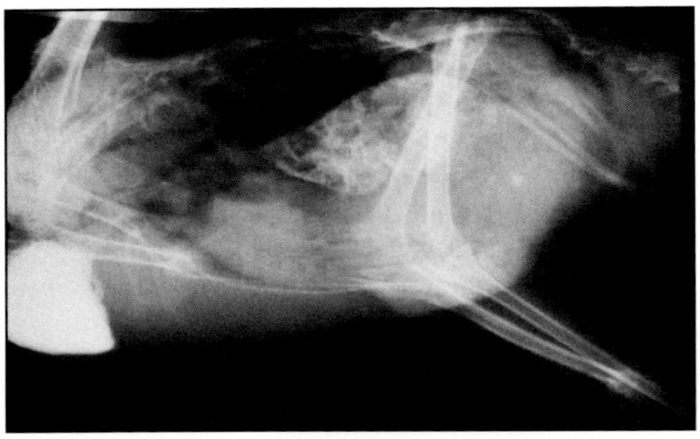

図9.6 写真の鳥は削痩し，食物の吐出が認められた．体腔内の異常な液体貯留が，プレーンのＸ線写真で確認できる．嗉嚢を通し，食道をへて胸郭入り口に栄養チューブを誘導し，腺胃の入り口部分に直接液状の硫酸バリウム(2 mL)を投与した．これによって，拡張した腺胃内のほとんど見えないヒマワリの種の輪郭が描出された．

あると思われる．

バリウムはこれらの異常を鑑別するうえで，非常に役立つ(図9.6)．何故なら腺胃が病的拡張を起こしたほとんどの場合では，消化管内の食物通過の遅延あるいは停滞が起こるからである．飲食物の通過時間の延長は，鳥が何らかの病気の状態にあることがわかるだけであり，特定の疾患が診断できるわけではない．

筋胃はラテラル，VD 両方の画像で確認することができる．オウムがグリットを食べているのであれば，食物を擦り潰す器官である筋胃内に簡単に見つけることができる(グリットを持たない鳥の筋胃は確認しづらい)．グリットは筋胃の大体の位置を示すため，腹腔臓器がどのような状況にあるのかを知る上で非常に有用である．例えば肝腫大の症例では，筋胃は尾側へと変位する．また腎臓あるいは卵管が腫大すれば，筋胃は頭側へ変位する．正常な鳥が麻酔下にある場合，グリットは腺胃へ逆流する．鉛は時に摂取されることがあり，このような症例では筋胃内に鉛を確認することができる．鉛を摂取した鳥は必ず鉛中毒となるため，治療が必要となる．鉛はグリットより，不透過性が亢進する．亜鉛メッキ製のワイアが，筋胃に残留すれば亜鉛中毒を引き起こす．しかし他の金属製のものは，中毒を起こすものと起こさないものがある(20章参照)．

消化管は大きな塊として確認でき，詳細はほとんど確認できない．消化管内にはガスが認められる場合と，認められない場合がある．総排泄腔はラテラル画像で最も明瞭に描出され，一部の個体では尿酸が確認できる．

脾臓は，たいていラテラル画像においてのみ観察できる．VD 画像でも確認することはできるが，腎臓に肝臓の腫瘤が重なると，紛らわしくなる．そのような場合，ＶＤ画像を僅かに傾けた斜位画像が有用な場合がある．オウムに脾腫が認められた場合には，オウム病を疑うべきである．しかし，慢性細菌感染，結核やリンパ腫でも類似の脾腫(肝臓や腎臓と同様に)が起こると考えられている．

腎臓はラテラル画像において確認できるが，左右の腎臓が互いに重なり合って見える．左右の腎臓は VD 画像で，それぞれを区別して観察できるが，消化管が腹側に重なるため，確認しづらい．腎臓には，時にＸ線不透過性の尿酸も含むことがある．時折，雌雄どちらの性腺も，ラテラル画像上の腎臓の腹頭側に確認することができる．

翼および肢

頭部，頸部，胸部，骨盤，翼，足は，個々に評価するべきである．翼や肢の全体像は，1枚の写真に対して評価することができるが，もし感染した部位がＸ線照射野内に認められ，適切な条件で照射されれば，必要とする詳細はより明らかとなる．同じ鳥の翼や肢でも，撮影する領域が異なれば，露出が異なる．ポジショニングは重要である．高精細スクリーンを使用することで，Ｘ線画像から翼や肢の軟部組織の多くの有益で詳細な情報が得られる．

骨の成長

鳥の骨の成長は哺乳類の成長板に類似した部位で起こるが，成長過程の鳥では骨端の軟骨部分で起こる．成長板は確認することができない．しかし，脛足根骨と足根中足骨にはそれらの骨が存在するため存在するかのように，成長板を認めることができる．同様に手根中手骨でも成長板を認めることができる(図11.10，11.11参照)．

骨髄骨(髄様骨)

雌鳥の長骨の髄腔は，繁殖期に特殊な骨によって満たされる(2章と図18.3参照)．

骨病理学

鳥類の骨髄炎の外観は，鳥類の膿の性質がチーズ様であるため，哺乳類の骨髄炎とは異なっている．髄腔内の膿瘍は，徐々に増大していく．骨は膿瘍周囲で融解を起こす．そして，泡状の外観を呈するか，もしくは骨自体の消失が認められるかもしれない(図11.6および11.16参照)．

敗血症性の関節炎の関節液内の膿は，より液状であるため，膿の性質が異なる．関節表面は腐食され，関節腔は拡大する．病巣の境界は不明瞭となり，輪郭は粗造な感じになる(図11.17参照)．

骨腫瘍はまれに発生し，しばしば骨融解，軟部組織デンシティーの増加や骨膜炎を起こす．これらの病変が関節をまたぐことはない(図11.5).

骨関節炎は関節周囲に，哺乳類と同様の変化を起こす．関節炎が単独で起こった場合，外傷に深い関連を持って起こっている．加齢性の骨関節炎は両側性に関節が侵され，一般的に膝に発生する．

成長過程の若鳥における栄養性骨関節炎の初期の徴候は，骨変形である．骨は湾曲する傾向にあって，骨稜は本来とは異なる部位に形成される．また，骨は湾曲した部位で皮質が重なり，骨膜は変形する．

進行した症例では骨密度が減少し，若木骨折が認められる．成鳥の進行した骨粗鬆症では，骨密度は減少し，長骨皮質は著しく不規則になり，多発性骨折が起こる．初期，あるいは軽度の骨粗鬆症の確定診断は困難である．ヒトでは骨粗鬆症と診断するためには，X線検査で認められる以前に，骨密度は少なくとも30%減少しなければならない．おそらく鳥においても同様のことがいえる．X線技術やその過程の両方に対し絶対的に信頼度が高いことが，骨粗鬆症の診断には要求される．標準的な基準として，カセットごとに正常な骨を持った鳥を，罹患鳥の横に並べることは有用である．

骨格が正常な鳥において，骨折とその後に起こる仮骨形成は哺乳類に類似している．骨折における変形癒合はたいてい委縮性で，骨膜性増殖を伴わない，丸みを帯びた骨折端が認められる．

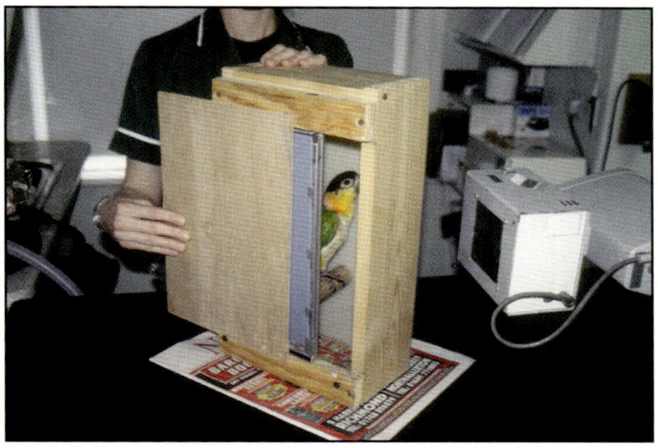

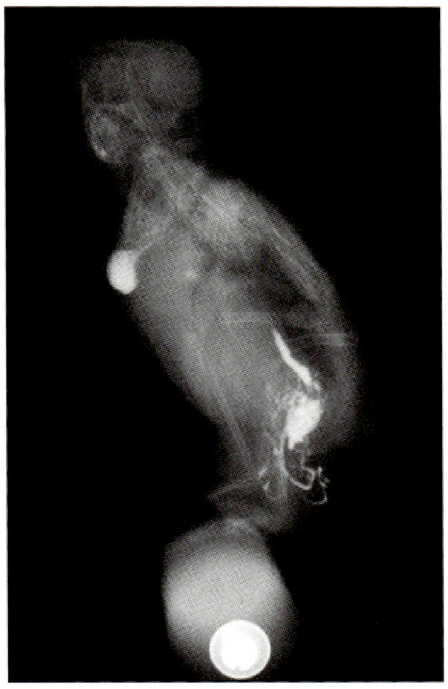

図9.7 箱内(図解のため半分開けてある)のズグロシロハラインコのバリウム造影X線像．この鳥の状態は良好であるが，下腹部が腫れており，腸管にバリウムが充満している．このバリウムX線はバリウム投与後35分で撮影されている．しかし，ヘルニアは半分脂肪肝で占有されており，確認できなかった．全身麻酔下でのより良いポジショニングが必要とされた．

造影法

空　気

空気は，正常で多くの領域に存在するため，造影剤として使用することはまれである．正常な鳥では，鎖骨部分の気嚢あるいは腹腔などの領域に空気が認められる．頭頸部の気嚢の破裂，あるいは開放骨折など，病態によって腹部に空気が認められることがある．空気はチューブまたは内視鏡を用いて消化管に入れることができ，嗉嚢，腺胃または筋胃の拡張を調べることができる．同様の方法を用いて，総排泄腔から卵管や腸に空気を注入することもできる．

バリウム

経口硫酸バリウムは，希釈した液体としても，また液状の食物と混合しても利用でき，有用である．標準的な液体バリウムは水で1対1に希釈して，強制給餌用のチューブを用いて嗉嚢内に直接投与する．消化管が空の状態が理想的であるが，しばしばそれは不可能である．場合によっては，オウムに投与されたバリウムを数時間以上にわたって通過状態を追跡しなければならない．嗉嚢内に液体がある鳥を全身麻酔下で管理すると，誤嚥性肺炎のリスクが生じる．特にPDDに罹患した鳥では，消化管の通過時間が遅延し，嗉嚢内にバリウムが長時間残るかもしれないため，麻酔を繰り返し行うことは誤嚥性肺炎の危険性を高める．

ポジショニングよりもバリウムの時間経過が重要な症例では，特別製の箱を使用しても良い(図9.7)．カセッテは箱の後ろの壁に配置し，その前の止まり木に鳥を止まらせる．この箱を使用することより鳥を保定することなく，消化管を通過するバリウムの行方を追うことができる．しかし，このテクニックはラテラル画像しか撮影できないという制約がある．VD画像で良好なポジショニングが必要とされる症例では，全身麻酔を行い，適切にポジショニングする．

最初の撮影は5分後に行う．その間にバリウムは，正常なオウムでは，腺胃，筋胃や十二指腸にまで到達するはずである．しかし多くの病気の鳥では，ここまでバリウムが到達するのに30分かかると思われる．バリウムを飲ませることによって，消化管の輪郭や食物の通過状態を知ることができる．さらに腸がどの方向へずれているか知ることで，X線で不定形に映る異常な腹部拡張を識別することができる．そしてそれは特にセキセイインコで一般的である．PDDの症例では，蠕動が非常に弱まっており，バリウムは嗉嚢を通過することができないかもしれない．そのような場合，チューブや内視鏡で，胸郭口を通し直接腺胃にバリウムを投与することが必要となる．

ヨウ素系造影剤

静脈注射用のイオヘキソールは，動脈造影，静脈造影，あるいは心臓の輪郭の描出に安全に投与することができる．静脈投与で腎・尿管造影剤としても安全で，尿管内を造影剤が満たすのと同様に腎臓周辺の組織とともに腎臓のコントラストが増加する．イオヘキソールを静脈内投与されたアオボウシインコは，投与後5〜10分で尿管を通過し良好なコントラストを得ることができる．

X 線透視法

X 線透視法は腸全体の動きを知る研究に使用されており，もし利用可能であるなら，PDD の診断に非常に有効である．もし，PDD であるならば，腺胃と筋胃の間の蠕動は極めて異常なものへと変化する．

超音波検査

超音波検査は多くの一般検査に利用可能である．7.5 MHz のセクタ型あるいはマイクロコンベックス型のプローブは体重200 g 以上のオウムの検査に使用することができる．プローブは接触面の小さいものでなくてはならない．体腔内に液体が貯留しているような症例においても，超音波は非常に有用である．超音波は体腔内の液体貯留を正確に診断でき，穿刺術で安全に抜去することが可能である．超音波画像はプローブを正中の胸骨尾側にあてた時に，最良な画像が得られる．超音波検査では，鳥は手で保定することができる．液体の貯留が認められるのであれば，まっすぐに立たせた状態で保定するのが最も良い．滲出液の貯留がそれほどでもない鳥では，麻酔をかけ仰臥位に寝かせることができる．羽は多少抜く必要があるかもしれないが，たいてい正中には無毛部がある．超音波ジェルは使用しなければならない．そしてプローブとジェルを皮膚に接触させる前に，皮膚をアルコールで拭いておくと良い．超音波により，肝臓，腸，腎臓，および心臓を「観察」することができる（**図9.8，9.9**）．心臓の弁でさえ観察でき，正常な房室弁は筋組織である．

心機能を評価するための基準値は，白色系のオウムと同様にヨウム，ネズミガシラハネナガインコおよびボウシインコで評価されてきた（Pees *et al.*, 2004）．左心室は，検査して正確に測定するのには最も容易な構造をしている．得られたパラメータから，心臓の収縮性と心機能に関する価値ある情報が得られた．右心室を含むより小さな構造は，評価がもっと難しかった．

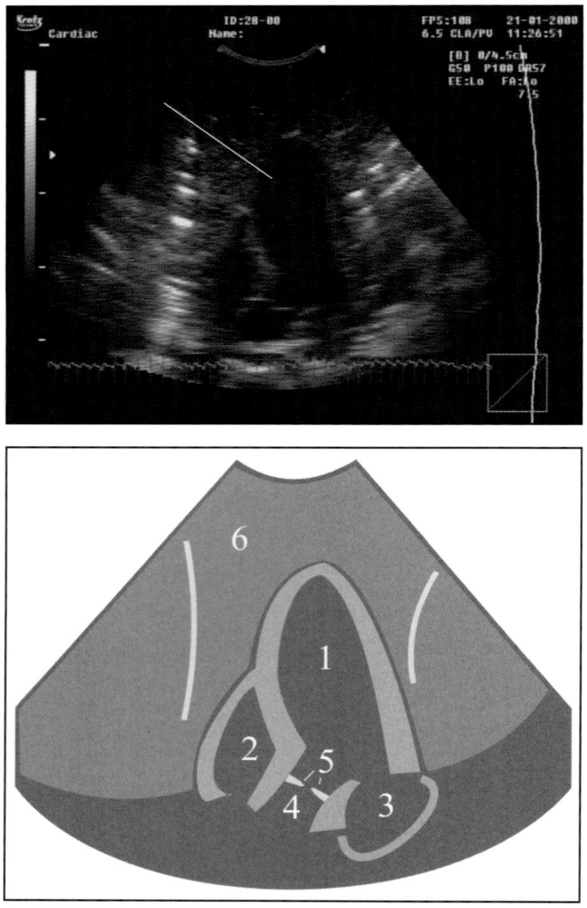

図9.8　ヨウムの正常な心臓：（１）左心室，（２）右心室，（３）左心房，（４）大動脈，（５）大動脈弁，（６）肝臓．画像（Dr. Michael Pees のご厚意による）は小児用マイクロコンベックス7.5 MHz プローブを使用して撮影された．

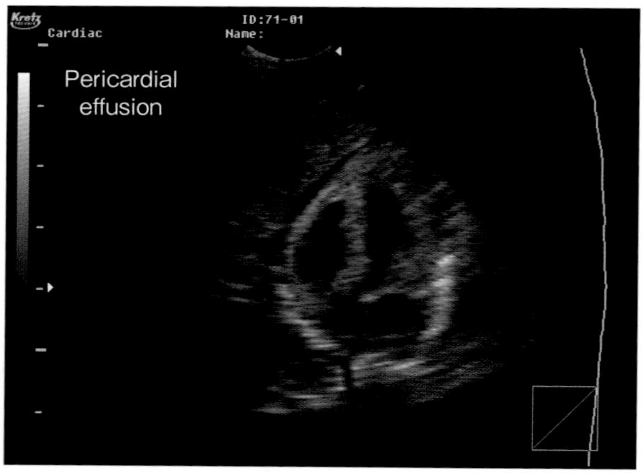

図9.9　肥大，拡張と心外膜液を伴ったボウシインコ（画像は Dr Michael Peers のご厚意による）．

他にもっと高性能なスキャニング技術が報告されている．コンピューター断層撮影法（CT）や磁気共鳴映像法（MRI）は高価で幅広くは利用されていない．通常の X 線撮影よりも進歩したこれらの装置の利点は，優れた軟部組織の分解能と横たわった構造物が重なり合うことなく観察できる点にある．これらの技術は，手ごろな価格になれば，もっと頻繁に使用できるようになると思われる．

内視鏡検査

内視鏡検査の選択は，常に妥協が必要である．小型内視鏡は狭いスペースに適しているが，光量が足りないため画像が劣化する傾向がある．たいていの場合，性能の良い内視鏡は短く高価であるが破損しやすい．原則として，小さな内視鏡よりもむしろ，大きな内視鏡の方がどのような処置の場合でも対応ができる．内視鏡には，硬性内視鏡と軟性内視鏡の２種類がある．オウムの検査に軟性内視鏡はあまり用いられない．

硬性内視鏡は，ステンレス製の外套にはめて使用する．初期の大部分の硬性内視鏡はロッド-レンズシステムであった(画像を伝えるためのガラスのロッドが両端に配置してある)．無限に被写界深度が得られるが，初心者は魚眼レンズ効果のため，大きさや距離感がつかみにくい．ステンレスケースの内側はロッド-レンズシステムと同様に，内視鏡の先端に光を運ぶ光ファイバーがある．光は，別の光運搬用の配線で繋いだ光源で発生させている．

硬性内視鏡は軟性内視鏡に比べ安価である．硬性内視鏡は直径が小さく(1.2～4.0 mm)でより短く(10～20 cm)たいていの場合，非常に鮮明な画像が得られる．三つの異なる角度の視界を持ち，施術者がまっすぐ前方を観察できる0度，中心軸よりも角度のついた方向を観察できる30度と70度のものがある．最初は0度のものがまっすぐ視野の方向に向いているため使用しやすいが，30度のものは縦方向に回転させることができるため，内視鏡のシースに沿って挿入された生検鉗子を確認することにおいても，より広い視野が得られるために有用である．70度のものは鳥類の内視鏡には不向きである．

内視鏡は空間の観察のみに使用される．気嚢を含む呼吸気には，すでに空間が存在する．消化管や卵管内の検査のためには内腔を膨らませることが必須となる．

内視鏡の最後30 cmにシースに付属させる機器を取り付ければ，管内に息を吹き込んで器官を膨らませる操作が可能になる．この方法は非常に繊細であり，臓器が過伸展しないように操作する．

内視鏡により正確に診断するためには，解剖学に精通している必要がある．生きた罹患鳥を検査する以前に，できるだけ多くの死体で検査することが重要である．完全検査の実施前に剖検標本で検査することも有用である．

腹腔鏡検査

腹腔鏡検査は病気の鳥の診断には非常に重要である．ほとんどすべての腹腔臓器の外側の検査や生検でさえ可能である．ほとんどの若鳥を除くすべての鳥で，性腺が観察することができる．内視鏡検査は，外観から雌雄が鑑別できない大部分のオウムインコ類の飼育繁殖に革命的なことであった．近年ではDNA技術にとってかわられているが，特に羽からのDNA検査は，DNAのコンタミネーションによって信頼できない結果となることがあり，腹腔鏡検査はいまだに有用

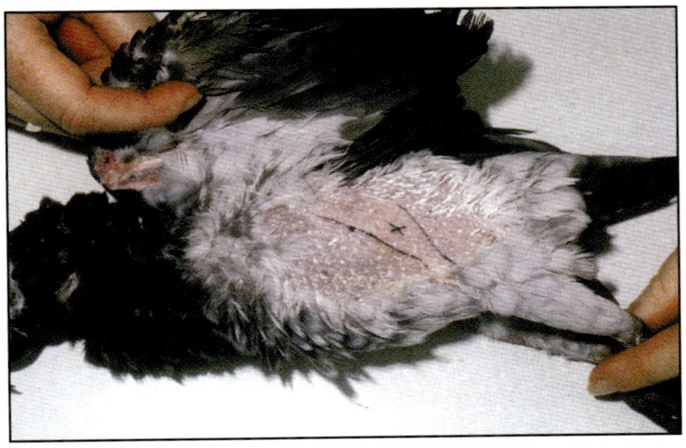

図9.10 ルーチンの腹腔検査を実施する部位は最後二肋骨間切開して通す(左側は性腺の検査に使用される)．最後二肋骨は胸筋の尾側縁(頭側の線)および腸脛骨筋(尾側の線)の頭側縁の間に認められる．鳥が太りすぎていなければ皮下に触知することができる．図9.11～9.13はコイネズミヨウムの死体である．切開部位(×印)から遠ざけるように翼および肢は伸展させた状態で保定する．この手技は生きた鳥を麻酔したときの保定法を示している．

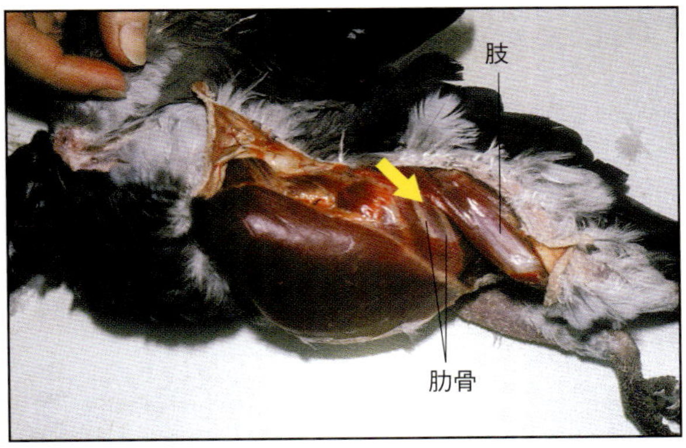

図9.11 剥皮した同じ鳥で最後二肋骨，胸筋および頭側に腸脛骨筋を示している．切開は通常，腹側の最後二肋骨間で，短く鋭い鋏を用いて実行される(スティーブンス腱剪刀が最適である)．切開は出血を制限するため，鈍性切開が良い．決して体内で鋏を閉じてはいけない．腸管の修復はほとんど不可能である．切開部位は矢印で記した．より腹側での切開は，肋骨の内側を走行する内側胸骨動脈および静脈を切断してしまう．これは，致命的ではないとはいえ，出血のために感染の可能性がある病巣を不明瞭にしてしまう．

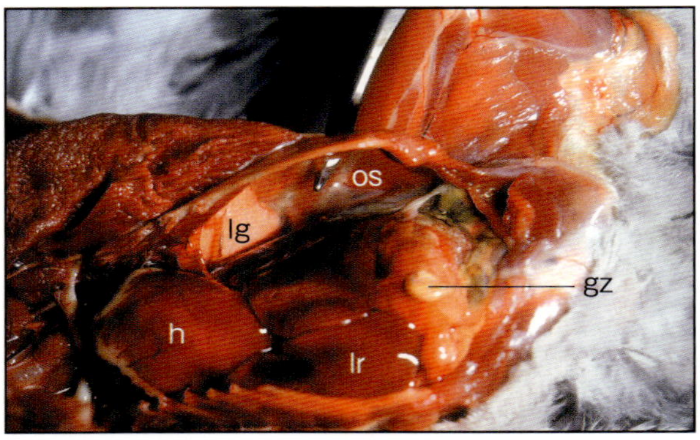

図9.12 検体は仰臥位にされており，胸骨および関連の筋肉が除去されている．内臓は比較的そのまま残されているが，心臓と肝臓を包む腹膜腔は，損傷している．鉄の先端は前胸気嚢を貫いている．斜隔膜（os）は損障させず無傷の状態である．肺（lg），心臓（h），肝臓（lr）の一部は，腹腔鏡検査によって確認できる．筋胃（gz）は肝臓の尾側に位置する．

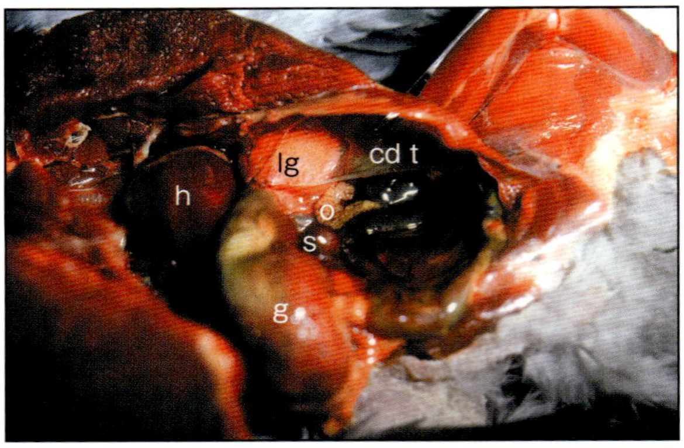

図9.13 斜隔膜を切除し，内臓は，卵巣（o）が確認できるように反転させている．この解剖図は心臓（h），前胸気嚢，腹気嚢（cd t），肺（lg），筋胃（g）および脾臓（s）を示している．

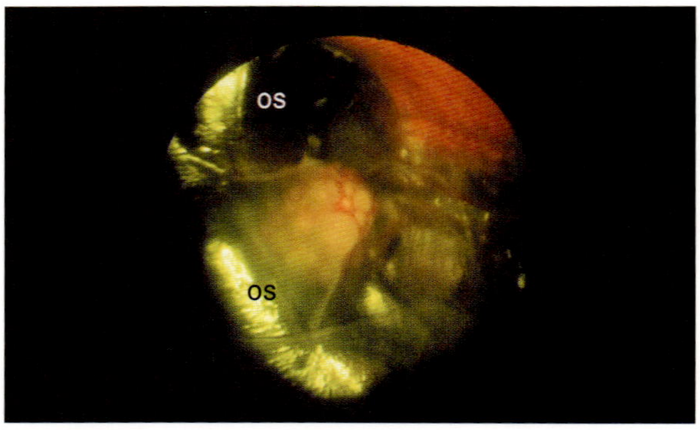

図9.14 これは，内視鏡使用時に腹壁の切開孔を通し，後胸気嚢内へ侵入させた画像である．斜隔膜（os）は腹腔臓器と気嚢を分割する．アケボノインコモドキなどの小型オウムインコ類では，よく発達した卵巣は，斜隔膜を通して観察することができる．しかし，たいていの場合，腹気嚢内から卵巣構造を鮮明に観察するためには，内視鏡を斜隔膜のもう一方側へ推し進める必要がある．斜隔膜を通し，内視鏡先端を「ポン」という音（そのように聞こえる）がするまで，推し進める．

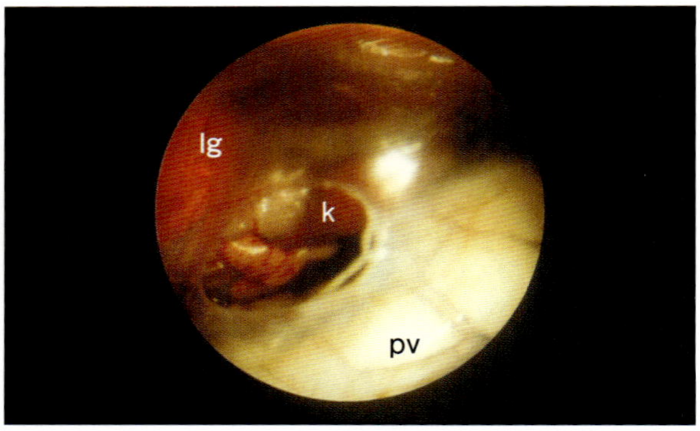

図9.15 この雄の鳥（4カ月齢のメキシコシロガシラインコ）は4 mm　0度の内視鏡を使用し斜隔膜を通して穴をあけた．内視鏡を後退させると，肺（lg），腺胃（pv）が明瞭となり，副腎，腎臓（k）および未成熟の精巣が穴を通して観察できる．たいてい内視鏡は明瞭な視界を得るため，穴を通過させる．これら両方において肺の尾側縁が確認できる．肺には傍気管支が線状に観察でき，小孔が明瞭に認められる．

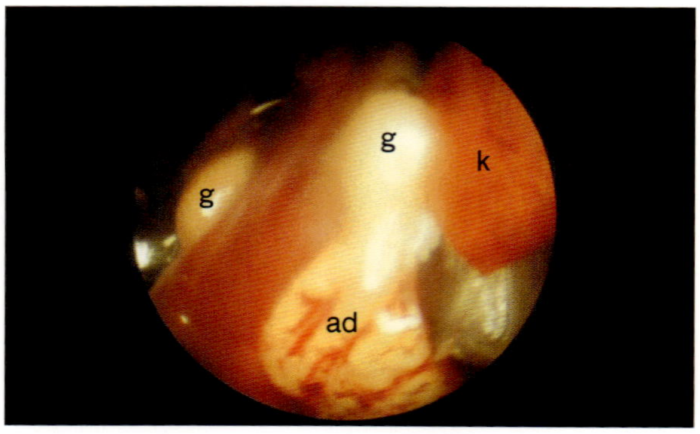

図9.16 斜隔膜の片方に接触し，体壁に付着しているものは，三つの構造物である．すなわち，暗赤色の腎臓前葉（k），極めて血管に富んだ黄色の副腎（ad）および性腺（g）である．図9.15に示すこの視野の鳥では両方の精巣が確認できている．遠位の精巣は明瞭に見えていて，典型的な未成熟のオウムの精巣である．内視鏡の先に体腔液があるため，近位の精巣はボケている．この液体は，この症例では腎臓であるが，内視鏡先端を近くの臓器に接触させることで除去できる．これは，たとえ液体が血液などであったとしても，内視鏡を鳥の体から抜き去ることなく，きれいにすることができる．

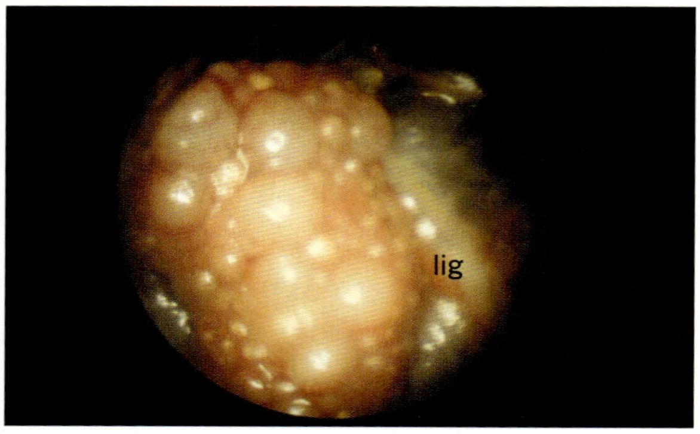

図9.17 ひとたび卵巣が発達すると，副腎はその背後に隠されてしまう．このキボウシインコの卵巣は未発達である．卵巣がより発達すると，卵胞が大きくなり，脈管がもっと目立ってくる．未成熟な卵巣は形状や色が精巣に類似するが，たいてい顆粒を持つように見え，しばしばカンマ状である．卵管（lig）の提靭帯は，たいてい腎臓の前葉の表面を越えて走行しているように観察できる．

な手法である（Ciembor *et al.*, 1999）．図9.10～9.13は腹腔鏡の性腺検査を解説しており，コイネズミヨウムの症例で実施している．図9.14～9.17は，他の種類での雌雄鑑別検査を図説している．

腹腔鏡検査では麻酔は必須である．検査する鳥は，消化管を空にするため絶食させなければならない．一般的に鳥では麻酔後に吐くことはまれである．しかし，嗉嚢がいっぱいだと嘔吐することもある．さらに重要なのは，食物で消化管が拡張している場合，腹腔内臓器の観察が非常に困難になると予想されることである．

体重200 g以上のオウムでは，たいてい12時間の絶食が必要となる．禽舎の鳥は，しばしば禽舎の床に落ちた十分な餌をあさって消化管が満たされてしまうため，一晩かごで過ごさせるべきである．病気の小型鳥は絶食時間をできるだけ短くして（あるいはほとんど絶食しない），麻酔から回復した後は，すぐに餌を食べさせるべきである．

腹腔鏡検査の終了時，検査のために開けた穴は非常に小さいため，皮膚の傷のみをを閉鎖する．斜隔膜の穴は，たいてい数時間以内に塞がる．

内視鏡の臓器へのアプローチ：どちら側から内視鏡を挿入すれば良いか？

左側	右側
脾臓	
卵巣　卵管	
筋胃	
膵臓	膵臓
左精巣 （二つのうち大きい方）	右精巣
左肝葉	右肝葉
左腎	右腎
左肺	右肺

腺胃と腸は両側から検査可能であるが，各々の側で異なる部位が観察できる．例えば，右側アプローチは腺胃の中央部分が観察できるが，左側アプローチでは腺胃の側面が観察できる．

頭側と腹側の気嚢は一対であるため，完全に検査するには，両側からの内視鏡検査が必要である．もし，片側性の病変（例えば，アスペルギルス症のような）があるような場合，正常側から内視鏡を挿入し，正中を横切って反対側へ内視鏡を到達させることによって，感染した側の驚くほどの範囲の気嚢と内臓の検査が可能となる．

内視鏡に必要な設備

光源はハロゲンかキセノンランプおよび電球を冷却するためのファンが必要である．電球が熱い時に光源を移動させてはならない．光ケーブルは，光源から内視鏡に光を誘導する光ファイバーである．

内視鏡：最も一般的な内視鏡の直径は4.0 mm（ヒトの膀胱鏡）および2.7 mm（ヒトの関節鏡）である．両方とも内視鏡のスコープの長さにわたって続く，連続した小さなガラス製のロッドが接続する両端にレンズが取り付けられていて，内視鏡の中を通過する光を増強する．両方とも0度と30度の角度のものが利用可能である．4.0 mmのものは，より堅牢で，購入価格や修理費も安価である．明るく，視野も良好である．2.7 mmの内視鏡はより小さく（したがって壊れやすい），短く，より高価である；4.0 mmとは全く異なる見え方をし，4.0 mmに比べ暗くなる傾向がある．これらの内視鏡はしばしばシースとともに使用される．全体として直径は大きくなるが，シース内に生検鉗子を入れることができるようになる．

1.2 mmの内視鏡は近位と遠位のレンズがロッドではなくファイバーによって繋がれている．これにより内視鏡は僅かに曲がることができる柔軟性が得られる．柔軟性を持つことにより頻繁な破損を充分に防止する．1.2 mm内視鏡は2.7 mmや4.0 mmに比べ視界は悪いが，小さな空間を観察可能にする直径によって相殺される．例えば，セキセイインコやオカメインコの気管の奥まで観察でき，ほとんどのオウムの肺を通すこともできる．この内視鏡もシースや生検鉗子とともに使用できるが，やはり直径は増加することになる．

内視鏡下生検

内視鏡はシースを外して（内視鏡の直径が最少になるように），生検鉗子を内視鏡を挿入したのと同じ創口から内視鏡に沿わせるようにして挿入しても良い．

診断的腹腔鏡検査

診断的腹腔鏡検査は雌雄鑑別検査と同様に体側から内視鏡を挿入して実施する．しかし，内視鏡は構造の全体像を把握するために用いられる．臓器によっては体側の右側からよく観察でき，すべての気嚢は確実に検査される．そのため左側からの検査が終了したら，鳥を反対側へ起こして今度は同様に右側から実施する．腹腔全体の検査によって，多くの診断が可能となる．例えば，鳥結核症，アスペルギルス症（図9.18および9.19）気嚢炎，気嚢寄生虫症，内臓痛風）視覚的な評価は仮診断を可能にするが，確定は生検や培養によって行う．

内視鏡ガイド下生検は有用な手技である（図9.20お

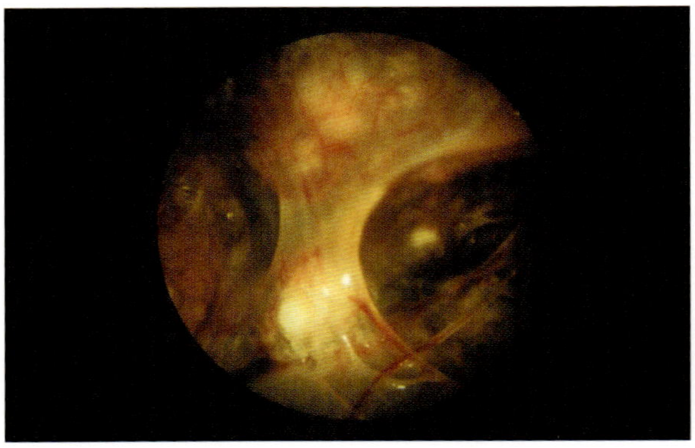

図9.18 アスペルギルス症の診断は困難であり，ベニコンゴウインコの二つの内視鏡画像(図9.19も参照のこと)において示されるように，内視鏡検査が非常に有用である．気嚢の検査ではしばしば，気嚢一面にわたる点状のプラークやチーズ状の病変を伴って肥厚した気嚢が確認できる．正常の気嚢はたいてい血管を認めないが，慢性気嚢炎の症例においては，血管が容易に観察できる．気嚢から採取したスワブ，あるいは，さらに良い方法は，病変部の生検であり，培養あるいは病理検査によるアスペルギルスの確認である．

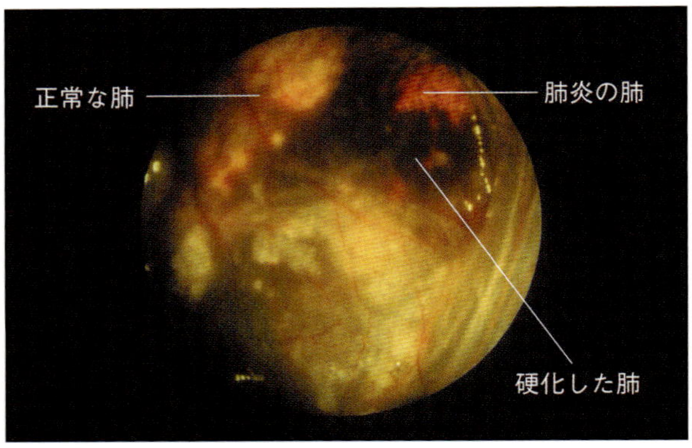

図9.19 さまざまな理由によりオウムにはしばしば肺炎が認められる．このベニコンゴウインコは正常な肺，硬化した肺および肺炎の肺領域が認められる．肺の白い斑点は真菌のプラークであり，*Aspergillus* spp.により形成されたチーズ状の物質である．気嚢炎および，肺と大量の真菌を含んでいることが確認された気嚢の間に灰色味を帯びたマスが存在する．

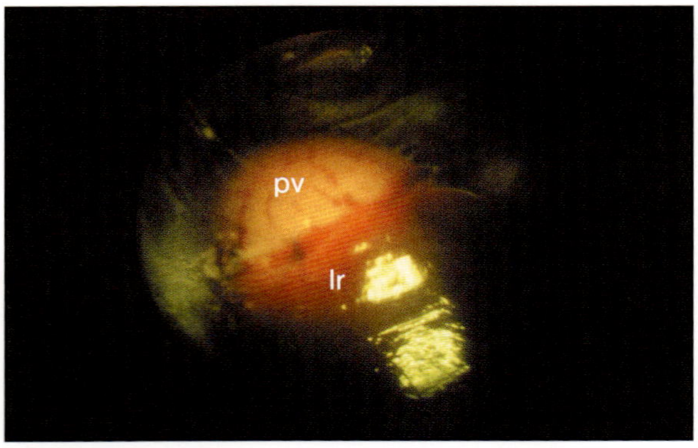

図9.20 肝臓(lr)は通常両側から確認できる．肝臓は腹腔内に収納されている．肝臓は腺胃(pv)を覆うように存在し，腺胃が突出していないため，右側からのアプローチによって最もよく観察できる．肝臓腹膜は腺胃を覆う気嚢に付着している．肝生検ではたいていの場合，生検鉗子の最初の一かじりで，腹膜ごと切除することが必要である．この画像の肝臓は正常である．

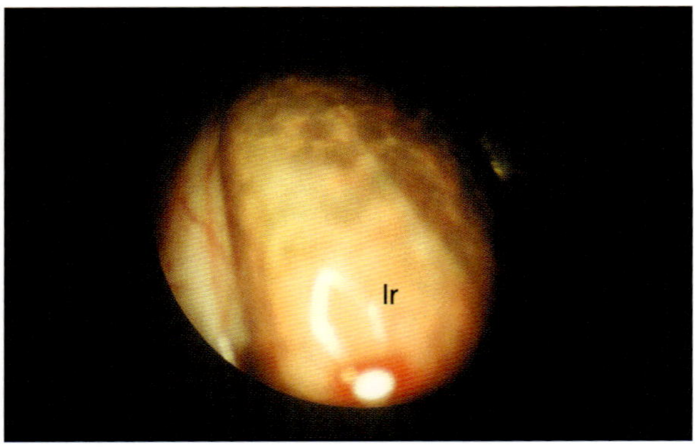

図9.21 図9.20と比較した場合，このヨウムは著しく異常な肝臓(lr)である．体重減少，食欲不振のうえ，胆汁酸値は340 μmol/Lであり，X線では肝陰影の拡大が認められた．この画像は肝臓腹膜腔内で認められ，肝臓辺縁が鈍性化した異常な色合いを呈した肝臓が確認された．生検により診断は容易である．写真の下部に血液を混じた気泡が認められる．

よび9.21)．これには内視鏡に沿って生検鉗子を誘導する，内腔が広いシースを使用する：あるいは生検鉗子を，別に開けた切開創から挿入し，別の角度から臓器にアプローチする．

大型のオウムでは，腰仙骨神経叢の検査が可能であり，後躯麻痺の診断に有用である．腎臓の前葉と中葉は骨盤に密接しておらず，腎臓と骨盤の間に内視鏡を挿入することができる．

上部消化管内部の検査

上部消化管内部の検査は吐出や食欲不振の症状がある場合にはルーチン検査の一部となっている．オウムは，全身麻酔下で実施しなければならない．

食物が存在しないのであれば，食道，嗉嚢，腺胃，筋胃の内部検査は容易であるが，12時間絶食したとしても筋胃内が空であることはまれで，たいてい少量の緑色の液体やグリットが存在する．消化管の内部を見るためには，消化管に空気を送り込むことが必要となる．チューブの片側をシースの吸気口に取り付け，もう一方の端を術者がくわえる．こうすることによって，術者はチューブ内に息を吹き込むことができるようになり，吹き込みの微妙な調整と手を使わない操作が可能になる．検査サンプルは，息を吸うこと(シースに取り付けた注射器を使って内視鏡を取り巻くシースを吸い上げても良い)によって，あるいは器具チャンネルに通された適当なサイズの尿カテーテルを用いても，検査用サンプルを簡単に得ることができる．

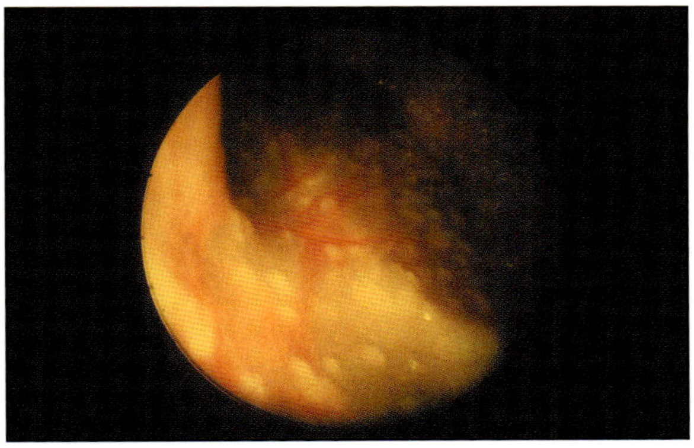

図9.22 ここで解説するヨウムのように，ビタミンA欠乏症を伴うオウムでは，嗉嚢と食道の内側に認められる粘液腺が肥大しているのが確認できる．肥厚した粘液腺は息を吹き込まれた嗉嚢において非常に明瞭である．嗉嚢の他の部分は正常に見え，嗉嚢壁には通常血管が認められる．

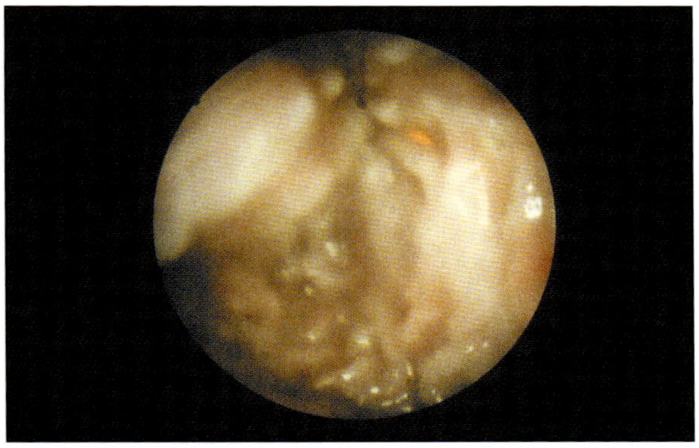

図9.23 このオウムの嗉嚢は，食欲不振と吐出の原因を調べるために息が吹き込まれた．嗉嚢表面にはクリーム色の肥厚した皺壁が存在した．内視鏡の先端で表面を擦って，スメアが作成された．グラム染色により典型的な酵母が認められた．尿道カテーテルと普通の生理食塩水を使用した，嗉嚢洗浄液の培養によって，*Candida albicans* が大量に発育した．

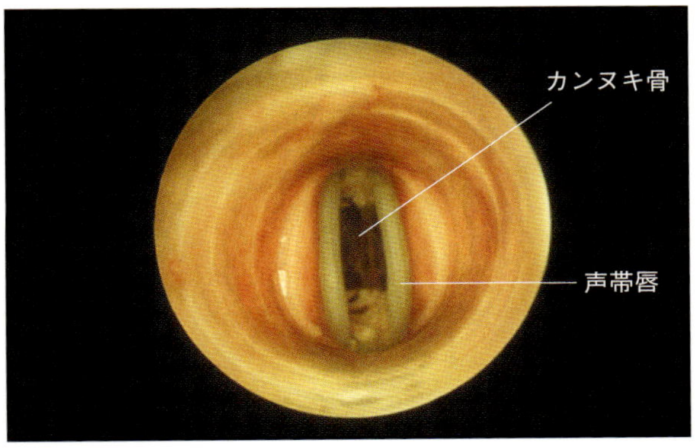

図9.24 ムラサキボウシインコの気管末端部および鳴管の所見．完全な輪状の気管軟骨が認められる．鳴管は左右の一次気管支へ続く気道を分割する楔形の軟骨片であるカンヌキ骨を隔てて，一対の声帯唇から構成される．

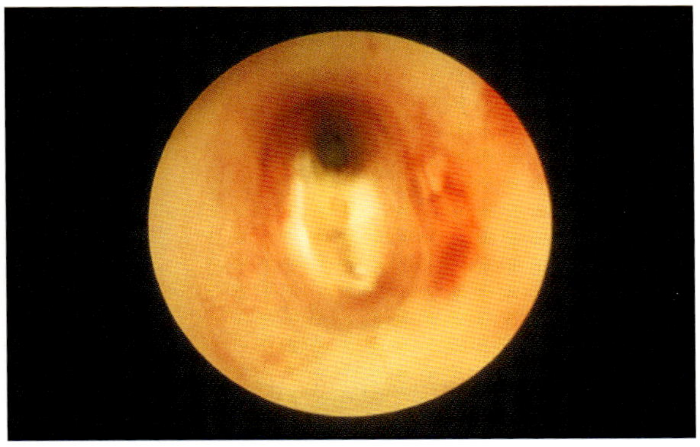

図9.25 このヨウムの鳴管はアスペルギルス症のためチーズ状のプラークが認められる．

食道と嗉嚢も検査することができる(図9.22および9.23)．息を吹き込む前は，食道と嗉嚢には襞がある．ひとたび息を吹き込むと，気管のような，他の器官が見えそうなくらい薄い壁構造になる．息を吹き込むあいだ，内視鏡越しに食道を閉じて(指で圧迫する)，その状態を維持しておく必要がある．オウムインコ類の嗉嚢は二葉性をなす袋で，入り口と出口は正中から外れ斜めに位置している．嗉嚢の出口は腺胃へと続いていて，内面は縦走筋で構成されている．筋胃内面のコイリン層は胆汁色素で染まった植物性の素材で覆われており，筋胃内面を洗浄したときのみ観察することができる．

総排泄腔の検査

排便に伴う問題がどこにあるのか，あるいは産卵障害がどこにあるのかといった場合，総排泄腔の検査や総排泄腔周囲の構造の検査は非常に有益である．産卵障害を伴う症例では，総排泄腔の検査は，性腺や卵管表面の腹腔鏡検査を実施した後に行うべきである．それから総排泄腔内に内視鏡を慎重に挿入し，内視鏡周囲の排泄口部分を塞いだ状態を保ったまま，徐々に空気を吹き込んでいく．繁殖期にある鳥の卵管には内視鏡が挿入でき，卵管の尾側部分が検査可能である．しかしながら，卵管は非常に曲がりくねった構造で脆弱であるため十分な注意が必要である(図2.13参照)．

上部呼吸器管の検査

鼻腔の尾部の一部は，ほとんどのオウムで後鼻孔を通して検査することができる．開口させ，2.7 mm 30度の角度の内視鏡は，口蓋にあるスリット状の後鼻孔を通して挿入でき，鼻腔尾部と正中の鼻中隔両側にある鼻甲介尾部の観察に用いられる．異物や膿瘍はもちろん鼻汁や洞内の鼻垢も観察可能である．

後鼻孔の対面には，気管の入り口である咽頭がある．

咽頭内の表面は平滑であり，内視鏡によるスキャンが容易である．オウムでは，鳴管に向かうにつれ，気管径が細くなっていく(図9.24)．このため，たいていの場合，内視鏡のシースは外した状態で使用する必要がある．ヨウムは気管が十分に太いため，2.7 mmの内視鏡での観察が可能である．大型の白色系のバタン類やコンゴウインコでは，より長く4 mm径の内視鏡で観察することが可能である．小径の半硬性内視鏡(1.2 mm × 25 cmまたは1.0 mm × 20 cm)はオカメインコと同じくらい小さな鳥やセキセイインコでさえ，喉頭から気嚢までの気道を調べるのに用いることが可能である．

鳥や内視鏡を傷付けないように，全身麻酔をすることが不可欠である．麻酔はマスクで導入して，素早く咽頭から鳴管や(図9.25)，さらにはもっと奥までの検査を行う．検査の間，口の中に小さなチューブを入れて，麻酔ガス混合酸素を送ることは有益である．長時間の麻酔が必要とされる場合は，気嚢チューブを留置しておくべきである(8章)．

異物は，確認や診断が容易であるが，しばしばヒエやアワの種が詰まるオカメインコ以外では一般的ではない．オカメインコの多くは気管径が2 mm以下であるため，内視鏡検査は困難である．気管に光を透過させることによって，しばしば種は明らかに認められる．

10

鳥類軟部組織外科学

Neil A. Forbes

はじめに

鳥類外科医も犬や猫の外科医と同じで経験と日常的な外科処置が必要である．鳥類の外科の成功には，軟部組織の丁寧な取り扱いが必須である．鳥は体のサイズが小さく，代謝率が高いため手術のリスクが高く，鳥類外科医は細心の注意が必要である．オウムの手術は顕微鏡手術の技術や設備を必要とすることがある．鳥類の手術が安全で効果的であるために，出血，組織外傷および麻酔の持続時間は，すべて最小でなければならず，術後のケア（鎮痛および輸液療法を含む）が良好でなければならない．

準　備

患者は，活発さや栄養状態だけでなく，循環血流量や血液不足も評価されるべきであり，すべての異常を是正すべきである．術中，術後の低体温症と高体温症，疼痛，敗血症，ショックはコントロールすべきである（8章）．体腔外の外科手術では，術前の絶食は，嗉嚢を空にするために十分に行われるべきである（セキセイインコは1時間，オウムは3時間）．嗉嚢が空になる時間は鳥種，体重，健康状態と嗉嚢内容物の性質により変わる．体腔内手術，特に消化管の手術は，長時間の絶食が必要である．しかし，小型種は非常に早く低血糖症になり，長時間の絶食は危険なことがある．

熱　源

使用された麻酔薬の動向にかかわらず，一般的な室内の温度下では，どの麻酔薬においても，鳥は最初の30分間で2.8～3.3℃（5～6°F）の熱損失が起こる傾向にある．熱損失を防ぐことは必須であり，術中または術後の損失を最小減にするようにしなければならない．低流量の気化器を使用し，麻酔ガスの流量を減少させ，吸入ガスを加湿し，体幹からの熱損失を減少させる（気泡緩衝材あるいは保温毛布を使用する）．また，ヒートパッド，寄り添いパッド（電子レンジで加熱した液体で満たされたパッド），輻射熱，加熱循環水マットあるいは患者に温風をかけるなど，加温することも重要である．高体温症は低体温症よりも，さらに潜在的に危険であり，特に長時間の手術中において，体幹温度を監視するべきである．

皮膚の準備

鳥類の手術中において体温の喪失と低体温を最小限に抑えるために，羽は必要最低限に抜羽するべきである．術野の適切な無菌処置のために，充分な羽を取り除く（飛翔羽は取り除くべきでない）．隣接した羽は術野に入らないようにし，粘着テープで固定する．

アルコールなどの不安定な液体で皮膚を過剰に濡らすべきではない（潜在的な熱蒸散による熱損失の観点から）．筆者は，皮膚の準備にヨウ素系アルコールチンキ消毒剤を用いている．エアロゾル外科用接着剤を皮膚に塗布し，無菌の透明なドレープを使用する．

設　備

手術ドレープ

呼吸の適切な可視化は，麻酔深度のモニターのため必須である．無菌の透明手術ドレープを用い，外科用エアゾールスプレー式接着剤が皮膚の保持に有効である

滅菌綿棒

これらは出血を抑えるための「局所圧迫」だけでなく，非外傷性の方法で組織を動かすために貴重である．

拡大鏡

拡大鏡は1 kg 以下のすべての患者で必要不可欠である．拡大鏡は別付けの可動式でない光源のケーブルは使用しないほうが良いだろう．これらは外科医の移動を妨げ，やがては末端のケーブルが破損する．理想的には充電式ハロゲン光源（末端ケーブルのない）の可変焦点距離を取り付けた，外科用二焦点レンズを用い

るが，費用がかかる．この分野の新人のための最適なスターターは「ボロスコープ(現在のところ超高輝度ダイオード電球と充電式2時間バッテリーパックのものが利用可能)」，あるいは改造した趣味用ループであり，後者は別に光源およびケーブルを必要とする．

光学ルーペは，焦点距離が固定されており，視野の深度が比較的限られている．より強いレンズを選ぶと，より短い焦点距離になり，外科医は組織に近い距離になる．よって，テーブルと立位と座位の高さとの関連も考慮すべきである．人間工学に基づいた手術位置が重要である．手の動作を正確にコントロールするために，鳥類外科には座位が推奨される．良好な拡大鏡，特に強力な照明は体腔を見るために必要不可欠である．

マイクロサージェリー用の器具

マイクロサージェリー用器具は必ずしも高価なものは必要ないが，どの行程においても，いくつかは必要である．細く尖ったハサミ，把針器，動脈鉗子，非侵襲性の把持ピンセット(例えば，ハリス式リングピンセット)，そしてリトラクター(アルミ製など)が必須である．先端だけは小型化すべきだが，ハンドル部分は通常の長さにし，できれば平衡な重さにしたほうが良い(これはコストを増加させる)．繊細な構造は非侵襲性な方法で安全に操作することが可能である．このような器具の取り扱いは重要であり，繊細なため，雑に扱うと長持ちしない．

重さの平衡は指の疲労を最小限に抑えるが，重症例の手術でない限り，このことは関係がない．可能な限りハンドルの外観は丸みを帯びていることが望ましく，それにより，器具の先端の動きが，通常の手首を動かす動作ではなく，指をローリングすることにより達成される．スプリング式，ロック器具も指の疲労を減少させる．

縫　合

最良の材質で，最少数の縫合を行う．毛細管現象を示さず，組織反応がほとんどない縫合糸が望まれる(モノフィラメントのナイロン糸，ポリジオキサノン，そして編糸してないポリグラクチン)．縫合糸の強度の維持期間は組織治癒スピードと適合すべきである．腱，靱帯および筋膜は遅く治癒するため(50日間で50%の強度)ポリジオキサノンまたはナイロンを用いて縫合する．鳥への縫合糸のサイズはそれぞれであり，一般的には2メートル(3/0)から0.7メートル(6/0)である．鳥は包帯やドレッシングにあまり耐えられない．縫合線上に追加補助療法が必要な場合では，ハイドロコロイド状の皮膚ドレッシングが所定の位置に縫い付けられる．このようなドレッシング材は治癒を促進し，患部を保護する．

ヘモクリップ

ヘモクリップ(およびアプリケーター)は，結紮が場所によって困難な腹腔内血管を止めるのに必要不可欠である．クリップの安全で効果的な使用のため，注意と訓練は必要不可欠である．

ラジオ波メスを用いた切開術

ラジオ波メスを用いた切開術は非常に有効であるが，訓練と注意が必要である．正しく使用された場合，過剰な組織損傷や創傷治療の遅延は起こらないと考えられ，切開時の重度出血を起こさず，あらゆる出血部においても正確なコントロールができる(バイポーラーピンセットを使用した場合)．重度失血を防ぎ，術野を可視化するたには，出血をコントロールすることが必須であり，これにより手術時間の短縮および手術の精度があがる．

ラジオ波メスを用いた切開術は，エネルギーを生成するための高周波交流を使用している．活動電極と対極の二つの電極がある．活動電極は冷やした状態を保つ．サージトロン(Ellman International Inc, Hewlet, New York)とその他のラジオ波手術機器は，電流に対して高周波であり，これは，対極板で受信されるため，患者と対極板の間の直接接触は必要ない．このことは，患者と対極板の間の接触部における熱産生リスクを回避するものであり，さもないと患者の組織壊死を引き起こしてしまう．

バイポーラーピンセットの先端は，二つの別々の電極を構成しており，対極板を必要としない．バイポーラーピンセットは血液で満たされた術野でさえも出血点の制御に大変有効である．モノポーラーによる凝固は血液などの湿潤した術野では不十分である．術中の無菌的なモノポーラーからバイポーラーへのスイッチの入れ替えは，効果的な使用のため必要不可欠である．

切開の最適な周波数は3.8～4.0 MHzである．この周波数は，最小面積でエネルギーを精密に集中させる．過剰な火花や側面への熱は発生しないはずだが，もし起こった場合，電力の設定が高すぎる．電力が低すぎた場合，電極は引っ張られ，それにより次第に望ましくない側面の熱と組織損傷を増加させる(このことは，脂肪の切開時にも起こる)．過剰な組織損傷は手術後の組織治癒の遅延に繋がる．

完全なる濾過された波形が理想であり，これは側面の熱を最小限にする．可能な限り一番小さな電極のサイズを使用する(横方向の熱と続発的な組織損傷を最小限にするため)．同じ理由で，電極は可能な限り最小時間で組織と接触すべきである．ループ電極の場合，一度組織を切断したら術者は同じ組織に単線を使用して7秒ないしは15秒ほど戻ってはいけない．全波整流，全濾過整流(90％の切開，10％の凝固)は，皮膚の切開や生検の収集に用いられる．全波整流(50％切開，50％の凝固)は，止血と切開のために用いられるべきであり，半波整流(10％の切開，90％の凝固)は，凝固のために用いられる．

手術用レーザー

手術用レーザーは，現在容易に利用可能であり，手頃な価格である．組織は接触モード(両側面の損傷が最も小さい－通常300～600 μm)を用いるか，非接触モード(側面の損傷が僅かに大きいが，可視化が改善される)を用いて切開または切除(蒸散)する．どちらの技術においても，直径が最大2ミリメートルの血管は，出血せずに切開することができる．レーザー手術は，内視鏡手術に用いることが可能である．鳥類外科学における，手術用レーザーの適用が，今後数年間で発展するだろう(Bartels, 2002)．主な利点は術後の浮腫，腫脹の減少，側面の損傷の減少，治癒時間の短縮，術後の疼痛改善，大掛かりな手術(精巣摘出術など)が実施可能などである．

マイクロサージェリー

外科医は，拡大鏡に精通しなければならない．拡大下においては，僅かな機器の揺れも誇張されてしまうため，外科医は拡大鏡によってこのような揺れを制御する能力を自然に身に付ける．手動によるコントロールが必要となり，座位と前腕による支持が必要となる．

- 術前に，考えられるあらゆる合併症のリスクを評価するべきであり，それによって，合併症が起こったときの管理が実現可能である．
- 解剖学に精通しない限り，決して手術を行ってはいけない．
- 解剖学の習得と，慢性損傷を起こすことのない組織の取り扱い方法，繊細な構造物の牽引方法と外傷の評価といった経験を得るため，死体での手術を実行する．
- 麻酔導入前には，手術に必要とされるすべての機器が使用可能であり，滅菌していることを確認しする(使用頻度の低い器具は入れ間違えることが多い)．
- 手術テーブルは，周囲の人間の動作や機械に対して安定していなければならない．僅かな患者の動きが重大な外科リスクになるため，手術中，スタッフには外科手術テーブルに触ったり叩かないようにいっておく．

皮膚および皮膚周囲の外科学

羽嚢胞

羽嚢胞は羽が萌出しないことによるもので，重度炎症性腫脹を起こす可能性がある．これは，最近「羽嚢腫」として再分類され腫瘍性と考えられている．第一翼羽と第二翼羽の根元に最も一般的に発生する．羽の感染あるいは外傷による続発性におこる(飛翔羽を抜くことも含まれる)．羽嚢胞はカナリアでよく認められ，遺伝性であると考えられている．

羽が正常に成長することを期待して麻酔下にて嚢胞を穿刺し洗浄する．この方法は尾と第一翼羽に用いられる．他の方法は，外科的に真皮乳頭とともに嚢胞全体を摘出する(飛翔羽において，羽の成長点は翼の腹側面の骨膜に位置する)．

尾腺

尾腺(2章と16章)は，管閉塞，腺の膿瘍または腫瘍が発生する．閉塞は多くの場合，指圧によって，濃いワックス状で油性の分泌物を排泄させる．膿瘍は，掻爬および局所および全身の抗菌薬が適応される．

感染と腫瘍の区別は両方とも重大な炎症性反応を示すため困難である．生検サンプルは常に疑わしい症例から採材するべきである．腺腫，腺癌および扁平上皮癌が生じる．尾腺癌は慎重な外科的切除を必要とし，バイポーラーラジオ波手術は非常に有効である．腺自体が非常に多くの血液供給を受けており，腹側境界は線維性結合組織によって尾端骨と尾椎骨の背側表面にしっかりと付着している．外科的切除は，腺自体と比較して相対的に無血管である結合組織層まで拡張すべきである．腺の両側は，中央の隔壁で区切られている．多くの種で，初期症例は片方の線のみを切除することが可能である．腺を覆う皮膚は，術後に縫合できるように温存すべきである．

インコにおいて尾腺上あるいは周囲の自傷行為はよく見られる行動である．治療中のカラーの装着，環境エンリッチメント(鳥を他のオウムの仲間がいる広い禽舎に放す)，そして尾腺の外科的除去は場合によって有効である．いずれにせよカラーが装着される場合は(16章)，オウムがカラーに慣れるまでの24～48時間入院させることが望ましい．この方法を用いない場合，多くの罹患鳥は初期の苦痛でいらつき，カラーを自分で外してしまう．

軟部組織の創傷

鳥は通常(特に四肢において)皮膚は非常に薄く，軟部組織構造は少ない．皮膚の保全性の喪失に続発的な，皮下組織の乾燥および失活はよく見られる．二次癒合に対して，一次癒合によって皮膚の損傷が閉鎖されるかどうかを最初に決定しなければならない．乾燥を防止するために，皮膚を閉じるか親水コロイドまたは蒸気膜ドレッシングで覆うことは，すべての場合において必要不可欠である．組織損傷，壊死，有機物汚染または重大な細菌または真菌感染が，一次癒合を妨げる（Redig, 1996）．ほとんどの場合，デブリドマン，洗浄法は一次癒合を促進する．

皮膚欠損が最も起こりうる場所は頭蓋部であり，飛行中の外傷によって起こる．これらの症例では，頸部皮膚の一つないしは二つの有茎移植片が用いられ，欠損部の上にたるんだ皮膚を覆う．無茎移植片はうまくいかないことが多いが，有茎移植片はしばしば成功する．羽の方向が周囲の羽と合うように移植片の方向性にも注意する．

創傷部位の張力による潜在的な危険性の回避のため，皮膚の縫合は（単純結節縫合ではなく）垂直または水平マットレス縫合を行う．オウムの創傷部はしっかりと保護し，カバーすべきである．Granuflex は治癒過程の損傷部を横切る張力を軽減することによる治癒の促進と同時に一時的に創傷を保護することができる．ネックカラーが創傷治癒過程の自傷を防ぐために用いられることもある（16章）

腫　瘍

鳥は皮膚，皮下，内部腫瘍に罹患する（20章）．これらは，他の動物種と同様にアプローチする．腫瘤は細胞学的検査のため針吸引するか，生検を行うか，腫瘤を摘出して病理組織学検査をする．

脂肪腫

脂肪組織の良性腫瘍は，多くのオウム種，特にセキセイインコで一般的である．脂肪腫は鳥の胸部に最もよく見られる．このような鳥は，尾が腹側へ下がっている（脂肪腫によって頭側に追加される重量を相殺している）．栄養補正を手術前に考慮すべきである．種子食中心の食餌の鳥は変更する必要がある（12章）．L－カルニチンの添加は，脂肪腫の非外科的な治療法を補助する（De Voe *et al*., 2003）．セキセイインコの脂肪腫の手術は慎重に行うべきである．脂肪腫は多量の血液供給を受けており，摘出自体は困難ではないが，止血に対して慎重に注意深く対処しなければならない．体重の1％を超える失血のある鳥では死亡率が上がる（例として平均的なセキセイインコにおいて 0.5 mL）．

黄色腫

黄色腫は通常，四肢に起こる非腫瘍性の腫瘤であり，特に外傷や出血があった場合に起こりやすい．炎症反応に関連する皮内コレステロール裂の蓄積として定義されている．固着した黄色腫が眼窩洞や気管の内腔から除去されたことがある．外観はさまざまであり，皮下の黄色斑，び漫性肥厚，分葉状腫瘤などで，しばしば潰瘍化している．黄色腫は高度な血管新生と浸潤性の性質を持っている．初期の診断時には，外科的な摘出でなく，食餌性脂質含有量の減少（種子食，ナッツ食から主食の変更）も推奨される．黄色腫の摘出後，皮膚が縫合できない場合，欠損部は組織接着剤を用いても良い．また，遠位四肢の場合（例えば，最も一般的な部位である翼の先端），可能であれば切断する．組織学的検査は常に行われるべきであり，線維肉腫も同じ部位に起こりやすい．

下顎膿瘍

ビタミン A 欠乏症の続発疾患である，下顎腺の扁平上皮異形成は長期にわたるナッツ，種子食を与えられていた高齢のオウムにおいて最もよく見られる．病変は，下嘴の分岐部で白色結節状の腫脹として現れ，通常無菌である．腫脹部分を穿刺し，内容物を周囲の膜と一緒に外科的切除する必要がある（出血を伴う）．鳥は3週間の抗生物質（5～10日）に加え，ビタミン A 注射を毎週投与すべきである．飼育者には，このような膿瘍が数カ月間にわたって再発する恐れがあることを警告する．食餌は，より色のついた新鮮な果物や野菜，特にスイートコーン（トウモロコシ）とアプリコットを含むように変えるべきである．

頭頸気嚢拡張

この状態は全身または局所的な皮下気腫として見られる．病因は解明されていないが，一般的に外傷か慢性呼吸器疾患や炎症が関係するといわれている．この状態に対する外科的処置はいくつか報告されている．筆者は，抜気するために，皮膚を通過させる穴を焼灼する方法を好む．考え方としては，皮膚の治癒を遅らせることであり（焼灼の続発），それにより皮膚の創傷部が閉じる前に気嚢は内部的に治療可能である．特に基礎疾患または呼吸器の炎症（例えば，タバコの煙で汚染された環境で鳥が生活している）がある場合，この処置は繰り返す必要があるだろう．病変部が再発する場合，長期間空気を抜くために管を皮膚に設置することができる．それが失敗した場合，空気で拡張された部分を切開し（おそらく胸骨内）その部分を筋肉で覆い縫合する．

消化管および生殖器

舌

オウムは舌を利用し，固形の硬い研磨物質と破片を噛むため，舌の貫通，潰瘍，舌内異物を引き起こす．舌における再発や治癒不全の病巣部は全体的に調べるべきである．鑑別診断として，*Cryptrococcus neoformans* およびマイコバクテリウムがある．舌における，他の鑑別診断はカンジダ症，トリコモナス症，細菌性肉芽腫がある．非感染性の鑑別診断として，ビタミンA欠乏症(嚢胞あるいは膿瘍)，リンパ細網系腫瘍，嚢胞腺腫および扁平上皮癌がある．

近位食道

食道狭窄は感染症(トリコモナス症，毛頭虫症，カンジダ症)，チューブによる給餌の外傷，火傷または腐食，異物の摂取または医原性の外科的外傷後に発生する．狭窄が生じた場合には，原因を特定し対処する．必要に応じて，支持療法あるいは治療中に咽頭造瘻術チューブ(後述)を設置する．狭窄が残存している場合には，食道バルーン拡張器かカフ付きの気管チューブを用いるか，数週間にわたり段階的にサイズを大きくしたチューブかカニューレを通過させることなど，継続的な拡張器により緩和することが必要である．

嗉嚢造瘻術

この処置は通常次の症状に適応される．

- 経口的に接近することのできない異物の探索
- 前胃および筋胃の異物の探索(プラスチックチューブ内の微小磁石による接着または内視鏡検査における洗浄)．
- 嗉嚢造瘻術あるいは前胃造瘻術チューブの設置
- 生検の収集

嗉嚢結石も形成されるが，それは除去するべきである．材料は多岐にわたり，ロールされた牧草，新聞，その他の巣材であり，これらは硬く，不活性であるが，腐敗することにより，毒血症になる可能性がある．

鳥は，頭を嗉嚢より高くした状態で背側または横臥位に置かれ挿管する．プローブは，臓器の位置を確認するため，嗉嚢から経口的に設置する．皮膚は胸部入口に近い左側の嗉嚢壁の上を切開する．嗉嚢壁を分離する．切開場所は術後の給餌とチューブの設置を阻害しないため大きな血管を避ける．支持糸を嗉嚢に設置し皮膚切開の1/3～1/2の長さで嗉嚢を切開する(皮膚切開の長さと同じになるまで伸びるかもしれない)．嗉嚢の縫合は1.5 mの(4/0)から0.7 mの(6/0)の合成モノフィラメント吸収素材を用いて，単縫合または反転二重連続縫合を行い，皮膚縫合とは別に行う．

嗉嚢熱傷の治療

人工給餌で育てられたオウムは，熱すぎる餌か不適切な(熱すぎる)混合餌により，嗉嚢の熱傷が起こる．鳥は，受傷後4～7日後に，嗉嚢が空になる時間が遅れ，嗉嚢の上の皮膚領域が濡れる．腐食性物質の摂取の続発症として，成鳥においても壊死が起こる．嗉嚢壁壊死は皮膚の潰瘍形成をもたらす．外科的整復は，壊死物質が明らかに生存組織と区別がつくまで4～5日程度遅らせる．栄養供給および二次感染(細菌および真菌)の予防を継続することは，必要不可欠である．食道造瘻術(後述)による給餌が必要な場合がある．潰瘍形成された時点では，嗉嚢壁は皮膚に付着している．麻酔導入，および気管挿管後，皮膚は外科的に嗉嚢壁から分離する．その後，1.5メートル(4/0)から0.7メートル(6/0)の合成モノフィラメント吸収糸にて反転二重縫合で縫合し，皮膚を分離して縫合する．

嗉嚢あるいは食道潰瘍

これらは，チューブフィーディングによる外傷や外部からの創傷により起こる事がある．裂傷は外傷時に見られないことが多く，後日，ひどい匂いの毒素産生性食餌物資が皮下に蓄積した時に気づかれることが多い．鳥は衰弱するため，外科的処置はできるだけ簡易的に行うべきである．重篤な活性型炎症反応が存在する．外科的手順は，感染が落ち着き，罹患鳥が外科に耐えうる強さを得たあと，嗉嚢創傷部の縫合，ドレナージ，食道造瘻術によるチューブの設置(必要とあれば)を行い，外科的皮膚縫合の前に重要な支持療法として，輸液療法，鎮痛，抗炎症治療が必要である．

嗉嚢生検

嗉嚢の生検はオウムの腺胃拡張症候群(PDD)の診断検査のうち，最も安全で侵襲性の少ない生前検査である(13章)．この方法は68%の感度と100%の特異性がある(Doolen, 1994)．嗉嚢の生検は左側面の領域(非独立性)から採材する．はっきりと確認できる血管の終末部が含まれる嗉嚢壁を選択し，大きく全層生検(0.5～1.0 cm×0.5～1.0 cm)をすることにより，感度をさらに上げることができる(76%まで)．

咽頭，食道，嗉嚢造瘻術によるチューブの設置

チューブの設置は口，近位または遠位食道や嗉嚢にバイパスを形成する必要がある場合で用いられる．このような状態とは，嘴や頭部の整形手術，外傷，感染症，腫瘍，重度寄生虫感染症，あるいは口と嗉嚢間の消化管の狭窄，あるいは鳥が単に衰弱していて自力採食できない場合である．

1. 鳥を麻酔し，気管挿管し，横臥位にする．
2. 金属のフィーディングチューブを口腔内から挿入し，頸部食道の適切な位置（嗉嚢の頭側）でテント状にする．
3. 皮膚を消毒し，フィーディングチューブの終末部を小切開する．
4. 適切なサイズのゴムかプラスチック製のフィーディングチューブ（フィーディングシリンジに繋ぐことが可能）を食道の切開部より挿入し，尾側に進む．
5. チューブは嗉嚢，遠位（胸部）食道を通過し，前胃に到達する．
6. チューブの周りを皮膚縫合する．
7. テープは切開部から出ている部分のチューブの左右両側に設置し，皮膚へ縫合する．
8. キャップをしたチューブの末端は首の周りに包帯で巻き付けるか背中につける．

定期的に少量の餌（嗉嚢内に給餌する場合よりも少量）を与え，給餌ごとにチューブを清潔に保てるよう，フラッシュする．このチューブは必要であれば，数週間設置する．

体腔切開術

後胸気嚢と腹気嚢は気管から新鮮な空気を送り込まれる．これは，体腔切開術が後部気嚢を切開しなければ不可能であるという意味である．これは，吸入麻酔の効果と術中の体温喪失の両方に大きな影響を与える．体腔切開が行われると，手術領域の開口部が腹部臓器で充填されるか，栓をすることができる．あるいは，非経口麻酔薬を使用することもできる．体腔手術では，肺に外科的洗浄液が流入しないように，鳥は30～40度の角度で頭部を上げる．

左側体腔切開術

これは最も有用なアプローチであり，生殖腺，左腎臓，卵管，尿管，前胃と筋胃にアクセスするために用いられる方法である．

1. 鳥を右横臥位に置く．翼を背側に反転し，左脚を後尾側の方向に固定する．
2. 腹壁と左脚の間の皮膚を切開し，左脚をさらに外転させる．
3. 左側腹壁の第六肋骨の恥骨の高さで皮膚切開する（図10.1）．
4. 浅内側大腿動脈と静脈は，側腹壁を背腹側から寛骨大腿の関節に横断している（図10.2）．これらの血管は切断前にバイポーラー鉗子で焼灼する必要がある．
5. 筋肉組織（外および内腹斜筋および横腹筋）は体腔内臓器を保護するためつまみ上げ，鋭く小さな鋏で切開する．切開は恥骨から第八肋骨へ拡張し，尾側肋骨2～3本（第七および第八肋骨）を切断する．
6. バイポーラー鉗子は肋骨を切断（大きな鋏で）する前に肋骨間血管を焼灼するため，肋骨前縁に近い場所で尾側から各肋骨周囲に設置する（図10.3）．
7. 小さな牽引器具（例えば，Heiss や Alm）を，肋骨間の辺縁に挿入し，腹腔の完全な可視化を可能に

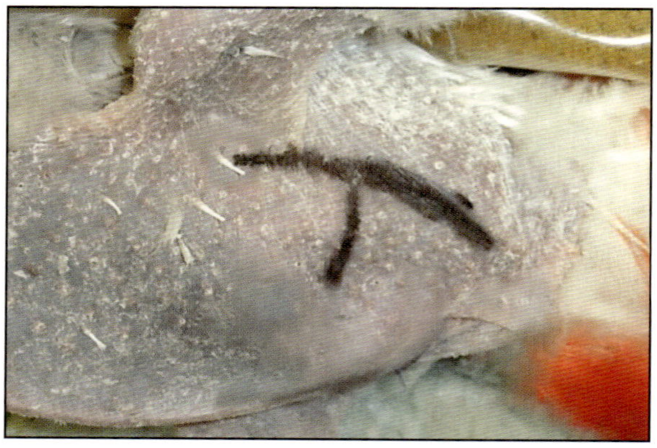

図10.1 左後肢を後背部に外転させ，羽毛を抜いたヨウムの死体．左側体腔切開術（第六肋骨から恥骨まで）の皮膚切開部位と腹部フラップの切開部位（必要な場合）をに印を付けている．

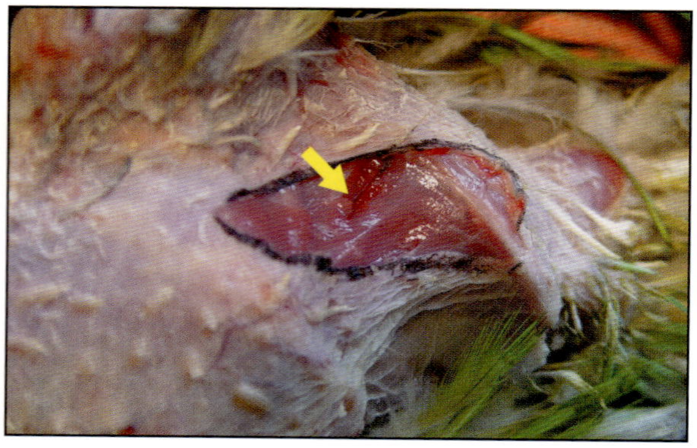

図10.2 焼灼術前の内側大腿動脈（矢印）と静脈を示しているボウシインコの死体．

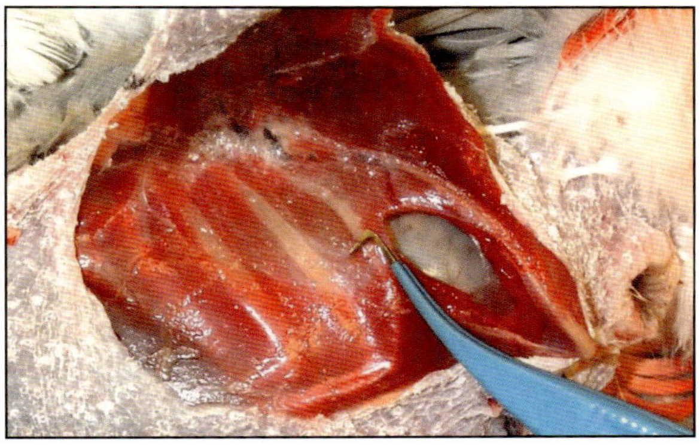

図10.3 ヨウムの死体における肋間血管のバイポーラ・ラジオサージェリーによる焼灼術を示している.

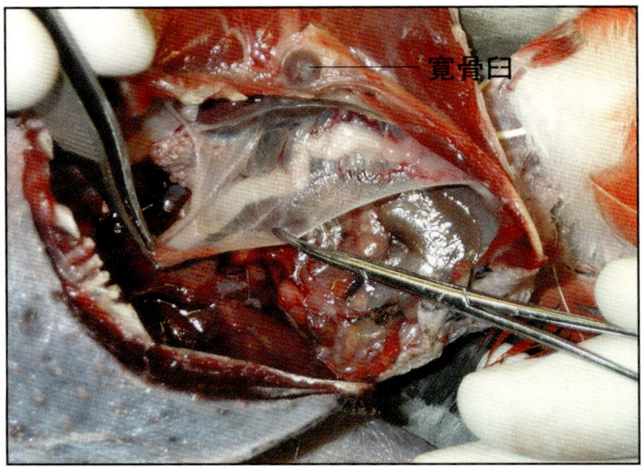

図10.4 腹側卵管靭帯の鈍性剥離後のヨウムの死体. これ以降の写真では, 股関節は撮影のために外されている.

する. Lone Star 牽引器具はこのような手術に有効である(図10.7を参照).

8. 体腔内手術終了後, 切開部は1.5 m(4/0)から0.7 m(6/0)吸収性モノフィラメント合成材料を用いて, 2層で連続縫合あるいは結節縫合で閉じられた. 内肋間筋を並置するが, 横切開された肋骨は再結合しない.

卵巣卵管摘出術

鳥類の卵巣摘出術は卵巣が背側腹壁に固着しているため困難であり, しばしば危険である. その代わり, さらなる産卵を防ぐため, 卵管, 卵管子宮部全摘出術が行われる. 卵巣摘出術の概要はEchols(2002)によって記述されている. 卵管と卵管子宮部の腹側堤靭帯は鈍性切開する(図10.4). 卵巣から卵管漏斗内側に入る大血管が切断前に二つのヘモクリップで挟む必要がある(図10.5). 子宮部の背提靭帯は背側腹壁から子宮部に伸展していることを確認する. この靭帯内には血管があり, 凝固するかクリップするべきである. 子宮部および卵管はその後体外に出す. 背腹壁の方向へ卵管を後尾側に移動し, 背提靭帯の切除に注意する. 切除部分が遠すぎると, 一つかそれ以上の尿管を切除する危険性がある. 排泄腔に綿棒を入れ, 卵管子宮部の挟む部分を示す(図10.6). 子宮部に二つヘモクリップを適応し, 子宮部側を切断する. 腹筋を閉じる前に出血を制御し単純連続縫合にて縫合する.

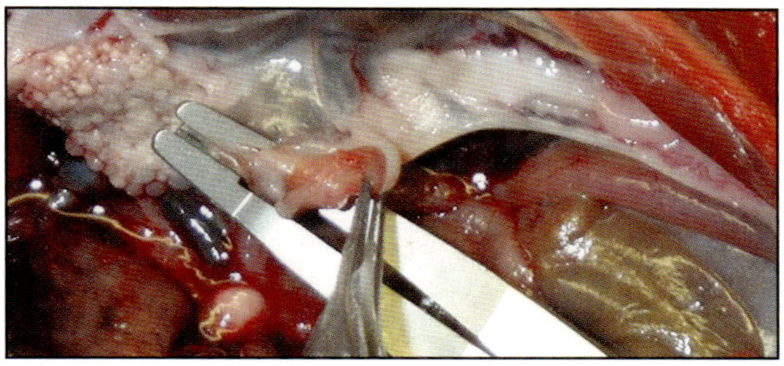

図10.5 卵管漏斗部の内側に走行する血管へヘモクリップ装填を示しているヨウムの死体.

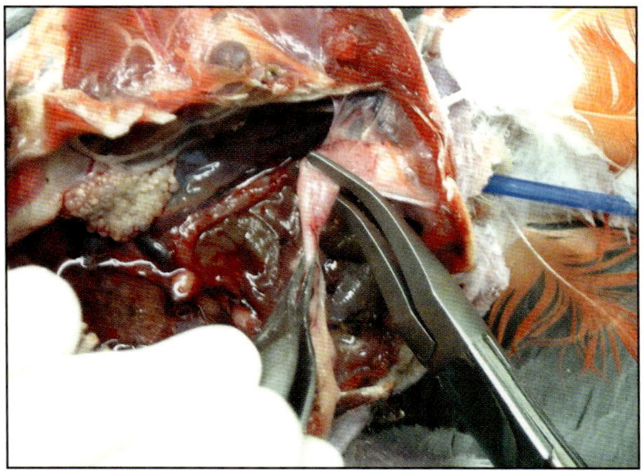

図10.6 卵管と排泄腔が接合する部位にヘモクリップを配置しているヨウムの死体.

帝王切開

帝王切開は卵と雌鳥が金銭的あるいは保護価値の高いものであるか, 支持治療や卵の穿刺および卵殻内破に反応しない場合など, 卵停滞で雌鳥に影響が出ている場合の選択肢である(18章). 卵の位置によって, 尾左側または正中切開が選択される. すべての大きな血管を避け, 卵の上の卵管を直接切開する. 卵摘出後卵管を検査し, 卵停滞の原因検査と治療を行う. 治療不可能の場合, 卵管摘出術を後日提案するかもしれないが, この時点では不適当である. 卵管は1.5 m(4/0)の細い吸収糸にて単純単純結節縫合か連続縫合で縫合する.

卵管子宮部捻転

卵停滞(18章)は，多くの病因から起こる．支持療法に反応せず，特に体腔膨大が著しい場合，卵管子宮部捻転が原因の一つであることを疑う(Harcourt-Brown, 1996a)．この場合，卵管捻転のため，卵は通過できない．近位卵管内でさまざまな状態の卵の腐敗が存在している場合がある．捻転が起こるため，概して，卵管が通過した背側卵管提靱帯の外傷性裂傷が起こる．多くの罹患鳥は状態が悪く，外科的状態も悪い．可能な限り鳥の状態を安定化させ，卵管へのアプローチとして，腹部正中切開が用いられる．時には，捻転が軽減し(最初に卵管の外科的排液法が必要)，提靱帯の裂傷は治癒することがある．あるいは，卵管摘出術が行われることもある．

精巣摘出術

精巣摘出術は左側体腔アプローチで行う．精巣は(卵巣のように)，背側腹壁に付着し動脈に隣接し，短い精巣動脈のみで接続している．左精巣を確認し，尾側先端を持ち上げ，精巣下部にヘモクリップをはさむ(図10.7)．精巣と既存のクリップの間，より頭側部位に，更なるクリップを尾側方向からはさみ，精巣はクリップより離れた場所で外科的切除する．このプロセスは精巣が完全に摘出されるまで繰り返される．精巣組織が残った場合，再発する可能性がある．右精巣へのアプローチはより難しく，気嚢壁を経て鈍性剥離するか，反対側の腹壁の新たな切開により実行される．この精巣においても，同様なプロセスが行われる．

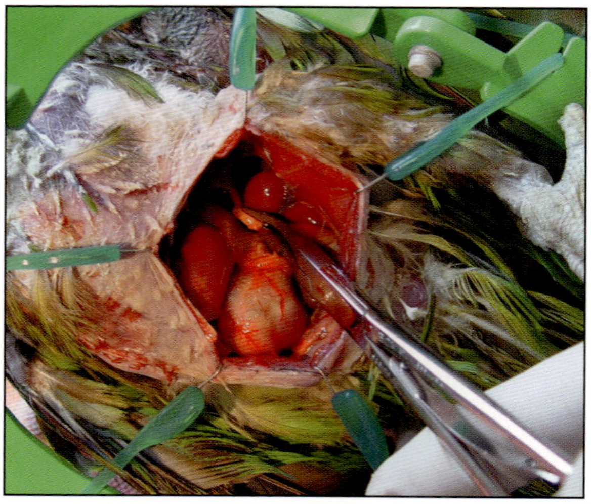

図10.7 Lone Star 開創器を使用して最大限に開創したボウシインコの死体．左精巣の尾内側面にヘモクリップ・アプリケーションを示している．

去勢・避妊

前述のとおり，卵巣摘出術は非常な危険な手術であり，精巣摘出術はマージンの関係で僅かに危険でない．去勢・避妊の指導は繁殖(雄鳥では精管切除術がより安全であり，雌鳥では卵管摘出術がより適した選択であるが，卵が腹腔内に放出されることもある)を防止することであるが，このような理由はまれである．従来，より多くの去勢・避妊の理由としては，雌鳥における慢性産卵の防止および雄鳥においての性的攻撃性の抑制である．最近の傾向としては，手術よりも，食餌のエネルギーを減らすこと(種子とナッツ主食から，新鮮な果物と野菜とペレット食に変える)，ホルモン療法(18章)と問題行動修正訓練が選択される．

前胃切開術

前胃切開術は経口あるいは経嗉嚢による硬性あるいは軟性内視鏡で摘出不可能な，前胃と筋胃の異物の除去に用いられる．前胃の生検は容認できないリスクがあるため，推奨できない(McCluggage, 1992)．筋胃切開術は技術方法は記述されているのにかかわらず，通常は発達した筋肉壁(生理的に，筋肉の活動により縫合糸を筋肉壁から抜いてしまう)の存在，および内反縫合ができず，前胃と比較して脈管が増加できないことを考慮して回避される．筋胃内異物は前胃と筋胃の間の中間帯で切開し，摘出する．

左側体腔よりアプローチする．十分な探索は提膜の可視化および大弯に沿った前胃の血管を避けるために必要である．筋胃(砂嚢)は，白い腱状外側面による筋肉質な臓器である．筋胃の提靱帯は鈍性剥離する．腹部開口部で確実に胃を保持するために(外面化は，数種で可能である)2本の2 m(3/0)支持糸は，筋胃の白い腱状部位に設置され，腹部の外側に縫合される(図10.8)．漏出の影響を最小化するために，患者の大きさに応じた，食塩水で浸したガーゼで腹部(筋胃後方に)を覆うことは有効である．中間帯をカバーする肝臓の三角形部分が確認される．無菌綿棒を使用して，肝臓を持ち上げ，中間帯(前胃と筋胃の接合部)の理想的な切開部位を露出させる(図10.9)．そして，生検および異物除去のために筋胃のアプローチを容易にする．最初に穿刺切開を行い，虹彩鋏で切り開く．制御された方法で腸内容を除去するために吸引する．腸の切開部より頭側および尾側の両方向に内視鏡が挿入され，すべての異物が除去されたことを確かめる．切開部は1.5 mの(4/0)から0.4 m(8/0)の合成吸収性モノフィラメント縫合糸を用いて二重連続縫合(逆側は内反縫合)にて閉じられ，その後，肝臓は前胃切開部の上に置かれる．前胃体部は，縫合を維持する力が弱く，

図10.8 Lone Star開創器によって最大限に開創されたボウシインコの死体．筋胃筋膜における支持糸の設置により，筋胃の外面化を示している．

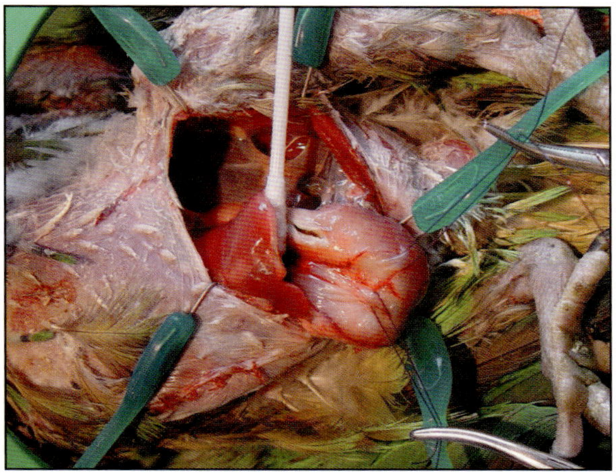

図10.9 Lone Star開創器によって最大限に開創されたボウシインコの死体．前胃筋胃間の中間帯と前胃内腔への切開部位を示している．

縫合がきつすぎると容易に裂開する．縫合位置は縫合部が裂開しないように切開辺縁部から十分な距離で行われるが，あまりに遠すぎても閉じるときの圧力がかかりすぎるため裂開することになる．

通常の消化管手術において，縫合位置はコラーゲン含有量の高さから粘膜下組織を含んでいる．しかし，鳥の前胃はコラーゲンが少なく，より慎重な治療が求められる．従来の筋胃閉鎖上のコラーゲンパッチの設置は術創離開の発生率を軽減させない．

鳥には腸間膜がないため，腸切開(下記参照)は，術後に高い腹膜炎の危険性を伴う．肝臓は中間帯切開の縫合部上の腸間膜の役割をしている．筋胃提靱帯は，修復しない．縫合は上述しているとおりである．中間帯の切開部および治癒中の続発的な障害を最小限にするために注意が必要である．七面鳥において，無傷な前胃内の全神経ネットワークは正常な胃十二指腸の運動性に関係することが示されている．

インコの前胃と筋胃腫瘍はまれに報告される．

卵黄嚢切除術

初生ヒナにおける感染した卵黄嚢あるいは未吸収卵黄嚢は，外科的に切除するべきである．孵化後早期に採食するヒナが，消化管運動の低下により影響を受けることで，卵黄嚢遺残の発生率が高くなると信じられている．しかし，人工孵化した鳥にもよく認められることより，他の疾患に付随して起こる可能性もある．卵黄嚢感染症は，臍感染症，腸炎または敗血症をしばしば伴う．臨床徴候は，食欲不振，嗜眠，便秘，下痢，体重減少と腹部膨満を含む．非侵襲性診断法は，超音波検査によって容易に診断できる．徴候は，通常，早期発見されず，内科治療単独では効果が認められない．

麻酔導入後，罹患鳥は背側横臥位に置かれる．臍の頭側に小切開が慎重に作られる．この切開は臍周辺で広げられ，臍帯断端は切除される．卵黄嚢は体外に出され，管が結紮される．卵黄嚢内容物の破裂または流出を回避するように注意する．腹壁切開は二重縫合で縫合される．術前に状態の悪いヒナは，慎重に予後を判断せねばならない．正常なヒナにおける卵黄嚢の完全な吸収は，全てのエネルギーとタンパク含有物の吸収を可能にしている．これは遺残嚢を持つヒナでは不可能である．

腸切開術

腸切開術は，概して消化管の外傷，医原性外科損傷，重積，捻転，癒着，腸結石または壊死の時に必要とされる，まれな処置である．この方法は致死的な予後を回避するものである．もし，結腸が排泄腔脱(図10.10)している場合，重積があるはずである．このような症例は早めの体腔の正中切開が必要であり(フラップの有無にかかわらず)，重積部を減少させることが必要であり，失活した腸の領域を含むかもしれない．腸切除術は，失活した腸を切除するために必要である．重積は，線形異物または腸管感染症に続発して確認されている．

鳥が重度ショック状態か，衰弱している場合，一回の外科手術で腸を切除し再吻合するよりも，数日後の再吻合で小孔形成またはループ空腸造瘻，人工肛門形成する方が良い場合もある(VanDerHeyden, 1993)．正中線切開は理想的なアプローチ方法である．顕微鏡手術器具の使用と技術が必須である．血管並置鉗子(例えばAcland鉗子)は縫合される間に並置した組織領域を維持する間，非侵襲的に腸を閉鎖するのに有効で

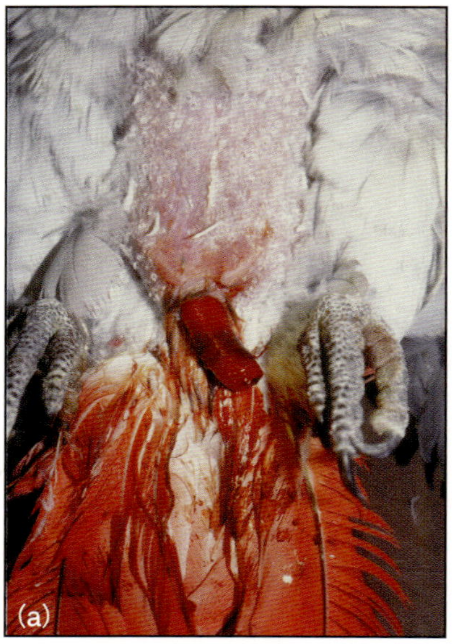

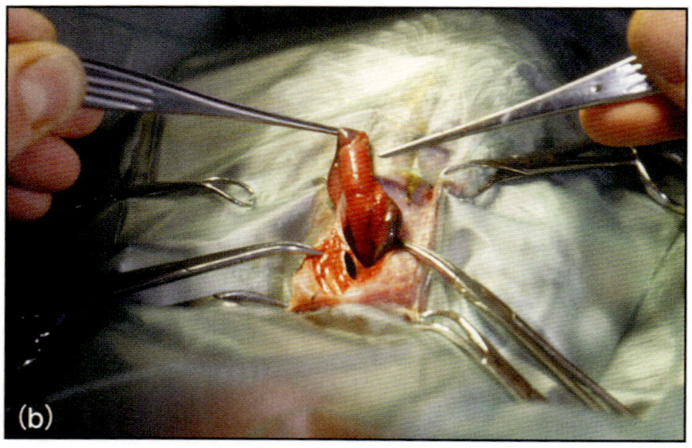

図10.10
(a) 排泄孔から腫瘤が突出したヨウム．腫瘤は丁寧に洗浄された．腸であるように見えた．(b) 正中線開腹術により腸が調べられた．重積が確認され，腫瘤を減少させることに成功した．

である．これらの血管鉗子は低圧により組織侵襲を避け，組織のズレを防止するように設計されている．鉗子は個々に使用されるか，できれば棒状または長方形状に使用する．その場合，組織の両断端部は隣接する．針を繊細な組織に通すとき，針自身の湾曲に沿うことは重要である．さもなければ，過剰な針穴が作られる．指の回転による弓状器具の動作はこの問題を最小限にする．

腸吻合

腸吻合は0.7 m(6/0)から0.2 m(10/0)縫合糸を用いた端端縫合による，単純並置縫合にて実施される．腸が直径2 mm以下の場合6～8本の単純結節縫合が行われる(血管吻合と同様)．腸が2 mm以上の場合，連続縫合を行う．連続縫合の利点は，手術時間が短い，吸収率の改善，漏出リスクの軽減，組織刺激の減少および内皮化の改善である．

巾着のような構造になったり，縫合部領域の食物の通過を損なう恐れがあるため，連続縫合はきつく縫合しすぎてはならない．縫合糸は最初に12時の方向から6時の方向で行われ，腸の尾側方向から頭側方向に行われる．繋ぐ予定の腸の断端部のサイズが不平等であったり，端端吻合が技術的に難しい場合，側側吻合あるいは側端吻合技術が用いられる．側側吻合技術が用いられた場合，断端部分は縫合糸かヘモクリップで閉じられる．片方の腸をもう一方の腸の上に移動し，開口部が作られる前に吻合の後ろの部分が縫合され，そして前方の部分が縫合される．必要であれば，前方の修復縫合は先に設置する．

腹部正中切開術

このアプローチは，体腔の多くの部分が可視化されない方法だが，小腸の手術，膵臓の生検，肝臓の生検，排泄腔固定術に有効である．また，腹膜炎，卵停滞，および総排泄腔脱などのび漫性腹部疾患で用いられる．鳥は仰臥位に置かれ，正中線を消毒し，両脚は尾側に外転する．腹壁の皮膚はテント状にされ，最初の切開は鋏あるいは単線のX線電極により行われる．医原性内臓損傷を防ぐために注意する．切開は小腸の上より，尾側の排泄腔上の方が危険性が少ない．切開は細い鋏によって開かれる．このアプローチ方法は正中の両側のどちらか一方にフラップを作り，アクセスしやすいように，頭側は肋骨辺縁に沿って，そして尾側は恥骨へ切り開く．この方法は尾側の卵管子宮部および排泄腔にアプローチしやすい．

排泄腔の疾患

排泄腔の疾患は飼育鳥において一般的であり，その原因もさまざまである．例えば，乳頭腫，腫瘍，尿結石，マイコバクテリウム症，寄生虫，卵管疾患あるいは異常行動(過剰性行動および優位性の欠如)による排泄腔脱が起因する排泄腔炎などである

排泄腔からの臓器の脱出

部分的な排泄腔脱または排泄腔腫瘤の脱出(乳頭腫，腫瘍またはマイコバクテリウム性肉芽腫の鑑別診断については5章を参照のこと)は別として，結腸，尿管および卵管の出口接合部が外転する可能性がある部位で，完全脱出は起こりうる．あるいは，卵管脱または腸脱の場合もある(図18.4および図10.10)．組織の鑑別は重要であり，脱出している構造物の大きさにより，評価される(Best, 1996)．脱出のある鳥は極度にショック状態であることが多い．補液，鎮痛，抗炎症治療が必要である．結腸脱または卵管子宮脱が見られる場合，重責があることは必然的である．この場合，排泄腔を通して脱出した器官を押し戻し，巾着縫合をしても，良好な結果にはならない．この場合，体腔切

開術を行い，重責部分の緩和または除去を行う．

排泄腔の乳頭腫

排泄腔乳頭腫は，特に南米の種（コンゴウインコとボウシインンコなど〈図10.11〉）によく認められる．これらすべての鳥は，一般臨床検査時に乳頭腫を確認するため，後鼻孔と排泄腔検査をする．一つ以上の綿棒を排泄腔内にいれ，排泄腔の内壁を外転させるため，慎重に引っ張る．13章に排泄腔乳頭腫の追加的な健康への影響の詳細が記載している．排泄腔脱，結腸脱，卵管脱は，特に脱出した組織が壊死している場合，非常に類似している．排泄腔の組織学検査が進められる．

多くの治療が提案されており，1日おきの硝酸銀の使用，食餌中の2%のカプサイシン，自家ワクチン（高い抗原性）（Krautwald-Junghans *et al*., 2000），凍結手術，放射線療法およびヤグレーザー治療などである．

排泄腔切開術は最良のアプローチ方法であり，乳頭腫を外科的に完全に切除することができる（Dvorak *et al*., 1998）．鳥は背側横臥位に置かれる．腹部正中切開は，皮膚，排泄口括約筋および肛門道の排泄腔粘膜を鋏にて切開する（図2.12を参照）．出血はラジオ波手術バイポーラー鉗子でコントロールする．乳頭腫の切除後，排泄腔粘膜は1.5 mの（4/0）合成吸収糸を用いて単純連続縫合で行われる．排泄口括約筋は1.5 m（4/0）合成吸収糸にて水平マットレス縫合で実施され，皮膚は同様の吸収糸で単純連続縫合で実施される．

膀胱粘膜剥離，除去は哺乳類で癌腫の治療として広範囲に用いられている（Wishnow，1989）．排泄腔粘膜剥離，除去は一羽のボウシインコで報告されている．鳥は粘膜剥離，除去に耐えられるとの報告はあるものの，それは，乳頭腫の再発を防げない（Antinoff と Hottinger, 2000）．排泄口狭窄は広範囲な排泄腔手術で起こる可能性があり，耳鏡を使用した定期検査時の伸展で対処できる．軽度狭窄は，産卵によって予防できる．現時点では，病因は自然発生的な伝染病であり，これらの症例は予後は長期的であり，完全な外科的治療は現在のところ疑問視されている．

図10.11 排泄腔の乳頭腫を示したルリコンゴウインコ．

排泄腔結石

排泄腔結石は硬く粗面な尿酸塩の塊である．排泄腔結石はまれであり，病因は不明である．筆者は肉食鳥において最も頻繁に結石を確認しており，特に数日内に営巣行動，あるいは育雛行動を経験した鳥において観察されている．それは，鳥が糞便を排泄する回数が正常時よりも少なくなっているからかもしれない．鳥は繰り返ししぶり腹を呈し，しばしば少量の痕跡程度の血液を排泄する．状態は排泄腔の指診で診断する．鳥は麻酔され，排泄腔結石は動脈鉗子で粉砕し，小さくして摘出する．鎮痛薬と抗生物質を投与する．しばしば排泄腔腹壁側に重篤な炎症が存在する．鳥は再発の確認のため，排泄腔内の内視鏡検査を処置後10～14日で行われる．

排泄腔固定術

排泄腔脱は通常，排泄腔固定術が行われる．排泄腔脱は繁殖行動過多の鳥に多く認められ，バタン類に多く認められる．行動学的治療は重要であり，主にその鳥に対する優位性を得ること，心理学的，栄養学的に性行動への衝動を減らすことである．

綿棒を排泄腔に挿入し，腹部の排泄腔内に張力をかけ，位置を確認する．排泄腔の一番前の部分で皮膚横切開が行われる．排泄腔の薄壁を切開しないように気をつける．排泄腔腹側部分に存在する脂肪層を除去する．重症例では2本の縫合糸が設置され，一方は左右第八肋骨付近，そして，それぞれの縫合糸はそれぞれのサイドの排泄腔で全層を通し，排泄腔壁が肋骨と並置されるようにきつく結ぶ．これを達成するため，針は腹壁の外側表面から通し，第七，八間の肋間間隙を経て体腔内に入る．針は体腔開口部（排泄腔に隣接した）を経て外側に出される．針は排泄腔壁を経て腹腔内に戻り，腹壁に戻る（中から外へ）、ちょうど尾側から第八肋骨である．二つのさらなる縫合糸が排泄腔壁と腹壁間に間で縫合される．

外科手術が排泄腔脱を制御できたとしても，特に行動異常が存在している限り，再発はよく見られる．しばしば排泄腔形成手術が排泄腔固定術と同時に実施される．

排泄腔形成術

排泄口括約筋のアトニーがある場合，排泄腔形成術が推奨される（排泄腔開口部の直径を減らすため）．切断部の辺縁を治癒させるため，排泄口の内部マージンは(側方または背面の部位)，円周の最高60%削除される．辺縁は，排泄腔開口部の直径を減らすため左右に縫合される．この状態は，自慰を行う性欲過剰のバタン類に，しばしば起こる．基礎疾患である行動異常あるいは性ホルモン異常が解決されない限り，排泄腔は再度伸展する可能性がある．

腹部ヘルニア

腹部ヘルニアは，雌の肥満のインコで最も一般的であり，特にバタン類とセキセイインコで認められる．腹部ヘルニアは繁殖やホルモンの影響あるいは空間を占有する体腔内腫瘤の他の理由に関連して，しばしば起こる．高エネルギーの食餌は肥満に繋がり，さらに産卵を促す(それぞれ，肝臓の増大，卵胞の活性化)．手術を考慮する前に鳥は種子主食の食餌からバランスのとれた食餌(ペレット食)にするか，新鮮な食餌にする．運動を実施すべきであり(毎日30分間のウォーキング)，体重減少が重要である．

鳥類の腹部ヘルニアは哺乳類の臍または鼠径ヘルニアと異なるが，腹壁破裂と類似している．特異的なヘルニア輪の代わりに，筋線維の菲薄化および若干の分離が認められる．欠損部分を引き合わせる手術は効果的ではない．鳥はヘルニア整復手術時に卵管摘出術を勧めるべきである．その後，縫い代は腹筋で実施されることがある．飼い主にはこの手術が効果的でないことを知らせるべきであり，さらなる追加手術が必要である可能性があることを伝えるべきである．

追加的な手術は，非吸収性のメッシュ素材を用いて，現在の欠損部または将来的に欠損する可能性がある部分に設置する．このような手術は肥満の治療後，腹部ヘルニア部分の外傷か皮膚の擦過傷を起こす場合に考慮する．広範囲な両側フラップ腹部正中切開術が適応される．外科メッシュあるいはコラーゲンシートは両側に恥骨から胸骨と同位置の第八肋骨に取り付けられる．外科メッシュは通常，持続性が高いが，手術中の滅菌には注意を払うべきである．手術は食餌の変化と体重減少によって回避する方が望ましい．時に，腹腔内脂肪腫，嚢胞，腫瘍あるいは他の腹腔内を専有する腫瘤の続発症としてヘルニアが形成される場合がある．

気管切開術

この手術は，鳴管か気管アスペルギルス症あるいは気管内異物の取り出しに最もよく実施される．この技術は猛禽類よりもインコ類でより経験が必要であり，インコの遠位気管はかなり狭窄しており，この病巣の内視鏡での治療はより難しい．

気嚢挿管は，気管手術を行う前に行われなければならない．皮下注射針を異物の遠位で気管を貫通させることにより，異物が尾側に通過することを防ぐ．鳥は頭部を術者に向け仰臥位にする．鳥の正面を尾より45度の角度で持ち上げ，胸郭内の内部外科手術の可視化する．皮膚切開は，胸郭入口の位置にて実施される．嗉嚢を確認し，鈍性剥離し，右側にずらす．鎖骨間気嚢に入り，気管を持ち上げる．胸骨気管筋肉(両側性に気管の腹側に付着した)は，横切開する．前方に侵入できるように気管内に支持糸を設置する．多くの種において鳴管の完全なる露出は困難である．

気管切開術を実施する．気管軟骨の間の靱帯を通し，気管輪の半分を切開する(11号メスを使用)．異物はVolkmann鋭匙を用いて摘出される．異物(例えば種子)は気管切開術により摘出されるが，適切な大きさのカテーテルやプローブを用いて頭側に移動させ，皮下シリンジを用いて空気を押し込み声門から押し出す方法もある．切開は単純結節縫合(0.7 m〈6/0〉で最大2，3回のみ)で縫合し，切開部の両側の二つの気管輪を含む．追加アプローチが必要な場合，浅胸筋を持ち上げ，鎖骨を切断することもある．鎖骨の閉鎖において，鎖骨の両断端は，並置するが，再結合しない．筋肉を所定の位置に戻し，縫合する．嗉嚢を所定の位置に戻し，吸収糸を用いて連続縫合にて鎖骨間気嚢上に密着させる．皮膚は定法によって縫合される．

気管切除術

重度気管狭窄は，通常外傷(特にコンゴウインコにおいて，気管挿管と関連していることが多い)または感染症の続発で起こり，患部組織の気管切除と除去を行う．病変の部位によるが，多くの種で，最高五つの気管輪を除去することができる．その場合，気管腔内肉芽腫形成のリスクを最小限にするために，生体反応を最小限にする縫合糸(例えばポリジオキサノン)を用いて，軟骨を緊密に並置する．術中の気管組織への外傷を最小化する．並置と吻合を容易にするために，切除時に気管に支持糸を設置する方が良い．2～4糸(鳥のサイズにより)を仮縫合したあとに，すべて結紮する．

生　検

肺の生検

肺の生検検体は，気嚢を経て内視鏡で採材されるか，外科的に採材される(筆者の好む方法)．高解像度のX線は外科医にとって利用価値があり，生検で最も役立つ結果を得られる，肺組織における顕著な異常の位置

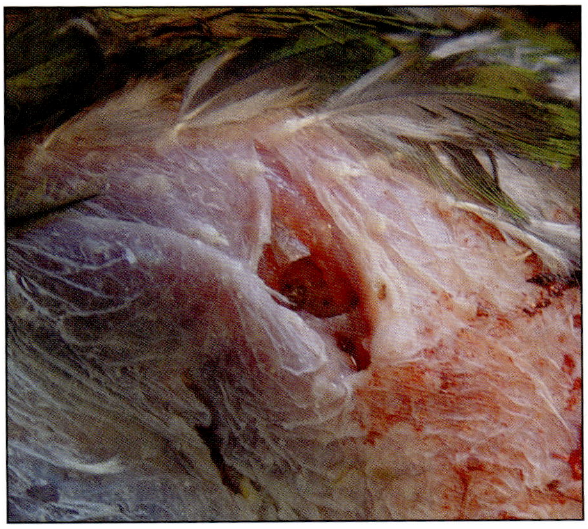

図10.12 肩甲骨尾側と第五肋骨中間部位における肺生検を示したボウシインコの死体.

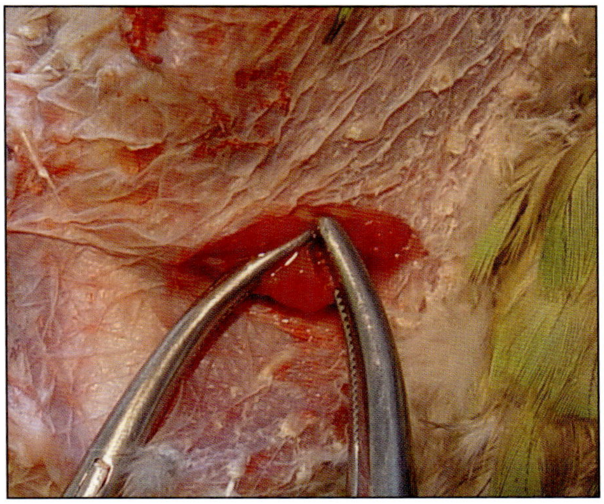

図10.13 微小止血鉗子で肝臓を三角形分割にしているボウシインコの死体. 切開部位は正中線より1 cm 左側で, 胸骨から0.5 cm 尾側である.

を示す. 鳥を横臥位におき, 脚を尾側に伸ばし, 翼は背面に外転する. 第五(八つのうち)肋骨は, 典型的に肩甲骨の尾側端に位置する. 皮膚は肋骨の上で肩甲骨から鉤状突起の位置まで切開される. 続いて肋骨を切開する. 肺組織は両肋骨部で可視化される. 肺の上の肋骨の一部(0.5 cm)は切除され, 肋骨の下で虹彩鋏を用いて生検が採材される(図10.12). 皮膚はその後単独で縫合される.

肝臓の生検

鳥を仰臥位に置き, 皮膚と腹筋を2～3 cm 胸骨の尾端部, ちょうど側面から正中に向かって平行に切開し, 胸骨の尾端部から0.5 cm 尾側に切開する. 肝臓は, 胸骨の下に確認される(図2.10を参照)肝臓は, 顕著な病変があった場合必ず検査する. 特異病変が見られる場合, その部位からの生検が実施される. 病変がない場合, 楔状生検は肝臓の左葉, 右葉の尾側縁から採材される. どちらの状況でも, 2対の細い動脈鉗子で三角を作り, くさび形の肝臓組織を分離する(幅1 cm, 深さ0.75 cm)(図10.13). 肝臓の切片を切除し鉗子は約1分後に取り外される. 別法として, 単極ループ電極を使用し, 生検の検体を採取する. その場合, 組織と接触する前に電力を流し, 切開部と検査される組織の間に十分なマージンがあるか確認する. 焼灼した組織は, 病理組織学的検査に適していない.

膵臓の生検

多くの膵臓病が報告されているが, アミラーゼとリパーゼ値の臨床的重要性はあまり研究されていない(Fudge, 1997). しかし, アミラーゼ値が4倍まで上昇している場合, 膵臓病を示唆するかもしれない. 現在, 病理組織学的検査が診断のため選択できる(Speer, 1998). 鳥類の膵炎を伴う臨床徴候は, 食欲不振, 腹部不快感(疝痛), 体重減少, 多尿, 多飲, 腹部膨隆, 多食または薄色の大きな糞便であるが, 多くで症状を示さない.

鳥を麻酔し, 気管挿管し仰臥位におく. 頭尾側方向の小切開(1～2 cm)が腹部正中領域で実施される. 下にある内臓に損傷を与えないように注意する. すぐに小腸の十二指腸係蹄の膵臓葉の位置を特定し, 引き出す. 背側および腹側膵臓ループは, 膵臓動脈によって分離される(膵臓動脈を傷付けてはならない). 病変が膵臓の他の領域で明瞭である場合においても, 最遠位端を採材する. この手術を安全に実施するため, 生検の採材前に膵臓の遠位端は持ち上げられ, 下の組織に動脈がないかどうか検査する. 特異的な病変が見られる場合, それが腹および背葉(脾臓葉ではない)であった場合, 手技は残存した膵臓組織への動脈供給のダメージを受けることなく, 達成される. 切開部は常法にて閉じられる.

腎臓の生検

腎臓の生検は腎臓病の診断のために頻繁に行われる技術である. 技術的には簡単であり, 内視鏡下では危険性が少ない.

他の手術

腹部気嚢設置は8章を参照のこと. 副鼻洞手術は14

章を参照のこと. 卵管停滞(難産)は18章を参照のこと.

無声化処置

鳥の無声化は, 王立獣医大学によって重大な損傷であると考えられており, イギリスでは違法である. 禁止されていない国であっても, 短期間から長期間の不確かな利益しかもたらさない. 多くの鳥は外科的に無声化処置をされても発声し続ける.

術後の治療

術後治療は, 手術結果に大きな影響を及ぼす. 自咬の予防, 迅速な回復, 十分な疼痛管理および輸液, 保温および栄養補給と同時にストレスの軽減は必要不可欠である.

11

整形外科および嘴の外科

Nigel H. Harcourt-Brown

硬組織外科の道具

外科医は多くの外科用器具を選択し，使用することを好む．多くの外科器具がそれぞれの外科医によって，異なる技術のために用いられる．以下は著者の好みである．

拡大鏡

整形外科のために来院する大部分のオウムの体重は100 g から 1 kg の間である．多くの外科技術において拡大鏡の使用は役に立つ．拡大鏡の使用にはいくつかの方法がある．安価な方法は円形の蛍光によって囲まれる拡大レンズを購入し，手術用照明器のように使用する方法である．乾燥した組織に滅菌生理食塩水を滴下することにより，露出した組織の乾燥を防ぎ，定期的に水和する．手術顕微鏡を持つ診療所もあり，それは非常に有効であるが大きくて高価である．光学拡大鏡は，最善の妥協である．それらは小さく，置き場所に困らず，使用しやすく，手頃な値段である．3倍のパノラマ拡大鏡は使いやすく，多くの会社から発売されている．いくつかの拡大鏡は光源と合体している（10章）．

器　具

大部分の整形外科（または硬組織）手術は，硬組織を扱うと同様に，軟部組織を通過させるために用いる小さな器具も必要である．下記に挙げた器具は特に有効である．

- Backhaus 小児用タオル鉗子，7.5 cm
- Bard Parker メスホルダー，No.9
- Stevens 切腱術直鋏，10 cm
- Metzenbaum 直鋏，15 cm
- 虹彩鋏，先細，直鋏，11.5 cm
- DeBakey 組織鉗子，15 cm，直，非外傷的，1.6 mm 鉤
- Gillies 剥離鉗子，15 cm，鉤は1から2個
- McIndoe 組織用ピンセット，15 cm，鉤なし先端ギザギザ加工
- Microjeweller ピンセット，No.5
- Halstead モスキート動脈鉗子，11.5 cm，先端直
- Halstead モスキート動脈鉗子，11.5 cm，先端曲，フラット
- Halstead モスキート動脈鉗子，11.5 cm，曲，平たい鉤，1～2歯
- Fosters 持針器，12.5 cm
- Ryder（マイクロ）持針器，15 cm
- Allis 組織鉗子，アメリカ版，15 cm
- Alm リトラクター，10 cm
- 小型 Travers リトラクター
- 小型 West リトラクター
- 骨鉗子，例えば小型 Friedmann および骨切は小型サイズのものを利用できる．これら，小さく繊細な咬合部の器具は慎重に用いられるべきである．鳥の骨はとてももろく，容易に砕ける．よって組織を大きく挟むと，より危険性が増す．
- 骨の操作
  - 良質な関節鏡検査フック
  - 歯科用のエクスカベーター：Ash Patt 125/126 と Ash Patt G2
  - 歯の骨膜起子：No.9 および Clappison,CA/OA
- 小型 Volkmann の鋭匙
- 多様な幅の小型 Hohmann リトラクターも有効
- 直径2.5 mm までの小型ピンバイス（チャック）
- オウムの骨内へのピン操作に動力器具を使用することが必要でないが，小さい穴を穿孔することは難しい．23 G の針付きの2 mL の注射器を回転させることにより，小孔を開けることもある．針が鈍るか湾曲する場合，取り換える．Stratec ミニドリルは1.1 mm までのドリルビットを装着でき，骨を破壊することなく，小さな骨片に穴を開けることができる，利用価値のあるものである．ノコギリとピンを含む多様な取り付け器具がある．
- IMEX のポジティブプロファイルスレッデッド

（ねじ山増高）ハーフピン 0.9，1.2，1.6，2.0 mm（すべて長さ 75 mm）

- IMEX のポジティブプロファイルスレッデッド（ねじ山増高）フルピン 2.0 mm
- IMEX 小型クランプおよび連結ロッド
- Kirschner 鋼線：0.8 mm から 2 mm
- 化学金属あるいは，メタクリル酸メチル
- Cerclage ワイヤー 0.4 mm（24 G）；0.6 mm（22 G）；0.8 mm（20 G）
- 適切な縫合糸：ポリジオキサノン 1.5 m（4/0）および 1 m（5/0），ポリグラクチン 910，2 m（3/0）および 1.5 m（4/0）；コーティング，ブレード，ポリエステル 3 m（2/0）および 2 m（3/0）

オウムの跛行

鳥が獣医外科医に連れてこられるほど長期間，跛行を示している原因が挫傷や捻挫であるということはまれである．この診断は跛行の原因がすべて除外されなければならない．結論を急がないことと，原因が一つではないと考えることが重要である．鳥には跛行を起こすような明らかな創傷があるかもしれないが，もしなければ，必ず検査を行うべきである．長期飼育下の鳥は，しばしば栄養不足により跛行を起こし，最近輸送された鳥，最近購入された若齢鳥は感染症に罹患していることがあり，それによりぎこちなくなったり，自傷行為を起こすことがある．

所有者に既往歴を聞いている間，鳥を観察する．異常行動が認められ，翼の位置は問題なく，片方の足ばかり好んで用いるかどうか観察する．所有者は翼が落ちていることに言及することが多いが，それは翼が悪い姿勢に耐えていることを意味する．既往歴を聴取したあと，獣医外科医は鳥かごに接近し，検査するが，行動を再び観察すべきである．

次に，罹患鳥を慎重に捕まえる．止まり木をいくつか外すことが有効である．一般的な臨床検査を行い，跛行が認められる四肢を検査する．一般的に，跛行を示した鳥は全身麻酔下で検査を受けさせるべきである．通常，さらなる検査を必要とする．

- 全身麻酔の導入，その後の全身の再検査
- もし，両脚跛行の場合，脊椎を触診する．特に脊椎，複合仙骨と脊椎の接合部を触診すべきである．この接合部の検査のため，羽を濡らすことは有効である．
- 跛行を示した肢と正常肢の比較検査

鳥が翼の問題を持っている場合，

1. 鳥は仰臥位に置き，第二翼羽，第三翼羽を持って両翼を完全に広げると，二つの翼の間に抵抗の違いを感じる．
2. 翼を放し，翼の弾力性がどのくらいか，翼を引いた時の屈曲性を調べる．影響の受けた翼は伸展に抵抗し，無影響の翼に比べて屈曲性が悪い（これは感覚的な試験である．多くのオウムはあまりよく飛べないため，翼の伸展は悪いが，その場合両側とも等しい）．
3. 長骨をもう一度検査し，両翼を一度に触知する．
4. 両関節を検査する．
5. もし，どちらの翼が問題があるか明確でなかった場合，羽毛に注目する．羽毛が均等でなかった場合，片方に問題があり，もう片方には問題ないということである．

脚も同様な方法で検査する．

1. 第三趾爪を引っ張ることにより両脚を伸展する．
2. 脚を放し，繰り返す．脚に抵抗があったり，正常な位置に戻りづらい場合は，問題がある．
3. 長骨と関節を触診する．
4. 脚の足底面を調べる．長期の圧迫は皮膚の感触を失い，趾のパッドは平坦になり，脚鱗の形がなくなる．皮膚は薄くなり，皮下の構造が見えやすくなる．片側の変化は，その鳥がどちらか片方の足が跛行していることを示し，あまり影響を受けていない足底表面に現れることが多い．跛行あるいは疾患が長期の場合，変化はより明確に現れる．

次のステップは X 線画像である．背腹側とラテラルの全身像，そして特定の肢の X 線画像が必要である．所有者への正常な画像への理解を促すため，反対側の肢の X 線画像は有効である．一般種の正常像の「図書館」を作ることも同様に有効である．2 方向の X 線画像が必要であり，肘と手根部はわかりにくい場合もある．放射線医が一次ビームの近くで，鉛のグローブをはめて保定しなければならない症例もある．関節障害のある鳥は，関節痛を伴う撮影が必要であるかもしれない．

骨折とその治療

オウムは，鷹匠の鳥や野生の鳥よりも骨折が少ないようである．喧嘩と咬傷によって起こる骨折は皮膚創傷と挫傷を起こす．皮膚は血液供給が止まり，乾性壊死を起こす可能性がある．このことは予後に反映する．皮膚の大きな領域の損傷があった場合，皮膚壊死の可能性が高くなり，鳥の青あざは内出血の可能性があり，

素早く緑になる．それは「正常初見」である．

多くの小動物整形外科で使われる技術が，鳥に応用される．しかし，鳥はさらに小型であるということ，哺乳類と比べて，骨は極めてもろく，薄い骨質と大きな髄腔を持つことにより，いくつかの改良を加えなければならない．

骨折整復術には多くの報告がある．以下の方法は，各々の骨折に用いられるだけでなく，大多数の症例で成功しており，ほとんどの動物病院で実施可能な方法である．髄内ポリジオキサノン(PDS)ロッド，シャトルピン，プレートとネジなどの技術は省略する．

骨粗鬆症

骨粗鬆症は質の悪い食餌を与えられている成鳥で認められる．骨粗鬆症がX線画像上で認められるより前に顕著な骨質の消失が起こるだろう．ヒトにおける実験では，X線画像上で変化が認められるには，40%の骨密度の低下が起こるとの報告がある．鳥において骨と軟部組織のコントラストの低下，および骨皮質の低下が認められる．骨粗鬆症が骨折の誘因である場合，

- 骨折を初日に整復しないこと．
- 必要に応じて鳥のカルシウム，リンの摂取を補助すること．
- ビタミンDの摂取あるいは日光浴をさせる(Stanford, 2004a, b)．

橈骨および尺骨の骨折

鳥が飛行中，あるいは羽ばたき中に硬い何かに翼を打ちつけた場合に，尺骨が骨折することがよくある．たとえ，尺骨が翼の後縁で，橈骨よりも大きい場合であっても，尺骨は単体で骨折することがある．この骨折はどの大きさのオウムでも認められ，しばしばコンゴウインコでも認められる．橈骨が損傷を受けていない場合，尺骨はケージレストで治癒する．包帯法は必ずしも必要でなく，骨癒合症の形成の危険が増す(後述)．鳥はストレッチしたり，羽づくろいするだけの十分な広さがあるケージで4週間安静にする．通常尺骨は，綺麗に治る(図11.1)．

橈骨は，より小さい骨であるが，通常オウムでは単独での骨折は少ない．位置がほぼずれていない中央骨折の場合，ケージレストだけで十分である．骨折が肘の近くの場合，二頭筋腱は近位断片を動かしてしまうため，治癒を妨害してしまう．遠位骨折は，顕著にズレが起こる．両症例において，骨は髄内Kirschner鋼線で支持する．この骨折は逆行的に挿入され，手根骨領域からピンを出し，ピンの鈍端は髄腔の反対の端まで進める．外科アプローチは，触診によって決定し，短い断片は，遠位断片に続く筋肉を通して突出する傾向がある．ピンは肘関節に貫通させてはいけない．また，ピンの挿入時に手根部は湾曲させておく．ピンは短く切り，湾曲させ，皮膚で覆う．術後に4～6週で抜ピンするまで，鳥はケージ内で安静にする．尺骨の骨折と同様に翼の固定は問題を生じることがあるため必要でない．

橈骨と尺骨の両方を骨折する場合もある．小型鳥(例えばセキセイインコ)において，しばしば顕著な腫脹を呈することがあり，ケージレストのみで骨折を治癒させることもある．包帯法による固定で治療可能である(図11.2，11.3)．治癒中，固定により，仮骨が形成されるが，橈骨と尺骨の癒合も同時に起こる．この骨癒合は翼が正しく機能するのを妨害し，整復するのは非常に困難である．可能であれば，橈骨と尺骨の骨折は外科的整復が望ましい．時に，両骨折は固定を必要とするが，髄内ピンを用いた整復の場合，ケージレストを併用すれば，十分である．翼を動かしたままにすると(しかし，体重は支えらえられない)骨癒合はまれである．

尺骨は背側表面に第二翼羽が付着していることを留意する．しかしながら，尺骨は髄内ピンで固定することができ，ポジティブプロファイルスレッデッド(ねじ山増高)ハーフピンを用いて外固定することで最も安定する(この技術を用いた足根中足骨骨折を参照のこと)．Coles(1996)によると翼にフィットする層状の

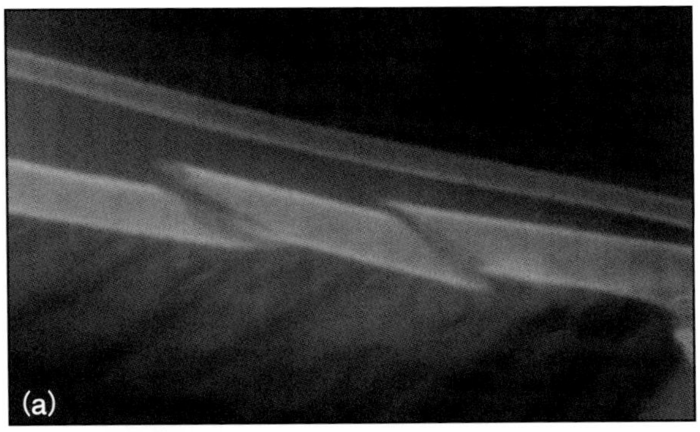

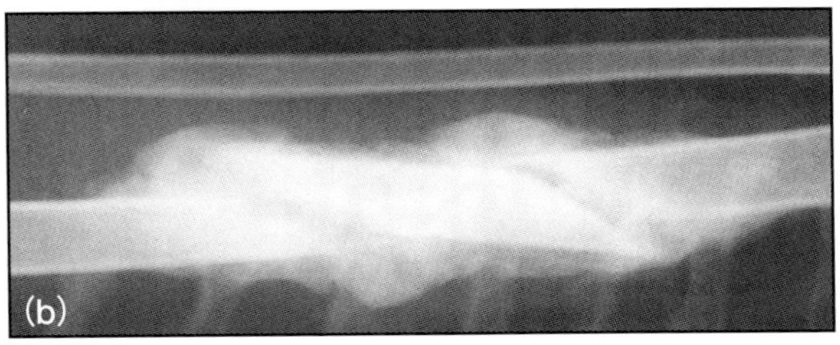

図11.1　(a)ルリコンゴウインコが，僅かに「下垂した翼」と飛行しないという症状を示した．ケージレストにて尺骨の粉砕骨折を治療した．(b)骨折は，4週間後に正常な仮骨形成を示し，骨癒合症にはならなかった．

図11.2 このボタンインコ属のような小型鳥では，粘着性包帯をボディーラップし，頭側の翼の部分を巻き，第一翼羽の遠位端にもう一枚巻く．二つの包帯は3枚目の包帯によって，繋ぎ合わされる．これにより，包帯が体からずり上がって外れることを防ぐ．脚の立ち位置に注意する．時々鳥はこの包帯法に妥協せず，立ち上がることを学ぶまで入院が必要なこともある．

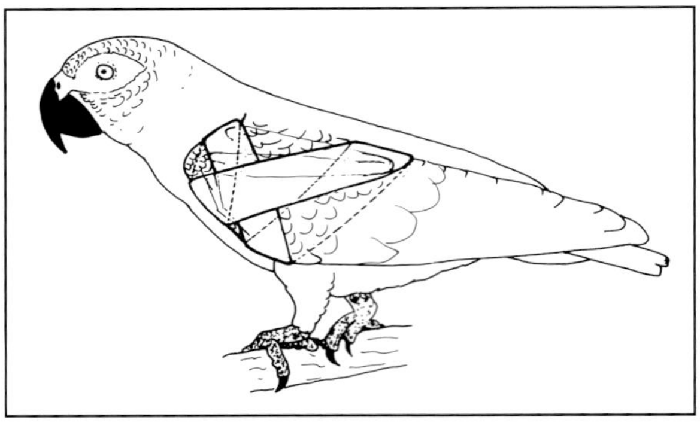

図11.3 大型鳥は翼の包帯法単独で行うことができる．8の字包帯法は翼の制限に用いられる．粘着性包帯は使用する必要はない．包帯は手根と肘を覆うが，このイラストでは点線の部分がそれにあたる．鳥が容易に包帯に慣れるとしても，鳥が包帯に満足するまで，入院するべきである．また包帯の除去を予防するためにカラーが必要である．

VetLite(熱硬化性キャスティング材料)を使用し，第二翼羽の軸の周りにループを作って縫合し，VetLiteに通して結紮する．尺骨尾側は顕著に湾曲していることを留意する．

脛足根骨骨折

多くのペットのオウムにおいて，脛足根骨は主要な体重支持長骨である．一般的に外部からの外傷によって，骨折が起こる．この場合，ちょうど腓骨稜遠位端に単純骨折が起こる．IDの足輪が突出したワイヤーに引っかかってしまうオウムもおり，脛足根骨より遠位1/3の場所に螺旋状粉砕骨折を起こす．両骨折は，髄内固定と回転防止処置を必要とする．後の骨折は，より難しい．髄外固定連結髄内ピンは，小型オウム以外のすべての鳥に最善の固定方法である．

脛足根骨の中央骨折の整復

この骨折を整復する多くの技術が報告されている．最も早く簡単で信頼できる方法は近位および遠位フルピン連結髄外固定フレーム固着髄内ピン(i/m ピン)である(図11.4)．

1. 全身麻酔下において，羽毛を切るよりも，羽毛を抜くことにより，手術部位を準備する．皮膚を緊張させ，少量の羽を成長方向に逆らって引き抜くことが最善の方法である．
2. メタノールアルコール入りのクロルヘキシジン(IMS)で消毒する．
3. 滅菌ビニールドレープを用いる．軽い素材であり，裏に浸透せず，鳥の呼吸などが観察できる透明素材である．
4. この方法を用いて，脚の横方向および正中方向にアクセスできるようにする．

近位脛足根骨から通常の等級の髄内ピンを挿入することができる．この方法は非常に難しく，多くの外科医は骨折部位を脛骨骨頭側および内側腓腹筋の間から頭内側アプローチを経て骨折部位を切開することが，早く簡単であると考えている(図2.7b参照)．筋肉は，皮下組織によって一緒に保持される．皮膚の切開後，筋膜は切開される．そして，腓腹筋は頭側脛骨筋肉から容易に乖離される．頭側脛骨筋肉は脛足根骨幹に付着している．しかし骨折時，筋肉は骨幹から乖離しているため，外科アプローチは容易である．関節鏡検査フックまたは小さいHohmannのリトラクターにより近位骨片を持ち上げ，髄腔にアプローチするのを補助する．

1. 片側髄内ピンを用いる．近位骨片を探す．通常遠位骨片を超えて位置する(図11.4a)．
2. 近位骨片より，套管針の鋭利な断端を髄腔内に挿入する(図11.4b)．ピンを髄腔の頭側表面まで進めると，膝の関節の外側の頸足根骨から出される．処置中，膝は折り曲げておく．
3. 骨折を整復する．ピンの鈍端は遠位骨片内に配置する．鈍端は鋭利な先端よりもピンが髄腔内から離れてしまうことを防ぎ，足根骨間関節を貫通することを防ぐ(図11.4c)．鋭利なピンは遠位脛足根骨の関節を押し，脛骨軟骨を走行する屈腱を突き抜けることは容易である．(図2.7aを参照)これは，一時的，あるいは永続的な足の障害を引き

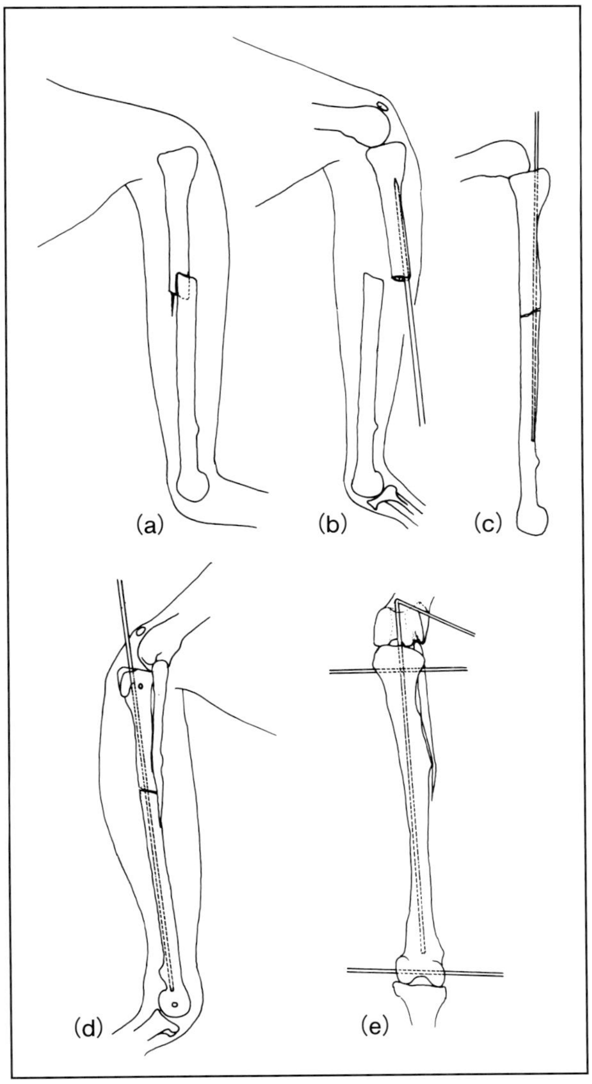

図11.4 ヨウムの脛足根骨骨折の治療方法.

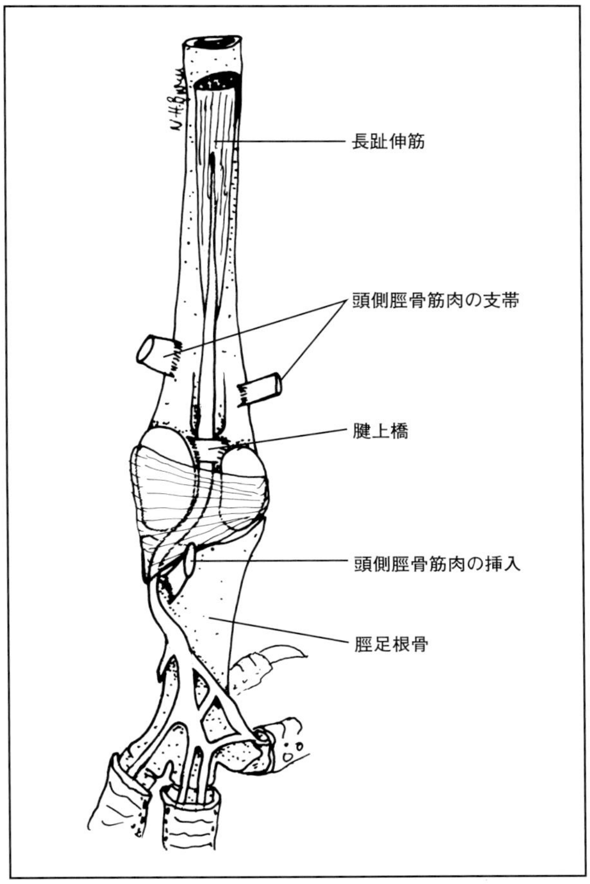

図11.5 頭側の足根骨間関節は二つの腱の挿入があり横切っている. 表面の頭側脛骨筋肉は, 支帯によって保持されており, 神経血管束もまた支帯を通り抜けている. これよりも深部では, 長い趾の伸筋腱は, 骨の近くを通っており, 腱上橋と関節包の線維部分により保持されている. この領域の骨折は, 仮骨が含まれている場合では, 非常に難しくなる. 尾側では, 関節は, 脛骨軟骨と趾屈筋腱に密に関連している(図2.7を参照).

起こす.

2本のフルピンにおける外固定は骨折部における回転を防ぎ, 粉砕骨折の付加を防ぐ. 直径1.6か1.2 mmの Kirschner 鋼線は利用可能である. 現在ポジティブプロファイルスレッデッド(ねじ山増高)ピンは, 2 mm のサイズのみ入手可能である.

1. 側面から, 近位側のピンを挿入する.
2. 腓骨を触診する. 頭側腓骨と近位腓骨稜にピンを配置する. この方法は腓骨と脛足根骨の間を走る動脈, 静脈と神経を回避する. 腓骨と脛足根骨は, 膝関節で強固に接続しているわけではない. 腓骨を突き抜けた場合, 正常な膝の運動は妨害される. それは, 通常腓骨の骨折が起因する. 膝関節に近い位置にピンを挿入した場合, ピンは関節嚢を貫通し, 滑液の持続的漏出の原因となる. これが起こる場合はピンを遠位にずらす.
3. 遠位のフルピンは, 側面から内側顆に穿孔する(図11.4d). 注意深く設置した場合, 他の構造を傷つけない. 遠位ピンを, 遠位脛足根骨幹を通して設置しない. この方法では髄内ピンにぶつかり, 頭側に強制移動される. ピンは腱上橋に対して, 主要な趾の伸筋腱を留めることができる(図11.5).
4. 筋層と皮膚を2 m(3/0)ポリグラクチン910で縫合する. 縫合糸は2週間で脱落する.
5. 髄内ピンを横に曲げ(図11.4e), 創外固定ロッドと連結させる. 大型鳥(ヨウム以上)は, ロッドと連結した小型クランプを使用する. 小型鳥はロッドの代わりにメタクリル酸メチルあるいは, 化学金属で満たしたビニールチューブあるいは Penrose ドレインを用いる. このことは, 過剰な長さのステンレス鋼ピンを Penrose ドレインの中に設置できる可能性がある．

6. 内側接続バーは，できるだけ短くなければならない．あまりに長い場合，それは体壁を傷つける．

脚は術後腫脹を軽減させるため，数日間バンデージし，その後取り除く．定期的にピンと皮膚の接点を確認することは必須である．線維性の外層がピン周辺で形成し，圧迫してピン周囲から皮膚が消失する．この外層が取り除かれない場合,外層は増殖し,ピンに沿って感染し，その下の組織感染が起こり，ピンがゆるむ原因になる．外層は希釈クロルヘキシジンで皮膚を洗浄し，綿棒と小さなプローブを用いて取り除く．

整復は段階的なステージに分類される．2本のフルピンと髄内ピンがある場合，フルピンは3～4週間後に除去し，髄内ピンは短く切り，次の2～4週間後にX線画像上で融合が認められた時に引き抜くことができる長さにしておく．鳥はカラーを装着すべきであり(16章)，さもなければ，羽づくろいで髄内ピンを抜いてしまう可能性がある．ピンを短く切りすぎると除去が難しくなる．ピンを残したままにすると，関節炎や腱炎などの障害を起こす可能性がある．

脛足根骨幹部の中央骨折はポジティブプロファイルスレッデッド(ねじ山増高)ハーフピンを用いて髄外固定のみで整復することが可能である．骨折部位の最善の固定には，3本のピンが骨折部の上に，もう3本のピンが骨折部の下に必要であり，それぞれ二つの骨皮質を貫通させなければならない．この方法の欠点は，骨折を整復し，骨のラインを維持することが難しいことである．もし，この方法が用いられた場合，ハーフピンは除去可能なクランプで留められ，術後のX線画像で確認されなければならない．近位と遠位の骨片が正常な位置で並んでいない場合クランプを緩めて，再調節する．

脛足根骨がまっすぐにならなかった場合，鳥が体重を支える能力に影響し，正常な足に趾瘤症を起こす．

脛足根骨の遠位1/3における螺旋状粉砕骨折

この骨折は，軟部組織が欠如しているため，骨折した骨が皮膚を貫通し，複雑骨折となる．繁殖時の鳥は，骨折後に巣箱内に隠れるため，骨折が数日間見つからない場合もある．乾燥した骨あるいは骨折部位から突出した骨は除去し，感染した骨を清潔にし，抗生物質療法を使用することは骨髄炎を防止することもある．時に，骨折は内側および側面の頭側脛骨筋肉の繋ぎ目に起こることがあり，さらに悪い場合，腱上橋(図11.5)起こることもある．これは予後を悪くする．最小限の仮骨形成のため，整復が正確に真っ直ぐに行われない．術後，足根骨間関節は動きを抑制してはならない．さもなければ，癒着は永久的に鳥の脚を麻痺させる．

骨幹部の骨折と同様に，遠位脛足根骨骨折の最も簡単な整復法は髄内ピンと2本のフルピンである．骨折の「包膜」をはできるだけ傷付けてはならない．外科的アプローチは通常内側であり，この領域は皮膚のみによって覆われている(図2.7を参照)．

1. 上述のとおり，髄内ピンを近位骨折骨片を通して逆行させる．
2. 骨折部を整復させ，ピンの鈍端を髄腔端にスライドさせる．ピンは遠位脛足根骨の髄腔を完全に充填させるだけの十分な直径のものを使用する．足根骨間関節に侵入しないようにする．
3. 頭側近位脛足根骨で，遠位脛足根骨顆を横切ってフルピンを配置する．

開放骨折は予後不良である．長期抗生物質の使用が必要である．マルボフロキサシンは，第一選択薬である．クリンダマイシンも同様に使用可能である．

X線検査

特に感染の可能性がある場合，2週間ごとのX線検査が推奨される(図11.6)．段階的な除去を行う．最

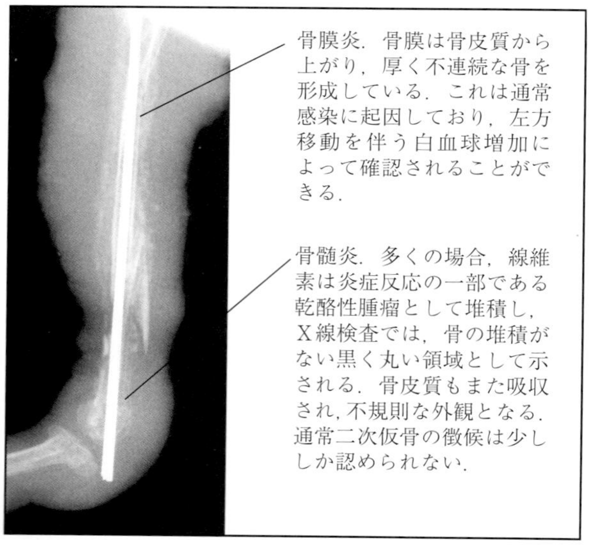
骨膜炎．骨膜は骨皮質から上がり，厚く不連続な骨を形成している．これは通常感染に起因しており，左方移動を伴う白血球増加によって確認されることができる．
骨髄炎．多くの場合，線維素は炎症反応の一部である乾酪性腫瘤として堆積し，X線検査では，骨の堆積がない黒く丸い領域として示される．骨皮質もまた吸収され，不規則な外観となる．通常二次仮骨の徴候は少ししか認められない．

図11.6 バタン類における遠位脛足根骨開放骨折は感染していた．手術後20日で，近位骨の骨膜炎と骨折の遠位部の骨髄炎を認めた．脚は熱感があり，腫脹し疼痛を認めた．遠位骨片は，非常に小さかったため，小径の2本の軟性ピンはRushピンと同様の方法で，骨顆の外側端に設置した．ピンは皮膚を侵食し，上行性感染の原因であった．ピンは残され，足根骨間の皮膚は清潔に保たれた．鳥は，ピンが手術後の6週で除去されるまで抗生物質で治療され，X線検査で炎症像が消失するまで，さらに2週間抗生物質で治療された．骨膜の骨は，次の数カ月でほぼ正常なものまで整復された．

初に髄内ピンを除去するのが最善の場合もあるが，獣医外科医は鳥の行動学的必要性，臨床徴候およびX線検査によって決めなければならない．

脛足根骨上顆のみ無傷で，髄腔がない脛足根骨の骨折の場合，改良型クロスピン法を用いて整復することが可能である（図11.9参照）．多くのオウムが尾側足根中足骨で歩くため，ピンが挿入されている間，障害を生じるかもしれない．

上腕骨骨折および大腿骨骨折

これらの骨の骨折はしばしば複雑骨折からせん状骨折になる．加重により，両骨折は骨が短くなる傾向にある．髄外固定ピンは，骨の長さを保存するために不可欠である．髄内ピンは，まっすぐなラインに保つと同様に，整復のため，より強度を保つ．

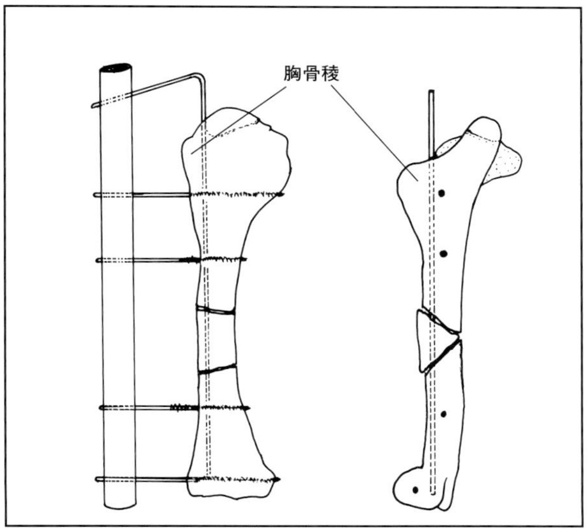

図11.7　オウムにおける上腕骨骨折整復のピンの設置．

上腕骨

上腕骨は，大きな髄内含気骨である．骨折は気腫を引き起こす．野鳥に比べてオウムにおける上腕骨骨折はまれである．

上腕骨幹の整復術は2～6本のスレッデッドハーフピン（骨折の具合と鳥と骨の大きさによる）連結髄内ピンを使用する（図11.7）．

1. 鳥は術中に骨折した翼を伸張,屈曲できるように，胸骨側面の横臥位に置く．外科的アプローチは背側からである．
2. 手術部位の羽を抜き，肘から肩の上までの小さな羽を除去し，消毒する．
3. 骨折部位の皮膚を切開するが，切開しすぎてはいけない．上腕骨の遠位1/3を覆う軟部組織が僅かにある．大きな神経が骨の遠位に存在する（図19.2を参照）．上腕骨腹側にも避けなければいけない場所がある．血管供給も腹側にある（図2.6を参照）．
4. 髄内ピンで髄腔を充満させることは不可能であり，望ましくない．1.6～2.0 mmの片側Kirschner鋼線か鋭端の套管針を用いる．近位骨片を持ち上げて，髄内ピンを逆行させ，ピンを頭横側の表面に近くに保持し，肩関節を回避する．
5. 骨折の位置を整復し，ピンの鈍端を遠位髄腔端に押す．肘に侵入してはいけない．
6. 骨折の整復後，上腕骨をまっすぐに直すことは重要である．通常安静時に体に沿って翼をたたむ事は，上腕骨を正しいラインで配置することができる．ビニールのドレープはとても柔軟性があり，この方法を簡便にする．
7. 髄外ピンの位置を決定し，皮膚および皮下組織を骨から取り除く．ドリルガイドは，スレッドが周囲の軟部組織を巻き込むのを防ぐため，骨に配置される．髄外ピンはゆっくり骨皮質に穿孔する．
8. 近位ハーフピンを尾側胸骨稜（近位上腕骨の最も顕著に触知可能な部位）に設置する．これは，二つの骨皮質を貫通し，関節からピンを遠ざける．最も遠位のハーフピンは上腕骨顆を横切って配置する．近位と遠位のピンをクランプとロッドを用いて連結する．
9. 大型オウムとコンゴウインコは追加のピンがこの段階で必要である（図11.7）．ピンの設置中，軟部組織障害を防ぐため，ドリルガイドをクランプのピンホールを通して設置することが可能である．

大腿骨

オウムでは，大腿骨は含気骨ではなく，とても大きな髄腔を持っている．大腿骨幹骨折は数本の髄内ピン（ピンの挿入を積み重ねる）を用いて固定するか，単一の髄内ピンをそれぞれの骨端に設置したポジティブプロファイルスレッデッド（ねじ山増高）フルピンに連結させ固定する．外科アプローチは，側面であり，側面腸脛筋肉と腸骨腓骨筋肉の間である（図2.7aを参照）．遠位スレッデッド（ねじ山増高）ハーフピンは大腿骨顆を横切るように配置し，先端が股関節遠位大腿骨の内側に現れるように，近位ピンを配置する．複雑骨折の大型鳥において，複数のハーフピンを用いてよいが，骨幹領域に配置されたピンが周囲の筋肉に巻き込まれ，体動によるピンの緩みの原因となる危険性が増す．

近位上腕骨および大腿骨の骨折

これらの骨折は1ないし2本のピンと8の字圧縮ワイヤーで整復，固定される(図11.8)．技術は以下の通りである．

1. 遠位骨片の側面壁に穴を開ける．
2. ワイヤーを設置し(22か24 G整形外科用)髄腔の内側へループを形成することを確認する．
3. 1ないし2本のピン(Kirschner 鋼線0.8～1.2 mm)髄腔側面で順行性あるいは逆行性に配置する．
4. 骨折を整復し，ピンを遠位骨片の髄腔に挿入する．ピンは必ずワイヤーの遠位端の十分な長さのものを使用する．
5. 骨外のピンをワイヤーの近位ループに組み込み，8の字に両側を締める．これは，骨折の整復と同様にピンを外側壁の方へ引っ張る．
6. ピンの突出末端は，尾側，あるいは頭側で曲げられ，骨に埋没する．

上腕骨および大腿骨の遠位骨折

短い骨片でさえ，髄内ピン連結髄外固定法で治療できる．遠位骨片が骨顆だけの構成であり，髄腔がない場合，骨折は改良型クロスピンおよびハーフピン連結髄外固定法を用いて治療される(図11.9)．これは大型鳥でのみ可能な方法であるが，有効な技術である．骨折は2本のKirschner 軟線を用いて整復し，線が上顆から現れて，関節の動きに影響を及ぼさないようにする．2本のスレッデッドハーフピンは近位および遠位骨幹を横切って穿孔し，大型鳥では，3本目は骨顆を横切って設置する．ピンは，クランプまたはセメントで髄外ピンに接続する(図11.9)支持棒の曲がった部分は，膝の動きを妨害してはならない．

烏口骨

「頭から」何かにぶつかることにより，しばしば烏口骨骨折が起こる．もし，鳥が硬い物体に肩をぶつけた場合，烏口骨は骨折する可能性がある．鳥は翼が明らかに不自由になるが，長骨は骨折していない．慎重にX線検査を行うと，骨折が判明する．大型オウムにおいて，指を胸郭入口の内部に置き，翼を持って上下に胸帯を持ち上げることにより，骨を触診することができる．胸郭入口の指から捻髪音を触知する．通常，1カ月のケージレストによって骨を治癒させる．骨折の固定は髄内ピンを用いることが記述されているが，外科アプローチは難しい．

手根中手骨

この骨は滅多に骨折しない．8の字包帯法(図11.3参照)が治療に有効である．他の方法も報告されており，髄内ピンの挿入や縫合，骨折部の上をVetLiteで覆うなどである．しかし，多くの症例で，血管供給の欠落や感染によって失敗することがある．通常切断は救命方法である．

足根中足骨

足根中足骨は大型鳥でしばしば骨折が認められるが，他の鳥との喧嘩あるいは個体識別足輪が突出したワイヤーに引っかかった時に起こる．フルピンによる固定により，骨折の負担を軽減させることが可能であり，それは大型鳥では足根中足骨は髄腔が存在するからである．鳥はできるだけ自由に足を使用することが可能にしなければならず，さもなければ，永続的な障害である屈腱と伸腱の硬化が起こる可能性がある．

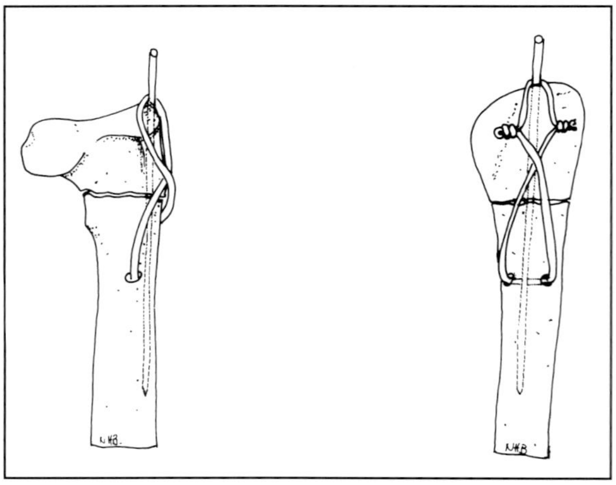

図11.8 近位大腿骨骨折の整復．

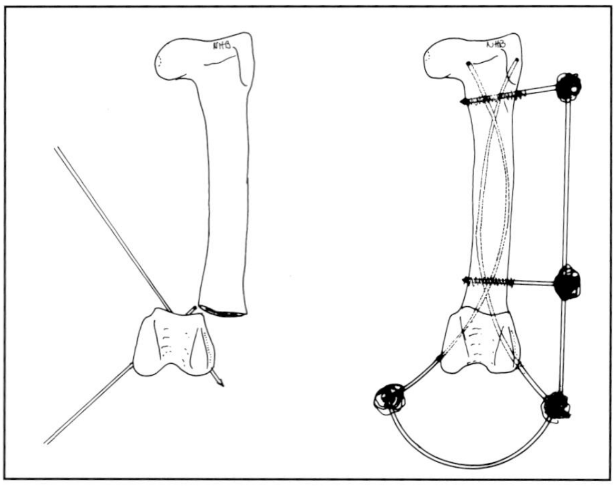

図11.9 遠位大腿骨骨折の整復．この方法は他の骨にも適応できる．

足根中足骨の骨折は，セキセイインコとオカメインコの大きさの鳥で多く見られる．足根骨間関節の上下の骨損傷は，Granuflex(Duoderm)半半透明親水性ドレッシング副木を用いて治療する．脚は骨を並置し，まっすぐにする．これは通常麻酔を必要とする．Granuflexの包帯3層によって，きっちり嵌る副木を作る．その後，細い幅の酸化亜鉛のテープで固定し，硬い「キャスト」を作る．特に足根骨間関節下の骨折において，足を含むことが必要である．趾のいくつかは，包帯を巻かず，握ることができるようにして，仮骨と指の腱の癒着を防ぐ．

趾

多くの趾の骨折は厚い線維性の穴を走行する大きな腹側屈筋腱によって固定されているため，更なる治療を必要としない．第二趾と第三趾は支持のため，共に包帯を巻かれる．非接着包帯(例えばSkintact)を，パッドとして指の間に使用する．この技術は，通常第一趾と第四趾では使用可能ではない．Granuflexと酸化亜鉛テープでできている副木は準柔軟性支持が可能である．しばしば，重篤な開放骨折は，切断を必要とする．

脱　臼

脱臼は，通常外傷の結果である．あるものは(例えば，足根骨間関節)は重症であり，足が機能する可能性が僅かしかなく，あるものは(例えば，趾節間関節)は軽傷であり，容易に整復できる．胸肢の脱臼は整復して完全に翼の機能を持つことが困難であるが，狩りをする鷹やリハビリを受けている鳥より，ペットのオウムにおいて問題は少ない．以下の特異的な脱臼は整復できる．

肘

肘が脱臼した鳥は関節が腫脹し，翼を使用するのが困難である．関節は広げることができず，翼はしばしば異常な角度で保たれている．診断は全身麻酔下での触診および2方向のX線検査である．

肘は，複雑な関節である．翼を広げる時，翼はほぼ硬直した構造物に見え，翼をたたむ時，前腕は回内運動し，回外運動することができる．翼筋の腱の起始部と終始部と交わる外側・内側側副靱帯が並んで存在する．上腕骨，橈骨と尺骨を結びつける関節の頭側面にも靱帯がある．この靱帯が破壊された場合，橈骨と尺骨の位置が変わるため，予後不良である．残念なことに，それらの位置関係により，靱帯が損傷を受けるかどうかについて調べることは困難である．

肘は，オウムでまれに負傷する．骨顆骨折において，上腕骨顆がピンとワイヤーまたは小型ネジで固定された場合，ほとんどあるいは全く靱帯の損傷がない骨折/脱臼は予後良好である．外傷性関節症外において，直ちに固定され，関節運動が2～3週間ケージレストによって制限される場合，少々の靱帯損傷を伴っても予後は良好である．しかし，これらの症例は少数派であり，通常肘の脱臼は飛行不可能になり予後不良である．関節を戻し，顕著な靱帯の損傷は治療する．著者は1.5メートル(4/0)ジオキサノン，(3/0)ポリグラシン910あるいは恒久的な縫合が必要であれば，2メートル(3/0)ブレード，ポリエステルを使用する．肘を二ないし三つのハーフピンによって尺骨と上腕骨を三つの髄外ロッドで三角形にするように接続すると固定化される．

手根骨

関節の背側靱帯の損傷は通常修正できるが，翼の腹側部靱帯は困難であり，鳥が適切に飛べるほどの修復は困難である．時に，動脈が骨と腹部腱膜の間を走るため，腹側の損傷は動脈が閉塞する原因となり，遠位翼の乾性壊死に繋がる．治療していない手根関節の完全脱臼を呈した鳥を鳥類飼育場で見ることができる．あるものは鳥の飼育場の範囲で，驚くほどよく飛ぶ．骨折した翼の整復術または包帯法は可能である．

股関節

股関節は，最も一般的に脱臼する関節である．鳥は跛行し，止まり木に止まったり握ることができず挙上が困難である．X線検査において，多くの股関節脱臼は，大腿骨頭の剥離骨折があり，大腿骨頭の骨片を寛骨臼の靱帯に付着させている．損傷のない大腿骨脱臼では，関節は外科的修復法により周辺軟部組織とともに開放整復される．鳥はボックスのようなケージで3～4週間置かれ(硬い側面は登ることを制限する)，予後は通常良好である．

大腿骨頭剥離骨折，反復性脱臼または長期間の脱臼の鳥は，関節への頭側側面のアプローチを用いた大腿骨頭関節形成術が必要である．大腿二頭筋は吊りひもの方法で関節を通して尾側大腿筋を設置することができるが(図2.7aを参照)，不可欠ではない．10日間のケージ制限が必要である．術後の予後は，良好である．(MacCoy, 1989)．

膝

膝の脱臼は，十字靱帯の断裂を含むかもしれない．

遠位大腿（側面から正中）および脛足根骨（正中から内側）にドリルで穴を開け，合成縫合糸で皮下針を使用し針の中心に縫合糸を通して配置しなおすことが可能である．縫合は，遠位大腿骨（正中から側面）に後退して通す．その後腓骨を含まないように注意し，関節の側面できつく結ぶ．鳥は1カ月間ケージ内に閉じ込めおく．

もう一つの成功例は，膝関節の外側から大腿骨の髄腔に上昇してピンを配置し，もう一方のピンは膝関節外側から脛足根骨の髄腔に下降してピンを挿入する．脱臼は整復し，ピンはクランプかメチルメタクリル酸塩を使用して保持される．これは若齢鳥で報告があったが，成鳥でも効果がある（Bowles and Zantop, 2002）．

趾

趾間関節は容易に脱臼し，容易に戻るように見える．

成長過程の鳥

図11.10および**図11.11**は，正常な42日齢のベニコンゴウインコのX線写真である．骨成長は，骨の各先端から起こる．骨端は石灰化されず，関節は「透明」である．骨幹端の強度は弱いが，比較的厚い．そのことにより，強度を維持している．骨幹は細いが骨皮質はよく発達しているため，強度は強い（Harcourt-Brown, 2004）．中手骨は部分的に融合しており，遠位手根骨も結合している．発生の段階では，これらの骨は多くは軟骨である．

四肢の変形と若齢性骨形成異常

骨の変形は，飼育下で繁殖されたオウムによく見られる（**図11.12**）．骨の変形の大部分はカルシウムおよび，またはビタミンD欠乏の食餌で鳥を育てた場合に確認される（12章）．

骨の変形は体重を支える主要な骨である脛足根骨でよく認められる．巣穴では鳥は両親によって相互に協力して集団を形成する．鳥は成長する間，それぞれの大きさの巣穴に籠っており，骨格的に成熟するまで，活発にはならない（Harcourt-Brown, 2004）．挿し餌で育てられたオウムは成長する間活発すぎてしまい，比較的小さな巣穴で籠ることがなく，通常兄弟によってサポートされない．鳥は挿し餌を与える人間により，過剰な運動をさせられる．骨形成異常は挿し餌のヨウムで非常によく見られる．ある研究では44％の顕著に正常な鳥でさえ，影響を受けている（Harcourt-Brown, 2003）．

重度に影響を受けている成長期の鳥は起立できず，足が左右に突出してしまう「開脚」の状態になる．この鳥は多発性骨折を示す可能性があり，湾曲し，つぶれる弱い骨が影響を受ける．時折，骨は縦の回転軸で変形していることもある．軽度変形では，鳥は骨格的に成熟することができ，他の理由でX線検査をしない限りわからない．

重度罹患の鳥は外科的整復か安楽死を他の栄養欠乏症も持つことを留意する（治療については12章を参照）．

鳥は検査およびX線検査のため麻酔する．背腹側と側面の2方向で，鳥の全身と四肢を評価する．脚は回転軸の変形も評価する．

- 両脚を大腿部で持つと（各々脚につき各々手），

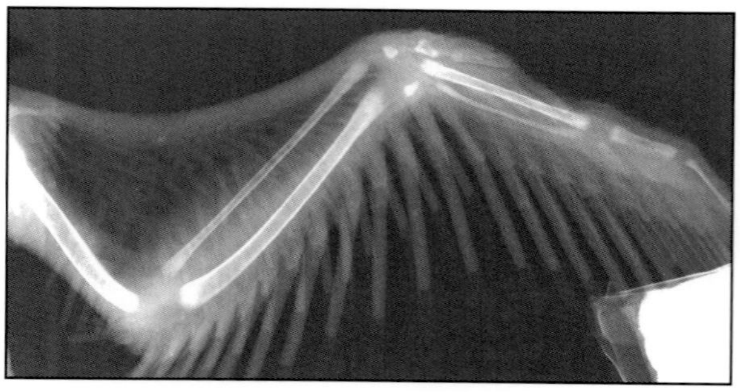

図11.10　成長期の鳥の上腕骨は含気していない．肘関節は軟骨で構成されている．近位橈尺骨手根骨は形成中である．遠位橈骨は可視化しており，手根中手骨を形成するために大小中手骨が融合している．

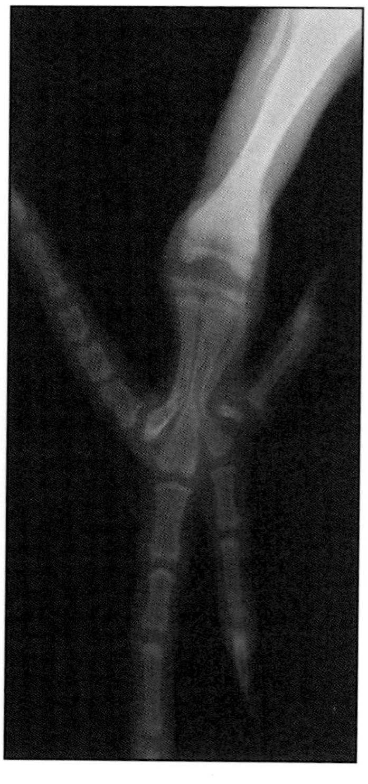

図11.11　第二，第三および第四中足骨は足根中足骨を形成するために融合し，足根骨の遠位で結合する．近位中足骨は間の間隙は孔として残り，動脈が主要動脈から走行し，（頭側にある），脚の尾側部分を供給している．遠位脛骨は脛足根骨を形成るため，近位足根骨に癒合する．42日齢のベニコンゴウインコにおいて，これらの融合は不完全であり，これにより，この領域の外観があたかも2本の骨端線が足根骨間関節の上下にあるかのように見える原因となる．

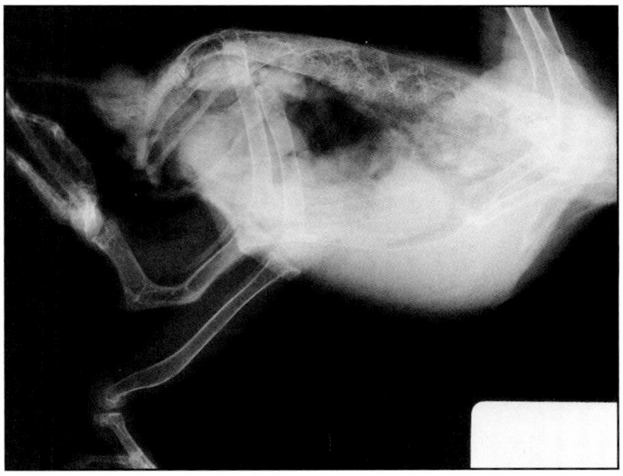

図11.12 このヨウムは顕著な右足の変形(より尾側で2箇所)の手術のため来院した．飼育者は，左足，複合仙骨および骨盤(並びに両橈尺骨)の変形に気付かなかった．鳥はさらに，約2週間で最初に巣箱から観察された時からずっと慢性鼻漏も示していた．

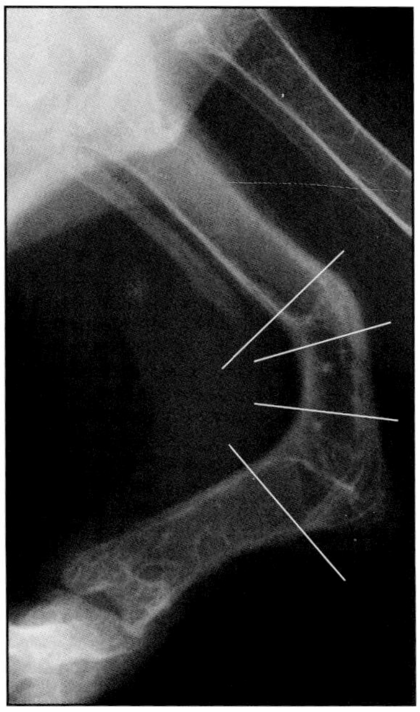

図11.13 膝のラテラル像と足根骨間関節の頭尾像．この鳥は脚を正常に使用できるようにするため，二重骨切り術を行い，脚を再配列させる必要がある．正常な脚では，屈曲時に大腿骨と脛足根骨は同じ配列である．骨切り術の切断線を事前計画すべきであり，最も近位および遠位の切断部は隣接した関節の表面と平行にしなければならない．できるだけ長く保存すべきである．

各々の脚が同等に持ち上げられポジショニングされる．片方の脚を足根骨間関節と脚の位置を見ることにより評価し，各脚を比較できる．その後，個別に触診する．

- 両翼を伸展し翼が完全に広げられるか，翼の形態が正常かを観察する．湾曲した翼を持つ多くの鳥で，第二翼羽と第一翼羽のラインが変形している．

変形骨の治療

骨が成長途中の場合，食餌と飼育方法を変えることが必要である(12章および18章)．成長途中の鳥で観察される軽度症例は，よろつく脚を柔らかい包帯で一つにまとめることによって治療し，鳥を深いカップ状の窪みに置き，脚を一緒にする．照明の減弱は鳥の活動を制御するのに役立つ．

いったん骨の成長が止まると，外科的治療が必要である．脊柱，肋骨と骨盤の変形は，治療を必要とせず，滅多に影響しない．骨盤の重度変形でさえ，正常な産卵に影響しない．ペットバードの翼の変形は繁殖している鳥でさえ，手術を必要としない．

しかし，脛足根骨は最も影響を受ける骨であり，脛足根骨の変形は鳥にとって重篤な問題となる．明らかな障害を別として，跛行は「良い」脚に体重をかけるため，重度圧力を足底側面にかけさせ，床ずれを起こす．床ずれは感染を起こす(趾瘤症)．著しく影響を受けた脛足根骨(**図11.12**)は，外科的に変形を整復する．

1. 変位は，通常二つの平面で起こる．最大の変位部位を触知する．これは，軟部組織の切開部位を見つけるのに有効である．ひどく湾曲した脚では，湾曲部は残りの軟部組織を離断させる．よって皮膚の下層において，骨は通常骨膜のみで覆われる．
2. 骨周囲領域は，歯科用骨膜エレベーターを用いて軟部組織から遊離させる．
3. 骨の切除術は通常小型骨切りを必要とし，小型骨鋸は最初の切断に用いられる．切断面を関節表面と平行になるように，あるいは骨幹を横切って直角になるようにする．骨の余分な三角形の楔を取り除くが，移植骨片の必要がある場合に備えて，一時的にそれを保存する．二重骨切り術が必要な場合，(**図11.13**)軟部組織付着を残し，孤立した部分に血液供給を維持することは良好な結果になる．
4. 髄内ピンを逆行性に挿入し，膝に抜く．
5. 骨折を整復する．2本のフルピンを近位脛足根骨および遠位脛足根骨顆に設置し，大腿骨と足根中足骨を並べ，長軸の変形を修正する．髄外クランプとバーを設置する．

おそらく，段階的解除は術後4週から開始される．通常移植骨片は必要としない．この段階では，筋肉と比較すると骨は長くなり，通常強制的な脚の伸展により，持ち上げることができる(**図11.14**)．次の数週間で正常に戻る．オウムは時々脚を自咬する．自咬はおそらく神経学的なものであり，靱帯内の頭側脛骨筋に帰着する腱のそばを走る深部線維神経の刺激によるものだと考えられる(**図2.7a**を参照)．骨の再構築は靱帯でのこの腱の位置を変えることである．このことは，さらに数週間で解決するが鳥にはカラーが必要である．

数個の骨が骨形成不全の四肢の変形に関係すること

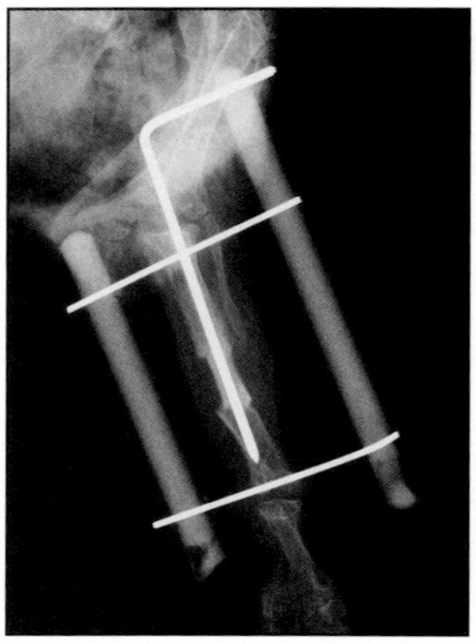

図11.14 鳥は術後約2週間動くことができなかった．この鳥は6週間以内で，脚を正常な位置に置き，使えるようになった．いったん筋肉が長くなった後は，重大な合併症は認められなかった．外部ロッドは，化学金属で満たされた5mm幅の半硬質のプラスチック管を使用した．固定具の段階的な分解は術後4週間で行われ，8週間までに終了する．

がある．これらは同時に整復せねばならないが，外科的に非常に難しい．鳥に重篤な一肢以上の変形がある場合，安楽死を選択する方が良いだろう．しかし，数回の整復術後に生存可能なまでに回復することもある．

骨折の他の要因

骨折の他の要因にはオウムではまれであるが骨腫瘍(図11.15)と鳥結核症(図11.16)がある．

骨折の後遺症

萎縮性骨変形癒合

骨折の治療が不十分であった場合に観察される．よく管理されている飼育下のオウムで翼の骨折を認めた場合，この骨折は安静にすることが最良であるかもしれない．骨変形癒合が脚の骨で認めた場合，外科手術を考慮する．萎縮骨骨端部は，骨膜を持ち上げ，骨鉗子を用いて骨端を粗造にすることにより刺激すべきである．オウムには，海綿骨が認められない．移植骨片は，手術中に鳥の竜骨の一部を取り除くことより得る．

1. 竜骨側から胸筋を切開する．
2. 骨の一部を切り取る．
3. 可能ならば，胸筋が容易に再吻合されることができるように，腹側先端部を無傷のままにする．

この長方形の薄い板状の骨は，アンレー移植片として使用されるか，骨鉗子で切除し不規則な欠損部に埋め込むことができる．この技術は犬における海綿骨移植片を使用してほど満足な結果にはならないが，場合によっては治癒過程に差が出ているように思える(Rodriguez-Quiros *et al*., 2001)．海綿骨を移植片として使用することが可能であり，この骨は走鳥類の食肉

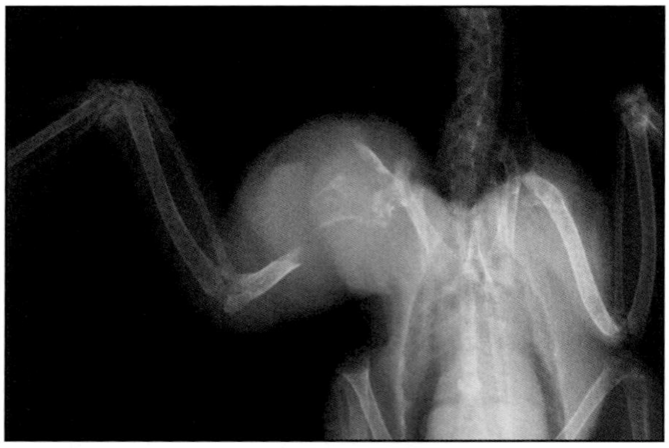

図11.15 このクサインコは「翼の下垂」を呈した．無痛の固着した軟部組織の腫脹が認められた．触知可能な上腕骨骨折が認められた．X線検査において，典型的な骨腫瘍の兆候である骨融解と沈着が認められた．この変化は近位上腕骨が重度に影響されていても関節を越えない．

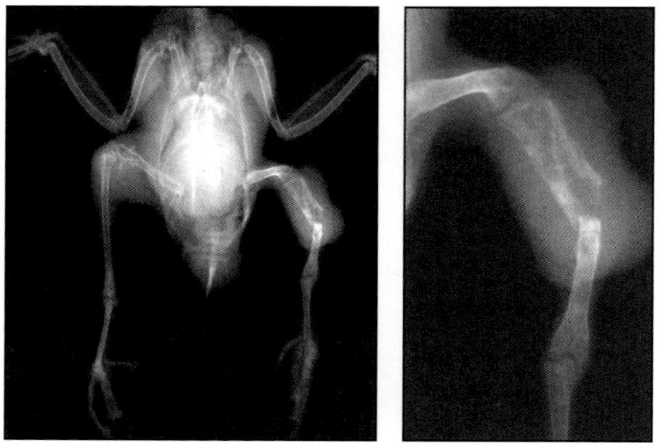

図11.16 アオハシインコは脛足根骨骨折の検査のため来院した．X線撮影により，複数の骨融解が数箇所で確認された．骨消失が認められたが，骨沈着は認められなかった．骨融解領域は骨髄炎のようであった．組織塗抹により，抗酸性細菌の存在が明らかになった．鳥結核症が複数の領域にで，驚くほど左右対称性に存在することもある．組織学的検査では，この鳥は消化管に肉芽腫を発症しており，菌体を排出していた．これはよく見られることである．また肝腫を認めた．

の屠殺時に長骨より無菌的に回収することができる．

骨関節炎

骨髄炎と骨膜炎は図11.6を参照．

骨関節炎は，高齢化したペットのオウムによく認められる．膝関節は，かなり頻繁に影響を受けるようにみられ，通常両側性である．他の関節も影響を受けるが，通常片側性であり，場合によっては過去に怪我をした履歴があるため，過去の外傷の結果のだと考えられる．ヨウムにおける1日1滴のメロキシカムは，長期的に安全だと考えられる(数カ月単位)．鳥もカルプロフェンが使用されており，鎮痛薬として効力があると報告されている

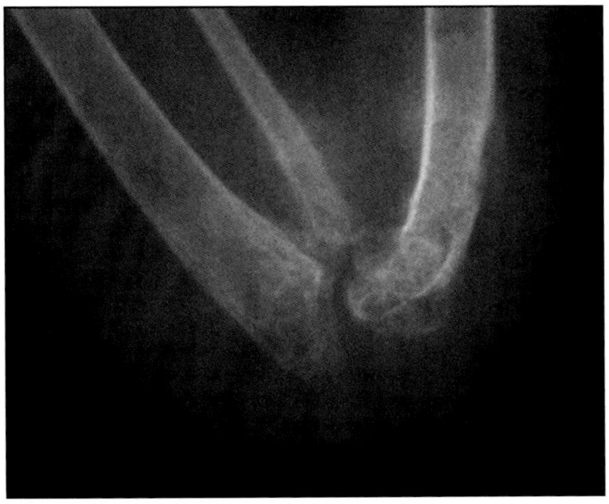

図11.17 このオウムは，進行した肘関節の敗血症性関節炎を示した．尺骨と上腕骨顆と同様に橈骨の骨頭は侵食した．感染は腱鞘へと進行し，尾側上腕骨の浸食を引き起こした．橈骨周辺に関節周囲性変化が認められる．上腕部の骨髄腔も炎症性変化と関係している．

敗血症性関節炎

敗血症性の関節炎はペットのオウムにおいてまれであるが，重症である(図11.17)．貫通創によって起こることが考えられるが，擦過傷，創傷後，おそらく血行性で広がった細菌感染によって引き起こされることが考えられる．徴候は関節の熱と腫脹を伴う跛行である．X線検査において骨病変を示さない場合，診断は細胞診断学と培養，感受性試験のために関節液の吸引で確定される．関節液は培養検査の前に培地に入れるべきである．培地がない場合，関節液をスワブに付着させ輸送培地に入れ，培養の前に12～24時間インキュベートすべきである(これは，菌体の発育の機会を増やすであろう)．長期間の全身性抗生物質治療と関節への適切な抗生物質の潅流により治癒する可能性がある．骨消失の徴候が関節表面から認められる場合，予後不良である．

断翼，断脚

翼

重度翼の損傷は，断翼切断を必要とする．翼は犬と猫で用いられる方法と類似した技術により，上腕部で切断されるが，筋肉は含気髄腔に挿入するか被覆し縫合する．このことは，治癒過程中の空気の漏出を防ぐものである．髄腔内あるいは髄腔上に筋肉を固定するため，2 mLシリンジ付きの23 G針を用いて骨に穴を開け，筋肉と同様にこの穴を通して縫合する．飛膜と第二翼羽を保存することは，鳥を覆い断熱するために有用である．

遠位断翼は，手根または遠位橈尺骨よりも手根中手骨または大指骨の近位端で切断する必要がある．絶えず打ち付けられ，損傷が起こる切断部に骨性腫瘤を起こさないように，注意深い治療が必要である．また，大きい羽毛にも注意し，正しい羽毛の配列にする必要がある．翼指骨を切断する場合もある．最後に，術後に翼を広げることが可能な鳥においては，切断部で長い伸筋腱を骨に付着させることに留意する．さもなければ，翼はたたんだままになる(図2.6参照)．

趾

オウムは自身の傷ついた趾を自咬し，手術が必要な時もある．

1. 趾を清潔にし滅菌する．
2. 切断部より遠位で皮膚切開し，戻って切断する．
3. 腱鞘を保存するように注意し，伸筋と屈筋腱を切断する．
4. 最後に趾骨を切断する．関節で切断してはいけない．
5. 趾の動静脈はおよび神経は外側および内側にあり，止血する必要があるが，軟部組織の修復に必要な血液の供給を止めるべきではない．

創傷部を閉じ，

1. 最初に，切断された趾骨端上に，伸筋腱と屈筋腱を接合する．
2. 腱を腱鞘で覆い，接合された腱にも同様に縫合する．
3. 軟部組織を充分に覆うため，皮膚は骨より長く残す．しかし，皮下織の縫合によって死腔を除去することは不可能である．皮膚を貫通するマットレス縫合が行われる．
4. 切開縁は単純結節縫合で閉じられる．

全層における縫合糸は，通常1.5 mか1 m(4/0か5/0)の丸針のポリジオキサノンを選択する．趾は包帯で覆われてはならず，鳥の環境を清潔に保つ．皮膚は3週間後に抜糸し，しばしば全身麻酔を必要とする．急速溶解性の縫合糸は鱗状の皮膚が治癒するだけの時間までは残らないようである．

足

多くの場合，断脚は残った脚に難治性趾瘤(バンブルフット)を起こす．しかし，足と大部分の足根中足骨を切断することにより，腫瘤を防止し，体重を支える構造を形成することができる．

多くの大型オウムは，足根中足骨の尾側面で歩行する．頭側脛骨筋の終止部が無傷で，腓腹筋が下足根骨に付着している場合(図2.7を参照)，鱗状の皮膚を近位足根中足骨に覆うことができ，オウムはこの断端の尾側面で歩行可能である．皮膚フラップは大きすぎてはならない．それは，血液供給が止まり，壊死する危険性があるためである．

多くのオウムは左足の使用を好むことに留意する(多くのヒトが通常右利きである)．断脚は救命処置であり，最後の手段である．他の方法が使用できる場合，断脚は行うべきではない．未熟な鳥類外科医は，足全体を断脚する前に指導を受けるべきであろう．

嘴

嘴は，上顎および下顎骨で支えらた皮膚の一種である(2章と図2.3を参照)．オウムの嘴と治療に影響する多くの問題はその構造に関係している．嘴は一時治癒あるいは二次治癒によって治療が可能であり，切開，縫合も可能である．

親水性包帯剤(例えば，Granuflex または Duoderm)が皮膚の成長を促すための「バンデージ」として有効であり，Coe-Pak は嘴の治癒を促進する．この製品は，ヒトにおける口腔内外傷手術時のピン，ワイヤーと開放創をカバーするために用いられる．これは肉芽組織を形成させ，上皮化を促進する．Coe-Pak は嘴や軟部組織に張り付かないため，容易に除去できる．これは固まった時に風船ガムのような触感である．Coe-Pak が欠損部の被覆に用いられる場合，0.8 mm の Steinmann ピンは嘴を通して左右の嘴を環状に通す．通常，3本使用し，それらは整形用のワイヤー(23 G)に繋げることができる．創傷の二次治癒は血膿のフィブリンと凝血塊を産生するため，Coe-Pak フィブリン凝塊物と他の残屑の除去を定期的に行うべきである．これらが除去されない場合，凝塊物は創傷部の閉鎖を妨げる．嘴の治癒後，ワイヤーを除去し，穴はフシジン軟膏で覆われ，2，3日中に治癒する．

嘴の外傷は一般的である．多くのオウムは嘴(および足)を噛んで喧嘩する．多くの喧嘩はスパーリングや怪我のない模擬戦であるが，重大なテリトリーの争い(通常，性的に活動的な鳥)であった場合，嘴内に穴が開く．時にこれらの争いでは，下顎骨は半減し，下顎は切断されるかもしれない．

上顎の創傷

角質鞘とその下にある軟部組織は，骨の層(図2.3を参照)で支えられている．貫通創は通常これらの3層を骨の下に押し込む．これらの症例は受傷後24時間以内に診察することが望ましい．全身麻酔下で，嘴を清潔にし，クロルヘキシジンで外科的に滅菌する．滅菌消毒液は上顎洞に入れてはいけない．

1. 嘴のケラチン質を上げて，脇に曲げるために歯科用エキスカベーターを使用する(図11.18)．ケラチン質を壊さないようにする．
2. ケラチン質の下に到達し，軟部組織と真皮を持ち上げ最終的に骨に到達する．残存する上顎骨とともに配列させる．
3. 真皮を戻し，皺壁をすべて平らにする．
4. 可能であれば角部を置く．

小さい欠損部はフシジン軟膏で覆い(ステロイドを含んでいる軟膏を使用しない)，抗生物質で治療する．マルボフロキサシンの5日間投与が理想的である．

大きい欠損部は同様に処置するが，乾燥とさらなる感染の防止のため，術後に Coe-Pak で被覆する．ピンとワイヤーの設置が必要である(図11.19および図11.20)．

感染性あるいは慢性の創傷は，すべての感染組織と壊死組織を生理食塩水で除去し，洗浄する．抗生物質は下顎骨の内部にしみ込ませ，長期間の全身性抗生物質を投与する．この創傷は二次治癒が必要である．Coe-Pak で被覆し，7～14日間ごとに取り替える．それにより，創傷部は洗浄され，フィブリン栓が取り除かれる．

時々，すべての上顎が噛み取られることがある．安楽死が選択の一つではあるが，嘴が再成しない場合であっても，鳥を救うことが出来る．断端を清潔にし，消毒剤を塗布し，治療を促すために Coe-Pak で覆う．嘴は再生しないが，創傷部は治癒し，繊維性のパッドによって鳥が上手に対処できるようになる．首尾よく種子を食べられる鳥もいるが，他の鳥はペレット食が必要である．

下顎の創傷

下顎は咬傷により，しばしば創傷を受ける．2箇所咬まれる可能性があるが，ケラチンの欠損および骨と軟部組織の壊死が頻繁に起こる．このことにより，下顎骨は二つに裂開する．ワイヤーやアクリルによる多種多様な修復技術が報告されているが，これらは効果があるように見えない．鳥が嘴を使用するようになるとアクリルが緩み，骨折部位が緩む．修復部は，嘴先端部に対する嘴の基部のすり合わせの負荷に耐えられない．大部分の鳥は二つに離開した下顎骨に対応することが可能であり，フルーツとペレットを食べること

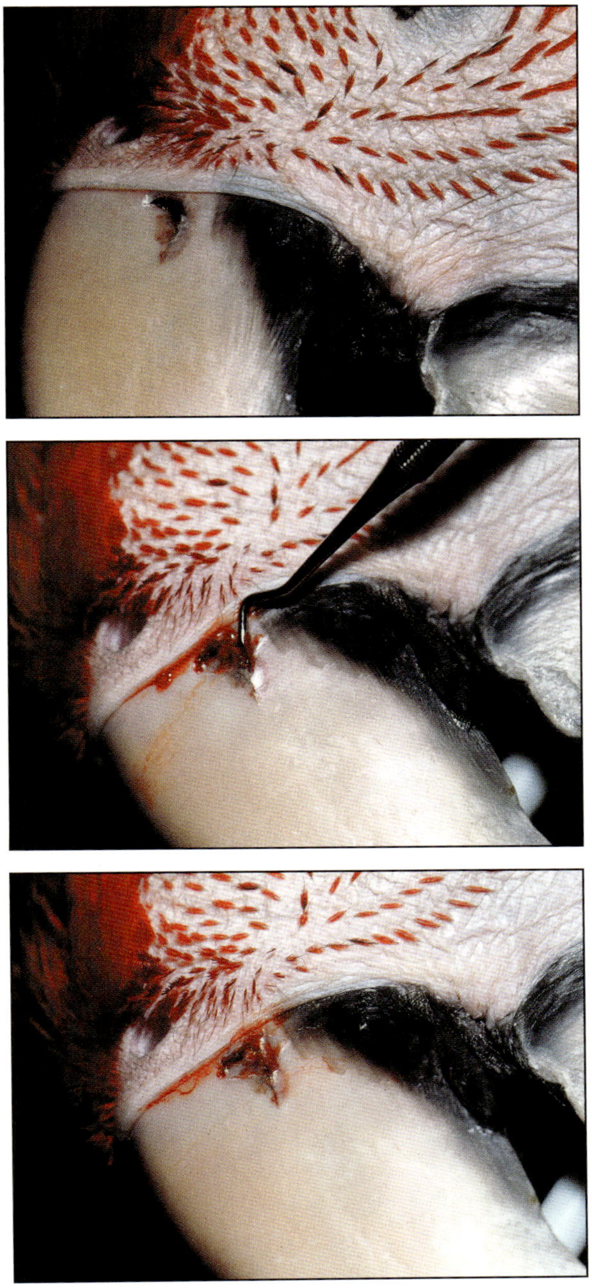

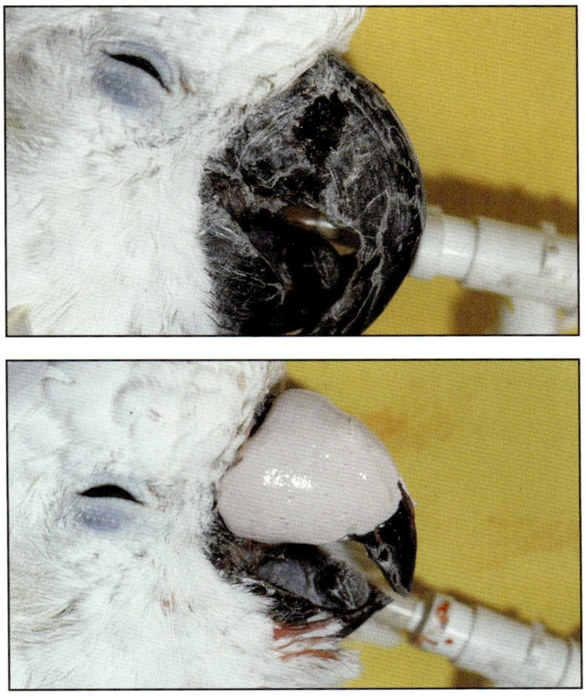

図11.18 ベニコンゴウインコにおける咬傷による陥没．歯科用エクスカベーターで持ち上げ，正常な位置に戻された．この傷は3週間以内に治癒した．

に加えて，ヒマワリの殻を取り除くことができる．

二つに離開した下顎骨が，下顎骨の形に曲げられたプレートを用いて接合され，下顎にボルトで止められた症例が報告されている(Leijnieks，2004)．嘴とバーとの間の間隙にアクリルが充填された．上嘴がプレートによって分配されるようにバーは嘴より上に突出された．この創傷は治癒した．

図11.19 まだ存続できる嘴における，より大きな欠損部は位置を整えた後，Coe-Pak で被覆する．交換は2回で充分であった．この鳥は10日間の抗生物質を投与し完治した．二つのワイヤーは上顎に通され，Coe-Pak を固定する場所として用いられた．

嘴の変形

下顎嘴の先天性変形

多くの鳥において，下顎骨は平滑な骨の上に層をなしている平滑な角としてみなすことができる．通常，これらは二つの骨ではない．下顎骨の角の中央に縫線のように見える異なった線が存在する症例もある．二つに骨折するよりはむしろ，骨が離開していて，それぞれで発達したように見える症例もある．これらの症例では通常，良好な状態であり，採食可能で羽づくろいができる．若齢鳥において，下顎骨の癒合手術が可能である．

嘴と口蓋の離断：これは，まれな先天性奇形である．嘴は，外側面で離断する．治療は早期が望ましい．嘴の非融合端を切断し，外反縫合で接合する．鼻孔付近の欠損部の部分の修復に注意するべきであり，この部分の治癒が最も難しいようである．また欠損部は下顎骨を広げる．よって下顎骨の壁をより正常な位置に引くために一時的な水平マットレス縫合が行われる．

後天性の変形

成長期のコンゴウインコにおける嘴の後天性変形はよく認められる．嘴基部の挫傷が嘴の発達の遅延に関係すると考えられ，嘴は損傷側に湾曲する．この湾曲

図11.20　このスミレコンゴウインコは，他のコンゴウインコに咬まれた．傷口は大きく(直径2 cm)，対側に貫通した(出口側の穴は約直径1 cm)．嘴，軟部組織および骨は両側のそれぞれの正しい位置に配置したが，1 cm × 1 cm の領域が欠損した．3本のピンを嘴を通して配置し，ワイヤーに連結させた．創傷部は Coe-Pak で覆い，定期的に交換した．最初は，毎週変えた．治癒が進み，フィブリンの栓がより小さくなったので，交換する期間を長くした．創傷部は肉芽組織で満たされ，最終的に上皮化する前に縮小した．最後の写真は1年後に撮影された．

は，両側交互からの挿し餌により予防することができる．変位が始まった場合，初期であれば手で頻回に圧迫をかけるか，挿し餌の合間にテーピングで固定することにより，上顎は下顎骨を横切り，引き戻すことが

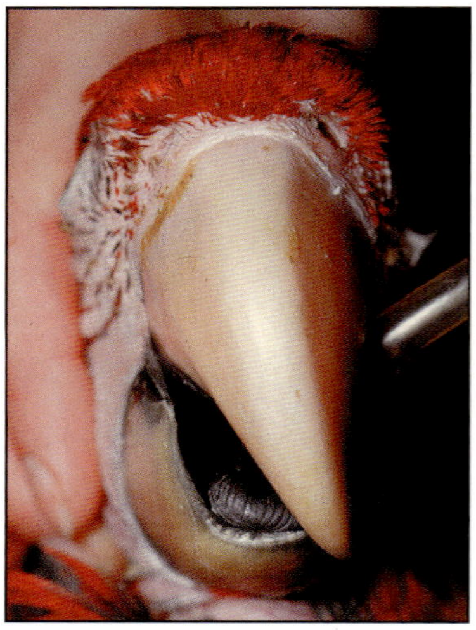

図11.21　このコンゴウインコは成長が終わったが，重度な下顎の偏向がある．これは整復しなければならない．

できる．コンゴウインコの羽が生え揃った時期(骨格的に成熟した時)において，嘴が歪んでしまうことはよくあることである(**図11.21**)．

成鳥における歪んだ嘴は，角部の過形成によって示される傾向にあり，そのことは，なお一層変形を悪化させる．Dremel 社のドリルによる，角部の定期的な整復が必要であり，嘴の成長の方向性を修復する．この方法は多くの軽症例で用いられるが，12〜18カ月の間，4〜5回の整復で正常な嘴の形状になる(6章)．

上顎の変形を修復する二つの方法がある．Tully によると(私信)，即時クラウンやブリッジ用の歯科用コンポジット (ProtempTM 3 GarantTM: 3M ESPE AG 歯科用製品 , Seefelt, Germany; 3M ESPE 歯科用製品 , St Paul, Minnesota, USA)を用いることが可能であり，患部を冷たく，急速に，強固に治療することが可能である．上顎はコンポジットの厚い塊で覆われ，その後ハンディーグラインダーで下顎骨と一致するように溝を掘る(**図11.22**)．側面の縁も役立つ．上顎嘴を正しい位置と形状にするため，恒常的に軽度圧力をかけることを導くものである．若齢鳥において，このことは数週間以内に起こることである．下顎骨がまっすぐになったら，コンポジットはグラインダーで粉砕して取り除く．

骨格的に成熟した鳥における重度嘴の変位は，副鼻洞横断ピンニング法を用いて修正される(Speer, 2003a)．髄内ピンは頭蓋骨，ちょうど頭蓋顔面蝶番尾側に配置する．一方のピンは，抜けるのを防ぐため，丸く曲げられる．反対側のピンは，直角に曲げられ，上顎嘴と同じ長さに切られる．若齢鳥において，この断端部はカールされ，上顎嘴に回した輪ゴムに引っ掛けられ，輪ゴムはその場所にぴったりと嵌るようにする(**図11.23**)．この方法により，数日から数週間までに嘴を正常な位置に戻すように軽度な圧力をかける．

より年長の鳥は嘴の成長の方向性の補正により長い

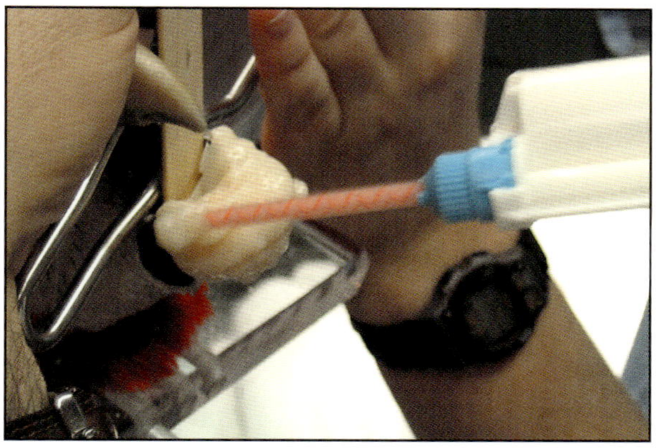

図 11.22　このスミレコンゴウインコは用手法で保定し，頭部は特別な鉗子で固定した．嘴を適切な開口器で開口し，歯科用コンポジットを塗布した．コンポジットは治癒を促進し，下顎を正常な位置に導くように成形された．この処置には麻酔が必要な場合もある．

年月がかかる．上顎嘴は締結ワイヤーによってピンを固定させる．ワイヤーによる張力負荷によって，嘴の成長の方向性を補正するのに数カ月以上かかる．嘴の偏向は最初は急速に修正できるが，最終的な方向性の修正は長期間かかるようである．

バタン類において若齢鳥で認められ，まれに成鳥でも認められる上顎嘴の突出は，同様の方法で修正できることが報告されている（Speer, 2003a）．通常，上部嘴は変形し，大きく湾曲するため，嘴の先端は外側でなく下顎嘴の中に入る．三角形のフレームが使用され，基部は頭蓋骨を通過するピンで形成される（図 11.23）．三角形の頂点は，輪ゴムを上顎嘴の先端に取り付けるのに用いられる．継続的な張力により，嘴を正常な位置に戻す．この方法は治療に数カ月間かかり，定期的に輪ゴムの張力の調整が必要である．

後鼻孔閉鎖

後鼻孔閉鎖とは，鼻腔が後鼻孔に通じていない状態を指す（Greenacre *et al.*, 1993）．若齢のヨウムに多い疾患であり，両側性の鼻漏を伴い，巣箱内で認められる（図 11.24）．鳥は通常ハンドフィーディングと治療のため，巣穴から取り上げられる．全身麻酔下において，鼻孔から後鼻孔に向けての液体のフラッシュ（1% エンロフロキサシン）は不可能であると予想される．Harris の手技によってこの状態は緩和されるとの報告がある（1999）．先端が鈍の 1.6 mm の Steinmann ピンにより鼻孔を通し，尾内側，鼻甲介前方に導かれる．後鼻孔にピンを向けると，抵抗が感じられる．ピンは強く力をかけることなく押すことができ，後鼻孔からピンが現れる．ピンの最終端の上から 5 Fr のフィーディングチューブを被せて圧力をかけ押し戻すと，後鼻孔から鼻腔への通り道ができる．この疾患は両側性であるため，手術は両側で行われ，チューブは連絡したまま頭の後ろで結ばれる．

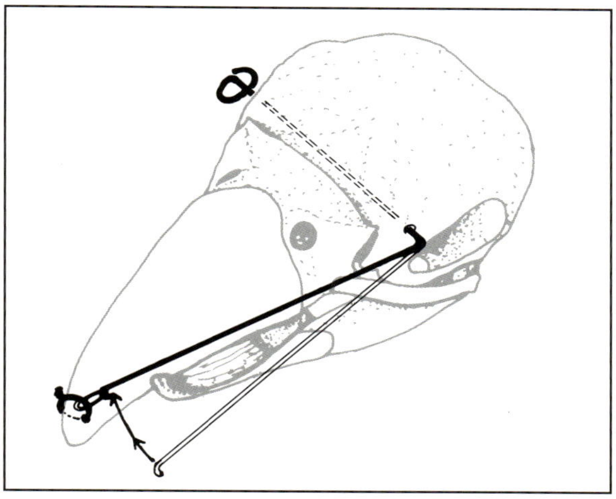

図 11.23　若齢の鳥において嘴の横に伸長させたワイヤーは角質鞘に輪ゴムで取り付けた．これは緩徐で持続的な圧力を与え，嘴をワイヤーの方向へ引くことができる．成鳥では，バーはワイヤーで角質鞘に取り付けることにより，緊張させ，それは，より大きな圧力を与えることとなる．成鳥において，この方法で上顎をまっすぐに戻すまでに数カ月間かかる．

図 11.24　コイネズミヨウムにおける後鼻孔閉鎖．亜種である，この鳥の角質鞘は通常青白いが，角部の脆弱性は慢性鼻漏が原因である．眼下洞は拡張し，この副鼻洞への指による圧迫で，粘液が鼻孔と涙管から排出される．

12

栄養と栄養障害

Michael Stanford

はじめに

慢性栄養失調は，飼育下のオウムインコ類でよく認められる臨床所見である．栄養的に適切な食餌を与えることは鳥類飼養家や獣医師にとって最重要なことである．残念ながら，オウムインコ類において，科学的に管理された栄養学的研究は限られているため，このことはとても難しい問題である．多くのペットのオウムインコ類は，食餌中の単一栄養素が欠乏または過剰となっていることで起こる問題よりも，複数の栄養素が複合的に欠乏または過剰であることが問題となっている．

もともと食餌は，鳥類飼養家や，動物学者による限られたフィールド観察からの事例報告的な情報が基礎となっている．ごく最近では，調査研究可能な飼育下のオウムインコ類の個体が増えてきたことにより，科学者はこれらの鳥の栄養要求量について有効な定量的情報を提供することができるようになってきた．しかし，オウムインコ類の食餌は，たいてい家禽の標準的な栄養要求量が基礎とされており，それほど遠くない将来も変わらないだろう．

近年の研究では，ペットのオウムインコ類に最適な食餌は，完全なバランスのとれたペレットに，決められた種子類とヒトの食物サプリメントを加えたものを基礎とした食餌であることが示されている（Hess *et al.*, 2002）．50％未満のペレットしか与えられていないオウムインコ類は，数種類のビタミンとミネラル，特にビタミンA，ビタミンEおよびカルシウムの欠乏の危険にさらされていることが示されている．しかし，大部分のオウムインコ類は，今なおペット業界で促進されているオウムインコ用のシードミックスを食べており，たいてい栄養的に不適切で質の悪いものである．鳥類飼養家は食餌を変えることに抵抗を示す傾向がある．

栄養学的な問題は，すべてのオウムインコ類において一般的ではあるが，ヨウム，バタン類，セキセイインコおよびオカメインコで最も頻繁に認められる．このことは，おそらくこれらの鳥種が食餌の変更に抵抗することが多いからだろう．またこれらの鳥種は，個々の食餌成分に固執しがちでもある．

機能性消化器解剖学

オウムインコ類は習慣的に種子を食べているが，実際には植物を中心的な食餌とする花食動物（florivore）に分類される（Klasing, 1998）．それはさらに穀食動物（granivore, seed eater），果実食動物（frugivore, fruit eater）および蜜食動物（nectarivore, nectar eater）に細分化される．穀食動物は，穀物だけでなく，豆類や木の実のような堅いドライフルーツも摂食する．果実食動物による果物の摂食は，木の実や豆類よりも新鮮な果実に限られる．さらに，多くの鳥種は1種類以上の植物群から摂食する．**表12.1**は一般的なオウムインコ類の好物と飼育下での適当な代替餌を示している（**表1.1**も参照）．この表は，ある「パロットミックス」が個々の鳥種に必要な餌を満たすことを示

表12.1 野生のオウムインコ類の食餌の好みと飼育下個体に提案された代替飼料（**表1.1**も参照）（続く）

鳥　種	食性によるグループ分け	野生での一般的な食餌	飼育時に推奨される食餌
セキセイインコ	穀食性	• 野草およびアカザの種子	• ペレットまたは補助的に発芽種子を加えた良質の新鮮なシードミックス • 開封状態で売られている種子は避けること． • 肥満の問題があるため不断給餌は行わない．

表12.1　(続き)野生のオウムインコ類の食餌の好みと飼育下個体に提案された代替飼料(表1.1も参照)

鳥　種	食性によるグループ分け	野生での一般的な食餌	飼育時に推奨される食餌
オカメインコ	穀食性	• 種子(野草の成熟した堅い種子で新鮮なものを好む)	• ペレットまたは発芽種子を加えた新鮮なセキセイインコ用シードミックス •「オカメインコ用ミックスに一般的に入っているヒマワリの種子のように脂肪分の多いものは避けること.
ワカケホンセイインコ	穀食性	• 種子が主だが花や果実も食べる.	• ペレットまたは発芽種子を加えた新鮮なセキセイインコ用シード
アケボノインコモドキ	花食性	• 種子，花，穀物，果肉	• ペレットまたは豆類を基礎に果物を加えたもの.
ヒインコ	ネクター食性	• 第一に果汁 • 果物，花粉および種子，昆虫	• 配合飼料のネクターミックスに果物を加えたもの.
ヨウム	花食性	• 種子，果物，花，木の実 好物：種子を取ったヤシの実	• ペレットに少量の野菜を添加したもの. • 低カルシウム血症になりやすいため，適切なビタミンD_3代謝のためのUV-B光，またヨウムに与える種子にカルシウム剤を添加すること.
キソデボウシインコ	果実食性	• 果実	• 豆類にペレットまたは果物を添加したもの • 肥満および脂肪肝になりやすいので種子を避けること.
キバタン	雑食性	• 種子と植物の根および昆虫(地虫)	• ペレット • 高脂肪の種子を避けること.
ルリコンゴウインコ	花食性	• 種子，果物，葉，木の実	• ペレットに野菜を10%加えたもの. • おやつとして木の実を与えすぎないこと.
コンゴウインコ(アカコンゴウインコ)	果実食性，穀食性	• 果物，木の実，葉，植物の芽，樹皮	• ペレットに野菜を10%加えたもの. • おやつとして木の実を与えすぎないこと.

したものではないため，餌を考える際には細心の注意を払うべきである．植物由来の食べ物は動物由来のものよりも栄養価が多様であり，異なるオウムインコ類では異なる栄養戦略を示す．消化器の解剖形態は，オウムインコ類の個々の種の採食戦略を反映する．

栄養要求量

家禽と飼育下オウムインコ類の間では，機能性消化器形態や生活様式が明らかに異なるにもかかわらず，National Research Council(NRC, 1994)の家禽の栄養要求量が今なおオウムインコ類の栄養要求量を推定するための基準として考えられている．1996年に鳥類獣医師協会(Association of Avian Veterinarians：AAV)によって，成鳥の維持要求量として推奨されるオウムインコ類のペレットを開発するためのガイドラインとして，改正案が採用されている(表12.2)．栄養学の研究では，オウムインコ類のカルシウム，タンパク質および脂肪の要求量は，生産用家禽よりも低いことが明らかにされているが，結局のところ生産動物ではない鳥において予測されているだけである．対照試験ではこれまでに，オウムインコ類のビタミンおよびミネラル(カルシウムを除く)の要求量は，家禽と同様であることが示されている．

家禽の栄養要求量は生理状態によってさまざまであり，オウムインコ類の場合も(研究不足ではあるものの)これと同様であろうと推測するのが妥当である．繁殖期にはオウムインコ類の多くの種で，食餌中のカルシウムとタンパク質を増加させるために，無脊椎動物を食べて補っていることが知られている(Gilardi, 1996)．成長期，換羽および繁殖活動は，重病のときのように栄養要求量に影響をもたらすだろう．

換　羽

健康なオウムインコ類の換羽は年1回であり(2章)，この時期は栄養要求がとても高い．換羽は主にホルモンにより調節されており，外因性の要因により誘導されるが，適切な栄養が供給されなければ，換羽は停止する．その結果，鳥は光沢のない古くダメージを受けた羽に対して毛引きを続け，傷つきやすい羽は炎症を起こす．

羽は全身の総タンパク量の約25%を含んでおり，そのうち15%は羽鞘に含まれている．通常，鳥は羽を成長させるために羽鞘を食べるが，これはオウムインコ類にとってタンパク質の再利用として役に立つ．

表12.2 鳥類獣医師協会によって採用されているオウムインコ類の栄養要求量(米国学術研究会議 NRC の家禽の栄養要求量(1994)より)

栄養素	維持のための推奨要求量
タンパク質	12.00%
脂質	4.00%
エネルギー	3000.00 kcal／kg
ビタミンA	5000.00 IU／kg
ビタミンD	1000.00 IU／kg
ビタミンE	50.00 ppm
ビタミンK	1.00 ppm
チアミン	5.00 ppm
リボフラビン	10.00 ppm
ナイアシン	75.00 ppm
ピリドキシン	10.00 ppm
パントテン酸	15.00 ppm
ビオチン	0.20 ppm
葉酸	2.00 ppm
ビタミンB_{12}	0.001 ppm
コリン	1000.00 ppm
ビタミンC	成鳥の要求量は示されていない
カルシウム	0.5%
有効リン	0.25%
総リン	0.40%
ナトリウム	0.15%
塩素	0.35%
カリウム	0.40%
マグネシウム	600.00 ppm
マンガン	75.00 ppm
鉄	80.00 ppm
亜鉛	50.00 ppm
銅	8.00 ppm
ヨウ素	0.30 ppm
セレン	0.10 ppm
リジン	0.60%
メチオニン	0.25%
トリプトファン	0.12%
アルギニン	0.60%
スレオニン	0.40%

新しい羽を産生するためには通常タンパク質要求が4～8%増加するが，この増加は，特にアミノ酸であるメチオニン，システインおよびリジンである．これらのアミノ酸のいくつかが欠乏すると羽および換羽の障害を誘発する．

換羽は，新しい羽の形成，タンパク質代謝の増加，羽による体表保護範囲の減少による熱の喪失によりエネルギーが必要であるため，エネルギー要求量が増加する．エネルギー要求量の増加は3～20%とさまざまであり，換羽の段階と度合いに依存する．

換羽期にビタミン，ミネラルおよび脂肪酸の付加を必要とする報告は今までにはないが，多くの鳥種で飲水量が2倍になることが確認されている．

野生の鳥類は換羽に対して通常以上に採食することで適応し，何を食べるかについても，より選択的になる．彼らはエネルギーを保存するために活動も控えるようになる．飼育鳥では換羽期に追加の餌を与えるべきである．

繁　殖

タンパク質は卵管の成長および卵タンパク質生成のために必要であり，繁殖期に必要とされるタンパク量の増加はクラッチサイズ(一腹卵数)，卵の生産頻度および卵のタンパク質組成に依存する．クラッチサイズ1の鳥ではそれほどタンパク質を必要としないが，複数卵を産む鳥では，食餌中タンパク質を2%増やす必要がある．抱卵中の鳥ではいくつかの特定のアミノ酸の増量は必要ない．

脂肪は抱卵期の胚を支える卵黄に蓄積されるため，産卵期には食餌中の脂質量を増やす．鳥が孵化する際には，卵黄に脂質が含まれないことがわかっている(Deeming, 2001)．

産卵中の雌鳥はカルシウムの要求量が増加する．彼らの食餌には過度にリンを含有してはならない．カルシウム要求量の増加は産卵鶏に比べればそれほど多くはない．オカメインコは0.85%のカルシウムで正常な卵殻を有する卵を産む(維持には0.5%必要)．家禽では，増やしたカルシウムは，産卵10日前に長骨の骨髄腔に存在する骨髄骨の形成に使用される．骨髄骨は24時間以内に，産卵中の鳥の卵殻に使用される約40%のカルシウムを供給する(Driggers and Comar, 1949)．カルシウムの適切なホメオスタシスには，適切な量のビタミンD_3も重要である．

おそらく繁殖期には，ビタミンEおよび他の抗酸化作用を有する栄養素の要求量も増加するだろう．これは，特に雄で精子貯蔵のために重要であり，ビタミンEの欠乏は不妊症の際に常に疑われる．ビタミンEは，家禽において効率の良い生殖行動に重要な食餌成分であると考えられつつあり，これはオウムインコ類の繁殖の場合にも同様であると推測されている(Surai, 2002)．

雌は繁殖季節には，卵管と卵形成にかなりのエネルギーを要するのに対し，雄では精子形成にエネルギー量の増加は認められない．

多くの製造業者が，特に繁殖季節に増加する栄養要求量をまかなうペレット食を製造している．これらのペレットは産卵予定日の4週間前から与えるべきである．

成長

オウムインコ類は晩成性の鳥で，早成鳥と比べて骨格の発達が早い．しかし，オウムインコ類は晩成鳥の中でも最も成長が遅く，孵化から一人餌までのエネルギー要求量はこのグループで想定される以上に低い(Starck and Ricklef, 1998)．エネルギーとタンパク要求量は孵化時に最も高く，一人餌まで徐々に減少する．オカメインコでは成長に必要なタンパク要求量は20%であると推測されており，羽形成のために適正なリジン，メチオニンおよびシステインを含む食用タンパク質が必要不可欠である．多くの育成用ペレットでは，幼鳥の羽の発達が悪い場合がよくあるため，適正な含硫アミノ酸を含んでいないのかもしれない．野生のオウムインコ類は，追加のタンパク質を得るために食餌に昆虫を含む無脊椎動物を補給していることが知られている(Morse, 1975)．

オウムインコ類の幼鳥では比較的早く骨格が成長するため，カルシウム要求量が増加するが，驚くことにそれほど多くはない(1%で十分である)．成長過程にある幼鳥(特にヨウム)では，十分なビタミンDを与えなければ，適正なカルシウム吸収が阻害され，骨形成異常が引き起こされる．

食餌の評価

完全な食餌歴は，数種のオウムインコ類では臨床検査に必要なルーチン検査の一つとすべきである．食餌の種類，量およびサプリメントの評価は必要不可欠である．飼育下のオウムインコ類は餌を非常に選り好みし，個々の食餌成分に執着するようになることがよくあるので(例えば，ヨウムはヒマワリの種に執着する)，オウムインコ類が何を与えられているかということよりも，実際に何を食べているかを調べることが極めて重要である．どれぐらいの期間欠乏していたのか，そして繁殖している鳥なのかどうかを考えることは重要である．若鳥では，欠乏症に対しては親鳥の食餌を評価すべきである．

ほとんどの場合，食餌中の化学物質を完全に解析することは非常に経費がかかるが，多くを飼育している場合，特に繁殖能力の乏しい集団に対しては常に考えるべきである．経済的で実用的な代替法として，ブロンクス動物園の野生生物栄養学部門で開発されたZootrition(www.zootrition.com)がある．これは，飼料の完全解析を行うために，個々の構成要素の栄養成分によって飼料を解析する市販のコンピュータプログラムである．このプログラムでは，その結果を，既知情報のある家禽やオウムインコ類の栄養要求量と比較することができる．

タンパク質とアミノ酸

食餌性タンパク質は2つのグループに分けることができる．食餌に含まれていなくてはならない必須アミノ酸と，食物の前駆物質から合成可能な非必須アミノ酸である．必須アミノ酸はアルギニン，グリシン，ヒスチジン，イソロイシン，ロイシン，リジン，メチオニン，フェニルアラニン，プロリン，バリン，トリプトファンおよびスレオニンである．

オウムインコ類におけるタンパク維持要求量は10〜15%である．これは体の大きさと正の相関があるが，年齢と生理状態によって変化する．幼鳥は最適な成長のためには20%のタンパク質が必要である．しかし，ヒインコ類のようなネクター食性の鳥種は他のオウムインコ類と比べて，タンパク質の消化器官での喪失が少ないため，タンパク質の要求量が少ない．

従来から，痛風と腎臓病の原因は高タンパク食であると考えられてきたが，近年の研究では立証されていない．オカメインコは痛風になりがちであるが，タンパク質を70%含んだ食餌を与えた際に腎臓病の証拠を認めることはできなかった．しかし，低タンパク質の食餌から高タンパク質の食餌への即座の切り替えは腎臓病の進行に関係していると考えられている(Koutsos *et al.*, 2001a)．

エネルギー

オウムインコ類の基礎代謝率は，原産国の気候に依存し，温暖な地域の鳥種(主にオーストラリアおよびニュージーランド原産)は熱帯地方の鳥種よりも20%程度高い(McNab and Salisbury, 1995)．エネルギー要求量は，年齢，環境，活動量，生理状態，繁殖行動および鳥種によって変化する．例えば，セキセイインコでは，飛翔におけるエネルギー要求量は基礎要求量の20倍である．**表12.3**はさまざまな状態におけるオウムインコ類の成鳥の代謝エネルギー要求量の推定法である．もし自由給餌の状態であれば，オウムインコ類は常に十分な餌を食べてエネルギー要求を満たせるが，それが高エネルギー食であったり，選り好みされたりすれば肥満になる．

表12.3 異なる飼育条件下のオウムインコ類における体重（BW）からの代謝エネルギー要求量の推定式（Koutsos et sl., 2001b）

環境	推定エネルギー要求量（KJ／日）
室内でのケージ飼育	$647 \times BW^{0.73}$
室内飛翔	$739 \times BW^{0.73}$
屋外禽舎（夏場）	$853 \times BW^{0.73}$
屋外禽舎（冬場）	$946 \times BW^{0.73}$
自由生活	$959 \times BW^{0.73}$

脂　質

高脂肪のシード食は，従来から飼育下オウムインコ類において肥満症に関連している．脂肪肝の原因はまだ特定されてはいないが，過度の脂質を含む食餌はその誘因となる．いくつかの脂肪は，脂溶性ビタミンの吸収を可能にし，また迅速にエネルギー源として供給されるが，その適正な要求量は2%と考えられている．

シードの脂質成分は大幅に異なり，野生下で食している種子は従来のパロットミックスではめったに利用されない．大部分のパロットミックスに使われているヒマワリのような高脂肪のシード食は，20%以上の脂肪含有飼料となっていることが多い．

水

水は常に自由に飲むことができるようにしておく．オウムインコ類の成鳥の1日の飲水量は体重の約2.4%である．この量は環境温度，種および食餌によって変化する．オキナインコでは，気温が10℃上昇することで飲水量が12倍増加する．一方，セキセイインコは室温では水なしで生存することが可能である（Macmillen, 1990）．食餌の中に果物を加えると飲水量が有意に減少することがわかっている．一方，ペレットを与えている場合は増加する．このように水分摂取量は変化することから，飲水にビタミンを加えた際の摂取量を標準化することが難しい．また，多くのビタミンは家庭の水を利用すると亜鉛や銅の存在によって破壊されるため，水の中で安定させることは不可能であり，光に反応するビタミンもある．そのため，飲水に薬や栄養サプリメントを加えることは望ましくない（Hess, 2002）．

水は濾過して細菌汚染がない状態で与えることが好ましく，清潔な水入れを糞便や食べ物による汚染が起こりにくい場所に配置すべきである．汚染された水は感染源となるため（例えば，エルシニア症はげっ歯類による汚染が原因である），水入れは清潔で常に感染のない状態に保つべきである．オウムインコ類には自動給水機も利用可能であり，これは汚染の問題を減少させる．有機リンゴ酢の添加による水の酸性化（飲水200 mLあたり1滴）は嗉嚢内の酵母の成長を阻止する．

飼い主にとっては，紅茶，コーヒーまたはソフトドリンクのような飲み物を選ぶことはいつものことであるが，オウムインコ類は非常にカフェイン中毒に陥りやすいのでこれらを与えるべきではない．タンニンは鉄蓄積症の治療に用いられており，ヒオウギインコのように罹患しやすい鳥にはカフェイン抜きの紅茶は役に立つだろう．

ビタミン

ビタミンは酵素の補助因子として，またホルモンとしても必須分子である．オウムインコ類は必要とする大部分のビタミンを合成することができないため，これらを食餌から供給しなくてはならない．鳥類の飼育ではマルチビタミンミックスの過剰投与が一般的であるため，ビタミン過剰症または二次的なビタミン欠乏症を引き起こす．これは特にビタミンAおよびDにあてはまる（Koutsos *et al.*, 2001b）．

脂溶性ビタミン（A，D，EおよびK）は長期間貯蔵することができるため，オウムインコ類は欠乏徴候が明らかとなる前の長期間の枯渇に持ちこたえることができる．また，過剰投与されている鳥において，特にビタミンAおよびD中毒の問題も引き起こしてしまう．ビタミンEおよびKは毒性が低いため，これらのビタミンの中毒はあまり見られない．脂溶性ビタミンは同じ脂質結合サイトで競合するが，これはある過剰ビタミンが他のビタミンの欠乏を引き起こすため，正確なビタミンバランスが重要であることを意味する．カロテノイド（ビタミンA前駆物質）も脂溶性ビタミンと結合サイトを競合するため，食餌での脂溶性ビタミンの過剰はカロテノイドの欠乏を引き起こす可能性がある（Surai, 2002）．

水溶性ビタミン（B群およびC）は貯蔵することができないため，常に食餌により供給されなくてはならない．これらのビタミンは，過剰に摂取されると尿から排泄されるため中毒はまれである．

ビタミンは食餌成分の中で最も安定性が低く，保存温度，高い湿度および紫外線の暴露による影響を受ける．飲水量の変化に加えて，ビタミンの不安定度は，水分供給によりビタミンを投与することが望ましくないことを示唆する．食餌内に十分量を供給する方が良い．ペレットは，生産過程でビタミンを加えることが可能であるので簡単である．しかし，ペレットの多くはこれらの推奨ビタミンレベルを超えた量が含まれているという不安がある．オウムインコ類におけるビタミン要求量はわかっておらず，家禽のそれらと同様だと考えられている(表12.2参照)．

ミネラル

オウムインコ類の最適な健康状態に，13種類のミネラルが不可欠であるが，カルシウムを除いて，特異的なミネラルの働きと要求量に関する研究はほとんどない．相対的に多いマクロミネラルであるカルシウム，リン，マグネシウム，ナトリウム，カリウムおよび塩化物は不可欠である．一方，微量元素である亜鉛，銅，ヨウ素，セレン，鉄およびマンガンは，低濃度が要求されるだけである(Klasing, 1998)．ミネラルの利用率は食物内の濃度だけでなく，ミネラルの化学構造(例えば，セレンには4つの価のタイプがあり，それぞれが異なる化学的活性を持つ)や食物中の他のミネラルレベル(例えば，高いリンレベルはカルシウムの吸収を減少させる)のような他の要素にも依存する．ミネラルの腸での活発な吸収と排出は，中毒または欠乏を防ぐためにしっかりと調整されている．

実際の給餌

市販のオウムインコ用飼料は大きく2つに分けられる．従来の種子類を混ぜ合わせたシードミックスと近年のペレットである．鳥類飼養家が一般的に使っている飼料を図12.1から図12.4に示す．シードミックスやペレットには，ふやかした豆類ミックス，野菜および果物がよく加えられる．さらに市販のビタミンとミネラルのサプリメントが加えられる．表12.8は一般的なオウムインコ類の給餌プロトコールの利点と欠点を示している．表12.5は飼育下のオウムインコ類の飼料として一般的に使われている食物の基本的な栄養成分と有用性について示している．

シード

シードを基礎とした飼料は，最近までほとんどの鳥類飼養家が使っており，飼料の変更に対して極めて抵抗的である．ペット業界は，ヒマワリの種子を基本としたシードミックスをオウムインコ類の完全食として推奨し販売し続けている．シードミックスは，通常，完全食とするために，ビタミンおよびミネラルを含んだビスケットサプリメントを使ってバランスが保たれている．しかし，そのオウムインコ類が全部の配給量を食べた場合に限る．選択的に摂食することが多いため，獣医師が診療する大部分の鳥は栄養学的に不適切な飼料を食べていることになる．オウムインコ類はシードミックスで，生きていくことはできるだろうが，

図12.1　伝統的なシード食．これはヒマワリの種子が高い割合で含まれたシードミックスである．残念ながら，多数の栄養素の過不足が知られているにもかかわらず，今でもオウムインコ類に使われている最も一般的な飼料である．シード食は品質が悪いことも多く，細菌や真菌に汚染されているのが一般的である．この飼料はヒマワリの種子が90%もあるにもかかわらず，完全食として売られている．

図12.2　皮なしのシード食．皮を剥くことでシード食は細菌や真菌の汚染の問題が改善される．しかし，このような餌は栄養的に乏しくなり，また皮を剥く工程でさらに栄養分を減少させる．

図12.3　豆類の餌．この餌は鳥類飼養家に評判が良い．シードミックスよりも大いに優れているがタンパク質含量が多いにもかかわらず栄養分の欠乏がある(特にカルシウム)．豆類はおそらく餌に興味をもたせ，またペレットに加える補助食として最適であると考えられる．

図12.4　押出成形により作られた近年のオウムインコ用ペレット2種類．ケイティーのエグザクト(左)は鳥に興味を持たせるために，異なる形や色のものが入っている．ハリソンのハイポテンシーミックス(右)は無農薬で人工防腐剤を含んでいない．

表 12.4　一般的なオウムインコ類の給餌プロトコールの利点と欠点

食餌形態	欠乏の可能性	過剰の可能性	不均衡	他の要因	備考
シードのみ	• ビタミン A, B_{12}, D_3, E およびリボフラビン • カルシウム，ヨウ素，鉄，銅，亜鉛，ナトリウム，マンガン，セレン，リジンおよびメチオニン	• 大好きなシードを選択的に食べることで脂肪（65％まで）が増加する．	• カルシウム/リン • ビタミン E/セレン • アミノ酸	• 飼料に真菌および細菌汚染が非常によく見られる．	• 鳥類飼育に今なお広く普及し使われているが，理にかなっていない．
果物および野菜が補給されたシード	• ビタミン E，D_3 および B_{12} • 色の薄い果物/野菜が与えられているのであればビタミン A も欠乏する可能性がある． • カルシウム，ヨウ素，鉄，銅，亜鉛，ナトリウム，マンガン • リジンおよびメチオニン	• 糖質および繊維 • 高繊維はビオチンの利用率を減少させる． • 高脂質	• カルシウム/リン • アミノ酸	• シードおよび野菜両方に真菌および細菌汚染はよく見られる．	• 今なお広く使われているが，理にかなっていない． • 加える野菜の品質に非常に依存する．
果物/野菜およびビタミン/ミネラルミックスの両方が補給されたシード	• 鳥が確実にビタミンおよびミネラルサプリメントを消費しなければ，すべてシード食だけの場合と同じ問題を引き起こすことになる．	• 糖質および繊維 • 高脂質 • ビタミン過剰症の可能性	• アミノ酸 • 問題にならない程度の低カルシウム血症およびビタミン欠乏症を明らかにするのは困難	• 飼料に真菌および細菌汚染がよく見られる．	• 鳥類飼育で最も一般的に使われている飼料だが，正しくパウダーミックスを加えた食餌を適切に給与することは不可能 • 推奨されない．
押出成形ペレット	• 製造業者が AAV の推奨要求量に従う限り欠乏はないとされる．	• 多くのペレットは要求量を超過した栄養を含んでいるように思われる．	• 飼料が正しく与えられていれば，不均衡はないと思われる．	• 真の要求量が認められるので，将来ビタミン過剰症が問題となるだろう．	• すべてのオウムインコ類に著者が現在推奨する食餌である． • 過剰なビタミンが含まれていない飼料を注意深く選択すべきである． • 豆類または色素の強い野菜を全飼料の 10％ 補給することができる．
ビタミン/ミネラルミックスを加えた豆類	• 低カルシウム • 鳥が確実にサプリメントを消費しなければ，シードを基本とした食餌と同様の問題を引き起こすと思われる．	• 高炭水化物	• 不均衡はないと思われる．	• タンパク質の供給に優れている．	• 従来の鳥類飼養家が使う飼料 • 現在ペレットが利用可能であるため，補助食として最もよく用いられている． • 経験を要し，また準備に時間を費やす．
自家製の飼料	• 使われている素材に依存する． • 中身が変化しやすいことが問題	• 高糖質 • 高脂質 • 例えば，カフェインなどの中毒の可能性	• 自家製飼料の使用は主要な食料源の消費量を減少させ，欠乏症になる可能性がある．	• 認められないがトレーニング目的の使用には便利である．	• 一般的には用いられないが，ペットの鳥にヒトの食材を使うことは，次第に潜在的な問題を起こし得る．

表 12.5 一般的な飼料組成の栄養分析データは Zootrition program（www.zootrotion.com）提供

食　品	タンパク質（%）	脂質（%）	エネルギー（cal/g）	ビタミンA（IU/g）	ビタミンE（mg/kg）	カルシウムイオン（%）	リン（%）
リンゴ	0.4	0.1	0.42	0.27	5.31	0.0	0.00
バナナ	1.2	0.3	0.95	0.35	2.69	0	0.03
ブドウ	0.4	0.09	0.57	0.27	–	0.01	0.02
オレンジ	1.1	0.1	0.37	0.47	2.4	0.05	0.02
西洋ナシ	0.31	0.1	0.4	0.31	5.01	0.01	0.01
ザクロ	0.95	0.3	–	0	5.5	0.0	0.01
マンゴー	0.7	0.19	0.57	30.01	10.51	0.01	0.02
キウイフルーツ	0.99	0.44	–	1.75	11.2	0.03	0.04
プラム	0.6	0.1	0.36	4.91	6.1	0.01	0.02
パッションフルーツ	2.61	0.4	0.36	12.5	–	0.01	0.06
ハネデューメロン	0.6	0.1	0.28	0.8	1.0	0.01	0.02
マンゴー	0.51	0.27	–	38.94	11.2	0.01	0.01
エンドウ豆	5.42	0.4	–	6.4	3.9	0.03	0.11
サヤインゲン	18.81	2.02	–	0.08	–	0.19	0.3
ニンジン	1.03	0.19	–	281.29	4.6	0.03	0.04
ブロッコリー	2.98	0.35	–	30.0	16.6	0.05	0.07
スウィートコーン	3.22	1.18	–	2.81	0.9	0.0	0.09
ホウレンソウ	2.8	0.8	0.25	58.93	17.1	0.17	0.05
赤唐辛子	1.0	0.4	0.32	64.01	8.0	0.01	0.02
ジャガイモ（新ジャガ）	1.7	–	0.7	–	0.6	0.01	0.03
トマト	0.7	0.3	0.17	10.67	12.2	0.01	0.02
ズッキーニ	1.8	0.4	0.18	10.17	–	0.03	0.04
マングビーン（青いサヤインゲン）	3.04	0.18	–	0.21	0.1	0.01	0.05
ヒヨコ豆	21.33	5.4	3.2	0.99	28.8	0.16	0.31
黒豆	21.60	1.42	–	0.17	2.1	0.12	0.35
スウィートポテト	1.21	0.29	0.87	65.51	456	0.02	0.05
湯通ししたアーモンド	20.42	52.53	–	0.0	202.60	0.25	0.3
ブラジルナッツ	14.09	68.23	6.82	0.0	71.83	0.17	0.59
ココナッツの果肉	3.33	33.49	–	0	7.3	0.01	0.11
乾燥マカダミアナッツ	8.3	73.72	–	0	4.1	0.07	0.14
松の実	14.01	68.6	6.88	0.19	136.51	0.01	0.65
ヒマワリ種子	22.78	49.67	–	0.5	502.72	0.12	0.71
紅花種子	16.18	38.45	–	0.5	–	0.08	0.64
クルミ	14.68	68.53	6.88	0	38.3	0.1	0.38
白キビ	11.61	3.51	–	–	–	0.03	0.43
カナリアンフード	17.00	8.4	–	–	–	–	–
殻付きピーナッツ	25.8	49.24	–	0	91.30	0.09	0.38

慢性的に栄養不良であり不健康であり，おまけに繁殖力が乏しいだろう．

研究では，シード食は多くの栄養成分が欠乏しているが，特に必須アミノ酸（主としてメチオニンおよびリジン），カルシウム，ビタミン A，D およびヨウ素が欠乏していることが示されている（Hess *et al*., 2002）．シードは脂肪分が高く，また大部分はカルシウムのリンに対する比も低い．シードをミネラル，ビタミンおよび必須アミノ酸コーティングで栄養価を高めることは可能であるが，シードは食べる時にすぐに皮が剥かれるのでバランスの保たれた餌を作ることは難しい．水分経由で補足することはあてにならない．

評判の良いペレットを製造している多くの業者も，取扱製品として「完全な」シードミックスを製造しており，購入者を困惑させている．

ペット業界におけるシードの品質は一般的に悪く，通常，人間の消費用にはそぐわないものとして分類される．これはシードミックスの栄養成分も乏しいことを意味する．さらに，シードは特に栄養不良の鳥が食した際に病原の可能性となる細菌や真菌芽胞に汚染されている可能性がある（図 12.5）．真菌毒素は保存状態の悪いシードミックスにおいても一般的な問題となっている．シードは実際には補足的な食餌として考えるべきである．それらは密閉された瓶に保存されるべきであり，もしシードを給餌するのであれば，常に人間用のグレードの品質のものにすべきである．しかし，そのようなシードは常に殻がむかれており，栄養成分が減少している．

依頼者に品質の悪いシードを明らかにするために3つの簡単な実用テストを使うことができる．

- 少量の飼料をサンプルとして培養する．通常おびただしく成長した真菌と細菌が24時間以内に認められるだろう．
- ヒマワリの種のサンプルを外皮の中の種子を検査するためにあける．品質の悪いヒマワリの種子は，多くの場合粉末状の真菌が認められ，しわが寄った乾いた種が入っているだろう．

図 12.5 *Aspergillus fumigatus* に汚染されたシードミックス（増殖 24 時間後）．*Aspergillus fumigatus* はオウムインコ類では一般的な病原体である．

- シードミックスの発芽試験を行う．通常発芽割合は品質の悪さを示す 10％以内だろう．

ペレット

表 12.6 はいくつかの人気のあるペレットの構成要素と特色を示したものであるが，これらは製造業者が提供する情報を元にしたものであり，NRC 栄養要求量と比較している．更なる比較のため，サプリメントを含まない典型的なシードミックスと豆類ミックスの飼料も示している．

研究では，ペットのオウムインコ類に対する最適な維持用飼料はペレット（全摂食量の少なくとも 50％）に，いくつかの果物と野菜を加えたものであることが

表 12.6 一般的なペレットの栄養分析（製造業者からの情報に基づく）
豆類およびシード類も Zootrition program を使って分析した．（続く）

ペレット会社	ペレット名	タンパク質（%）	脂質（%）	ビタミンA（IU/kg）	ビタミンD（IU/kg）	ビタミンE（mg/kg）	カルシウム（%）	備考
NARC 栄養要求量		12	4	5000	1000	500	0.5	
Harrisons International Bird Foods	Adult Life Time High Protency	15 18	5.5 15	8616 11,000	1077 1650	300 400	0.6 0.9	• 殺虫剤，除草剤または防かび剤を用いていない 100％無農薬 • 人工保存料や人工色素は使われていない．
Mazuri	Small bird maintenance Parrot maintenance Parrot breeder	15.6 16.4 20.0	7.0 7.0 7.5	12,000 12,000 9000	1800 1800 1500		0.9 0.85 1.20	• 天然の酸化防止剤
Kaytee	Exact original Exact rainbow	15.0 15.0	6.0 6.0	10,000 10,000	1000 1000	100 100		• 興味を引くためのさまざまな色や形
Pretty Bird	Daily Select Macaw hi energy Amazon/cockatoo African	14.0 16.0 14.0 14.0	5.0 10.0 8.0 8.0	17,500 19,000 17,500 17,500	800 700 800 800	200 300 200 200		• 興味を引くためのさまざまな色や形

表 12.6　(続き)一般的なペレットの栄養分析(製造業者からの情報に基づく)
豆類およびシード類も Zootrition program を使って分析した.

ペレット会社	ペレット名	タンパク質(%)	脂質(%)	ビタミン A (IU／kg)	ビタミン D (IU／kg)	ビタミン E (mg／kg)	カルシウム(%)	備考
Hagen	Tropican Lifetime Granules	15.0	10.0	16,000	500	220	0.7	
ZuPreem	Avian Breeder Avian Maintenance	20.0 14.0	10.0 4.0					• 興味を引くためのさまざまな色や形 • 人工香料や人工保存料は使われていない.
Roudybush	Psittacine Breeder Psittacine Maintenance	20.0 11	3.0 7	10,130 7880	1400 800	–	0.9 0.4	
シード食	ヒマワリの種子60%に松の実, オートムギ, ピーナッツ, 紅花	22.79	51.89	470	–	413.73	0.11(リン 0.77%)	• 病原体の暴露を防ぐため, ヒトの食用品質のシードミックスを使用しなくてはならない. • 高脂肪およびビタミン A, D の重度の欠乏, 低カルシウムおよび低タンパク質量. これらを補給しなければならない.
豆類	等量の黒豆, マングビーン, ヒヨコ豆, ササゲにリンゴおよびニンジンを10%加えたもの	23.45	2.53	4310	–	568.00	0.13	• 経済的, ヒトの食品として適している. • タンパク質の良い供給源 • 低カルシウム量 • 高炭水化物のため活動的でない鳥に肥満を誘発する. • 不足成分を補給しなくてはならない. 準備に時間がかかるため補給し忘れる.

提案されている(McDonald, 2002a). 市販の製品はすべてが同程度の品質であるとは限らないことに留意すべきであり, 推奨されている個々の製品以前に注意を払うべきである.

ペレットは, ペレット加工または押出成形加工のいずれかにより製造されている. 後者は, 細菌汚染や埃を減らすために低温殺菌された原料を高温で固める. さらに, この工程は多くの食物成分のおいしさおよび消化率を増加させる. 一方, ペレット加工によるものは低温で製造され, (i)細菌汚染の危険性の増加と(ii)おいしさの程度が並である点で劣ると考えられている. 配合飼料は, 食物原料を混ぜ合わせるために押出加工を行い, 栄養学的に完全な小さな塊を提供するため, オウムインコ類が選り好みをして栄養バランスが崩れるのを防ぐ.

オウムインコ類の栄養要求量に関する文献情報は不足しているものの, (家禽の栄養要求量を基礎とした)ペレットは飼育下オウムインコ類の飼料の大部分の構成要素とすべきであるというのが著者の見解である. 将来, オウムインコ類のそれぞれの種に対して, 異なる栄養要求量を持つことが明らかになり, それらを反映したペレットが生産されるようになると予想される. また, 飼料の多様性は, オウムインコ類のライフサイクルの異なるステージに対しても考慮されるべきである.

豆　類

伝統的なシード食を与えていた時の繁殖状況に感動を受けたことのない鳥類飼養家で, 先見の明のある者によって，ふやかした豆類を基礎とした飼料が推奨されるようになった．シード以上の高タンパク成分は豆類の主な利点である．乾燥豆類も常に人間用の品質グレードのものであり，伝統的なシードミックスとは異なる．すべての豆類はふやかした後に発芽するだろう．これらは予め24時間浸しておき，豆類の毒成分を減らすために洗うべきである．この工程により消化率とおいしさも増す．冷蔵庫内で保存して，給餌前にしっかりと洗うことで発酵するのを避けなければならない．

豆類の欠点は，高炭水化物で低カルシウムであることである．シードミックスの時と同様に，欠乏を補うために豆類の飼料にビタミンとミネラルを添加する必要がある．豆類は鳥類飼養家によって長年成功裏に使われているが，良いペレットは便利で栄養バランスに優れているため，将来はペレットに完全に置き換えられると予想される．しかし，豆類は今でも有用であると考えられており，飼育下のオウムインコ類に対しては補助的な飼料として関心がもたれている．果食性傾向のある南米原産の種は，通常，豆類を強烈に好むが，アフリカ原産種では嫌うようである．

典型的な豆類のレシピは以下のようになっている．

1. マングビーン（ヤエナリの緑色の種子），大豆，ササゲ，インゲンマメおよびヒヨコ豆の配合を発芽するまで24～48時間ふやかす．
2. 発酵しやすい状態を作らないためにも，高い温度は避ける．
3. ふやかした豆類は，湿った状態を保つのであれば，48時間までは冷蔵庫で保存することができる．
4. 毒素の可能性および発酵細菌を除去するために24時間ごとに流水でよく豆類を洗う．
5. ニンジンやリンゴのように甘い香りの野菜や果物を添加することでおいしさを改善できる．
6. 栄養成分を改善するためにビタミンとミネラルのサプリメントを加える必要がある．カルシウム源として牡蠣殻を砕いたものを加えると良い．

果物と野菜

通常，鳥類飼養家は変化と興味を持たせるために，果物と野菜を組み合わせて食餌を補う．これは必須ビタミンまたはミネラルを補給することになると一般的には信じられているが，そうはなっていないことが多い．**表12.5**は一般的に使われるいくつかの野菜と果物の栄養成分を示している．以下の点を念頭に置くべきである．

- 温暖な条件で生産された果物はオウムインコ類に対して栄養が乏しく，砂糖水程度に考えるべきである．トロピカルフルーツはタンパク質と繊維質に富んでいるためこれを食餌に加えることは非常に合理的である．
- ペレットは栄養的に完全であると考えられるため，果物や野菜を加えることは重要栄養成分を希釈することになり，食餌がアンバランスになる．
- 野菜，特にさまざまな色素のあるものは栄養的に有益である．
- アスペルギルスなどの病原体が食餌を汚染するのを避けるため，最高品質の生産物を常に使うべきである．
- 有機栽培の果物や野菜の使用は，実現可能であれば推奨される．
- 興味を誘うために，ペレットに色素の濃い野菜またはトロピカルフルーツを10％加えるべきである．
- アボカドは，いくつかの品種で数時間以内にオウムインコ類を死亡させる毒を含んでいるため，飼育下個体に与えないようにする（Hargis *et al*., 1989; 20章）．

ビタミンとミネラルの補給

オウムインコ類の栄養要求量と食餌の組成に関する知識が欠如しているにもかかわらず，鳥類の飼養において，ビタミンとミネラルを補給することは広く行き渡っている．ビタミンとミネラルの補給によって食餌の不足分を補正することは難しい．水溶性のサプリメントまたは食餌性サプリメントを使って個々の鳥に摂取されるビタミンとミネラルレベルを正確に測定することは不可能であるため，毒性および欠乏の両方を引き起こすことがよくある．市販されている多くのペレットはすでに脂溶性ビタミン，特にビタミンAおよびDのレベルが過剰であるため，さらに補給するのは危険である．その食餌に補給する前に，本当に栄養が欠乏しているかを調べるべきである．**表12.7**は，市販されているいくつかのビタミンおよびミネラル製品のビタミン成分を示している．これらの製品は，シードミックスまたは豆類ミックスを単独でオウムインコ類の食餌にしている場合に加えるべきであり，ペレット飼育のオウムインコ類には必要ないと思われる．

グリットは良いミネラル源，特にカルシウム源である．セキセイインコのような小型の穀食性鳥類では，グリットは筋胃の磨り潰し動作を促進することにより消化を助ける．セキセイインコのグリットの欠乏はメガバクテリア感染症に関連している．グリットとして，ミネラル添加のものか，牡蠣殻のどちらかを少量定期的に与えるべきである．セキセイインコにおいてヨウ素欠乏は一般的な栄養的問題であるが，市販のピンク

表12.7 人気製品のビタミンおよびミネラルのサプリメントの分析(製造業者からの情報に基づく)

製品名	ビタミンA (IU/g)	ビタミンD (IU/g)	ビタミンE (IU/g)	カルシウムイオン (mg/g)	リン(mg/g)
Dairy Essentials (Bird Care Company)	2660	2660	666	–	–
Calcivet (Bird Care Company)	–	25000 IU/L	–	440g ボログルコン酸カルシウム (40%/L)	–
Feather Up (Bird Care Company)	266	266	–	–	–
Ace – High (Vetark)	2530	20	122	9.9	4.9
Avimix (Vetark)	1177	118	54	142	5
Nutrobal (Vetark)	500	150	20	200	4.5
Zolcal (Vetark)	–	25000 IU/L	–	400g ボログルコン酸カルシウム (40%/L)	–

のヨウ素ブロックを与えることで簡単に防ぐことができる．要求量は明らかにはされていないが，グリットを給与することは大型のオウムインコ類にとっても推奨される(15章)．オウムインコ類のいくつかの種では臨床的に土食症が認められ，筋胃内に粘土と石英が見つかっている．これは食餌の解毒効果を持つことがわかっており，また鳥にとってはおそらく有益なミネラル源である(Gilardi *et al*., 1999)．

ペレットへの切り替え

飼育下のオウムインコ類の大部分は栄養学的に問題があると考えられている(MacWhirte, 1994)．そのため，飼料の切り替えによる是正は必須である．しかし，オウムインコ類は個々の食餌品目に依存し(単食主義)，その変化に抵抗するため，切り替えを成功させるのは困難である．飼育者の教育は最優先事項である．飼育者の多くは，野生下のオウムインコ類がシードだけでなく，さまざまな食物を摂取していることをまったく知らない．鳥類飼養家は，鳥が食べるものや経費がかかることを面白く思わないため，ペレットに対して抵抗感を持っている．

多くの鳥は飼料の変更前に原発性疾患の治療を必要とするため，改善された飼料では，いったん正常な食欲が戻ったと考えられるだろう．多くの欠乏症は回復に長い時間がかかることを説明すべきである．例えば，ビタミンA欠乏は，異常上皮細胞が置き換わらなくてはならないため改善に数カ月を要する．臨床獣医師が食餌の変更を成功させるための多くの計画がある．

- 鳥の体重を計り，それが転換時に増えたか減ったかをモニターする．これは死ぬほど空腹な鳥に適用可能である(例えば，肝リピドーシスの場合は鳥が空腹であれば悪化する)．
- 以前の飼料に新しい飼料を分散させ，徐々に新しい飼料の割合を増加させる．
- 不断給餌にせず，1日2～3回，60分の給餌にする．
- 大好きな食物に新しい飼料を加える．
- 飼育者が鳥の前で新しい飼料を食べるよう促す．すでにペレットを食べている他の鳥を見える所に鳥を置く．
- 特に小型のオウムインコ類で，数羽で一緒にいれば転換はより簡単である．
- 摂食を促すために，甘いジュース(新鮮なオレンジジュースなど)にペレットを浸す．
- お気に入りのおもちゃの中またはケージの床に使われている素材の中にフードを隠す．
- ケージの外で新しい飼料を与える．
- 決めた日に新しい飼料を与え，徐々に与える日を増やしていく．
- もしその飼育者が，この鳥は変更を受け付けないだろうと，聞く耳をもたないのであれば，飼料の転換のために入院させる．
- ペレットに抵抗する鳥は，フードの味を身に付けるために数日間胃にチューブで流しこむと良い．
- 完全に飼料を変えられるのに6カ月を要することを飼育者に伝える．
- ブリーダーに若鳥の離乳食としてペレットを使うことをアドバイスする．
- 鳥の羽と一般状態が目に見えて向上するのに12カ月を要することを飼育者に伝える．

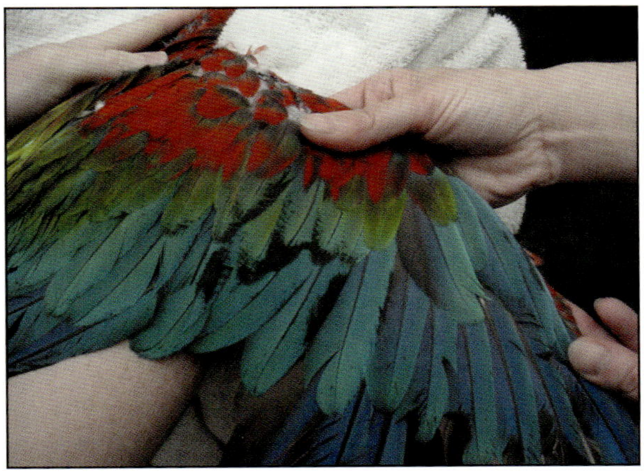

図12.6　ベニコンゴウインコの羽の変色．黒色への変色はカロテノイドの欠乏によりベースのメラニン色素が露出したためである．

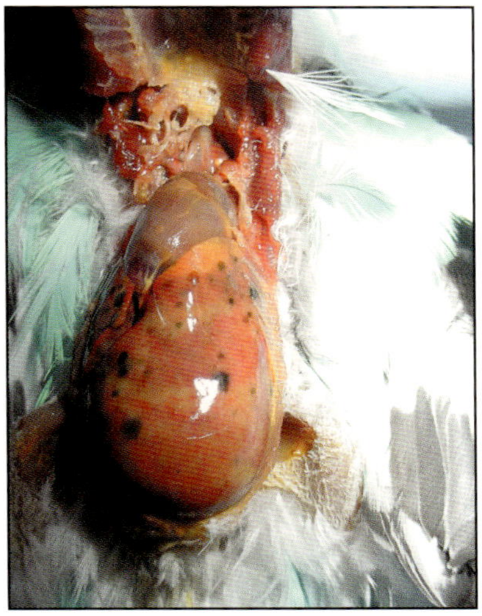

図12.7　脂肪肝．肝臓全体の腫大および明らかな脂肪への変化が認められる．組織学的には正常肝細胞構造の欠如および脂肪組織への置換が認められる．

栄養障害

オウムインコ類に認められる病気の75％程度は，少なくとも部分的に栄養的なものがかかわっており，完全な食餌歴を常に把握すべきである．実際に見られる最も一般的な栄養障害を以下に詳しく述べていく．

外皮系

慢性的な栄養障害は一般的に外皮系と羽の劣化として現れる．研究では，野生の鳥の羽は栄養不良が限界レベルに達した際にだけ影響を受けることが示されている．そのため，ペット用のオウムインコ類におけるそのような徴候は，現在の栄養が一般に乏しいことの証拠であり，これが原因である．羽の徹底的な検査によって，鳥の健康状態と栄養状態を示すことができる．栄養の欠乏は羽の構造的欠陥と色の変化をもたらす（図12.6）．

羽の成長率と質は栄養欠乏により影響を受け，また重度の栄養不良は換羽の間隔が伸びるため，その鳥が最後に換羽した時期を確定することは有益である．羽の異常はさまざまな原因によってもたらされることを常に考慮しておかなければならない（16章）．これらすべての変化は可逆的な可能性がある．新しい羽が形成され，状態が改善されるために18カ月間を要することを飼育者に伝えておくべきである．

肥満症および脂肪肝

オウムインコ類，特にセキセイインコ，オカメインコおよび一羽で飼育されているペットのオウムインコ類は，適切な運動の機会がなく，高脂肪のシードミックスを不断給餌されているため肥満になりやすい．脂肪は皮下組織に蓄積され，その結果，脂肪腫の発生が増加する．

脂肪肝は飼育下のオウムインコ類，特に南米原産種，白色オウム類，オカメインコおよびセキセイインコに一般的である．コレステロールは体内で高密度および低密度リポタンパク質として分布している．血清中に低密度コレステロールリポタンパク質濃度が高い状態は，脂肪肝およびアテローム性動脈硬化症になる傾向があるため望ましくない．脂肪肝の原因は定かではないが，脂肪分の過剰な食餌を与えることにより，血清中の低密度リポタンパクコレステロール濃度が増加することが実証されている（Bavellar and Beynen, 2003）．腹部腫大を伴った脂肪肝の鳥は慢性の吸収不良による下痢が一般的な症状である．肝臓腫大のため努力性呼吸が増加することも一般的な証拠となる．肝臓の腫大と腹部脂肪の増加（図12.7）はX線写真で通常に可視化できる．

アテローム性動脈硬化症は脂肪の動脈への浸入により進展する．脈管内膜は線維性組織に置換される．つまり不可逆的な状態であり，これによりペットの鳥で突然死を導く．アテローム硬化性の血管は石灰化するためX線不透過である．オウムインコ類においてコレステロール低下剤の効果が研究されているが，初期研究では血清中コレステロール濃度に有意な効果は認められていない（Bavellar and Beynen, 2003）．

中枢神経系

運動失調および痙攣（発作）はヨウムによく認められる臨床症状である．一般的に低カルシウム血症が原因であるが，ビタミンD欠乏と組み合わさって見られることも多い．これは以下で詳細に述べる．ビタミンE欠乏も神経障害の原因であるが，オウムインコ類で

図12.8 オウムインコ類におけるビタミンに関連した栄養的問題
オウムインコ類では水溶性ビタミンによる毒性は報告されていない.

脂溶性ビタミン	欠乏徴候	毒性徴候
ビタミンA	• 粘膜の角質化 • 上皮膜の扁平上皮化生 • 羽の欠乏および羽の色変わり • 繁殖力の低下 • 慢性感染，特に呼吸器系 • 腎疾患 • 鳥の血中ビタミンA濃度とビタミンA状態の相関の低下．肝臓の生検が望ましい.	• 粘膜の角質化 • 慢性感染，特に呼吸器系 • 発声が増加する. • 行動変化 • 繁殖力の低下 • 他の脂溶性ビタミン欠乏の証拠
ビタミンD	• 卵殻が薄くなる. • 卵殻の産生が低下する. • 孵化能力が低下し，胚の死滅が増加する. • 骨形成異常症 • 低カルシウム血症の臨床徴候 • 鳥のビタミンDの状態を評価する25-ヒドロキシコレカルシフェロールの分析	• 軟部組織の石灰化 • 腎臓の機能不全 • 骨の脱灰
ビタミンE	• 繁殖力の低下 • 若齢鳥のミオパシー • ビタミンEの状態を評価するために血清中アルファトコフェロールを測定	• 一般的でないが，過剰量は他の脂溶性ビタミンの欠乏を誘導するかもしれない.
ビタミンK	• イチジクインコ類における脳出血(これらの鳥の飼育はまれである．野生下ではシロアリからビタミンKを摂取する).	• 一般的でないが，過剰量は他の脂溶性ビタミンの欠乏を誘導するかもしれない.
水溶性ビタミン	**欠乏徴候**	
ビタミンC	• 報告されていない．オウムインコ類は肝臓でビタミンCを合成する.	
チアミン B_1	• 発作，後弓反張，急死 • オウムインコ類ではまれ	
リボフラビン B_2	• 不健全な羽．脆弱および下痢	
ピリドキシン B_6	• オウムインコ類では報告されていない.	
パントテン酸およびビオチン	• 皮膚炎およびペローシス．繁殖力の低下 • 不健全な羽および運動失調	
葉酸	• 不健全な羽，貧血およびペローシス • 植物に高濃度で含まれているため，欠乏症はまれ	
コリン	• 成長不良および脂肪肝 • 食料に広く行き渡っているため，欠乏はまれ	

の報告はまれである.

ビタミンに関連した栄養障害

ビタミンと関連した一般的な栄養的問題を**表12.8**に示す．最も一般的なビタミンでの問題は脂溶性ビタミン，特にビタミンA，DおよびEが挙げられる．水溶性ビタミンは市販の飼料に広く使われているため欠乏はほとんど起こらない．しかし，これらは餌となる食物の欠乏時に起こるかもしれない．種々の水溶性ビタミンの欠乏症は，基本的に同じで，ペローシス，貧血，羽の欠乏および皮膚炎が起こる.

ビタミンAおよびカロテノイドの化学的性質

ビタミンAは視力，繁殖，免疫，細胞分化，成長および胚発生に重要である．植物ではビタミンAのさまざまなカロテノイド前駆物質が見られる．オウムインコ類は，これらを腸の酵素活動によってビタミンAに変換すると信じられている．オカメインコにおける維持要求量は2000 IU/kgであるとされている(Koutsos *et al*., 2001a)．しかし，多くのペレットには10,000 IU/kgもの過剰なビタミンAが含まれている.

ビタミンA欠乏症は，シードを基本とした飼料が与えられている飼育下のオウムインコ類が患う最も一般的な欠乏症として広く注視されている．鳥類飼育においてサプリメントを補給しないシード食が広く使われているため，ビタミンA欠乏症はおそらく今なお獣医臨床で最も一般的に認められる栄養障害だろう．ペレットを使った近年の研究では，毒性もあることを示している．毒性と欠乏に対する臨床徴候は類似しているため，明確な診断は困難である．飼料中に含まれる過剰なビタミンAは他の脂溶性ビタミンの欠乏の原因になるため，ビタミンAを含むどんな飼料を与える際も常に注意すべきである．肝臓の生検は，オウムインコ類のビタミンAの指標となるため，血液サンプルよりも信頼できる．ビタミンAの正常範囲は2～5 IU /kgである．

欠乏の徴候：ビタミンA欠乏は，呼吸器，泌尿生殖器および消化器の保護粘膜を形成する上皮細胞の分化に影響する（**図12.8～12.11**）．上皮細胞は層を形成して角質化し，機能低下が生じる．障害を受けた鳥は感染症の感受性が高くなり，その結果，呼吸器障害および下痢の臨床徴候が認められる．鳥は角化亢進症および羽の色変わりが認められる．外皮系での障害が認められるが，足で最も顕著に認められる．後鼻孔の乳頭構造が消失する．孵化率および受精率の低下を伴う生殖能力の低下も一般的である．幼鳥は成長不全となる．涙腺の上皮細胞も影響を受けるが，通常，まぶたに一緒につく粘着性のある目脂が特徴的である．最終的には，網膜組織の桿体および錐体の変性により視力を失う．

毒性の徴候：野生では，オウムインコ類は食物のカロテノイド変換に頼っているため，高濃度のビタミンAにさらされることはない．飼育下では，家禽で推奨されているレベルの10倍まで，オウムインコ類の食餌では安全であると信じられてきたが，近年それが誤りであることが証明されている．毒性は上皮細胞に同様の障害を引き起こし，呼吸器障害，栄養障害および生殖能力の低下といったほぼ同様の臨床徴候を見せる（Bauck, 1995）．加えて，異常な発声パターンが見られることが報告されている．ビタミンA毒性は，鉄貯蔵症およびネクター食性鳥類における膵炎と関連している．ビタミンAの過剰な飼料は，他の脂溶性ビタミンであるビタミンD，EおよびKの二次的欠乏の原因にもなる．

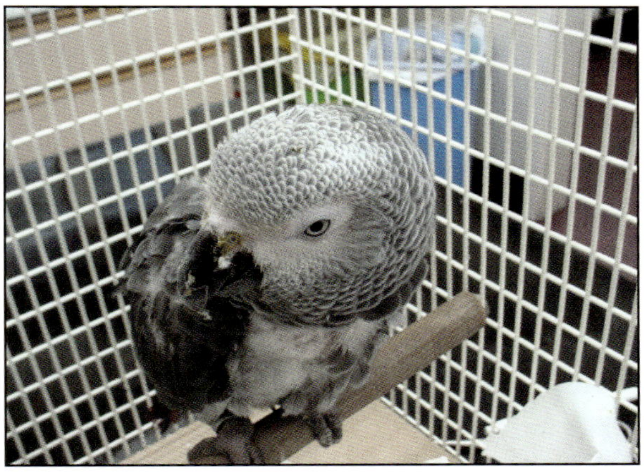

図12.8　ビタミンA欠乏のシードを摂食しているオウムインコ類の典型的な外見．このヨウムは羽が乏しく，また呼吸器疾患を患っている．

図12.10　ビタミンA欠乏を伴うルリコンゴウインコの足．表皮構造が失われ，二次感染が起こりやすい．

図12.9　セキセイインコにおけるビタミンA欠乏による重度な角化亢進症．羽鞘はそのままで，触られると痛みを伴う．

図12.11　ビタミンA欠乏による鼻石形成が洞上皮層の化生を引き起こしている．図3.8aの正常鼻孔と比較せよ．

カロテノイド

カロテノイドは植物において色素として働く天然由来の化合物のグループである．これらはカロテンとキサントフィルの2つのグループに分類される．カロテン(α-カロテンおよびβ-カロテン)はビタミンAに変換されるため，オウムインコ類の栄養に重要である．近年の研究では，オカメインコは飼料中に含まれる微量のβ-カロテンが2.4 mg/kgで維持可能であり，ビタミンA過剰症のリスクを減少させることが示唆されている(Koutsos *et al.*, 2001b)．キサントフィルは多くの鳥の分類群(目)において鮮やかな色を担っている．カロテノイドは，家禽において抗酸化作用があり免疫系を刺激するため，現在ますます重要であると考えられている(Surai, 2002)．

ビタミンD

ビタミンD代謝に関連する臨床的な問題は，すべてのオウムインコ類，特にヨウムに影響する．総じてカルシウムの恒常性を考えることは不可欠であり，カルシウム代謝の疾病を評価する際にはUV-B (315～280 nm)放射レベルや，飼料中のカルシウムとビタミンDを考慮する．

鳥のビタミンD_3代謝は広く概説されている．家禽においては羽のない皮膚領域および脚部で7-デヒドロコレステロール(プロビタミンD)を分泌していることが確証されている．プロビタミンDのコレカルシフェロール(ビタミンD_3)への変換はUV-B依存的異性化反応によって起こる．コレカルシフェロールはステロール性のプロホルモンであり，2段階の水酸化過程の後に活性化する．家禽ではコレカルシフェロールは最初に肝臓内で25-ヒドロキシコレカルシフェロールに代謝され，輸送タンパクを介して腎臓に輸送される．その後，コレカルシフェロールの活性型代謝産物である1, 25-ジヒドロキシコレカルシフェロールまたは24, 25-ジヒドロキシコレカルシフェロールのどちらかに変換される．オウムインコ類における研究では，同様の代謝経路が示されている．血清中の25-ハイドロキシコレカルシフェロールの測定は個体のビタミンDの状況を評価する最も良い方法である．鳥種によって違いが見られるが，数種のオウムインコ類では血清中25-ハイドロキシコレカルシフェロール値が15 nmol/L以下ではビタミンD欠乏症と考えるべきである．

ヨウムにおけるビタミンDレベルは，飼料中に含まれるビタミンDや家禽と同様の方法での環境UV-B光レベルに依存してさまざまである(Stanford, 2003a)．大部分のオウムインコ類はビタミンDおよびカルシウムの欠乏した飼料が与えられている．加えて，彼らは室内で飼育されているためUV-Bが乏しい状態である．したがって，ビタミンD欠乏症と低カルシウム血症が一般的に見られることは驚くことでもない．

UV-B光は，飼育下のオウムインコ類の管理ではよく見過ごされがちだが，重要事項である．315～280 nmの波長の適切なUV-B自然光にあたっていないオウムインコ類は，UV-B蛍光灯(3章参照)を使って人工的に供給する．家禽は適切なUV光を受ければ，食餌によるビタミンD要求はない．実験的には，これは1日たった30分のUV-B光照射と同じである(Klasing, 1998)．いったんビタミンD要求量を満たしたら，上皮細胞は不活性な化学物質を産生し，安全に分泌されるため，過剰なUV-Bへの暴露によってビタミンD毒性を生じることはない(Holick, 1981)．

ビタミンD欠乏症の徴候は，低カルシウム血症による幼鳥の骨形成異常症および痙攣(発作)を伴うが，以下のカルシウムの項で述べる．

ビタミンD_3は骨からカルシウムを動員し，高カルシウム血症，軟部組織の石灰化，そして最終的に腎不全を引き起こすため，飼料中に過度に供給されると有毒である．コンゴウインコ類では，他の鳥種よりも飼料中にビタミンDが低濃度(1000 IU/kg)で含まれていても毒性が起こる．いくつかのペレットのビタミンD_3レベルは明らかに要求量よりも多く含まれているため注意すべきである．ビタミンD_3を過剰に与えられている家禽は，排出手段として卵を使うが，それにより胚が死滅する．家禽の要求量と近いビタミンD_3を含んだペレットを与え，それから毒性問題を防ぐために適切なUV-B光を供給することは非常に賢明である．

活性化代謝産物への変換には水酸化が必要であり，これは副甲状腺ホルモンにより緻密に調節されているため，飼料へのコレカルシフェロール補給は毒性徴候を引き起こすことはない．

ビタミンE

ビタミンEは家禽において重要な抗酸化作用を持ち，近年，繁殖に関連しているとして大きく注目を集めている．精子の膜構造を安定化させるため，雄の生殖能力に極めて重要であることがわかっている．卵黄内のビタミンEの存在は胎子組織の酸化を防ぐ．1990年以来，家禽の飼料中のビタミン量は300%まで増加している(Surai, 2002)．

オウムインコ類における研究の不足にもかかわらず，特にコンゴウインコ類ではビタミンE欠乏は確実に繁殖実績の乏しさに影響している．卵黄中のビタミンEレベルの解析は，生殖能力の低さ，胎発生の悪さ，幼鳥の弱さが見られる場合に，原因究明に役立つ．オウムインコ類の医療において，今後重要な研究分野になるだろう．

幼鳥におけるビタミンE欠乏症は脳軟化症に起因してミオパシーの徴候が見られるが，成鳥では見られない．ビタミンEの毒性は見られない．

オウムインコ用飼料の包装や保存の不備は，空気，光，湿気との接触によりビタミンEに即座の破壊を引き起こす（McDonald, 2002a）．

ビタミンK

オウムインコ類の短い腸管は，細菌によって腸管内でビタミンKが産生される哺乳類に比べ，ビタミンKを飼料に依存している．しかし，ビタミンK欠乏症やビタミンK毒性はオウムインコ類ではまれである．シロアリ塚に巣を作るイチジクインコ類は，飼育下では要求量が増加するだろうと考えられている．営巣中，これらの鳥はビタミンKを生成する細菌を含むシロアリを膨大な量消費するため，彼らは植物源からビタミンKを吸収し変換する能力を失ったのだろう．

ミネラルと関連した栄養障害

オウムインコ類におけるミネラルと関連した栄養障害について**表12.9**に示す．最も一般的な問題はカルシウムの代謝疾患に関連するものである．ヨウムは特にこのミネラルを伴った問題に起因した臨床徴候を見せやすい傾向にある．

カルシウム

カルシウムは鳥類の体内で最も優勢なミネラルである．飼料要求量は年齢や生理状態に依存する．成鳥と比較すると，成長過程の幼鳥は急速な骨格形成のため高いカルシウム要求量を示す．産卵鶏は卵殻形成のために要求量が高い．

哺乳類におけるカルシウム代謝は，副甲状腺ホルモン，ビタミンDおよびカルシトニンの働きにより緻密に調節されているが，鳥類ではこのシステムはもっと鋭敏である．例えば，純粋な副甲状腺ホルモンを注射されたニワトリは，注射から8分以内に高カルシウム血症になる．それに対して哺乳類では，24時間かかる．飼育下のオウムインコ類に与えられている多くの飼料は，カルシウムとビタミンDの両方が欠乏し

表12.9　ミネラル代謝を伴う問題に起因する栄養障害

必須ミネラル	欠乏徴候	毒性徴候
カルシウム	• 低カルシウム性発作および骨形成異常症を伴った続発性栄養性副甲状腺機能亢進症 • 飼料中のビタミンD欠乏およびリン過剰は問題を悪化させる． • ヨウムにおいて重要で一般的な状態	• オウムインコ類における毒性徴候はまれであるが，多くのペレットは高いビタミンD_3濃度であり，それをあたえられているため，増加するかもしれない． • 過剰なビタミンDと高い食餌レベルが組み合わされれば，軟部組織の石灰化がX線写真上で認められる． • 腎疾患は高カルシウム食の慢性摂取の結果である．
リン	• リンは多くの食材で一般的であり，欠乏は起こりにくい． • 雌では臨床的に繁殖力の低下を示す．	• 多くのシードは過度のリンを含んでいるため，シード食では一般的である． • 臨床的に続発性栄養性副甲状腺機能亢進症の徴候を悪化させる．
鉄	• 重度の慢性欠乏症は非再生性貧血を引き起こす．	• 鉄貯蔵症は高いビタミンA成分を含む果汁を摂取する鳥を除いてオウムインコ類ではまれである． • 臨床的に重度の肝障害として現れる．
ヨウ素	• セキセイインコで一般的 • 顕著な甲状腺腫を伴う甲状腺機能低下症として臨床的に認められる． • 市販のミネラルブロックにより簡単に予防できる．	• 高濃度のヨウ素サプリメントを与えられているオウムインコ類でまれに報告される． • 臨床徴候は欠乏症のそれと同じである．
セレン	• ペットの鳥ではセレン欠乏症は家禽と比較してまれである． • 成長速度の遅れおよび不健全な羽が報告されている． • 重篤例ではミオパシーが起こる．	• 5 ppm以上のレベルは胚の死滅および繁殖力の低下を引き起こすのではないかという証拠が増えている． • セレンは場合によって実用的なビタミンEの代用として食餌に使用される．
亜鉛	• オウムインコ類ではまれ • 家禽において低い亜鉛レベルは免疫系および骨の成長に影響する．	• 食餌源からは一般的でなく，噛む玩具および亜鉛メッキされたワイヤーからが一般的． • 臨床的に出血性腸炎および嘔吐が見られる． • 正常範囲が広いため過剰診断されるかもしれない．血液評価をX線写真所見および臨床徴候と関連を持たせなくてはならない．

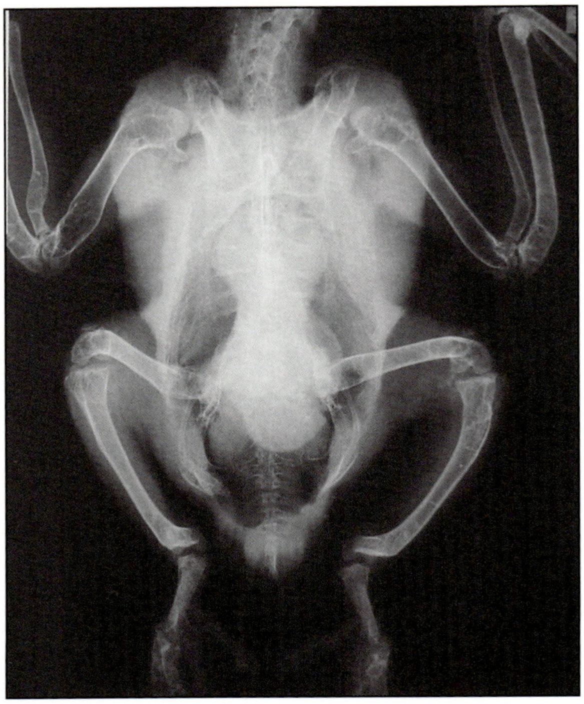

図12.12 骨形成異常の成鳥ヨウムのX線写真.

図12.13 5週齢のヨウムの骨形成異常症. この鳥は人道的理由から安楽死された.

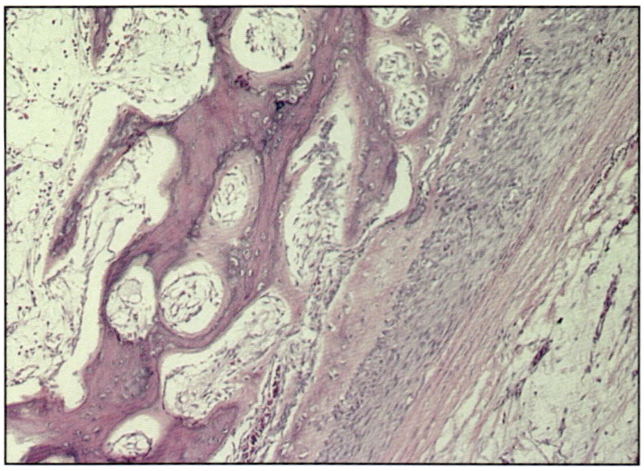

図12.14 骨形成異常症を患った8週齢のヨウムの脛足根骨の組織. 正常な鉱化作用は失われ, 繊維組織による類骨の置換が認められる.

ている. したがって, 続発性栄養性副甲状腺機能亢進症を生じる. ビタミンDは活性化代謝産物への変換のために波長280～315 nmの適切なUV-Bを必要とするが, 多くの飼育下オウムインコ類は室内で飼育されている. カルシウムが低濃度の飼料を与えていた場合, ビタミンDは, カルシウムの吸収に特に重要な役割を持つ. ビタミンDとカルシウムの欠乏した飼料を与えられている多くの鳥は, 幼鳥時には骨形成異常症, 成鳥では低カルシウム性痙攣や繁殖力の低下といった広範囲の症状を伴うカルシウムの代謝疾患を患う. ヨウムは, 他のオウムインコ類に比べて, 臨床的に有意に高い低カルシウム血症および骨形成異常症の発生率をみせている(図12.12～12.14). 骨変形は, 飼育下繁殖で人工育雛されたヨウムにおいて特に一般的である(Harcourt-Brown, 2003). これは, UV光の照射量の多さに関連している可能性がある.

オウムインコ類において, カルシウム代謝疾患の調査の際に血清カルシウムイオンレベルの測定は総カルシウムレベルの測定よりも有益であると一般的に考えられている(Stanford, 2003b). カルシウムは鳥類の血清中に, イオン化塩, タンパク結合型のカルシウム, 種々の陰イオン(クエン酸塩, 重炭酸塩およびリン酸塩)に結合したカルシウム複合体の3つの画分として存在している. イオン化カルシウムは血清カルシウムの生理的に活性化した画分に含まれ, 骨代謝, 筋および神経伝達, 血液凝固, およびビタミンD_3や副甲状腺ホルモンのようなホルモン分泌の調節に役に立つ. イオン化カルシウムレベルは総カルシウムレベルと比較すると, 正常個体では狭い範囲内に維持されていると考えられている. そして, 血清中のイオン化カルシウムレベルの顕著な変化は, 病態生理学的に重要であると思われる. タンパク結合型のカルシウム画分は, 生理学的に不活性であり, 多少増加しても病態生理学的にそれほどの意味はないだろうと考えられている. このカルシウム画分は主にアルブミンと結合したもので, 血清アルブミンに影響するいくらかの生理学的または病理学的な状態は, 総カルシウム濃度に影響し, 不明瞭な結果を与えるだろう. 総カルシウムレベルは影響されないだろうが, いくつかの酸塩基平衡失調がイオン化カルシウムレベルに影響するように, カルシウムイオンとアルブミンの結合反応性はpHにかなり依存する. pHの上昇および低下は, それぞれタンパク結合型カルシウム画分を増加および減少させる. 多くの獣医病理学研究室では, 3つのカルシウム画分の合計である血清中総カルシウム濃度を報告する. イオン化カルシウム分析用の血液サンプルはヘパリン処理し, 採血後できる限り早く分析する(7章).

影響のある幼鳥は, 脛足根骨の湾曲(図12.12, 12.13)や病的骨折を示すことがよくある. 重度の場

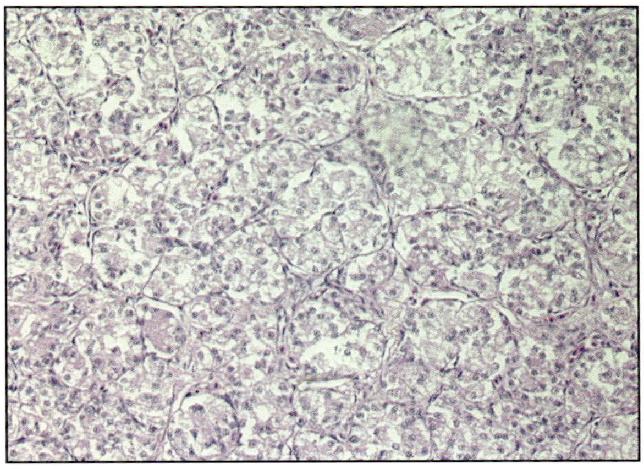

図12.15 骨形成異常症を患った8週齢のヨウムの副甲状腺組織．主細胞の空胞化を伴う腺の肥大は続発性栄養性副甲状腺機能亢進症と一致する．

合では，X線写真で脊椎，脛足根骨および上腕骨に変形および病的な骨折を認めることがあり，頻繁に外科的処置が必要になったり（11章），安楽死されることになったりもする．X線写真で骨形成異常症を認める幼鳥のヨウムでは，副甲状腺の病理組織では主細胞の空胞化による腫大が見られる（**図12.15**）．これはビタミンD欠乏による続発性栄養性副甲状腺機能亢進症の証拠である．

慢性低カルシウム血症を患った成鳥ヨウムは単収縮から痙攣（発作）の範囲の神経学的変化を示す．通常この状態は，ビタミンDおよびカルシウム補給の注射により短期間に応答する．慢性低カルシウム血症の場合，臨床徴候の解決あるいはイオン化カルシウムの血中濃度が正常に戻るのに数日を要する．カルシウムとビタミンDが適量含まれたペレットを与えることにより再発を防止することができる．鳥の頭上からのUV-B照射を増やすことも有益である．ヨウムの飼料中のカルシウムとビタミンDを変化させることによって血清中イオン化カルシウム，ビタミンDおよび副甲状腺ホルモン濃度を変化させることができることが示されている．本種では，UV光への暴露を増やすこともカルシウム代謝に有意に効果的である（Stanford, 2004）．

形態異常卵や卵殻が薄い卵は，ビタミンDまたはカルシウムが欠乏した飼料を与えられているオウムインコ類で産卵期によく認められる．ビタミンD_3の欠乏した飼料を与えられた雌鳥からの胚は，骨の石灰化が非常に貧弱であり，その結果，幼鳥は卵殻を割ることができず，抱卵末期に死亡することがよくある．産卵鳥で要求量が増加したカルシウムは骨髄骨から供給され，通常24時間以内に体内の総カルシウムの10%まで放出できる．しかし，カルシウムの欠乏した雌鳥はこの貯蔵がない（**図18.3**）．カルシウム欠乏は卵塞症（卵詰まり）の原因として関係している．

鉄

鉄貯蔵症（ヘモクロマトーシス）はオオハシ類のような果食性や虫食性の種でよく見られるが，ロリキート類以外のオウムインコ類ではまれである．市販のネクターに含まれる高いレベルのビタミンAはこれらの鳥種における鉄貯蔵疾病の進行に関係している（McDonald, 2002b）．この状態を避けるために，ロリキートには可能な限り鉄100 ppm未満およびビタミンA濃度5000 IU/kg未満のネクターを与えるようにすべきである．タンニンは鉄の吸収を減少させるため，ネクターに利用されることがある．症状は臨床的に体重減少および肝腫大として認められる．血液値はあてにならないため，診断は肝臓の生検による鉄分の分析により行うことができる．治療は度重なる静脈切開またはキレート化療法となるため難しい（20章）．

セレン

セレンに関するほとんどの研究は水鳥類のものであるが，セレン毒性は，乏しい繁殖成績を経験した鳥類飼養家の間では高い関心事である．セレンはビタミンEと類似した抗酸化作用を持つ．また実用的な理由からビタミンEの代わりにペレットに使われている．セレン毒性は家禽において，胚死滅の増加，孵化率の低下，奇形発生の増加および受精率の低下を伴い繁殖成績を低下させる．もし5 mg/kg以上のセレンを含む飼料が与えられれば，繁殖困難なオウムインコ類の研究において，差が生じることが期待されている（Klasing, 1998）．

亜　鉛

亜鉛中毒は多くのオウムインコ類において報告されているが，正常な鳥では血清中の亜鉛濃度は幅が広いため（17～44 μmol/L），過大評価されて診断されていると思われる．正常な亜鉛濃度には分類群による違いも存在する．診断によっては，臨床徴候と50 μmol/L以上の血清中亜鉛レベルには相関があるだろう．臨床徴候には急性胃腸炎，血便および嘔吐などがある．毒性は食餌由来のものはまれで，通常，亜鉛メッキされた玩具やケージからの亜鉛摂取によるものである．治療はキレート療法を必要とし，亜鉛の中毒源を除去する（20章）．

ヨウ素

慢性ヨウ素欠乏は，適切な補助食を与えられていない質の悪いシードを食べているセキセイインコによく見られる．パッケージされたシードミックスとペレットにはヨウ素が添加されていることが多い．罹患鳥は甲状腺過形成または甲状腺腫に進展し，代謝速度が低下するため臨床的に肥満となる．これは穀食性鳥類の多くに共通して見られるものであり，さらに信頼性のある臨床徴候は過形成した甲状腺により鳴管が圧迫さることによる鳴き声の変化である．罹患鳥は吸気時に特徴的なクリック音も認める．オウムインコ類では，動的甲状腺検査に伴う問題のせいで確定診断が困難である．臨床徴候，食餌歴および治療に対する反応に基づく推定診断となる．飲水にルゴールヨウ素を加えるか（21章），あるいは市販のピンクのヨウ素ミネラルブロックを使うことで治療可能である．

ヨウ素欠乏は大型のオウムインコ類ではほとんど見られないが，甲状腺機能低下症はコンゴウインコ類の羽毛疾患と関係していることがある．現在では甲状腺検査はこれらの鳥に対しては十分ではなく，診断を困難にしている．試行的な治療は，医原性の甲状腺機能亢進症を誘導するリスクがある．

成長期の飼料

オウムインコ類の幼鳥を人工孵化させて人工育雛（挿し餌）することは，健康で馴れた鳥の生産を増やすために，飼鳥業界では一般的な方法である（18章）．オウムインコ類の幼鳥は成長が急速であるため（成長過程の鳥の日増体量は最大20%），誤った人工育雛によって深刻な栄養のアンバスンスを引き起こす．伝統的に，自家製の育雛用飼料には，市販の人の乳児用フードが使われてきたが，それではオウムインコ類の幼鳥には栄養バランスが悪い．近年では，オウムインコ類の育雛用飼料が入手可能であるため，劇的に改善されている．育雛用飼料の科学的研究は不十分ではあるものの，このような専用飼料は自家製飼料よりも着実な結果を生み出している．一般的な育雛用飼料の特徴を**表12.10**に示す．

親鳥に育てられた鳥は，人工育雛の幼鳥と比較して成鳥率が良く，これは親鳥が幼鳥に防御因子または共生細菌叢を供給しているためであると考えられている．また，彼らは非常に規則正しい食餌を与えている．孵化からの人工育雛は多大な時間を要し，難しい仕事である．実用的な妥協策として，孵化後3～4週間は親鳥に育てさせ，そこから一人餌になるまで人工育雛を行う．若鳥の採食行動は学習によるものであるため，一人餌になった幼鳥にはシードミックスよりもペレット食の方が単純かつ望ましい．多くの製造業者は，この固形食への移行の助けとなる離乳食を作っている．

表12.10　人気のある育雛用飼料の栄養分析（製造業者からの情報に基づく．横線は情報がないことを示す）（続く）

製品名	ビタミンA（IU/kg）	ビタミンD（IU/kg）	ビタミンE（IU/kg）	カルシウム（%）	タンパク質（%）	脂質（%）	備考
ZuPreem Embrace	–	–	–	–	22	9	• 白色オウムのような旧世界オウム用
ZuPreem Embrace plus	–	–	–	–	19	13	• 新世界オウム用
Harrisons Neonate	11,000	1000	300	0.8	26	14	• 容易に消化できる． • 2～3週齢用
Harrisons Juvenile Formula	11,000	1650	450	0.8	18	11	• 一人餌までの飼料 • 著者は病気のオウムインコ類の補助食として幼鳥のフォーミュラが役立つと考えている．
Kaytee Exact Macaw	–	–	–	–	22	8	
Pretty Bird	–	–	–	–	22 19 19 19	10 12 12 8	• 全鳥種に食餌を提供するために試みた4製品
Roudybush Squab Formula	10,000	1400	–	1.45	50	9.5	• 1日目からの挿し餌のために嗉嚢ミルクの再現を試みたもの．
Roudybush Formula3	10,000	1400	–	0.9	21	7	
Harrisons Recovery Diet	5,000	1000	300	0.8	35	19	• 罹患鳥に容易に栄養を補給するために作られた． • 注射筒または嗉嚢チューブで与える．

ネクター食性用の飼料

ロリキートは主に植物の果汁を食す独特なオウムインコ類である．彼らはその鮮やかな色彩から飼育がなされている．彼らには特別な栄養が必要であり，動物園以外では飼育するのが難しい．ロリキート類の舌には膨大な数の乳頭と絨毛があり，果汁を集めるために毛細管現象によって表面積を増大させるのに効果的である．果汁は基本的に糖類の液体であるが，これを飲んでいる間に，優れたタンパク供給源となる花粉を大量に消費している．彼らは，腸での窒素の損失が少ないため，他のオウムインコ類よりもタンパク要求量が少ない(乾物あたり 1～3%)．親鳥によって与えられる昆虫中心の食餌は，ネクター食性鳥類の雛鳥にとっての高いタンパク要求量を満たす．

飼育下では通常，多くの市販の果汁代用品の中の一つが与えられている．オウムインコ類において，ビタミン A は既存データでは低い要求量であることが提唱されているにもかかわらず，ロリキート類の多くはビタミン A レベルを高くすることが提唱されている(McDonald, 2002b)．このような飼料は，ロリキート類におけるビタミン A 毒性の原因，特にこのグループで報告されている鉄貯蔵症(ヘモクロマトーシス)の原因になるかもしれない．飼料 1 kg あたり 5000 IU 未満のビタミン A が含まれたネクターミックスが望ましい．

ネクターミックスは，細菌または真菌の発育にも望ましい媒体であるため，衛生状態をよく保つことがとても重要であり，餌皿は毎日清潔にそして殺菌されるべきである．ネクターミックスは毎回の給餌ごと新鮮に，また使用前に冷蔵しておくべきである．

病気のオウムインコ類の栄養

食欲不振は罹患鳥における共通の徴候である．病気のオウムインコ類の栄養要求量は，その飼料中にエネルギー，脂肪，タンパク質，ビタミンおよびミネラルを増やす必要がある点において，健康な鳥とは異なる．幼鳥の挿し餌用の市販フォーミュラは，病気の成鳥に対する栄養供給のために使うことができる．また，通常食欲不振が起こるため，これらのフードは経口チューブで与えることができるという利点がある．この分野は興味が高く，病気のオウムインコ用に特別に製造された回復食もある．

飼育下オウムインコ類における実践的な食餌

本章の目的は，読者に適切な食餌を推奨するためにオウムインコ類の栄養における現行の科学的データを示すことである．オウムインコ類の栄養のポイントは以下の通りである．

- 飼料は，全飼料の少なくとも 50% はペレットを基礎とすべきである．
- シードベースの飼料を避け，全飼料の 10% 以上が果物となるようなことは控える．
- 病原体への暴露を防ぐため，人間用の品質の食材のみを使う．
- 濃い色素の野菜は果物よりも栄養学的に優れている．
- 可能な限り無農薬食材を使う．
- UV-B の供給を考える．
- ビタミンとミネラルの補給には大いに注意を払う．ペレットでは補給の必要はない．

以下では大型オウムインコ類と小型インコ類の実践的な飼料を提案する．

大型オウムインコ類

- オウムインコ類に対して既知の要求量に合った栄養成分が含まれるペレットを与える．
- 興味を持たせるために，ペレットの製造業者によって推奨されている無農薬野菜，果物および豆類を給与する．これらは全飼料の 10% 以上にならないようにすべきである．
- さらなるシード，ビタミンまたはミネラルは加えないこと．
- グリットを給与すること．
- UV-B の人工光または自然光(315～280 nm)を供給する．ガラスやほとんどのプラスチックは UV-B の放射を除去することに注意すべきである．
- 常にきれいで新鮮な水を供給する．有機リンゴ酢(200 mL あたり 1 滴)の添加は一般的な病原体の繁茂を防ぐのに役に立つ．

一般的にこの飼料は鳥の維持に適切であろう．しかし，鳥が多くの要求量を必要とする状況(換羽，繁殖，成長過程)では，以下の項目により飼料を変更することは有益である．

- タンパク質を増やす．
- 脂肪を増やす．
- ビタミン A，D および E を増やす．
- カルシウムおよびリンを増やす．

現在では，製造業者はこれらの増加した要求量をまかなう特別な飼料を製造している(**表12.6**).

小型インコ類

セキセイインコとオカメインコは穀食性の傾向があり，ペレットに変更するのが難しい場合が多い．適した飼料としての妥協案は以下の通りである．

- ブランド製品で，より小さなキビやアワからなる清潔な箱入りシードミックスを与える．
- いくつかの種子を発芽させ，これを確保することは，鳥に対して絶えず有効である．発芽した種子は毎回十分に洗って発酵を防ぐために冷蔵する．
- 常にヨウ素ブロックとグリットを供給する．
- 常に新鮮な水を供給する．

有益な情報

この章で論じられているペレットは，常にペット業界で容易に利用できるものではないが，すべてのものはインターネットでメール注文により購入可能である．

- Harrisons Bird foods：www.harrisonsbirdfoods.com
- Kaytee Products Incorporated：www.kaytee.com
- Mazuri Diets：www.mazuri.com
- Pretty Bird International：www.prettybird.com
- Rolf C. Hagen Corporation：www.hagen.com
- Roudybush foods：www.roudybush.com
- ZuPreem Diets：www.ZuPreem.com

ビタミンとミネラルのサプリメントはペット小売店または以下のインターネットサイトを通じて購入できる．

- Bird Care Company：www.birdcareco.com
- Vetark Products：www.vetark.co.uk

13

全身感染症

Michael Lierz

ウイルス性疾患

パチェコ氏病

病因および病原

パチェコ氏病は，オウムインコ類特有のβ-ヘルペスウイルスが原因で，ウイルス株によりその病原性は異なる．他の鳥種には伝播しない．他鳥種で封入体肝炎の原因となるヘルペスウイルスと同種に属するが，共通抗原は有していない．主に糞便中に排出されるが，他の体液中にも排出される．垂直感染の可能性も示唆されている．感染は，空気もしくは経口感染による．潜伏期間は短く，約7日である．ウイルスはまず，リンパ系組織，上皮細胞(皮膚，肝細胞)および神経細胞に感染した後，さまざまな臓器で増殖し，主に肝臓，脾臓，腎臓に多発性の小壊死巣を形成する．他のヘルペスウイルスと同様に，潜伏感染鳥(キャリア鳥)が存在し，ウイルスは生涯持続する．ストレスもしくは免疫低下により，感染後数年を経た後にも病状が再発することがある．外見上は健康のまま，潜伏感染鳥は不規則にウイルスを排出し，それはしばしば数年にも及ぶ．コンゴウインコとボウシインコは他のオウムインコ類に比べ感受性が高いようである．愛玩鳥の診療において本疾患は一般的ではないが，検疫所(野生捕獲鳥)もしくは輸入施設では集団発生が報告されており，それらは媒介物やキャリア鳥を介して繁殖施設に持ち込まれる可能性がある．

図13.1 パチェコ氏病による肝臓の多発性壊死巣．ほぼ同サイズの微小の白点が認められる．図13.12(結核症)と比較せよ．チール・ネルゼン染色による直接塗抹は早期診断の助けとなる．サルモネラ症においても肝臓の多発性白点を認め(図13.2を参照)，鑑別診断が必要である．

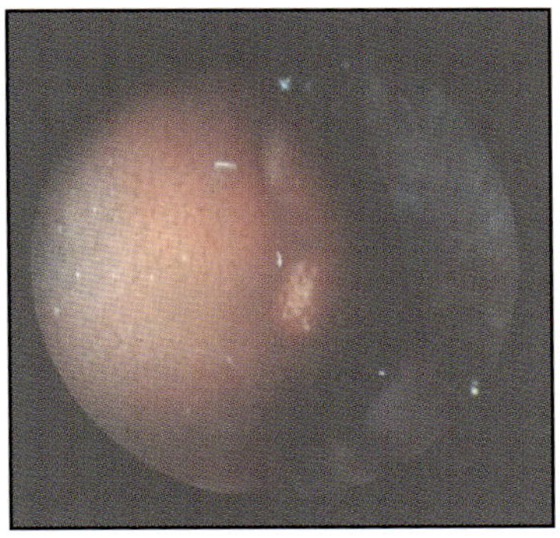

図13.2 肝臓における多発性壊死巣の内視鏡像．このような壊死巣が臓器表面に突出することはまれである．鑑別診断の必要なものはパチェコ氏病とサルモネラ症である．結核症では通常異なる(図13.12と7.14を参照)．

臨床症状

大多数の鳥は突然死するため，臨床症状は乏しい．生存例では，沈うつを呈し，緑色から青銅色の水様便が認められる．中枢神経(central nervous system; CNS)症状が認められることもある．

診　断

検疫所もしくは新規輸入鳥における突然死では常に本疾患を疑う．

死亡後の検査(post-mortem examination; PME)において，全身状態の良好な鳥の肝臓および脾臓に多発性壊死巣が認められる場合はヘルペスウイルス感染が疑われる(パチェコ氏病；図13.1と13.2)．低栄養状態の鳥に認められる同様の像は，大部分はサルモネラ症もしくは結核症によるものである(図13.12を参照)．クラミジア感染症およびエルシニア症では肝臓に同様の薄色壊死領域が認められるが，*Chlamydia* による壊死は通常不規則斑で黄色(白色ではない)であり，*Yersinia* では肝臓と腸管壁に肉芽腫形成が誘導される．

肝臓，脾臓および腎臓は腫大する（X線像でも認められる）．白血球増多症時に死亡しなかった鳥は，続いて白血球減少症に陥る．ウイルス学的検査（組織材料，スワブ）による確定診断が必要である．肝臓および脾臓の病理学的検査では核内封入体（Cowdry A型）が認められる．抗体上昇の前に甚急性に経過したり死亡した場合，抗体の検出は偽陽性となる可能性がある．潜伏感染鳥はごく低力価のウイルス中和抗体しか産生しない．

治療および予防

罹患鳥に対する治療は手遅れになることが多い．アシクロビルの非経口投与が試みられる．接触鳥には経口投与する．この治療は臨床症状を軽減させるが，潜伏感染には効果がない．

米国においてはワクチンが利用可能であるが，ヨーロッパにはない．不活化ワクチンはオウムからの分離株を用いている．製造業者によるとワクチンは，検疫所に到着した鳥の他にストレス状態にある鳥や繁殖期の少なくとも4週間前の鳥に接種すべきであるとしている．基本的に免疫は4週間隔で皮下接種を2回行う．年1回の追加免疫を毎年行う．異なるパチェコ氏病ウイルス株の存在が示されており，単一分離株のワクチン接種ではすべての血清型を防御しないことが示されている．罹患群特異的ワクチン（collection-specific vaccine）（罹患群よりウイルスを分離し，それを用いてワクチンを生産する）の効果は疑問である．

本疾患は潜伏感染鳥の原因となることがある．生涯を通じてキャリア鳥となるかは疑問が残るが，可能性は否定できない．

ポックスウイルス感染

病因および病原

鳥ポックスウイルスには多くの異なった株が存在し，多少の種特異性がある．オウムインコ類には特有の鳥ポックスウイルスが存在すると推定されているが，科もしくは種を超えた感染の可能性はある．鳥ポックスウイルスはエンベロープを有し非常に安定であり，特に乾燥状態には強い（数カ月は安定）．ほとんどの消毒剤に感受性であるが，消毒には長時間を要する（最長90分）．

鳥ポックスウイルスは主に脱落痂皮もしくはジフテリア様粘膜中に排出される．病原体は健康な表皮には侵入不可能であり，上皮バリアーの傷害を必要とする（外傷もしくは昆虫の刺し傷など）．ウイルスは，はじめに表皮で増殖し（一次ウイルス血症），肝臓および骨髄へと拡散し二次増殖する（二次ウイルス血症）．二次ウイルス血症の後，ウイルスは他臓器へ侵入し，感染鳥は死に至る．本疾患では多くの場合，二次ウイルス血症は認められない．オウムにおけるポックス病変はしばしば皮膚および粘膜に限局している．

臨床症状

本疾患は多くの場合輸入鳥で頻繁に見られる．異なる病型が報告されている．オウムインコ類では皮膚型および粘膜型が最も普通に見られる．他の鳥類で認められる，腫瘍型，CNS型もしくは敗血症型はまれではあるが，考慮に入れなくてはならない．

粘膜型では口腔を覆う黄色痂皮が形成され，嗉嚢および食道に達することはまれである．痂皮が除去されると出血が起こる．時として痂皮は非常に厚く，それにより鳥は嚥下困難となり窒息の危険も伴う．ポックスの粘膜型は，トリコモナス症やカンジダ症との鑑別診断が必要である．本疾患が心筋もしくは腸管粘膜に波及した際は重篤となる．

多くの場合皮膚型は，粘膜型とともにもしくは単独で認められる．初徴は無羽部表皮における，小さな褐色の肥厚である．この肥厚領域は痂皮となり，ベタベタした湿性の皮膚損傷となる．通常皮膚型は自己限定性の感染であるが，細菌や真菌の二次感染が臨床症状を複雑にする．時に眼部に限定した皮膚型も認められ，角膜炎，ブドウ膜炎，眼瞼損傷も認められる．

診　断

皮膚病変もしくは粘膜の材料を用いてPCR法により鳥ポックスDNAを検出することで診断を確定できる（これにより種々の株を区別することも可能である）．皮膚病変の病理学的検査も可能である．エオジン好性細胞質内封入体（Bollinger小体）は本疾患の特徴である．ウイルスは電子顕微鏡を用いても証明可能である．ウイルス分離は細胞培養およびニワトリ胚の漿尿膜により可能である．鳥類のポックスに対する抗体検出は，鳥ポックス感染に対する抗体応答が乏しいため，確実ではない．

治療および予防

これら鳥ポックスウイルスに対する抗ウイルス剤は存在しないが，本疾患は自己限定的で通常3～4週間以内で終息する．二次感染は，抗生物質や抗真菌薬により治療する必要がある．皮膚病変と粘膜はイオジン（ポビドンヨードとグリセリンの1：4混合液）で消毒する．多くのオウムインコ類はビタミンA欠乏であり，ビタミンAの投与はこれら鳥の回復を助ける．軽症例では通常，病変は完全に回復するが，重症例では瘢痕となる．本疾患が同一禽舎中に拡がる可能性を減らすためにも，吸血節足動物（蚊およびダニなど）を制御する必要がある．

現在のところオウムインコ類に対する有効なワクチンはないためワクチン接種はできない．オウムインコ類の鳥ポックスウイルスは株が異なるため，他鳥種（カナリア，ハト，七面鳥，ニワトリ）用ワクチンの効果は疑問であり，防御効果は期待できない．

パラミクソウイルス感染

The Diseases of Poultry (England) Order 2003によると，ニューカッスル病と鳥インフルエンザは届け出が必要な伝染病である（22章）．飼育もしくは保護した鳥やその死体にこれら疾病の存在が疑われる場合，the local Department for Environment, Food and Rural Affairs (DEFRA) Divisional Veterinary Manager (DVM) に届け出なくてはならない．あらゆる鳥や死体およびそれらの検体を検査，分析し，これらの疾病を疑った者には同様の対応が求められる．

病因および病原

鳥パラミクソウイルスは九つの異なる血清型に分類される．オウムインコ類においてはPMV-1およびPMV-3が重要である．両者ともあらゆる分泌物から排出され，環境中で安定である．

PMV-1は家禽のニューカッスル病の原因となるが，すべての鳥類は本疾患に感受性と考えられる．オウムインコ類において定期的に本疾患が見られる国もあるが，ヨーロッパではまれである．これは家禽へのワクチンプログラムが行われているためである．本疾患は，ほとんどの国において家禽で届け出が必要な伝染病に指定されている．PMV-1の病原性は株間で異なる．PMV-1の株はニワトリに対する病原性によって弱毒（lentogenic），中等毒（mesogenic）および強毒（velogenic）に大別される．この病原性は，他鳥種では異なる可能性があり，家禽の弱毒株はオウムインコ類に対しては強毒となりうる．このことは，オウムインコ類に家禽の弱毒生ワクチンを接種する際，特にワクチン生産にPMV-1の中等毒株を用いている場合には注意が必要である．潜伏感染の可能性があり，これは疫学的に重要な問題となっている．PMV-1は空気感染し，吸入により伝播するが，経口感染もある．ウイルスの標的細胞は呼吸器や消化管，また腎臓およびCNSの上皮細胞である．

PMV-3はさまざまなオウムインコ類から分離されるが，セキセイインコ，オカメインコおよびボタンインコにも存在する．これら鳥類のPMV-3は，モノクローナル抗体により七面鳥由来PMV-3とは区別される．

臨床症状

PMV-1感染では，甚急性例の場合には死亡までに臨床症状は認められないが，ほとんどの場合，呼吸器および消化器症状が認められる．感染鳥は沈うつ状態となり食欲が減退する．その後，斜頸，平衡感覚の失調，強直性発作（図13.3），振せんなどのCNS症状が認められる．

同一飼育群内においても，多様な臨床症状が認められる．ある鳥はCNS症状を呈し，他の鳥は臨床症状を示さず死亡する．株の病原性によっては，PMV-1は潜伏感染もしくは軽度の症状に終わることもある．そのような場合には，鳥は数日の沈うつ状態に陥り，他の症状は示さない．PMV-1は人獣共通感染症であり，ヒトの重度の角結膜炎の原因となりうる．

PMV-3感染はPMV-1感染と類似しているが，ほとんどの場合さほど重篤にはならない．多くの事例では軽度のCNS症状が見られるのみである．同一飼育群内における死亡率は，特に若齢鳥ほど高い．セキセイインコにおいてCNS症状（旋回運動や斜頸）が認められた場合は，PMV-3を常に考慮すべきである．これらの鳥は予後不良である．PME時に，膵炎がよく認められる．

図13.3 頭部の斜位は，パラミクソウイルス感染に伴う初期CNS症状としてしばしば認められる．

診　断

ウイルスの検出および分離には，組織材料もしくは総排泄腔スワブが用いられる．ウイルス分離では，陽性の結果は数日で得られ，陰性結果は数回の継代の後に確実となる（約4週間）．オウムインコ類由来のいくつかの株は，病原体分離に使用されるニワトリの培養細胞やニワトリ胚に馴化する必要がある．分離ウイルスがPMV-1もしくはPMV-3であることの確定診断は，赤血球凝集および赤血球凝集阻止試験による．診断は，組織材料を用いたゲル内沈降反応もしくはPCRによっても可能である．非ワクチン接種鳥において，赤血球凝集阻止試験による抗体検出は，早期診断の助けとなる．本試験によりPMV-1とPMV-3の鑑別も可能となる．

治療および予防

特異的な治療法はない．支持的対症療法により生存させせることも可能である．特に高価な繁殖鳥が罹患した場合は，高度免疫血清を使用することも可能である．どちらの方法も，他の鳥への感染もしくは他飼育群へのウイルスの拡散の危険を伴う．本疾患は，他の鳥への伝染性が非常に高く，通常安楽死が推奨される．CNS症状は改善しない．

オウムインコ類への弱毒生ワクチン接種は危険を伴うため（前述），不活化ワクチン（ニワトリもしくはハト用ワクチン）を接種すべきである．生ワクチンは，野外株を競合的に抑制する，緊急時のワクチンとしての可能性が示唆されている．多くの国はPMV-1のワクチン接種は法律によって規制されている．七面鳥にはPMV-3ワクチンが利用可能であり，おそらくオウムインコ類にも使用可能であろう．

オウムインコ類の嘴羽毛病（PBFD）

病因および病原

オウムインコ類の嘴羽毛病（PBFD）は，非常に小さなサーコウイルスが原因となり，オウムインコ類において最も一般的かつ重要なウイルス性疾患の一つである．病原体は環境中で非常に安定であり，感染性は数年間持続するといわれている．さらに，多くの消毒剤に耐性である．サーコウイルス感染は他鳥種でも知られているが，PBFDウイルスはオウムインコ類にのみ病原性を示すようである．オウムインコ類には異なるPBFDウイルス株が存在し，それらはおそらく種特異的である．ウイルスは感染後数カ月にわたり羽および糞便中に排出される．感染は，汚染された羽の吸入，新鮮もしくは乾燥した糞便，嗉嚢分泌物の経口的な摂取により起こる．垂直感染も起こりうる．ウイルスは，空気，餌，給餌容器および輸送箱などと同様，汚染羽の付着した衣類により容易に人為的に拡散する．

ウイルスは分裂中の細胞を好む．ウイルスの最初の標的は，複製中の免疫系組織（ファブリキウス嚢および胸腺）であるが，皮膚，羽毛濾胞，食道や嗉嚢の細胞，および骨髄も標的となる．したがって，羽の消失や形態異常に加え，PBFDでは重度の免疫不全による致死的全身障害が起こりうる．

潜伏期は，感染鳥の年齢によりさまざまである．巣立ち前では僅か2～4週間程度であるが，成鳥では数年にも及ぶ．一般的に，3歳齢より若齢のオウムインコ類はより本疾患に感受性であるが，それより高齢でも症状が認められる．若鳥では免疫系の発達不良として本疾患が明らかになる．ファブリキウス嚢そしておそらく胸腺が一旦退縮すると，ウイルスはほとんど臨床症状を呈さないようである．人工給餌鳥（手乗り鳥）はより頻繁に影響を受ける．また，高齢鳥であるほど，感染から発症までの期間は長くなる．最終的に，免疫系が成熟した鳥では，大部分がウイルスに対する免疫反応により，ウイルスは体内より排除される．

病態の経過は多岐にわたり，潜伏感染鳥はウイルスを排出することが一般的である．このことは，感染群からのウイルス排除が非常に困難なこと，そして多くの群れで陽性であることの理由を示している．垂直感染も認められる．PBFDは鳥類を飼育するうえで非常に一般的な疾患である．重要なことは，羽の消失，変形といった通常認められる「典型的」な病態のみならず，巣立ち前および若鳥における不健康と死亡もサーコウイルス感染によりしばしば認められるということである．

臨床症状

本疾患については，ほとんどの場合感染鳥の年齢に依存してさまざまな病態の経過が報告されている．しかし現在のところ，本疾患は常に致死的経過をたどる可能性がある．

甚急性：孵化直後の鳥（白色系オウム，ヨウム）がほとんどの例を占める．ブリーダーが原因不明の若齢ヒナの死亡率上昇を報告する．ほとんどの鳥は著明な臨床症状を呈さず死亡する．沈うつおよび肺炎，下痢が認められることもある．死亡鳥の解剖では診断に繋がる所見は認められない．

急性：巣箱から出て数週間の羽の成長過程にある巣立ち前の鳥に多く見られ，時として1カ年までの若鳥に見られる．感染鳥には沈うつ，下痢が認められる．免疫不全により，他の症状（肺炎）がより著明に認められることがある．羽はしばしば影響を受け，粉綿羽の脱落として認められる．これは特に黒色嘴を持つオウムで明白である．白い粉に覆われる代りに（**図5.4**を参照）嘴が黒色に光沢をおびる（**図13.4**）．しかしながら，サーコウイルスに感染したすべての鳥で光沢のある黒色嘴が認められるわけではない．

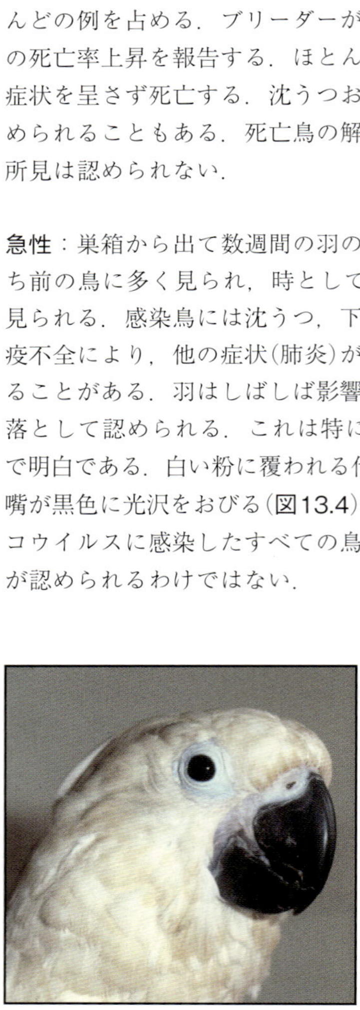

図13.4　このタイハクオウムの嘴は光沢をおびた黒色となり，羽も汚れている．これらはウイルス障害による綿粉羽の脱落として，しばしばPBFDの最初の徴候となる（**図5.4**と比較せよ）．

成長過程の羽は奇形もしくは色彩が変化する(例えば，ヨウムでは赤色の輪郭の羽，クロインコでは通常黒色の羽が白色となる)．アフリカ原産オウムにおける最も明白な徴候は，重度の白血球減少症と貧血である．

PBFDでは急性型が，現在最も一般的に見られる．飼育群において原因不明の問題が生じた際は，常にPBFDに対する検査を行うべきである．不健康な若齢オウムにおいて，重度の白血球減少症が認められる場合は，ほとんどの場合PBFD陽性である．このような鳥において陰性の結果がでた場合も決して本疾患の可能性は捨ててはならず，PCR検査など他の検査を行うべきである(下記参照)．PMEでは，貧血や特にアスペルギルス症などさまざまな二次感染が認められる．

慢性：慢性型はPBFDの中で最もよく知られる病態で，主として高齢鳥に見られる．最も明白な臨床症状は，羽の脱落と変形であり，これは成長過程にある羽にとって最悪で，換羽時に増大する．先にも述べたがヨウムと白色系オウムにおける最初の徴候は，光沢のある黒色嘴である(**図13.4**)．羽の変形は免疫不全に伴う二次感染によってもしばしば生じる．後期には，嘴と鉤爪は非常にもろくなり，脆弱化した角化部外層下には壊死層が認められる．本疾患は，通常致死的であるが，経過は最初の臨床症状から数年を必要とする．

羽の変形は，羽包損傷の程度によりさまざまである．対称的な羽の脱落は，尾部の羽からはじまる．飼い主は，しばしば鳥が自分で羽をついばんだためと判断する．重要なことは，羽の脱落(もしくは損傷)が，頭部の羽にも認められることである(**図13.5**)，これは最も重要な鑑別診断となる．なぜなら，通常は自分で頭部の羽をついばむことはできないからである．

成長過程にある羽は湾曲し(**図13.6**)，破損する．

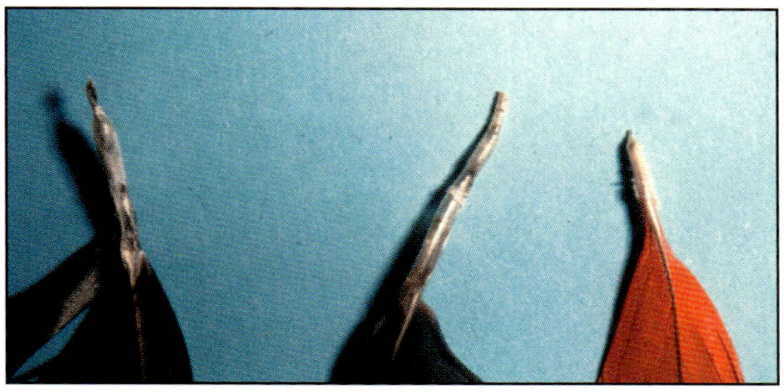

図13.6 PBFD感染により脱落した羽の湾曲(**図2.2**と比較せよ)．

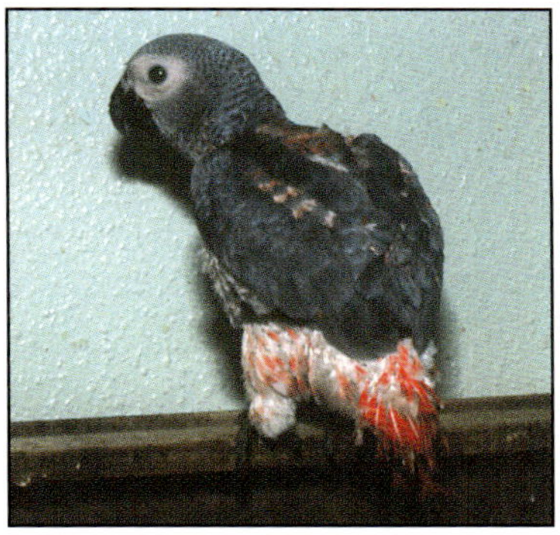

図13.7 サーコウイルスに感染したヨウム．主翼羽が脱落し，尾羽が変形し，翼，頭部，腹部にピンク色の羽が認められる．本鳥は同時に重度の白血球減少症を呈している．

図13.5 白色系オウムにおけるPBFD．頭部，尾部を含む全身の羽で病態が進行している．

これが血流の存在する羽に生じると，羽の基部は乾燥し血液の混じった痂皮に覆われる．最後に，成長中の羽の羽鞘は残り，羽の色彩が変化することがある(**図13.7**)．セキセイインコでは主翼と尾部の羽毛を失う．サーコウイルスは，セキセイインコのブリーダーに「フレンチモルト」として知られている症候群の原因の一つである．

臨床的に目立たない型：ほとんどの場合，高齢鳥に見られ，ウイルスを排出している．これらの鳥は，飼育群における主な汚染源となり，ウイルスを拡散する．この病型は一般にセキセイインコ，オカメインコおよび白色系オウムに見られる．

診　断

本疾患は，新規購入の人工給餌したオウム，特にヨウムで多く見られる．ウイルスにより死亡した(高価な)鳥の飼育者は，感染鳥の汚染源に対してクレームをつけるのが常である．サーコウイルス感染の診断は専門家によって行われることが非常に重要である．診断は，病原体の検出により確定されなければならない．サーコウイルスの培養による分離は，現在までのところ不可能である．サーコウイルスDNAを検出する，信頼のおけるPCR検査が開発されており，これは選択肢の一つである．

すべてのPCR検査は非常に感度が高く，検査に供する組織は，他からのオウムインコ類サーコウイルスの汚染を避けるため，無菌的に採材しなければならない．ウイルスは，増殖中の組織からの検出が最も容易だが，検査が偽陰性となる多くの理由がある．成長過程にある羽の羽髄は，最も容易にウイルスが検出できる材料として報告されており，これは事実である．しかし，すべての成長過程にある羽にサーコウイルスが含まれているわけではなく，特に羽病変の認められない鳥ではそうである．また，多くのヨウムが本疾患の症状を呈するのは3～6カ月齢であり，この時期にはすでに成長過程の羽は存在しない．このような場合，ウイルスは通常白血球中に存在するため，血液を検体として用いる.重度の白血球減少症が認められる場合，この方法もPCR検査により偽陰性となる可能性がある．

12カ月齢以下の生きた鳥における最も有用な検査材料は骨髄である．骨髄材料は，一般的な麻酔下において2 mL注射筒に23 G 3/4インチの針を用い脛骨の髄腔を「穿孔」することにより得られる．膝部内側面の脛足根骨平面部からアプローチするのが最も良い．

死亡鳥の場合，ファブリキウス嚢，胸腺，骨髄および肝臓はすべて有用である．偽陰性の可能性は常にあり，心にとめておかなければならない．ファブリキウス嚢をまず検査材料として提出し，他の組織は凍結保存(さらにファブリキウス嚢の半分など一定の組織は固定しておく)するのが実用的である．それにより，予期せぬ偽陰性の結果がでた際に，さらにPCR検査を行うことが可能であり，必要であれば光学および電子顕微鏡を用いることもできる．

一般的に，オウムには異なるサーコウイルスの株が存在するため，また各研究室で行われているPCRがすべてのPBFDウイルス株を検出できるわけではないことから，PBFDのPCR検査の解釈は困難である．さらに，PCRの感度は実施研究室によってさまざまである．臨床および他の検査でサーコウイルス感染が強く疑われ，PCR陰性であった場合，他の検体，他のPCRもしくは他研究室で確定診断を行う必要がある．他の検査(例えば，ファブリキウス嚢もしくは骨髄の電子顕微鏡観察)は診断の助けとなる．

成長中の羽を含む皮膚の生検材料およびファブリキウス嚢の病理学的検査では，特徴的な変化(好塩基性の細胞質内および核内封入体)が認められるが，PCR検査ほど信頼性は高くない．サーコウイルスは，電子顕微鏡によっても証明可能である．PBFDの最も重要な鑑別診断は，ポリオーマウイルス感染であるが，あまり一般的ではない．

治療および予防

PBFDの臨床症状を呈した鳥は通常死亡する．治療の成功例はほとんどない．免疫賦活剤(paraimmuninducer; Baypamun)が試されているが，オウムにおける主要な問題はウイルスにより誘導される免疫抑制のため，このような薬剤の効果は疑問である．近年では，インターフェロン(ニワトリ由来)が使用されている．最初の報告では，100万単位のニワトリインターフェロンの90日間の筋肉内注射で，感染ヨウム 10羽のうち7羽に骨髄の再生および(PCR検査により)サーコウイルス陰転が認められた．本治療法は，さらなる検討が必要である．同容量の猫インターフェロン標品の使用では，満足な効果は認められなかった(Stanford 2004)．

上記のような報告があるが，群中の病鳥は安楽死させるべきである．単一の飼育鳥を支持的療法もしくはインターフェロンにて処置することは可能であるが，それらの鳥では飼育者を介した疾病拡散の危険が未だに残っている．羽の損失は許容しうるが，嘴および鉤爪の変性は激痛を伴い，慢性例における安楽死の理由となる．支持的療法は免疫系の安定化(ビタミンA，プロバイオティクス)および二次感染の治療(抗生物質，抗真菌薬)に重点がおかれる．

罹患鳥は飼育群から排除する必要がある．すべてのケージ，飼育者の家具，衣類はグルタールアルデヒドにより消毒すべきである．有効なワクチンは存在しないため，最も重要な予防は，新規鳥の衛生管理および検疫である．これは，飼育群にPBFDが存在しないことが明らかな場合，最も効果的である．新規に購入した鳥は検査すべきである(羽および血液，疑似例では骨髄)．陽性となった場合，対象鳥は90日以内に再検査すべきである．臨床症状を認めることなく陰転した場合は，ウイルスが排除されたか，最初の検体が汚染されていたためであろう．

ポリオーマウイルス感染

病因および病原

ポリオーマウイルス感染は，セキセイインコで最初に報告された(セキセイインコヒナ病)が，他のオウム，特にボタンインコ，コンゴウインコおよびオオハナインコでも見つかっている．セキセイインコでは特にヒナにおいて，本疾患が致死的になるようであるが，他種においては慢性もしくは無症状のことが多い．病原は環境中で極めて安定であり，不顕性感染した成鳥(多くはセキセイインコ)より持続的に排出され，もしくは媒介物を介して拡散する．ウイルスは皮膚，羽塵および糞便中に排出され，垂直伝播しうる．不顕性感染した成鳥は，免疫系の脆弱なヒナにウイルスを伝播する．若鳥は，ウイルスに対して寛容となる場合があり，例え抗体が存在したとしても持続的にウイルスを排出する．これら若鳥は，他の群れへウイルスを拡散する主要な原因となり，健康親鳥のヒナへ感染させる．未処置の若鳥は，重症となり死亡することもある．サーコウイルスと同様に，感染時の鳥の年齢は重要である．

ポリオーマウイルス感染は，特に羽の形態異常もしくはオウム科の鳥類の群れで巣立ち前のヒナに高い死亡率が認められる場合は，PBFDとの鑑別診断が最も重要である．

臨床症状

本疾患の臨床所見は，オウムの種および鳥の年齢に依存する．

甚急性および急性型：これらの多くはセキセイインコのヒナで報告され，致死率は100%に達することもあり，群れ全体に重篤な影響を及ぼす．他のオウムインコ類にも影響を及ぼすが，重篤度は通常低い．巣出ち寸前のヒナの突然死として発生する．若齢鳥は無気力，元気消失となり振せんも認められる．時として皮膚および尿酸の黄色化が認められ（肝障害による），皮下組織および羽胞の点状出血も観察されることがある．ポリオーマウイルス感染は，ブリーダーから孵化したオウムインコ類の体重減少やヒナの成長異常が報告された際には，必ず考慮しなければならない．セキセイインコ以外にも成鳥のオウムでは突然死やCNS症状が報告されている．一部の鳥では，嗉嚢通過時間の遅延も認められる．

慢性型：本病型は，主に2週齢以上で感染もしくは，移行抗体により防御されたヒナに認められる．セキセイインコは通常，より重篤な臨床症状を呈す．羽の成長が影響を受け，主に大きな羽（翼および尾）がはじめに抜け落ちる．この状態は，「フレンチモルト」のもう一つの原因である．新しい成長中の羽は奇形および巻き毛となり，羽鞘は残存する．PBFDで認められる円形の巻き毛は，通常認められない．本疾患は進行性であり，後に小さな大羽にも影響が及ぶ．PBFDとは異なり，綿毛に変化は通常認められない．次いで罹患鳥は飛行不能となり地面を走るようになる．いくつかの事例では，羽の奇形は回復する．

不顕性感染：潜伏感染鳥，特に成鳥のセキセイインコで一般的である．それらは間欠的にウイルスを排出し，抗体価も高いレベルであるが，臨床症状は進行しない．高ストレス条件下（繁殖，展示，新しい環境など）では，羽毛の変化や臨床症状が進行する．

診　断

セキセイインコの群れにおいて，ヒナの死亡率上昇，皮下の点状出血および羽の変化を伴う大規模な問題があった場合，本疾患を疑い診断する．主にサーコウイルス感染との鑑別が必要である．診断法の選択肢として，PCR検査によるポリオーマウイルスDNAの検出がある．組織培養によるウイルス分離も可能であるが，時間を要する．総排泄腔（尿生殖道）内部をよく拭き取る必要がある．羽材料も，血液や組織材料（脾臓，肝臓）と同様に使用可能である．鳥がポリオーマウイルスおよびサーコウイルスの双方に感染している可能性もある．ウイルス中和試験による血清中の抗体検出も可能である．本法はセキセイインコに用いられるが，特に急性例ではしばしば擬陰性となる．病理学的検査により，羽胞，腎臓，肝臓および脾臓における好塩基性もしくは両染性の核内封入体の検出が可能である．

治療および予防

有効な治療法はない．飛ぶことのできなくなった鳥は，飛ぶよりもよじ登るのに適したケージ内で飼育する．二次感染は，抗生物質などにより治療する必要がある．

セキセイインコの群れにおける流行時には，繁殖を少なくとも3～4カ月間中断すべきである．この期間に病原体は群中のすべての成鳥に拡散し，感染鳥は防御可能なレベルの抗体を産生する．移行抗体はヒナを急性型から防御するが，羽の障害は生じる．若齢鳥は売却時にウイルスを運び，新規に搬入される鳥は防御されないことになる．そのためこの方法は，個人的な飼育者の選択に限られるかもしれない．繁殖施設では，消毒剤の使用や衛生状態の検査と同様に，陽性鳥の淘汰によりウイルスの排除を図るべきである．新規搬入鳥は，検疫のため隔離室で飼育し，総排泄腔スワブをPCRにより繰り返し検査する必要がある．セキセイインコは本ウイルスの汚染源となる可能性があるため，他のオウム科とは別に飼育すべきである．

ヨーロッパでは使用可能なワクチンはないが，米国ではオウム科の鳥由来分離株の不活化ワクチンが使用可能である．病原体による汚染を防ぐため，ワクチンにはゲンタマイシンとアムホテリシンBが加えてある．メーカーによると，ワクチンは検疫所から来た新規搬入鳥や繁殖期の少なくとも8週間前の鳥に使用すべきとされている．基本的な免疫スケジュールでは，4週間隔で2回皮下接種する．さらに毎年1回追加免疫をする．

乳頭腫症

病因および病原

本症はウイルスにより誘発される疾患である．病原体は確定していないが，パピローマウイルスよりもヘルペスウイルスの関与が示唆されている．近年の研究によると，すべての例ではないが，オウム科の鳥における乳頭腫の多数例からヘルペスウイルスDNAが検出されている．典型例では，特に総排泄腔の粘膜面上に増殖性上皮の集塊が認められる．本疾患は番いの鳥がいる鳥小屋で発生する傾向にあることから，ヒナへの給餌と同様に番い間の給餌および交尾による伝播が示唆されている．一般的に，群中の極少数の番いが臨床症状を呈すが，まれに本疾患は大規模な問題となりうる．

臨床症状

多くの場合，総排泄腔が発病過程に関係している（図13.8）．通常，罹患鳥の総排泄腔周囲の羽は多量の糞便で汚染されていたり，総排泄腔から炎症組織の脱出が認められる．時として血便を呈したり（付録2），排便困難が観察されることがある．総排泄腔の反転脱出例では，形と大きさがブラックベリー様の固まりを伴うび漫性炎症が認められる．乳頭腫が口腔内にも認められる場合があり（特に後鼻孔および咽頭口周囲），他の乳頭腫は消化管全体に認められる．乳頭腫症を呈したほとんどの鳥の症状は周期的である．体調不良時には，食欲不振となり，嚥下障害，呼吸困難が認められる場合もある．嘔吐も認められる．治療の有無にかかわらず，病後は数カ月にわたり良好である．そのため，治療が効果的であるかどうかは判断の分かれるところである．

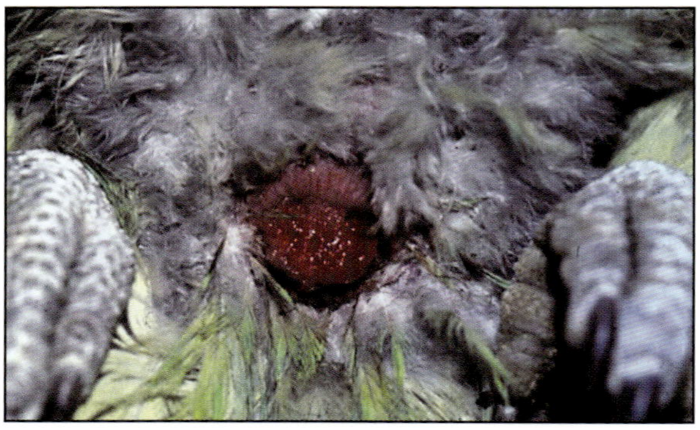

図13.8　乳頭腫はほとんどの場合総排泄腔に生じ，血便もしくは排便障害となる．

診　断

乳頭腫（ブラックベリーもしくはカリフラワー様および出血）の出現は，本疾患の典型である．しばしば総排泄腔全域に突出するが，乳頭腫が小さい場合は総排泄腔反転時まで観察されない．口腔に生じた乳頭腫の炎症は通常軽度である．

総排泄腔に乳頭腫の生じたすべての鳥には内視鏡検査をすべきである．本検査は，口腔，嗉嚢，前胃，筋胃および総排泄腔の乳頭腫を発見するのに有用である．内視鏡の照明と粘膜面への接近能により，初期の小病変も検出可能となる．腸管の閉塞は一般的ではないが，X線造影撮影により観察可能である．乳頭腫への5%酢酸滴下により，バラ色から白色への色の変化が認められ，これは小病変検出の助けとなる．確定診断および腫瘍との鑑別のためにも，病理学的検査は必須である．

治療および予防

病変部の羽の除去および洗浄，抗生物質投与による二次感染の治療が第一である．ほとんどの大きな乳頭腫は，鋏もしくは電気メスにより外科的切除が可能である（10章）．多くの場合，本疾患の根治は不可能であり，ストレス環境下では，より重度の乳頭腫へと進行する場合が多い．外科的手術の繰り返しでは，総排泄腔の瘢痕および狭窄が問題となる．乳頭腫を用いた自家免疫によるワクチン作製の試みがいくつか報告されているが，パピローマウイルスは分離されていないため，本法の有効性はない（しかしながら，有効であるとする報告もある）．アシクロビルの有用性に関する報告もある．

回顧的な調査により，乳頭腫を呈した鳥では，致死的な膵臓および胆嚢の腫瘍が高率に発生することが示されている（Graham, 1991）．乳頭腫の自然退縮も報告されている．通常，治療は成功しないが，罹患鳥は数年にわたり生存することができる．そのような場合には，非罹患鳥との濃密な接触は避けるべきである．垂直感染はないと思われるため，罹患鳥の卵は人工的に孵化させ飼育することにより，本疾病のない状態にすることができる．

前胃拡張症（proventricular dilatation disease；PDD）

病因および病原

PDDの原因は未だに明らかになっていない．糞便中にウイルスが排出され，吸入もしくは経口的に摂取されるとされている．潜伏期は明らかとなっていないが，おそらく少なくとも6週間から数年であろう．ストレスおよび環境，餌の変化が，突然の臨床症状の出現に関与しているようである．PDDの主要な症状はすべての鳥において肉眼的に認められるが，病理学的には中枢神経系，最も重要なものは末梢神経系に認められるとされている．神経節の変性が組織学的検査により観察される．さらに，主に前胃の自律神経叢にリンパ球の浸潤が認められる．神経支配の障害により前胃筋層が萎縮し，アトニーおよび拡張症となる（図13.9および13.10）．嗉嚢，腸管の一部および筋胃に認められることもある．

興味深いことに，1群中では一度にごく少数の鳥しか臨床症状を呈さないということであり，しばしばこ

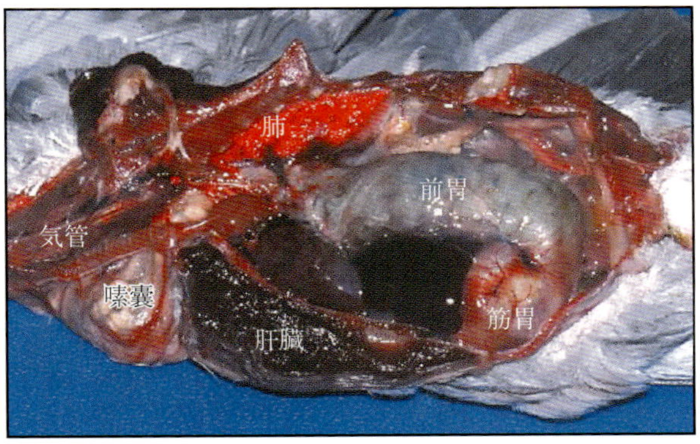

図13.9 ヨウムにおける前胃拡張症．前胃の巨大化と閉塞が認められる．組織壁が菲薄となっている(食物が確認できる)ことに注目．

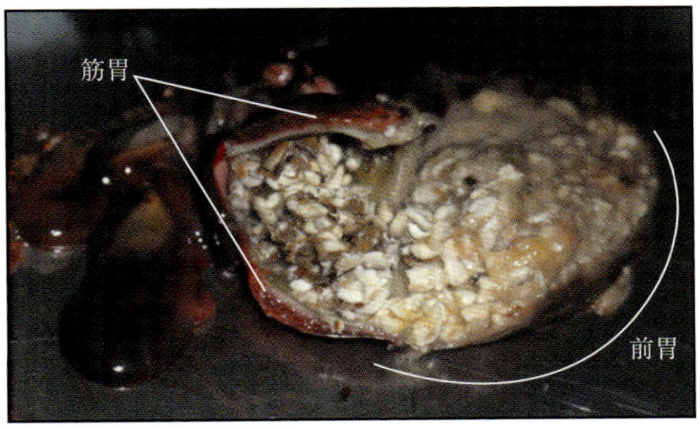

図13.10 PDDを呈したコンゴウインコの前胃．組織壁は高度に菲薄化し，筋層の運動障害により食物は通過できない．筋胃も拡張し，筋層は退縮している(図2.11と比較，図9.5および9.6を参照)．

れらの発生と発生の間には明白な関係が認められない．このことは，臨床症状を呈さない鳥がキャリアとして存在する可能性を示唆するものである．本疾患は多くのオウム科の鳥種で認められるが，オカメインコ，コンゴウインコ (macaw wasting disease としても知られる)，ボウシインコ，ヨウムおよび白色系オウムはより感受性が高いようである．しばしば，番いの一方は死亡し，他方は生存する．生存鳥はしばしば継続して感染源となり，健康鳥がPDDの臨床症状を呈するようになる．群中において，ごく少数の鳥が本疾患に罹患するのが典型例である．

臨床症状

ほとんどの症例で飼育者は，給餌後の嘔吐もしくは糞便中の未消化物を報告している．食物摂取が正常にもかかわらず，体重減少が認められるのは，本疾患のもう一つの症状であり，これは前胃による食物処理の不十分さによる．沈うつ状態と嗉嚢の拡張が認められる例もある．CNS症状も認められる場合があり，まれな例では消化器症状を伴わない．そのような例では，前胃の拡張は通常X線撮影により明らかとなる．消化不良により，罹患鳥は衰弱し最終的には死に至る．最初の臨床症状から死亡までの期間は若齢鳥では短く，成鳥では数年にも及ぶ．

診　断

側方からのX線撮影により，拡張した前胃が明瞭に認められ(図9.6)，造影剤の使用により最良の像が得られる．造影剤の通過時間も延長する．他の理由でも同様の症状が認められることがあるため，前胃の拡張はPDDの確定診断ではない．X線透視撮影により観察される筋胃および前胃間の蠕動運動の不調和は，PDDの特徴的な所見である．PMEによると，罹患鳥は痩せ，前胃は食餌で満たされており，しばしば高度に菲薄化した耐脂紙様の壁が観察できる．

病原体が明らかとなっていないため，PDDの確定診断は困難である．本疾患に特徴的な所見は，神経節の変性および神経におけるリンパ球増多症であるため，確定診断は通常PMEによってなされる．生きている鳥に対しては，前胃と嗉嚢の生検が確定診断に用いられるが，特に前胃の壁がすでに菲薄化している場合および破裂の可能性がある場合には，非常に危険を伴う．さらに，組織所見が陽性であったもののみが確定されるが，すべての神経に変化が認められるわけではなく，擬陰性となる可能性がある．臨床現場における診断は，異物，金属中毒，細菌，真菌，寄生虫など前胃拡張の他の可能性を排除して下される．いくつかの繰り返しの検査が必要である．前胃における酸による消化が影響を受け，種子の停滞のため，細菌および真菌の二次感染がしばしば生じる．細菌および真菌の感染により類似の症状が現れるが，早期の治療により改善する．注目すべきは，通常細菌および真菌の感染では前胃の壁は肥厚し，これは内視鏡検査により確認できる．細菌および真菌の感染例では，絶食により前胃は空になるが，PDDではそのようなことは見られない．

治療および予防

本疾患の治療は通常不可能である．対症療法として，シメチジン，メトクロプラミド，シサプリド投与の成功例がある．近年，シクロオキシナーゼ2阻害薬であるセレコキシブ投与で有望な結果が報告された．この薬剤は，神経の炎症を抑制し，機能を助けるものと思われる．

運動障害のため，前胃は食餌により閉塞している可能性がある．そのような場合は，他の治療開始前に閉塞している食餌を除去せねばならないが，不可能な場合もある．一度，閉塞している食餌(種子)を除去した後は，種子を与えてはならない．食餌としては，高エネルギーで消化の良いものにする必要がある．人工育雛オウム用のペレットもしくは液状餌が最適である．

ヒトの離乳食も使用可能である．液状餌は胃管挿入により給餌する．飼育者が液状餌を胃管挿入により日常的に給餌することは，鳥にストレスを与えてしまうため推奨できないことは注意すべきである．これに関して，スプーンで給餌されている人工育雛オウムは例外である．筋胃および前胃に，食道から一時的にチューブを挿入して給餌することは可能である．ビタミンB複合体投与および貯留液の置換は有用である．

安楽死も選択肢の一つである．

群れにおける本疾患の予防は非常に困難である．数週間に及ぶ新規搬入鳥の検疫，および前胃のX線撮影が推奨されるが，本疾患の潜伏期間が非常に長期間にわたるため，100％の安全は保証できない．オカメインコは本疾患に感受性のため，繁殖場および検疫所において，オカメインコのヒナを指標として飼育することが可能であるが，他の疾患を導入しないよう注意しなければならない．

細菌感染

敗血症

病因および病原

細菌は病原体として非常に一般的であり，しばしば二次的に，すべての疾患の経過に関与する．特定の細菌による「典型的な」疾患はまれである．細菌の疾患への関与は，病原体の分離により確定診断される．スワブ（結膜，鼻腔，総排泄腔など）には常在細菌叢があるため，細菌の検査は，細菌関与の可能性のある症状および検体の由来に考慮し，注意深く判断しなければならない．あらゆる細菌感染症の治療時には，薬剤感受性試験が重要である．その理由として，薬剤耐性菌は普通に存在しており，試験の結果により当初の治療法が変更になることもあるからである．

多くの異なる細菌（*Staphylococcus*，*Streptococcus* など）が原因となるが，特異性には乏しい．*Escherichia coli*，*Klebsiella*，*Pasteurella*，*Pseudomonas* などは重篤な敗血症の原因となることがある．細菌は経口的に，また空気感染もしくは傷口から侵入する．一般的に，感染した傷口から敗血症に陥る．

臨床症状

鳥は突然重篤な症状を示し，止まり木に立てなくなり摂食が停止する．一般的に呼吸困難と下痢が認められる．鳥はしばしば短期間（1～3日）で死亡する．群れ中に病原細菌が存続すると，卵の死亡率が上昇し，特に *E. coli* では顕著である．

敗血症により死亡した鳥のPMEでは，肝臓の腫大が観察され，しばしば肝臓と心臓の点状出血を伴う

図13.11 肝臓の点状出血は敗血症例でしばしば認められる．確定診断には病原体の分離が必要であり，群中の他の鳥を守るためにも感受性試験が必要となる．

（図13.11）．心嚢貯留液は *Pasteurella* 感染においてしばしば認められる．

診　断

細菌感染の診断は，寒天平板培地による病原体の分離によりなされる．第一選択肢として，ほとんどの細菌が生育できることから血液寒天培地が使用される．同一検体につき二つのプレートを用い，一つは嫌気培養することが望ましい．一部の細菌は嫌気状態で増殖するためである．分離した細菌の同定は，市販品を用いた検査で可能である．

敗血症の原因となる病原体の検出には，検体の選択が重要である．生きている鳥の場合には，血液の培養が最善である．肝臓，腎臓など組織の生検は，病状の進行した鳥からは困難である．PME時には，心臓血が検体として採取できる．肝臓から分離された細菌は，しばしば死後に侵入したものであり，そのような場合は病原体ではない．さらに，*Pasteurella* の場合には，心血の直接塗抹のメチレンブルー染色において，両端染色性の桿菌が認められ，早期診断の助けとなる．この典型的な両端染色性は，直接塗抹においてのみ認められ，プレート上の *Pasteurella* のコロニーでは認められない．罹患臓器の細胞診は，グラム陽性もしくはグラム陰性桿菌のどちらが疾病の経過に関与したかその方向性を示すが，使用する抗生物質の選択に用いるには限界がある（以下を参照）．

治　療

治療は，細菌学的診断用検体の採取後に行うべきである．感受性試験には少なくとも2日を要するため，抗生物質による治療は早急に行うべきである．選択された抗生物質は，同一の鳥もしくは同一群では使用し続けるべきではない．抗生物質は，早急にすべての臓器に分布し，ほとんどの細菌に対して効果的である必

要がある(広域スペクトル). 通常, エンロフロキサシンが第一選択薬として使用されるが, 特に *Pasteurella* や *Yersinia* に対してはドキシサイクリンもしくはアモキシシリンも効果がある. 治療の過程において, 最初に使用した抗生物質は, 罹患鳥に薬剤耐性菌が発生するのを防ぐためにも, 定期的に変更する必要がある.

サルモネラ症

病因および病原

S. enterica および *S. bongori* という2種の異なる *Salmonella* で, 2500以上の血清型が知られている. サルモネラ症の発生率と罹患する鳥の種類は, 年および地域によって異なる. 新規および不明の血清型は, 野生で捕獲され輸入されたオウムにより容易に導入され, サルモネラ症の病態は血清型間および血清型内で多様性に富む. キャリアは普通に存在する. *S.* Enteritidis などいくつかの血清型は, 人獣共通であり, 特に重要性が高い. サルモネラ症に罹患したほとんどのオウムは, *S.* Typhimurium に感染している. *Salmonella* は, 糞便および卵内に排出され, 経口または垂直感染する. 初期感染は腸管であるが, 腸管壁を突破し, あらゆる臓器に影響を及ぼす. 潜伏感染鳥もしくは媒介動物(げっ歯類)は, 群中に病原体を拡散させる原因となる. *Salmonella* は, ほとんどの消毒剤に感受性であり, 60℃以上の温度で死滅する.

サルモネラ症は, 免疫系の減退, 腸内細菌叢の破綻および低品質の食餌, あらゆる鳥との自由接触により誘発される. 輸入鳥では一般的である.

臨床症状

罹患鳥は通常元気消失する. 特にヒナでは, まれに突然死が認められる. 本疾患は, 密飼いやストレス状況下など, 衛生状態の悪い検疫施設で飼育される輸入オウムに急性に発生する. 罹患鳥は, 脱羽や緑色便とともに沈うつ状態となり, 通常数日で死亡する. このような状態では, 罹患率, 死亡率ともに高い. 回復鳥はキャリアとなるが, 通常元気消失しており, 軽度の下痢を伴う. 単独飼育鳥では, 慢性感染が普通に見られる. 下痢はしばしば最初の徴候であり, 体重減少および CNS 症状を伴う. 関節が影響を受け, 跛行を呈すこともある. 興味深いことに, 跛行は, 立羽や軽度の元気消失以外に他の症状を伴わず発生することがある. さらに, 胚の死亡もしくは臍炎を伴う新生ヒナの割合が増加することがある.

診　断

X線画像では通常, 肝臓, 脾臓および腎臓の腫大が認められる. 関節部の軟組織の腫大も検出されることがある. 肝臓および脾臓の多数の白点(壊死)も内視鏡もしくは PME で認められ, 腸炎は一般的である. 気嚢の白濁, 腹水, 卵管炎および卵胞嚢の炎症も認められる.

診断は, 組織(生検)および関節穿刺液からの病原体分離により確定する. 寒天培地への直接接種はしばしば陰性の結果となり, 増菌培地を用いた場合にのみ陽性の結果が得られることがある. このため, 寒天培地上における組織の直接塗抹とは別に, 検体は前増菌培地(ペプトン), *Salmonella* 増菌培地(ラパポートブイヨン)に接種後 *Salmonella* 選択培地(ランバック)に接種する. *Salmonella* は, 時として鳥に病気を起こさず腸管を通過する場合があるため, 糞便からの分離は疾患の確定診断とはならない. 逆に, *Salmonella* は間欠的に排出されるため, 糞便の一度の陰性結果によりその鳥が感染していないとの確定診断にはならない. 血清凝集反応による抗体の検出も可能であるが, 結果の信頼性は *Salmonella* の種に依存する. また, 市販の使用可能な抗原には限りがある. 最も一般的な抗サルモネラ抗体は, 多価抗原により検出可能である. 孵化前の卵は常に *Salmonella* の検査をする必要がある.

Salmonella が分離された場合, 検査結果は DEFRA に報告しなければならない. DEFRA では, 血清型を同定した分離株を必要とし, さらなる調査を必要とすることがある.

治療および予防

Salmonella にはしばしば多剤耐性が認められる. 感受性試験は必須である. 第一選択薬はエンロフロキサシンもしくはタイロシンである. 抗生物質治療は, 臨床症状および菌の排出を軽減するが, 菌の完全な排除に有効ではないことは常に考慮すべきである. 治療終了時には, 複数回(少なくとも3回)の検査が推奨される.

関節の罹患部は, 抗生物質により洗浄すべきである. プロバイオティクスは腸内の *Salmonella* の減少に効果があるとされる. 罹患鳥の臨床症状は通常軽減するが, 関節部の機能が完全に回復することはほとんどない. サルモネラ症の慢性例では, 治療の成功例はほとんどない. 特に群中では, 本病原体の存続は一般的で, 再発は珍しいことではない. 罹患群の陽性鳥は血清凝集試験により迅速に摘発され(隔離され)る.

自己ワクチンの生産が可能であり, 効果も報告されている. そのようなワクチンの使用後, 臨床症状は消失し, キャリアは *Salmonella* を排出しなくなる. しかし, ワクチンを使用すると, 抗体価での感染鳥の検出が不可能となることは重要である. 型間の抗原交差によりいくつかのワクチンは *S.* Typhimurium 防御に効果があるとされるが, 一般的に市販されている利用可能なワクチンの接種では, 有効な結果は期待できない.

新規搬入鳥は検疫施設で飼育し，血清凝集反応および数種の糞便検体を用いた細菌学的検査をするべきである．孵卵前の卵に抗生物質のスプレーもしくは浸漬が有効であるとするブリーダーもいる．

ヒトに対して病原性を有する *Salmonella* が分離された場合，罹患鳥は隔離して治療すべきである．病原体の消失を治療終了とはせず，再検査が必要である．陽性結果が複数回認められる場合には，安楽死も考慮すべきである．そのような例はまれであるが，鳥とともに幼児や高齢者が敷地内に居住している場合，罹患鳥の安楽死は常に考慮しなければならない．

結核症

病因および病原

オウムの結核症は，*Mycobacterium avium*, *M. genavense*, *M. intracellulare* などさまざまな抗酸菌が原因となる．これら病原体は，全世界に分布し，非常に安定で環境中で7年間は生存可能である．Lysoformin や Virkon S を除く多くの消毒剤は効果がない．*M. tuberculosis* による皮膚結核は，TB に感染したヒトに飼育されるオウムで発生したことがある．マイコバクテリアは，群内に潜伏感染鳥もしくは媒介物（汚染土壌）により持ち込まれる．病原体は通常糞便中に排出されるが，他の体液中にも認められる．感染は通常経口で成立し，腸管に一次結節が発達する．その後，マイコバクテリアは特に肝臓や脾臓などの臓器へと血行性に拡散する．時として骨髄や筋肉にも拡散する．まれではあるが経皮感染も存在し，皮下組織や筋肉内の局所に結節が発達する．空気感染も報告されている．潜伏期間は通常長期間である（6カ月まで）．

臨床症状

結核症は慢性疾患であり，罹患鳥には一般的な倦怠感と立羽，および食欲があるにもかかわらず極度の削痩が認められる．他に症状が認められない高齢鳥の下痢を伴う削痩では本性を疑う．多くの鳥では，貧血，黄疸を伴う下痢，CNS 症状，跛行（しばしば触知可能なほど腫大した関節が認められる）などさまざまな症状を呈する．時として，肝臓破裂で死亡することもあり，他の症状なしに跛行が認められる場合もある．皮膚結核は，皮下の黄色の結節として認められるが，まれである．結膜腫脹を伴う眼への感染も報告されている．

診　断

X線像では，腫大した肝臓が認められ，時として骨や筋肉に洋梨大の陰影（結節）が観察される．内視鏡検査および PME では，粟粒状の黄色小結節が肝臓（図13.12）および脾臓に認められる．結節は他の組織にも認められる．黄色でチーズ様の物質が肺にも認められ，興味深いことにそのような領域は多くの場合肺の横にあって肋骨にまで及ぶ．PME では，肺を完全に検査するため必ず摘出する必要がある．肝臓の腫大により腹水が貯留することがある．

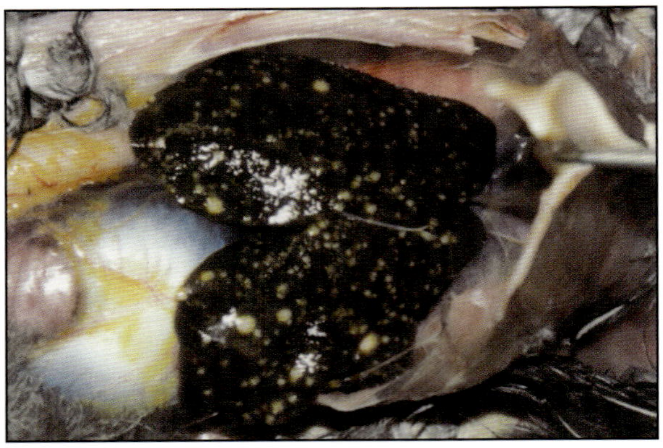

図13.12 肝臓の結核症. 典型的な結節の形成に注目. 結節は，大きさは多様で，黄色，組織表面に盛り上がっている．

胆汁酸および肝臓の酵素レベル上昇に伴う偽好酸球増多症および単球増多症に伴い臨床症状が現れる．マイコバクテリアの分離は可能であるが，少なくとも4～6週間を要する．組織検体（内視鏡検査時に採取）および腹水塗抹を染色（チール・ネルゼン染色）し，抗酸性の桿菌を検出することが可能である．本法により，臨床症状とともに確定診断が可能となる．組織学的もしくは PCR 検査も実施可能である．典型的な結節は，ランゲルハンス細胞や細網内皮系細胞に囲まれた抗酸性の桿菌による中央壊死巣からなる．全血の凝集反応による抗体検出も可能であるが，市販の使用可能な抗原がごくわずかの血清型（*M. avium*，血清型1～4）に限られているため，陰性結果は信頼できるものではない．皮内反応は信頼性に乏しい．

治療および予防

結核症の単独例における治療の成功は報告されているが，一般的な治療法は限られており，安楽死を考慮すべきである．トリ結核症は，人獣共通感染症であり，主に免疫不全状態となったヒト（HIV陽性あるいは臓器移植レシピエント）に感染する．

群れにおいては，すべての鳥は2年程度検疫室に隔離すべきである．6～12週ごとに全血の凝集試験を行い，すべての陽性鳥は排除する必要がある（陰性結果は信頼性に乏しい）．衛生状態および消毒基準の改善を同時に行う．大型の禽舎では，水鳥がオウムとともに飼育されることがよくあり，それらがトリ結核症の感染源となることがある．

クロストリジウム症

病因および病原

異なる *Clostridium* 種が重度の疾病の原因となりうる．本菌種に属するすべての菌は，嫌気性のグラム陽性桿菌で，環境中に普通に存在する．哺乳類および他鳥種では，*C. botulinum* がボツリヌス中毒症，*C. tetani* が破傷風，*C. septicum* と *C. novyi* が皮下感染および壊疽の原因となるが，これらはすべてオウム類で非常にまれである．

最も重要なものとして，*C. perfringens* は重篤な疾患の原因となり，個体および群れ単位で損害を与える．本菌は普遍的に存在し，環境中で非常に安定で，数年におよび生存する．*C. perfringens* の株は産生する毒素により分類されている．少数の *C. perfringens* が腸内細菌叢や食品中に存在することは正常と考えられている．しかし，特に液状餌（ヒインコ）の場合に，餌の調製不備があると，本菌は活発に増殖し毒素を産生，エンテロトキセミアの原因となる．乾燥餌中ではクロストリジウムの増殖が抑制されるため，ペレットや種子を餌とするオウムはほとんど罹患しない．新鮮餌（水でもどした豆類など）を摂食する鳥で危険度は高く，特に豆類を水に浸していた時間が長期間にわたる場合，水浸後の洗浄が不十分であった場合は危険性が高い．液状の鳥用ベビーフードは，食餌毎に新鮮なものを用意すべきである．

他の消化器系疾患（コクシジウム症，ウイルス感染症），食餌の変化あるいはストレスにより腸内細菌叢のバランスが破綻し，クロストリジウムが優勢になることもある．一般的に，食餌の汚染と腸内細菌叢の破綻はともに本疾患の原因として独立したものではなく，しばしば重複している．最も重要なことは，不衛生な状態，質の悪い餌，餌の変更および他の疾病が本病の主要な原因となることである．

臨床症状

エンテロトキセミアは，鳥の突然死を特徴とする．群中では，若鳥ほど最初に罹患する．いくつかの例では，血液を含むチョコレート色の下痢が認められる．PME では，特に心筋などさまざまな臓器に点状出血が認められ，時として重度の壊死性腸炎（図13.13）および肝臓の腫大が認められる．クロストリジウムが腸管内で増殖すると，疾患は急性もしくは慢性の経過をたどる．急性期において，発症は突然で，鳥は立羽を伴い無気力状態となる．総排泄腔周囲の羽に付着した糞便は，重度の下痢の目印となる．ほとんどの場合，出血性の下痢が認められ，そのような症状はコクシジウム症またはクロストリジウム症においてのみ認められる．しばしば，腸管より線維状物質および偽膜が認められる．罹患鳥はほとんど数日で死亡する．慢性例の場合，食欲は通常であるものの活力が低下し，無気力状態となる．そのような場合には，軽度の下痢と体重の減少が徐々に進行する．

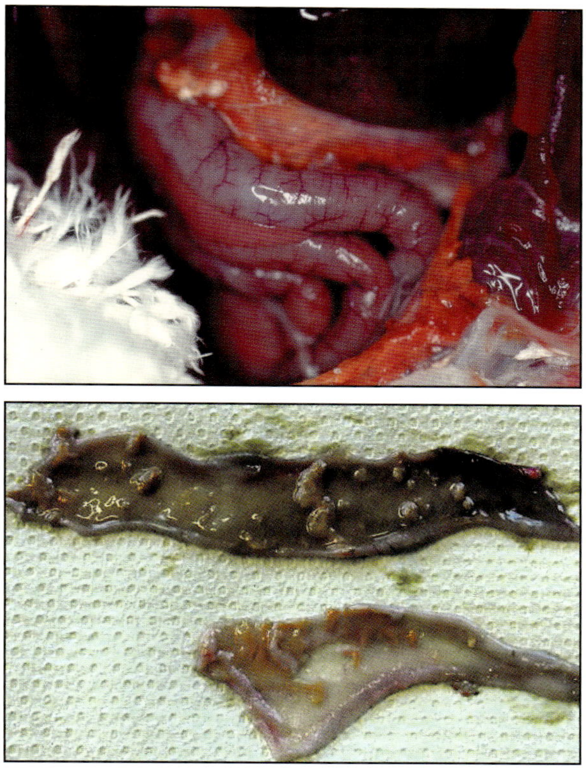

図13.13 クロストリジウム症．(a)粘膜面の壊死を伴う出血性腸炎．(b)クロストリジウム症による壊死性腸炎（HM Hafez の厚意による）．

PME での主要な変化は壊死性腸炎であり，時として潰瘍も認められる．腸管の粘膜は剥離し灰白色を呈する．偽膜が存在することもある．毒素が腸管壁に障害を与えた後，細菌は腸管外へと脱出する．本細菌と毒素により，特に慢性例では心膜炎や気嚢炎などの病態に進行する．

クロストリジウム症は，食餌内で産生された毒素，もしくは腸管内で増殖した細菌による場合の二つの病態に分けることができる．食品とともに摂取されたクロストリジウムは，腸管内で増殖するため，通常はどちらの病態も認められる．クロストリジウムを直接摂取することなく，本菌が腸管内で増殖することと同様に，中毒だけが単独で認められる場合がある．腸内細菌叢のバランスが破綻した鳥では，少数のクロストリジウム（常在細菌として存在していた）が増殖し，疾患の原因となるのである．

診　断

稟告の段階で，飼育者が餌の変化もしくは自家製の液状餌の給餌を報告する．いくつかの例では，他の消化管疾患が存在し，それらが独立して診断されることがある(15章)．群中では同一餌を摂食した複数の鳥に発生するのが通常である．

糞便を用いた微生物学的検査が可能である．多数の *C. perfringens* のコロニー検出が確定診断となる(一つのコロニーの場合は，重要ではない)．重症例では，肝臓から病原体が検出される．クロストリジウム検出には嫌気培養が重要である．血液寒天培地上で，*C. perfringens* は二重の溶血環を呈すが，それは選択培地上でより容易に検出可能である．エンテロトキセミアの場合，血清中からの毒素検出が可能だが，高価である．

治　療

最初に，感染源の特定と排除を行わなければならない．食餌の変更が必要な場合には，低タンパクの乾燥餌が推奨される．さらに，アモキシシリンもしくはテトラサイクリンなど抗生物質による治療が重要である．プロバイオティクスは，腸内細菌叢のバランスを保つのに有用である．エンテロトキセミアの症例では，治療はしばしば手遅れになる．他の例では，傷害を受けた腸管の状態による．腸管の機能回復には少なくとも3～5日を要する．その間は，輸液療法および電解質のコントロールが重要である．慢性例では，寛解は不可能であることが多い．急性例では抗毒素の使用も可能であるが，*C. perfringens* はさまざまな毒素を有するので効果は疑問である．

エルシニア症

病因および病原

エルシニア症は，通常群単位で発生する疾患であり，甚大な損害をもたらすこともある．個々の鳥の疾患としてはまれである．鳥類からいくつかの *Yersinia* が分離されているが，オウムインコ類では *Y. psuedotuberculosis* が重要である．本病原体の病原性は，分離株ごとに異なる．本病原体は，哺乳類にも認められ，特にげっ歯類は病原体の拡散に重要な役割を担う．潜伏感染鳥および汚染飼料により病原体が群れに持ち込まれる．感染は常に食餌および水を介した経口感染である．病原体は腸管粘膜を通過するため，他疾患もしくは寄生虫により粘膜面が傷害を受けていると，病態形成が増悪する．潜伏期間は数日から数週間である．

臨床症状

群内では，40％に及ぶ鳥に臨床症状が認められるが，より多くの鳥で潜伏感染する．臨床症状を呈した鳥は，敗血症により通常死亡する．死亡する数日前には，立羽および下痢を伴い無気力となる．短期間の経過で突然死する鳥もいるが，以後は慢性感染鳥が存在する．それらは嗜眠，食欲停止および下痢により体重が減少する．

慢性例のPMEでは，多発性の肉芽腫が特に肝臓，脾臓および腸管に検出され(直接塗抹で抗酸菌が認められる結核症との鑑別が重要である)，腎臓，骨髄，骨格筋などさまざまな臓器からも検出される．さらに，カタル性腸炎が認められる．

診　断

組織学的検査(病変部の壊死，細菌，組織マクロファージ，肉芽腫)はエルシニア症特異的ではないが，群単位の臨床症状の出現を考慮することで，診断の一助となる．確定診断は，糞便もしくは組織材料からの病原体分離による．病原体の分離には特別な処置(低温培養など)が必要である．このため，検査機関への検体送付時には，エルシニア症の疑いを明確に示すべきである．日常的な細菌学的検査では，本病原体は見落とされがちである．

治療および予防

通常，抗生物質は肉芽腫内部まで浸透しないため，臨床症状を呈した鳥の治療は困難である．抗生物質は，薬剤感受性試験の結果を踏まえて使用すべきだが，アモキシシリン，エンロフロキサシン，テトラサイクリンは第一選択薬として有用であり，これらは必要であれば変更も可能である．臨床症状を呈したすべての鳥は，他の鳥への感染を防ぐために隔離すべきであり，飲水への抗生物質添加も有効である．隔離鳥は，治療もしくは安楽死処分とする．他の鳥は，病態悪化を防ぐため，適切な抗生物質(薬剤感受性試験)により治療しなければならない．衛生管理方法，げっ歯類の制御，食餌が最も重要である．

オウム病(クラミジア症)

病因および病原

オウム病は，偏性細胞内寄生性細菌の *Chlamydia psittaci* を原因とする．この菌は鳥類医学の分野で最も普遍的に知られる病原細菌の一つである．本病原体は，オウムインコ類のみならず，他鳥種，哺乳類，ヒトにも感染する．病原体は，糞便，鼻腔および角膜滲出物などあらゆる体液中に排出される．鳥は潜伏感染状態となり，オウムインコ類の群れに病原体を拡散する．このような鳥は，数年にわたりキャリアとなり，ストレス(免疫抑制)状況下で新たに病原体を排出しはじめる．

Chlamydia は基本小体として環境中で数週間生存し，塵により伝播することがある．ほとんどの場合，

病原体は空気伝播し，病原体の最初の増殖は呼吸器の細胞で，その後血流を介して他臓器へと拡散する．*Chlamydia*の排出は，早くて感染後数日で認められる．基本小体は標的細胞に留まり，網様体へと変化する．網様体は完全な細胞壁を欠き（L型），このことが，抗体や細胞壁特異的抗生物質存在下でも持続感染可能であることの理由である．これら細胞内の小体は増殖し酵素を産生し，局所的内毒素血症により細胞を破壊する．網様体は，毒素性表面因子（toxic surface factor）を有する基本小体へと再転換する．細胞死では，*C. psittaci*の病原性を説明できないため，この表面因子が「真の病原体」であるといえる．表面因子は，特に病原体が異なる宿主を通過した際に，変化することがある．このことにより，異なる鳥種間での病原性の多様性および他種感染後の病原性の変化が説明されている．*C. psittaci*のサブタイプは異なった病原性を示し，異なる鳥種間で異なる病態を示す．このことは，別の潜伏感染鳥が，オウムインコ類の群れに重篤な疾患を引き起こす病原体を導入する可能性のあることを意味している．

複数の要因が本疾患の臨床症状に影響を与える．第一に，鳥の年齢は重要である．若鳥は，老齢鳥より死亡しやすい傾向にある．鳥種も重要である．例えば，ヨウムは非常に感受性が高く，感染すると通常は死亡する．一方，オカメインコおよびボウシインコは感受性に乏しく，キャリアになる傾向がある．第二に，管理状態が最も重要である．特に，ストレス（展示，新規鳥の導入，環境の変化，低品質の食餌，飲水）により潜伏感染鳥が発症することがある．免疫抑制もしくは他の疾患も臨床症状に影響を与える．抗体が産生されていても，一度感染から回復すれば，多くの鳥が新しい感染に対して十分な感受性を示す．

臨床症状

オウム病の臨床症状は多様性に富み，特徴的なものはない．初感染から一年以上経って発症することもあるが，ほとんどの場合は，臨床症状の認められない潜伏感染である．重要なことは，これらの鳥は感染から数カ月間病原体を排出し，生涯にわたってキャリアとなる可能性のあることである．主な臨床症状は，立毛，沈うつ，食欲不振で慢性例では，体重減少など，鳥の重度の体調不良が認められる．初期には，透明な滲出液を伴う角結膜炎（図13.14），鼻炎，副鼻腔炎などが認められることもある．細菌の二次感染では，これら滲出液が化膿性となる．呼吸困難が認められることもある．これら臨床症状では，しばしば，明緑色の尿酸塩もしくは水様性の緑黄色下痢を伴い（付録2），オウム病が強く疑われる．平衡感覚失調，後弓反張，痙攣，振せんなどのCNS症状が認められる場合もある．

図13.14 オウムインコ類の角結膜炎では，まず結膜拭い液を用いたPCRによりオウム病の検査をする必要がある．

PMEで最も明白な所見は，重度に肥大した脾臓である．気道の漿膜面には黄白色の滲出物が認められ，多くの場合，心外膜炎（図13.15a）およびしばしば小壊死巣を伴う肥大した肝臓（図13.15b）が認められる．心臓および肝臓に接する胸骨の表面はしばしば黄変する．二次感染もしばしば認められ，その一部は死後変化によるものとされる．

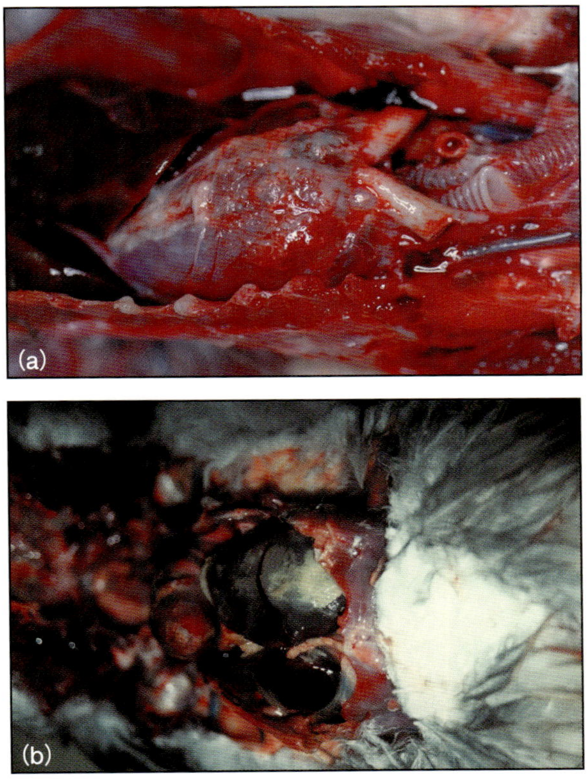

図13.15 オウム病罹患鳥における典型的PME所見．(a)心外膜炎，(b)肝周囲炎．

診　断

稟告の際には，その鳥の飼育期間，飼育群内に何らかの変化(例えば，新規搬入鳥，特にボウシインコ，オカメインコおよびセキセイインコ)があったかどうか，(飼い主の休暇などにより)その鳥が別の飼育者の家で飼育されたことがあるかどうか，あるいは鳥が展示会に行ったことがあるかどうかなどを尋ねることが重要である．

全身のX線撮影では，側面像で腫大した脾臓を認める(図13.16)．このような所見では常にオウム病が疑われ，詳細な診断がはじまることになる．通常，肝臓と腎臓の腫大も同様に認められる．

血液学的検査では，非特異的ではあるが，偽好酸球，好塩基球および単球の増加を伴うリンパ球増多症が認められる．肝臓の酵素レベルおよび胆汁酸がしばしば増加するが，これは常に認められる所見ではない．

オウムインコ類で結膜炎が，特に新規搬入鳥に認められた場合には，詳細な診断のために結膜拭い液を必ず採取する必要がある．キキョウインコ，セキセイインコおよびオカメインコにおいては，他の臨床症状を伴わない *Chlamydia* 性結膜炎がよく知られている．確定診断には，病原体もしくは(より簡便な)DNAの検出が必要である．PMEでは，脾臓もしくは気嚢スタンプの染色(7章)により迅速に最初の結果が得られる．検査材料が人獣共通感染症の原因となりうるため，検体を扱う際は注意しなければならない．手袋，マスク，白衣の装着は重要である．

Chlamydia は，輸送中にすぐ死滅するため，輸送用の特別な培養液を用いる必要がある．病原体は，培地では増殖しないため，細胞培養が必要である．擬陰性がよく認められる．*Chlamydia* 検出の最も安全な方法は，そのDNAをPCRにより検出することである．組織材料と同様に結膜もしくは総排泄腔拭い液が用いられることがある．

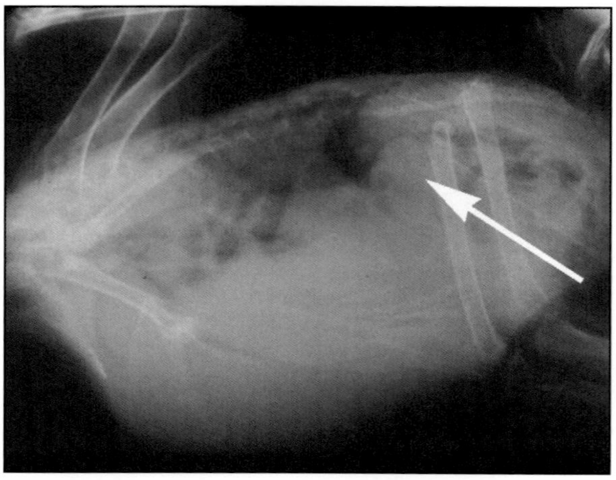

図13.16　側方からのX線像では，腫大した脾臓が明瞭に認められる(矢印)．これによりオウム病が疑われる．

発病鳥とキャリア鳥ではオウム病の診断法が異なる．群れのスクリーニング時には，拭い液はプールし検査に供するが，*Chlamydia* の排出は不定期に起こるため，検査は3回繰り返し行う．注意しなければならないのは，1度の試験で *Chlamydia* の信頼性のある検出をするためには，3セットの拭い液(結膜，鼻腔，糞便)を別の日に検査しなくてはならない．そのため，結膜，鼻腔，最後に総排泄腔拭い液の順で同様に検査を行う．これにより同一個体について3箇所の検査を行うことになる．しかし，鳥が明緑色尿酸塩を呈した病鳥の場合(付録2)，一度の糞便検体の検査で必ず陽性になる．

診療では，ELISAによる抗原の検出が利用可能だが，陽性反応がでた際は，より特異的な方法(PCR)により確認すべきである．総排泄腔拭い液を用いたELISAによる抗原検出は，群れの清浄化治療を行っている期間の，陽性(排菌)鳥の検出に有用である．

抗体の検出も可能である(ELISA，Immunocomb)．しかし，抗体陽性であった場合も，鳥がキャリアであることを意味するものではない．そのような鳥に病原体が存在することを証明するためには，他の方法による確認を要する．抗体価が高く，鳥が臨床症状を呈している場合，診断の価値は高いが，そのような場合には通常病原体も検出される．抗体の検出は，過去に病原体に暴露された鳥を調査するための群れのスクリーニング，および群内の病原体非排出キャリアのスクリーニングに有用である．糞便検体の使用は，群れのスクリーニングにのみ使用すべきである．

治　療

国によっては，オウム病の治療は法律により制限されている．一般的に，同一群内のすべての鳥を治療する必要がある．各鳥への薬物投与には，通常餌あるいは飲水への投薬が奨励されている．罹患鳥は隔離して別途治療すべきで，他のすべての鳥には飲水あるいは餌への投薬が可能である．治療後は，3検体(群内でプール)を5日間に渡り採材し，陰転の確認を治療の成功とする．治療と平行して，消毒と衛生状態の改善が特に重要である．

治療の成功は，臨床症状を呈した鳥においても，しばしば報告されるが，病原体の完全な除去は困難であるかもしれない．潜伏感染と病原体排出の危険は常に存在する．

潜伏感染鳥は一般的なため，新規搬入鳥の隔離と検査が奨励される．衛生管理と環境中の粉塵の削減が重要である．

群れに対しては，餌へのクロルテトラサイクリンの投薬が効果的かもしれない．一部のヨーロッパ諸国(例えばドイツ)ではドキシサイクリンによる治療が法律で規定されている．特に群れに対しては，飲水中および治療期間の特別飼料であるトウモロコシへのエンロフロキサシンの混合による投薬の成功例もある(Lindenstruth and Forst, 1993)．トウモロコシ(調理済みもしくは缶詰)は，数時間乾燥させ，エンロフロキサシンを吸収させる(付録3を参照)．本法は，オウム類には適しているが，ヒインコ類では液状餌に入れて投薬する必要がある．

C. psittaci はサルファ剤，ゲンタマイシン，ストレプトマイシン，バシトラシン，マイコスタチンおよびristostatinへの自然耐性を有する．

人獣共通感染症としての危険性

ヒトのオウム病は，肺炎，発熱および頭痛を伴う慢性疾患である．本疾患は致死的な心筋炎の原因ともなりうる．感染鳥を家庭で飼育している場合には，主治医に相談すべきである．

住血寄生虫

病因および病原

オウムインコ類において，住血寄生虫は一般的ではないが，輸入鳥および群飼育で認められることがある．最も重要なのは *Plasmodium* spp., *Leucocytozoon* spp. および *Haemoproteus* spp. で，これらすべてが生活環に関与する蚊(例えば *Anopheles*, *Culex*)により媒介される．寄生体は，赤血球および白血球中に認められることがあるだけでなく，他臓器(肝臓，腎臓，骨髄，内皮細胞)では赤外型が認められる．寄生体は，赤血球内で外観が変化し分化する．感染鳥のほとんどが潜伏感染の経過をたどり，血液中の寄生体は他の目的に供した血液塗抹検査により偶然発見される．

臨床症状

罹患鳥の臨床症状は，どの住血寄生虫が病原体であるかによらず，類似している．最初の徴候は，衰弱で，鳥は活力が低下する．他の疾患と比較して，鳥の行動は正常で食欲および飲水は正常である．病態の過程において，軽度もしくは重度の貧血が認められ，白色の粘膜により明らかになる．酸素運搬のための赤血球不足により，呼吸困難が進行する．重症例では，肝酵素の増加を伴う肝臓の腫大および黄疸も生じることがある．PMEでは，皮下出血，しばしば色調の変化を伴う各種臓器(肝臓，腎臓，脾臓)の腫大が認められる．*Leucocytozoon* はヒナで高い死亡率を示すことがあり，*Plasmodium* の臨床症状は個体によって異なり，*Haemoproteus* ではほとんどの場合臨床症状は認められない．

診　断

診断は，常に血液塗抹のギムザ染色により行われる．赤血球の判定が重要である(図13.17)．*Haemoproteus* は赤血球の細胞質内で，顆粒に富むガメートサイトになる．*Leucocytozoon* も赤血球内でガメートサイトになるが，顆粒を含まず，核内に局在する．*Plasmodium* は赤血球の細胞質内で顆粒を含むガメートサイトとなる(*Haemoproteus* と比較せよ)が，赤血球内で多くの核様構造を持つシゾントへとさらに分化する．血液塗抹では，両型が常に混在して認められる．

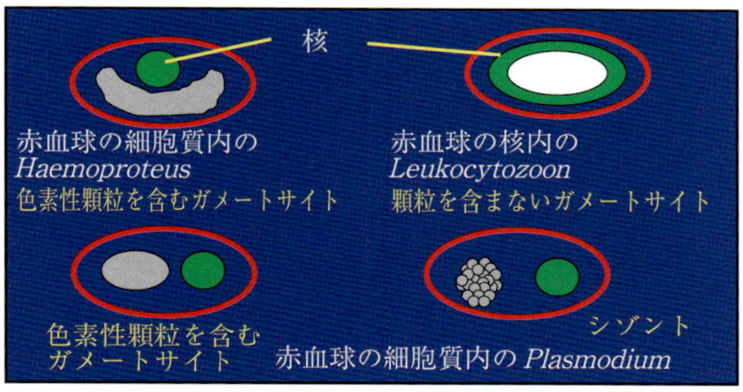

図13.17 最も一般的な住血寄生虫(*Plasmodium* spp., *Haemoproteus* spp. および *Leucozytozoon* spp.)の鑑別はギムザ染色した血液塗抹の観察により容易に行うことができる(M. Lierz；Remple〈1980〉の修正)．

治　療

これら住血寄生虫の治療は困難であり，個々の症例による．*Plasmodium* の治療にはクロロキン，*Haemoproteus* spp. には塩酸メパクリン，*Leucocytozoon* spp. にはニトロイミダゾール誘導体が推奨される．

他の感染症

アスペルギルス症は14章で述べる．'Going light' 症候群(「どんどん痩せていく」の意)(メガバクテリア症)，トリコモナス症およびジアルジア症は15章で述べる．

14

呼吸器疾患

Simon J. Girling

解剖学と生理学

鳥類の呼吸器はその構造が哺乳類とは著しく異なっている．一般に，気管は同じ大きさの哺乳類の2.7倍ほど長く，平均で4倍ほどの管腔容量がある（King and McLelland, 1975）．しかし，気管の直径は大きく，完全に閉環した軟骨で強化され，空気の流れは効率的で，より大きな容量の空気の吸入や排出を可能にしている．また横隔膜はなく，肺そのものが構造的に半ば柔軟性を欠くため，吸気時にも大きさにはほとんど変化がない．

空気が肺を通過できるよう，鳥は気嚢という仕組みを持ち，吸気および呼気を肺に循環させている．これにより強制的に空気が肺を通過し，ガス交換が可能になる．鳥類では吸気に必要な陰圧を，胸郭の外側への動きと胸骨の下方への動きにより，体腔容積を大きくすることで得ている．このことは罹患鳥を保定する際に重要であり，過度な拘束は胸郭や胸骨の動きを妨げ，鳥を窒息させてしまうことがある．このことは，鳥がすでに疾患により呼吸器に機能障害を持っている場合に起こりやすい．

鳥類は，呼気と吸気の両方で酸素を吸収できるという特徴を持っている．新鮮な空気は最初に吸気として肺を通過し，次に尾側の胸部気嚢および腹部気嚢に移行する．このことは，病原体（例えば，*Aspergillus* spp. の胞子の吸入）がしばしば尾側の気嚢を侵しやすいという点で重要である．呼気では，この空気は肺を通過して戻り頭側の胸部気嚢および頸部気嚢に流入し，さらなるガス交換を促す．二度目の吸気でより多くの新鮮な空気が吸入され，頭側の胸部気嚢および頸部気嚢に残留した空気は再度肺を通過し，最終的に排出される．鳥類の呼吸は，二度の呼気と吸気で1サイクルになっている．鳥類の呼吸器の解剖に関する詳細は，2章を参照されたい．

診断手順

稟　告

すべての疾病において，診断には詳細な経過の聴取が不可欠である．ある飼い主の家あるいは飼育群内で，新規に導入された鳥に関連し疾病が発生した場合，このことはしばしば感染症を示唆する可能性がある．局所的な浸水のような鳥の飼育環境内で最近生じた事故の後1週間あるいはそれ以降に呼吸困難が認められた場合，アスペルギルス症のような真菌感染が疑われる．こういった病原体は，湿潤な環境で急速に増殖し，いったん乾燥すると大量の胞子を放出し，不運なオウムがこれを吸入することになる．罹患鳥が飼育されていた鳥かごの設置場所は重要で，特定の部屋（台所など）は，あらゆる呼吸器疾患の原因となる中毒の可能性を示唆している可能性がある．栄養状態も重要で，鼻炎，副鼻腔炎およびアスペルギルス症は，いずれもビタミンA欠乏のオウムインコ類で高頻度に認められる．

臨床検査

鳥から離れた場所で，罹患鳥に処置を行う前に，呼吸数と呼吸の深さを注意深く観察することが推奨される．これは，このことが呼吸器疾患の程度を知るための手がかりとなることがあるためである．尾の上下運動（通常は呼吸に同調して尾羽が素早く動く）のような臨床症状は過呼吸を示唆し，安静時における呼吸困難や頻呼吸は，明らかに不良な予後の徴候を示唆している．

外鼻孔の検査は重要だが，時として見落とされることがある．外鼻孔は同一の大きさで，分泌物があってはならない．また，鳥種によるが蝋膜として知られるツルツルとした皮膚が周囲を取り囲んでいることがある．蝋膜についてはいくらかのバリエーションがあり，オオハナインコやボウシインコでは，外鼻孔のすぐ周囲に羽が認められる．一方，例えばセキセイインコの場合，明瞭な蝋膜がある（5章参照）．

近位鼻腔は，鼻孔から検査をすることが可能で，平滑な状態でなければならない．吻側鼻甲介と呼ばれる蓋状の組織をその中心に認め，この領域の周囲には，細胞片や微生物のかたまり（鼻石）が形成されている場合があり，外鼻孔の変形により骨が鼻腔を閉鎖してしまうことがある．外鼻孔の検査も有用で，分泌物や外鼻孔周囲の肥厚が認められれば，上部気道疾患が疑われる．さらに，後鼻孔を取り囲む口蓋乳頭が減少していることがあり，これは呼吸器疾患，特にオウム病やビタミンA欠乏症との関連を示している（Tully and Harrison, 1994）．

日常の診療検査では副鼻洞の検査は容易ではないかもしれない．多くの鳥類の副鼻洞は構造的に側面の骨壁を欠き，各両眼の真下に大きな眼窩下副鼻洞が存在する．これら副鼻洞の炎症は，この領域における皮膚の側方の偏位の原因となり，眼球の腫脹または突出あるいは時として眼窩周囲の腫脹により，眼が頭部に陥没したように見えることがある．眼から腹側に向け眼窩下の副鼻洞を穏やかに指で圧迫すると，涙管や鼻腔から分泌物が排出されることがある．時として，腹鼻洞内の炎症は頸部気嚢を侵すことがある．炎症が起きた場所は，気嚢に向かう入口が炎症により狭窄している可能性がある．この状態は，副鼻洞から気嚢に流れる空気に対し，弁のような役割を果たすことがあり，気嚢が頭部の尾背側全体に柔らかな波動のある腫脹として認められることがある．

気道の聴診は可能だが，多くの鳥が小型であるため，臨床獣医師は小児科または乳児用の聴診器を用いる必要がある．

- 肺は胸椎の腹側面に接着しているため，胸部の背側から聴診可能な場合がある．
- 気嚢は身体全体で聴診が可能だが，腹側辺縁における気嚢炎の音を聴くには，尾部気嚢の聴診が最も有用である．
- 肺炎や気道を狭める局所病変の存在により，呼吸器の喘鳴や笛声音が聞こえる場合がある．
- 呼吸分泌物が出ている場合，流動音が聞こえることがある．しかし，重篤な気嚢病変があっても何も聞こえないこともある．
- 呼吸数の増加，特に開口呼吸は呼吸器の病変を示唆している可能性がある．病鳥に羽を2，3度羽ばたかせると酸素の要求量が増加し，獣医師は異常な呼吸音をより容易に聴ける場合がある．これにより，運動の後どのくらいの早さで呼吸数が正常な状態に回復するかについても調べることができる．

飼い主から時々オウムの咽頭炎といわれる「声」の変化は，しばしば*Aspergillus* spp.感染症で通常見られる気管および鳴管の炎症を示唆している．

血液検査

細胞数

呼吸器疾患検査の一部として，少なくとも全血球数の測定は実施しておく必要がある．これは，ある特定の疾患の確定診断にはならないが，オウム病やアスペルギルス感染症など，いくつかの呼吸器関連疾患では総白血球数が増加し，時には30×10^9/Lを超える場合もあることが知られている（Aguilar and Redig, 1995）．急性例では，これは主に偽好酸球増多症によるが，慢性例での総血球数の増加は著明な単球増加症に関連し発生することがある．

血漿タンパク

血漿タンパクの電気泳動は有効な手段であり，アスペルギルス症診断に用いられることがある（Cray *et al.*, 1995; Cray and Tatum, 1998; Ivey, 2000; Girling, 2002）．最も一般に認められる変化は，γグロブリン分画の増加に伴うβグロブリン分画の有意な増加で（Lumeij, 1987; Cray *et al.*, 1995; Cray, 1997），時として正常値の1.7倍に達する（Cray *et al.*, 1995）．血漿タンパクの電気泳動像は，アスペルギルス症だけに特徴的な像でない．鳥種によっても多様で（同じオウムの中でさえも），性成熟した個体と未成熟な個体では年齢による差異もある（Girling, 2002）．実際のところ，*Aspergillus* spp.感染により，重篤な低アルブミン血症を呈し，βおよびγグロブリンが低値から正常値の鳥は，治療にかかわらず生存率が著しく低いことが報告されている（Reidarson and McBain〈1995〉）．**表14.1**は，アスペルギルス症で認められる血漿タンパクの電気泳動像を示している．

生化学

血漿の生化学的検査は，オウム病やアスペルギルス症のような全身（特に肝臓）に影響を与える呼吸器疾患の確定に，補助的情報として有用な場合がある．アスパラギン酸アミノトランスフェラーゼ値（AST）および胆汁酸レベルの上昇は，肝酵素の漏出や肝機能障害を示す可能性がある．しかし，鳥ではASTが他の部分で見つかることがあり，特に骨格筋で顕著である．グルタミン酸脱水素酵素（GDH）は，肝壊死に対してはあまり感度の高い検査ではない．しかし，罹患鳥におけるGDHの供給源は肝臓の他には腎臓の尿細管細胞のみで，罹患鳥がこの酵素を放出した場合にも血流に入ることはなく，むしろ尿から体外に排出される．したがって，GDHの上昇（正常＜2 mmol／L）は，ア

表 14.1 アスペルギルス症罹患オウム各種と健康鳥との血漿タンパク電気泳動結果の比較で認められた有意な変化($P < 0.05$)(Girling, 2002)

オウム種	アルブミン/グロブリン比	プレアルブミン	アルブミン	α グロブリン	β グロブリン	γ グロブリン
ヨウム	減少	有意な変化なし	減少	有意な変化なし	増加(通常健康な個体で別れる β のピークが一つのピークを形成する)	増加
コンゴウインコ類	減少	有意な変化なし	減少	α1，α2グロブリンの増加	増加	増加
ボウシインコ類	減少	有意な変化なし	減少	有意な変化なし	増加	増加
バタン類	減少	有意な変化なし	減少	α2グロブリンの増加	有意な変化なし	増加

スペルギルス症におけるアフラトキシン放出によって特によく認められる肝壊死の状態を強く示唆している．甲状腺の腫脹と呼吸窮迫を伴う甲状腺機能低下症の場合，コレステロール値の上昇がチロキシンの低下とともに認められることがある．

感染因子

Aspergillus spp. に対する抗体の ELISA による検出は，偽陰性の結果を示しやすい(Reidarson and McBain, 1995; Redig *at al.*, 1997)．*Chlamydia* sp. 菌体に対する抗体検出のため，固相免疫測定法が開発されており(Immunocomb Biogel)，これによりオウム血中抗体のレベルを半定量的にとらえることが可能となった．低レベルの抗体が検出された場合，過去の感染またはその時点で保菌鳥である可能性を示しており，その判断は困難である．加えて，抗原試験に呼吸器分泌物または糞便を用いることがあるが，結果が偽陽性である場合，宿主が病原体を間欠的に排出している可能性についても考慮する必要がある．これは，より高感度な *Chlamydia* 検出法であるポリメラーゼ連鎖反応(PCR)検査でも同様である(7 章)．

画像診断

X 線撮影(9 章)は，呼吸器疾患の重症度を評価する重要な補助的手段となる．

上部気道疾患の場合，副鼻洞の閉塞または腫瘤を明らかにする必要があるため，頭部の側方，背腹側および斜位で X 線撮影を行うことがある．副鼻洞と鼻腔が互いに自由に通じているかどうかを判断するため，生理食塩水で 1：5 に希釈したヨウ素系造影剤を用いた陽性造影を行うことがある．これは，閉塞，肉芽腫，腫瘍などの存在を明らかにするために有用である．しかし，オウム類では通常二つの鼻腔が後鼻孔のレベルまで互いに完全に分離している点に注意する必要がある．ヨウ素による造影では，鼻に炎症を起こすことがあるため，検査の後で副鼻洞を無菌的な生理食塩水で洗浄する必要がある．

下部気道の検査では，腹背側からの撮影が気嚢の肉芽腫(図 14.1)および肺尾側にある病変の診断には最善である．頭側の肺野は，その上をかぶっている胸筋と心臓によって部分的に隠される．間質性パターンまたはエアーブロンコグラムの観察は不可能である．鳥類の肺はもともと半硬直状態であるため，肺に拡張不全が認められることはない．側面からの撮影像は気嚢炎の発見に有用であり，気嚢炎は放射線透過性の気嚢域と交差する不連続な線として認められることがある．

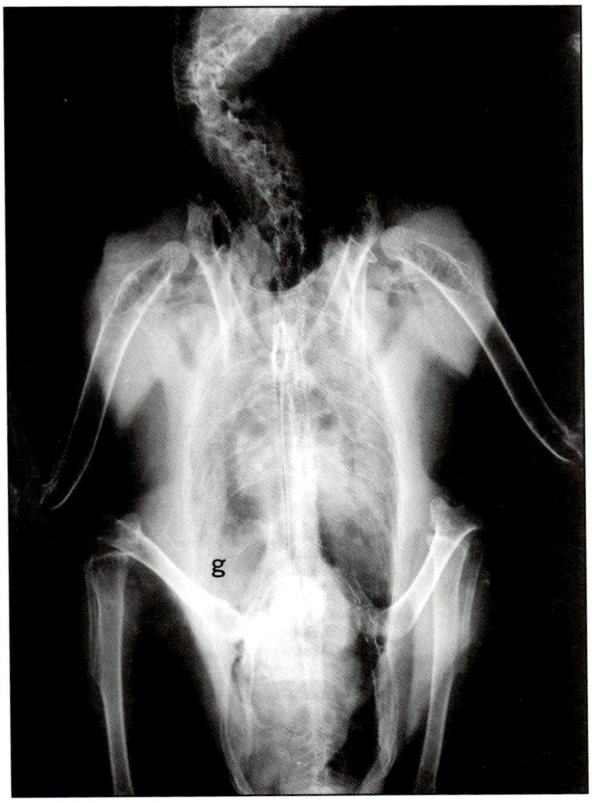

図 14.1 ルリコンゴウインコ腹背側 X 線像．*Aspergillus fumigatus* による気嚢炎と真菌性肉芽腫(g)が認められる．

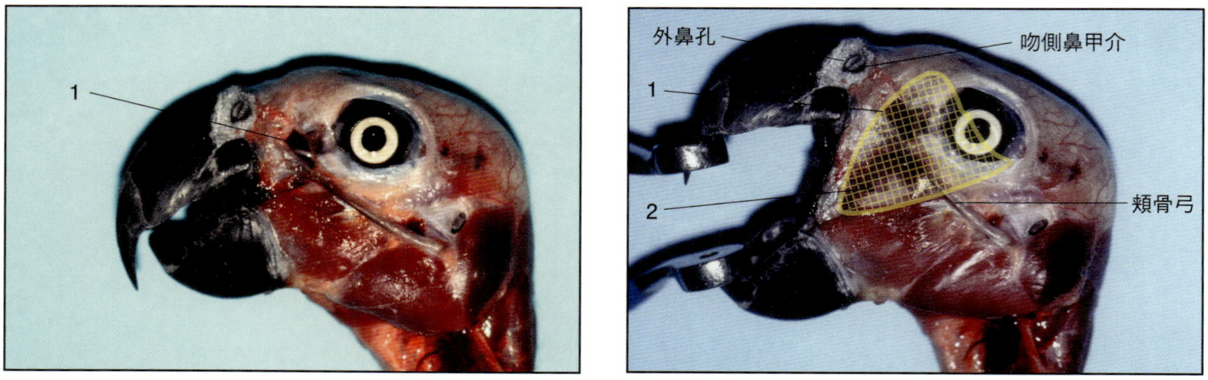

図 14.2 眼窩下副鼻洞の主要部を露出したヨウム解剖図．副鼻洞（輪郭を図示した領域を参照）が，内腹側から眼球に至る．副鼻洞側壁の二つの領域，すなわち頬骨弓の背側および腹側が取り除かれている．これらは，副鼻洞に到達可能なポイントを示している．副鼻洞の洗浄に針と注射器を使用する場合には，背側部(1)が最も適している．また，腹側部位(2)は外科的検査に適している．これらの部位は，いずれも生きている鳥で触診可能である．副鼻洞は，鳥が開口すると「大きく」なる（図2.16参照）．鳥が口を閉じている場合，副鼻洞に達するには，ちょうど頬骨弓の背側にある外鼻孔と内側眼角の中間が唯一の場所になる．

加えて，炎症と肉芽腫性気嚢の状態によっては，「空気のとらえ込み（air trapping）」として知られる症状を認めることがある．炎症/肉芽腫が，気嚢の入り口で弁のような効果を示すことがあり，そういった状況では，空気が流入はするが，排出されなくなってしまう．この結果，影響を受けた気嚢は過膨張になる．これはX線撮影で明瞭に認められ，主に尾側の気嚢（特に腹部）でよく認められる．

磁気共鳴映像法（MRI）はオウムインコ類で慢性副鼻洞炎の評価に用いられてきた（Pye *et al*, 2000）．これは特に眼窩下副鼻洞の検査に非常に有用であることが明らかになっている．

副鼻洞の洗浄と吸引

眼窩下副鼻洞の外側壁は軟組織だけからなるため，皮下注射用の針と注射器を用い微生物培養のための試料を採取することができる．処置の間に鳥が動くと，眼球を穿刺することがあるため，罹患鳥は鎮静あるいは麻酔下で処置することが重要である．副鼻洞は頬骨弓（図14.2）の真上に開口し，細胞学的検査や微生物学的検査に必要となるさまざまな滲出物の採取が可能である．あるいは，少量の滅菌生理食塩水を副鼻洞に流し，後鼻孔から洗浄した生理食塩水を回収することもある．

加えて，眼窩憩室から試料を採取する場合には，再度鎮静するか麻酔下で鳥の嘴の合わせ目で頬骨弓の下から経皮的に注射器を用い（図14.2），多様な滲出物を試料として採取することが可能である．また上述のように少量の滅菌生理食塩水を通し，後鼻孔で回収することも可能である．

鼻腔洗浄は，罹患鳥を仰向けに寝かせ，滅菌生理食塩水を注射器に入れ，一方の鼻腔に強制的にこれを流すことにより行われることがある．試料の一部は鼻腔を通じて流れ，逆の鼻孔または後鼻孔から採取され，微生物の培養と感受性試験および細胞学的検査に利用することが可能である．

気管/肺洗浄

3～4 Fr の滅菌尿道カテーテルを使用して行うことがあるが，口腔内微生物による試料の汚染を避けるため，滅菌気管内チューブを通して行う．他にも，口腔内での汚染を回避するために，外套針のようにラテックスで針をかぶった無菌的なカテーテルを気管尾側の気管輪の間に挿入する経気管法が使われることがある．

いったんカテーテルが適切な位置に設置されれば，滅菌生理食塩水0.5～1 mL／kg を注入し，速やかに吸引する．次に，細胞学的検査のための顕微鏡検査と同様に，これを微生物の培養および感受性試験に利用することもある．細胞診は有用で，特に毒性変化を伴う多数の肺胞マクロファージおよび偽好酸球の出現は，進行中の感染を示していることがある．

さらに，すべての細胞残屑を検査に利用するため，風乾した塗抹標本を作成する．これは，標準的な染色（ギムザ法など）や細菌分類のためのグラム染色に用いることができる．分岐形成している菌類や出芽している酵母と同様，単一な細菌が多数認められれば，これは疾病の原因菌の可能性がある．細胞内部にある *Chlamydia* 菌体を同定する場合には，特殊染色が用いられる場合がある（13章）．さらに，検体は常に細菌および菌類の培養と感受性試験に供する必要がある．

内視鏡検査

内視鏡検査は，オウムインコ類の呼吸器疾患診断に不可欠である．X線撮影により認められた病変部については，理学的検査および微生物の培養と感受性試験のための検体採取が極めて重要である．また治療措置の一環として，肉芽腫/アスペルギルス腫のような病変部の物理的な摘出についても考慮する必要がある．通常，尾側胸部の気嚢を通して挿入されるが，より尾側の病変では尾側から骨盤肢にある腹側気嚢(9章)からアプローチされることがある．

肺生検

特に肺肉芽腫のように病変が不連続な場合，あるいは肺の病変が疑われるにもかかわらず，気管/肺洗浄でも診断がつかなかった場合には，この方法が有効である．

肺には，通常の体腔の内視鏡検査で行われるように尾側胸気嚢から，あるいは，背側の第三または第四肋間隙の上からアプローチする場合がある(10章)．多くの肺病変は背側部に認められるため，背側の肺生検はより有用かもしれない．生検には3または4 Frの内視鏡でガイドされた生検鉗子を用い，検体は病理組織学的検査用にホルマリン加生理食塩水に保存する．可能な場合には，微生物の培養と感受性試験のため，別の生検材料やスワブを採取しておく必要がある．

呼吸器疾患

呼吸器疾患は，以下のように大別される．

- 上部呼吸器疾患(鼻孔，鼻道および副鼻洞から声門に影響を及ぼす)．
- 下部呼吸器疾患(気管，鳴管，気管支，肺および気嚢に影響を及ぼす)

オウムインコ類の多くの疾患と同様に，鳥が明らかな呼吸困難に進行するまで，罹患鳥が臨床状態を示さないことがある．このため，治療の成功率は低い場合がある．

上部あるいは下部呼吸器疾患に罹患した鳥に認められる症状を表14.2に示した．

呼吸困難(表14.3)を伴う非呼吸器系疾患がいくつかある点には注意が必要である．鳥は横隔膜が欠如しているため，気嚢に圧力がかかるような疾患では，どのような疾患であっても吸気量が減少し，呼吸困難に至る．

表14.2 オウムインコ類の上部および下部呼吸器疾患で認められる臨床症状

上部呼吸器疾患
• 眼鼻の分泌物
• 眼の下部や周囲の腫脹(特にコンゴウインコでは「沈んだ眼」として認められることがある)
• 頭部背側および尾側における気嚢の腫脹
• 鼻孔の閉塞
• 大きさの異なる鼻孔
• 頭部の前面や蝋膜部分の腫脹
• 呼吸困難
• くしゃみ
• 鼻出血
• 頭部振せん
• 鼻腔の掻きむしり
• 後鼻孔からの分泌物
• 鼻涙管の分泌物
• 呼吸器の喘鳴
下部呼吸器疾患
• 呼吸困難(特に気管内腔の疾患)
• 尾部の上下運動
• 声の変調/失声
• 発咳
• 呼吸促迫
• 過呼吸
• 粘膜のチアノーゼ
• 運動不耐
• 呼吸時のきしみ音/ラッセル音
• 原因不明の体重減少
• 「病鳥症候群(sick bird syndrome；SBS)」

表14.3 呼吸促迫もしくは呼吸困難を伴う非呼吸器系疾患(続く)

疾病	過呼吸 / 呼吸困難の原因
• 貧血を起こすあらゆる疾患(例えば，出血，栄養失調症，鉛中毒)	• 循環酸素運搬能の低下
• 心不全	• 腹水貯留またはチアノーゼの発生
• 卵塞	• 尾側気嚢の拡張を妨げる占拠性病変
• 甲状腺腫(セキセイインコなど)	• 気管遠位端に達する甲状腺過形成による気管管腔の狭窄
• 高体温	• 熱性ストレス(咽頭の振動は過呼吸と見誤ることがある)
• 肝疾患	• 腹水(慢性肝機能不全)または出血(肝臓の障害または，凝固因子欠乏による)は，尾側気嚢への圧力となり，吸気量を減らす．
• 肥満	• スペースを占有する脂肪沈着物が気嚢を圧迫し，吸気量を減らす．

表 14.3　(続き)呼吸促迫もしくは呼吸困難を伴う非呼吸器系疾患

• 腹膜炎(卵黄腹膜炎など)	• 気嚢の機能に影響を及ぼす癒着と腹水
• 腎疾患	• タンパク漏出性腎症は，腹水の原因となる．
• 腫瘍	• 部位によって腹水や，気嚢や肺への物理的な圧迫の原因となることがある．

図 14.3　(a) *Aspergillus* による鼻石のため外鼻孔の拡大および顔面腫脹の症状を示しているキビタイボウシインコ．(SJ Girling 著，Veterinary Nursing of Exotic Species から Blackwel Publishing の許可を得て掲載)(b)外部鼻孔の慢性鼻炎を呈したヨウム(Aidan Raftery のご厚意により掲載)．

上部呼吸器疾患

鼻　炎

鼻炎の原因は多様である．エアロゾル・スプレー，タバコの煙，極端に低い湿度および一部のオウムインコ類(ヨウムやバタン類など)の鱗屑は，特にボウシインコのような種では，刺激性の鼻炎の原因となることがある．若齢鳥では，後鼻孔閉鎖(11 章)から二次的に感染の認められることがある．鼻汁の所見は明確でない場合もあるが，鼻孔より上の羽の汚れが本疾患の指標になる．漿液性の分泌物は，*Mycoplasma* spp. や *Chlamydia psittaci* のような病原細菌と関係している場合もある．さらに，*Cnemidocoptes* sp. のようなダニ類の寄生虫は蝋膜に重篤な外傷を生じさせ，呼吸困難や開口呼吸と同様，鼻孔の閉塞や細菌性あるいは真菌性の二次的な鼻炎に至ることがある．後者の状態は，主にセキセイインコで認められることが多い．

慢性例では，副鼻洞炎の併発が一般的で，特に鼻石を伴う症例で認められる．罹患鳥が栄養的にビタミン A 不足に陥っている場合，気道上皮の肥厚や局所免疫の活性低下により，このような状態になりやすい．

鼻石は，鰓蓋など鼻道の軟組織構造を進行性に破壊することがある．次いで，鼻腔，吻側鼻甲介および洞境界部を形成する骨組織の溶解へと進行する．これにより，外鼻孔または鼻孔，前頭骨および眼窩下副鼻洞の歪曲へと進行する(図 14.3)．これら鼻石からは，特に *Aspergillus* spp. のような真菌と同様に，*Escherichia coli*，*Pseudomonas* spp. および *Klebsiella* spp. のような細菌がしばしば培養される．

治　療

Cnemidocoptes のような寄生虫の治療には，イベルメクチンの経口または注射での投与を実施する．その他，獣医師の指示により，イベルメクチンの局所への滴下投与が最大0.1％の溶液で行われることがあり，その状況により1週間に1回3週にわたり適用されることがある(16 章)．

単純な鼻栓の場合，非麻酔下で鳥を拘束して取り除くことが可能である．歯科用のピックや平滑な皮下針を用い閉塞物を，そっと鼻孔から取り除く．次に，鼻孔を適切な抗菌薬を含む滅菌生理食塩水で洗浄する(詳しくは次の段落を参照)．在宅治療には，局所の滴剤(例えばグラム陰性細菌感染の場合はゲンタマイシンの点眼)が有用である．鳥は，コルチコステロイドの局所投与であっても免疫抑制による副作用に極めて感受性が高いため，コルチコステロイドを含む滴剤は使用を避けるよう注意する必要がある．

より大きく，広範な鼻石の場合，麻酔下での外科的切除が必要になる．鼻道の正常な構造が破壊されると，結果として頻繁な再感染や粘液の増加が発生するため，引き続いての治療が必要になる．これらの治療には，培養と感受性試験に基づく抗菌薬の全身投与とあわせ，鼻腔洗浄(下記にある副鼻洞炎の治療を参照)が含まれる．治療後の数週間は，増量した粘液除去のため滅菌生理食塩水による鼻道の定期的な洗浄が必要になるかもしれない．鳥の飼育環境における刺激性エアロゾルや煙を最小にするための注意や，飼育環境における加湿も有効である．

副鼻洞の疾患

副鼻洞炎

これは，オウムインコ類で最も一般に見られる呼吸系疾患の一つである．鳥類の副鼻洞および鼻腔は，多数に分岐し末端が閉じているため副鼻腔炎の治療は困難である．臨床的に罹患鳥にはくしゃみ，眼部周辺の腫脹，鼻汁および内部の後鼻孔間隙からの分泌物の漏出が認められる場合がある．この他，コンゴウインコで報告されているように，眼が陥没して見えることがある．オウムインコ類では，左右の眼窩下副鼻洞が通じており，一方の眼窩下副鼻洞内の感染から反対側の副鼻洞の腫脹や感染に至ることがある．

副鼻洞から分離される病原菌には，*Pseudomonas aeruginosa, Aeromonas* spp., *Escherichia coli, Nocardia asteroides, Mycoplasma* spp., *Mycobacteium* spp. および *Chlamydia psittaci* がある（Van der Mast *et al.*, 1990; Tully and Carter, 1993; Baumgartner *et al.*, 1994; Hillyer, 1997）．上部呼吸器疾患に関連する真菌には，*Aspergillus* spp., *Candida* sp. および *Mucor* sp.（Redig, 1983; Dawson *et al.*, 1976）がある．*Chlamydia psittaci* または *Mycoplasma* spp. のような病原体の一次感染には漿液性の副鼻洞炎は，細菌または真菌の二次感染により，粘液膿性の副鼻洞分泌物を呈するようになることがある．

低栄養によるビタミンA欠乏は，副鼻洞および気道内層の過角化症を起こし，壊死細胞片の蓄積に至る場合がある．これは副鼻洞からの排液を妨げ日和見的な細菌（**図14.4**）や真菌の増殖の場となる可能性がある．

治療：病態が進行性で，これによる慢性的な組織障害が生じている可能性があるため，しばしば副鼻洞炎の治療は困難である．鼻道および副鼻洞を抗真菌薬（クロトリマゾールまたはイトラコナゾールなど）または抗菌物質（エンロフロキサシンまたはゲンタマイシンなど）を混合した生理食塩水での洗浄が試みられることがある．これは，非麻酔下の鳥に注射器を使用し外鼻孔から注入する．また，水で1：250に希釈した消毒薬F10（Health and Hygiene Pty）により感染した副鼻洞を洗浄する場合がある（Chitty, 2002）．鳥は逆さに保定され，溶液は一方の鼻孔を通して過剰量を鼻道を通して注入し，反対側の鼻孔および後鼻孔の間隙から排出される．次に同様のことを反対側の鼻孔からも実施する（**図21.5**を参照）．

場合によっては，副鼻洞の挫滅組織を外科的に切除する必要がある．これは比較的容易で，前述のように眼窩下副鼻洞と眼窩憩室の外側壁は軟組織からなっている．これを切開し，小型の網状骨鋭匙または歯科用ピックを用い慎重に副鼻洞内の壊死組織を取り除く．切開創は，肉芽形成のため開放創として残すと，その後の病変の局所的な洗浄が可能になる．

副鼻洞囊腫および腫瘍

眼窩下囊腫がタイハクオウムで報告されており（Stiles and Greenacre, 2001），この著者はセキセイインコおよびアオボウシインコでも認められることを記載している．これは，眼下に囊腫構造と一致して存在する軟性腫脹からの無細胞タンパク様の無菌液の吸引により診断される．外科的切除が可能な場合には治療の一つの選択肢となる．ボウシインコにおけるリンパ腫およびヨウムの黒色腫が眼窩下洞で確認されている（N. Harcourt Brown, 私信）．

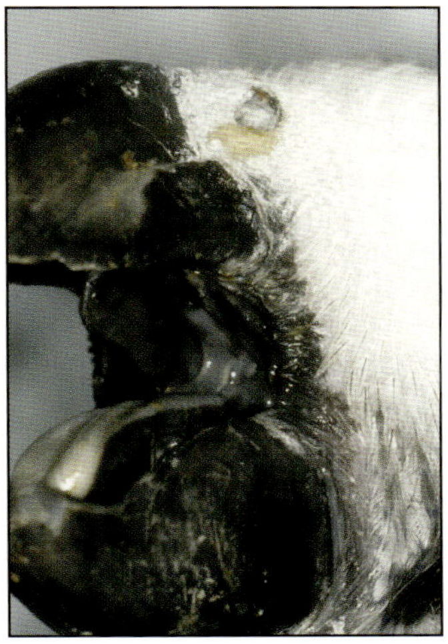

図14.4　栄養欠乏症（ビタミンA）および *Pseudomonas multocida* 感染で副鼻洞炎および鼻炎を呈し鼻汁および後鼻孔に分泌物が認められたヨウム（SJ Girling 著，Veterinary Nursing of Exotic Species から，Blackwell Publishing の許可を得て掲載）．

下部呼吸器疾患

気管炎

気管の傷害は，寄生虫を含む多くの微生物に起因する場合がある（**表14.4**）．

気管のウイルス性疾患は，英国のオウムインコ類では比較的まれで，主に輸入鳥に認められる．治療は対症的である．アシクロビルによるボウシインコの喉頭気管炎治療の試みでは，成功の程度はさまざまであった．

例えば開嘴虫 *Syngamus trachea* のような寄生虫性の気管疾患は，オウムインコ類でまれである．*S. trachea* は，床が土の飼育施設と関係している．寄生虫は中間宿主（ミミズなど）を必要とし，それが鳥に摂取されることで，感染が起こる．気管ダニ（*Sternostoma* spp.）は，オウムインコ類でまれである．

表14.4　一般にオウムインコ類の下部気道に影響を及ぼす病原体

細　菌
• *Chlamydia psittaci, Escherichia coli, Haemophilus, Klebsiella, Mycoplasma, Pasteurella*, *Pseudomonas*, *Staphylococcus, Streptococcus*
真　菌
• *Aspergillus, Candida*
ウイルス
• ヘルペスウイルス（ボウシインコ喉頭気管炎ウイルスなど），パラミクソウイルス，鳥ポックスウイルス（ボウシインコポックスウイルス，Agapornis poxvirus など）
寄生虫
• *Syngamus*（開嘴虫），*Sternostoma*（気管ダニ）

治　療

両寄生虫に対する治療に，イベルメクチンが経口的，局所的あるいは皮下接種により使用されることがある．開嘴虫の治療では，死亡虫体による気管閉塞，肺炎あるいは窒息にまで至ることがあるため，注意が必要である．

気管および鳴管の閉塞

気管の部分的あるいは完全な閉塞は，オウムインコ類では比較的まれな状態で(Dennis *et al.*, 1999)，異物吸引(図14.5)，真菌性肉芽腫，狭窄または腫瘍の増殖による場合がある．呼吸困難や発声の変化が通常認められるが，完全閉塞の症例では，急速な窒息が不可避である．

治　療

いくぶん大型の鳥種(コンゴウインコなど)または極小の鳥種(例えば，オカメインコ)においては，声門経由で気管の異物や鳴管の肉芽腫に達することが不可能な場合がある．これらは，臨床症状とX線撮影で診断されることがある(9章)．罹患鳥を安全にガス麻酔下で維持し，閉塞除去までの低酸素予防のため，気嚢管の挿入が有用である(8章)．気嚢管は，気管病変を治療する間，数日間そのまま残されることがあり，気道の確保を可能にする．

いくつかの例では，生長する真菌の「核」を取るため末端を90度に切断した細カテーテルを硬性内視鏡と平行に挿入し，基端に取り付けた注射器による声門からの吸引除去をが行われている(後述のアスペルギルス症を参照)．カテーテルが届かないか閉塞物が大きすぎて安全に吸引することが困難な 症例では，気管切開が実施されることがある．気管切開は，二つの完全な軟骨輪の間を切開することによって実施する(手術手技については10章を参照)．気管輪自体を切った場合，傷の治癒とともに気管が狭窄し，呼吸困難や気管内腔の閉塞に至る場合もあり，気管輪の切開は絶対に行ってはならない(鳴管のアスペルギルス腫の治療法については，後述のアスペルギルス症を参照)．

気嚢炎および肺炎

これらの二つの病態は時折同時に認められる．これは，これら二つの組織(気嚢および肺)が密接に関連しているためである．一般に，気嚢炎は頻繁に認められ，真菌類(主に *Aspellgillus* spp.)，*Mycoplasma* spp. および *Chlamydia psittaci* 感染に関連している．一方，肺炎の場合には，他の多くの病原細菌が関与している可能性がある．

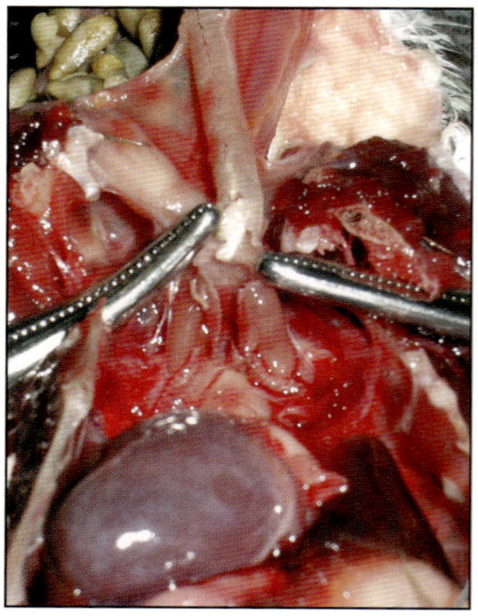

図14.5　逆流により，ヒマワリの種子が気管遠位端に入り，窒息に至ったハネナガインコ．

細菌性肺炎および気嚢炎

オウムインコ類の呼吸器疾患には多くの細菌が関係している(表14.4)．このうち *Chlamydia psittaci* のような，いくつかの病原体は，一次病原体となる可能性がある．他の細菌はより日和見的で，刺激物(例えば，煙や有毒なガス)による気道の損傷の結果として二次感染の原因になる．

Mycoplasma spp. および「オウム病」の原因である *C. psittaci* は，気道上皮に好発し，両者とも偏性細胞内寄生細菌である．これらの細菌に感染した鳥は，漿液性の澄んだ鼻汁を呈し，その結果，くしゃみや上部気道の臨床症状を示すことがある．また，これらの細菌は気嚢炎の原因となることもある．*C. psittaci* は，しばしば全身性感染を引き起こす．

治療：フルオロキノロン族(エンロフロキサシンとマルボフロキサシン)は，特に多くの *Mycoplasma* spp., *Pseudomonas* spp. および *Escherichia coli* を含む大部分の呼吸器病原細菌に効果的である．

C. psittaci のような細菌も，エンロフロキサシンのようなフルオロキノロン類に感受性がある．しかし，エンロフロキサシンがこれら病原体を完全に根絶可能かどうかは完全には証明されていない．オウム病治療の頼みの綱は抗生物質のドキシサイクリンで，ヒト静脈注射用塩酸ドキシサイクリンの筋肉内注射が望ましい．あるいは，英国で認可されている塩酸ドキシサイクリン製剤の粉末を水に懸濁して投与する．

気道および気嚢内に存在する細菌性肉芽腫の縮小手術は，感染性の腫瘤を減らすため，投薬治療の補助として有用であり，局所あるいは全身のあらゆる投薬治療において，その効果が感染巣の中心部に到達することを可能にする．肉芽腫の縮小手術には，生検カップと鋏の使用を可能にするシースを装着した 硬性内視鏡を用いる．シースはまた，細い尿道カテーテルのポートを通し，肉芽腫部位への直接投薬や注射器を装着し薬剤での洗浄にも用いられることがある．真菌および細菌性肉芽腫の外科的切除のためのレーザーダイオード療法が，オウムで報告されている(Hernandez-Divers, 2002)．

気嚢および肺感染の治療には全身への抗生物質投与や物理的な病変の切除と同様に，噴霧療法による治療(後述を参照)も，極めて有用である．

アスペルギルス症

本疾患は，真菌による肺炎および気嚢炎で最も一般的である．実際 Redig(1993)は，飼育下にあるまだ馴化されていない野鳥での最も一般的な呼吸器疾患として，アスペルギルス症を挙げている．オウムインコ類のアスペルギルス症に関与する*Aspergillus*属菌には，*Aspergillus fumigatus*, *A. flavus*, *A. niger* および *A. terreus* などいくつかの種が含まれている．本疾患は，病鳥からの伝播ではなく，その場所の環境から感染する．特定の環境，特に大量の腐敗した植物や果物(例えば，十分に清掃されていない鳥かごの床)などでは，*Aspergillus* spp. の増殖および胞子放出が促進される．

アスペルギルス症は一般に日和見感染症と考えられており，感染の時点で鳥に何らかの免疫抑制があったと考えられている．しかし，鳥がその環境で圧倒的な数の胞子に暴露された場合，重篤な免疫抑制がなくても免疫系が破られ，感染の起こることがある．そのような状況の一例として，鳥小屋や巣箱の敷料や干し草や藁のような有機物の不適切な使用がある．これらは一般に，真菌の胞子でかなり汚染されており，真菌は急速に増殖し，さらなる胞子形成が促進される．

免疫抑制の原因は数多くあるが，主要な原因の一つが「ストレス」である．不適切な環境で飼育されていたり，野生で捕獲されたばかりであったり，長距離輸送されたり，ブリーダーからペットショップそして購入者の家というように，ある環境から全く異なる別の環境に急激に移動されるような鳥は最も危険性が高い．免疫抑制を助長するその他の因子には，コルチコステロイドや特定の抗生物質(例えば，テトラサイクリン)の投与，栄養不良(ビタミンＡ欠乏など)，若齢鳥での未発達な免疫系，そしてサーコウイルス感染のような特定のウイルス性疾患の併発がある．

アスペルギルス症では，慢性および急性など多様な病態を示すことがある．慢性アスペルギルス症の臨床徴候は Redig(1993)によって報告されており，重篤な呼吸器症状が現れる前に，非特異的な症状として，行動変化や体重減少，声の変化などが認められる．アスペルギルス症は，尾側気嚢炎としばしば関係し，肺肉芽腫が認められることもある(**図14.1**参照)．尾側気嚢は，吸い込んだ新鮮な空気が最初に運ばれる場所であるため，アスペルギルス症が関与する主要な部位になっている．どんな大きさの粒子(例えば，菌類の胞子)でも，吸気と呼気の間で気流が止まる際に落下し，気嚢内側に蓄積される．

急性アスペルギルス症は，外見上健康な鳥の突然死の原因として認められることがあり，*Aspergillus* spp. の増殖に伴って放出されるアフラトキシンによる全身と主に肝臓障害が，しばしばその原因とされる．加えて，真菌の増殖が鳴管に及び始めると，急性症候群の認められることがある．これは僅か4～5日の経過で気道の閉塞に至ることがあり，急性の呼吸困難として認識される．初期症状には，鳥の声の変化がありしばしば飼い主により「咽喉炎」のように報告される．肉芽腫形成が気管支内で始まった場合，肉芽腫がゆっくりと気管に進行するため，より顕在化しにくい．

治療：真菌の薬物抵抗性や感染部位がアプローチしにくい部位であるため，アスペルギルス症の治療は極めて困難である．どんな肉芽腫でも，全身および局所の両方と吸入による投薬に加え外科的縮小術を組み合わせた併用療法が実施される．食餌の改善は不可欠である．

アスペルギルス症の場合，まず最初にアムホテリシンＢの静脈内ボーラス投与(Redig, 1983)が推奨される．この治療は速やかな抗真菌効果を示すが，アゾール系薬剤の場合，抗真菌効果の発揮に数日かかることがしばしばである．アムホテリシンＢには腎毒性があるため，治療では脱水状態の鳥や腎疾患または腎臓の障害を持つ鳥と同様の処置をする必要がある．したがって，静脈内補液のボーラス投与は，これらの治療と同時に行う必要がある．

さらなる全身治療には，呼吸器での抗真菌薬治療の拠り所の一つであるアゾール系薬剤(イトラコナゾール，ケトコナゾール，フルコナゾール)のような薬剤を投与する．イトラコナゾールは，特に*Aspergillus* spp. 感染症に効果的であることが示されている(Forbes, 1992; Aguilar and Redig, 1995; Orosz and Frazier, 1995)(**図14.6**)．しかし，ヨウムのような一部のオウムインコ類は十分に抵抗性ではないことが示されており，実際，この鳥種には有毒であることが明らかにされている(Orosz, 2000)．イトラコナゾールは，ケトコナゾールより肝毒性が少ないようだが(Orosz and Frazier, 1995)，すべてのアゾール系薬剤は程度はさまざまなものの，いずれも肝毒性があることに注意する必要がある．

アリルアミン薬であるテルビナフィン塩酸塩は，例えばヨウムのようなアゾール感受性のオウムインコ類に経口薬として使用される場合がある．これは，F10

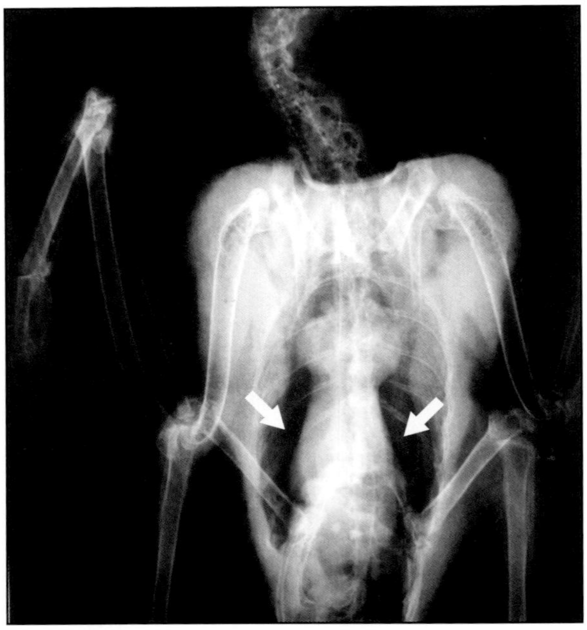

図14.6 図14.1に示したルリコンゴウインコの腹背側X線像．抗真菌薬治療（イトラコナゾール経口投与）による治療の4カ月後，最初の1週間はF10による噴霧療法も実施．肺の真菌性肉芽腫の消失および尾側気嚢におけるX線透過性亢進に注目（矢印）．

（下記参照）のような局所での噴霧療法と組み合わせて用いられることがあり，これは明らかな毒性を示すこともなく効果的である（Dahlhausen *et al.* 2000）．

細菌性肉芽腫の治療の項で述べたように，真菌性肉芽腫でも病原体の量を減らし，薬物治療が成功する可能性を高めるため，可能な場合には，内視鏡手術による縮小術の実施が望ましい．

気管/鳴管における肉芽腫除去は，麻酔下で声門から内視鏡を通して行われる場合がある．この処置での成功には，気嚢管を後胸気嚢あるいは腹気嚢に挿管し，鳥が適切に呼吸できるよう麻酔回路を装着する．尾から脚に至る腹気嚢の部位では，呼吸を確実に確保するため術後数日間気嚢挿管を残しておく場合，気嚢管の取り外しが困難になる（気嚢カニューレの設置について詳細は8章を参照）．肉芽腫の除去には，内視鏡生検カップあるいは横ではなく遠位端を切断し末端部を開口した犬用尿道カテーテルを用いることがある．5 mLの注射器を装着したカテーテルを硬性内視鏡で継続的に観察しながら声門から気管に挿入する．カテーテルは，肉芽腫の除去にも用い，遊離したすべての小片を注射器での穏やかな吸引により除去する．肉芽腫片が遠位側に移動した場合，その断片は主気管支を通って付随する気嚢の一つに押し出されていく可能性がある．このような場合には，内視鏡を用いた体壁側面からのアプローチによりその小片を除去するか，あるいはそのままの状態で薬物治療を行う．

アスペルギルス感染症の治療において，噴霧療法は不可欠な補助的処置である（下記参照）．

この他，鳴管のアスペルギルス腫のような真菌性病変に対しては，肉芽腫を外科的に縮小後，クロトリマゾールを内視鏡下で直接病変部に投与する方法も有効な方法として行われいる．

再検査：アスペルギルス症に罹患した鳥は，治療効果の十分な進展を確認するため，定期的な検査が必要である．これには，病変の回復状況評価に必要な頻回の気管および体腔の内視鏡および放射線検査が含まれる．継続的な血液細胞数の測定および血漿タンパク電気泳動も推奨され，（初期に増加した）単球および偽好酸球が鳥種による正常値まで低下したことをもって回復が示される．加えて血漿タンパク電気泳動の結果は，アルブミン：グロブリン比の正常化とβグロブリン分画の正常範囲への減少を示す．治療効果の進展を評価するため，これらのパラメータは，治療過程で3～4週ごとに再検査を実施する．罹患鳥の臨床症状が悪化した場合には，より頻繁な再検査の実施が推奨される．アスペルギルス症の治療には，12週間以上は必要で，進行した症例ではしばしば6～9カ月あるいはそれ以上の期間を必要とする．

噴霧療法

呼吸器疾患の治療における薬剤の噴霧療法は，主要な治療方法の一つになっている．アスペルギルス症のような真菌性の呼吸器疾患では，病原体が多くの抗真菌薬に高い抵抗性を示し，また気嚢のように血液供給量が乏しく治療が困難な場所で発育するため，特に有用である．市販の噴霧器は，容易に安価で入手できる（**図14.7**）．噴霧器により生成される液滴サイズの重要性については諸説がある（**表14.5**）．

抗生物質，抗真菌薬，気管支拡張剤および抗炎症薬などを含む多くの薬剤は噴霧器での使用が可能である（**表14.6**）．通常15～20分間の治療を1日につき3～4回繰り返す．

市販の消毒薬F10も近年気道感染症，特に英国のアスペルギルス症の治療で汎用されるようになった．この消毒薬はビグアナイドおよび四級アンモニウム化合物（5.8%）を含み，抗ウイルス効果，抗菌効果，抗真菌効果および抗胞子効果を示すだけでなく，アルデヒドが含まれていない（Chitty，2002a）．1：250希釈で用いられ，噴霧器で利用されることがあるが，臨床的に安全に使用されている．

気管支痙攣および肺水腫

これらの病態は，一般に毒物の吸入あるいは過熱したテフロン加工のフライパンからの蒸気，煙または他の化学蒸気などの刺激物への暴露後に発生する．これ

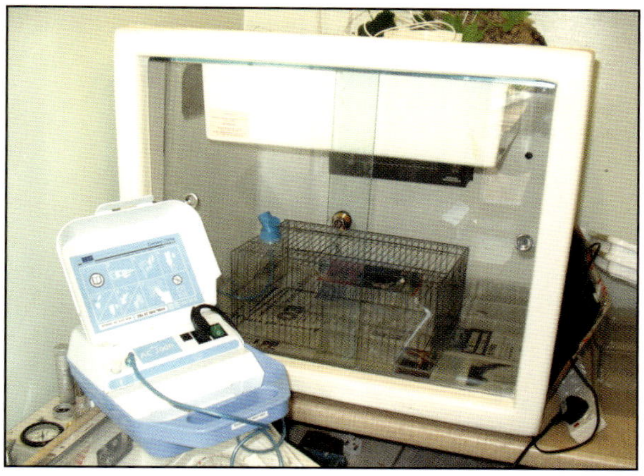

図 14.7　飼育容器に連結して使われる噴霧器．罹患鳥に効率的な噴霧療法を行うことができる．

表 14.5　呼吸器感染症の治療における，市販の非超音波性噴霧器使用の長所と短所

長　所
• 感染部位への薬剤の直接噴霧
• 一部薬剤の全身性副作用（アムホテリシン B の腎毒性など）の軽減または除去
• 局所に湿度を与え気道上皮の乾燥を防止し，粘膜分泌物の粘性を軽減する．
短　所
• 非超音波噴霧器で生成される液滴の粒径が多様である．
• アスペルギルス属の胞子は，2〜5 μm である．したがって，液滴が 5 μm 以下であれば胞子が達する部位への透過が期待
• 油性の薬剤は，噴霧に適さない．
• 気道閉塞で肺の硬化が起こった場合，噴霧された薬剤はこの領域に浸透できず，このような場合には抗真菌薬の全身投与も必要

表 14.6　呼吸器疾患の治療のため噴霧療法で用いられることのある薬剤

薬　剤	薬剤の有効性	濃　度
アセチルシステイン	• 粘液溶解薬として有効	• 治療あたり，15 mL の生理食塩水に 2〜5 滴（Clubb, 1986）
アムホテリシン B	• アスペルギルス症および一部の細菌感染症に有効	• 0.9％の生理食塩水に 1 mg/mL を 15 分かけ 12 時間ごとに投与（Bauck *et al*., 1992）
エンロフロキサシン	• 主にグラム陰性および一部のグラム陽性菌（ブドウ球菌および連鎖球菌）に対する活性とともに *Mycoplasma* spp. および *Chlamydia psittaci* に対し効果のある広域スペクトル	• 100 mg を 10 mL の生理食塩水に加えた濃度で薬剤を 8〜12 時間ごとに 15 分投与
F10	• 広範囲の抗真菌（アスペルギルス症を含む），抗菌（*E. coli*，*Klebsiella* spp.，*Pseudomonas* spp. を含む），抗ウイルスおよび抗胞子活性	• 1 L の水に 4 mL の濃度で 8〜12 時間ごとに 20〜30 分間（Chitty, 2002a）
ゲンタマイシン	• グラム陰性菌に対する活性（*E. coli* および一部の *Pseudomonas* spp. を含む）	• 10 mL の生理食塩水に 50 mg の濃度で 8〜12 時間ごとに 15 分間
タイロシン	• 上部気道におけるマイコプラズマ感染に有効	• 10 mL の生理食塩水に 100 mg の濃度で 12 時間ごとに 1 時間（Tully, 1997）

らは，通常の肺水腫と同様，気管や気管支の内膜の浮腫および剥離に至る場合がある．

治　療

治療は，保存療法およびメチルプレドニゾロンのような短時間作用性のコルチコステロイドの全身投与あるいは噴霧投与により行われる．コルチコステロイドの使用では，1 回限りの用量でも重篤な免疫抑制を引き起こし，*Aspergillus* spp. のような日和見病原体による感染を許すことがあるため，最大限の注意を払う必要がある．気道上皮の損傷が想定される場合には，できれば広域スペクトルの抗菌物質の使用が推奨される．

その他の肺疾患

オウムインコ類では，肺での腫瘍形成の報告例はまれである．オオバタンにおける右上腕骨および脊柱への転移を伴う肺癌（Jones *et al*., 2001），オカメインコにおける肝臓への転移を伴う肺線維肉腫（Burgmann, 1994）およびヨウムにおける右上腕骨への二次転移を伴う原発性の気管支癌（André and Delverdier, 1999）の報告がある．興味深いことにこれらすべての症例において，呼吸器症状は主要な症状として認められず，しばしば呼吸器症状が全く認められていない．むしろ，鳥の飼い主と臨床医に対し問題の存在を疑わせたのは二次的な転移による疾患であった．

15

消化器疾患

Deborah Monks

はじめに

主な消化器疾患は，消化器系に二次的影響を与える全身疾患に類似した臨床症状を示すことがある．このため正確に診断を行い適切な治療を行うためには，正確な稟告と詳細な身体検査および適切な臨床検査が必須である．本章では，オウムインコ類の消化器疾患について一般的な症状と疾病を中心に論ずることを目的とする．解剖については2章に記載した．

臨床症状

鳥が消化器疾患の症状を呈した場合，消化器系のどの部位に問題かあるかを特定するため**表15.1**の利用が推奨される．

消化器系異常の明確な徴候には，嘔吐，逆流，嚥下障害，食欲不振，拒食，嗉嚢拡張，体重減少および異常便などがある．嘔吐と逆流の使い分けは特に意味がないため，本章でこれらの用語は同意語として用いることとする．

糞便の異常は消化器系，尿路系あるいは生殖器系の問題に関連して認められる場合がある(付録2)．しかし，下痢，未消化の餌(特に種子)あるいは悪臭は，消化器系の疾患を示している場合が多い．糞便の状態は鳥種や餌によって変化することがある．ローリーやロリキートは通常，糞便の量が少なく，尿成分の量が多い．一方で穀食性の鳥は尿成分の少ない緑色または茶色の糞便を排泄する．糞便に餌の色がでたり，一部の餌では糞便が変色することがある．抱卵する雌鳥では，排泄の回数が減るため多量の糞便をするのが普通である．食欲が減退している鳥では，暗緑色をした少量の糞便を排泄する．

あまり明瞭ではない症状として，全身の成長不良，毛引きあるいは腹部膨満があるが，これらは消化器疾患に特異的な症状ではない．

下痢は*Chlamydia psittaci*感染と関連して認められる場合があるが，臨床的な変化は排泄物の糞便成分よりも尿成分に認められることが多い(付録2)．いずれにしても，オウム病は重要な人獣共通感染症であり，不健康なオウムを認めた場合にはいつでも検査の実施を検討する必要がある(7章および13章)．

どんな鳥であっても全身症状，沈うつあるいは原因不明の臨床症状がある場合，消化器疾患に特異的な臨床検査とともにX線検査，血液検査および生化学的検

表15.1 解剖学的部位ごとの臨床症状

部　位	嚥下障害	嘔吐/逆流	食欲不振/拒食	体重減少	異常便	成長不良	毛引き[a]	腹部膨満
咽頭口部	+++		+++	+/++				
嗉嚢	+++	+++	+++	++	+	+/++	±	
食道	+++	+++	+++	++	+	+/++		
前胃		+++	+++	+++	+++	++	++	±
筋胃		+/++	+/++	++/+++	++/+++	++	+	±
十二指腸		+/++	++/+++	++/+++	++/+++	++	±	±
膵臓		+/++	++	+++	+++	++	±	±
腸管		+	+++	+++	+++	++/++	+	+
直腸					+++	+	±	
総排泄腔					+++	+	+	

+++= 一般的；++= 頻発，+= 少ない，± = まれ．[a] 特定の消化器に関連して発生する毛引きは，しばしばその臓器の位置する部位に限局して認められる．各解剖学的部位の病的状態によって見られる臨床症状の起こりやすさを示す．

表 15.2 解剖学的部位ごとに推奨される診断法．各検査の有用性を示す．

部位	身体検査	洗浄	洗浄液/糞便/スタンプ標本		培養と感受性試験	糞便浮遊検査	血液検査			X 線撮影		内視鏡検査
			直接塗抹/細胞診	グラム染色やその他の染色			血液学	生化学	その他	単純撮影	造影撮影	
咽頭部	+++		+++ IS	II IS	II					+	++	++
嗉嚢	++	+++	+++ W/IS	II W/IS	II					+	+	++
食道			+ W		II					++	++	+++
前胃		++	++ W	II W	II		++	++	++	++	+++	+++
筋胃	+						+	+	+	++	++	++
十二指腸			+++ F	II F		+++	+	+		+	+	+
膵臓			+++ F	II F			+++	+++		+	+	++
小腸	+		+++ F	II F	II	+++	++	++		++	++	+
直腸	+		+++ F	II F	II	+	+	+		+	+	++
総排泄腔	+++		+++ F/IS	II F/IS	II		+	+		+	+	+++

+++= 高い，++= 中等，+= 低い．F= 糞便，II= もし指示されれば，IS= スタンプ標本，W= 洗浄

査を実施する必要がある．

診断方法

消化器系のどの部位に障害があるかで，どの診断方法（嗉嚢洗浄や細胞診など）が適当かを決定するには**表 15.2** が参考になる．臨床経過を完全に把握することは極めて重要であり（5 章），排泄物の検査は必ず実施する必要がある（付録 2）．検査対象となる鳥はまず離れた場所からの観察で外観を評価し，次に身体検査を実施する．中咽頭あるいは排泄口の詳細な検査には麻酔が必要な場合がある（8 章）．

顕微鏡検査

- **生標本**．糞便の塗抹および嗉嚢や前胃の「洗浄液」は，生理食塩水や対比染色液（例えば背景を染色するための RapiDiff Solution 3 を 1 滴）と混合し，カバースリップを乗せてから観察を行う．運動性のある原虫，細菌，酵母（出芽および仮性菌糸の両方），「メガバクテリア」，真菌および内部寄生虫を観察することができる（**図 15.1，15.2** および **15.3**）．原虫は，急速に運動性を失うが，予熱して温めておいたスライドグラスを用いた迅速な観察により診断の感度を高めることができる．ブラウン運動は，原虫や細菌の運動と間違うことがあるが，ブラウン運動の場合通常は正味の運動性を示すことはない．運動性のある微生物の場合，視野の中で明確に動いているのがわかる．
- **グラム染色**は，形態的に単一な細菌が認められたり細菌数の増加が観察された場合には，必ず実施する．一部の臨床医は生標本の観察よりもむしろ日常的にグラム染色を行い，「メガバクテリア」および他の酵母の同定を行っている．

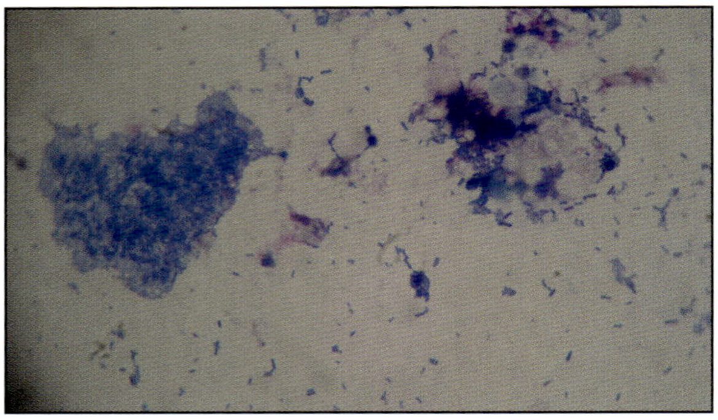

図 15.1 糞便塗抹標本に認められた分裂している細菌．ディフ・クイック染色，原図の倍率は 400 倍（high dry）．糞便の塗抹標本はおおよその細菌の形態と数を明らかにする．単一の集団が確認された場合にはグラム染色の実施が推奨される．

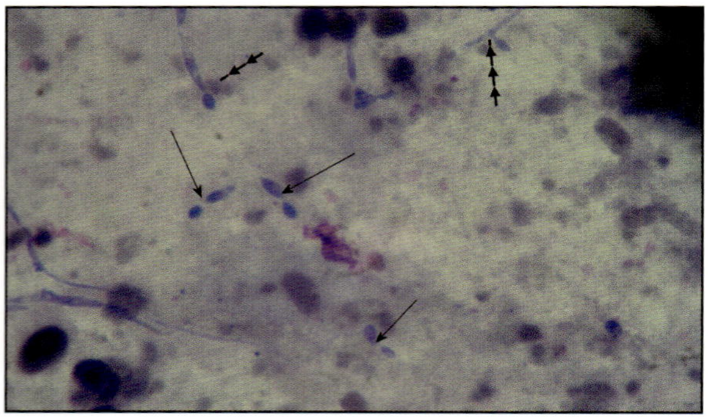

図 15.2 出芽酵母（1 本の矢印）および仮性菌糸（重複矢印）ディフ・クイック染色．原図の倍率は 400 倍（high dry）．

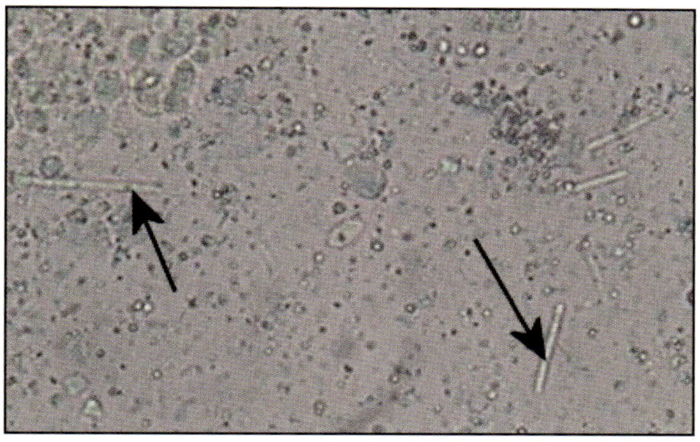

図15.3 未染色の塗抹標本に見られる「メガバクテリア」*Macrorhabdus ornithogaster* としても知られる酵母．原図の倍率は400倍(high dry)．染色された菌体は図21.9に示した．

- **糞便のグラム染色**については現在論議があるところである(**表15.3**)．
- **滲出物の細胞診**とスタンプ標本は，炎症，感染あるいは腫瘍形成の鑑別に有用な場合がある．ライト染色，ギムザ染色あるいはメイ・グリュンワルド染色が通常用いられるが，「迅速染色法」(ディフ・クイック，RapiDiff, ヘマカラー)も良好な結果が得られる(7章)．

マイコバクテリアの感染が疑われる場合は，チール・ネルゼン染色を実施する必要がある．

表15.3 糞便のグラム染色

健康な場合	
長所	**短所**
• 細菌および酵母菌による不顕性感染の確認	• 健康そうな病鳥におけるグラム染色と臨床的な健康/疾病との相関の欠如
• 細菌叢におけるグラム陰性およびグラム陽性菌の分布異常鑑別	• 時間を要す．
• 種子から固形飼料に餌の転換がうまく行ったかどうかの評価(Stanford, 2002)	
疾患がある場合	
長所	**短所**
• 細菌の形態に関する早期の情報．培養や薬剤感受性試験の結果を待つ間に，合理的な抗生物質の選択が可能になる．	• 健康そうに見える病鳥におけるグラム染色の成績と臨床的な健康/疾病との相関の欠如
• 糞便中のすべての細菌が培養可能では無く，一部は損傷を受けたり培養のために困難な条件が必要になることがある．グラム染色は，培養や薬剤感受性試験の結果と比較可能な情報を提供する．	• 時間を要する．

前胃洗浄

嗉嚢洗浄の実施法については8章に記載した．前胃洗浄は，難治性前胃炎の病因解明に有用な場合がある．洗浄の方法は，いわゆる「盲目的」あるいは内視鏡による観察下で実施される場合がある(**図15.4**)．内視鏡の使用は異常の存在を明らかにし，病変部組織の採取を可能にする．吸引した胃内容物は顕微鏡観察により検査を行う．

検査に先立っての絶食は視界を明瞭にし，検査をしやすくする．麻酔下で挿管した罹患鳥は仰向きに保定する．嗉嚢管(金属または柔らかいプラスチック製のカテーテルのどちらか)は鳥側の端を一方の手で保ちながら強制給餌を行うように挿入する．一度嗉嚢内に挿入したら，もう一方の手で針の先端を操作し，細心の注意を払いながらゆっくりと鳥の右側，鎖骨の背側に進め前胃に至る．もし何か抵抗がある場合には必ず嗉嚢管をいったん戻しもとの状態にしてから，再度挿入していく．設置が終わったら前胃が過剰に拡張することのないよう注意をしながら生理食塩水(5～10 mL/kg)を注入し吸引する．

極めてまれなことだが，誤嚥を防ぐため湿ったガーゼや脱脂綿を咽頭に詰めることがある．この場合，麻酔から回復する前に外しておく．

嗉嚢管を十分な時間適切な部位に設置するためには，気管挿管を行う．小型の鳥では消化管壁の外傷を含む合併症の危険性が増す．小さすぎて挿管できない鳥の場合，嗉嚢管の設置を実施する際の麻酔はマスクの着脱で調節するため，麻酔深度が変化することがあり，逆流や誤嚥に十分注意を払う必要がある．

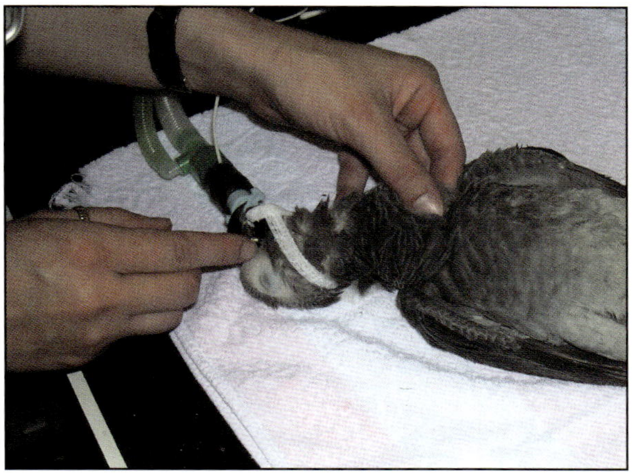

図15.4 前胃洗浄のための嗉嚢管/カテーテルの設置．医原性の傷害を避けるため，操作は細心の注意を払って実施する．

表15.4 内部寄生虫の検出

方法	術式	所見
直接塗抹	• 少量の糞便と2，3滴の生理食塩水をスライドグラス上で混合し，カバースリップを乗せる． • 回虫の検査では，低倍率(100倍のレンズ)で検査を行う． • 原虫類を対象とする場合は，高倍率(400倍のレンズ)を用いる．ヨウ素1，2滴をカバーグラスの端に滴下すると原虫のシスト同定に有用なことがある．	• 運動性の原生動物 回虫の子虫
糞便浮遊法	ほとんどの溶液は硫酸亜鉛，硝酸ナトリウム，塩または糖を含む． • 適当量の新鮮糞便を溶液と混合し容器に入れ，この上にカバーグラスを乗せる． • 5～10分間静置(あるいは製造者の推奨条件に従う) • カバーグラスを取り，スライドグラスに乗せ鏡検 極端に長い時間溶液中にあった場合，寄生虫の形態が変化してしまうことがある．	• 原虫のシスト • 回虫卵と幼虫 • コクシジウムに属するオーシスト • 一部の吸虫卵

その他の診断

- 尿生殖道または肛門道から採取した検査材料は消化器系(図2.12参照)の状態を必ずしも反映していない場合があるが，湿らせた滅菌綿棒で**総排泄腔**から材料を採取することがある(図2.12参照)．一部の病原体は間欠的に排泄される．**糞便の浮遊法**は，塗抹標本だけの検査と比較して，内部寄生虫の検出感度を上げることがある(表15.4)．
- 異常なマス，病変または分泌物については，塗抹標本の作成が可能である(7章)．細胞診で明確な結果が得られなかった病変については，生検材料を採取し**病理組織学的**診断を行う必要がある．
- 細胞診で異常な細菌が認められた場合には，**培養と感受性**(好気および/または嫌気)試験を実施する必要がある．日常的に実施する健康なオウムインコ類から採取した総排泄腔材料の培養は有用ではない．
- 全身症状を呈している場合や消化器系の一次的な問題と二次的な問題(7章)とを鑑別する場合には，**血液学および生化学検査**の実施が推奨される．アミラーゼの上昇は膵炎を示している場合がある．
- **X線検査**は有用だが，消化器系とそれ以外の拡張や転位の鑑別には，**造影検査**が必要となる(9章)．臓器肥大，ガスあるいは液体による拡張および放射線を透過しない異物(鉛や亜鉛など)を確認できることがある．
- **内視鏡検査**は，中咽頭，嗉嚢，食道，前胃，筋胃および総排泄腔の検査に用いることができる(9章)．

部位別にみた鑑別診断

嘴については11章および16章に記載した．

中咽頭

口腔咽頭の疾病による臨床症状には，嚥下障害，頭部を振る動作，あくびや食欲不振がある．中咽頭の検査では，潰瘍形成，滲出物，腫脹，マスまたは異物を認めることがある．この検査では，しばしば麻酔と内視鏡による拡大像の観察を必要とする場合があり，良好な照明が不可欠である．後鼻孔(図5.8)の検査は重要である．病変部の細胞診は必須で，その結果が曖昧な場合には生検を実施する必要がある．表15.5に鑑別診断の一覧を示した．

大型オウム類の口腔咽頭に認められる病変の一般的な原因はビタミンA欠乏症である．乳頭腫と異物は後鼻孔を塞ぐことがある．若いセキセイインコはトリコモナス症と診断されることが多い．カンジダ症は若鳥で特によく見られる．

表15.5 口腔咽頭に認められる疾患の鑑別

腫瘤
• 腫瘍形成 • 乳頭腫症 • 肉芽腫/膿瘍 • ビタミンA欠乏* • ポックスウイルス
分泌物/プラーク
• 細菌性 • 菌類および酵母* • 寄生虫性(トリコモナス属*，毛頭虫属) • 副鼻腔炎/鼻炎*に続く後鼻孔の分泌物 • ウイルス性，特にポックスウイルス
後鼻孔の異常
• 乳頭の平滑化*(ビタミンA欠乏*，細菌性/真菌性の慢性上部気道感染) • 後鼻孔の閉鎖 • 後鼻孔の異物
その他
• 裂傷/外傷 • 中毒性の口内炎 • 口咽頭の熱傷

アステリスクは一般によく認められる状態を示す．

表15.6 嗉嚢および食道に認められる疾患の鑑別

滲出性病変
• トリコモナス症* • カンジダ症* • 細菌感染症* • 毛頭虫やその他の線虫
増殖性の病変
• トリコモナス症* • 毛頭虫症 • 乳頭腫症 • 異物，特に新生ヒナ
その他
• 嗉嚢の熱傷/瘻孔* • 新生ヒナでの栄養管による裂傷を含むその他の外傷 • 新生ヒナにおける嗉嚢栓塞 • ビタミン A 欠乏 • 嗉嚢結石
腫瘍形成

アステリスクは一般によく認められる状態を示す．

表15.7 筋胃および前胃における疾患の鑑別

一般
• ウイルス性：サーコウイルス(PBFD)*，ポリオーマウイルス，レオウイルス，パラミクソウイルス，ヘルペスウイルス，内臓乳頭腫症 • 中毒：急性鉛/亜鉛中毒*，慢性の鉛中毒*，植物 • その他の感染：メガバクテリア症*，クロストリジウム症*，菌類の寄生 • その他：筋心室発育不全，コイリンの発育不全，筋心室石灰沈着症，ビタミン E/セレン欠乏，壁の病変(肉芽腫，腫瘍形成)
拡張症
• 全身性疾患：膵臓炎，肝炎，腹膜炎 • 感染：メガバクテリア症*，クロストリジウム症，サーコウイルス(PBFD) • 神経性：急性の鉛/亜鉛中毒*，慢性の鉛中毒*，前胃の拡張症候群* • その他：異物，閉塞，筋心室発育不全，コイリンの発育不全，栄養/食事の問題，壁の病変(肉芽腫感染，腫瘍形成)

アステリスクは一般的な症状を示す．

食道と嗉嚢

嗉嚢および食道の疾病に見られる症状には，嚥下障害，頭部を振る動作，吐き気，嘔吐，嗉嚢拡張および食欲不振がある．**表15.6**に鑑別診断の一覧を示した．

身体検査，嗉嚢の触診および嗉嚢洗浄による細胞診が必須である．嗉嚢内容(液体，嗉嚢結石または異物)を確認し，嗉嚢の拡張や嗉嚢壁の肥厚に注意を払う必要がある．その他の情報は内視鏡検査によって得られることがある．嗉嚢の生検は，例外的な病変が認められた場合や，前胃拡張症(10章)の診断のため実施することがある．

嗉嚢炎はオウムインコ類でよく認められる．細菌感染はすべての鳥種でよく認められる．新生ヒナはしばしば細菌と酵母菌の混合感染を起こす．セキセイインコでは，単独または二次的な細菌感染を伴うトリコモナス症が最もよく見られる．人工給餌されているより大型のオウムインコ類のヒナでは，嗉嚢に火傷(**図5.13**参照)や異物の認められることがある．

上部消化器における蠕動の遅延や消失(嗉嚢内容がなくなるまでの時間の遅延)は，「嗉嚢酸敗」(嗉嚢内容の発酵)の原因となる．嗉嚢の停滞は人工給餌されている鳥で最もよく見られるが，他の問題から二次的に発生する場合もある．

前胃と筋胃

嘔吐，消化不良，糞便の異常および体重減少は前胃または筋胃の機能障害を示している．成長不良や毛引きが認められる場合もある．**表15.7**に鑑別診断の一覧を示す．

嗉嚢洗浄と糞便の細胞診による最初の検査に続き，X 線の単純撮影を行う．異常(拡張，管腔または管腔外のマスあるいは異物など)が認められた場合，次に造影剤を用いたX線写真撮影または消化管内視鏡および/または前胃洗浄を実施する必要がある．硫酸バリウムの使用は，少なくとも12～24時間にわたって細胞診および内視鏡検査の妨げとなる．血液生化学，*Chlamydia* 検査および鉛量の検査は有用である．前胃の峡部には感染や腫瘍がよく認められる．

メガバクテリア感染症はセキセイインコでよく見られる．重金属中毒は多くの鳥種で一般的で，特に大型のオウムでよく見られる．

小　腸

小腸の疾病は，糞便の異常，体重減少，成長不良または腹痛により明らかになる．嘔吐はまれで，腸閉塞や閉塞性の障害で生じやすい傾向がある．**表15.8**に鑑別診断の一覧を示した．最も一般的な診断学的検査法は，糞便の培養と感受性試験を伴う細胞診である．

小腸の閉塞はしばしば認められるが，腸閉塞は症状であって病名ではない(下記参照)．細菌性腸炎はすべての鳥種で頻繁に認められる．カンジダ症は抗生物質の使用に続いて二次的に発生する場合がある．前胃拡張症候群は小腸に関係しているのかもしれない．原虫による腸炎はそれほど一般的ではない．

総排泄腔

異常な糞便(付録2)と排泄口周囲の羽根や尾羽根における糞便の付着は特徴的症状ではないが，一般に総排泄腔の問題に伴って認められる．テネスムス(渋り腹)，組織の脱出および排泄口周囲の毛引きが認めら

表15.8 腸疾患の鑑別

腸管の炎症
- ウイルス性：ヘルペスウイルス，ポリオーマウイルス，レオウイルス，パラミクソウイルス，サーコウイルス(PBFD)
- 細菌性*：クロストリジウム，マイコバクテリア，腸内細菌科，クラミジア属，その他
- 寄生虫性：原虫類(ヘキサミタ属，Cochlosoma，ジアルジア，クリプトスポリジウム，球虫類)，吸虫，条虫，線虫*(回虫を含む)

閉塞症
- 異物
- 腸捻転
- 腸重積
- 狭窄
- 寄生虫(特に回虫)

腸閉塞
- 鉛/亜鉛*を含む中毒
- 一般的な腸閉塞*
- 前胃拡張症*

その他
- 内臓乳頭腫症
- ヘルニア
- 栄養上の/食餌の問題

腫瘍形成

アステリスクは，一般的な状態を示す．

表15.9 総排泄腔に認められる疾患の鑑別

腫瘤
- 排泄腔の乳頭腫*
- 腫瘍形成(パピローマ以外の)総排泄腔結石)
- 総排泄腔結石
- 総排泄腔の栓塞(卵，尿酸塩，糞便)

総排泄腔炎
- 細菌性
- 真菌性
- 酵母

総排泄腔の脱出(組織を特定する必要がある)
- 総排泄腔：神経性障害，しぶり腹(炎症，感染，総排泄腔結石，卵塞，異物)，特発性，肛門弛緩，特に性行動過剰を伴う*．
- 卵管(18章)
- 直腸：腸炎*(細菌性，寄生性，原虫性，真菌性)，重積*

アステリスクは，一般的な状態を示す．

れることもある．**表15.9**に鑑別診断の一覧を示す．

新鮮糞便の肉眼的検査，細胞診および寄生虫検査は必ず実施する．排泄口および総排泄腔の検査は全身麻酔下で実施する．肛門道は通常，容易に検査することが可能で，綿棒で裏返すことでより詳細な検査ができる．尿生殖道および糞道を検査する場合，通常は総排泄腔用の内視鏡(9章)が必要となる．生理食塩水による洗浄を行うことで，総排泄腔内視鏡による粘膜の観察，病変部位の特定および病変部の材料採取が可能になる．総排泄腔内視鏡がない場合，盲目的に総排泄腔スワブの細胞診と培養を実施することになるが，総排泄腔のどの部位から材料を採取したかを知るのは困難な場合のあることを認識しておく必要がある．

総排泄腔の乳頭腫は，ボウシインコおよびコンゴウインコで最も一般的に見られる．総排泄腔における感染(総排泄腔炎)および閉塞はあらゆる鳥種で認められる．

表15.10 膵臓疾患の臨床症状

膵炎
- 嘔吐
- 多尿/多渇
- 重量減少
- 腹痛
- 背弯姿勢
- 元気消失
- 尿酸塩の色調変化

外分泌性の膵臓機能不全
- 体重減少
- 大きな白っぽい便
- 糞便中にある消化不良の食餌

内分泌の膵臓機能不全
- 体重減少
- 多渇/多尿

腫瘍形成
- 他の区分で認められる症状のすべての組み合わせ

表15.11 膵臓疾患の鑑別

膵炎/膵臓壊死
- ウイルス性：パラミクソウイルス3，アデノウイルス，ヘルペスウイルス，鳥インフルエンザウイルス
- 細菌性(クラミジア感染症を含む)
- 中毒性(亜鉛を含む)
- その他(卵に関連する腹膜炎を含む)

膵線維症/萎縮

膵外分泌不全

糖尿病

その他
- 脂質代謝異常
- 血色素症

腫瘍形成

膵　炎

膵臓の問題は，広く炎症性/感染性の疾患(膵炎)，機能障害(内分泌または外分泌)および腫瘍に大別される(**表15.10**)．**表15.11**に鑑別診断の一覧を示した．

膵臓疾患の診断は困難な場合がある．通常，臨床症状の組み合わせと高アミラーゼ血症から膵臓の問題を特定する．アミラーゼは膵臓特異的ではないが，正常

値上限の3倍から4倍の上昇は，膵臓の病態と一致している場合がある(Doneley, 2001)．その他の疾患を除外するため，十分な血液学および生化学検査を実施する必要がある．確定診断には膵臓の生検を行う必要がある(10章)．生検は膵臓のマスまたは内科的治療に難治性の膵臓疾患の場合にも推奨される．材料は内視鏡または正中線の開腹で採取可能で，後者はより良好に視認できる(図15.5)．

膵炎の危険因子には，高脂肪の餌，卵の関連する腹膜炎がある．不確かではあるが，オキナインコは膵炎になりやすい傾向がある．Australian grass parakeetは，パラミクソウイルス3感染時にしばしば膵炎を呈することがある．膵臓の外分泌の機能不全は，しばしば腫瘍や慢性の卵に関連した腹膜炎から二次的に認められる場合がある．

膵臓の治療には，積極的な非経口的輸液療法，対症療法および鎮痛がある．膵臓の酵素を餌に添加すると鎮痛効果のある場合がある．N-6およびN-3脂肪酸を5：1の比率で24週間補給することは炎症誘発性の脂肪酸産生を減少させる場合がある(Doneley, 2001)．通常，抗生物質の投与を行う．鳥類において絶食は勧められないが，低脂肪の餌に変更する必要がある．最初に，人工育雛用，若鳥用または回復用の餌を用いる．その後に，回復に従ってより健康的な餌に変えていく(12章)．高脂肪の餌は必ず除去しておく．

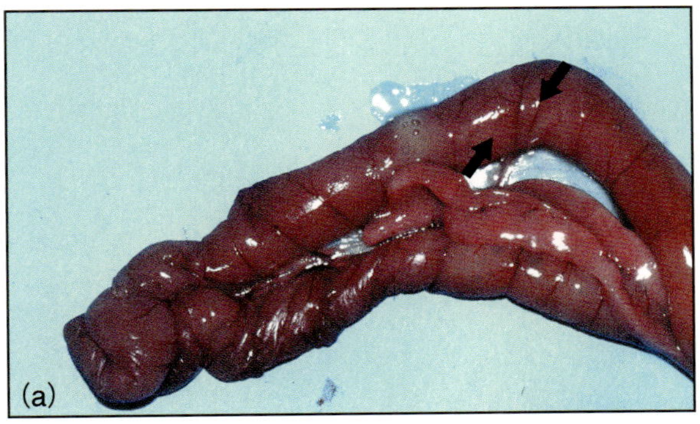

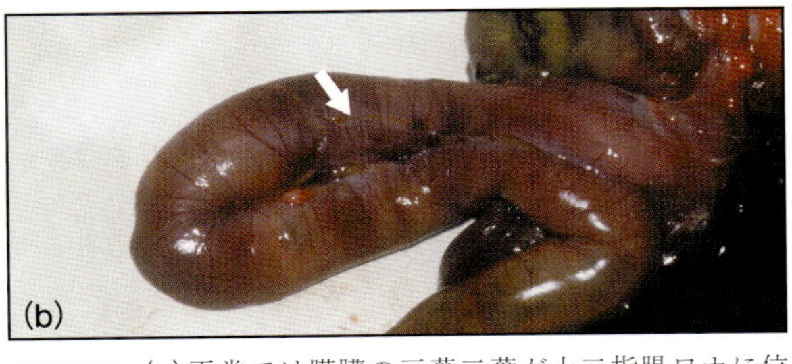

図15.5 (a)正常では膵臓の三葉二葉が十二指腸ワナに位置している．写真には，ヨウムの十二指腸の腸間膜に膵臓の背葉および腹葉が認められる(矢印)．(b)具合が悪く死亡したバタン類の小腸に大きな緑色の糞便が通過している．十二指腸上行部および下行部が瘢痕化し癒着している．膵臓(矢印)が萎縮し機能を有する膵臓組織が失われている．

一般的な消化器系疾患

嗉嚢のうっ滞，停滞および酸敗

嗉嚢のうっ滞や停滞は診断名ではない．一次的な原因とは無関係に，嗉嚢の運動不良は感染に至る．嗉嚢洗浄と顕微鏡検査は，必ず実施する．同定した微生物は正常菌叢や原因菌あるいは停滞からの二次的な日和見感染菌であるかもしれない．原因がすぐに明らかにならなくても徹底的な検査を行う必要がある．嗉嚢うっ滞から起こる可能性がある続発症には水分および電解質の不均衡，脱水症，低血糖症，中毒症，敗血症，腸炎およびショックがある．鑑別診断の一覧を**表15.12**に示した．

表15.12 嗉嚢うっ滞の鑑別

感染症
• ウイルス性：前胃拡張症，サーコウイルス(PBFD)*，ポリオーマウイルス，他 • 細菌性* • 真菌性(例えば，カンジダ*) • 寄生虫性：トリコモナス症*
機械的
• ヨウ素欠乏による甲状腺肥大 • 烏口骨の骨折
その他
• 一般的な腸閉塞の一部 • 過度に拡張した嗉嚢 • 薬剤投与 • 中毒：鉛/亜鉛*，殺虫剤，他 • 若鳥への不適切な栄養補給：熱過ぎ，冷た過ぎ，高過ぎる粘張，脂質過多
腫瘍形成
• 内臓の乳頭腫症 • その他の腫瘍形成

アステリスクは，一般的な状態を示す．

適切な治療には，停滞に対する対症的管理と基礎疾患または原因に対する治療がある．嗉嚢内容は取り除き，温かい生理食塩水で洗浄する必要がある．内容物が逆流しないよう，鳥は十分に注意して扱う．ストレスや粘膜の外傷に対する心配はあっても，水分で満たされた嗉嚢を空にするため，嗉嚢への挿管の繰り返しが全身麻酔下での嗉嚢切開術よりも好んで実施される場合がある．もし麻酔を実施する場合，吸引の危険を減らすため食道の頭側を塞いでおく必要がある．治療には，適切な抗生物質および抗真菌薬の投与(嗉嚢の細胞診の結果に従う)と輸液療法がある．消化管の運動促進薬の使用が推奨される．まず最初に，鳥には電解質溶液または十分に希釈した混合飼料を給餌し，鳥の状態改善に応じてその濃度を上げていく．

嗉嚢の異物

不適切な餌または給餌チューブおよび不適当なものが特に若鳥により摂取されることがある．小さなものは1時間以内に前胃に達し，大きなものは嗉嚢内に留まる．迅速な除去が求められ，小さく先端が丸まっている異物は内視鏡での観察下，あるいは目視することなく口から取り出すことができる．そうでなければ，嗉嚢の切開が推奨される場合がある(10章)．

嗉嚢の熱傷および瘻孔

嗉嚢の瘻孔は，熱すぎる餌の給与によることが多い(図5.13参照)．病変は嗉嚢と皮膚に認められ，通常は紅斑と水腫から始まり，3～5日間以上で壊死に至り，最終的に瘻孔が形成される．この時点では，増殖可能な組織とそうでない組織を見分けることが可能であり，外科的処置が推奨される．術前の処置としては，少量の餌の頻回給餌，形成過程にある瘻孔の洗浄および抗生物質の投与がある．これらの目的は感染を制御し，手術まで体調を整えることにある．ナイスタチンが酵母の過剰な増殖を防ぐために用いられている．鳥は通常元気があるように見えるが，体重減少を示す場合がある．食餌の漏出と感染により，嗉嚢の病変が皮下の腫脹としてのみ認められる．これらの鳥はしばしば重篤な沈うつ状態にあり，緊急手術が要求される．もし処置が遅れれば敗血症や死の転帰をとる．手術法については10章に記載した．

寄生虫感染

寄生虫感染は，愛玩鳥として飼育されているオウムインコ類には比較的まれである．禽舎飼育の鳥は地面と接することが多いため，感染の頻度は比較的高い．このことは特に生活環に中間宿主を必要としない内部寄生虫への暴露と再感染の機会を増加させる．吊り下げられた鳥かごは寄生虫のコントロールに理想的だが，一部の鳥種では管理上の問題から吊り下げ式の鳥かごは利用できない．別の方法として，コンクリート製の床は衛生的で洗浄が容易であり，必要に応じて表面を土などで覆うことが可能であるが，土は内部寄生虫のコントロールをより困難にしてしまう．動物園や公的な場所では，多くの鳥種を混在して自然のままの展示をする場所が増える傾向にある．このような環境では，中間宿主のコントロールと環境の汚染を減少させる際，個々の鳥に対する適切な処置の実施が困難なため，しばしば断続的な個体数の減少が認められる．

表15.13に頻繁に認められる内部寄生虫症と治療方法の要約を示した．再感染を予防するため，飼育者は鳥かごや鳥小屋を十分に洗浄し衛生的環境の維持に努めなければならない．

表15.13 頻繁に認められる内部寄生虫とその治療

寄生虫	治療	注	一般に罹患する鳥種
トリコモナス[a](図15.6)	メトロニダゾール，カルニダゾール[b]	直接接触による伝播	セキセイインコ
ヘキサミタ属	メトロニダゾール	直接接触による伝播．ロリキートでより一般的	オカメインコ，ロリキート
ジアルジア(図7.2を参照)	メトロニダゾール，フェンベンダゾール	糞口感染．ストを不活性化するためのケージの清掃．少数からまれ	セキセイインコ，オカメインコ
コクシジウム	トリメトプリム/スルホンアミド，トルトラズリル	糞口感染．まれに，診断される	ロリキート，セキセイインコ
回虫[a](図7.17を参照)	フェンベンダゾール，イベルメクチン，ピランテル	中間宿主を必要としない生活環．幼虫まで感染性が無く2～3週間を要す．再感染防止のためには良好な衛生状態が必要	オーストラリア産パラキート，オカメインコ，ロリキート，コンゴウインコ
毛頭虫属(図15.7)	イベルメクチン，フェンベンダゾール	中間宿主を必要とするあるいは必要としない生活環．しばしば，複数の駆虫薬に対し耐性を示す．治療後に再検査．あまりみられない，あるいはまれ	野性で捕獲されたコンゴウインコ
前胃の線虫	イベルメクチン	通常，生活環に中間宿主を必要とする．まれ	オウム,コンゴウインコ,オーストラリア産パラキート
条虫	プラジカンテル	中間宿主を必要とする生活環．輸入された鳥を除いてまれ	野外で捕獲されたヨウム，バタン類
吸虫	プラジカンテル	中間宿主を必要とする生活環．輸入された鳥を除いてまれ	野外で捕獲されたヨウム，バタン類

a＝通常，b＝優先

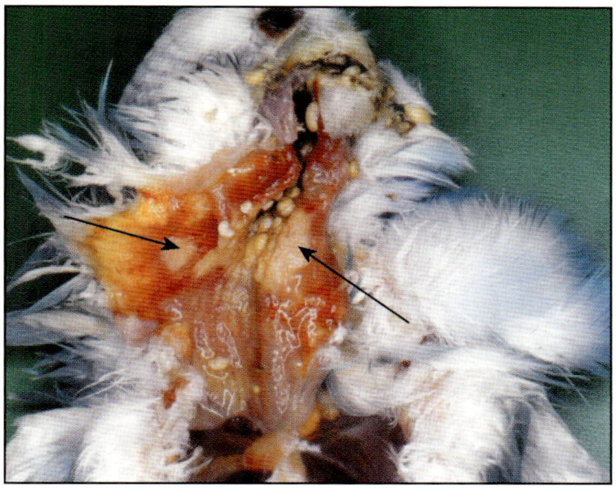

図15.6 トリコモナス症が認められたセキセイインコの剖検所見. 嗉嚢の粘膜に変化が認められる(矢印). (写真は James Gill のご厚意による)

図15.7 *Capillaria* の虫卵, 糞便浮遊法による. 原図の倍率は400倍(写真は Robert Donley のご厚意による)

トリコモナス症

鞭毛虫である *Trichomonas* は, 新たに購入した若いセキセイインコでよく見られ, 直接的な接触により伝播する. 臨床症状として, 衰弱, 嘔吐, 下痢, 沈うつ, 呼吸困難および嘴の周囲が濡れたようになる. 上部呼吸器が重篤な感染を受け, 異物を吸い込んでしまうことがある. 二次的な細菌感染がよく認められ, 鳥は敗血症を起こすことがある. 嗉嚢を温めた生理食塩水で洗浄し, 洗浄液の塗抹標本の観察により診断を行う. トリコモナスは, 嗉嚢壁の深部に潜り込むため(図15.6), 一度陰性と判定された鳥に嗉嚢洗浄を繰り返し行うことは意義がある. 治療はメトロニダゾールまたはカルニダゾールによる.

回虫症

回虫症は, 床が土の鳥小屋で飼育されている鳥, 特にオーストラリア産パラキートでよく見られる. 重篤な感染では小腸の閉塞に至ることがある. 鳥は多くの場合体重減少や衰弱を示す. 検出潜伏期間は3～4週である. 重篤な感染では, 感染が顕在化する前に死亡することがある. 駆虫薬による治療を行うと同時に再感染を防ぐために環境を清浄化する. これには, 床が土の鳥小屋では表土の除去や入れ替え(コンクリートを敷くなど)や, 鳥が彼らの排泄物に接触できないよう管理方法を変更することなどが含まれる(例えば, 吊り下げ式の鳥かご).

細菌感染

オウムインコ類では, 細菌性の胃腸炎がよく見られる(13章). これはしばしば衛生環境の悪さ, 併発症または長期にわたる栄養失調, 特にビタミンA欠乏による. 腸内細菌科を含むグラム陰性細菌が頻繁に検出される. *Clostridium* は, 検出例が増加傾向にある.

臨床的には嘔吐や糞便の異常から元気消失, 沈うつおよび死亡まで認められる. 診断のための検査には, 嗉嚢洗浄とグラム染色を含む糞便の細胞診がある. 単一の細菌が増殖している場合, 細菌感染を疑い培養と感受性試験を検討する必要がある. 細菌性の胃腸炎は, 二次的な前胃拡張症候群, 内臓の乳頭腫またはウイルス性胃腸炎といった他のさまざまな症状を惹起することがある. 罹患鳥が全身症状を呈していたり治療による改善が認められない場合には十分な検査を実施する必要がある.

一般的に用いられている抗生物質を以下に示した. 支持的な治療として, 腸管の運動促進薬, 飲水の酸性化とプロビオティクスがある.

口腔のらせん菌(*Helicobacter*)

これらの運動性細菌は主としてオカメインコの咽頭に認められる. 一部の鳥では不顕性だが, 臨床症状として咽頭炎(充血, 口腔内粘液の増加, あくび, 頭部の振盪, 嚥下障害), 上部気道障害(くしゃみ, 眼窩周囲の腫脹, 鼻汁), 食欲不振および沈うつを認める場合がある. 治療法としては, ドキシサイクリンの経口投与が現在推奨されている(Wade *et al*., 2003).

クロストリジウム症

オウムインコ類のクロストリジウム症(13章)は, 細菌の増殖状態, 毒素産生および全身状態により, 多様な症状を示す.

- **腸管または総排泄腔における軽度な局所感染**は, 通常の場合異常で悪臭のある糞便として認識される. 鳥は, 多くの場合に沈うつになることはない. 乳頭腫症は誘発因子となる.
- 飼育群および個々の鳥の死亡率は, **潰瘍性腸炎**に関連して認められ, その場合鳥は重篤な下痢およびその他の消化器症状を示す.
- **内毒素血症および/または敗血症**の認められるこ

とがあり，甚急性から急性感染で死に至ることがある．

ローリーおよびロリキートは，餌に含まれる糖の量が多く(果汁のように)，クロストリジウムによる発酵を促進するため，消化管における急性のクロストリジウム感染を起こしやすい．このことは，気候が温暖な場合により顕著である．衰弱した鳥は積極的な補液，抗生物質および支持療法を必要とする．軽度な慢性感染を呈した鳥は抗生物質による治療が必要となるが，一方で基礎となる発病因子の解明が必要である．ペニシリンまたはアモキシシリン/クラブラン酸が推奨される．

酵母菌感染

酵母菌は消化管における正常細菌叢を構成するが，特定の条件で増殖することがある．その要因には，暖かく湿った気候，消化管の運動障害，抗生物質の使用，ビタミンA欠乏，不衛生な環境，過剰な炭水化物の給餌および全身状態が関係している．若齢鳥，特にセキセイインコおよびオカメインコでしばしば認められる．*Candida* が高い頻度で分離される．

臨床症状は最も傷害を受けた消化管の部位によるが，嘔吐，下痢，異常便，嗉嚢からの排出遅延，嗉嚢内停滞あるいは一般的な腸閉塞を呈することがある．障害を受けた部位の粘膜は，粘液あるいはネバネバした滲出液により「トルコタオル」のような外観を呈する．

顕微鏡による観察は必ず実施する．出芽している酵母菌が認められれば，粘膜表面局所の感染を示唆している．一方で，仮性菌糸の存在は，より進行した全身感染の可能性を示唆している(**図15.2参照**)．酵母菌は正常な個体にも少数が認められることがある．餌に由来する酵母菌の死菌を感染の指標と誤解しないよう，注意を払う必要がある．

出芽する酵母菌による感染の場合，ナイスタチンによる治療を行うことがある．ナイスタチンは全身性に吸収されないため粘膜との接触時間を確保するため，給餌の前に20分間は空けなければならない．重篤な出芽酵母の感染または仮性菌糸による感染が認められた場合，ナイスタチンやアゾール系化合物のような全身性の抗真菌薬による治療が必要になる．

全身性の吸収が起こらないためナイスタチンによる副作用はまれである．このことから，抗生物質を使用している巣立ち前の鳥には，予防的に処置をしておく必要がある．科学的な証拠はないが，プロビオティクスはより危険な状態で酵母菌の過剰な増殖を抑える働きがあるかもしれない．

メガバクテリア症

メガバクテリア感染症は，数種のオウムインコ類で報告されているが，セキセイインコで最も一般的に感染が認められる．慢性的な消化不良に関連した最も一般的な症状として，繁殖家が「going light」と呼ぶ疾病がある．臨床的には，嘔吐，進行性の体重減少，削痩および成長不良が認められる．一部の鳥は血便や急死を伴う甚急性の経過を呈する．診断は糞便の塗抹検査による(**図15.3参照**)．嗉嚢洗浄で病原体が見られるのはまれである．病原体は間欠的に排出されるため，感染が疑われる鳥については，糞便の検査を繰り返し実施することが必要である．糞便の検査で陰性を示しながら疑わしい症状を示している大型の鳥の場合，前胃の洗浄による病原体の証明が求められる．

経口的なアムホテリシンBの投与は，一般に良好な治療効果を示すが，この治療で病原体を排除することはできない．治療に対する効果が思わしくない場合，組織学的検索により慢性の前胃炎または前胃に瘢痕の認められることがある．フルコナゾールは，一部の鳥種で感染を排除するが，セキセイインコでは必要な使用量で死亡する場合がある．このため少なくともセキセイインコの場合，感染鳥は終生キャリアになると考えなければならない．

ビタミンA欠乏症

ビタミンA欠乏症(12章も参照)は，さまざまな臓器に影響を与え，多様な消化器症状を示す．唾液腺の病変は，中咽頭における小規模から大規模な腫脹として認められる．鳥は，食欲不振や腸管の粘膜病変により下痢を起こすことがある．先端が丸くなった後鼻孔乳頭は，慢性的な欠乏を示していることがある．病変部に感染のない場合，主として扁平上皮細胞が認められ，感染のある場合には細菌や炎症性の細胞が認められる．オオハナインコのような一部の鳥種では，特に感染を起こしやすい．このような組織像が認められる病態生理学的背景は明らかになっていない．

ビタミンA中毒の初期に認められる症状は，欠乏時の症状と類似し，上皮の変化，膵炎，行動の変化そして一般状態の悪化が認められる．初期段階での欠乏と中毒の鑑別は困難であり，餌(補助栄養を含む)に含まれるビタミンAの解析が適切な栄養状態改善の鍵となる．

治療には，ビタミンAの経口投与がある(ビタミンA過剰症に対する不安から，非経口的な投与は好まれていない)．ほとんどの鳥はビタミンの投与により劇的に改善するが，いくつかの変化はもとに戻らない(例えば，先端が丸くなった後鼻孔乳頭)．切開と創面の切除が推奨されるが，これらの病変には一般に，血管が高度に集積し，多量な出血が問題になることがある．処置方法として，鳥を定期的に観察し，もしビタミンの投与により期待される治療効果が認められなかった場合にのみ切開と創面切除を実施する方法が好まれている．感染が認められる場合には，抗生物質による処置が推奨される．食欲のない鳥には鎮痛処置を必ず実施するが，非ステロイド抗炎症剤の腎尿細管上皮に対する潜在的な障害を考慮しなければならない．

鉛または亜鉛中毒

嘔吐，吐き戻しおよび元気消失は，鉛または亜鉛中毒の症状であることがある．嗉嚢内容および糞便の塗抹で細菌数の減少が認められることがある．これは，重金属の消化管菌叢に対する局所的な毒性効果である．診断と適切な治療法については20章に記載した．

内臓の乳頭腫症

乳頭腫は消化管のあらゆる場所に認められるが，総排泄腔が最も好発する部位である(13章)．コンゴウインコとボウシインコで最も頻繁に認められる．総排泄腔の乳頭腫症による症状には体重減少，吐き戻し，渋り腹，異常便，排泄口周囲の汚れまたは総排泄腔の脱出がある．より詳細な検査により，酢酸を用いると白色になる総排泄腔壁をさまざまに含んだ腫瘤を認めることがある．生検および組織学的検索は確定診断に必要である．

電気焼灼，凍結手術，外科的切除および化学的焼灼が治療として試みられるが，いずれの方法も今のところ普遍的に推奨される方法として確立していない．一部の乳頭腫では自然に退行していく．二次感染のあった病変では抗菌処置を要する．病変が何らかの問題の原因となった際には(例えば，排便)，減量術の適用となるが，瘢痕化が潜在的合併症となる．胆管癌は内臓の乳頭腫症の続発症として認められることがある(13章)．

総排泄腔脱

まず脱出した組織を確認する．総排泄腔炎や乳頭腫症による総排泄腔脱の他，卵秘による子宮脱，腸炎や寄生虫感染による直腸脱の場合がある．性行動過剰で自慰行動をする鳥では，排泄口の弛緩により脱出を起こすことがある．活力ある組織は全身麻酔下でもとに戻し，鳥が排便できるよう水平マットレス縫合を実施する．巾着縫合は現在では推奨されていない．組織に活力がない場合，外科的に切除しなければならないが，予後は不良である．背景にある病因を明らかにする必要がある．内科的な治療に難治性を示す慢性的な再発性の脱出の場合には，総排泄腔の固定や切除術(10章)を必要とする場合がある．

消化器疾患の治療

全身治療

全身の治療(5章も参照)を以下に示す．

- 水分の維持
- カロリー摂取の維持
- 体温の維持
- ストレスの軽減
- 蠕動の維持

補液治療は，経口，静脈内，骨内あるいは皮下の経路から実施することができる．体重減少，食欲不振あるいは体重の維持ができない鳥はいずれも経管給餌を行う必要がある．経管給餌では，毎日必要とされる水分を与え，鳥は毎日同時に体重を測定する．罹患鳥は，犬，猫およびその他の捕食者から離れている病院内の静かな場所に置き，ストレスを軽減する．

蠕動の消失あるいは減少は，一般にメトクロプラミドおよび/またはシサプリドにより治療する．前者は制吐薬でもある．重篤な消化管の停滞が認められる場合には，両方の薬剤による治療が可能である．プロビオティクスおよび飲水の酸性化は，非特異的な支持療法として実施されることがある．しかし，具合の悪い鳥に対して行う昔ながらの治療法に比べ，こういった処置が有益であることを証明した研究はほとんどない．酸性化には酢酸および自然のリンゴ酢が用いられている．後者の支持者は，均質化されず殺菌されていない溶液の利用がより有益であることを主張している．カオリンおよびスクラルフェートは，潰瘍や重篤な胃腸炎の場合に消化管の保護剤として用いられている．

特異的治療

一般に広く用いられている抗菌薬には，アモキシシリン/クラブラン酸，エンロフロキサシン，トリメトプリム/サルファ剤およびメトロニダゾールがある．よく用いられる抗真菌薬にはナイスタチン，ケトコナゾール，イトラコナゾールおよびフルコナゾールがある．

抗生物質や抗真菌薬の最初の選択は，細胞診や臨床症状を基礎として経験的に行われることがあるが，通

図15.14 砂の補給に関する考え方の概要

長所	短所
• 進化の過程で維持されてきた特徴には必ず理由がある． • 大部分の野鳥の筋胃には砂粒が存在する． • 鳥は与えられればいつでも砂粒を食べる傾向がある． • 精神的な豊かさ • 鋭く尖った異物を滑らかにするのを助け，胃を損傷から保護するかもしれない．	• カナリアでは，餌に添加しても消化率の増加は認められなかった(Taylor, 1996)． • 砂の取り込み過剰により砂粒による栓塞が発生する可能性がある． • ペレット化した餌は未処理の餌より消化しやすく，粉砕が必要ではないかもしれない． • 溶解を促進し重金属の吸収を高める．

常とは異なる場合や難治性の感染の場合には培養と感受性試験を実施する必要がある．エンロフロキサシンは，嫌気性菌に対して抗菌活性を示さないが，アモキシシリン/クラブラン酸はこれらの症例に対してしばしば良好な結果を示す．

非経口的な投薬を実施されたオウムインコ類の鳥では，筋肉に壊死を起こすことがある．投薬は，筋肉への障害と罹患鳥の苦痛を低減するため，可能な限り経口的に投与することが望ましい．重篤な罹患鳥では少なくとも初期段階は非経口的な投薬が必要となる．

薬剤の副作用

多くの薬剤が嘔吐を起こすことがある．このような薬剤には，エンロフロキサシン，ナイスタチン，ドキシサイクリン，トリメトプリム/サルファ剤，ケトコナゾール，イトラコナゾール，フルコナゾール，レバミゾール，アムホテリシンBおよびポリミキシンBがある．これらの薬剤は，臨床上の副作用を示すことなくしばしば用いられているが，臨床医はこれらの薬剤が問題を起こす可能性のあることを認識しておく必要がある．嗉嚢管による投薬や餌に混ぜた投薬は，これらの副作用発生の低減に有用な場合がある．

砂

餌の補助として砂を補給することは，議論の的となってきた(表15.14)．残念なことに，この問題について野生あるいは飼育下のオウムインコ類で科学的に研究されたことはほとんどない．

砂は不溶性または水溶性(つぶした牡蠣殻など)のことがある．水溶性の砂は通常，短時間でも筋胃にとどまるとは考えられず，消化の補助というよりは食餌の無機塩類の補助栄養として考えられていることがある．一方，不溶性の砂は筋胃に長くとどまるようだが，保持される時間は筋胃内の砂粒子の大きさ，質，その他の生理的因子により変化する．砂を利用する鳥は，「失った」量を絶えず補給しようとする(Gionfriddo and Best, 1995)．不溶性の砂は，磨りつぶされる他の食物に対する不均一な接触面を提供することで筋胃の機能を補助すると考えられている．食物の消化の増強は，砂の大きさ，質および量と餌によって変化する(Moore, 1998)．

16

羽と皮膚の疾患

John Chitty

鳥の外観は，飼い主と鳥の双方にとって非常に重要である．羽の維持には，高い代謝エネルギーと時間がかかるため，多くの疾患によって皮膚症状が発現する(Box16.1)．皮膚および羽の解剖と生理については，2章に記載した．

診断的アプローチ

他の種と同様に，オウムインコ類でも皮膚の異常の際には網羅的な検査(皮膚だけでなく全身の検査と評価)が必要である．

一般検査

5章に概要を記載したとおり，検査の前に詳細な問診を行う．羽むしりや羽かじりの症例を診察する際には，特に詳しく聴取する必要がある(後述)．

皮膚の特殊検査に先立って，一般的な臨床検査も実施する(5章)．血液学的および生化学的検査のための採血や，全身のX線検査が必要となることも多い．糞便検査(グラム染色および寄生虫検査のための浮遊法)が有用な場合もある．これらの検査結果を踏まえて，さらに詳しい評価が必要な場合は，腹腔鏡検査やその他の画像診断を実施する．

特殊検査

皮膚と羽の検査

正常な羽と皮膚の構造だけでなく，各々の種の正常な羽の外観についても理解しておくことが必須である

BOX16.1 全身性疾患による皮膚症状

皮膚や羽の異常は，内臓疾患の症状としてよく見られる．これは，換羽のたび新しい羽を形成するのに必要となる多大なコスト，すなわちタンパク質の代謝や摂取/吸収に対する影響が，羽の成長の中断(「フレット(指板)マーク」や「ストレスマーク」)あるいは羽の変形として現れるためであろう．また病気の鳥は，長い時間を羽づくろいに費やそうとしない．その結果，みすぼらしい羽や，羽鞘遺残(Malley, 1996)，重度の寄生虫感染などを引き起こす．肝障害により，ヨウムの灰色の羽がピンク色になることがある．

ボウシインコにおける羽の変化．羽の形成が悪く，真菌が定着したために，羽が黒くなっている．この症例では肝リピドーシスの基礎疾患があった．

哺乳類と同様に皮膚のターンオーバーは重要であるが，栄養性あるいは代謝性疾患では落屑異常が見られることがある．

尾腺の閉塞は，ビタミンA欠乏症により引き起こされることがある．オウム類の羽むしりや羽かじりは限局性に始まることが多いが，これらは腸管の疼痛，疝痛，関節炎，気嚢炎，膿瘍などに起因する痛みや不快感のある部位に一致する．そして基礎疾患や栄養素欠乏により，羽むしりが助長されることがある．Krautwald(1990)は，ヨウムに見られた「敗血症性脱羽」を報告している．これは，慢性の体腔あるいは肝臓の疼痛(これらの鑑別診断として重要なのはクラミジア症)を感じる領域を嘴で擦っていたことがきっかけで羽むしりが始まった，というものである．

内部寄生虫(特に*Giardia*)もまた，疼痛の原因(すなわち羽むしりのきっかけ)となることがある．しかしながら，これらの症例では，羽むしりをする部位は腹部と関係のないことが一般的である．このような症例は，消化管内寄生虫に対する過敏症を呈しているのかもしれない．

(羽の構造，皮膚の色，羽の色など)．種による違いだけでなく，同種であっても個体による違いが見られることがある(特に性差や色の違いがある場合)．また，繁殖期に見られる変化(例えば，繁殖期のクロインコ類では，頭部が脱羽し，露出した皮膚が黄色みを帯びる)や年齢による変化(ヨウムなど)だけでなく，輸入された個体と，飼育下で繁殖された個体とで違いが見られる場合もある．初めての種を診察する際には，その種の正常な羽が確認できる書籍を参照することが望ましい(del Hoyo *et al*., 1997; Juniper and Parr, 1998)．

表16.1は，皮膚と羽の検査のチェックリストである．

皮膚科検査

以下の特殊な皮膚科検査が必要な場合がある．

皮膚掻爬検査：皮膚掻爬検査は，寄生虫感染が疑われる痂疲や角化亢進の見られる病変で必ず実施する．手技は，犬や猫の場合と同様で，掻爬したサンプルに10%水酸化カリウム，あるいは流動パラフィンを滴下する．哺乳類とは違い，鳥では細胞が「筏」や「シート」状になっていることが多い．

羽の溶解：この方法は，羽の損傷があるものの，肉眼的に寄生虫が確認できなかった場合や，羽柄の変化(色や透明度の低下)があり，羽柄ダニ寄生の可能性がある場合に有用である．発羽してきた羽か損傷のある羽を，加温した10%水酸化カリウムで溶解し，遠心分離後に顕微鏡検査を行う．

羽髄の細胞学的検査：羽の種類によって，二つの異な

表16.1a 皮膚の検査

色	• 均一で調和が取れているか • 体の他の部位との違いがないか • その種として正常か
外傷と裂傷	• 自傷行為の形跡があるか
紅斑	• 鳥の皮膚は非常に薄いため，明らかな「紅斑」は単に皮下の組織の色かもしれない．
羽包	• あるか
病変	• もしある場合は，広がりと種類を確認
腫瘤	• あるか
落屑	• 多い，あるいは，ないか(落屑を脂粉と混同してはならない．**図16.11**参照)

表16.1b 羽の検査(続く)

羽の状態	• みすぼらしいか正常か • 飛翔，体温保持，展示などのためには，完全な羽が必要である．先端がみすぼらしく，「粗雑」で，状態の悪い羽は下記の状態を反映しているかもしれない． 　• 換羽が必要な古い羽 　• 羽づくろいが不足あるいは不適切 　• 栄養失調 　• 内臓疾患による羽の状態の悪化，あるいは羽づくろいの減少 　• ケージが小さすぎる，あるいは止まり木が格子に近すぎることによる羽の損傷．この場合は，古く長い羽だけが損傷している．
脂粉	• あるか．過剰ではないか
換羽中	• 多くの「棍棒状の羽」あるいは「血羽」 • 翼羽あるいは尾羽の間隙から，新しい羽が生えてきているか • 現在換羽中でなければ，最後はいつだったか
形成異常	• 羽の形は，その体の部位において正常か • カールした羽，「フレット(指板)マーク」や「ストレスマーク」，不完全な羽に特に注意すること．
色	• 羽の色は正常か • 全身的な変色か，あるいは個々の羽の変色か
損傷	• 羽弁の中の構造が失われているか • 小羽枝は連結しているか • 食いちぎられたように見えるか • 羽柄の変色はないか

表16.1b　（続き）羽の検査

血羽	• 外観は正常か • ヨウムでは，黒く「膨張した」筆毛の細胞学的検査をすると羽髄炎（Box16.2）が見つかるかもしれない．
脱羽	• 羽は通常，羽域で成長し，その間には羽のない領域（無羽域）がある．オカメインコやバタン類では，冠羽の後ろに無羽域があるのが正常である． • 繁殖期には正常な脱羽が見られる場合がある（「抱卵斑」）． • 脱羽の範囲を確認する（例えば，頭部であれば羽むしりではない）． • 脱羽や羽の損傷が見られる範囲を記録する．
羽包の消失	• 経過の短い羽むしりであれば，たとえ羽が生えていなくても，個々の羽包を確認することができる．しかし経過が長い場合は，皮膚が休眠状態となり，羽包がほとんどあるいは全く見られなくなる．そのような場合，その領域で再度発羽が見られるのは非常にまれであることを飼い主に告知する必要がある．
寄生虫	• 羽シラミやダニ，およびその卵を確認する． • オウムインコ類では，羽の寄生虫はまれである（後述）． • *Dermanyssus*（赤ダニ，まれ）は，ほとんどの時間を鳥の体から離れて過ごすため，鳥の体ではなく，飼育環境を調べる方が適切である．

BOX16.2　羽髄炎

羽髄炎は，羽むしりの鳥でしばしば見られる．罹患した血羽は，暗く，膨張したように見える場合があるが（典型的には，ヨウムの胸部や頸部腹側に見られる，太い黒い筆毛）（図16.1），肉眼的には正常に見える場合もある．周囲の皮膚や羽包はほとんど反応していないのが一般的であるが，時に反応が見られることもある．細胞学的検査では，多くの炎症性細胞が確認され（図16.2），細菌が見られることもある（正常な羽髄の標本は，ほぼ無細胞である）．病理組織学的検査では壊死が見られる．この病変の重篤性ははっきりしていない．原発的あるいは持続的な要因によって発現したと思われる症例では，抗生物質（マルボフロキサシンなど）の投与によく反応する．しかし，羽むしりに続発したと考えられる症例では，抗生物質への反応は悪い．

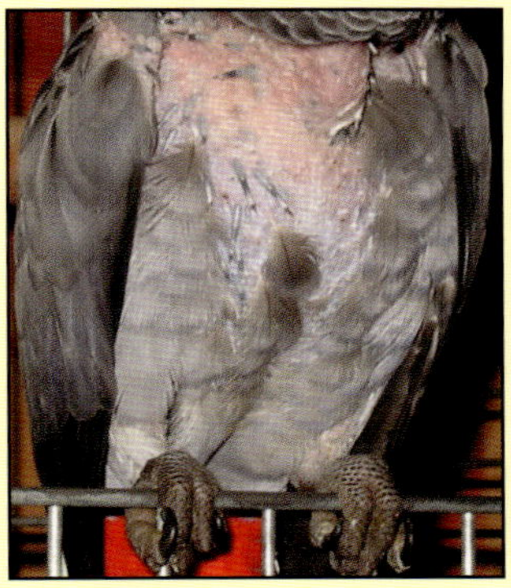

図16.1　このように羽むしりをしているヨウムでは，膨張した黒い筆毛は羽髄炎を示唆する．

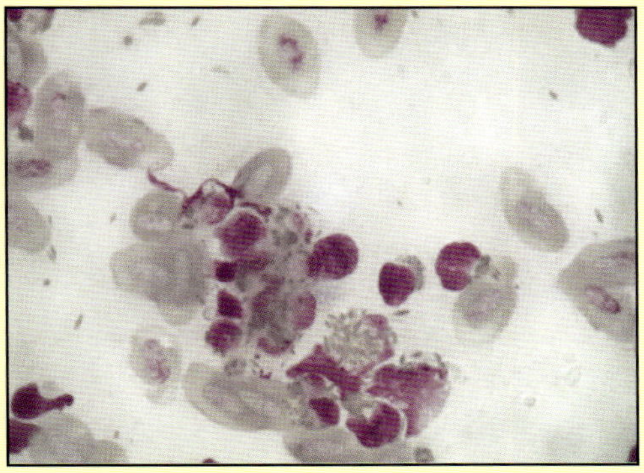

図16.2　ボタンインコの羽髄炎．たくさんの偽好酸球に注意（ディフ・クイック染色，1000倍に拡大，油浸法）．

羽髄炎が再発する症例もあるが，再発のたび抗生物質に反応が見られる．他の種では，このような症例は，根底にアレルギーが存在する可能性があるが，再発に季節性がない場合もある．

る手法が報告されている（Chitty, 2002）．鳥が大きな翼羽（風切り羽）や尾羽をかじっている場合と，血羽が見られる場合である．

1. 羽かじりをしている部位から，血羽を抜く．理想的には，損傷のある羽とない羽を1本ずつ．
2. 消毒用エタノールを用いて，羽柄を消毒する．
3. 羽柄に沿って切開する．
4. 軽く絞ると，透明の液体の小さな滴が，断面から確認できる．これは通常の塗抹法で採取できる．血液の色をした液体は捨てる．
5. 標準のトリクロム染色で染色する（ディフ・クイック染色など）．
6. 必要であれば，滅菌した小さな綿棒を羽髄に挿入し，羽全体をホルマリン・生理食塩水で保存し，病理組織学的検査に提出する．羽柄の切開により，固定液がよく浸透する．

鳥が体幹の羽をかじっており，血羽が見られる場合．

1. 鉗子を用いて，血羽を挟んで抜く．
2. 遠位端を軽く絞ると，近位端から液体が出てくる．

3. 最初の滴（血液の色）は捨てて，その後の透明の液体を，スライドグラスに採取し，トリクロム染色を行う．細菌学的検査用の綿棒を採取した液体に浸しても良い．

アセテートテープ検査：この検査は過剰な落屑があり，皮膚が「乾燥」あるいは滲出性の外観を呈す場合や，痂疲，角化亢進の病変が見られる場合に実施する（Chitty, 2002 b）．落屑の見られる領域にアセテートテープの小片を貼り（**図16.3**），顕微鏡で観察する前にギムザ染色液を1滴たらして，スライドグラスに貼り付ける．

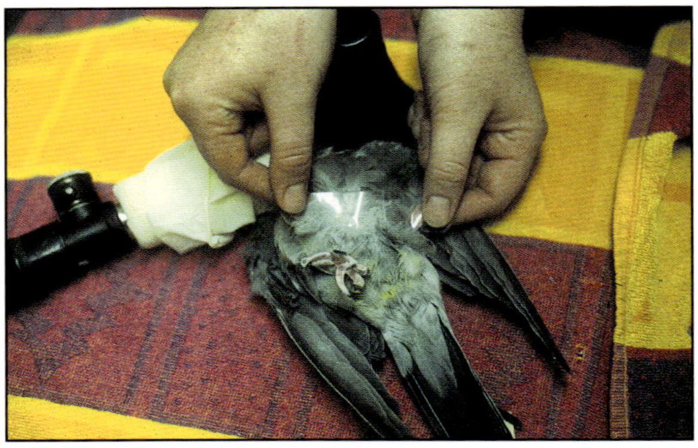

図16.3　オカメインコの皮膚にアセテートテープを貼っているところ．

細菌学的検査：前述した羽髄からのサンプル採取に加えて，湿った綿棒を用いて皮膚表面から採材しても良い．（英国では）正常な鳥の皮膚で細菌が増殖することは少なく，見つかるもののほとんどはグラム陽性菌である．これに対し，異常な皮膚から採取，培養された細菌は，グラム陰性菌であることが多い（N. Harcourt-Brown, 私信）．

病理組織学的検査：見馴れない病変がある場合，治療への反応が見られない場合，あるいは羽むしりの症例でさらなる情報が必要な場合は，皮膚生検を実施する．三つ目の場合に留意すべきなのは，病変は非特異的あるいは羽むしりに続発するものであり，皮膚生検をしても成果が得られない場合が多いという点である．しかしながら，時に有益な場合もある．手技については，基本的に哺乳類で実施する場合と同様であるが，以下の点に注意する．

- 皮膚生検に不適切な部位がある．それは，創傷が閉鎖しない，あるいは創傷が持続的な問題を引き起こすためである（翼羽の羽包の生検など）．
- 表面の細胞を除去してしまう場合があるため，生検前に皮膚を消毒してはならない．
- 鳥の皮膚には，羽包に結合している網状の筋肉がある（Lucas and Stettenheim, 1972）．皮膚生検の際には，この筋肉が収縮するため，丸まった小さな生検サンプルと，非常に大きな創傷（特に切除生検の場合）が生じることになる．この問題を低減するため，粘着性テープを皮膚に貼り付け，その上からパンチ生検によりサンプルを採取する．その際には，皮下組織を損傷しないように注意する．サンプルはテープを付けたまま，ホルマリン・生理食塩水に浸漬し，病理組織学的検査に提出する（Nett *et al*., 2003）．
- 生検サンプルには，必ず羽包が含まれているようにする．また，羽の病理組織学的検査が必要な場合（羽髄炎が疑われる場合など）には，羽の採取を別途行い，特別な標本作成の依頼をする．
- 著者は，創傷の縫合に2 metric（3/0）のポリグラクチン糸を推奨している．飼い主には，鳥（特に羽むしりの症例）が縫合糸を除去してしまうことが多く，二次癒合となる場合があることを説明しておく．

皮内検査：この方法は，オウム類のアレルギー疾患の検査に推奨されており，ミミグロボウシインコでは，竜骨の左右どちらか一方の無羽域に，アレルゲンとリン酸コデイン（陽性コントロール）を注射するというプロトコルが確立している（Colombini *et al*., 2000）．しかしながら，薄い層である皮内に注射をすることは非常に困難であり，反応の大きさに対する検査部位の問題も，この手法の妨げとなっている（Nett and Tully, 2003）．この検査方法の適用については，さらなる検討が必要と思われる．

皮膚疾患

鳥では，哺乳類と同様に，病因ではなく病変のために来院する．したがって，皮膚疾患は病変の外観をもとに，検討を行うのが有用である．この考え方で，皮膚病変の症例，羽むしりや羽かじりの症例，健康診断で異常が見つかった症例を分類する．Cooper and Harrison（1994），Bauck（1997），Romagnano and Heard（2000），Gill（2001），Koski（2002）の報告に，有用な記述がある．

創　傷

皮膚の創傷の外科的管理については10章に記載し

た．症例によっては，すぐに手術が実施できない場合がある．すなわち，感染がある場合，デブリドマン後に創傷を閉鎖するのに十分な組織が残っていない場合(四肢の創傷など)，あるいは肉芽形成の進んだ慢性病変の場合である．このような症例では内科的管理が必須であり，その目的は，創傷を外科的に閉鎖する前の準備，あるいは二次癒合による閉鎖である．

創傷治療の原則と手法は哺乳類の場合と同様であるが，異なる点は，治癒までの期間が鳥の方がずっと早いこと，またオウムインコ類の多くは包帯を非常に嫌がるということである．包帯を外されないようにカラーを装着するのは有用であるが，鳥にとって大きなストレスとなる場合が多いこと，またカラーを装着しても四肢(翼の先端や後肢)には嘴が届いてしまうということに十分留意する．

このような創傷の管理においては，感染や損傷を受けた組織は完全にデブリドマンすることが必須である．細菌学的検査用のスワブを採取し，その結果に基づいて抗菌薬療法を行う．*Staphylococcus* spp.や環境中のグラム陰性桿菌(*Escherichia coli* など)が検出されることが多い．アモキシシリン/クラブラン酸が第一選択の抗生物質として有用である．抗生物質は創傷が完全に治癒するまで継続する．

創傷は，OpSiteやCollamendなどの包帯を用いて管理することも可能である．包帯は定期的に交換する．大きな皮膚の欠損には，VetBioSIST(顆粒あるいはシート)が非常に有用である．

鳥が包帯を嫌がる場合，あるいは創傷を開放したまま管理するのが望ましい場合は，毎日，ポビドンヨードあるいはクロルヘキシジンに浸漬し，その後Intra-Siteゲルを適用するのが効果的である．さらに創傷部を保護する場合にはOpSiteスプレーを用いたり，重度に汚染しやすい部位であればゲルに少量のスルファジアジン銀クリームを混ぜて使用する．創傷部が十分に治癒してきたら，直ちに外科的縫合を行う．

痂疲と角化亢進

細菌，真菌あるいは寄生虫の感染に関連する典型的な病変である．

細菌および真菌感染

このような症例では，痂疲は「膿汁」を含んでいることがあり，膿皮症と分類されることもある．痂疲の病変では，羽包炎が見られることもあるが，その場合には，羽包を中心として病変が形成されていることが多い．まれではあるが，皮膚糸状菌症との鑑別が必要な場合がある．

痂疲そのものと痂疲の下の皮膚について，皮膚掻爬検査と細胞学的検査を含めた検査を行う．痂疲下の皮膚スワブで，細菌学的検査および感受性試験を行う．皮膚糸状菌症の疑いがある場合は，痂疲の一部で真菌培養を依頼する．治療に反応しない場合，あるいはサンプルを採取しても明確な診断ができなかった場合には，皮膚生検を検討する．

細菌感染の治療は，培養および感受性試験の結果に基づいて行うが，第一選択薬としては，マルボフロキサシン/エンロフロキサシンあるいはアモキシシリン/クラブラン酸が適切である．

真菌感染では，テルビナフィンあるいはイトラコナゾールの全身投与が有用であるが，イトラコナゾールをヨウムに使用する際には十分に注意する(付録3参照)．

細菌および真菌感染では局所療法も有用である．著者が好んで用いるのは，250倍に希釈したF10である．限局的な病変であれば直接塗布し，広範囲な病変であればスプレーあるいは噴霧器を用いる．

皮膚寄生虫

小型の種におけるトリヒゼンダニを除いて，オウムインコ類の外部寄生虫感染はまれであることに注意する．

- *Cnemidocoptes pilae* は，小型のオウムインコ類に「鱗状の顔」(図16.4，16.5)を引き起こし，嘴と蠟膜の病変部は角化亢進を呈する．嘴に沿って，ダニの穿孔跡が見られることが多い．重症例では嘴の変形が生じる．
- トリハダダニは，「羽をむしり取る痒み」として知られる，比較的まれな症状の原因である．羽の生えた部位に，瘙痒性の角化亢進を引き起こし，脱羽が見られることもある．宿主特異性を持つ多く

図16.4 セキセイインコのトリヒゼンダニ寄生．顔面の鱗状の増殖性病変と，嘴のケラチンにおけるダニの「穿孔跡」が見られる．増殖性組織による鼻孔の閉塞にも注意(John Baxterのご厚意による)．

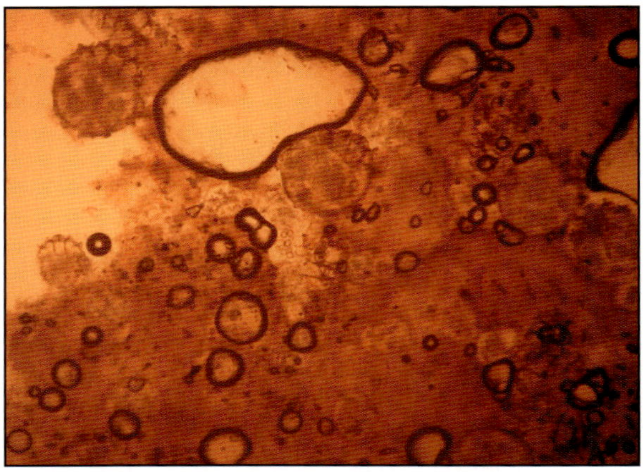

図16.5 図16.4の病変部の掻爬により，トリヒゼンダニが多数確認された．

の種があり，オウム類では *Myialges* spp. と *Psittaphagoides* spp. が確認されている．

- Harpyrhynchid mites とツメダニも，オウム類で確認されることがあるが，疾患を引き起こすことはまれである．輸入されたばかりの個体や，それらと密接に接触した個体で見られることがほとんどである．Harpyrhynchid mites は角化亢進した表皮の嚢胞を引き起こし，ツメダニは羽をむしり取る痒みに類似した角化亢進病変を引き起こす．

これらの皮膚ダニの診断は，典型的な病変の存在，皮膚の掻爬および生検，治療に対する反応から行う．イベルメクチンの経口あるいは経皮投与により治療する．接触したすべての鳥を治療する．1回の投与で十分な場合もあるが，1カ月後に再投与する場合もある．

皮膚に見られるその他のダニには，*Dermanyssus*（赤ダニ）と *Ornithonyssus*（北部家禽ダニ）がある．これらは皮膚病変を引き起こすことはないものの，吸血をするため，皮膚への刺激となったり，重症例では貧血を引き起こす．

- *Dermanyssus* は，夜間の活動期にのみ鳥の体の上で見つけることができる．日中は環境中に存在するため，診断は，夜間に白いシートを床に敷くか，あるいは壁の割れ目に沿って白い紙片を滑らせることで行う．治療は，ダニの生息場所を取り除くことが中心となるが，これは飼育環境を破壊せざるを得ないことが多い．しかしながら，ペルメトリン/ピリプロキシフェンの散布が有用な場合がある．フィプロニルスプレー（鳥の体に）あるいはイベルメクチンも有用である（特に鳥を移動させる前に）．
- *Ornithonyssus* は常に宿主の体に寄生しているため，より急性の症状を引き起こす．鳥の体にダニを見つけることで診断し，治療にはフィプロニルあるいはイベルメクチンを用いる．

自傷行為による皮膚病変

羽むしりや羽の自傷により受診する鳥の数に対して，皮膚を自傷する鳥が少ないのは驚くべきことである．皮膚の自傷が見られる症例では，獣医学的原因による潰瘍性病変（後述）や瘙痒（Box16.3）を引き起こす疾患を除外すること，また病変が限局的な場合は，皮下組織の病変（関節炎のためその上の皮膚をかじる，など）を除外することが必須である．根底にある原因疾患（病変部の下にアスペルギルス腫が存在する，など）を除外することも重要である．X線検査，血液学的検査，生化学的検査は必須である．二次感染が悪化の要因となることが多いため，細菌学的検査用に病変部のスワブも採取する．病変部の下の筋肉や骨の生検も有用な場合がある．

重篤な症例では，鳥は皮膚をかじり，皮下組織や内臓を損傷し始める．予後は非常に不良なため，飼い主にはそのように伝える．小型のコンゴウインコ（特にチュウコミドリコンゴウインコとヒメコンゴウインコ）やバタン類（特にタイハクオウムとオオバタン）は，最もこの症候群に罹患しやすい．病因には，行動学的疾患（17章）が含まれることが多い．

自傷行為による皮膚病変に関連する最も一般的な症候群は，「竜骨上の皮膚の裂傷」である．これは，ヨウ

BOX16.3 瘙痒

鳥はいつ痒がるのか．以下の点が見られる場合には瘙痒を疑う必要がある．

- 羽むしりが継続的，あるいは特定の時間や活動と関連していない．
- 羽むしりや羽かじりのために，その他の行為が中断される．
- 疼痛や疾患など，原因となる問題が存在しない．

瘙痒が疑われる場合，皮膚疾患およびアレルギーを中心に原因を調べる．

止痒薬が望ましい症例もある．必須脂肪酸は安全であるが，著者の経験ではそれほど効果的ではない．抗ヒスタミン薬も使用されており，一部の症例では奏効する．クロミプラミンは安全かつ有用であるが，その効果は，抗ヒスタミン作用によるものではなく，三環系抗うつ薬としての作用である場合があることに注意する．糖質コルチコイドは，一部の症例で非常に効果的であるが，副作用も多く，重篤である．また著しい免疫抑制が生じる場合があるため，投与を開始する前に，感染性の基礎疾患が除外できていることが必須である（特にクラミジア症とアスペルギルス症）．

ム，タイハクオウム，キバタン，オオバタンでよく見られる．ヨウムでは，不適切な翼羽の羽切りのために，鳥が胸骨から着地して生じることが多い．その結果，竜骨の上の皮膚が壊死し，強い疼痛のため，その部位を鳥がかじるようになる．バタン類では，外傷がきっかけではあるものの，行動学的病因による自傷症候群のように見えることも多い．予後は不良で，症状を管理するのは極めて困難である．

鳥がさらなる組織の損傷をしないようにすることが必須であり，カラーが適用となる数少ない機会の一つである（後述）．カラーが装着できない場合は，向精神薬が投与されることもあるが，それほど効果的ではない（17章）．

創傷は外科的に閉鎖するか，あるいは肉芽創と同様に管理する（前述）．著者の経験では，竜骨上の皮膚裂傷にはVetBioSISTが効果的である．創傷の保護にはクッション性のある包帯も有用である．その他，特にバタン類の羽に隠れた創傷の被覆と保護には，半透性の親水性包帯であるGranuflex（Duoderm）も有用である．一般的に，創傷の治癒には数週間から数カ月を要する．

不適切な翼羽の羽切りが原因の場合は，継ぎ羽により飛翔能力を回復できる場合がある（6章）．

カラー

エリザベスカラーや「反転させた」エリザベス型カラーが使われることもあるが，Stultiens型のカラーが許容されやすいようである．市販されているものもあるが，パイプラップから製作することも可能である．材料を，頸部の直線部分と同じ長さに切断し，鳥の頸部にテープで巻き付ける．この時，食べ物が通るのに十分な隙間はあるが，鳥がカラーを外すことはできない太さ（小指がカラーと皮膚の間に入る程度）にする．症例によっては，カラーを組み合わせて使う必要があり，Stultiens型カラーの周囲にエリザベスカラーを装着する．装着後は，数日間入院させてカラーに馴れさせる．食餌と水の容器を鳥が届く位置に設置し，鳥が食べているかどうかを排泄物から確認する．

腫瘤と腫脹

皮膚腫瘤はしばしば見られる．最初に，正常な組織と異常な組織を鑑別することが重要である．例えば，ヒナの頸部背側にある錯綜筋は病変と誤認されやすい．外観から診断できる場合もあるが（羽包嚢腫など），多くの病変は似たような外観を呈しているため，通常は生検（細針吸引，塗抹標本，部分または全部切除など）により診断する．腫瘤には，感染性（**表16.2**）と非感染性（**表16.3**）がある．尾腺の腫脹については，本章で後述する．

皮膚炎，潰瘍，びらん，その他の炎症性病変

前述のとおり，これらの病変（**表16.4**，**図16.6～16.8**）は自傷行為の原因となったり，自傷行為の結果として進行したりする．体内で不快感を生じる領域（**図16.9**）の上を自傷し，基礎疾患の存在が明らかとなる場合もある．痂疲や角化亢進を生じたり，あるいはそのような病変を伴って見られることがある．

落屑と脂粉の異常

皮膚から生じる落屑（**図16.10**）と羽から生じる脂粉（**図16.11**）の違いを考えることは重要である．また鳥によっては，多くの脂粉を産生するのが正常であることも覚えておかなくてはならない（ヨウムやバタンインコなど）．

表16.2　感染性の皮膚の腫瘤および腫脹（続く）

原　因	外　観	好発する部位および種（あれば）	治　療
パピローマウイルス	増殖性病変	ヨウム：顔面の皮膚 ボウシインコ：総排泄腔 コンゴウインコ：口腔内	• 可能であれば切除．不可能であれば支持療法，直ちに解消するものが多い．自家ワクチンが有用な場合もある． • 病変によりQOLが低下（摂食不能など）している場合や群飼育の場合は安楽死を検討
鳥ポックスウイルス	多発性（まれに単発性）の結節または丘疹．小胞や痂疲が見られることもあり．	どの種も罹患するが，ウイルス株は種や属に特異的な場合もあり．	• 単発性の病変であれば外科的切除．感染は自己限定的であるが，瘢痕形成により問題が生じることがある（眼瞼など）．支持療法（二次感染のコントロール，給餌など）が必須 • 衰弱した個体や群飼育の場合は安楽死を考慮．後者の場合は，蚊の媒介をコントロールし，発症例は厳格に隔離すること． • ハトやニワトリ用のワクチンの使用についてはきちんと評価されていない．

表 16.2　(続き)感染性の皮膚の腫瘤および腫脹

原　因	外　観	好発する部位および種(あれば)	治　療
ヘルペスウイルス	足や脚における乾燥性の増殖性病変	バタン類	• 自己限定的
ポリオーマウイルス	皮下出血	特に高齢のセキセイインコ	• このウイルスによる症候群での受診はまれ(13 章)．病変は広範囲に及ぶ場合もあり．
膿瘍	皮下(まれに皮内)腫瘤．皮膚が潰瘍化する場合も．		• 多くは細菌性，まれに酵母(*Aspergillus* またはマイコバクテリア)．したがって，膿瘍内容物は細胞学的検査および培養/感受性試験を行う．鳥の膿瘍は乾酪性のため，外科的切除または掻爬が唯一の治療法である．
ダニの反応	大きな壊死性出血性病変．ダニは既に脱落していることも．	ほぼ頭部および顔面	• 死亡して見つかることもある．そうでない場合は，補液(経口/全身)，広域スペクトルの抗生物質，短時間作用型コルチコステロイドを早急に投与．明確な病因は不明であるが，シカダニを禽舎に入れないように十分注意する．予防は禽舎にペルメトリン/ピリプロキシフェンを噴霧し(床や巣箱だけでなく，枝や止まり木にも)，定期的に鳥にフィプロニルを投与することである．

表 16.3　非感染性の腫瘤および腫脹

原　因	詳　細	治　療
羽包嚢腫	• 発達した羽が，羽包から外に出ないため(開口部の損傷に続発することが多い)，角化物を充満した嚢胞を形成する．セキセイインコに比較的多い．羽包腫に関連する場合もあり．	• 切除(10 章)．周囲の羽包を損傷しないよう注意する．
血腫	• 個々の血腫は外傷により形成された可能性．ポリオーマウイルス感染による皮下出血との鑑別が必要．再発する場合，あるいは広範囲の場合，凝固障害(特に肝障害)や協調運動失調(ヨウムの低カルシウム血症)の可能性	• 一般的には自己治癒．広範囲の場合や疼痛がある場合は，非ステロイド系抗炎症薬の適用も．
趾の絞扼	• ヒナで見られる．単一あるいは複数の趾が，線維性の絞扼輪の遠位で腫大する．線維による縛創と鑑別すること．病因は，環境中の低湿度，卵に関連する狭窄，麦角様物質による中毒(Koski, 2002)の可能性	• 軽症例では，点眼用抗生物質で病変部を湿らせる．重症例では外科的処置が必要(18 章)．趾端に壊死が見られる場合は，切断が必要(11 章)
腫瘍(20 章)	以下を含む，多くの新生物が報告されている． 1. 脂肪腫 2. 脂肪肉腫 3. 線維肉腫 4. 扁平上皮癌 5. リンパ肉腫 6. 骨髄脂肪腫 7. 血管腫 8. 羽包腫 さまざまな種類が報告されている．個々の腫瘤はすべて切除し，病理組織学的検査を行う．大きな腫瘤は生検によるサンプル採取，病理組織学的検査を行い，治療計画を立てる．	1. 良性．可能な場合，あるいは不快感の原因になっている場合は切除．セキセイインコで特に多く，食餌と関係する可能性も．低脂肪食への変更で消失したり，手術が不要な大きさにまで縮小することもあり． 2. 切除 3. 悪性．翼の場合は切断を考慮 4. 局所浸潤性が高く，潰瘍化することも．皮膚外傷(熱傷や皮膚炎)に続発することも多い．良好化していた病変が悪化し始めたら疑う．可能であれば切除するが，化学療法も報告されている(Koski, 2002)． 5. 頭部や頸部に多い．全身的な検査が必要 6. 翼先端や大腿に多い．血管に富む． 7.「メラノーマ」のように見える．羽包を巻き込むこともあり． 8. セキセイインコの翼羽の羽包嚢腫と関連する場合も．
黄色腫	• コレステロールと脂肪を貪食したマクロファージによる皮膚腫瘤．脱羽，肥厚した黄橙色の皮膚．単発あるいは多発，境界は不明瞭または明瞭．セキセイインコとオカメインコで特に多く，体のどこの部位にでも発生する．腫瘍性ではないが，他の病変(脂肪腫，ヘルニア，慢性炎症)の上を覆っていることもある．	• 外観的特徴から疑われる場合は，鳥の全身的評価を行う．可能であれば切除するが，創傷は治癒しにくい(10 章)．食餌の変更が有用な場合がある．放置が最善である場合が多い．

表16.4 皮膚炎，潰瘍，びらん，炎症性病変

原　因	詳　細	治　療
竜骨上の皮膚裂傷		本章に前述
翼膜の皮膚炎 (図16.6)	• 主にオカメインコとボタンインコ類に見られる．脱羽し出血が見られる．皮膚は肥厚していることが多い．病変は前翼膜に多く発生するが,「腋窩」領域で見られることもある．扁平上皮癌に進行することもある．ジアルジア症，ポックスウイルス，ポリオーマウイルス，サーコウイルス，多発性羽包症，細菌感染などさまざまな原因が推測されている．	• アセテートテープ検査または塗抹法による細胞学的検査が有用である．内部寄生虫を検出するための糞便検査を含めた全身の評価を行う．症例が複数の場合は，ポリオーマウイルスの検査を行う．抗生物質投与が必須である．培養/感受性試験に基づく投与が望ましいが，マルボフロキサシンを第一選択とすると良い．局所療法も有用である．著者が好んで用いるのは250倍希釈のF10(Health & Hygiene Pty)またはアロエベラゲルを毎日塗布する方法である．重度の細菌汚染がある場合は，スルファジアジン銀クリームを使用する．
多発性羽包症 (図16.7)	• ボタンインコ類で見られる，一つの羽包から複数の発羽がある珍しい病態．激しい瘙痒感を示し(Box16.3参照)，皮膚炎(頸部腹側と背部が典型的)のように見えたり，複数の発羽が明らかになる前の段階である場合も多い．一部の症例はポリオーマウイルスの感染が原因と考えられているが，多くの症例は陰性を示す．病変は自傷行為に繋がることもある．	• 症例が複数の場合はポリオーマウイルス検査を行う．「複数の発羽」がある羽包から，羽を抜くと瘙痒感が軽減されるようである．正常な羽が生えてくることもある．抗生物質が有効である．局所療法には250倍希釈のF10またはアロエベラゲルを毎日塗布する． • 完治する症例はほとんどないが，多くの症例が著しく改善する． • 長期間の局所療法が必要な場合もある． • 瘙痒が管理できない場合，あるいは感染の拡大が懸念される場合は，安楽死を考慮する．
羽包炎	• 羽包を中心とする皮膚炎．羽抜きに関連することが多く，大きな病変はまれである．	• 培養および感受性試験に基づく抗生物質投与
昆虫に対する過敏症	• 顔面の無羽域の皮膚炎	• 皮膚を噛む双翅目昆虫のコントロール．顔面の皮膚にフィプロニルをスプレーする．病変部にフシジン酸ゲルを塗布しても良い．
足底皮膚炎 (図16.8)	• 足底や腹側の足根中足領域の褥瘡．二次感染や膿瘍が見られることも多い．感染が深部の構造にまで及んでいる症例もある．誘発因子としては，不適切な止まり木，栄養学的な問題(特にビタミンA欠乏症)，肥満，運動不足などがある．	• 早期の症例：食餌改善と減量(必要であれば)．適切な止まり木への変更．一部の症例ではパッド(リント布包帯に脱脂綿を乗せたもの)を当て，消毒液(250倍希釈のF10または希釈したクロルヘキシジン)で毎日消毒する．抗生物質(マルボフロキサシン，エンロフロキサシンまたはアモキシシリン/クラブラン酸)を投与．病変部にエキナシアクリームを毎日塗布するのも有用 • 重症例：予後は慎重に判断．足のX線検査を実施．深部の構造に病変が及んでいる場合は予後不良．鳥の健康状態を詳しく評価し，不活発な原因を特定する．抗生物質は必須．F10軟膏またはスルファジアジン銀クリームで局所療法を行う．可能であれば膿瘍をデブリドマンし，外科的に閉鎖(可能であれば)，あるいは開放創として管理する．
ボウシインコの足壊死	• 足，脚，翼の自傷行為を伴うことが多い．病変は壊死性潰瘍性である．最初の病変の発現後に自傷が始まる．基礎疾患は知られていない．	• 鳥の健康状態を詳しく評価する．抗生物質投与と感染した開放創を管理する．向精神薬やカラーの使用を検討する．予後不良

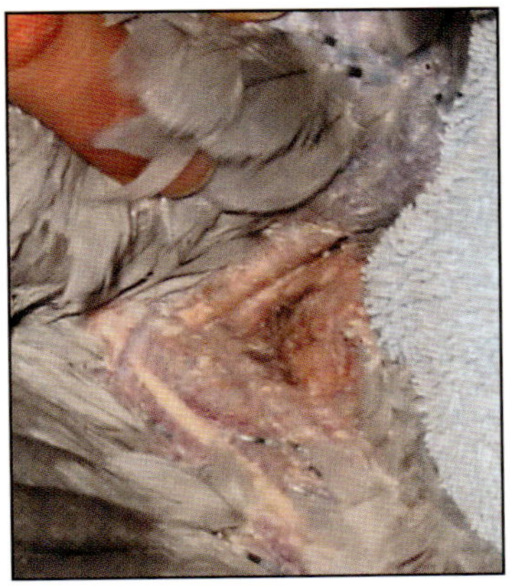

図16.6 ヨウムの前翼膜に見られた皮膚炎の珍しい例．細菌性皮膚炎と診断され，全身性の抗生物質投与と局所の消毒により治癒した．

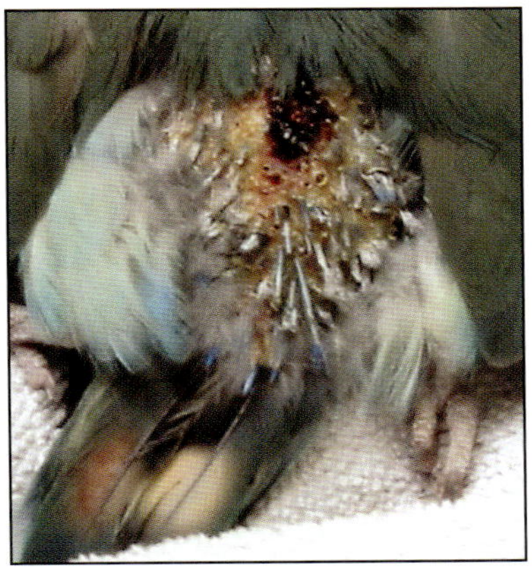

図16.7 ボタンインコの多発性羽包症．複数の羽が生えている羽包が多数存在することに注意．皮膚炎も併発している．

図16.8 肝疾患を呈したルリコンゴウインコに見られた足底皮膚炎．嘴と同様に爪にも過長が見られた．

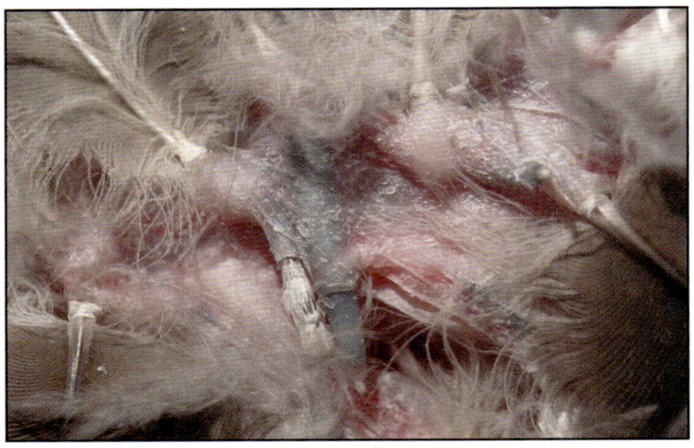

図16.10 ルリコンゴウインコの正常な落屑．

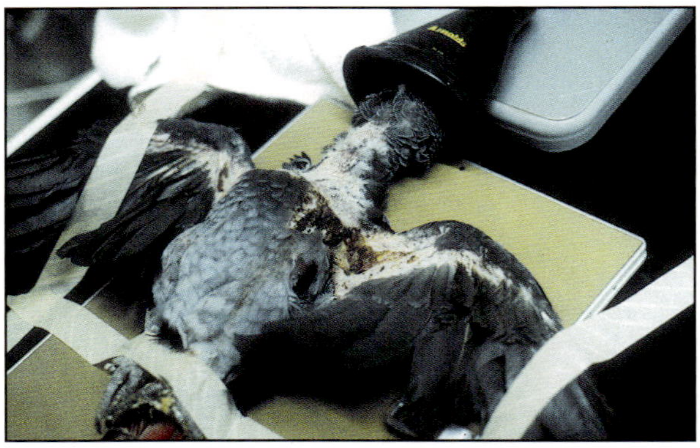

図16.9 前胃拡張症（PDD）のヨウム．内臓の不快感に起因すると思われる腹部の羽かじりに続発して，細菌性皮膚炎が見られる．細菌感染が成立し，病変が腹部全体へと拡大した．著者はこのような病変を複数のヨウムで診察しており，後にすべてPDDであることが確認された．

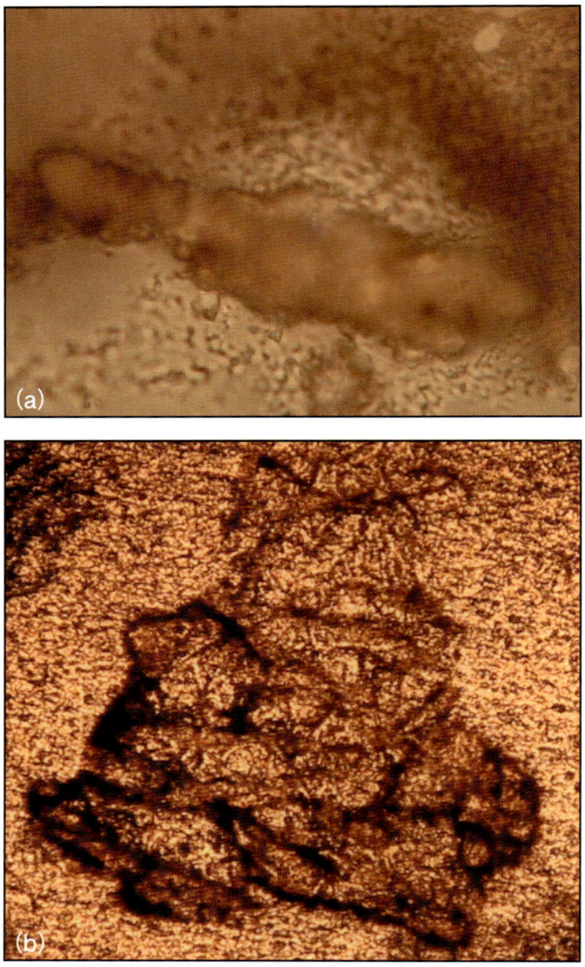

図16.11 (a)脂粉，(b)皮膚の落屑．脂粉に比べて，皮膚の落屑は大きく，扁平な小片である．落屑は扁平な鱗状を呈しているのに対し，脂粉は不整形な「三次元」の無細胞性物質であることに注意．飼い主は鳥が発羽した羽から除去した，大きく平らな羽鞘のかけらを見て心配することがある．このような小片は，落屑や脂粉に比べてはるかに大きく厚いもので，気に留める必要はない．

- **脂粉の減少**：バタン類やヨウムでは，サーコウイルス感染の初期病変の可能性があり，粉綿羽が罹患するためである．これらの種で艶のある黒い嘴が見られたら典型的な徴候である（図13.4）．
- **落屑の増加**：乾燥した落屑の多い皮膚は瘙痒感や羽むしりと関連する場合がある．最も一般的な原因は，セントラルヒーティングによる皮膚の乾燥や，霧吹きの不足である．その他の原因としては，ビタミンA欠乏症などがある．細菌や真菌（*Candida* spp.やまれに*Aspergillus* spp.）の二次感染の場合もある．一次感染はまれであるが，トリハダダニの寄生や皮膚糸状菌症が見られることがある．

治療に反応しない症例では，皮膚表面の細胞学的検査，飼育方法の確認，基礎疾患の検査，皮膚の真菌培養や生検が有用である．主な治療は，毎日の霧吹きによる皮膚の保湿である．ぬるま湯を用いるが，二次感染のある症例では消毒薬（250倍希釈したF10あるいはクロルヘキシジン）を使用する．基礎疾患がある場合や，重症例を除いて，抗生物質の全身投与が必要となることはまれである．月見草油のサプリメントも有用である．

羽の疾患

羽の損傷

- **羽かじり**：自分(後述)あるいは他の個体による.
- **血羽の折損**：成長中の羽の損傷により，多量に出血することがある．適切な治療を行わなければ(6章)，さらなる失血を生じ，損傷した羽だけでなく，その後に同じ羽包から発羽する羽も同様に，感染あるいは変形する場合がある(特に翼先端の初列風切り羽).
- **栄養障害および全身性疾患**により，羽の変形や「ストレスマーク」(**図16.12**)が生じることがある．ストレスマークは羽を横断する水平の線，あるいは脆弱な部位である．羽の成長が中断された際に生じ，その部位で羽は簡単に折損する.
- **外部寄生虫**：オウムインコ類では，時に多くの種のダニやシラミが見つかることがある．どちらも宿主および寄生部位の特異性が高く，また疾患に関連することはまれである．多数の寄生が見られる場合は，宿主の衰弱が疑われるため，全身的な検査を行う必要がある．ダニ，シラミのどちらにも，フィプロニルスプレーが有効である．まれに，羽柄の内部で羽柄ダニが見られる．症状は，羽柄の透明度の低下と，新しい羽の先端が「摘み取られた」ような欠損である．イベルメクチンが有効な場合がある.
- 狭いケージで飼われていたり，止まり木に止まれないほど鳥が弱っていると，**風切り羽および尾羽の先端が損傷する**.

図16.12　羽に「フレット(指板)マーク」が線状あるいは「斑状」に現れる．この若いベニコンゴウインコでは，大きなストレス(嗉嚢の熱傷)の後に，成長中のすべての大羽に一連の赤や黄色(色素低減)のマークが現れた．羽の「正常」な箇所にも回折模様が見られることに注意.

羽の損傷の範囲や，損傷した羽の顕微鏡検査が確定診断に役立つ．「先端の割れ」が見られる場合は，羽かじりと，ストレスマークの箇所における羽の折損を鑑別する．羽の溶解により，外部寄生虫が見つかる場合がある.

羽の異常

羽の変性の原因については，**表16.5**に記載した.

- **変色**(**図16.14**)はサーコウイルス感染，肝疾患，栄養障害，遺伝的疾患，羽包炎あるいは慢性的な損傷(羽むしりなど)で見られることがある．体幹の羽の黒色化で来院する珍しい症例がある．これは発羽後に生じ，羽の損傷も見られる．原因は，肝疾患，栄養障害，酵母感染，エアロゾル粒子や油脂による汚染などである.
- **羽鞘遺残**はサーコウイルス感染，栄養障害，あるいは正常な羽づくろいができないことによる.

脱羽：羽むしりと羽かじりの検査

複数の鳥を一緒に飼育している場合，脱羽が自分で羽をむしったことによるのか，あるいは他の個体にむしられたものなのかを鑑別することが必須である．罹患した個体は，詳しい検査を行う前に，数週間他の個体から隔離し，再び発羽が見られるかどうかを確認する.

表16.5　羽の変性の原因(続く)

原因/状態	詳　細	治　療
サーコウイルス(オウムインコ類の嘴と羽毛病，PBFD)(**図16.13**)(13章)	• 疾患の慢性例．異常な形態の羽や，変色，脂粉の減少などが見られる．異常な形態とは，カール，摘み取られたような欠損，ストレスマーク，羽鞘遺残などである．病気の進行により嘴の病変が見られることがある.	• 症状，血液および変形した羽の羽髄のDNAプローブ法により診断．他の鳥からの厳格な隔離あるいは安楽死
ポリオーマウイルス(13章)	• 感染から回復した高齢のセキセイインコで，PBFDに類似した羽の変性が見られることがある．また大羽の形成が見られないこともある.	• 糞便のDNAプローブ法．鳥を隔離飼育できる場合を除いて，安楽死が推奨される.

表 16.5　(続き)羽の変性の原因

原因/状態	詳　細	治　療
フレンチモルト	• セキセイインコに見られる症状で(「這いまわり」とも呼ばれる)，翼羽の変形や欠損が見られる．原因はポリオーマウイルスあるいは PBFD．PBFD では体幹の羽の欠損が見られることもある．	• 診断は前述のとおり，または典型的症状により行う．持続感染するため，病鳥を群内で飼育しないこと．
ハタキ状の羽の疾患	• セキセイインコの致死性の遺伝的疾患．長い線維状の羽が見られる．	• 臨床症状から診断
多発性羽包症	表 16.4 参照	表 16.4 参照

図16.13 オウムインコ類の嘴と羽毛病(PBFD)に罹患したパラキート．

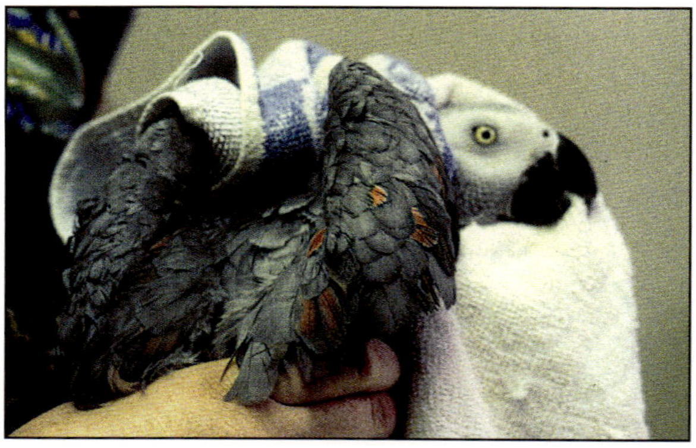

図16.14 ヨウムで見られる赤色の羽．サーコウイルス感染は陰性，肝機能は正常であった．この個体では，常に赤い羽が存在し，繁殖系統によるものと推測された．生体販売の業界では「キング」ヨウムとして知られている．

羽むしりや羽かじりは，オウムインコ類で多く見られるが(図 16.15)，ヨウム(図 16.16)とコミドリコンゴウインコでの発生率が高いようである．羽むしりについては，行動学的および社会的な原因(17 章)に加えて，多くの獣医学的原因や要因の関与が報告されている(表 16.6，Box16.1～5)．羽むしりの症例の多くは複合的な原因によるため，問題を解消するために，できるだけ多くの原因を突き止めなければならない．個々の要因は羽むしりのきっかけになるほど大きなものではなくても，それらが鳥の「ストレス」となり，最終的には羽むしりや羽かじりといった異常行動や典型的行動を引き起こす場合もある．

個々の症例について，詳細な検査を行う必要がある．これは非常に時間がかかる場合があり，獣医学的知識はもちろんのこと，鳥の飼育や，生物学的要求および社会的要求についての包括的な知識が必要とされる．状況に応じて，専門医への紹介も検討する．

初診時には(図 16.17)，症状の手当てをするとともに，獣医学的原因と明らかな飼育上の問題を除外することに集中する．行動学的疾患(17 章)について検討するのはその後である．

問　診

詳細な問診を行う．一般的な病歴聴取(5 章)に加えて，表 16.7 の質問を検討する．

羽むしり，羽かじりの経過：羽むしり，羽かじりをするタイミングややり方が，原因を突き止める手がかりになることがある．例えば，分離不安，興味を引くため，瘙痒(Box16.3)，季節性要因，繁殖，あるいはアレルギー(Box16.4)との関連が見られるか，という点である．

- 初めての発症か

図16.15 ボタンインコの羽むしり．図 16.13 と比較すると，この症例の脱羽は自らむしったものであるため，頭部の羽がきれいに残っている．このような症例でサーコウイルスが陽性だった場合，それが羽むしりの原因というよりは，たまたま感染していただけ，という可能性が高い．羽包が完全に萎縮しているため，体幹で再度発羽が見られる可能性は極めて低い．

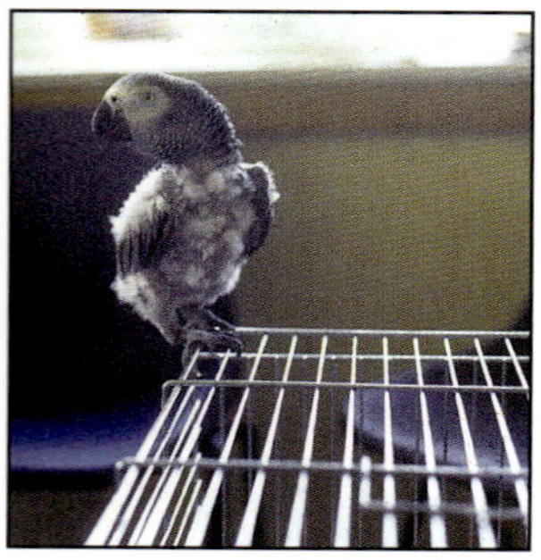

図16.16 ヨウムの羽むしりの典型例．白く「ふわふわした」羽に注意．これは，新たに生えてきた羽をかじることにより，大羽の主要部分が失われたためである．

表 16.6　羽むしりと羽かじりの獣医学的原因と社会的原因

獣医学的原因
• アレルギー（吸引，接触，食餌）（Box16.4） • 内部寄生虫 • 外部寄生虫[a] • 皮膚への刺激 • 皮膚の乾燥 • 甲状腺機能低下症（Box16.5） • 疼痛 • 繁殖障害 • 全身性疾患：特に肝疾患 • 低カルシウム血症（ヨウム） • 前胃拡張症 •「疝痛」 • クラミジア症 • 気嚢炎 • 重金属中毒 • 羽包炎：細菌性/真菌性 • 遺伝性：羽の変形 • 栄養障害 • 腫瘍
社会的原因
• 社会化の不足 • 羽づくろいの習性を身に着けなかった． •「重症の倦怠」および不適切な日常の習慣 • 医原性：特に不適切な羽切り • 繁殖に関連した要因[b]

[a] 外部寄生虫は，羽むしりや羽かじりの原因として，最も多く診断されていると思われるが，実際には，最もまれな原因の一つである（特にケージで飼育されている愛玩鳥では）．著者は，外部寄生虫が原因で羽むしりをしている症例を診察したことがない．[b] 羽むしりがいつ見られるのか，つまり時間や繁殖周期との関連性は，診断に役立つ場合がある．同様に，羽むしりと繁殖行動（巣作りなど）の関係性も診断に有用である．管理の詳細については 18 章を参照のこと．

BOX16.4　アレルギー

アレルギーは，羽むしりや羽かじりの原因として報告されることが多い．以下の項目に一つ以上該当する場合に疑われる．

- 瘙痒
- 皮膚病変/皮膚の病理組織学的検査において，アレルギーを疑わせる細胞の変化が見られる．
- 季節性
- 再発性膿皮症/皮膚表面の感染
- 皮内検査の陽性反応
- 疑わしいアレルゲンの除去による回復と再暴露による再発

鳥には IgE がないため，鳥におけるアレルギーの位置づけについては議論が分かれており，アレルギー反応の意義も不明である．しかしながら，哺乳類の IgE が担う役割の一部は，鳥 IgY が果たしている可能性があり，また鳥の皮膚において肥満細胞も確認されている．Fraser（2002）による回顧的論文が有用である．

BOX16.5　甲状腺機能低下症

本疾患は，羽むしりの原因としてよく診断されるが，報告例はほとんどない．その理由としては，まれな原因であるか，あるいは診断が難しいためと考えられる．鳥では総チロキシン濃度（TT4）の正常値が非常に低く，商業的な検査センターでは，このような低値を測定することができない（Greenacre and Behrend, 1999）．種による「正常値」の違いがあること，TT4 値の著しい季節変動があること（Wilson, 1997），また，多くの鳥が「甲状腺機能正常症候群」であることからも，1 回の TT4 測定で甲状腺機能低下症を診断できることはまれである．

甲状腺ホルモンは，換羽（光周期と季節による）の非特異的な誘導因子として働くが，それに続く羽の再成長に異常を来たし，羽の変性が見られる（Van Wettere and Redig, 2001）．甲状腺機能低下症と診断できるまでは，投薬しない方が良い．

TSH 刺激試験（TSH 1.0 IU，筋肉内注射）の実施が推奨される．TT4 値は 4 時間後に 2 倍となるはずである．興味深いことに，甲状腺機能低下症の実験モデルで，羽むしりの行動は見られないが，羽の変性と換羽の異常または遅延が見られる（Voitkevic, 1966）．

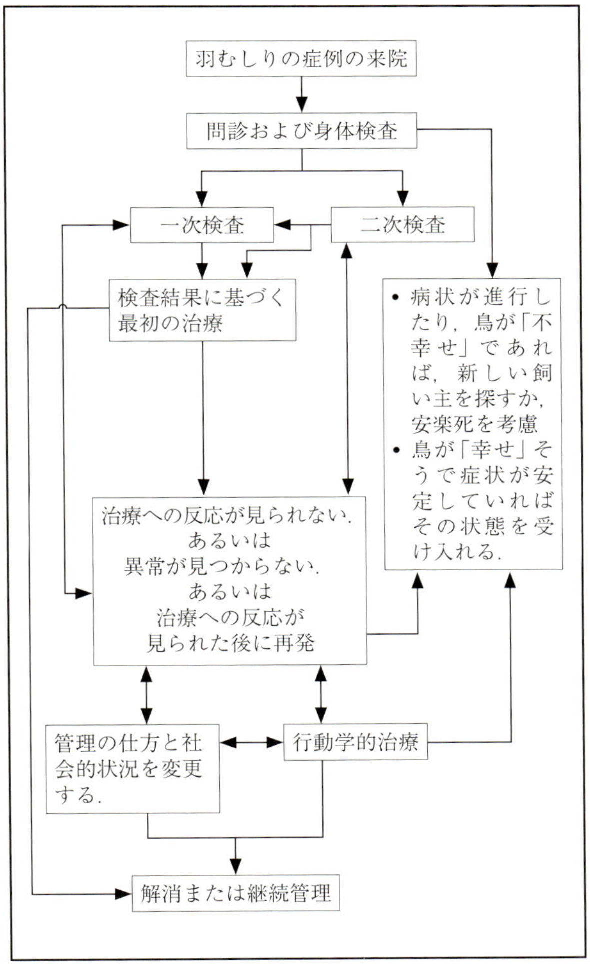

図 16.17　羽むしり，羽かじりの症例の診察フロー．

- もし違うのであれば，以前はいつだったか，期間は，どこの羽か，症状が再発する前に，羽はきちんと生え揃っていたか，治療の詳細，あるいは治療することなく問題が解消したのか
- いつ羽むしりが始まったか，どのぐらいの期間続いているか
- どの羽を最初にやり始めたか，部位は変化したか
- どのようにむしったり，かじったりしているか，かじって食べているか，激しくかじるか，爪をかじるか

表 16.7　羽むしりの症例の問診

明らかにすべき内容	質　問	備　考
環境（ケージ，止まり木，玩具の詳細を含む）	• 複数の玩具を取り換えて与えているか • 飼い主は喫煙するか • 鳥の近くで芳香剤やスプレーを使用するか • 鳥は調理時の煙や直火の近くにいるか • セントラルヒーティングがあるか	• 粒子状の物質は皮膚や羽への刺激となることがある．これらの発生源を除去するか，鳥を遠ざける． • セントラルヒーティングで皮膚が乾燥することがある．
日常の習慣	• 鳥はケージの中と外で，それぞれどのぐらいの時間を過ごすか • 鳥を屋外に出すか，もし出さない場合は，紫外線を当てているか，時間の長さは • 鳥は何時に「寝る」か • 飼い主が鳥と過ごす時間の長さ • 鳥が留守番中に，ラジオやテレビをつけてあるか • 他に鳥はいるか，もしそうなら種類，鳥同士の交流と病歴	• 紫外線照射はカルシウム代謝に必須であり，活動や季節/繁殖の周期を管理するのに重要である．鳥は光量が落ちると「寝る」のが普通である．鳥を居間で飼育すると，飼い主と同じように過ごしていることになる（たとえ覆いを掛けていても）．鳥は疲労し，気難しくなり，羽むしりを始める．寝る時間を早くし，夕方か夜遅くない時間には，飼い主と別の暗い部屋で鳥を寝かせると良い． • オウム類は群れにおいて，家族または番いで暮らす傾向がある．日中独りで留守番させると，不安を誘発する．人工育雛されて，ヒトを群れのメンバーだと刷り込まれた鳥ではなおさらである．このような場合には，適切な仲間をあてがい，飼い主と鳥の「番いの絆」を壊すことが不可欠である（17章）．
霧吹き	• 毎日，霧吹きまたは水浴びをしているか，もしそうであれば，何か水に混ぜている製剤はあるか	• これは皮膚の乾燥による要因である． • 霧吹きの水に混ぜるために売られているアロマの化合物が刺激となる場合がある．
ヒナの時の育てられ方	• 人工育雛か，自然育雛か • 人工育雛の場合，いつ親鳥から離されたかわかるか • 育雛は単独か，あるいは他の個体と一緒だったか	• ヒトを刷り込みされた鳥はヒトの仲間が必要である．若齢鳥を単独で育てると，不安に関連した障害が生じることがあり，また特定の習性（羽づくろいなど）を身に着けられないこともある．これは羽かじりをする若いバタン類に多い問題であり，著者の見解では，羽づくろいの要求は生来のものであるが，その方法は習うものであるため，彼らは別の生来の習性である羽かじりで対応しているのである．個体によっては，他の鳥と一緒に，あるいは近くで飼育され，正常な羽づくろいの行動を観察し，真似することで，その方法を学んでいるかもしれない．
飼い主との関係	• 大好きな飼い主がいるか • 男性か女性か，どちらが好きか • 鳥が飼い主に給餌行為をするか，あるいは求愛行動を示すか • 飼い主はどのように鳥を扱い，撫でるか • 大好きな飼い主が留守にすることが多いか • 家庭内での対立や，何らかの変化がなかったか	• 「番いの絆」を形成している飼い主が留守にすることが多いと，不安になることがある．一般的には，飼い主と「番いの絆」を形成することは望ましくない．
繁殖歴	• 産卵するか • いつか	• 繁殖行動と関連した羽むしりの症例がある（18章）．
換羽歴	• 換羽はいつだったか • 期間はどのぐらいかかったか	• 特に若い個体では，換羽が羽むしりのきっかけとなることがある．換羽の遅延あるいは延長は羽の産生に関する問題を示唆する（栄養学的疾患など）．
羽切り	• 羽切りをしているか • 過去にもしたことがあるか	• 不適切な羽切りが羽かじりに関連することがある．不適切な羽切りにより痛みが生じたり，また羽先が割れて，雨覆羽より突き出た状態になったりする．これらは羽かじりを誘発する．6章に適切な羽切りの技法を記載した．

- ケージや止まり木で体を擦ったり，掻いたりしているか
- いつ羽むしり，羽かじりをするか，飼い主がいる時か，いない時か，いる時であれば，飼い主はそれに対してどのように反応しているか
- 他の行動をしている時に，それを中断して羽むしりや羽かじりをするか

観　察

問診中に鳥を観察し，どのようなことに気づいたか．

- 鳥は健康そうか，膨羽があるか，「oval-eyed」か
- 鳥はいきいきしているか
- 静か/内向的か，あるいは外向的か
- 飼い主と鳥はどのように交流しているか
- 羽むしりや羽かじりが見られるか，もし見られる場合，それは過剰かそれとも正常な羽づくろいの行為か，他の行動を中断して羽むしりや羽かじりをするか，もしそうであれば，不安を感じた時の代償行動の可能性，あるいは瘙痒感があるかもしれない．

診察と検査

問診と観察の後に，詳しい身体検査(5章)と皮膚科検査(前述)を行う．診断的検査(**表16.8**)は常に必要であるため，同時に，あるいはその後に実施する．体腔の内視鏡検査，嗉嚢の生検，サーコウイルス検査などを行い，明らかな所見や疑わしい疾患について詳しく調べる．

治　療

最初は，特異的な所見に基づいて治療を行い，飼育上の問題点を改善する．もし特異的な所見が見られない場合や，治療に反応を示さない場合は，行動学的病因を考慮する(17章)．もし治療に対する反応が見られても，それが持続しない場合や，再発が見られる場合は，詳細な検査を再度実施する．

理想的には，その個体が「幸せ」で正常に羽の生えそろった鳥になることである．しかしながら，常にそれが可能というわけではない．すべての原因を診断，治療した結果，鳥が「幸せ」そうであり，症状が進行しないのであれば，「幸せ」なハゲた鳥を飼育することは十分に許容できる転帰である．

尾　腺

このホロクリン腺は，尾羽の付け根の背側にあり，羽包から(羽の房とともに)後尾側に分泌する．この腺は，ほとんどのオウム類に存在し(2章)，主に二つの疾患が見られる．

表16.8 羽むしりと羽かじりの診断的検査

一次検査
• 血液学的/生化学的検査：総タンパク，アルブミン，グロブリン(または，血漿タンパクの電気泳動)，AST，CK，尿酸，イオン化カルシウム • 亜鉛 • 雌雄鑑別(まだ不明であれば) • 糞便のグラム染色 • 皮膚と羽髄の細胞学的検査
二次検査
• X線検査：全身または脱羽の見られる局所的な領域 • クラミジア検査 • 糞便の寄生虫検査 • 皮膚生検

- **閉塞**(**図16.18**)はビタミンA欠乏症と関連していることがある．腺の機能を評価するには，指で拭って油っぽい分泌物があるかどうかを確認する．もしなければ，分泌障害の可能性が高く，閉塞や膿瘍形成が生じる場合がある．閉塞した腺を優しく絞ると，羽包から内容物が押し出される．外科的切除が必要な症例もある(10章)．
- **腫瘍**は腺腫および癌が報告されている．外科的切除が必要である．

嘴の疾患

嘴の外傷，変形および外科的矯正については11章に，また嘴のトリミングについては6章に記載した．嘴の過長が見られる鳥が来院した際には，なぜそうなったのかを突き止めることが重要である．成鳥での嘴の過長には，以下の要因がある．

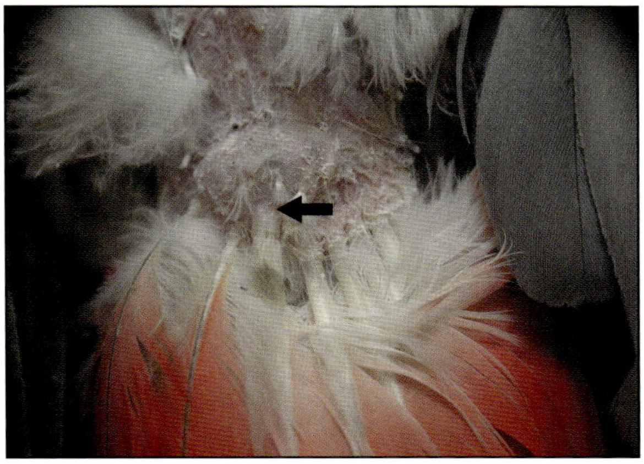

図16.18 尾腺の閉塞が見られるヨウム．羽包が乾いている(矢印)ことに注意．

- 過去に変形があって，矯正されなかった．
- 嘴の部分的欠損や変位を伴う外傷
- 過去に不適切な嘴のトリミングを受けた．
- ケラチン合成および嘴の成長における問題

最後の項目は非常によく見られる．低タンパク・高脂肪食や，肝疾患(特に小型のオウムインコ類では脂肪肝)などにより生じる．原因を突き止め，食餌を改善することが不可欠である．理想的には市販されているペレット食であるが，鳥が食べない場合には，種子食に良質なビタミンおよび必須アミノ酸のサプリメントを添加して与える(12章)．嘴の過長の原因は，嘴の構成成分が軟らかく，きちんと形成されていないために，摩耗しないということである(図2.3参照)．

特にセキセイインコで，嘴のケラチンに茶色い筋が見られることがある．これは，主に肝疾患に起因した凝固障害による出血をあらわす．

嘴の角化亢進は，トリヒゼンダニ(前述)の寄生による場合，あるいは上記の原因によるタンパク質の合成障害による場合がある．

17

行動および行動障害

Kenneth R. Welle

はじめに

人間は2000年前から愛玩鳥のオウムインコ類と家や生活を分かち合ってきたが，これらの素晴らしい生物の可能性に多くの愛玩鳥飼育者が気付き始めたのは最近のことである．初めは鮮やかな羽と人の真似をして話すことができる能力が第一の魅力であった．今日では，オウムインコ類は複雑で知的能力があり，高い社会性を持つ動物であると認識されている．他の動物のように，オウムインコ類は多くの行動や精神的な障害に対して敏感である．鳥の視点を理解することは飼育者が，鳥に対しより適切な環境と社会的状況を提供することの助けになるだろう．

愛玩鳥では，比較的少ない種が高い割合を占めている．いくつかの種(セキセイインコ，オカメインコ，コザクラインコ，ワカケホンセイインコ，オーストラリアの数種のキキョウインコ)は本質的に飼い鳥化されている．残りのオウム科の鳥の場合，多くの飼育個体は野生環境から僅か一から二世代ほどしか経っていない．これらの鳥は野生の性質の多くを残しているが，十分な社会性の発達に必要な刺激や訓練が欠如している．

野生のオウムインコ類の生活は，通常暗い空洞の中で始まる．オウムインコ類は，孵化の時はまだとても未熟で，目は閉じていて，耳も閉じていることがある．羽は生えておらず，食料をせがむ方法も知らない．ヒナたちは，同腹のヒナたちや親鳥との暖かな身体の接触を感じている．ヒナは少量の食物を1日に何度も食べさせられる．ヒナは身体的には急速に成長・成熟し，数週間で成鳥の大きさになる．しかし大型種の場合，完全な独立のためには，行動的および知的な面で数カ月から数年をかけて両親から学び続ける必要がある．ヒナはこの期間に他の鳥との交流を学び，自身の社会的地位を確立する．何を食べたら良いか，その食物の見つけ方と食べ方，捕食者の見分け方と回避の方法，羽の手入れの方法，その他にも生き残るために重要な技術を学ぶ．縄張りから採食地まで長距離を飛翔する鳥の中には，(食糧の入手状況によって)食糧を探し採食することに1～8時間を費やすものもある．中には純粋に楽しみや運動のために身体的活動を行っているかのように見られるものもある．性成熟に達する時期になると相手を選び番いを形成し，巣を守り繁殖し，また再び性周期が始まる(Collar, 1997)．

人工飼育されたオウムインコ類の生涯はこれと対照的である．飼育下の鳥たちも通常暗い空洞で孵化するが，その後ヒナは比較的明るい育雛器へ移され，時には長い間一羽で飼育されることもある．ヒナは短い時間外に出され，大量の流動食を食べさせられ，再び育雛器へと戻される．このような鳥が成長する時，彼らに社会的交流のための能力は必要とされず，しばしば若齢鳥として序列の最上位に上がることになる．飼育鳥は目の前に置かれた餌皿に高栄養の餌を無制限に与えられ，採餌の努力なしに短期間で必要な栄養を摂取することができる．彼らの身体活動は最小限で，生存のために学ぶべき課題もなく，群れの中よりも一羽で飼育されることが多い．このような鳥は性成熟した時に人を番いの相手として選ぶことになるが，人には他に(人間の)相手がいる．そのため鳥は争うことになり，勝利したように見えても相手は怒って彼らを閉じ込めてしまう．オウムインコ類が時々問題行動を起こしてしまうことは意外なことではないのである．

問題の中には愛玩鳥を選択した時点から始まっているものもある．まず最初にすべき決断は，飼育者がオウムインコ類にとって適切な家庭環境を持っているかどうかである．鳥の飼育をしようと考えている人は，どのような鳥種を飼育したいのかよく調べ，本当に鳥を飼いたいのかどうかをよく考えて決断すべきである(3章)．共働きで1日に10～12時間外出している場合，仕事場に安全に鳥を連れて行くか，バードシッターを雇うことができなければオウムを購入または選択するべきではない．オウム科は種が異なると性格，要求，問題が多少異なる．ある種は，飼育者と非常に多くの身体的接触を望む．他の種では，視覚や言葉での交流で満足するものもいる．攻撃的な傾向がある鳥種もあれば，とても臆病な鳥種もある．それぞれの種の中にも非常に多くのバリエーションがあるが，種に共通の問題についても認識する必要がある.

多くの人は，オウムから何を期待されているのかを全く理解できないでいる．一般に，飼い主はペットの持つ可能性をあまり理解しておらず，過小評価をしていることが多い．数えきれないほどのセキセイインコたちが，社会的な交流や運動をすることもなく，狭いケージの中で世話をされずに座っている．このような鳥たちは騒々しくて汚れた装飾品と見なされ，3～4年で鳥が死ぬごとに取り換えられている．このような飼い主は，この小さな生き物が知性や社会性を持つことを全く理解していない．結果として，鳥は手が近づいた時に噛みついたり，パニックになり一般に悲惨な状態になる．対照的に，オウムが人間や家畜化した動物のようになることを期待している飼い主もいる．鳥は多すぎる自由を与えられ，制限や指導は与えられず，止まり木を支配することを学んでしまう．オウムインコ類が知的で社会的な野生動物であると認識した場合のみ，人間は鳥を適切に扱うことができるのである.

問題行動の予防

獣医師はこれら多くの問題行動を防ぐため助けを求められることがある．時には，鳥の社会的あるいは環境的な要求について飼い主と話し合うだけでも，一般的な問題の一部については予防の助けになることがある．環境的に，また社会的に豊かな状態にすることがとても重要であることを強調しておく必要があるだろう．新鮮な出来事や単純な挑戦から構成される複雑な環境は，神経と行動の発達を促進することになる(Neville, 1997)．著者の診療では，鳥と飼育者のための行動講習会の利用がとてもうまく行っている(Welle, 1997).

診察室や病院内での恐怖とストレスを最小限にする

人と鳥の結びつきを支援する時には，これを損なってしまう可能性も生じる．「第一に，危害を与えない」という原則は，オウムインコ類の行動発達にももちろん適用される．鳥の行動についてより多くを学ぶことの恩恵の一つは，診察室に情報がもたらされるようになることである．鳥の取り扱いが良いと拘束や検査の行程がより容易になり，鳥のストレスが軽減される．人の手にほとんど触れられることなく飼育されてきた鳥は，獣医師が輸送箱から直接捕獲し保定する必要がある(4章)．飼い馴らされた(触れられることに馴れているような)鳥では，多くの場合獣医師が到着する前に飼い主が輸送箱の外に出している．もし鳥との信頼関係を育てることに少しの時間でも費やすことができれば，タオルを被せることで鳥が受ける精神的な痛手をさらに減らすことができるだろう(図17.1)．飼い主には，幼鳥の頃からタオルを使って鳥と「いないいないばあ」で遊ぶことを勧めると良い．このような鳥は一般にほとんどあるいは全くストレスを感じることなくタオルを被せられることを受け入れることが期待される.

鳥を保定する時はなるべく体が垂直になるように保つことが必要である(Davis, 1977)．背を下にして横たえると鳥はとても怯えて怪我をしやすく，またその姿勢でより激しく飛ぼうとすることがよくある．診察中に鳥に話しかけることは鳥を落ち着かせることに有用で，特に飼い主が普段から鳥に話しかけている場合に効果的である．保定前にはすべての準備を整えておき，出来る限り保定の時間を短くする必要がある．捕えることが難しい鳥の場合，なるべく1回の保定で検査を済ませるようにする．捕まえることが容易な鳥の場合には，休憩を間に挟みながら短時間の保定(1回3分)を行うことが望ましい.

鳥を入院させる時は，積み上げたケージの上の方に入れると良い．低い位置のケージに入れると，鳥はすべてを見上げて恐れを感じてしまうのである．自信に満ちた鳥は腰の高さで飼育できるが，非常に怯えている鳥の場合には高い位置で飼育する必要がある．鳥は

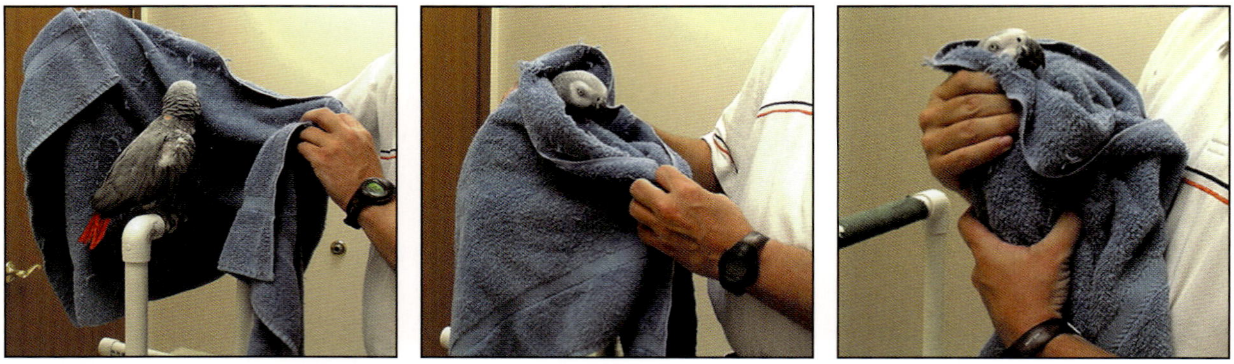

図17.1　タオルを使用した一般的な保定．優しく扱うことで獣医学的検査に影響を与えるようなストレスを軽減する.

常に捕食動物が見えない場所で飼育をする必要がある．できれば，鳥は吠える犬からも離しておくと良い．

社会化

一般に誤解されているのは，鳥の社会的行動が他の鳥との交流に必要とされて発達したと考えられていることである．実際のところ同種の動物群が集まることには，より実利的な狙いがある．群れとは防御のための一構成単位であり，他者との提携は各個体の生存にとって不可欠なことなのである．まず第一は生存本能であり，それに続くのが社会的交流の必要性なのである(Davis, 1997b)．同種の生物が複数で存在すると，捕食者にとっては獲物に近づき殺すことがとても難しくなる．また自身の周辺に餌になる可能性のある他の個体が存在すれば，数学的に自身が捕食される可能性は低くなる．このため二次的な必要条件として，群内の個体間で争いのない関係を構築するために必要な習性が発達し，このことがさらに重要な社会的関係を作り出している．孤立した鳥は孤独であるだけでなく，攻撃を受けやすいとも感じている．類似した例を挙げると，人が夜間歩いている時は，一般に一人よりもグループと一緒であった方が安心し，安全だと感じるだろう．

多くのオウムインコ類の雌雄関係．ケアオウムは一夫多妻である．アジアのパラキート類とオオハナインコは，繁殖期にのみ番いを形成する．多くのオウムインコ類は繁殖期間中番いを形成し群れを離れるが，中にはオキナインコやチャノドインコそしてイワインコのように集団で巣を作るものもいる．オウム類は，繁殖期以外の季節には小さな規模から非常に大きな規模まで多様な規模の群れを形成する．

動物の社会が上手く機能するためには，情報伝達や，群れの中での争いを解決する仕組みを発達させる必要がある(Collar, 1997)．社会的動物の多くでは，深刻な争いを避けるため順位という仕組みが発達している．多くのオウムインコ類の群れでも，順位の決定に従って機能している(Davis, 1997)ということがいくつか報告されている．若いオウムインコ類はリーダーに服従することを学び，もし食糧を取ろうとすれば，噛まれたり追い払われたりすることになる(Harrison, 1994)．各個体間に支配と服従の関係があることに異議を唱える人もおり，群れの中には支配関係のないことも報告されている(Luescher, 2004)．オウムインコ類は知能が高く，その社会構造は線形の支配階層(順位制)ではないように見える．群れには支配的関係というよりも協力的関係があるようである．またある状況での支配的関係が他の状況では必ずしも当てはまらないこともある(Smith, 1999)．番いの鳥は，他の鳥と敵対関係にある場合には，互いに協力することもある(Collar, 1997)．

群れの中に本当に優勢順位制があるかどうかによらず，オウム類が儀式的な行動や位置づけによって暴力的な争いを避けていることは確かなようで，ある鳥の他の鳥に対するいくつかの反応は，学習や条件づけによるようである．条件づけは，過去の行動の結果によってその行動が修正されていく過程に関連している．一度の衝突や繰り返し衝突をしている間，もし攻撃的な虚勢を張ることで鳥が有利になると，また同じ行動をすることになる．もし他の鳥がこの衝突で攻撃者に従うことによって噛みつきを避けたとしても，攻撃者の縄張りにいる時には噛まれることになり，「従順な」行動はこの関係を強固なものにしてしまう．

同様に，オウムインコ類は彼らの目的を達するために人間とどう付き合えば良いかを学んでいく．ヒトとオウムインコ類との相互関係における問題は，鳥を「支配」することに失敗した結果として起こるのではなく，一般に鳥が飼い主を脅したり「支配」することを許した時に発生するのである．オウムインコ類が，例えば初めての人に触れられることや，ケージに入ること，またはケージから出ることを嫌がるのは自然なことである．ヒナ鳥や巣立ちしたばかりの鳥であっても，嘴を開けて脅したり，手を突いてくる．ここでもし人間が手を引いたりためらったりすれば，鳥は攻撃が有力な手段であることを学習することになる．多くの場合，脅迫や甘噛みはすべて目的を達するために必要とされる．もし調教者が(鳥の目から見て)適切に反応することに失敗すると，より激しい攻撃が起こってしまうかもしれない．これは優位性攻撃だろうか？　このような所見が本当の支配行動を表しているか否かについては，しばらく学問的な議論が続くかもしれない．しかし，こういった行動はOverall(1997)が犬で報告した優位性攻撃と共通の特徴を示し，この章の残りでは優勢および優位性攻撃という用語を用いている(図17.5参照)．

鳥の行動に関する論文では，縦の配置や高さについてしばしば言及されている．支配の順位は多くの場合，より高い場所に位置する有力な個体を見ることで決定されているといわれてきた(Davis, 1977)．一部では，支配と高さの関係は，高さ自体よりもむしろ高い場所にある最も魅力的な止まり木に関係しているという主張もある(Smith, 1999)．他にも，「群れのリーダー」や「服従する鳥よりも高い位置に座る優位の鳥」という概念は虚構であるという主張もある(Luescher, 2004)．高さと順位に直接的な関係はありそうにないが，著者の臨床観察ではオウムインコ類は人に触れられないようにするため，人の手の届かない(すなわち，非常に高い)場所をよく利用している．さらに，多くのオウムインコ類はとても低い位置にいることを嫌い，そして優越性がとても低い場所で人の手の上に登ろうとする傾向がある．著者の診療では，保定と検査の後に神経の高ぶった鳥をたびたびタオルから出して床の上に放す．こうすることで鳥が床にバタバタ打ち付けて自分自身を傷付けることを防ぐが，これらの鳥はまたほぼ例外なく臨床医の手に乗り，検査を許してくれることになる．従来からいわれているいくつかのアドバイスはその根拠が完全に正確ではないものもあるが，簡単に到達できる高さ，つまり腰から肩までの高さにいる鳥に対しては，まだ十分に効果がありそうである．特に難しい鳥の場合，床に置いて検査を始めることで鳥が楽な状態になり容易に手に乗せることができる．

多くのオウムインコ類は騒々しい声でコミュニケーションを行い，鳥はその群れ特有の方言を学んでいる．彼らはまた身振りや色彩で視覚的なコミュニケーションも行っている（Luescher, 2004）．オウムインコ類では，危険や食糧を知らせたり，他の鳥を出迎える時には異なる発声が使われる（Harrison, 1994; Rach, 1998）．特に鬱蒼とした雨林の生息地において，鳴き声は群れを維持するために極めて重要である．呼び声は1日の終わりに群れをまとめるためにも用いられている．ヨウムは野生でも卓越した模倣を見せることが認められている．野生のヨウムで10種（鳥類9種とコウモリ1種）の音が録音されているが，なぜヨウムがこのような音を出すのか，その理由はまだわかっていない（Cruickshank *et al.*, 1993）．

番いは絆を維持するために，社交上の羽づくろいをしたりお互いに食餌を与え合っている．同じように，親鳥は若鳥の羽づくろいをしたり餌を与えている．このような交流は，他の群れの鳥との間では滅多に見られない（図17.2）．

異なった種が群れのあまり親しくない仲間とコミュニケーションをするために，さまざまな行動が行われている（Rach, 1998）．

- **嘴をカチカチと鳴らす**：挨拶や警告
- **嘴を擦り合わせる**：満足
- **目を留める（瞳孔の拡張/縮小）**：良いまたは悪いいずれかの興奮
- **顔の羽をピクピクと動かす**：驚きまたは興味
- **羽を逆立てる**：羽づくろいの前触れまたは緊張の緩和
- **肢をコツコツと叩く**：縄張りの防御
- **尾であおぐ**：求愛や攻撃的な態度の表示

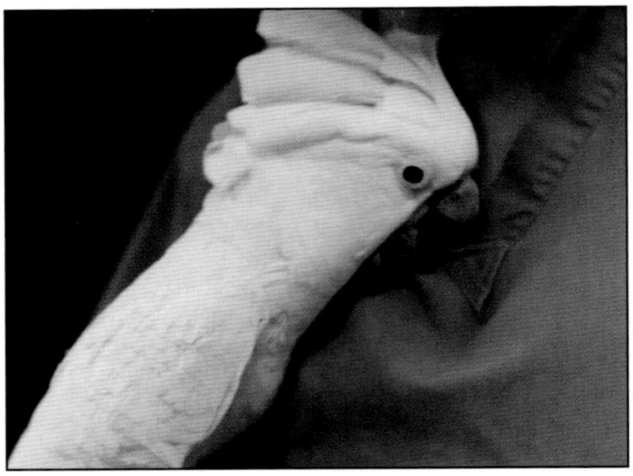

図17.2 鳥の飼い主とオウムとの過度の物理的接触は問題行動に繋がる可能性がある．自然状態でこのような関係は，番いや親子間でしか発生しない．鳥の飼い主とオウムとの関係において，このような役割を適切に実現することは不可能であり，必然的にオウムは欲求不満状態に陥る．

発達と学習

オウム科の鳥の大部分を含む多くの晩成鳥種（眼が閉じた状態で孵化し，両親に依存する種）は，多くの行動を学習しようとする傾向がある．野生でも飼育鳥でも（Welty, 1982），人の手で飼育された親のいない鳥を野生に戻すことは困難である．鳥たちは感受期や臨界期として知られている特定の発達段階でさまざまな技術を効率的に学んでいる．このような行動の一つが刷り込みで，子供としての（社会的繋がりの形成）あるいは性的（望ましい配偶者像の形成）刷り込みがある（Smith, 1999）．鳥が人間に育てられると，このことで鳥に混乱が生じることがあり，結果的にこういった鳥は人間に刷り込みをされる（Harrison, 1994）．管理者が鳥に対する人工環境への適応に必要な技能の教育に失敗した場合，このような生物種の混乱は悪化することになる．

鳥がいったん巣立ちをすると，「群れの経験」を知るようになる．鳥の長期の発達において，初期の学習は重要である．早期の知覚経験で刺激されなかった感覚は脳によって不要と見なされ，なくなってしまうことがある（Friedman and Brinker, 2000）．環境を学習し群れの立場を再確認するため，遊びがよく利用される（Rach, 1998）．コボウシインコにおける正常な遊び行動についての研究では，誘い遊び，噛み遊び，格闘遊び，または番いの結びつきに関連する行動，すなわち毛づくろいをし合ったり嘴を噛むような行動が認められている（Harrison, 1994）．

愛玩鳥との遊びは，鳥にいくつか必要な技能を教えるための効果的な手段になる．体系化されたしつけや遊びの集まりは，飼い主とペットが楽しくしかし体系化された方法で交流することを可能にする（Horwitz,

1999). 目的は仲間になるために必要な行動や, 快適さ, 健康そして幸福になるための行動を教えることにある (Friedman and Brinker, 2000). 遊びでは動物が楽しんだり, 動物に自信を与える好ましい行動に重点をおく必要がある.

愛玩鳥のための健全な社会環境の構築

ヒトと鳥との健全な結びつきには, お互いがこの結びつきを促進する行動を求められる. 良く馴れ良い行動をする愛玩鳥に必要な要素は, 飼い主や他の人間に対する尊敬と信頼, 独立心, そして精神的な繋がりである. 人工飼育されたオウムインコ類にとって, まず初めの過程は育雛室における適切な社会化である. ひとかえりのヒナたちは, 個々に分けるよりも一緒に飼育することが望ましい. この発育段階では, 適切な量の身体的な接触を与えることも重要である. 不適切な新生ヒナの社会化は, 後になって自傷行動を引き起こすことになることもある. オウム類の毛引き行動は霊長類の自傷行為と著しく類似しており, これは両親に育てられたサルよりも人工飼育されたサルでより頻繁に発生する (Orosz and Johnson-Delaney, 2003). 最終的に, 早期の社会化が不適切であることによって生じる潜在的な行動障害を治療しようとすることに比べれば, 親鳥に育てられたヒナを飼い馴らす仕事は大したことではない.

野生動物として, オウムインコ類はヒトと動物の結びつきという概念はなく, 群れのメンバーとして人間の仲間と交流することができるだけなのである (Davis, 1997). まず最初に, これは親鳥の役割である場合がある (Athan, 1997). この関係は達成することが比較的容易である. 鳥が人間を管理していると理解している場合, 権威を基礎とする関係のための規定を定めることが重要で, (Athan, 1993), 鳥を管理下に置くのと同様に自分自身を管理する必要がある. 鳥を扱う人に信頼がないと, 鳥は確実に噛みつき行動を学ぶことになる. このことは, オウムインコ類の飼い主に伝えることが最も困難な概念の一つである. 鳥を扱う時は高圧的であったり弱気であってはならない. 鳥に手の上に乗るよう手を差し出す場合, これは鳥が上に乗るという想定で始まっているが, 本当に重要なのはそのやり方である. 自信を持って近づけば鳥が手に乗ることをためらうことは滅多にない. オウムインコ類が一度手の上に乗ったらすぐに「良い子だ！」と声を出して褒めたり, おやつや他のご褒美を与えると望んだ行動を継続することの励みになる.

訓練は, 鳥の身体が成鳥の形態になり合理的に協調がとれるよう成長すれば, すぐに始めることができる. その正確な日齢は種によって異なる. 一般に小型種であれば約6～8週齢, 大型種のオウム類では12～14週齢になれば訓練には十分である. 訓練の期間は若齢鳥であればより頻繁に行う必要があるが, 生涯を通じて良い行動を維持するためには訓練の継続が必要である.

鳥とヒトの位置関係が訓練の規則にかかわっている. 鳥は訓練の間, 最も成功を繰り返すことができる可能性が高い場所に置く必要がある. 優位性や場所に関係する攻撃性あるいはその他未知の理由によるかどうかにかかわらず, 鳥は高い場所, 自分のケージに近い場所あるいは手の届かない逃げ場所にいる時により攻撃的になり, 基本的な課題を行うことも嫌がることが多い (Davis, 1997). 最初の訓練はケージから見えない部屋で, 気が散る物や隠れる場所あるいは余計な人間が少ない場所で行う必要がある. 鳥は調教者の前で目線よりも低い場所に保つようにする. 肩の上は非常に不適切な場所である. なぜなら調教者が視線を合わせ続けることや手を適切な位置に置くことが難しく, またこの位置から噛まれることは非常に危険である.

権限に基づく関係維持のための次の段階では, いくつかの基本的な命令による動作を教え, それを頻繁に使うことである. 階段上りの訓練は, すべての愛玩鳥で教えておく必要がある. この訓練では,「ステップアップ」という命令が与えられた鳥は, 手の上に歩いて乗るようにする (図17.3). この訓練が行われるたび, 尊敬と信頼が築かれることになる. 命令が何を意味しているのかを鳥が理解するだけでは不十分である. 相互の信頼と尊敬を維持するため, 訓練は継続的に行わなくてはならない. 一度信頼と尊敬が確立されれば, 他の技も教えることができる. 重要な社会的技

図17.3 すべての鳥には, ステップアップの指示に従うよう教えておく必要がある.

能には，他の鳥との交流，水遊び，食物探し，見知らぬ鳥に会うこと，その他にも多くのことがある(Friedman and Brinker, 2000)．これらの行動は，模倣を通じて学習される．家庭において，オウムインコ類は鳥類であれ哺乳類であれ，彼らの仲間の真似をする．もし鳥が行動を真似できないと，彼らは行き当たりばったりの行動をすることになる．もし行き当たりばったりの行動が増長されると，その行動が決まったやり方になってしまう．同様に，鳥の前で望ましい行動の手本を見せることで，正しい行動を促すことができる．行動を模倣しようとする鳥の意欲は，鳥の学習に競争的状況を与えることにより高めることができる．この方法は，モデル/ライバル法として知られ，Dr. Irene Pepperbergによって開発された(Pepperberg, 1999)．

独立と信頼

一般的な意見に反し，行動障害は必ずしも愛玩鳥との不十分な交流が原因というわけではない．非常に多くの場合，相互の交流が過度であったり不適切であったりで，鳥は決して自分自信単独で快適になるための能力を発達させることはない．独立することを教えられていない鳥の場合，ストレス関連行動をより多く示しやすい．

オウムがうまく生きていくために必要な方策のほとんどは学習によって身に付けている．独立性を発達させるためには，コミュニケーション，食餌，遊び，そして恐れるべき物など，あらゆることを学ばなければならない．多くの種類のオウム類は自然に独立するが，そうでない場合には世話をする人間からこれを学ばなければならない(Athan and Deter, 2000)．新しい状況に遭遇した時，彼らはどう反応すべきかの手がかりを探し，もし世話をする人に問題がなければ，鳥が恐れることはない．オウム類には，さまざまなことを恐れず何ごとにも挑戦していくことを教えなければならない．飼い主はモデル/ライバルの関係を作るため，おもちゃを使って遊ぶ手本(モデル)を見せたり，他の鳥や人を遊びに加える必要がある．愛玩鳥においてこれらの技能は，独立行動の発達に不可欠である．

多くの愛玩鳥の飼い主は，鳥の叫び声に返事をすることで鳥を甘やかすことを恐れている．叫び声をあげて赤ん坊のように振舞う幼鳥には返事をすることで鳥に安心感を与え，「甘やかす」ことにはならない(Athan and Deter, 2000)．特に非常に若齢鳥の場合，食物を与えず，注目されず，その他必要な物を与えていないと，鳥は自分の置かれた状況の安全性を疑うようになってしまう．声を出す鳥を無視することが不愉快な叫び声を出す問題の一因になるというのが一般的なアドバイスである．無視された鳥は，何かが起こるまで叫び続けることがある．鳥を認め聴覚を通した接触を続けることで，要求や発生を最小限にすることができるかもしれない．声による指示は鳥を落ち着かせるために有用かもしれない．重要な点は，事前に計画を立て同じ状況では特定の単語や表現を一貫して使用することである．この方法では，単語と状況の関連が明確にパターン化されることになる．これらの単語は，身を脅かすような状況で鳥に安心感を与えることができる(Blanchard, 2000)．

声や他のゲームでも　独立心を高めることができ

表 17.1　信頼構築のためのゲーム．(続く)

ゲーム	理論	遊び方
家の中の巡回	• 野生において，幼鳥は自分の周辺環境にいる親鳥や群れの仲間について回る．成鳥のさまざまな刺激に対する反応を観察することで，幼鳥は何を食べるべきか，何を恐れるべきか，何を避けるべきなのか，などを学んでいる．このゲームはこれと同じことを目的としている．	• 鳥はまず基本的な「ステップアップ」の指示を理解し，馴れる必要がある．鳥を手の上に乗せ，家の周囲を歩き回る．あなたが見るものすべてを示し，その名前をいう．穏やかであることが最も重要である．あなたが動揺していないことを示すことで鳥はどうあるべきかを学ぶ．鳥にその家にいるすべての人と動物を紹介する．音のことも無視してはならない．鳥をいくつかの音源近くに連れて行き，同じ訓練をする．このゲームの意外な効果として，話しをする鳥が，しばしば家の中の人や物を識別する方法を学ぶことがある．
色ゲーム	• オウム類は非常に視覚的な指向性がある知的な生き物である．このゲームは彼らの好奇心に対する刺激を助けることになる．	• 色紙の紙片を用意する．鳥にその色を話す．他の色すべてについてこれを繰り返す．鳥はあなたとは少し違った感じで色を見ているが，色の識別は可能である．さらに進んだセッションでは，あなたが何色を持っているかを鳥に尋ねる．より良い成果を得るためには，鳥の前にいるもう1人別の人とこのゲームを行う．オウムが正しい答をした時は存分に褒める．

表 17.1　(続き)信頼構築のためのゲーム

ゲーム	理論	遊び方
仕事中の合図	• 野生において，オウム類は群れの他のオウムたちとの連絡を維持するため声を出す．鳥を一羽だけで置いておくことは補食される危険性が非常に増大することになる．生存は仲間との連絡を維持することにかかっている．もし群れからの応答がないと，彼らは連絡を失ったと思い，より大きな声で鳴くことになる．鳥の鳴き声には決して応えてはならない，と助言されることがあるが，次に発生するシナリオを考えてみよう．あなたが一人で家に居ると誰かがドアのところに来るのが聞こえる．あなたはそれが自分の配偶者であると思い，あなたは彼または彼女の名前を叫ぶ．しかし，何の応答もない．あなたはもう一度呼び，そしてまた応答がない．このような場合あなたはパニックになり，警察を呼ぼうとするだろう．まさにこれが我々が鳥の呼び声を無視する時に，鳥に対して行っていることなのである．	• 鳥から群れの中で連絡を取り合うことの主導権を取るには，あなたが家の周りを動く時にあなたがどこに居るかを知らせるようにする．これはもしあなたが見えない場所にいる時には特に重要である．あなたが行く時には，口笛，ハミング，歌あるいは話しをするようにする．
芸の訓練	• オウム類は非常に知的な鳥である．時には精神的な問題に没入してしまうことがあり，鳥は特に自傷行動を示すことがある． • 芸の訓練は反対の条件付けのための手段を提供する．芸は，鳥が要求に応じてすることを学ぶのに比較的自然の習性である必要がある．	• 鳥が興味を持つような特定の行動をするか観察をする．次に鳥がその行動を起こそうとするきっかけを与え，少しでもその行動をしようとした時には報酬を与える．月日が経つに従い，報酬を得るにはより上手い動作を要求する．報酬は言葉，または餌として与える．有用と思われる動作には，足振り，テーブルや止まり木の上での回転，翼の持ち上げ，足を使った物の持ち上げあるいは玩具の分解などがある．

る．**表 17.1** で示したゲームは，著者の診療で鳥の飼い主に勧めているものである．これらは多くの提案や情報から考案したもので，必ずしも独創的なものではない．これらは，来院した飼い主の教育用教材として提示しているものと同じ様式で示している．ゲームは毎日，毎週行う必要がある(最初のうちは頻繁に行い，鳥の成長に合わせて減らすように調節する)．

鳥が自立できるかどうかは，環境が重要である．鳥は人間のような大きな捕食性の動物種が感じないような多くのことを危険と感知することがある．鳥用の給餌器が見られるよう鳥を庭に連れ出すのは良い考えに思えるかもしれない．しかし，もし定期的に鷹が来て鳥を連れ去ろうとするのを見れば，それは鳥に喜びよりも多くのストレスを与えることになる可能性がある．家庭での居場所については，このことを考慮する必要がある．鳥は，ヒトやペットがどこからともなく現れるよりも，それらが近づいてくる様子が遠くから見えるようにしておく必要がある．ケージをドアのすぐ近くに置くと，神経質な鳥にとってはストレスが多いかもしれない．

オウムは周囲の人々の感情的な「エネルギー」に対してさえ敏感で，このストレスの増加に苦しむこともある(Clark, 2000)．夫婦問題，配偶者虐待，児童虐待あるいは愛する人の喪失のようなことは(鳥が一つも分かっていなくても)，一部の鳥には間接的に影響を与える可能性がある．これらはクライアントへのアプローチが難しい課題であり，繊細に対処しなければならない．これらの事実の一部は飼い主によって明らかになる場合もあるが，その他のことはより不可解になる可能性がある．臨床獣医師は一般にこのような状況の対処に適当ではなく，必要な時には適切な専門家に相談する必要がある．

ペットのオウム類では，時間のかかる活動がないことが，一部問題行動の一因となることがある．精神的なエネルギーを健康的に発散する機会がないと、鳥は多くの問題行動を起こすようになることがある．キソデボウシインコでの研究では，採餌方法の質を高める工夫で毛引き行動が減少することが示されている．これらの工夫には，鳥が餌を食べるために障害物越しに噛むようにしたり，食べられない物から餌を選り分けるようにしたり，あるいは餌を取るためいくつかの穴を経て餌にたどり着くようにすることなどがある．これら採餌に関する生活の質向上のための工夫は，その他の工夫よりも効果的であった(Meehan *et al.*, 2003)．

絆の形成

ペットを所有することの本質は，何らかの方法で絆を作ることである．家庭内で多くの鳥の役割は単なるペットだが，時には子供や配偶者あるいは両親の代わりとして飼育される．特にオウムは寿命が長く，時には亡くなってしまった愛する人との最後の絆としての役割を果たすことがある(Harris, 1997)．オウムの行動がこの絆を絶つ原因となった場合，飼い主は深く傷つくことになるかもしれない．残念ながら，鳥たちが誰かの代理人となるような役割に身を置くことは，不健全な社会環境の原因となることがある．鳥と飼い主は番いではなく，群れの一員として付き合うことが理想的である．著者は，飼い主にはよくオウムに向かって幼稚園や保育園の先生のように振舞うようアドバイスしている．ここのことは，人がオウムと不適切な番い関係を形成することなく，オウム類を刺激し教育するための適切な相互関係のあり方を鳥たちに理解させるのに有用である．鳥の社会的な活動には，餌探し，遊び，群れで飛ぶこと，そしてその他にも比較的活動的な行動が含まれる．番いを形成した鳥とは，まず初めに互いに羽づくろいをし合ったり，寄り添う行動が認められる．こういった相互関係は，夜間や昼寝の時間，あるいは鳥が馴れない物と出会った時のために確保しておく必要がある(Athan and Deter, 2000; Clark, 2000)．

多くの鳥は注意を引こうとして，おもちゃを振り回したり，くしゃみをしたり，優しい声を出したり，誇示したり，うずくまって翼を震わせたり，睨んだり，そして叫んだりすることがある(Rach, 1998)．何かを懇願する鳥に対し相互に活動的な対応をすることは，鳥により適切な行動を教えることになるかもしれません．単に撫でたり，寄り添ったり，あるいは，その他運動を伴わない相互の社会的関係とは対照的に，相互に活動的な対応には，おもちゃを使った遊びや，芸の訓練，単語ゲームや運動がある．健全な社会環境には社会的摂食(他の鳥と一緒に餌を食べること)が含まれ，これによってより砕けた雰囲気の中でさらに多くの社会化を促すことが可能になる．このことはまた，鳥の前で食餌をし食物を分け与えることで，自立して餌を食べることを実演する機会を提供することにもなる(Athan and Deter, 2000)．

ほとんどのオウム類は1年を通して番いのままであり，多くの時間を共に過ごす．番いが抱卵のため分かれている時，雄は番いの相手に餌を与えるため巣に何度もやってくる．番いの間で接触がない時はほとんどない(Collar, 1997; Rowley, 1997)．Harrison(1994)によれば「このような社会性の強い鳥にとって，交友のない囲いの中の暮らしは最大の『精神的苦痛』である」．現実的には，誰も鳥の相手を24時間することはできない．したがって，鳥が一人の人間と番いとしての結びつきを形成しないようにすることが最も肝心である．さらに，飼い主と番いとしての結びつきを形成した鳥は，より攻撃的になる傾向がある．

一部の鳥種が「一人の人間にしか馴れない鳥」というのは虚構である．檻の中で一人の人間だけとしか交流しないというのは，オウム科が本来持つ社会的性質に矛盾している(Wilson, 2000)．鳥たちには，複数の人間を受け入れるよう促していく必要がある．もし鳥の気が進まないようであれば，階段上り，「縄張り外への連れ出し」や，「外出」のような「縄張り外」での相互交流が推奨される(Athan and Deter, 2000)．「縄張り外への連れ出し」には，通常鳥が好まない人が鳥を獣医師に連れて行くことや訓練をするようなことが含まれる．この処置の後，この「敵対的」な環境では，鳥が好まない人が鳥にとって非常に安全で快適なようになり始める．「外出」は似ているが，単純に鳥を家の外や馴れない場所に連れ出すことで，その人が鳥にとって最も身近な存在になる．鳥に嫌われている人は，鳥になじみの薄い場所で階段上りの練習をする必要がある．この「本拠地の利点」は，普段は鳥が噛みつこうとする人に，しばしばずっと良い行動をするようになることである．

行動に関する診察

問題行動に関する既往について問診を行う

十分な既往歴を得るための問診は，獣医学のあらゆる場面で重要と考えられているが，問題行動に対する対応では，実際のところそれが診断のための唯一の選択肢になる．したがって既往歴の聴取が正確で完全であることは極めて重要で，どんな検査も既往歴の聴取不足を補うことはできない．既往歴の聴取は矛盾のない方法で実施する必要がある．各質問は，毎回必ず聞く必要がある．質問は，誘導的にも非難的にもならないことが重要である．クライアントの気をとがめたり，クライアントが特定の反応を要求されていると察知してしまうと，彼らは自分の話を変えてしまう可能性がある．

確認を要するいくつかの重要なポイントとして，鳥の入手先，環境，食餌，社会的相互関係，そしてもちろん問題となっている鳥の行動と飼い主がそれらに対して現在実施している対応が挙げられる．診察に先立ち，クライアントには問診のための質問票を渡し，そこに事前に書き込んでもらうようにしておくと実用的である．この章の終わりにその例を示した．この標準的な内容は，問題行動の診察の間に行われる飼い主との問診の内容により増えることもある．

問題行動に関する臨床症状

行動に関する疾患と実質臓器における疾患の間にある違いは必ずしも明確ではない．臨床症状として沈うつが認められた場合，さまざまな体調に起因している場合もあるが，行動にかかわる疾患であることもある．一般に行動障害として議論されるその他多くの行動についても，多くの肉体的な病因が原因になっていることがある．すべての行動は同様に，神経化学的な伝達による．しかしながら，鳥の行動に関する問題が検討される場合には，いつもある特定の臨床症状が含まれている．攻撃行動あるいは，より具体的には，噛みつき，過剰な発声，毛引きおよび 刺激に対する極端な恐れといった反応が最も一般的に認められる問題行動に関係した臨床症状である．獣医師を訪れる鳥から何が問題かを聞き取ることはできず，困難なことになる．

表 17.2 犬および猫での問題行動に関する診断と鳥で相当する行動（Overall, 1997）（続く）

診断	必要な診断基準	十分な診断基準	鳥類で相当する行動
注意を惹く行動	• 人が何かに占有されている時，人の注意を惹くために動物が鳴き声や身体的な行動を用いる．	• 人が動物と共に行動をしていない時はいつでも，動物が直接注意を惹く行動をし，そのために人の活動の邪魔をする．	• 同じ
強迫的な毛づくろい	• 必要以上の毛づくろい，必要以上に舐める．	• 通常の行動に支障を来たす．中断させても止まらない．	• 毛引き
うつ	• 長期間にわたる内因性または反応性の社会的刺激からの離脱，食欲の変化，および嗜眠に伴う二次的影響ではなく，また嗜眠だけが原因ではない睡眠／覚醒サイクルの変化	• 必要な診断基準に加え，神経性あるいは生理学的な病態が全く認められないにもかかわらず，運動活動の低下や正常な社会的および環境の刺激からの肉体的な逃避を認める．	• 同じ
優位性攻撃行動	• 異常で，不適切で，理由のない攻撃行動が，受動的または能動的な行動制御あるいは行動の誘導を含むいかなる状況下でも一貫して発生する．	• いかなる受動的あるいは能動的な懲罰や行動の中断も，その動物からのあらゆる攻撃的反応を増大させる．	• 同じ
過度の毛づくろい	• 清潔であることや手入れとは無関係に，舐めたり，引っ掻いたりあるいは擦ったりすることによる毛づくろいで，過去に行われていたものよりも高頻度であったり強かったりする．	• 止めることが可能（心因性の毛づくろいとは異なる）	• 毛引き
毛づくろいの不足	• 正常な毛づくろいの習性の減少そして欠如．	• 必要な診断基準として沈うつ症状を伴わない．	• 羽づくろいの不足
恐怖性攻撃行動	• 自律神経系の交感神経に関連する離脱症状，受動的および逃避行動として確認され一貫して恐怖の徴候を伴い発生する攻撃行動	• 排尿／排便を伴う攻撃や，被攻撃者がその行動から離れた時にだけ攻撃が活発であったり相互的になる．	• 同じ
恐怖	• 引きこもり，受動的で逃避的な行動／攻撃性を伴わない交感神経系の自律反応として発生する行動	• 引きこもり，受動的で逃避的な行動／攻撃性を伴わない交感神経系の自律反応として発生する行動	• 同じ
汎発性の不安	• 一貫した自律神経系の反応亢進，運動亢進および覚醒状態の増加と正常範囲の習性に支障を来たす警戒行動の発現	• 誘発する刺激が全く存在しない状態で認められる必要な診断基準の症状	• 同じ
新奇恐怖症	• 不馴れな物や状況に対する，一貫した持続的で極端な差のない応答，すなわち交感神経系の自律神経活動に関連し，激しく活発な回避行動，逃避あるいは不安行動として認められる．	• 同じ：暴露の繰り返しで反応に変化が生じない．	• 同じ
強迫性障害	• 正常な現れ方とは全く異なり，目的達成に必要な頻度や時間を超えた反復性の常道運動，移動運動，毛づくろい，食物摂取あるいは幻覚性の行動が認められる．	• 必要な診断基準と同様，動物の能力に影響を及ぼすが，社会的関係においては正常にふるまう．	• 毛引き
所有性攻撃行動	• 攻撃行動が常に，攻撃性のある鳥が制御したい物に近づく他の個体に向けられる．	• 必要な診断基準と同じだが，物がないと攻撃行動が認められない．	• 同じ
防御性攻撃行動	• 常に特定の個人の前で発生する第三者に向けられる攻撃行動で，実際の脅威がない場合に発生する．	• 保護している人による矯正や励ましにかかわらず，脅威の徴候や接近に伴って激しくなる．	• 同じ

「必要な診断基準」は，診断のための必須事項，「十分な診断基準」は，問題行動をその他すべての行動と見分けるために必要となる事項を示す．

表 17.2 (続き)犬および猫での問題行動に関する診断と鳥で相当する行動(Overall, 1997)

診断	必要な診断基準	十分な診断基準	鳥類で相当する行動
心因性多飲症	• 動物が生理的に必要とする量を超える水の消費	• 過剰な水の消費が消費時間の配分を変え，正常な活動の邪魔になる．	• 同じ
性欲亢進症	• 過剰な誘い，マウンティング，干渉，他	• 必要な診断基準は，刺激の程度には無関係，生き物も無生物も対象とする．	• 同じ
自傷	• 身体の一部における擦過傷，点状出血あるいは潰瘍形成を伴う外皮の除去	• 必要な診断基準，関連するような生理的状態あるいは皮膚疾患が全く認められない場合	• 同じ
分離不安	• 飼育者が不在の時だけに認められる，物理的あるいは行動的な苦痛を示す症状	• 飼育者が不在の時だけに認められる，物理的あるいは行動的な苦痛を示す症状	• 同じ
抜毛癖	• 毛を抜く．	• 皮膚に外傷を伴わず毛を抜く．	• 羽咬傷
縄張り性攻撃行動	• ある限られた範囲(車，家，ケージ)で起こる攻撃行動	• 攻撃対象となる人が近づくにつれ強まり，懲罰や交流の試みにもかかわらず継続する．	• 同じ

「必要な診断基準」は，診断のための必須事項，「十分な診断基準」は，問題行動をその他すべての行動と見分けるために必要となる事項を示す．

獣医学領域の行動に関する専門家が犬と猫について，一般的に認められる問題行動の一部に対し名前を付け，分類を始めている．これらの一部は，表17.2(Overall, 1997)に示した鳥類の行動に関する診断と類似点があるかもしれない．

行動の修正

行動の修正には，獣医師および飼い主の関与が求められる．行動に関する問題はまれに突然止まることがある．このため，鳥の飼い主に問題行動の頻度を記録するよう依頼することで結果を追跡することは有用である．発生頻度や重篤度の減少は，治療効果があったことの証明になる．よく見られる行動障害の治療のため著者が行っているいくつかの一般的な方法を以下に示した．

愛玩鳥における攻撃行動

オウム類に見られる攻撃行動は，より深刻な問題行動の一つである．オウムの強い顎と鉤状の嘴は，飼い主に深刻な痛みを負わせ，相当な傷害を与えることがある．オウムにおける攻撃行動は，対象に対して噛みついたり，突っつくという形で現れる．愛玩鳥における攻撃行動の原因には，恐れ，優位性，縄張り行動そして所有行動がある(Welle, 1998)．いかなる行動障害の診断も，過去における行動の状況に基づいて行われる．特に，診療記録，環境と社会的な相互関係についての記述に加え，攻撃行動，それが起こる状況と行動に対する飼い主の反応についての記載は，噛みつく鳥の評価において極めて重要である(Welle, 1999)．このことは，鳥と飼い主の相互関係を観察することによっても補っていく必要がある．

恐怖による噛みつき

恐怖は，最もよく認められる噛みつきの誘因の一つである．人々におびえている鳥は，単に身を守ろうとしているにすぎない．年齢や性別による偏りは認められない．特定の種は，人間の近くで育てられたにもかかわらず，人々に対して恐れを抱きやすい．ヨウムは，この問題ではよく知られた鳥種である．

通常，これらの鳥は 追いつめられたり，捕えられる時にだけ噛むことがある．彼らは通常，誰かを攻撃したり襲ったりすることはない．ケージの扉が開けられる時，彼らは逃げることよりもむしろ攻撃することを学習してしまう場合があるが，通常はケージを守ろうとするのではなく，むしろ捕獲者から隠れようとする．通常，鳥は誰からも触れられることを嫌がるが，時に，特定の個人，特定の性または身体的な特徴を持つ人を恐れることがある．

このような状況下で生じる噛みつき行動は，それ自体は正常な反応である．異常なのはこの状況そのものであり，このことに焦点を当てる必要がある．この問題行動の治療には，大変な忍耐が求められる．恐れから噛みつく鳥を罰することは逆効果になる．このような状態の鳥は，人の存在に対する過敏な反応を少しずつ減らしていかなければならない．減感作というのは，ある与えられた対象物(あるいは人)への恐れを減らしていくための処置のことで，この対象物への暴露を管理下で徐々に増やしていくことになる．いったん鳥が人間の存在を受け入れれば，慎重な取扱いと馴化については開始できる可能性がある．治療の初期段階を容易に進めるため，極端な場合には，三環系抗うつ薬のような薬剤を用いることがある．しかし，薬剤を用いるような場合には治療を実施する過程で認められる効果の検討が重要である．薬物を投与するため鳥を1日2回捕獲することは，治療効果に悪影響を及ぼす可能性がある．

優位性攻撃行動

優位性攻撃行動というのは議論の余地がある分類で，この他に学習性攻撃行動(learned aggression)あるいは条件付攻撃行動(conditioned aggression)という用語を用いることがある．診断は，鳥だけでなく飼い主と鳥の両者を対象に行う必要がある．時間の経過とともに，鳥と飼育者の間の相互関係の結果が今後の両者の関係における鳥の行動に影響を与えるようになることがある．物理的な衝突を避けるため，それぞれがお互いの行動パターンを確立していく必要がある．飼い主が鳥の取扱いに対する自信のなさを示すと，鳥たちに威嚇と攻撃によって目的が達成されるという印象を与えてしまう．鳥が期待した行動を飼い主がしなかった場合，鳥はあからさまに攻撃行動を始める．

優位性攻撃行動はどんな種にでも起こる可能性があるが，特にボウシインコとコンゴウインコで一般的である．これは若齢鳥よりも成鳥で多く認められる．雄鳥の方が問題になることが多いかもしれない(しかし，多くの鳥で性別は明らかではない)．一般に，より大型の鳥の方がこの問題を起こす傾向がある．これはおそらく，大型の鳥の方が容易に取扱者に恐怖を引き起こすためと考えられる．鳥を扱うための技術が未熟な人や鳥と接した経験がほとんどない人が所有する鳥で，より頻繁にこの問題は発生するようである．噛みつきはいつも，飼い主が彼らの肩から鳥を取り払ったり，鳥をケージに入れたり，止まり木から鳥を移動させるなど，鳥がその権威を脅かされたと感じた時に発生する．

優位性攻撃行動をする鳥は，自分の要望に沿うよう，多くの場合に飼い主を操ることを学んできている．飼い主の行動は，鳥の行動と同程度に診断に役立つ場合がある．人々は，しばしば鳥の行動について理由づけをし，鳥を動揺させないため意外な方法で対処したり，さもなければ鳥の癇癪に従う．獣医師が診察室に入ると，こういった鳥の多くは，いつも輸送のための入れ物から出され，飼い主の肩に乗っている．優位性攻撃行動を行う鳥は，飼い主の行動をコントロールするために攻撃的行動を身に付け，飼い主はその行動に従うよう形づけられてきている．この状況を変えることに対し，鳥と飼い主の両方が抵抗を示すことがあるかもしれない．飼い主は，噛まれたあと何年経っても，噛みついた鳥に対する自己主張をためらうことがある．鳥は，最初にまず混乱し，飼い主に対するコントロールをもう一度確立しようとするかもしれない．鳥の攻撃行動は，状態が改善する前にさらに悪化することがある．調教者との関係をコントロールするため鳥が攻撃的な行動をするように，この種の攻撃行動は，いくつかの点で犬の優位性攻撃行動に類似している．しかしオウムの攻撃行動は，特定の個人に対し激しく，他の人にはそのような行動がない場合がある点で犬の場合とは大きく異なっている．異常なのはこのような関係であり，オウム自体ではない．場合によって，鳥は家の中の配置により利益を得ることがある．

状況を制御するため，翼を切り鳥から武器の一つを取り除いておく必要がある．鳥は，取扱いを容易にするめ，十分に低い場所に置いたケージに入れておく．コンゴウインコはケージがしばしば非常に高い場所にあり，このことが問題になることがある．依頼者の身長が低い場合，鳥に手を伸ばすのが難しく，このため問題がより困難になることがある．すべての処置は，必ず中立的な場所で実施する必要がある．鳥を問題なく扱うことができる家族がいれば，その人たちがその鳥を中立的な場所に持って行く必要がある．誰も鳥を問題なく扱うことができなければ，診断を再評価する必要がある．一度，ケージが見えない中立的な場所で，段階的に訓練を実践する必要がある．飼い主が自分の手を鳥の前に置き，嘴から逃げることなく保つことができなければ，止まり木を使うと良い．

肩は，利用してはならない．もし鳥が飼い主の肩に乗ることを習慣にしているようなら，このことは鳥自身の持つ権利への挑戦となるかもしれない．鳥が肩に登れないよう，手の位置は肘より高くしておく必要がある(図17.4)．もし鳥が肩に飛び上がる場合，親指で鳥のつま先を握ることで鳥の足を拘束する必要がある．タオルあるいはその他のものを肩に置いておくことは，鳥が肩に飛び移るのを防止するのに有用かもし

図17.4　鳥が腕に登ってくるのを防ぐため，手の位置は肘より高くする．

れない．

噛みつきが認められる場合，その鳥には「階段上り」という繰り返し手から手へと上に上げていく処置を行う必要がある（Wilsonm, 1999）．これらは鳥への罰となり，鳥の管理を確立させる．鳥が進んで脚を踏み出すようであれば，ことばでの賞賛を与える必要がある．攻撃行動を増大させることがあるため，嘴をつかんだり脅してはならない．鳥を決して叩いてはならない．叫び声や他のタイプの行動では，実際のところ一部の鳥をおもしろがらせてしまう可能性があるため，犠牲者は常に平静を保つ必要がある．咬傷の最大の影響は，その行動をより強めることにある．噛みついた時に鳥が手の上にいれば，鳥のバランスを少し崩すような，「地震」と呼ばれるちょっとした手の動きが有効かもしれない．

優位性攻撃行動に対する処置として，薬物療法は一般的ではない．鳥の予後は良いが，鳥と飼い主との関係には注意する必要がある．

縄張り性攻撃行動

縄張り性攻撃行動は，特にある特定の種でよく見られる．オキナインコでは，この特徴がよく知られている．コニュア，小型のコンゴウインコ，ヨウムとボウシインコ類も，この問題を生じやすい．すべての種において繁殖用の種鳥は，彼らの巣やケージのある領域に対し縄張りを主張する傾向があり，この行動はこれらの鳥では必要なことと考えられている．巣のある領域を守ることは，繁殖の重要な徴候である．多くの罹患鳥は性別が不明だが，縄張り性攻撃行動は雌よりも雄でいくぶんよく観察される．

縄張り性攻撃行動の診断基準はとても単純である．攻撃行動がケージや遊び場あるいはその他，鳥がいつも活動している場所で必ず発生するということが必要な診断基準になる．もし発生状況がこれと異なる場合，その攻撃行動は縄張り性攻撃行動ではない．攻撃的な行動が必ずこれらの場所に限られることが十分な診断基準となる．もしその他の状況で鳥が攻撃行動を示す場合，確定診断することはできない．

縄張り性攻撃行動の治療は多様である．この特定の目的を達成するには，一般的な訓練が不可欠である．階段上りは重要な訓練方法で，鳥が無意識に従うようにしなければならない．飼い主を傷付けないよう，ケージを手入れしている間は鳥は取り出しておかなければならない．飼い主は，傷付けられないよう訓練するが，必要に応じ鳥の拘束にタオルを用いると良い（図17.1と4章を参照）．噛みつきはしないがケージから離れようとしない鳥は，捕獲し離れた場所に移す必要がある．一部の鳥では，自発的にケージから出た後は問題なく安全に扱うことができる．これは，他の訓練方法の実施を容易にする．

噛みついた時に罰することは可能だが，一般に適当と考えられている多くの罰を与えることは勧められない．階段上りの繰り返しは可能だが，鳥が噛んでから数秒以内にケージから取り出せる場合に限られる．タオルによる拘束は鳥をコントロールするには有用な方法で，特に小さい鳥には有用である．言葉による叱責は，厳しくとも落ち着いていれば効果的かもしれない．叫び声を出すような激しい反応は，鳥を面白がらせることになるので避けるべきである．鳥を叩いたり嘴を握ることは，矯正方法として行ってはならない．こういったことは鳥をさらに興奮させ，恐怖を招き鳥を傷付けてしまう可能性がある．

鳥がケージに依存しないようにする必要があり，このことは縄張り性攻撃行動の予防と治療の両方に役立つ．ケージの中で一生あるいは一生のほとんどを過ごす鳥はケージを守ることに，ひどく攻撃的になることがある（Athan, 1993）．野生では，鳥は毎晩同じ地域をねぐらとしている．鳥たちは日中，餌を求め通常は群れで移動する．二つのケージから成る飼育舎は，彼らにより自然な環境を提供するための助けになるかもしれない．日中は彼らの積極的な行動を促すため，大型で備品つきのケージあるいは遊び場を準備する必要がある．鳥の順応性を促進するため，ケージは頻繁に配置換えを行う．夜間には，むしろ貧弱なくらいの設備の，より小さなねぐら用ケージを用いると良い．鳥は毎朝大きなケージに移し，毎日夕方にはねぐら用のケージに移す．もし更に処置が必要な場合には，他の場所で毎日2回鳥に餌を与える．

鳥は，その群れの社会集団の一員になる必要がある．持ち運び可能な止まり木があると，鳥を群れの行動圏近くに置くことが可能になる．このことは，一貫したハンドリングや訓練との併用により，よく順応した愛玩動物になるために必要とされる社会的技能をその鳥に提供する．定期的に予定されたハンドリングや訓練は，この社会化を維持するために重要である．上述した二つのケージで飼育する方法では，鳥を運ぶため少なくとも1日に2回は飼い主に鳥を扱うことを強いることになる．

鳥の縄張り性攻撃行動に対する処置として，向精神薬を処方することは一般的ではない．縄張り性攻撃行動については，行動の修正のみによる治療の方が予後は良好である．

所有性攻撃行動

オウム類は，飼い主のうちの一人と不健全な番いとしての繋がりを作りやすい．鳥は多くの人とかかわることがあるかもしれないが，ただ一人が「パートナー」として選ばれる．しかし，もし選ばれた「パートナー」

がその鳥を取扱う唯一の人であった場合，攻撃的な傾向はより悪化する．また，もし鳥がこの人を尊重していない場合，攻撃行動はさらに悪化する．所有性攻撃行動は，人の手で育てられた大型のオウム類で最も一般的に認められる．ボウシインコ，コンゴウインコ，バタン類およびオキナインコのすべては，概して影響を受けやすい．雄の鳥に最も頻繁に認められる．この行動は，繁殖期間中あるいは性成熟の時期に始まったり，あるいはより深刻化することが多い．

この攻撃行動は，鳥が好きな人に誰か別の人，特に配偶者が近づいた場合に発生することがある．攻撃は，その相手に向けられるか，あるいは逆に鳥が大好きな人に向けられることがある．時には，電話のような無生物がこの攻撃行動の引き金になることもある．他の攻撃行動と異なり，独占欲の強い鳥は対象者を何度も攻撃したり追撃したりする．多くの場合彼らは，少なくとも好きな人に対しては他の時はとても優しく接する．

所有性攻撃行動を最少にするためには，鳥を適切に社交的にしなければならない．鳥が雌雄関係を持とうとする人は，より精神的な繋がりを作るようにしなければならない．寄り添ったり，愛撫することは避け，より活発でダイナミックな関係であるようにしなければならない．肩に乗ることは雌雄関係の形成を促進するため，鳥が肩に乗ることを許してはならない．その家の住人全員が鳥に馴染み安心な人物と見なされるよう，全員が鳥を新しい不馴れな場所に連れて行く必要がある．

攻撃は，しばしば犠牲者の顔に向けられることが多い．攻撃をする鳥はタオルで優しく捕獲し，ケージの中あるいはその他の管理区域に置く．飼い主には，これらの鳥を安全にそして効果的に保定するためのタオルの使用について教えておく必要がある（図17.1を参照）．保定している間，鳥を言葉で厳しく叱責しても良いが，穏やかな声で行う必要がある．手の軽い咬傷は，鳥に階段上りをさせている時に発生することがある．

場合によっては，攻撃的な行動がホルモン療法により減少する可能性がある．酢酸ロイプロリドは性ホルモンを低下させる可能性があり，それによって行動修正の初期段階で，攻撃行動の程度が減弱する可能性がある．場合によっては，精巣の除去により攻撃行動が減少することがある（Bennett, 2002）（10章）．

不快な発声

叫び声や過剰な発声は，オウムの飼い主から寄せられるもう一つの一般的な訴えである．この問題は，飼い主がオウムたちを手放す最も大きな原因の一つかもしれない．いくつかのオウム類では，正常な発声がかなり大きくうるさい可能性があるが，正確にはこれらは問題行動ではない．正常な発声を抑制しようとすることは，鳥の精神に悪影響を与える可能性がある．

正常な鳥は絶えずうるさく鳴くことはない．通常は，朝と夕方に鳴き，たまに日中に鳴くことがある．ほとんどの鳥は，日が暮れて以降は鳴くことはない．問題となる発声の最も一般的な原因は，注意を惹くことや群れを集めることにある．オウム類は，音を立てると飼い主がオウムを怒鳴りつけたり，餌をやったり，水をかけたり，ケージに向けて靴を投げつけるなど，いろいろなことが起こることをすぐに学んでしまう．もし鳥が退屈だったり孤独だった場合，このような反応は何もないことよりも彼らにとってましなのである．関心を求めている鳥は，周囲に人間がいて，彼らが注意を向けないことがわかるといつでも声をあげる．このことは，飼い主が鳥の視界に入っている場合にも発生する．このような場合の発声に対しては，あらゆる事態の悪化を防ぐため，一般には鳥を無視することを勧めている．

鳥の行動を無視し事態の悪化を止める処置は，このような問題行動をなくす方法として知られているが，完全に達成されるには長い時間を必要とする．発声の問題は，ある一定の激しさに達するまでだんだんと悪化してゆく．このような事態の悪化は同時発生的に起こることがあり，処置は極めて困難である．このような問題行動の制御には，反対の条件づけがより効果的なこともある．囁きのような，大声の発声とは反対の行動を鳥に教える．オウムが大声で鳴く時はいつでも飼い主は鳥に特段の注意を払うことなく囁くことが必要である．鳥が飼い主の言葉を聞くため静かになった時，飼い主は鳥に注意を払い，さらに囁く．いったん鳥が鳴き声を小さくしたり，静かになったらたっぷりと褒めてやる．オウムはこれにより，切望している飼い主からの注意を惹くためのより効果的な方法を学習することになる．

野生のオウム類は群れの結びつきを維持するために鳴き声をあげる．安全上の理由から，群れの他の鳥たちがどこにいるかを知っておくことは重要なのである．飼い主が鳥の視界の外にいる時や鳥を携帯用の止まり木に乗せて家の周囲を回る時，飼い主が優しく鳥を呼ぶと鳥は安心するかもしれない．多くの「関心を求める鳥」は単純に家族の所在を確認しているのかもしれない．これらの鳥は一般に飼い主が見えなくなった時に鳴くのである．これらの鳥の飼い主は，家の中を動く時に，口笛，ハミング，歌あるいは話しをして鳥を呼ぶことで主導権を握ることができるかもしれない．このような鳥の飼い主は，鳥が視覚的に飼い主との接触が維持できるよう，家に複数の場所を用意すると良い．

過剰な恐怖

何か新しいものや変わったものに恐怖を示すことは動物にとって自然なことである．これは，自然界で被捕食者である愛玩鳥では特に普通のことである．恐怖とパニックは容易に認められるのが普通である．恐怖心を持った鳥は，恐怖の原因となるものから離れようとするのが通常である．こういった鳥は，しばしばケージの後の方にぶら下がっている．もし恐怖から解放されないと，鳥は飛翔，滑空あるいは逃亡するかもしれない．常に人々を見ている鳥に，軽度の不信感が認められることがあるかもしれない．恐怖心を持った鳥は噛みつくこともあるが，通常は追いつめられたりした時だけである．鳥は，逃げることを選ぶのが通常である．

他のすべての問題と同様に，治療よりも予防の方がはるかに効果的である．できるだけ多くのことを経験すると，若齢鳥は変化に順応する方法を学習する．新しい場所に行ったことも新しいことを見たことも全く経験したことのない鳥は，このようなことが起きた時にとても疑い深くなってしまう．世界をよく知っている鳥ほど新しいことをより容易に受け入れることができるのである．予防はより容易である一方，既に確立してしまった恐怖の軽減には時間がかかり，鳥を驚かさない状況下で恐れの原因に段階的に暴露していく．鳥が恐れを抱く物，人あるいは場所に対する耐性の増加が，やがて顕著になってくる．この過程は馴化として知られ，時に抗不安薬を用いることでうまくいくことがある（Overall, 1997）．

鳥の頭の位置を高くするよう，極度に恐怖心を持っている鳥のケージは持ち上げると良いかもしれない．このことで鳥は安心感を得ることができる．この方法は，鳥の安心と信頼が危機的な状況にある飼育施設ではよく用いられている．

毛引き

毛引きは，鳥の診療で最も多い訴えの一つである．これは非常に複雑な臨床症状で，多くの潜在的な病因が潜んでいる．この問題はしばしば多くの要素から成り，医学的および行動に関する因子が関係している．この問題は，飼い主と臨床医の両方を悩ませるかもしれない．このさまざまな障害による複合的な問題に対しては，診断および治療に向けた系統的な取り組みが解決に向け最も見込みがある（Hillyer *et al.*, 1989; Oppenheimer, 1991）．多くが未解決のままでも，全体的な評価により，少なくとも毛引きをしている鳥が健康で適切な身体的および社会的環境にあることの確認にはなる．

診　断

診断には二つの段階がある．最初の段階は，毛引きが本当に起こっているかどうかを決定することである．これは多くの場合明らかだが，時に飼い主が正常な鳥が羽づくろいにどれだけ多くの時間を費やすかを知らず，鳥が毛引きをしていると思い込んでいることがある．また時に飼い主は，鳥が濡れている時に正常な無羽域を羽のない異常な領域と見間違えることもある．毛引きが認められる最も一般的な部位は胸部，翼の下そして尾である．最も少ないのは風切り羽である．頭部以外の場所に病変が認められた鳥の場合には，毛引きを疑う必要がある．頭部の羽は，鳥（特にセキセイインコ）が頭部をケージやその他の物に擦り付けることを学習していなければ残ることになる．失われた羽は，通常嘴によりいくらかの損傷を受けることになる．一部の鳥は，羽を引き抜く．他には羽を真ん中あたりで咬んだり，羽軸から羽枝を噛み切ることがある．

診断の次の段階は，病因あるいは毛引きの病因の決定である．これが最も困難な部分である．毛引きにはさまざまな原因がある．これは，医学的な問題に起因する場合があり，徹底的な医学的精密検査が必要になる（16 章）．**表 17.3** にいくつかの毛引きに関する行動上の原因となる可能性のある事項を示した．

行動上あるいは心理的要因による毛引きは単一の病的状態ではなく，いくつかの条件が複合して同じ臨床症状の原因になっている．これは多くの治療法で成功率が低いことの説明となるかもしれない．一部の鳥では他の行動障害と重複していることもある．もしこれらの鳥が正確に診断され，より特異的な方法で治療をされていれば，治療の成功率はより高くなっていたかもしれない．現在，鳥では利用可能な心理テストがなく，臨床医は詳細な既往歴の聴取と鳥がどのような反応するかを確認する手段としての試行錯誤が診断の頼りになる．種により特定の傾向が認められる．例えば，ヨウムは高率でストレスに関係した毛引きを，バタン類はしばしば不適切な性的な刷り込みが，そして一部のコンゴウインコでは本当の瘙痒感があるようである．飼い主には，多くの鳥が毛引きを決してやめることがないことを伝えておく必要がある．有効な解決策が見つかるまで，いくつかの治療が続けられることになるかもしれない．

治　療

問題の原因除去を目的として，鳥の注意をより適切な行動へと向けるための行動修正が最初の治療として試みられる．鳥の物理的および社会的環境を改善するため，行動についての補助的治療をまず最初に実施す

表17.3　毛引きの原因

特徴	可能性のある診断	寄与因子	アドバイス	薬物療法
• 飼い主が不在の時に発生	• 分離不安 • 退屈	• エンドルフィン • 習性	• 外出の前に：入浴，運動，給餌，特別な玩具を与え，一人遊びを促す．	• クロミプラン（しかし薬物は必ずしも有効ではない）
• 飼い主がいるが，注意を払わない時に発生	• 注意喚起行動	• 飼い主の行動（大げさな行動，注意） • エンドルフィン • 習性	• 毛引きが認められたら部屋を出る． • 一人遊びを促す．注意して良い行動には報酬を与える．	• なし
• 鳥は毛引きのために他の行動を中断し毛引きから気をそらすことは困難	• 妄想的で強迫観念による疾患 • 本当の瘙痒感	• エンドルフィン • 飼い主の行動（大げさな行動，注意） • 習性	• 医学的な精密検査 • 社会的環境の改善 • 恐怖の原因を取り除く．馴らす． • 一人遊びを促す． • 毛引きが認められたら部屋を出る．	• 三環系抗うつ薬 • ハロペリドール • ナルトレキソン
• 鳥が過剰な恐怖やストレスの徴候を示す • 全身性疾患 • 家庭の中の大きな変化	• ストレスに関連した問題	• 不健康 • エンドルフィン • 飼い主の行動（逃避） • 習性	• 医学的な精密検査 • 恐怖の原因を取り除く．恐怖の原因に馴れさせる．ケージを釣り上げる．行動を飼い主／鳥のためとに分類する．	• 三環系抗うつ薬 • ハロペリドール • ブトルファノール • ナルトレキソン
• 問題が人工育雛された鳥では非常に若い時期に始まる．	• 遺伝性 • 不適切な羽づくろい • 不十分な早期の社会化	• エンドルフィン • 飼い主の行動（大げさな行動，注意） • 習性	• 社会的な環境の改善 • 行動を飼い主／鳥のためとに分類する．	• ハロペリドール • ナルトレキソン
• 主に第一風切り羽や尾羽を含む． • 羽がすり切れ割れる．	• 医原性 • 不適切な羽切 • 羽の外傷	• エンドルフィン • 飼い主の行動（大げさな行動，注意） • 習性	• 毛引きが認められた時には外傷を最小限にするよう環境を変える． • 継ぎ羽 • 麻酔下で損傷を受けた羽を除去	• ブトルファノール • NSAID
• 過度な密着，性成熟した鳥 • 前後の状況と無関係に発生する性的な行動	• 生殖関連	• 飼い主の行動（大げさな行動，注意） • 習性 • エンドルフィン	• 性的な刺激を避ける． • 日長の制限 • 巣のような構造物の除去 • 高カロリーで水分含量の多い餌の制限	• 酢酸ロイプロリド，ヒト絨毛性ゴナドトロピン • プロゲスチン

る必要がある．ケージの設置場所，適切な玩具の使いやすさ，適度の刺激と清潔さは物理的な環境面でいずれも極めて重要である．鳥は十分に社会化しても，多くの物理的接触により刺激を与えすぎないことが重要である．玩具を細かく切るような適切な嘴の行動は推奨されるべきで，こういった行動は，その他の嘴の行動に対し反対の条件づけとなる可能性がある．採食に関する行動は特に促進してやる必要がある（Meehan *et al*., 2003）．このような採食行動には，食べられないものを餌に混ぜて鳥に選別させたり，細切りした巣材の深くに餌を入れたり（衛生上の不安があるかもしれないが），餌の報酬がある単純なパズル玩具の利用などが含まれている．正常な羽づくろいを促進するため，水浴びは増やす必要がある．これらによる効果が現れるには，数週間は必要である．毛引きを防ぐため，拘束カラーが用いられることがある．しかしこれは一時的な解決策であり，通常は皮膚や筋肉を損傷する鳥に利用されている．必要に応じ，薬剤による治療が行われる場合がある．

予　後

このような複合的要因による障害が突然解決することは滅多にない．毛引き行動のゆっくりとした減弱が認められ，次に失われたり，傷ついた羽が徐々に生え替わった時，治療の目的が達成されることになる．このような場合，飼い主や臨床医は明確な記録なしにその改善を認識することはないかもしれない．それぞれの治療計画では，少なくとも8週間は経過を観察しなければならない．毛引きの頻度と羽の視覚的な変化については飼い主による観察と記録を取っておく必要がある．羽の再生が客観的に評価されるよう，できれば写真を定期的に撮影しておくと良い．

自　傷

自傷は毛引きよりも大きな問題である．例えば，鳥は皮膚そのものを実際に傷付けてしまう．この問題への対処方法は，一部の例外を除き毛引きへの対処方法に類似している．

- 自傷をする鳥の多くには，自傷の原因あるいは二次的な結果として健康上の問題が認められるため，皮膚の状態(16章参照)を見ることに，より多くの注意を払う必要がある．
- この状態は多くの痛みを伴い，より深刻な健康上の問題に発展することがあり，治療計画には，痛みの管理，抗菌治療および創傷管理のすべてが含まれている必要がある．
- 通常これらの鳥には，更なる傷害を防ぐためバンデージやカラーの装着が必要になる．

行動薬理学

症例によっては行動を制御するため薬剤を使用することで行動の修正が容易になることがある．病鳥の行動に効果を示す薬は多数存在する．一部には本来別の目的のために使用される薬も含まれ，またある薬は，鳥の行動に対する効果のため開発されている．行動に対する薬は，特定の神経伝達物質の効果を阻害したり増強することで効果を示す．この行動を制御する薬により影響を受ける神経伝達物質には，アセチルコリン，カテコールアミン，セロトニン，ドーパミン，γアミノ酪酸(GABA)，興奮性のアミノ酸およびアンドロゲンが含まれる．カテコールアミン，ドーパミン，アンドロゲンと特定のアミノ酸は興奮性の傾向があり，セロトニンとGABAは，より抑制的な効果を示す．これはもちろん極端に単純化した表現であり，各神経伝達物質は影響するシナプスによって異なる効果を示すことがある．しかし，このような説明はこれら薬剤の作用の理解をより容易にする．ある薬は，これら神経伝達物質に対する効果が非特異的で，またある薬は著明な特異性を示す．効果が特異的であれば，より特異的な診断が求められることになる．このためその薬の効果は，診断の信用性の裏づけにもなる．

行動を制御するための薬にはいくつかの種類がある．多くはセロトニンまたはGABAの活性を増強あるいはドーパミン活性の阻害により作用する．トランキライザーはさまざまな行動障害のために使用されるが，長期間の使用は推奨できない．

- ジアゼパムのような**ベンゾジアゼピン系薬**は，ドーパミン抑制薬およびGABAの増強剤として機能する．これらにはいくらかの中枢鎮静作用がある．またこれらには筋弛緩作用があり，いくらかの運動障害を惹起する可能性がある．これらの薬剤は，猫同士の攻撃行動，スプレーイングおよび音に対する恐怖の制御に使われ成功している．これらの薬剤は学習能力を妨げ，訓練を阻害してしまうことがある．
- **ブチロフェノン系薬剤**には，ハロペリドールが含まれている．これに分類される薬剤はドーパミンを阻害するが，一般に犬や猫の問題行動に対して使用されることはなく，鳥ではハロペリドールが自傷や毛引きの両方に使用されてきた(Lennox and Van Der Heyden, 1993)．この研究は非常に小規模で，毛引きに対してはそれほどの効果はなかったが，ほとんどの自傷の症例で治療が効果的であった．成功例としては，バタン類の毛引きに対する効果が最善で，このことは鳥種により原因が異なることを示唆している．副作用には，沈うつ，食欲減退，不安および興奮が認められている．
- ジフェンヒドラミンやヒドロキシジンのような**抗ヒスタミン薬**は，ヒスタミン受容体の阻害によって作用する．軽い鎮静の副作用は，あらゆる行動に有益に働く可能性がある(Overall, 1997)．ジフェンヒドラミンはしばしば毛引きに対し推奨されているが，臨床的な成功例は非常に限られているようである(Johnson-Delaney, 1992)．
- フェノバルビタールのような**抗痙攣薬**はGABAを強化する．こういった薬剤が問題行動に効果を示すことはまれで，著者はある毛引きをするキホオボウシインコでフェノバルビタールを使用した時に痙攣を起こしたことがある．
- **プロゲストゲン**(酢酸メドロキシプロゲステロンを含む)はGABAを増強し，非特異的な鎮静効果やいくらかの抗炎症効果がある．酢酸メドロキシプロゲステロンは，注射およびシリコンインプラントの両方で，鳥の毛引きの治療に効果的であることが明らかにされている(Harrison, 1989; Hillyer *et al*., 1989)．副作用には，肥満，肝臓の変性および糖尿病が頻繁に認められ，この薬の長期間にわたる使用は推奨されていない．性腺刺激ホルモン放出ホルモンの作動薬である酢酸ロイプロリドは，性ホルモンと行動を同様に抑制するために用いられてきた．この薬剤は，多くの場合臨床的には効果的に見えるが，投薬量や投与回数については現在のところ経験的に決定されている．
- **三環系抗うつ薬**(TCAs)には，主要な効果として鎮静，コリン抑制活性および再吸収の阻害によるセロトニンの強化がある．正味効果としては，不安や抑うつの軽減がある．これらの薬剤は強力な抗ヒスタミン薬でもあり，痒みの障害には有用であるかもしれない．アミトリプチリン，ドキセピンおよびクロミプラミンはすべてこのグループの薬剤である．ドキセピンとクロミプラミンはともに鳥の毛引きでの使用が検討されてきた（Johnson, 1987; Ramsay and Grindlinger, 1992）．これらは症例のごく一部で効果的であったが，問題行動の原因による違いについては検討されていない．これら薬剤と行動の矯正との組合せは，より効果的かもしれない．三環系抗うつ薬の副作用はコリン抑制性の反応に起因している．副作用には，口渇，便秘，尿閉および不整脈の可能性がある．罹患鳥は治療の前に開始時の心電図検査を受け，また治療の期間中も不整脈を調べるため定期的に心電図検査を受ける必要がある．

- フルオキセチンのような**選択的セロトニン再取り込み阻害薬**には，抗コリンあるいは抗ヒスタミン活性を示すことなくセロトニン様の効果がある．フルオキセチンは，毛引き治療のため臨床的に使用され，さまざまな結果を示してきた（Bauck, 1997）．
- 麻薬の**作動薬および拮抗薬**は，脳のオピエート受容器で作用する．これらは，自傷行動を増強する可能性のあるエンドルフィンの反応を妨げる可能性がある．ナルトレキソンは，ある研究において（Turner, 1993）毛引き41例のうち26例でその防止に効果的であった．この研究ではカラーが使われ，薬物の効果を正確に評価できなくしていた．

その他の医学的障害を治療する場合と同様に，最大の成功を得るためには同じ原則が求められる．治療計画には，その問題によって示されるあらゆる行動修飾あるいは薬が提案される．最初の治療計画が問題を解決しない場合，代案を作成し検討する必要がある．各治療計画には，効果が出るまで6～8週間は用意しておく必要がある．**表17.4**は，鳥で行動障害を治療するために用いられたいくつかの薬の一覧を示している．

表17.4　問題行動で使用される薬物

薬物	経口投与量	主な効果	適用	副作用
クロミプラミン	• 24時間ごと，または8時間ごとに0.5～1.0 mg/kg	• セロトニン • 抗うつ • 抗不安 • 抗ヒスタミン	• 毛引き • 不安 • 恐れ • 恐怖症	• 吐き戻し • 一過性の運動失調 • 嗜眠 • 不整脈
ジアゼパム	• 12時間ごと，または8時間ごとに0.5 mg/kg	• 精神安定剤 • 鎮痙薬	• 過剰な恐れまたは恐怖症	• 鎮静 • 長期の肝障害
ジフェンヒドラミン	• 12時間ごとに2～4 mg/kg	• 抗ヒスタミン薬 • 鎮静	• 瘙痒 • 刺激	• 嗜眠
ドキセピン	• 12時間ごとに0.5～1.0 mg/kg	• セロトニン • 抗うつ • 抗不安薬 • 抗ヒスタミン薬	• 毛引き • 不安 • 恐れ • 恐怖症	• 吐き戻し • 嗜眠 • 不整脈
フルオキセチン	• 24時間ごとに1 mg/kg	• セロトニン	• 毛引き	• 報告なし
ハロペリドール	• 12時間ごとに0.15～0.2 mg/kg	• 精神安定剤	• 自傷	• 摂食障害 • うつ • 興奮 • 不安
酢酸ロイプロリド	• 毎月0.25～0.75 mg/kg	• 生殖ホルモンの抑制	• 毛引き • 攻撃行動	• 報告なし
酢酸メドロキシプロゲステロン	• 4～6週ごとに5～25 mg/kg	• 性的活動の抑制 • 鎮静	• 毛引き • 攻撃行動 • 産卵	• 肥満 • 糖尿病 • 肝障害
ナルトレキソン	• 12時間ごとに1.5 mg/kg	• 抗炎症作用麻薬拮抗薬	• 毛引き • 自傷	• 報告なし
フェノバルビタール	• 12時間ごとに3.5～7 mg/kg	• 鎮痙薬徴候	• 発作を伴う毛引き	• 鎮静 • 長期の肝障害

著者が使用している問診様式の例

飼い主		鳥の名前	
住所		種名	
電話		年齢	
仕事		性別	
FAX		Determined	
E mail		色	

以下の中から，あなたが必要とされる処置にチェックマークを付けて下さい．

	私は行動に関する診察の継続を希望し，また________の料金に同意します．
	私は診察の継続を希望しないが，私の鳥の医療記録の保持には同意します．

医療および毛づくろいに関する情報

私の鳥は：過去6カ月以内に獣医師による検査を受けたことが	ある	ない
この問題で獣医師による検査を受けたことが	ある	ない

鳥が我々の罹患鳥でない場合，あなたのかかりつけの獣医師に医療記録の提供をお願いします．

私の鳥の翼は：完全な状態		切られている			
第一翼羽の切除は：巣立ち前に実施		実施巣立ち後に実施		実施成熟時に実施	
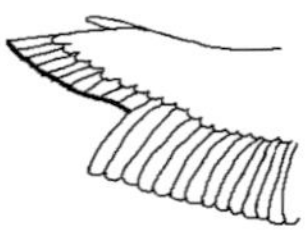 切り方は：		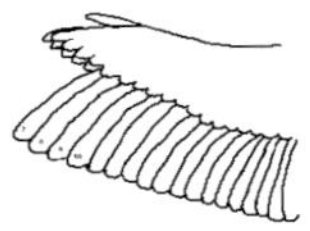		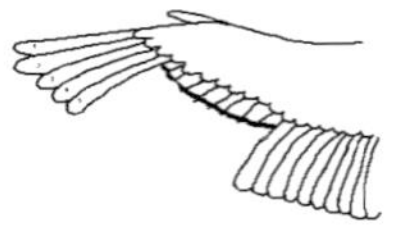	
切除は：		片方		両方	

鳥の入手先

ペットショップから		ブリーダーから		展示会		送られた	
捕獲された野生個体		飼育個体の親鳥に育てられた		人工飼育			

鳥を家に連れてきた時鳥は：あなたが適当と考える選択肢にチェックマークを入れて下さい．

まだ人が餌を食べさせていた		ちょうど巣立つ時だった			
巣立って少し経つが性成熟はしていなかった		性成熟していた			

もしあなたがこの鳥を人工給餌で育雛した場合，あなたは：

巣立ちを鳥に任せた		強制的に巣立ちをさせた		
6カ月齢をすぎても人工育雛を続けた				

ブリーダーやペットショップ以外で私の鳥は：0		1		2		数人に		飼育されていた

鳥が家に来る以前に私は：決して		たまに		頻繁に		鳥と会っていた

環境

鳥のケージについて説明して下さい.

商標名，大きさなどケージに備えられたすべての備品と内容を記載して下さい.

あなたの鳥は1日に何時間ケージで過ごしますか

あなたの鳥が過ごすケージ以外の場所を記載して下さい.

そこでどのくらいの時間を過ごしますか

あなたの鳥が利用できる玩具を記載して下さい.

あなたの家の図を描き，家族が過ごす場所と一緒にケージの場所や遊び場を示して下さい.

ケージがある場所で鳥のいる高さに座ったり立ったりした時，上下を含め周囲全方向に見えるものあるいは聞こえることすべてを記載して下さい.

もし写真やビデオで記録できればより多くの情報が得られるかもしれません.

あなたの鳥は1日にどのくらいの時間を単独で過ごしますか

あなたが居ない間，あなたの鳥はどんな景色，音その他の刺激を受けていますか

鳥がいる場所は，夜間灯りが消されていますか

朝は，いつ最初に光が入りますか

明るさについて考えて下さい：明るい□　薄暗い□　または中間□

鳥が飼育されている場所はどのような光が使われていますか

あなたの鳥の餌について詳細を記載して下さい.

固形飼料の商品名を記載して下さい.

あなたの鳥の好みを記載して下さい.

あなたの鳥の給餌スケジュールはどうなっていますか

あなたの鳥が好む餌は何ですか

家の中に喫煙者はいますか

その人達は鳥の周辺で喫煙しますか

家の中には他に臭気や煙の発生源はありますか

あなたの鳥は，どのくらいの頻度で水浴びをしますか，またどんな方法で水浴びをしますか

水浴びの後で，あなたは鳥を乾燥させますか

その方法は.

あなたの鳥の飼育群について家にいるすべての人を記載して下さい.

家に居るすべての動物を記載して下さい.

家に居る子供の年齢を記載して下さい.

主に誰が鳥の世話をしますか

誰が最も多く鳥と時間を過ごしますか

鳥は誰を好むように見えますか

鳥は誰を嫌っているように見えますか

鳥の行動

鳥があなたの手に乗るのは：容易□　躊躇する□　まれ□

鳥があなたの肩に乗るのは：しばしば□　時々□　まれ□　決して乗らない□

あなたが家に帰った時鳥はどのように迎えますか＿＿＿＿＿＿＿＿＿＿

鳥は家にいる他の人達をどのように迎えますか＿＿＿＿＿＿＿＿＿＿

鳥が遊びでどのような行動をするか記載して下さい．＿＿＿＿＿＿＿＿＿＿

あなたの鳥は話しをしますか　はい□　いいえ□

語彙：10語未満□　10～30語□　30語以上□

あなたの鳥は言葉を適切に話しますか　はい□　　いいえ□

あなたの鳥はどこを触られることを好みますか　頭の上□　背中□　尾□　翼の下□　その他□

ケージの外で，あなたの鳥は誰かと接触しますか

常に□　断続的に□　まれに□　決してない□

あなたの鳥は，どの程度束縛を受け入れますか

全く問題ない□　好んではいないが受け入れる□　かなりのストレスを受ける□

あなたの鳥は以下のような状況でどのような反応をしますか

	不安	恐怖	平静	幸福	興奮	攻撃的	回答なし
好きな人が近づく：							
他の人が近づく：							
見知らぬ人が近づく：							
好きな人がケージを開ける：							
その他の人がケージを開ける：							
見知らぬ人がケージを開ける：							
好きな人がケージに手を入れる：							
他の人がケージに手を入れる：							
見知らぬ人がケージに手を入れる：							
好きな人による階段行動：							
他の人による階段行動：							
見知らぬ人による階段行動：							
好きな人が愛撫/撫でる：							
他の人が愛撫/撫でる：							
見知らぬ人が愛撫/撫でる：							
好きな人が手から餌を与える：							
他の人が手から餌を与える：							
見知らぬ人が手から餌を与える：							
他の人が好きな人に近づく：							
好きな人が他の人に近づく：							
見知らぬ人が好きな人に近づく：							
好きな人が見知らぬ人に近づく：							
見知らぬ人が他の人に近づく：							
他の人が見知らぬ人に近づく：							
好きな人から他の人に手渡す：							
他の人から好きな人に手渡す：							
好きな人から見知らぬ人に手渡す：							
見知らぬ人から好きな人に手渡す：							
他の動物が近づく：							
好きな人が視界から外れる：							
他の人が視界から外れる：							
大きな音：							
ケージ外の新しい物品：ケージ内の新しい物品：							
見知らぬ場所：							

あなたの鳥にはどのような問題行動がありますか？　当てはまる事項すべてをチェックして下さい．

噛みつき		叫び声		毛引き/毛噛み		自傷		不合理な恐怖	
その他		説明							

このような行動が発生する状況を具体的に記載して下さい．____________________

____

このような行動が発生した場合にあなたがとる行動を記載して下さい．____________________

____

毛引きや毛噛みあるいは自傷について，以下の問いに答えて下さい．

身体のどの部分が影響を受けていますか____________________

____

羽は引き抜かれたり損傷を受けていたのは：当てはまる事項すべてをチェックして下さい．

最初に生えてきた時□　羽が伸びる時□　成鳥になってから□

あなたが家にいない時□　あなたが鳥に注意を払わない時□

その行動が中断するのは：

遊びで□　食餌で□　その他の行動で□

この行動が中断するのは：

注意で□　叱ることで□　餌で□

この行動が発生する時：

鳥は自分を傷付けるように行動する□

鳥は彼 / 彼女を困らせないように行動する□

痒みがあるように行動する□

18

繁殖と新生ヒナ

April Romagnano

雄雌鑑別

オウムインコ類のほとんどの種は雌雄同形である．すなわち，ヒトの目では雌雄の区別ができないということである．いくつかの大まかな特徴から，鳥の性別を推測することはできるが，それは単に目安であり，正確な雌雄鑑別はできない．その特徴とは，頭部や嘴の大きさ，全身の大きさ，虹彩の色，羽の色，そして攻撃的行動，などである．

飼育下での繁殖を成功させるためにまず必要なのは，雌雄の個体あるいは本当の番いであるため，雌雄鑑別は重要である．また，雌雄鑑別は獣医学的行為であり，鳥類臨床医は診断を行っているため，その点でも正確な雌雄鑑別が重要である．さまざまな鑑別方法があるが，臨床獣医師は，鳥，飼い主，そして自分自信にとって最適な方法を選択することができる（**表18.1**）．

細胞遺伝学的方法は鳥の完全な核型を評価することができる．この方法は性別だけでなく，染色体の異常も検出することができる．オウム類の細胞遺伝学的異常には，染色体逆位，染色体転座，三倍体性，ZZ ZW キメリズムなどがあり，繁殖能力を著しく低下させる要因である．

表18.1 雄雌鑑別の方法（続く）

方　法	コメント	利　点	欠　点
外観	• 性的二型の種の成鳥にのみ適した方法（図18.1，18.2）．紫外線領域が可視化できる技術が開発されれば，もっと多くの種が性的二型となるかもしれない．	• 簡便	• 適用が限られる．
身体的特徴	• 例えば，クロインコと（可能であれば）ボタンインコの排泄口による鑑定．小型のオウムインコ類では，恥骨間の幅を確認	• 非侵襲性	• 経験が必要，適用できる種が限られる，疑問の残る結果となることもある．
外科的方法	• 1970年代に発達した方法で，左体側から内視鏡を挿入して鑑定する（9章）．	• 直ちに結果が得られるため，その場で性別を伝え，鑑定書を発行できる． • 性腺の器質的特徴（雄雌鑑別だけでなく，例えば不妊の可能性）を含めた他の器官についての情報も得られる． • すべての種で成熟の程度にかかわらず適用できる．	• 麻酔のリスク • 侵襲性；損傷や感染のリスクはあるが，経験および無菌的手技により最小限に抑えること．いくつかの種（コンゴウインコなど）の離乳したばかりのヒナでは性腺が分化していない場合がある． • 高額な機材とある程度の経験が必要
DNA 検査（羽）	• 現代のDNAによる雄雌鑑別は，雌のヘテロ接合のW染色体により行われる．すなわち「雌」か「雌でない」（つまり雄）かという結果となる．	• 簡便 • 非侵襲性 • 若齢からでも実施可能	• 十分な量のDNAを採取する必要がある；検査は抜いた直後の羽に付着した細胞を用いており，羽そのものを用いるわけではない．そのため換羽で得られた羽は不適切で，また複数のサンプルを採取する必要がある．

表18.1 (続き)雄雌鑑別の方法

方　法	コメント	利　点	欠　点
DNA 検査(羽)			• 脚環で識別された個体から羽を抜いて実施した検査でない限り，雄雌鑑別書を発行しないこと． • 混入；複数の個体を同じケージで飼育している場合には不適切．雌の落屑により雄の検査結果が変わってしまう(検査手法により逆は起こらない)ことがあり，検体の約4%で発生する． • 結果が得られるまでに1週間以上かかる． • 繁殖能力に関する情報は得られない．
DNA 検査(血液)	• 雌の染色体を検出して鑑別	• 全血の採取が必要であるが，比較的非侵襲性．趾の爪を切る，あるいは卵殻内の静脈から採材することで，孵化時から検査可能	• 人為的ミスにより不正確な結果となる．マイクロチップや脚環が装着できないほど若齢の鳥では個体識別が難しい場合がある．

図18.1 オオハナインコ．雄(左)は緑，雌(右)は鮮やかな赤と紫．

図18.2 コボウシインコ．雄は上部雨覆羽の手根骨と翼膜の先端に赤い羽が見られる．雌は緑色である．

繁殖障害

雌

産卵時の障害にはさまざまな原因があり，予後は原因によって異なる．鳥類臨床医は，繁殖歴を含めた完全な稟告を聴取し，詳細な身体検査を実施しなくてはならない．診断的検査を実施するのか，あるいは救急症例として直ちに支持療法を開始するかの判断は，個々の症例に応じて行う．

採血(全血球計算，電解質，生化学)，総排泄腔の培養，X線検査，内視鏡検査，および超音波検査は重要な診断手法である．

卵塞と難産卵

- 卵塞は，卵が正常な速度で卵管を通過しないこと(産卵遅延)である．一般的な産卵間隔は48時間である．
- 難産卵は尾側の生殖路において，物理的に卵が栓塞することである．これは，尾側の卵管/子宮，膣，あるいは膣－総排泄腔接合部において発生する．

卵塞によって総排泄腔の閉塞や脱出が見られることがある．

卵塞の原因には，低カルシウム血症やその他の栄養障害，卵管・子宮・膣の筋肉の機能障害，卵の過剰形成，大型卵・変形卵あるいは軟殻卵，雌の年齢，肥満，卵管腫瘍，卵管感染，運動不足，高体温または低体温，季節外れの繁殖，初めての産卵，持続的な嚢胞状の右卵管，脂肪腫，腹壁ヘルニア，遺伝性，あるいは適切な産卵場所を与えられていないこと，などがある．

難産卵の際には，生命にかかわる循環障害，ショック，神経麻痺などが起こることがある．これは，骨盤内や腎臓の血管系あるいは神経系の圧迫に続発する．正常な排便・排尿ができなくなると，重篤な代謝障害や，消化管閉塞，閉塞性腎障害などを引き起こす．卵管の圧迫性壊死により卵管の裂傷が起こる．

臨床症状：難産卵と卵塞の症状は，鳥の大きさによって異なる．セキセイインコ，オカメインコ，ボタンインコなどの小型種は，難産卵となることが多い．エネルギー蓄積量が少なく，エネルギー要求量が多いこと，また臓器も小型であることから，大型種に比べて，小型種ではより積極的な処置が必要となる．卵塞の鳥は，沈うつ，嗜眠，大人しい，過換気となることが多い．脚の幅は広く，止まり木には止まらず，片側性あるいは両側性麻痺が見られることもある．腹部と総排泄腔は軟らかく，膨大し，卵が触知できることもある．尾振り，緊張，排便頻度の低下，排便量の増加，呼吸困難，あるいは巣作りなどが見られる．重度の難産卵では，鳥の脚は「青白く」なり，血管の障害が示唆されるため，迅速な処置が必要である．

安定化：身体検査の後に，罹患鳥を安定化させることが必須である．皮下補液(生理食塩水またはラクトリンゲル液)が理想であるが(6章)，まずは静脈内へのボーラス投与が必要な場合もある．重度の脱水症例では，頸静脈あるいは中足骨静脈へのカテーテル留置，あるいは骨内カテーテル留置が必要となる(6章)．どのような症例においても，10%ボログルコン酸カルシウムを皮下投与すべきである(図18.3)．加温・加湿した酸素濃度の高い保育器に鳥を入れ，安静にさせるために覆いを掛ける．

診断：罹患鳥の状態に応じて，X線撮影，全血球計算(complete blood count；CBC)および生化学検査を実施する．低カルシウム血症は卵塞の原因としてよく見られるが，これは低カルシウム食(特に高脂肪食の場合)の給与あるいはカルシウム代謝異常によるものである(図18.3)．総排泄腔の培養と感受性試験を実施し，抗生物質の非経口投与を開始する．脱出した組織がある場合は，加温した生理食塩水で洗浄し，滅菌潤滑油で覆う．組織の脱出がなく，腹部に卵が触知できない場合は，X線検査や超音波検査を実施する．X線検査では，ほとんどの長骨内に骨髄骨が認められるはずである(2章)(図18.3)．よく形成された骨髄骨があれば，卵の形成に必要な量のカルシウムが蓄積されているということである．超音波検査は，軟殻卵の栓塞，異所性の軟殻卵・無殻卵の検出，卵管炎の診断だけでなく，卵管腫瘤と他の尾側腹腔内腫瘤の鑑別にも有用である．

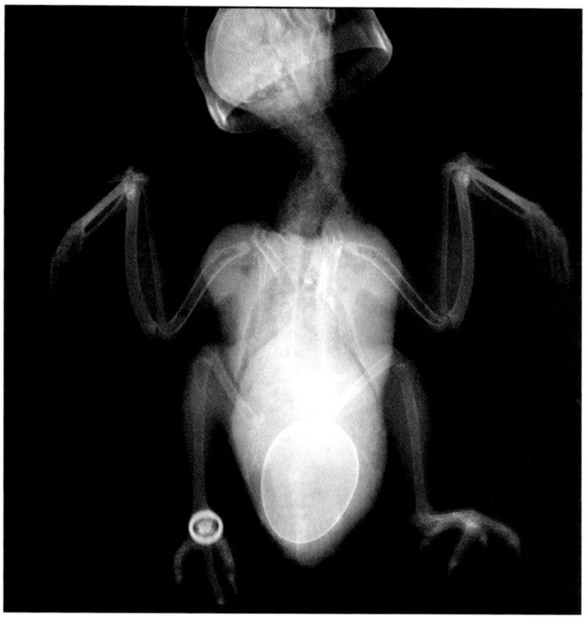

図18.3 卵塞を呈したクサビオインコのX線写真．卵殻に覆われた通常の大きさの卵が確認できる．長骨内の骨髄骨(図2.8と比較)は卵殻形成のために消費されており，病因は低カルシウム血症である可能性が高い．内臓が変位し，気嚢が縮小していることにも注意．この症例は，カルシウム投与により30分以内に産卵したが，卵は卵殻が薄く，クチクラ層がなかった．

治療：著者が好んで行う治療法は，前述した支持療法と後述する最小限の外科的処置である．しかしながら，以下のホルモン療法も選択可能である．

プロスタグランジンE_2およびE_1(PGE_2とPGE_1)は，子宮膣括約筋を弛緩させ，子宮収縮を増加させることが知られている．PGE_2ゲル(0.1 cc/体重100 g)およびPGE_1液の，子宮膣括約筋への局所的投与が推奨される．子宮に損傷や疾患，腫瘍がなく，卵が卵管に癒着していない場合，PGE_2により誘発される子宮収縮は，投与後15分以内に卵が安全に排出されるほど強力である．プロスタグランジン$F_{2\alpha}$は，PGE_2に比べて危険である．前者は，子宮膣括約筋を特異的に弛緩させるのではなく，全身の平滑筋収縮を引き起こすため，鳥類に選択すべきプロスタグランジンではない．

オキシトシンは，卵管の刺激に推奨されるが，鳥類の体内では産生されていない．非経口的な投与により，心血管系への深刻な作用が発現し，加えて，強い疼痛を伴う無意味な全身性の平滑筋収縮を引き起こす．

治療開始後，2～14時間以内に産卵が見られない場合，二つの非外科的処置のうちどちらかを試みる．鳥に麻酔を施し，総排泄腔内に滅菌KYゼリーを塗布して潤滑にし，2本の細い止血鉗子を用いて膣を優しく拡張する．腹壁から卵が触知できる場合は，その上に指を置き（卵と竜骨の尾腹側の間に），持続的に圧力を加え，卵管から卵が排出されやすいようにする．卵が割れないように十分注意しながら，一定の圧力を加える．卵が割れると組織の脱出や腎損傷を引き起こす．この処置は，子宮の狭窄，捻転，裂傷がある場合や異所性卵の場合には禁忌である．

指で圧迫しても産卵が起こらない場合，卵穿刺すなわち，卵の内容物を太い骨用針（21または23 G）で吸引する．卵の先端が総排泄腔から目視できる場合は，経総排泄腔卵穿刺が最も安全な方法である．経腹壁穿刺が必要な場合もある．この方法は軟殻卵で有用であり，吸引後には容易に排出される．卵殻が硬い場合は，吸引後に卵殻を軽くつぶさないと摘出できない場合もある．鋭い卵殻片が子宮を損傷したり，残存した卵殻が感染巣となる場合があるため，すべての卵殻片を注意深く取り除くことが必要である．

尾側卵管あるいは尿生殖道に卵が栓塞した場合は，外科的除去が必要となる．このような症例では，会陰切開を試みる．卵が卵管壁に重度に付着している場合，子宮の裂傷がある場合，卵管の頭側部に軟殻卵がある場合，あるいは異所性卵の場合には，腹側から開腹し子宮摘出術の実施を検討する．

卵管脱

卵管，子宮，膣，総排泄腔の脱出は，難産卵，正常な産卵，生理的過形成，これらの組織を障害するさまざまな疾患，全身性の衰弱，栄養障害に伴って二次的に発生する．子宮が最もよく脱出する組織であるが，卵管の一部（**図18.4**）や腸が脱出することもある．露出した組織は感染しやすく，失活しやすいため，温かい生理食塩水で洗浄し，清潔で湿った状態に保たなくてはならない．洗浄の前に，培養と感受性試験のため総排泄腔から採材し，CBCおよび生化学検査のための採血も行う．抗生物質と補液を非経口的に投与する．次に，滅菌潤滑油と50％滅菌デキストロース液の混合物（1：1）を，脱出した組織に塗布し，浮腫を低減する．湿潤し縮小した組織を，潤滑油を付けた綿棒でゆっくりと整復する．再発も多いが，その場合は再整復を試みる．必要であれば，再発を抑えるために，排泄口の左右どちらか1箇所に十字縫合を行う．この方法は，排泄口を小さくすることで，組織が整復した状態を維持しつつ，尿，尿酸塩，糞便を排泄する隙間は残すというものである．総排泄腔が繰り返し脱出する場合は，総排泄腔固定術が必要となる．子宮脱が再発する場合は，子宮摘出術を行うか，あるいは繁殖用の個体であれば腹側あるいは背側の子宮靱帯再建を行う．

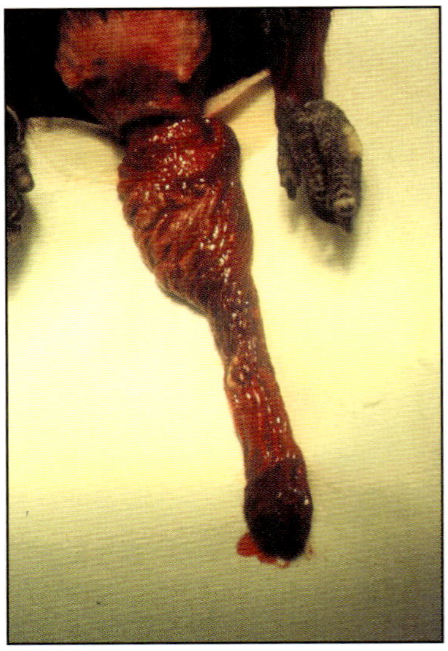

図18.4　オオハナインコで見られた卵管脱（10章もあわせて参照）．

直ちに整復された場合の予後は良好であるが，慢性経過をとった場合は，脱出した組織そして罹患鳥自身の予後も不良である．罹患鳥の状態が安定化したら，外科的デブリドマンあるいは子宮摘出術が必要となる場合もある（10章参照）．

卵黄性腹膜炎

感染性の卵黄性腹膜炎は，体腔内に卵黄が存在し，感染が見られ，しばしば致死的となる病態を表す．早期に発見，治療され，感染にまで至らなかった症例では予後良好である．卵黄そのものは組織球の軽度な反応を引き起こして，徐々に再吸収されるだけであるため，非感染性の卵黄性腹膜炎の予後は良好である．卵黄性腹膜炎には，一連の症候群が関与している可能性があるが，その中には蠕動の逆流に続発する異所性排卵，卵管炎，子宮炎，腫瘍，嚢胞性過形成，卵管裂傷，あるいは産卵雌におけるストレスや身体的拘束などが含まれる．

卵黄性腹膜炎の急性症状は，産卵の低下あるいは消失，沈うつ，食欲不振，軽度の体重減少，就巣行動，あるいは最近の産卵である．診断と迅速な治療により予後は向上する．慢性症例では，腹部の異常な腫大と腹水が，特に小型のオウムインコ類でよく見られる症状である．

急性かつ感染性の卵黄性腹膜炎は，クラミジア症，アスペルギルス症あるいは骨髄炎によく似た重度な感染性反応を引き起こす．白血球(white blood cell；WBC)数は，30,000/μLを超えることもあれば，正常値を示すこともある．診断には，X線検査，腹腔穿刺，内視鏡検査および開腹術が有用である．卵黄性腹膜炎は，オカメインコ，セキセイインコ，ボタンインコおよびコンゴウインコ，特にアカコンゴウインコで多く報告されている．卵黄性腹膜炎に関連したその他の症候群としては，卵黄性膵炎(一時的な糖尿病を引き起こす場合がある)や卵黄栓塞(特にオカメインコで，発作様の症状を引き起こす)などがある．

治療：治療は症状の重篤度によって異なる．慢性症例における，昔からの治療法には，培養および感受性試験に基づく抗生物質の長期的な非経口投与，必要があれば支持療法，腹圧低減および呼吸困難解消のための腹腔穿刺などがある．卵黄性腹膜炎の病因となる病原体は，大腸菌(通常は*Escherichia coli*)が多いが，*Yersinia pseudotuberculosis*や*staphylococci*が見られる場合や，嫌気性細菌や*Chlamydia*が関与する場合もある．状態が安定している症例については，内視鏡検査を行い，腹腔内病変の重症度を評価する．卵黄量が過剰な場合，卵黄が濃縮している場合，あるいは癒着が見られる場合は，状態が安定化した症例であれば，開腹手術による腹腔内洗浄を行う(10章)．予後は，早期の診断，治療にかかっている．早期に診断された症例のほとんどは，内科的治療により治癒するが，慢性の卵黄性腹膜炎は，鳥類の産科領域における死亡原因として最も多い病態である．

慢性産卵

慢性産卵あるいは過剰産卵は，伴侶の有無や繁殖期かどうかにかかわらず，雌が産卵を繰り返す場合，あるいは通常よりも1回の産卵数が多い場合である．この現象はオカメインコ，セキセイインコおよびボタンインコでよく見られ，ヒトを刷り込みされた人工育雛のオウムインコ類で見られることは少ない．

慢性産卵あるいは過剰産卵は，カルシウム欠乏を引き起こし，最終的には，卵塞，骨粗鬆症，そして重篤な栄養障害を引き起こす．性的刺激を与えるようなもの，すなわち，玩具，巣箱，ヒト，不適切な伴侶，あるいは番いの雄を取り除く必要がある．光周期については，光照射を1日8時間までに抑え，ホルモンバランスを妨げることで産卵を停止させる．巣が空になると，再び雌に刺激を与え，問題を悪化させることになるため，慢性産卵あるいは過剰産卵で生んだ卵を巣に残すか，あるいは人工卵に置き換える．

臨床症状：過剰産卵に加えて，慢性症例の末期に見られる症状は，体重減少，慢性的逆流に続発する脱水，自慰行為に続発する排泄口周囲の脱羽および皮膚炎，異常卵の産生，卵管無力症，筋肉衰弱，慢性的カルシウム欠乏に続発する病的骨折などである．残念なことに，末期に見られるこれらの症状が，飼い主が異常に気づく最初の症状であることが多い．急性期あるいは初期の症状は，産卵頻度の増加，産卵数の増加，および過剰な就巣である．これらの症状は産卵数が決まっている種(すなわち，セキセイインコ)で特にわかりやすい．彼らは，通常一腹の産卵数は一定で，卵が取り上げられたり，壊れたりしてもそれ以上産むことはない．これに対して，多くのオウム類は産卵数が決まっていない種と考えられる．彼らは，卵が取り上げられたり，壊れたりすると，一腹として適切な数であると自分が認識するまで産卵し続ける．オカメインコの研究では，繁殖行動は，光刺激，巣箱の存在，「伴侶」(人工育雛の鳥では通常は飼い主)との接触に関連していることが示唆され，実際にオカメインコで，黄体形成ホルモン(luteinzing hormone；LD)濃度が上昇した．

治療：慢性産卵あるいは過剰産卵の治療は，栄養障害の改善，獣医学的あるいは薬理学的治療，そして場合によっては卵管子宮摘出術などがある．すべての症例において，栄養素やビタミンの補給を行う．

慢性産卵の薬理学的，獣医学的管理については議論が分かれている．産卵/排卵周期を中断させるために，メドロキシプロジェステロンの注射あるいは埋め込みが実施されてきた．副作用は，肥満，倦怠，多尿，多渇，肝リピドーシスなどである．この治療は，すでに脂肪肝を呈している鳥においては，致死的な糖新生障害を引き起こす可能性があるため禁忌である．

長時間作用型の酢酸ロイプロリドは，非常に高価で，活性の高い，性腺刺激ホルモン放出ホルモンであるが，オカメインコを含めた多くのオウムインコ類において，産卵停止のために安全に用いられている．酢酸ロイプロリドは，オカメインコの投与量にまでも分割することができ，後で使用するために凍結保存することも可能である．解凍後でも，すぐに投与すれば活性は維持されている．オウムインコ類では，酢酸ロイプロリドの注射を，2～3週間ごとに最低3回行うことで，慢性産卵を停止することができる．オカメインコでは，症例によっては酢酸ロイプロリドの投与により1年から数年もの間産卵が停止するが，注射をしても産卵し続ける症例もある．オカメインコにおける実験的研究では，産卵を停止させるまでに7回もの注射が必要な個体があった．難治性の症例では，卵管子宮摘出術の適用を検討する(10章)．

研究者によっては，ヒト絨毛性性腺刺激ホルモン(human chorionic gonadotrophin；HCG)のLH作用は，卵胞発達の適切な段階で投与すると卵胞閉鎖を引き起こすため，排卵のコントロールに利用できると示唆している．しかしながら，その効果や安全性には疑問があることが報告されており，使用は推奨されない．合成LH剤は非常に安全で効果的な場合がある．

結局は，卵管子宮摘出術だけが慢性産卵を停止させる唯一の方法である．この複雑な手術は，中型から大型のほとんどのオウムインコ類においては，一般的に安全な方法と考えられている．オカメインコ，ボタンインコおよびセキセイインコでは，非常に高い技術を持った外科医が実施する必要がある．慢性産卵や過剰産卵を治療せずに放置すれば，卵塞，骨粗鬆症，重度の栄養障害を引き起こすため，本病態の治療においては，予防および飼い主教育が非常に重要である．

腫　瘍

オウムインコ類においては，卵巣の腫瘍の方が，卵管の腫瘍よりも多く見られる．総排泄腔の腺癌はあまり見られない．

卵巣腫瘍は，大きなものでは体重の3分の1もの重さを占めることがあり，臓器の著しい変位を引き起こす．卵巣あるいは卵管の腫瘍に続発して，ヘルニア，腹水および嚢胞が多く見られる．腹部膨満に続発する最も顕著な症状は呼吸困難であるが，片側性あるいは両側性の麻痺や，セキセイインコでは蠟膜の色の変化（ピンクまたは青から琥珀色に）も見られる．診断的検査には，触診，X線検査，超音波検査などがあるが，確定診断は生検と病理組織学的検査により行う．卵巣腫瘍としては，腺癌，腺腫，顆粒膜細胞腫，脂肪腫，線維肉腫および癌腫症が多く報告されている．ほとんどの卵巣腫瘍は活発で浸潤性であるため，手術による摘出は不可能である．

卵管の腫瘍には，腺腫様過形成，腺癌，腺腫および癌腫症がある．

雄

雄の不妊の原因には，年齢，肥満，近親交配あるいは感染などがある．不妊の雄の個体では，身体検査の後，必要に応じて，排泄口と総排泄腔の検査（細菌学的，細胞学的，組織学的検査），精液の採取および検査，精巣および精管の内視鏡検査，精巣生検を実施して原因を調べる（11章）．

精巣炎

精巣の感染は，総排泄腔炎や腎臓閉塞に起因するものである．クロインコでは，総排泄腔が突出しており，脱出や潰瘍により逆行性感染が引き起こされる．精巣炎で最も多く検出される細菌は *Escherichia coli*, *Salmonella* spp. および *Pasteurella multocida* である．症状は，他の全身性感染症と同様である．最も有効な治療法は，総排泄腔，精液および精巣などから採取したサンプルの培養および感受性試験に基づいた抗生物質投与である．

腫　瘍

精巣の腫瘍は，片側あるいは両側の精巣に発生し，セキセイインコに多く見られる．症状は，片側性麻痺，進行性の体重減少，腹部膨満などである．罹患雄は，第二次性徴が減退するため，性質が雌に近くなる．精巣腫瘍からの転移は，肝臓に見られることが多い．鳥類で診断される最も多い精巣腫瘍はセミノーマであり，攻撃性などの行動変化が本腫瘍に関連づけられている．セルトリ細胞腫および間細胞腫も報告されている．リンパ腫も，精巣に浸潤すると不妊の原因となる．

孵　卵

孵卵と孵化を成功させるためには，徹底した管理が必要である．同様に，晩成性のオウムインコ類のヒナは，1日目から手厚い世話を必要とする．新生ヒナは，眼は閉じ，綿毛は少しかあるいは全くなく，体温調節もできず，決まった時間に人工給餌をする必要がある．それゆえに，予防医療および救急医療に加えて，獣医師は以下の段階を正しく評価することで愛鳥家の助けとなることができる．すなわち，孵卵，孵化，人工給餌，新生ヒナの発育および離乳である．

自然孵卵

飼育下のオウムインコ類において，自然孵卵はさまざまな要因によって影響される．親鳥による正常な繁殖行動を見た経験，鳥の健康状態，食餌，種，由来（自然界で捕獲された，あるいは人工育雛），経験，環境および巣箱のデザインなどである．おそらく，これらの中で最も重要なのは，親鳥による正常な繁殖行動を見た経験であろう．雌は卵を抱きたがり，産卵の準備をし，卵の世話をする必要がある．雌は巣作りを雄に手伝ってもらい，巣を清潔に保ち，しっかりと守らなければならない．雄は供給者としての役割を果たし，産卵前も産卵後も定常的かつ継続的に雌に食餌を与えなければならない．卵が孵化すると，雌の栄養要求を満たすため，雄はそれまで以上に気配りをし，番いでヒナを養わなくてはならない．

卵は，鳥が驚いた時に破損することが多く，特にバタン類，ヨウムそしてコンゴウインコで多く見られる．卵殻の質が悪い時は，必ず食餌を疑い，確認をする．ひび割れた卵は細菌感染しやすいため，マニキュアで局所的に補修をし，人工孵卵を行う．

オウムインコ類では，自然界で捕獲された番いや，飼育下で経験豊富な親鳥に育てられた番いに比べて，人工育雛され繁殖経験のない番いでは，繁殖の成功率が低いことが報告されている．しかしながら，これは著者の経験とは異なり，人工育雛された番いの標本数を増やすことで反証される可能性がある．巣箱の要因（清潔さ，形，奥行き，幅，高さ，入り口の角度など）や光量は繁殖を成功させるのに重要である．

人工孵卵

人工孵卵した卵の孵化率は，親鳥から離された時期によって異なり，最初の7～14日間を自然孵卵してから離された卵に比べて，1日目に離された卵では低い．さらに，大型のオウムインコ類の卵は，小型のオウムインコ類の卵に比べて，1日目から人工孵卵しても孵化率が高いようである．小さい卵は，孵卵の最初が最も難しい．それらの卵にとって理想的な温度勾配を孵卵器で再現するのが難しいためである．一般的には，人工孵卵の開始時は自然孵卵よりも若干高い温度にする必要がある．それでもなお，大型の繁殖施設では，繁殖数を増やすために，1日目から人工孵卵することが多い．これは，1日目に卵を取り上げることで，雌の産卵を促し，その結果一腹の産卵数が増え，1年の産卵数も増えるからである．卵は，注意深く個体識別する必要があるが，その際には軟らかい鉛筆で書くのが最も安全である．

人工孵卵を成功させるためには，いくつかの要因があり，孵卵器内の温度，湿度，換気，振動および転卵などである．転卵は，人工孵卵において非常に重要である．これにより，卵殻の内膜に胚が付着するのを防ぐ．自然孵卵では，親鳥は35分おきに卵を回転させている．人工孵卵の際に，不適切な転卵を行うと，初期あるいは後期の死ごもりや，胚の位置異常を引き起こす．高品質な市販の孵卵器では，タイマーで作動するさまざまなタイプのローラーにより，さまざまな速度で卵を回転させる機能があるが，平均的な回転数は1日10回である．自動転卵機能のない孵卵器の場合は，最低でも1日5回は転卵を行う必要がある．

年に数回，人工孵卵器の細菌および真菌培養を実施し，ポリオーマウイルスとPBFD（オウムインコ類の嘴と羽毛病）ウイルスのDNA検査も行う．毎年1回，設備を清掃しガス滅菌を行う．

孵卵の温度と相対湿度は，オウムインコ類の種によって異なるが，前者は37.2～37.4℃（華氏98.9～99.3度），後者は30～45%の範囲内である．湿度のモニタリングには，デジタルの湿度計が役立つ．孵卵室は，温度が22.8～23.9℃（華氏73～75度），湿度が43～48%に維持するのが理想的である．オウムインコ類の胚は，温度37.5℃（華氏99.5度），湿度65～75%で最も孵化しやすい．

孵卵時間はオウムインコ類の種によって異なり（**表18.2**参照），セキセイインコの約18日から，ヤシオウムの約30日と幅がある．

表18.2 孵卵日数．通常，孵卵は雌によってのみ行われるが，バタン類では雄雌の両方によって行われる．

種	卵の数	孵卵日数	巣立ちまでの日数
ヨウム	2～3(4)	21～30	80
ネズミガシラハネナガインコ	2～4	25	63
コザクラインコ	4～6	23	38
アカコンゴウインコ	1～4	24～28	100
アオボウシインコ	1～5	23～25	60
アケボノインコ	3～6	26	60
コバタン	2～3	27	70
オオバタン	1～3	28～29	100
オカメインコ	3～7	20	35
セキセイインコ	4～6	18	30
アオハシインコ	5～9	20	35
ホオミドリアカオウロコインコ	3～4	22～24	42
ワカケホンセイインコ	3～4	22	50

胚の発達と検卵

人工孵卵中の卵は，発達を観察するため「検卵」を行う．毎週あるいは隔週の検卵には，ペンライトが有用である．検卵時には，卵を孵卵器の床に移動させて回転しないようにする．水位の低下（気室の形成）が確認されたら，卵殻膜の嘴打ち（はしうち）が始まるころである（後述）．

オウムインコ類の卵は，鶏卵よりもハンドリングに弱いが，検卵は胚の受精と生存能力を評価するのに重要であり，必要なハンドリングである．オウムインコ類の胚の発達において非常に重要な時期は，孵卵の最初の数日間と，卵殻膜の嘴打ちから孵化までの期間である．この期間は，不適切なハンドリングや孵卵器内の不適当な要因に対して，胚の感受性が非常に高まる．この時期になると，心拍数の評価のために卵モニターを用いることも可能である．

胚の受精を示す最初の徴候は，胚から放射状に均一に伸びる血管で，3から5日目に樹状模様が見られる（**図18.5**）．7日目までに血管の形成や発達が見られず，卵黄が透けて見える卵は，無精卵か初期の「死ごもり」のどちらかであるため，孵卵器（あるいは巣）から取り除く．孵卵における最初の7日間の死亡は，通常，親鳥あるいは孵卵器での孵卵が不適切であったためである．しかし，卵の感染，汚染あるいは遺伝的異常の場合もある．人工孵卵で初期に胚が死亡する理由は，不適切なハンドリング，温度や湿度が高すぎるか低すぎる，過剰な振動，不適切な転卵あるいは，換気が悪く二酸化炭素濃度が上昇したこと，などである．

正常に発達したオウムインコ類の卵は，孵卵中の拡散により11～16%（平均13%）の重量の水分を喪失する（1日目から卵殻の嘴打ちまでに）．この間の重量減少により，卵の丸い方の端に気室が形成される．湿度が高すぎると気室は小さく，湿度が低すぎると気室は大きくなる（卵表面の汚れは，乾いた状態で取り除く．オウム類の卵の洗浄は推奨されない）．

正常なオウムインコ類の胚は，気室の下に頭部がある．オウムインコ類の胚は，ニワトリの胚に比べて，頸が太く短いため，通常は右翼の下に頭部を入れることはない．その代わりに，彼らは単に頭部を折り込んで，右翼の端の近くに置いていることが多い．

孵　化

孵化は，胚の死亡率が最も高まる時である．孵化には，水位の低下，卵殻膜の嘴打ち，卵殻の嘴打ちそして卵から現れる，という段階がある．

1. **水位低下**は，気室の形成により確認される（図2.14参照）．卵殻膜の嘴打ちの約24～48時間前に，気室の拡大と伸展が起こり，卵の一端に引っ張られて，卵の容積の20～30%を占めるようになる．
2. 胚にとって必要なガス交換は，もはや尿膜循環ではなく，二酸化炭素濃度が上昇すると，錯綜筋が収縮して，頭部を動かす．嘴で絨毛尿膜を突き破り，気室に至る（卵殻膜の嘴打ち）．胚は今やヒナとなり，気室内の空気で呼吸する．
3. 肺が機能し始めると，心室の右・左短絡が閉鎖し，種によっては卵の中から鳴き声が聞こえることもある．もはや転卵は不要のため，卵を孵卵器の床に置く．呼吸に続いて腹部の筋肉が収縮し，卵黄嚢がヒナの腹腔内に引き込まれる．その後の呼吸により，気室内の二酸化炭素濃度は10%にまで上昇し，錯綜筋が再度収縮すると，嘴で卵殻を突き破る（卵殻の嘴打ち）．この時点で，卵を孵卵器から取出し，ハッチャー（孵化用の孵卵器）に移す．卵殻膜の嘴打ちから，卵殻の嘴打ちまでの時間は，24～48時間が一般的である（3～72時間の幅がある）．

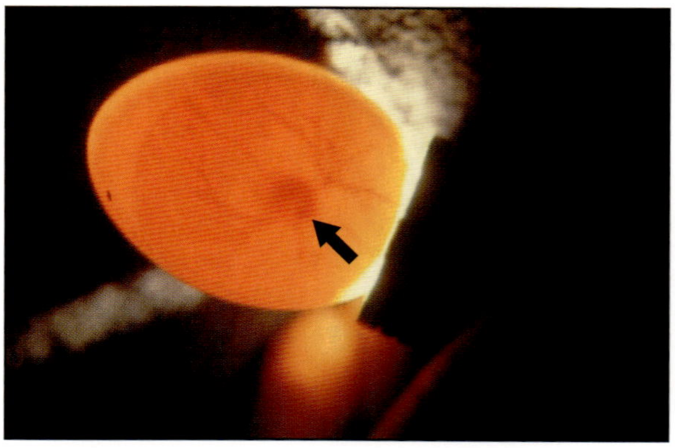

図18.5 受精した卵の検卵では，3から5日目に初期の小さな胚（矢印）とそこから放射状に伸びる血管が確認できる．その後数日間にわたり胚と血管は成長し，孵卵期間の半ばまでには，卵は不透明になる．

胚とヒナの死亡

人工孵卵の場合，孵化の前に胚が死亡する原因として最も多いのは，胚の変位と不適切な水分の喪失である．胚の変位は，高温あるいは温度上昇に続発することが多いが，これは同時に未熟な段階での嘴打ちを引き起こすこともある．最もよく見られる変位は，卵の尖った方の端に頭部が位置する場合や，嘴が回転して気室から離れてしまう場合である．適温より低い温度で孵卵した卵は，発育が遅く，孵化時に問題が生じることが多い．湿度が高いと適切な水分喪失を妨げ，アルブミン過剰により，浮腫を呈した「湿ったヒナ」となり，嘴打ちの際に溺れて死亡する．湿度が低く，過剰に水分が喪失すると，卵殻膜がヒナに付着し正常な嘴打ちを妨げる．

死亡した卵はすべて剖検すべきである．肉眼所見で胚の一般状態と位置を評価する．異常な組織や液体については培養あるいは病理組織学的検査を行う．卵殻については，色，質感，形およびストレス線の有無を評価する．卵殻の厚さは，質感の違い，透明度および有孔の程度から評価する．

ヒナの世話

孵化したら，ヒナを育雛器に入れる．

人工給餌

すべてのヒナの給餌は，最初の3日間は希釈して用いる市販の製品（例えば，Kaytee Macaw Exact）を与えることから始める．このコンゴウインコ用の製品は，高脂肪，高カルシウム，低ビタミンDであり，これは胚の発達とヒナの発育に大切な要素である．1日目と2日目は，希釈した餌（35 ccの水に対して，テーブルスプーン1杯のKaytee Macaw Exact）を2時間ごとに与えるが，嗉嚢を空にするため夜には与えない．2

日目は，最初の給餌の際にプロバイオティクス製剤(0.1 cc)を与える．3日目は3時間ごとに給餌する．

4日目になったら，非希釈性の食餌を開始する．4日目以降の給餌回数は，最も小型の種では1日5回から開始し，クサビオインコと同等以上の大きさの鳥では4回から，3回，2回，1回，離乳のように減らしていく.給餌回数の減らし方は,種や個体の大きさによって異なる(大型種ではゆっくり)．給餌量は，初めは体重をもとに決定し,後には種によって決定する(後述).例えば,

- 4日目には，Kaytee Regular Exactを，白色，桃色，サーモン色のすべてのバタン類(タイハクオウム，クルマサカオウム，オオバタンなど)に同様に与える．給餌量は体重の10％とし，給餌回数が1日3回となったら，肝リピドーシスを防ぐため体重の8％の量に減らす．
- 黒色や灰色のバタン類，ハシブトインコ，スミレコンゴウインコ，ベニコンゴウインコ，ニョオウインコおよびテンジクバタンなどは，脂肪要求量が多い種である．これらには，コンゴウインコの人工給餌食に，脂肪と食物繊維を添加した特別な食餌を与える．この食餌を，スミレコンゴウインコには体重の12％，ベニコンゴウインコには11％，残りの種には10％の量で与える．
- その他のコンゴウインコ種，ヨウム，シロハラインコ，コガネメキシコインコ，オオハナインコおよび ヒオウギインコには，人工給餌用のMacaw Exactが適している．これらの種には体重の10％を給餌するが，ヒワコンゴウインコだけは12％を給餌する．
- 給餌回数が1日2回になったら，種によってあらかじめ決められた1日1回時の最大の食餌量に徐々に近づけていく．例えば，1日の最大量はオカメインコで5 cc，コガネメキシコインコで25 cc，ヨウムで50 cc，そしてスミレコンゴウインコで140 ccである．

離　乳

1日2回給餌の若齢鳥には，固形の食餌，すなわちペレット，果物，野菜，そしておやつに松の実やアーモンドなども用意する．1日1回の食餌となったら，容器に入れた飲み水を用意する．鳥が自分で飲水，摂食するようになったら，ケージに移しても良い．自動給水器から飲水するように訓練をしたら，水の容器を取り除いても良い．

離乳の時期には，鳥の体重測定を欠かさず，慎重にモニタリングを行う．離乳を強制することなく，個体ごとに自分のペースで離乳できるようにする．

新生ヒナ

問　診

- 親鳥の健康状態と繁殖歴，兄弟の健康状態，孵卵中および孵化時に発生した可能性のある問題について聴取する．
- 食餌内容，その準備の仕方，給餌の量と頻度を評価する．
- 毎回の給餌の際に(特に1日の最初の給餌の際に)，嗉嚢が空になっているかどうか．
- 環境，飼育場所，ヒナの居場所の清潔さ，安全性，温かさについて評価する．
- ヒナの行動，食餌に対する反応，糞便・尿・尿酸塩の色・内容物・量について聴取する．

身体検査

ヒナの身体検査では，全般的な外観，体型，行動を評価するが，毎日の体重増加がわかるグラフも必要である．新生ヒナの身体検査は温かい部屋で行い，手もあらかじめ温めておく．種によって異なる成長率，発育および行動についての知識が役立つ．

孵化したばかりのヒナ(綿毛が生えている)

オウムインコ類は晩成性であり，栄養，温度(34～36℃)，食餌および安全な場所が与えられなくてはならない．

- ほとんどの腹腔内臓器は，新生ヒナの皮膚を通して見ることができる．通常見えるのは，肝臓，十二指腸ループ，卵黄嚢，筋胃であり，肺が見えることもある．
- 心臓と肺の聴診を行う．
- 幼いヒナでは，胸筋で体型を評価することができないため，肘，趾，臀部を触診して体型を評価する．
- 嗉嚢は，外観から大きさや色を確認し，注意深く触診して厚み，裂傷，熱傷，穿孔あるいは異物の有無を確認する．また嗉嚢を透かして，内容物の評価ができるかどうかを試みる．
- 皮膚は，色，質感，水和状態，皮下脂肪の有無を評価する．通常は，オウムインコ類のヒナの皮膚は，肌色を帯びたピンク色で，温かく，柔らかい．脱水によりヒナの皮膚は乾燥，充血し，粘着質になる．

成長したヒナ(成長中の大羽が生えている)

羽が生えてくるに従って,加温の必要性は低下する.骨格の成熟前であっても，ヒナは活発に動き回ることができるが，それを促すべきではない.

- 羽を診察し，ストレスマーク，カラーバー，変色について，また羽軸や生えてきたばかりの羽からの出血や変形がないかを確認する.
- あらゆる年齢のヒナにおいて，筋・骨格系を触診し，骨格異常や外傷がないかを評価する．離乳までは，バタン類のヒナは自分の膝の上に座り，前側は大きな腹でバランスを取っている．これに対し，コンゴウインコのヒナは横たわっているのを好む．ヒナは腹が突き出ているのが一般的であるが，これは嗉嚢，前胃，筋胃，小腸に食餌が充満していることによる.
- 嘴は,閉じている状態で奇形がないかを評価する.口角パッキン(ヒナの嘴の接合面に見られる軟らかく肉厚な部分)に外傷がないか，また給餌に対する反応が見られるかを確認する．一般的に，健康なヒナでは，嘴側面の接合面を刺激すると，給餌に対する活発な反応を示す.
- 眼およびその周囲については，眼瞼欠損，腫脹，分泌物，痂疲，眼瞼痙攣などの異常がないかを評価する．最初に眼が開いた時には，眼の中に透明な分泌物が確認できるが，片側性であることが多い．眼が開き始めるのは，コンゴウインコで14～28日目，バタン類で10～21日目，ボウシインコで14～21日目である.
- 鼻と耳は分泌物がないか，孔があるか，孔の大きさについて評価する.
- 口腔は，プラーク，炎症あるいは損傷がないかを評価する.

診断的検査

臨床病理

右頸静脈から採血し，血液学的検査および臨床化学的検査を実施する.成鳥と同様に,採血量は体重の1%未満に留める．趾の爪切りは，雄雌鑑別のためにのみ行うべきである．幼いヒナは，成鳥に比べてPCVと総タンパク量が低い．アルブミンと尿酸の値は低く，アルカリホスファターゼとクレアチンキナーゼの値は高い.

微生物学的検査

総排泄腔培養，嗉嚢培養，糞便内細胞検査およびグラム染色は，身体検査の一環として常に実施すべきである．正常な総排泄腔と嗉嚢の細菌叢はグラム陽性菌で，*Lactobacillus*, *Corynebacterium*, *Staphlylococcus* および非溶血性 *Streptococcus* spp などから成る．ほとんどのグラム陰性菌と嫌気性菌は病原性と考えられ，真菌もまた同様である．上部気道の疾患が疑われる場合，あるいは後鼻孔乳頭が異常に丸みを帯びている場合には，後鼻孔の培養を必ず実施する.

X線検査

新生ヒナおよび離乳前の若齢鳥においては，嗉嚢，前胃，筋胃は拡大しているのが正常であり，X線検査では，前胃と筋胃が腹腔内のほとんどを占めている．また筋肉量は少ない.

内視鏡検査

新生ヒナの内視鏡検査や手術は，絶食させて実施するのが良い．離乳前のヒナでは前胃，筋胃，腸が拡大しているからである．ヒナを保温し，状態を安定化させ，麻酔と内視鏡検査は素早く実施する．離乳後に内視鏡検査を行うのが最も安全ではあるが，著者の経験では，もっと若齢のヒナでも(1日3回給餌になっていれば)安全に実施できる．覚醒後直ちに給餌を行うことで，低体温，低血糖，低カルシウム血症を容易に防ぐことができる．内視鏡は，異物摘出，鳴管の検査，外科的雄雌鑑別および腹腔鏡検査に有用である.

治　療

抗微生物療法

抗生物質治療は，培養および感受性試験に基づいて7日間行う．著者が強く感じているのは，抗生物質を投与している新生ヒナにおいては，抗真菌薬のナイスタチンもあわせて投与すべきということである．抗生物質治療の終了時および生まれて間もなく(孵化の2日後)の時には，*Lactobacillus* の投与も強く推奨される．軽度の真菌感染は，ナイスタチンのみを14日投与することで治療できる.難治性の真菌感染の場合は,ナイスタチンとあわせて，抗真菌薬のケトコナゾールを最低21日間全身投与するとともに，抗真菌薬治療の終了時には，嗉嚢に酢酸を強制投与し，その後 *Lactobacillus* を投与する.

補　液

新生ヒナの場合，罹患鳥の安定化は保温と水和が中心となる．すなわち，経口，皮下，静脈内投与に用いる補液を加温しておき，必要な際にいつでも使用できるようにしておくことが大切である．皮下補液が最もよく行われる．重度に脱水した新生ヒナでは，頸部カテーテルからの補液が望ましい.

新生ヒナにおける一般的な問題

自然育雛のヒナは病気に対してより抵抗性を示す傾向があり，人工育雛されたヒナに比べてずっと病気になりにくい．しかし食餌の質が悪ければ，いかなる成長中の鳥でも変形や疾患が引き起こされる．

腹腔外の卵黄嚢

卵黄嚢は，ヒナに栄養と移行抗体を供給する．卵黄嚢は，孵卵の最終段階において体内に引き込まれ，完全に吸収される．孵化の前に卵黄嚢が体内に引き込まれないことがあり，一般的には孵卵の温度が高いためであるが，時に感染による場合もある．卵黄嚢が体外に出ている健康なヒナは，ハッチャー（孵化用の孵卵器）または育雛器に清潔なタオルを敷き，その上に置く．臍を，綿棒を用いてクロルヘキシジンで消毒する．卵黄嚢が破裂している場合は，卵黄嚢の培養とあわせて，嗉嚢と総排泄腔の培養も行い，適切な抗生物質ならびに経口抗真菌薬を投与する．また補液も行う．卵黄嚢が腹腔内に引き込まれない場合には，手術が必要となる．留意しておかなければならないのは，卵黄嚢は体内で小腸に繋がっており，その血管は肝臓に至るということである．腹腔内での卵黄嚢遺残は，*Escherichia coli* による臍炎のために二次的に発生することが多い．

成長阻害

成長阻害は，栄養障害に起因することが一般的であり，孵化後30日以内に発生することが多い．罹患ヒナは，成長率が悪く低体重で，体に対して頭部が大きく，羽の成長に異常が見られる．羽の異常とは，発羽の遅れ（体部），羽の向きの異常（頭頂部），ストレスラインやカラーバーなどである．

脚と趾の変形

ペローシス（開脚症）は，よく見られる変形であるが，一般的には栄養障害（特にカルシウムとビタミンDの欠乏）により引き起こされ，過剰な運動，肥満あるいは先天性の欠陥により悪化する．片側の脚が罹患することが多いが，両側性の場合もある．ヒナはペーパータオルに包むか脚を固定する（11章）．若齢鳥がペレットやその他の滑りやすい面の上に居る場合は，タオルの上に立たせるかあるいはタオルで包む．治療は，脚の固定か，あるいは手術が必要な場合もある．湾曲，交叉あるいは前方に向いた趾は，早期であれば副子で矯正可能であるが，そうでない場合は手術を実施する（11章）．

趾の絞扼

趾が絞扼するこの症候群は，オオハナインコ，コンゴウインコ（図18.6）およびヨウムで見られることが多い．病変は環状の絞扼で，通常は末梢の趾骨が罹患し，第二趾に発生することが最も多い．

1. イソフルラン麻酔下にて拡大鏡を用いて，布やその他の線維によるものでないことを確認する．
2. 細い鉗子を用いて，環状の線維の帯のデブリドマンを行う．
3. 内側と外側の2箇所において，絞扼輪を分断するように，長軸方向に全層切開を行う．貯留した漿液を排出し，包帯を施して，腫脹のモニタリングを行う．
4. 毎日，お湯で希釈したクロルヘキシジン溶液に浸漬してマッサージし，再び包帯をする．

総排泄腔と嗉嚢の培養を行い，抗生物質を非経口的に，抗真菌薬を経口的に投与する．絞扼輪から遠位の趾が壊死し，切断が必要となることも多い．病因は解明されていないが，乾燥した環境により引き起こされることが示唆されている．

嘴の奇形

嘴でよく見られる三つの奇形は，上嘴の外側変位（鋏様），下嘴の圧迫変形，下嘴の突出（パグ様）である．外側変位は先天性あるいは，下手な人工給餌の手技に誘発されたものと考えられる．下嘴の圧迫は，手荒な人工給餌の手技に誘発されたもの，そして下嘴の突出は先天的なものと考えられる．最初の二つはコンゴウインコでよく見られ，三つ目はバタン類でよく見られる．奇形の矯正方法は，ヒナが幼く，嘴が柔軟な場合

図18.6 趾の絞扼症候群．この成長途中のベニコンゴウインコは，親鳥にうまく育てられず，その後に人工育雛された．第一趾が著しく腫脹し，絞扼が見られる（もう一方の足でも，第一趾が罹患しており，絞扼の遠位の部分は乾燥し脱落していた）．絞扼は外科的に解消され，3週間以上経って趾は正常に戻った．

は，物理的治療とトリミングを実施するが，カルシウム沈着後の場合は，頻繁なトリミング，アクリル製嘴の移植術あるいは伸展術が必要となる場合も多い(11章).

逆　流

離乳中，嗉嚢は小さくなるのが一般的である．したがって，給餌後に少量の食餌が逆流する場合には，給餌の回数を減らし，固形の食餌(ペレット，果物，野菜など)を開始する．鳥の成長に伴って，食餌の量は増え，回数は減るのが一般的である．若齢の鳥に，過剰な量を給餌すると逆流し，誤嚥性肺炎を引き起こすことがある．離乳するには幼すぎるヒナで繰り返し逆流が見られる場合や，大量に逆流する場合には，疾患や機械的閉塞の可能性がある．異物，嗉嚢あるいは下部消化管の真菌あるいは細菌感染，痛風，前胃拡張症(PDD)との鑑別が必要である．逆流を引き起こす薬剤もある．トリメトプリム/スルホンアミド，ドキシサイクリン，ナイスタチンなどであり，特にコンゴウインコのヒナで起こることが多い．ヒナの診察を行い，必要に応じて抗生物質や抗真菌薬による治療を開始する．ただし逆流の症例では，非経口的に投与する必要がある．

食道あるいは咽頭の穿孔

食道あるいは咽頭の穿孔は，シリンジあるいはチューブによる給餌に続発して発生する．コンゴウインコのような元気で活発な種で発生することが多い．食道の穿孔は，咽頭と胸郭入口の間の腹側(つまり嗉嚢のほとんどの面)に見られることが多い．咽頭の穿孔は，鳴管の背側，声門の右の僅かに背側で起こることが多い．緊急手術を行い，皮下に貯留した食餌を除去し，ドレインを設置し，創傷の洗浄を開始する．症例にはチューブで給餌し，治癒するまでの間，創傷に食餌が接触しないようにする．嗉嚢，総排泄腔および後鼻孔の培養，CBCおよび血液化学的検査を実施し，抗生物質および抗真菌薬の投与を開始する．

嗉嚢うっ滞

嗉嚢うっ滞は，新生ヒナおよび若齢鳥で非常によく見られる．原発性の嗉嚢うっ滞の原因は，感染，異物(給餌チューブやシリンジの先端)，アトニー，熱傷，嗉嚢内の食餌の水分量低下，低体温，食餌や環境が冷たいまたは熱い(暑い)場合などである．そのうち最もよく見られるのは，真菌感染あるいはカンジダ症である．続発性の嗉嚢うっ滞の原因は，腸閉塞や腸重積による遠位消化管のうっ滞，細菌または真菌感染，敗血症，拡張，PDD，ポリオーマウイルス，胃腸管内異物，腎障害あるいは肝障害などである．嗉嚢うっ滞の治療には，獣医学的管理および物理的管理が必要となる．前述した診断が非常に重要であるが，特に培養，嗉嚢と糞便の細胞学的検査，血液検査が重要である．必要であれば，ためらうことなく，さらに詳しい検査(X線検査，嗉嚢生検や容積低減手術)を実施する(10章).

嗉嚢うっ滞と胃腸管うっ滞のどちらの場合においても，補液は必須である．経口補液は，濃縮された嗉嚢内容物に水分を与えることにより，その通過を促進させる．全身的な水和のためには，皮下補液が選択される．重度の脱水症例では静脈内補液が望ましいため，右頸静脈にカテーテルを留置する．カテーテルは，数日間安全に使用することができる．嗉嚢の閉塞が重篤な場合は，温めた生理食塩水を繰り返し注入して，嗉嚢を空虚にする必要がある．「嗉嚢ブラ」(図18.7)は，過拡張した嗉嚢を物理的に管理する簡単な方法である．嗉嚢の重篤な拡張がある場合は，嗉嚢からの排出を促進するため，嗉嚢の容積を低減する手術が必要となる場合もある．重度の嗉嚢うっ滞に続発して，低タンパク血症が起こることがある．このような症例では全血輸血を行い，胃腸管閉塞が除外された時点で，メトクロプラミドまたはシサプリド投与を行う．

慢性の非反応性の嗉嚢うっ滞では，壁のカンジダ症の可能性がある．このような症例は，生検により確定診断し，抗真菌薬と抗生物質の全身投与を長期間継続するとともに，酢酸の強制投与を行う．酢酸は嗉嚢の内容物を酸性化させ，真菌や細菌の増殖を抑える．嗉嚢うっ滞の一般的な症状は，嗉嚢が拡張し動かないこと(肉眼的に確認できる)と逆流である．嗉嚢うっ滞は管理できる病態であるにもかかわらず，脱水や敗血症により致死的状態となることがあるため，直ちに処置を施す必要がある．嗉嚢うっ滞はオウムインコ類に最もよく見られる疾患で，脱水を引き起こす．脱水に続発して敗血症を呈するのが典型的であるが，これが人

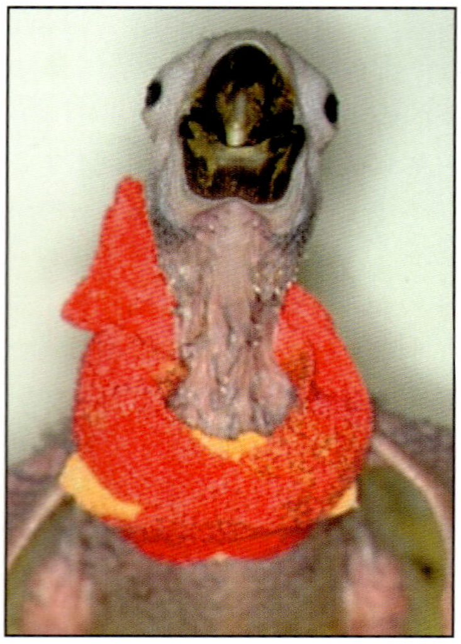

図18.7 嗉嚢「ブラ」は，過拡張した嗉嚢を支持するようにデザインされている．

工育雛のヒナで最も多い死因である．

嗉嚢の熱傷

嗉嚢粘膜と皮膚の熱傷は，非常に熱い食餌（43℃より高温）の給餌に続発して起こる．手術を行う前に造瘻する必要があるが，数日間から数週間が必要となる場合もある（10章）．

異物の摂取と閉塞

新生ヒナと若齢鳥は，好奇心旺盛なため，異物を摂取することがある．異物が大きく，嗉嚢内にある場合は，指（鉗子が必要な場合もある）で触診しながら除去することができる．木の削り屑のような小さな異物は嗉嚢を通過し，下部消化管の閉塞を引き起こす．緊急手術が必要な場合も多い（10章）．

新生ヒナのまれな疾患

直腸脱

コンゴウインコで，過剰な運動，あるいは感染に続発した直腸脱が報告されている．脱出した組織が新鮮であれば助かる可能性がある．緊急手術を行う（10章）．

腸重積

ボウシインコの若齢鳥での腸重積が確認されているが，どのような種でも起こりうる．補液，抗生物質および抗真菌薬による治療を行うが，緊急手術が必要である．オウム類の新生ヒナでの予後は不良であり，安楽死を考慮する（10章）．

肝臓の血腫

手荒なハンドリングや外傷に続発する可能性，あるいは栄養素欠乏が疑われる．報告例のほとんどはコンゴウインコであるが，病因は不明である．血液検査と培養を行う．必要に応じて，ビタミンK_1の投与と輸血を行う．

肝リピドーシス

肝リピドーシスは，過剰給餌に続発する場合や，個体の感受性により発生する．主に人工給餌のタイハクオウム，オオバタンそしてルリコンゴウインコで見られるが，他の種でも発生しうる．罹患ヒナでは，顕著な肝臓の腫大（図7.14 d参照）が皮膚を通して観察され，腹部は膨満し，蒼白で呼吸困難を呈すこともある．罹患鳥では，食餌の量を減らし，回数を増やすことで，呼吸困難は速やかに改善する．食餌の脂肪含有量を減らす必要がある．採血および糞便培養が有用である．オオアザミとラクツロースを投与する．

痛　風

痛風は症状であり，重度の腎疾患や極度の脱水に続発する．コンゴウインコの若齢鳥で，食餌中の過剰なビタミンD_3とカルシウムに続発すると思われる痛風が発生する．ルリコンゴウインコ，アカミミコンゴウインコ，オカメインコおよびヤシオウムでは，遺伝的素因が疑われる．

ワイン色の尿

ヨウム，ボウシインコおよびアケボノインコの若齢鳥で，赤く染まった尿が見られることがある．特定の人工給餌食により発生する可能性がある．白や淡い色のタオルにつくとわかりやすい．

育雛施設における感染症

繁殖家が閉鎖群を飼育しており，バードショー，オークション，その他の群れの訪問をしなければ，感染症（13章）が発生することは少ない．反対に，繁殖家の中には，他の繁殖家のために健康状態が不明なヒナを育てている者もおり，これはリスクの高い行為である．

ポリオーマウイルス

オウムインコ類の育雛施設で遭遇するウイルス性疾患の中で最も多い．このウイルスは伝播しやすく，増殖期間は約2週間で，感染に気づいた時にはすでに広く拡散していることが多い．罹患鳥の多くは24～48時間以内に死亡する．2～14週齢のコンゴウインコ，クサビオインコ，オオハナインコおよびワカケホンセイインコが罹患することが多い．症状は，衰弱，蒼白，皮下出血，食欲不振，脱水，嗉嚢うっ滞，逆流，嘔吐および沈うつなどである（図7.8参照）．注射部位でも出血が見られ，羽を抜くと過剰に出血し，皮膚には点状あるいは斑状出血が見られる．回復例では，体重増加率が低く，多尿，腸停滞のほか，サーコウイルス感染（PBFD）に類似した羽の異常が見られる．無症候性感染により，オウムインコ類の群れで本ウイルスは保持される．ウイルス排泄している個体を特定するため，ポリオーマウイルスのPCR検査が実施可能である．米国ではワクチンが販売されている．育雛施設の厳格な管理と，閉鎖的な運営を実践することが必要である．

前胃拡張症（PDD）

前胃拡張症（PDD）も新生ヒナにおいて重要なウイルス性疾患である．罹患鳥は10週齢以上であり，最終的には死に至る．育雛施設において罹患ヒナが示す症状は，逆流，嗉嚢うっ滞，糞便量の増加，体重減少，衰弱および神経学的症状（頭部振せんなど）である．筋胃，前胃あるいは嗉嚢の生検により，筋層間神経叢におけるリンパ球・形質細胞浸潤が確認されれば診断できる.「閉鎖的」な育雛と完璧な管理が，本ウイルスのコントロールにおいて最も重要である.

オウムインコ類の嘴と羽毛病(PBFD)

PBFD は伝播しやすく，脂粉を介して容易に拡散する．本ウイルス疾患に特徴的な症状は，羽の発育異常であり，羽の生え揃ったヒナで確認されやすい．棍棒状の羽や，環状の狭窄，羽鞘や血羽の遺残などが見られる．PBFD の PCR 検査が実施可能である．陽性を示した鳥は隔離し，90日後に再検査を行う(陰性となる個体もある)．個体の年齢や免疫能力によって，急性あるいは慢性の経過をとる．育雛施設の厳格な管理と検疫を実践する．育雛施設から出す前に，すべてのヒナを検査する．ヒナがペットショップに販売された場合，そこでサーコウイルスに感染した脂粉に接触し感染するリスクが高い．これは多くのセキセイインコが無症候性キャリアであるためである．若齢鳥は免疫系が十分に発達するまで，このようなリスクにさらされるべきではない.

鳥ポックスウイルス

米国では，本ウイルスが新熱帯区のオウム類において問題となっている．米国では，ヒナが少しの時間でも巣に留まり，若齢鳥が屋外で飼われている．欧州では状況が異なる(13章)

微生物感染

食物の微生物汚染が，オウムインコ類のヒナにおいて最も一般的な問題である．総排泄腔および嗉嚢の培養とグラム染色により診断されることが多い．オウムインコ類のヒナでは，グラム陰性菌あるいは真菌の感染は異常である．*Escherichia coli*, *Klebsiella* spp. および *Enterobacter* spp. のいくつかの株は，病原性に幅があり，全く健常なヒナから分離されることもある．症状を呈している場合のみ，あるいは非常に多くのグラム陰性菌や真菌が検出された場合のみ，治療を行う．治療は培養と感受性試験に基づいて実施する．前述の通り，抗生物質を投与するすべての新生ヒナには，抗真菌薬のナイスタチンも合わせて投与しなくてはならない．逆流やうっ滞が見られる症例では，その状態が改善するまでの間は，抗生物質を皮下投与する．育雛施設において重要な病原菌は *Escherichia coli*, *Klebsiella* spp., *Enterobacter* spp., *Pseudomonas* spp., *Salmonella* spp. および *Candida* spp. である.

すべてのヒナの死亡例において，*Chlamydia* の可能性を疑う必要がある．群れにセキセイインコやオカメインコが含まれる場合は特にである(13章).

19

神経学および眼科学

Thomos N. Tully, Jr

神経学

神経学的疾患は，原発性あるいは続発性に発生し，中枢神経系あるいは末梢神経系が侵される．中枢神経系に関連した症状は，痙攣(発作)，沈うつ，運動失調，不全麻痺，麻痺，振せん，旋回，頭位傾斜，眼振，斜頸，視覚障害，異常行動である．

脳および脳幹

鳥の脳は，前脳（終脳，間脳）および後脳（延髄，橋，中脳）から成る．脳神経は哺乳類と同様である（図19.1）．鳥は優れた視覚動物であり，主に反射行動を行う．

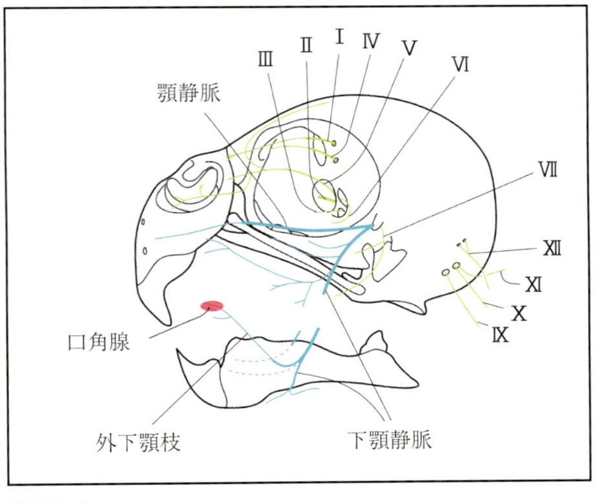

図19.1 オウム類の脳神経.

脊　髄

脊髄は脊柱と同じ長さで，脊髄分節は脊椎分節に対応している(King and McClelland, 1984)．内椎骨静脈叢は，腎門脈と吻合しているため，病原体や腫瘍細胞の経路となる．

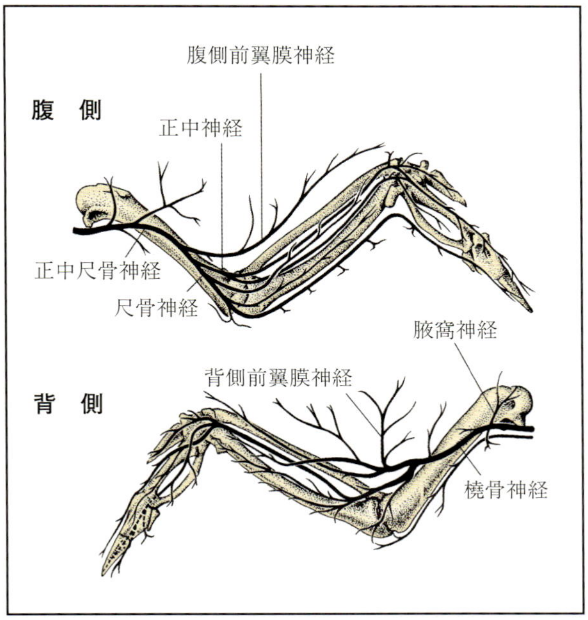

図19.2 鳥類の翼における末梢神経.

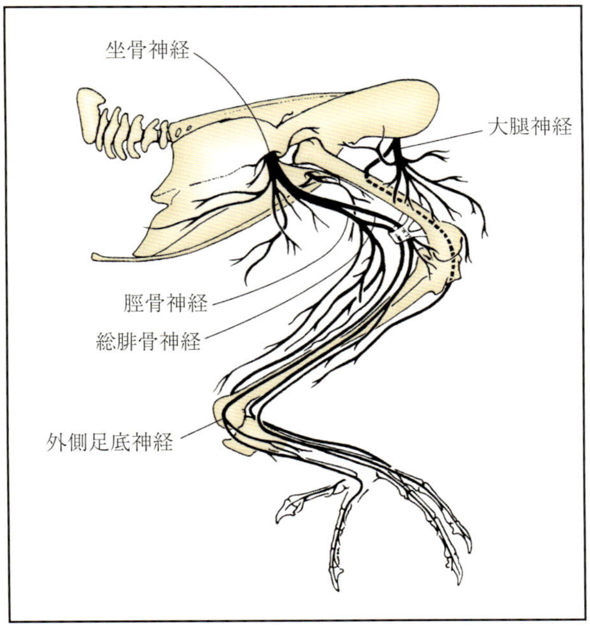

図19.3 鳥類の後肢における末梢神経.

前肢および後肢に分布する神経は，腕神経叢（前肢）（図19.2；図2.6も参照のこと）および腰仙骨神経叢（後肢）（図19.3；図2.7も参照のこと）から分岐する．

鳥類の長上行性伝導路および長下行性伝導路については，哺乳類ほど詳しく研究されていない．しかしながら，鳥類における伝達路を哺乳類のそれと関連づけ，伝達路の機能（表19.1）を（立証はできないものの）推測できる十分な根拠がある（King and McClelland, 1984; Orosz, 1996）．

表19.1　長上行性伝導路および長下行性伝導路

伝達路	機　能
長上行性伝導路	
後索	• 体壁からの情報 • 触覚，圧覚，運動感覚，関節の固有感覚
背外側上行束	• 翼の無意識な固有感覚
腹外側上行束	• 体幹の無意識な固有感覚
背外束	• 知覚情報の伝達
脊髄網様体路	• 痛覚の伝達
固有脊髄系	• 非局在性の痛覚
長下行性伝導路	
外側網様体脊髄路	• 内臓運動機能
赤核脊髄路	• 筋の屈曲の増幅
脳脊髄路	• 頸部の前角に存在する運動ニューロンへの，上位運動ニューロン情報の伝達
前庭脊髄路	• 三次元空間における飛翔および運動性
網様体脊髄路	• 体壁と内臓の運動の調節
視蓋脊髄路	• 反射行動の統制 • 眼と上半身（主に頸部領域）の間

神経学的疾患の診断

鳥類の神経学的疾患で見られる症状は，一般的なものが多いため，多くの獣医師にとって診断が困難であり，ましてや実用的な鑑別診断一覧はない．神経系の解剖学と生理学についての知識は，症状から病変部位や原因を特定するのに役立つ．詳細な問診と身体検査は非常に重要である．

観察によってまず評価するのは，罹患鳥の精神状態である．鳥の精神状態については飼い主の意見が基準となる．動物病院では，鳥は普段と異なる行動を示すが，それでもなお評価はすべきである．明晰か，警戒しているか，反応はあるか，沈うつを示すか，神経学的症状，すなわち運動失調，斜頸，麻痺，後弓反張（図13.3），痙攣（発作）などを示しているか．鳥類の痙攣は哺乳類と同様で，発作前段階（前徴），強直間代性痙攣からなる発作段階（発作），そして主に倦怠と沈うつを示す発作後段階である（Jones and Orosz, 1996）．

姿勢反応検査により，固有感覚系が知覚し，運動系が反応するという統合的で複雑な動きができるかどうかを評価できる（Jones and Orosz, 1996）．オウム類では，止まり木に止まらせ，翼を広げて，手を離した時に姿勢が維持できるかどうかによって検査する．

感覚検査（例えば，温度変化や軽く触れる）によって，神経学的病変部位を特定するのは困難であるため，ほとんどの獣医師は疼痛経路に注目する．脊髄反射は，翼の遠位端や趾端を鉗子で摘まんだ際に，鳥が翼や足を引っ込め，鉗子を見て噛んだり，羽づくろいをするかどうかで評価する．総排泄腔や排泄口を鉗子で摘まむと，正常であれば排泄口の収縮と鳥の反応が見られる．筋肉の反応低下が見られる場合は，下位運動ニューロン疾患の場合が多いが，上位運動ニューロン疾患の場合もある．上位運動ニューロン疾患は，筋肉の過敏や促通により筋緊張の亢進を引き起こすことが多い（Jones and Orosz, 1996）．

機能回復の予後が最も不良なのは，深部痛覚の消失である．なぜなら，重度の外傷の際に最後まで残っている知覚は深部痛覚だからである．脊髄の圧迫傷害による神経学的欠損の順番は，(1)知覚，(2)無意識の固有感覚，(3)運動機能，(4)浅部痛覚，(5)深部痛覚である（Oliver and Lorenz, 1993）．

脳神経の評価

中枢神経系（central nervous system; CNS）に異常があるかを評価するには，脳神経の詳しい検査が必要である．単一の脳神経の異常であれば，病変は局所的であるが，広範囲の障害が見られる場合は複数の神経が関係していることが多い（Bennett, 1994）．中枢神経病変のある鳥では，固有知覚，局所疼痛，上位運動ニューロンなどに異常が見られる場合が多いが，精神状態に変化はない（表19.2）（Oliver and Lorenz, 1993; Jones and Orosz, 1996）．

診断的検査

病変部位を特定し，神経学的診断を裏づける確率を高めるためには，得られたすべての情報を活用する．診断的検査（CBC，血漿化学検査，X線検査，細胞学的検査，糞便のグラム染色と寄生虫検査など）に続いて，神経学的検査を実施する．鉛およびその他の毒物の可能性も考慮する（20章）．

ほとんどの動物病院では導入されていないが，電気診断検査，例えば脳波検査，筋電図検査，網膜電図写

表19.2 鳥類の脳神経機能障害で見られる臨床症状 (Clippinger *et al*., 1996)

脳神経(CN)	機能障害による症状
CN I(嗅神経)	• 嗅覚障害
CN II(視神経)	• 視覚障害
CN III(動眼神経)	• (運動)腹側両面の変位 • (運動)上眼瞼の下垂 • (副交感神経)瞳孔散大
CN IV(滑車神経)	• 背側両面の変位
CN V(三叉神経) ：顔面の感覚(顔面，角膜，眼瞼，顎の一部に分布)	• 顔面の感覚低下，眼瞼裂の拡大，閉口障害
CN VI(外転神経)	• 正中の変位，第三眼瞼の麻痺
CN VII(顔面神経)	• 顔面の左右非対称，味覚障害，頭部のほとんどの分泌腺からの分泌低下
CN VIII(内耳神経)	• 聴覚障害，眼振，頭位傾斜
CN IX(舌咽神経)	• 味覚障害，舌の感覚低下，嚥下障害，発声不能
CN X(迷走神経)	• 逆流，鳴き声の変化，心拍数増加，嗉嚢麻痺
CN XI(副神経)	• 頸部の動きの低下
CN XII(舌下神経)	• 舌の変位

真もそれぞれ，脳疾患，筋障害/神経障害，網膜疾患に活用することができる(Sims, 1996)．磁気共鳴映像法(magnetic resonance imaging; MRI)やコンピューター断層撮影法(computed tomography; CT)によるスキャンも有用である．

鳥類には馬尾がないため，脊髄造影を実施するのは困難であり，椎骨静脈叢からのくも膜下腔へのアプローチも不確実である．採取部位の問題，脳脊髄液(cerebrospinal fluid; CSF)の粘性，そして手技的な経験不足から，CSFを採取するのは困難であり，オウム類におけるCSFの正常値に関する記録はない．

神経学的疾患および病態

代謝性疾患

低カルシウム血症：低カルシウム血症は，オウムインコ類における最も一般的な代謝性疾患であろう．よく見られる症状は，痙攣(発作)，振せん，衰弱，およびヒナの長骨障害である．残念ながら，低カルシウム血症を早期に診断するのは困難である．早期には血清/血漿カルシウム濃度が正常値を示すことが多いためである．罹患鳥では血中の総カルシウム濃度が2.0 mmol/L未満となることもある．総カルシウム濃度は，体内のカルシウム量だけでなく，アルブミン濃度によっても変化するため(ほとんどのカルシウムはタンパク質に結合しているため)，不正確な指標である．

生理活性のある真のカルシウム量を評価するためには，イオン化カルシウムの測定が最適である(Michael Stanford，私信)．ヨウムにおけるイオン化カルシウムの正常値は0.96～1.22 mmol/Lであり，0.75 mmol/Lを下回る場合は低カルシウム血症が疑われる．低カルシウム血症性テタニーの症状を呈した鳥では，イオン化カルシウム濃度は0.6 mmol/L未満で，ビタミンD_3濃度も低い．ヨウムで，イオン化カルシウム濃度は正常であるにもかかわらず症状が見られる場合は，アルカローシスによりカルシウム濃度が変化していると考えられる．

オウムインコ類の低カルシウム血症は，血清カルシウム濃度が維持できない(ヨウムなど)ことなどにより発生するが，その原因は，カルシウムおよびビタミンD_3の不足した食餌に加えて，日光浴の不足やリン：カルシウムの不均衡(12章)があるためである．ヨウムにおいて，ウイルス感染と考えられる上皮小体の異常により，骨からのカルシウム動員ができなくなる疾患が確認されているが，原因ウイルスはまだ特定されていない(Lumeij, 1994b)．腎臓や上皮小体の異常，あるいはそれらを障害する感染症があると，カルシウム濃度の維持能力が低下する場合がある．経口テトラサイクリンは，カルシウムやマグネシウムなどの陽イオンとキレートを形成し，欠乏症を引き起こすことがある(Flammer, 1994)．

低カルシウム血症の原因となっている疾患によって治療は異なるが，カルシウム喪失の原因を排除するとともに，カルシウムとビタミンD_3の補給(12章)を行う．

肝性脳症：肝性脳症の症例で報告されている症状は，痙攣(発作)，運動失調，不全麻痺，沈うつ，食欲不振，知覚麻痺，昏睡，および固有感覚の消失である(Bennett, 1994; Lumeij, 1994a)．これらの症状は，門脈シャントや肝疾患により引き起こされた，脳や脳幹の機能障害による(Tyler, 1990a, b)．肝性脳症の病態生理には以下が含まれる．

- アンモニアを含む神経毒濃度の上昇
- 芳香族アミノ酸の代謝異常による，神経伝達物質モノアミンの変化
- 神経伝達アミノ酸，γ-アミノ酪酸-グルタミン酸塩の変化
- 脳内における，内因性ベンゾジアゼピン様物質濃度の増加(Jones and Orosz, 1996; Tyler, 1990a, b)

食餌管理，肝疾患の治療，ラクツロース投与により，肝性脳症に関連した神経学的症状を軽減できる可能性がある(20章)．

腎疾患：腎疾患から，腎不全を呈し，前述の代謝性疾患に類似した神経学的症状を引き起こすことがある．すなわち，痙攣，知覚麻痺，昏睡，食欲不振，嘔吐，沈うつなどである（Lumeij, 1994b）．残念ながら，腎不全の末期になるまで症状は発現しない．腎臓に起因する神経障害の病態生理は，尿酸血症/尿毒症性毒素あるいは，その他の物質の分泌障害（上皮小体ホルモン，ガストリンなど）によると考えられる（Lumeij, 1994b）．

低血糖：栄養障害，肝疾患，内分泌疾患，敗血症，腎疾患，吸収不良，腫瘍などがオウム類（特に若齢）の低血糖の原因である（Forbes, 1996; Jones and Orosz, 1996）．沈うつ，運動失調，発作が低血糖の鳥で最もよく見られる．応急的な治療としてはブドウ糖の補給を行い，長期的には低血糖を引き起こした原因疾患に対する治療を行う．

中　毒

中毒については，20章に詳しく記載した．

- 鉛と亜鉛が，愛玩鳥の金属中毒で最も多い原因と考えられる．鉛は神経学的症状を引き起こす原因物質であり，オウム類では運動失調，痙攣（発作），麻痺，斜頸，失明，振せんを引き起こす．まれに，鉛中毒の診断に有用な情報が，飼い主から得られることがある．
- チョコレートが，過剰興奮，発作，死亡の原因となることが確認されている．その他の食品や物質により異常行動が見られることがある．
- 殺虫剤により，さまざまな神経学的症状が引き起こされるが，多くは後肢や翼の麻痺である．
- ジメトリダゾールやメトロニダゾールによる原虫駆除の際に，医原性中毒により，痙攣，翼の打ち付け，後弓反張が生じることがある．これらの症状は，投薬を中止し，支持療法を行うことで回復する．
- まれではあるが，植物や種子の摂取による中毒がオウム類で見られることがある（20章）．飼い主からの詳しい稟告と植物の持参により，速やかに診断できる場合がある．毒物が特定できるまでは，支持療法（補液療法と活性炭の経口投与など）を行うことで，消化管での毒物の吸収を低減し，臓器における毒物の影響を希釈する．植物毒により，非特異的な神経学的症状が引き起こされることが多い．

栄養学的疾患

オウム類において，栄養素欠乏あるいは中毒により，神経学的症状が見られることがある．栄養素が不足した食餌を与えられている鳥は多い（12章）．栄養素に関連したほとんどの神経学的異常は，食餌性の欠乏に関連している．ここでは，このような栄養素欠乏について記載する．

ビタミンE欠乏とセレン欠乏により，脳軟化症が引き起こされる．非特異的な神経学的症状を呈することが多く，筋ジストロフィーや滲出性体質を伴う．獣医師によって確認される神経症状は，運動失調，衰弱，開脚，斜頸，後弓反張，頭位傾斜および振せんなどである．診断は，詳細な問診，症状，血液検査（血中のセレンとビタミンE濃度），治療に対する反応，または死後剖検による脳/筋肉の肉眼所見および病理組織学的評価から行う．ビタミンE欠乏およびセレン欠乏を呈した鳥で特徴的な肉眼所見は，脳における広範囲な出血と浮腫であり，ニューロンの壊死や変性も見られる．小脳において，点状出血と浮腫が見られることも多い（Klein *et al.*, 1994）．

若齢鳥（7～20日齢）で，趾端の丸まり，麻痺，衰弱が見られる場合は，ビタミンB_2（リボフラビン）欠乏症の症状に合致する．リボフラビン欠乏症の治療は，ビタミンB複合体の注射であるが，これはまれに見られるビタミンB_6（ピリドキシン）欠乏症においても推奨される．ビタミンB_6欠乏症の症状は，痙攣，羽ばたき，ぎくしゃくした歩様である．ビタミンB_1（チアミン）欠乏症もまた，愛玩鳥での発生はまれであるが，神経症状で来院したすべての症例にチアミンを投与しても良い（Forbes, 1996）．チアミン欠乏症のオウム類でよく見られる症状は，後弓反張，運動失調，不全麻痺である．ビタミンB_1欠乏症の鳥にチアミンを投与すると，短期間で症状の改善が見られることが多い．

外　傷

非特異的な神経学的症状（麻痺，不全麻痺，運動失調，斜頸，振せんなど）を呈したオウム類では，外傷が原因であることが多い．飼い主からはすぐに，鳥が飛翔中に衝突した（天井の扇風機，ガラスの引き戸，壁など）といった稟告が得られる．獣医師が考慮しなくてはならないのは，神経学的な原因が存在したために，鳥が飛翔中に衝突したという可能性である．神経学的症状が，飛翔中の衝突による外傷にのみ起因すると考えてはならない．末梢神経の欠損は，骨折片による神経の損傷，腕神経/骨盤神経の断裂，あるいは卵による坐骨神経圧迫などによっても引き起こされる．

外傷性の中枢神経損傷の治療は，補液および抗炎症療法，また必要に応じてマンニトールおよびフロセミド投与を行う．卵塞の雌においては，鳥の評価を行い，治療を開始する（18章）．四肢の骨折においては，骨折端による血管や神経の二次的損傷を防ぐために，できるだけ早く骨折部位を安定化させる．

腫　瘍

腫瘍により，中枢あるいは末梢神経系が侵されることがある．神経学的症状のみを呈した鳥で，腫瘍を診断するのは困難である．臨床獣医師は，その他の疾患を慎重に除外した後でなければ，腫瘍を鑑別一覧の1位にしてはならない．CTやMRIの費用が高額であることが，腫瘍(特に中枢神経系の腫瘍)の診断をさらに困難なものとしている．

もし診断が確定したら，治療の可能性はほとんどない．腫瘍の増殖に関連した末梢神経障害においては，外科的治療あるいは化学療法を行うことができる．いかなる腫瘍を治療する場合においても，腫瘍の種類，予後，および治療後に予想されるQOL(生活の質)について，飼い主に説明をしなくてはならない．

セキセイインコは，オウムインコ類の中で，神経系の腫瘍の発生が最も多い種である．これまでに確認された中枢神経系の腫瘍は，星状細胞腫，膠芽細胞腫，乏突起膠腫，脈絡叢乳頭腫，神経芽細胞腫，神経節細胞腫，血管肉腫，奇形腫，リンパ肉腫，髄膜腫，および下垂体腺腫である(Moulton, 1990；Jones and Orosz, 1996)．

セキセイインコは，しばしば片側性の後肢跛行を示すことがある．通常であれば外傷を鑑別しなくてはならないが，セキセイインコの場合は，外傷による可能性よりも，副腎，性腺あるいは腎臓の腫瘍による坐骨神経や陰部神経の圧迫に起因する末梢神経障害の可能性の方が高い(Jones and Orosz, 1996)．坐骨神経や陰部神経を圧迫する腫瘍として一般的なのは，腎臓の腺癌，卵巣あるいは精巣の腫瘍，副腎腫瘍，胚腎腫である．神経鞘腫および悪性神経鞘腫も，オウム類で末梢神経障害を引き起こすことが確認されている．

膿　瘍

癒合胸椎と複合仙骨の関節では，敗血症性関節炎が生じることがある．これにより，脊髄を圧迫する膿瘍が形成され，後肢の進行性麻痺や感覚消失が引き起こされる．通常，膿瘍はX線検査により確認でき，ほとんどの敗血症性関節炎と同様に，治療に反応しない．過去6週間以内に外傷の履歴があることが多い．飛翔中に窓などに衝突して来院した症例には，抗生物質治療(マルボフロキサシンが有用)を行うのが賢明である．

感染性疾患

感染性疾患については13章に詳細を記載したが，一部に神経学的症状を引き起こすものがある．

ウイルス性疾患：オウムインコ類において，神経学的症状を引き起こすウイルス性疾患は多い．ウイルス感染の中には，症状のみで診断できるものもあるが，それ以外の場合は血清学的検査や罹患組織の病理検査が必要である(13章)．

パラミクソウイルス(paramyxovirusrs; PMV)は，オウム類に神経学的症状を引き起こす原因ウイルスとして最もよく知られているものの一つであり，少なくとも九つの血清型が知られている(Alexander, 1987)．ニューカッスル病は，突然死や沈うつ，運動失調，斜頸，頭部振せん，後肢/翼の不全麻痺および後弓反張を引き起こす(Forbes, 1996)．パラミクソウイルス(PMV-1)によるものであり，届出が必要な疾患である．その他のパラミクソウイルスの血清型(PMV-2, PMV-3，PMV-5)も，オウムインコ類で確認されている(Alexander, 1987)(13章)．急性感染から回復した鳥は，数カ月にわたり慢性的な神経学的症状を呈すことがある(Jones and Orosz, 1986)．

ポリオーマウイルスは，全身の振せんおよび運動失調を引き起こす．その他の症状は，羽の構造的異常や皮下出血である．

オウムインコ類の前胃拡張症(PDD)は，もともと消化管で確認されたが，中枢および末梢神経系にも病変を引き起こすことが報告されている(Ritchie, 1995)．1歳齢未満の若齢鳥(特にバタン類)で，神経学的症状が見られることが多い．本疾患において，特定の病原体の存在は確認されていないが，病理組織学的所見から，何らかのウイルスが原因であることが示されている．

トガウイルス科には，東部，西部，ベネズエラ馬脳炎ウイルス，ハイランドJウイルスおよび鳥ウイルス性漿膜炎ウイルス(avian viral serositis virus；AVSV)が含まれる．これらのうち，オウムインコ類で最もよく見られるのはAVSVであり，巣状の脳髄膜炎，壊死性脳炎および非化膿性脳炎を引き起こす(Jones and Orosz, 1996)．東部馬脳炎は，オオハナインコやヤシオウムの疾患に関係している．オウムインコ類に，馬用の東部馬脳炎ワクチンを用いることで，交叉防御能が得られる．

インフルエンザAウイルスに感染したオウム類でよく見られる症状は，運動失調と斜頸である(Ritchie, 1995)．本疾患も届出が必要である．オウム類での感染はまれであるが，中枢神経障害に関連した症状を引き起こすことが確認されている．

レトロウイルスもやはりオウム類で感染が確認されることはまれである．ヨウム，ネズミガシラハネナガインコ，バタン類での感染が最も多いようである．症状は，運動失調，沈うつ，食欲不振である．四肢の血管内血栓による末梢神経障害に続発して，不全麻痺が引き起こされることがある(Forbes, 1996). レトロウイルス感染の診断は，罹患組織の組織検査やウイルス分離により行う.

細菌性疾患：*Listeria monocytogenes* および *Mycobacterium* spp. は，脳内や耳前眼窩洞において肉芽腫あるいは膿瘍を形成し，中枢神経症状を引き起こす．すなわち，運動失調，沈うつ，斜頸，横臥などである．*Staphylococcus aureus*，*Enterococcus* spp.，*Salmonella typhimurium*，*Escherichia coli*，*Pasteurella* spp.，*Klebsiella* spp. もまた，脳炎による神経学的症状を引き起こす細菌である(Jones and Orosz, 1996). *Chlamydia psittaci* に感染したオウム類(オカメインコなど)の特に慢性感染例において，倦怠，振せん，発作，後弓反張が確認されている(Gerlach, 1994).

真菌性疾患：愛玩鳥に中枢神経症状を引き起こす病原体として，真菌が確認されることはまれである．アスペルギルス症は，脳への二次感染や毒素による末梢神経障害を引き起こすことがある(Greenacre *et al*., 1992; Forbes, 1996). 汚染した食餌中のマイコトキシンは，死に至らしめる前に，一般的な神経学的症状を引き起こすことがあるが，診断は非常に難しい(20章). *Aspergillus* は，腎臓への侵襲あるいは腰仙骨神経叢への侵襲またはその圧迫により，後肢の麻痺または不全麻痺を引き起こすことがある．また，鎖骨間気嚢への侵襲あるいは腕神経叢の圧迫により，翼の脆弱性を引き起こすこともある.

寄生虫：*Sarcocystis* spp. および *Filaroides* spp. により，中枢神経症状が引き起こされる．まれではあるが，寄生虫感染により，衰弱性の神経学的症状(斜頸，不全麻痺，麻痺，運動失調，旋回，筋肉振せん)が見られることもある．予防が最善の治療である．駆虫薬で寄生虫が駆除できても，障害は改善しないことが多い．そのため予後は慎重に判断する．北米においては，オウム目に脳脊髄線虫症を引き起こす *Baylisascaris procyonis* が確認されている(Jones and Orosz, 1996).

その他の疾患

その他にも，オウムインコ類の神経学的症状に関連する病態や疾患がある．ここでは，まれではあるが，神経学的症例を評価する際に考慮しなければならない病態について記載する．先天性の障害は，今のところまれであるが，遺伝的多様性の低下や人工孵卵によって，将来は増加する可能性がある．高温は胚にとって重大な催奇形因子である．

特発性てんかん，脳血管の合併症，発作，産卵時の脂肪塞栓症，ボウシインコの頸動脈におけるアテローム性動脈硬化は，あまり知られていない疾患ではあるが，神経病学的症状を示しているオウム類で病因となっている可能性がある.

救急治療

神経学的症状(発作，運動失調，麻痺など)を呈するすべての症例において，詳細な問診を行い，原因を調べるために身体検査を実施する．来院中に痙攣(発作)が発生した場合は，ジアゼパム(0.3～1.0 mg/kg，静脈内または筋肉内)を投与する(Forbes, 1996). 多くの症例で全身麻酔(痙攣を抑えることもできる)が必要であるが，その後にX線検査(鉛の確認など)および採血(血糖値，イオン化カルシウム濃度)を行う．もし結果がすぐに得られない場合は，ボログルコン酸カルシウム，ブドウ糖，エデト酸カルシウム二ナトリウム(CaEDTA)を投与する．抗炎症薬，補液および抗生物質の投与も検討する.

低カルシウム血症，低血糖および鉛中毒が，飼育下のオウム類における痙攣の一般的な原因ではあるが，その他にも多くの原因がある(**表19.3**). 最初の治療の後にも痙攣が発生する場合は，診断的検査を実施するとともに，痙攣がおさまったことが確認できるまで適切な治療を継続する.

表19.3　痙攣/神経学的症状の鑑別診断

神経障害	症　状
代謝性	• 低カルシウム血症 • 肝性脳症 • 低血糖
中毒	• 鉛 • 亜鉛 • 殺虫剤 • 薬物反応 • 植物
栄養学的	• ビタミンE およびセレン • チアミン，ビタミンB_1 • 低カルシウム血症
外傷	• 中枢神経系 • 脊髄 • 末梢神経系 • 腫瘍
感染	• 細菌性 • 真菌性 • ウイルス性 • 寄生虫性
その他	• 先天性 • 特発性てんかん

眼科学

オウム類の眼は側頭部に位置し，視野は約300度である．彼らは，ヒトが認識できるすべての色に加えて，紫外線の反射光も視認できる．家庭あるいは禽舎のどちらで飼育されている場合であっても，飼い主は鳥の眼の異常に気づきにくい．これは，眼の解剖学的特徴によるとともに，彼らが被捕食動物であるためである．片側性の眼の疾患を呈した鳥は，飼い主や検査者に「良い方」の眼を向けるため，罹患した眼を評価するのが難しい．オウム類の眼の解剖（2章）を理解することは，眼科疾患の検査，診断および予後の評価に役立つ．

検　査

稟告を聴取し，眼科検査だけでなく，一般検査も詳しく行う．感染性あるいは非感染性の全身疾患が原発し，眼や周囲の構造における症状が続発することが多い．

眼科検査には，威嚇反射，眼瞼反射，シルマー涙試験，眼圧，フルオレセイン染色，鼻涙管の機能確認に加えて，眼球，眼窩，眼瞼，結膜，瞬膜，角膜，前眼房，虹彩，瞳孔，水晶体，硝子体および眼底の検査が含まれる（図19.4）．

オウム類の眼を検査する際には，鳥の頭部と体部の動きを最小限に抑えるような保定をしなくてはならない．この際に，ストレスを与えたり呼吸を制限することのないよう注意する．大型のオウム類では，一人が体部を保定し，もう一人が頭部を保定した方が良い場合がある．小型のオウム類の場合は，一人で保定できる．眼科検査を行う際には，全身麻酔が必要となる場合がある．良質のライト（ペンライトやフィノフ氏トランスイルミネーターなど）を用いて，肉眼的に観察する．拡大鏡が必要となる場合も多い．

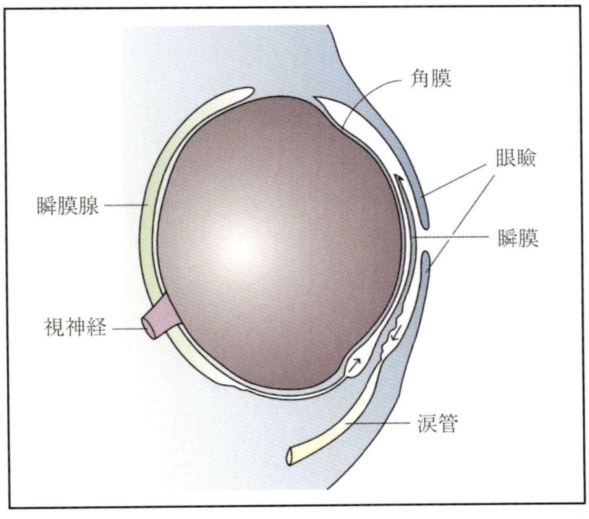

図19.4 眼球の断面図．瞬膜腺の位置を示すとともに，瞬膜（第三眼瞼）と涙管の関係も示す（図2.18もあわせて参照）．

- 眼瞼については，動き，外観，機能の異常について検査する．綿棒や指先で，内眼角および外眼角の周囲に触れる．上眼瞼の動きは，下眼瞼に比べて少ない．これにより，下の結膜を培養する能力を補助しながら，眼球の露出を抑える．
- 正常な瞬膜（図2.18参照）は，透明から半透明で，可動性が高く，綿棒や指先で角膜に触れようとすると眼球を覆う．
- 瞬膜は異物（砂や埃など）を捕捉するため，傷を付けない鉗子を用いて，内側（眼球に接した面）も検査する．その際は麻酔が必要である．
- 角膜の感覚検査では，綿棒の先端をけば立てて取った繊維で角膜に触れる．
- 眼窩内の眼球の動きを検査する際には，鳥の頭部を保定し，眼の動きだけで指や綿棒を追わせるようにしなくてはならない．
- 瞳孔は，自発的に収縮や拡大をするため，瞳孔の光反射を解釈するのは難しい．オウム類の視神経は完全に交叉しており，共感性対光反射は起こらない（Levine, 1955）．

涙液産生試験

シルマー涙試験（Schirmer tear testing; STT）（図19.5）を用いた涙液産生能の評価は，オウム類では不正確である．オウム類におけるSTTの正常値を記載した成書では，大型種で8 ± 1.5 mm（平均 ± 標準偏差），小型種で4 ± 1 mm（平均 ± 標準偏差）とされている（Korbel, 1993）．6 mmの試験紙を，小型種の眼瞼に挟むためには，試験紙を4 mm程度に切断した方

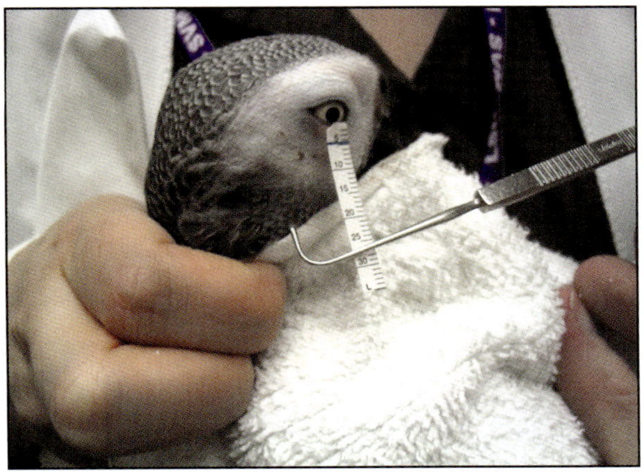

図19.5 ヨウムでシルマー涙試験を実施しているところ．先端が丸く，直角のプローブを用いて，下眼瞼の内側に試験紙を保持している．

が良い．涙液産生能は，点眼麻酔や眼科治療薬を投与する前に検査しなくてはならない．

オウム類の涙液産生は，フェノールレッド綿糸法でも検査できるかもしれない．これは，細い綿糸を用いて行う感度の高い検査法で，綿糸が涙を急速に吸収し，その部分の色が変化するというものである．しかしオウムインコ類での正常値は報告されていない．

眼　圧

眼圧（上昇，低下の場合とも）は，湿らせた綿棒を用いて，麻酔した角膜を軽く圧迫することで評価できる．正常であれば1～2 mm程度であるが，眼圧が低下している場合はもっと押し下げることができる．角膜の感覚を鈍麻させるために，眼圧測定の15～20秒前に点眼麻酔を投与する．シエッツ眼圧計やトノペン（Mentor O&O, Norwell, Maine, USA）を用いると，数値で結果が得られる（**図19.6**）．角膜の直径が9 mm以上（大型のオウム類）であれば正確な測定ができるが，5～9 mm（オカメインコなど）の場合はそれよりも不正確な値となり，セキセイインコでは信頼できる値は得られない（Korbel, 1993）．オウムインコ類以外の鳥類で行った研究では，トノペンで測定した眼圧は9.2～16.3 mm Hgであった．

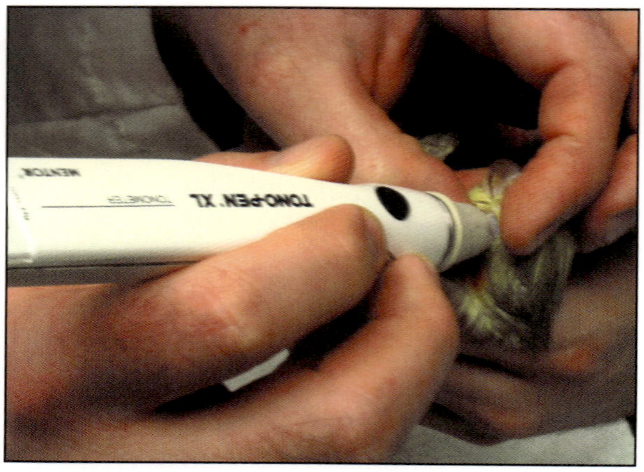

図19.6　トノペンを用いて鳥の眼圧を測定している．

培　養

細菌および真菌による眼の感染では，培養および感受性試験が必要である．局所的治療を開始する前に，上眼瞼内側の結膜部分から採材する．角膜からの採材は，罹患領域の中心および辺縁で行う．綿棒は小さなものを使用する．飼育下のオウム類において，正常な個体から分離される細菌は*Staphylococcus* spp.および*Corynebacterium* spp.である（Wolf *et al*., 1983）．

前眼部および後眼部の評価

前眼部の評価は，良質のライトと拡大鏡を用いて行うが，可能であればスリットランプの使用が望ましい．正常な角膜は透明，平滑，湿潤である．潰瘍の有無を調べるためフルオレセイン染色を実施する．前眼房水は透明で異常があってはならない．虹彩の色は種や個体によって異なるが，正常であれは，均一かつ平滑で，反対側の眼と同様の外観を示す．水晶体もまた平滑で透明でなくてはならない．

後眼部を検査するためには，瞳孔を散大させる必要がある．意識のあるオウム類では，ベクロニウムが選択される．0.9% NaCl液（浸透性の界面活性剤を含まない）に溶解させた0.8 mg/mL溶液を，まず片眼につき1滴局所投与し，2分後に再度1滴を投与する．ベクロニウムが入手できない場合は，部屋を暗くすることで，後眼房および網膜を観察するのに十分な程度に散瞳させることができる．あるいは，全身麻酔を施すことで，瞬きや第三眼瞼反射はなく，虹彩の筋肉が弛緩して，瞳孔が散大している状態で検査を行うことができる．正常な硝子体は，透明で無傷である．オウム類の網膜の色は灰色で，下層の脈絡膜の赤みを帯びている．ペクテン（網膜櫛）は視神経乳頭の上にある．直接または間接，どちらの眼底検査も有用である．間接眼底検査で用いるレンズは，大型のオウム類では30 D，小型のオウム類（瞳孔の大きさが5 mm未満）では78 D，セキセイインコでは90 Dが必要である．

その他の診断的検査

- 細胞学的検査のため，結膜の細胞を，上眼瞼縁の内側から採材する．結膜や角膜からの採取には，滅菌したプラチナ製のヘラ，あるいは滅菌した小型のブラシを用いる．
- X線検査は，眼球内の骨の異常（強膜小骨など），眼球後方の膿瘍や腫瘍，あるいは眼窩骨折の検査に有用である（Paul-Murphy *et al*., 1990）．
- 超音波検査では，10～15 MHzのトランスデューサーが必要である．
- 網膜電図写真により，網膜の光受容体の変性が評価できる．オウム目以外の鳥類で評価した報告があるが，種によって違いがある可能性もある（Roze, 1990）．

眼科疾患

鳥類の眼科疾患は，動物病院で治療されるその他の動物と同様である．すなわち，外傷，感染性，非感染性，先天性および栄養性の疾患である．

結膜炎

結膜炎は外傷によることもあるが，多くは上部気道感染に関連して発生する(図19.7)．これは，分泌物や細菌が涙管を逆行することによる．結膜炎に関連した膿瘍が存在する場合は，膿瘍を摘出し，その領域の培養を行う．結膜炎の治療には，抗生物質による局所療法も有用ではあるものの，再発を防止するため，全身性疾患と同様に治療すべきである．

図19.7　ゴシキセイガイインコの副鼻洞炎．眼周囲の腫脹に注意．副鼻洞炎の多くは眼科疾患を主訴として受診する．

角膜潰瘍

角膜潰瘍を呈した鳥では，眼瞼痙攣と羞明が見られる．原因は，異物，外傷，感染およびドライアイである．検査にはフルオレセイン染色が有用である．治療は抗生物質の局所投与を行うことが多い．潰瘍が急速に悪化した症例では，適切な抗生物質に加えて，*N*-アセチルシステインあるいは血清(当該症例から採血，凝固させた後に血清を採取し，1滴ずつ1日4～6回投与する)による治療が必要となる場合がある．どちらも，マトリックスメタロプロテイナーゼの作用を消失させるための治療法である．重度の角膜潰瘍の場合は，第三眼瞼フラップ術や結膜弁移植術を行う(後述の眼球破裂の箇所を参照)．

ドライアイ

粗悪な食餌や栄養素が添加されていない食餌に起因するビタミンA欠乏症のオウム類において，乾性角結膜炎が確認されている．ビタミンAの補給とともに，症状が改善するまで人工涙液の点眼を行う．

眼球陥入

窪み眼症候群または眼球陥入は，重度の上部気道感染による眼窩周囲組織の腫脹(図19.7)，眼球周囲の脂肪組織の萎縮，あるいは脱水に続発することが多く，眼は眼窩の中に落ち込む．

虹彩の色

虹彩の色は，個体，種，年齢および性別によって決まるが，疾患，外傷，食餌性欠乏症によって変化することがある．飼育下のほとんどのオウム類の虹彩は，初め暗い色をしており，生後1年以上かけて明るくなる．そして高齢になるまで徐々に明るく変化していく．コンゴウインコでは，成熟期の明るい色の虹彩から，高齢になると再び暗く変化していく(Clubb and Karpinski, 1993)．タイハクオウムでは，雄の虹彩は暗い色をしているのに対し，雌では赤から赤味を帯びたオレンジ色をしている．バタン類の虹彩を観察した際に，赤か黒かを容易に判断できない場合は，他の方法で雌雄鑑別を行う必要がある(9章および18章)．ブドウ膜炎によって虹彩の色は変化する．

ブドウ膜炎および硝子体の出血

ブドウ膜炎は外傷によって起こりうるが，全身性疾患や自己免疫性疾患による可能性もある．炎症により虹彩は暗調化し，房水フレアが見られることも多い．治療は，抗生物質および抗炎症薬(NSAIDまたはコルチコステロイド)の局所投与および非経口投与である．可能であれば，ツボクラリンなどの散瞳薬を前眼房に注射して，瞳孔を散大させる(Verschueren and Lumeij, 1991)．通常，コルチコステロイドの局所投与は，角膜潰瘍がない場合にのみ行う．コンゴウインコ種において，特発性の慢性再発性ブドウ膜炎が報告されている．本疾患における病因は特定されていないが，短期間のコルチコステロイドとアトロピンの局所投与に反応して症状の改善が見られる(Lawton, 1993)．治療していない，あるいは再発性のブドウ膜炎における眼科領域での主な合併症は白内障と虹彩後癒着である．

硝子体の出血は，頭部の外傷により生じる．ペクテン(2章参照)の損傷は硝子体と接する部位で生じることが多い．出血の解消には数カ月かかることもある．血餅，瘢痕および癒着により網膜剥離が続発することもある．治療は長期的な抗炎症薬投与と散瞳に限られる．

外　傷

家庭で飼育されているオウム類は，飛翔中に窓，ガラスのドア，あるいは動いている物体(扇風機など)に衝突して眼を負傷することがある．眼を負傷するその他の原因は，家庭内やケージ内の他の鳥，異物などである．

- 眼瞼の裂傷は0.3～0.5 metric(7-0から9-0)のポリジオキサノン糸を用いて縫合する．角膜表面に違和感を覚えることがあるため，眼瞼の全層縫合は避ける．
- 異物が，眼瞼あるいは瞬膜の下に入り込むことがある．局所あるいは全身麻酔下にて，眼瞼や瞬膜を持ち上げ，拡大鏡を用いて注意深く観察する．異物の除去には，点眼液を用いて十分に洗浄するのが有用である．

外傷よる眼球の症状は，水晶体脱臼，水晶体被膜破綻，眼窩および強膜小骨の骨損傷，虹彩脱出，角膜穿孔，ブドウ膜炎および前房出血であり，これらの損傷は緑内障を引き起こすことがある．抗炎症薬および散瞳が緑内障の予防に役立つ．愛玩鳥においては，眼科検査の一環として眼圧の測定を行うべきである．

眼球破裂

オウムインコ類において，眼球破裂はまれな症状である．角膜の損傷が治療不可能な場合は，眼球摘出を行う(後述)．角膜の治療が可能な場合は，結膜弁移植術あるいは第三眼瞼フラップ術を行うことで回復を助けることができる．フラップであれば2週間，移植弁の場合はもっと長く維持することができる．どちらも全身麻酔が必要である．第三眼瞼を固定する際には，その本来の位置である上内側の円蓋部結膜から，傷を付けない鉗子を用いて引っ張り，下外側の球結膜に，0.7 metric(6/0)のポリジオキサノン糸を用いて小さなマットレス縫合を2箇所行う．この方法はオカメインコなどの小型種で有用である．大型種では，第三眼瞼筋が非常に強いため,縫合が取れてしまうことが多い．そのような鳥では，瞼板縫合術を行うか，あるいは結膜弁移植術の実施も必要な場合がある．

結膜弁は背外側結膜から作成し，平型針のついた0.7 metric(6/0)のポリジオキサノン糸で角膜および強膜に縫合する．犬や猫に比べて，鳥では結膜のヒダが少なく，角膜が薄いという違いはあるものの，手技は同様であり，非常に有用な術式である．また，角膜欠損部にコラーゲン移植片を縫合することも可能である．

網膜変性

網膜変性が診断されることはまれである．オウムインコ類での報告は1例(3歳齢のセキセイインコ)のみである．白内障が網膜変性の引き金となっている可能性がある(Tudor and Yard, 1978)．白内障は加齢に伴って発生するため，オウム類の寿命が延びれば，網膜変性の発生が増加するかもしれない．

栄養素欠乏

ビタミンA 欠乏症は，呼吸器粘膜の破綻を引き起こすことが多いが，眼瞼および結膜の上皮に病変が見られることもある．角化亢進により，眼瞼の腫脹および鼻涙管閉塞が起こる．眼や気道は易感染性となり，特に真菌および細菌に感染しやすくなる．適切な内科的治療とともに，ビタミンの補給と食餌の改善が必要である．

腫　瘍

眼瞼，瞬膜，結膜，眼球内組織および脳の腫瘍が報告されている．ほとんどの眼の腫瘍は転移の傾向を示さないが，離れた原発巣から転移性に発生したと考えられる症例も少数ある．オウムインコ類の眼に発生する腫瘍は，メラノーマ，脂肪肉芽腫，基底細胞癌，扁平上皮癌，黄色腫，嚢胞腺腫，下垂体腺腫，髄様上皮腫，リンパ網内系腫瘍である．通常は，細針吸引とそれに続く切除生検によって診断できる．X線検査，超音波検査，および下層組織の生検も有用である．

眼球腫瘤でよく見られる症状の一つは眼球突出である．眼窩洞の膿瘍が一般的ではあるが，一部の症例では腫瘍に起因している．原因疾患を診断することは大切である．それによって，飼い主に疾患の評価，予後，および治療が成功する可能性について説明することができるからである．

角膜変性および白内障

オウムインコ類において角膜変性の報告はあるものの，原因については特定されていない．点状角膜炎は，角膜に小さな巣状の瘢痕を形成するが，米国における鳥輸入の最盛期に，キソデボウシインコの検疫時に確認された．本疾患は，捕獲や輸送のストレスにより発症する未確認のウイルス感染の可能性がある．

白内障は，多くのオウムインコ類で確認されているが，主に高齢の個体である．白濁の程度と進行の段階により，白内障の成熟度が評価される．また発症した年齢によって，先天性，若齢性，加齢性に分類される(Brooks, 1997)．白内障は，骨格の奇形，遺伝的疾患，栄養素欠乏，感染，外傷，老化，毒性作用，ブドウ膜炎，網膜変性とも関連している．大型のオウム類では，30～40歳齢までに発症が見られる．水晶体の混濁は加齢性変化であるが，マイクロサージェリー(超微細手術)で水晶体嚢外摘出術を行うことで，部分的に視覚を回復することができる．本章に記載するすべての外科手術に関しては，経験豊富な眼科専門の獣医師に紹介すべきである．

感染性疾患

ウイルス感染：家庭で飼育されているオウム類は，ウイルス感染により眼を罹患することがある(13章). 鳥ポックスウイルス，パピローマ様ウイルス，パポバウイルス，アデノウイルス様封入体が，オウム類の眼の疾患に関係することが確認されているが，ほとんどは輸入された野生の個体である．ポックスウイルスでは，外眼部(眼瞼や結膜)と周囲に盛り上がった結節形成が見られるのに対し，ほとんどのウイルスでは，非特異的な眼瞼炎と結膜炎を呈する．衛生状態を確認し，二次的な真菌および細菌感染の治療を行うことで，ほとんどの症例が鳥ポックスウイルス感染症から回復する．

細菌および真菌感染：家庭で飼育されているオウム類において，細菌感染は非常によく見られる．*Chlamydia psittaci*，*Mycoplasma gallisepticum*，*Haemophilus* spp.，*Nocardia asteroides*，*Pseudomonas aeruginosa*，*Aeromonas hydrophila*および*Staphylococcus* spp.は眼科疾患を引き起こす細菌種のうちのごく一部である．したがって，培養と感受性試験は非常に重要である．

眼における真菌感染は，オウム類でまれに発生することがある．*Candida albicans*，*Cryptococcus*および*Aspergillus*によって，結膜，角膜および眼球内の疾患が引き起こされる．細菌感染の場合と同様に，治療を成功させるためには，適切な抗微生物薬療法が必須である．眼の真菌感染の治療は難しい場合が多い．なぜなら，真菌は粘膜と表皮を侵襲する傾向があるためである．非経口治療の副作用に留意し，合併症が確認された場合は治療計画を見直す．

寄生虫：愛玩鳥で見られる最も一般的な外部寄生虫は，*Cnemidocoptes pilae*(鱗状顔/脚ダニ)である．セキセイインコに寄生することが多く，親鳥から巣の若齢鳥に感染する．このダニが臨床的に問題となるのは，宿主が免疫不全を呈した際であり，通常はストレス状態にある時である．このダニは眼瞼を含む顔面の無羽域に角化亢進を引き起こす．診断には，罹患部位の皮膚掻爬を行い，低倍率の顕微鏡下にてダニを検出する．治療は，鉱物油の局所投与(角化亢進した組織を除去し，肥厚して乾燥した皮膚を湿潤化する)とイベルメクチン(200 μg/kg，皮下または経口)の投与により行う．イベルメクチンを経口投与する場合は，プロピレングリコール製剤ではなく，水溶性製剤が必要である．

Thelazia spp.および*Oxyspirura* spp.は，家庭で飼育されているオウムインコ類の眼組織で確認された2種類の線虫である．線虫駆除で選択される薬剤はイベルメクチンである．輸入された鳥と接触した場合を除いて，愛玩鳥における線虫寄生はまれである．

先天性の異常：先天性あるいは発生学的な眼の異常がまれに報告されている．潜在眼球症は，眼窩を覆って皮膚が繋がっている状態で，睫毛の生える辺縁はない．瞼縁癒着症は，睫毛の生える辺縁はあるものの眼瞼が結合した状態である．これらの異常が4例のオカメインコで報告されている(Buyukmihci *et al.*, 1990)．眼瞼裂を再建する試みがなされたが，術後2～3カ月の間に眼瞼縁は術前の状態に戻り，成功しなかったようである．著者の個人的な経験では，瞼縁癒着症のボウシインコで，結合した睫毛辺縁を分離し，成功している．瞼縁癒着症において，機能する睫毛辺縁を再建するのは成功の可能性が高いことと思われる．なぜなら，潜在眼球症のように結合しているのではなく，睫毛辺縁の形成はされているからである．第三眼瞼あるいは上眼瞼の眼球癒着が，6カ月齢のバタン類で診断されている．この症例は，兎眼と露出性角膜炎で来院した．角膜炎は，恒久的かつ部分的な外眼角縫合により解消された(Kern *et al.*, 1996)．

後鼻孔閉鎖(口腔内の後鼻孔開口部の不完全な発達)は，慢性的な眼および鼻孔からの分泌に関連している．この奇形は，巣の中のヒナを最初に観察した際にすでに明らかで，巣の材料が眼の周囲や鼻に付着していることが多い．後鼻孔閉鎖の外科的矯正(11章)により，眼からの分泌物は軽減する．

眼科手術

鳥の眼科手術では，全身麻酔が必要となる．術中は，鳥に挿管し，人工呼吸器あるいは手動による陽圧換気を行う．鳥類において頭部の手術を行う際には，気管挿管の代わりに，気嚢挿管による麻酔も合理的な方法である．気嚢チューブを経由した気嚢灌流で，手術中に安定した麻酔を維持するためには，気管挿管に比べて，高い濃度の麻酔ガスと高い酸素流量を必要とする．パルスオキシメーターまたはカプノグラフィも推奨される．眼科手術中には，心拍数のモニタリングも重要である．なぜなら，眼球の処置を行うことで眼球心臓(三叉神経-迷走神経)反射が発現するからである．心拍数が低下した場合には，アトロピンを注射する．

眼科手術には，拡大鏡(3倍から10倍)を含めた適切な眼科器具が必要である．失血が懸念される部位における外科手術では，放射線手術が推奨され，切開，腫瘤切除，血管の止血において，非常に効果的である．楔型のセルローススポンジ，綿棒，止血用スポンジもまた，術野の血液を除去したり，止血をしたりする際に有用である．特に止血用スポンジは，眼球摘出直後の眼窩に用いるのに有用である．それらの製品は，縫合の際に眼窩に残すことができる．通常，眼科手術の際には，0.7 metric(6/0)以下の太さの縫合糸が必要となる．基本的な外科的技術については，他の小型動物と同様の方法が鳥にも適用される.

眼球摘出術

オウム類が，眼の重度の外傷，腫瘍，膿瘍および全眼球炎で来院した際には，眼球摘出術あるいは眼球内容除去が必要となるかもしれない．眼球摘出術には，経耳アプローチ法と眼球虚脱法の二つがある．どちらの手法においても，外眼角切開の後に360度の結膜下切開を行う．結膜下切開は，結膜，瞬膜，眼窩骨膜の下を切開していく．術者は，結膜下切開の際に2本の大きな血管に注意しなくてはならない．1本は背内側の眼角領域，もう1本は腹外側の眼角領域にある．これらの血管からの止血に備えておくことで，失血を防ぐことができる.

経耳アプローチ法では，眼窩から眼球を切離する際に，(左右ともに)刃先が尖っていない腱切除剪刀を用いる．眼球を持ち上げたら，眼窩から眼球を切り離す前に，血管の付着部を鉗子で挟む．露出した眼窩を，ガーゼスポンジを用いて圧迫止血する．その後，継続して止血をするため,眼窩にゼラチンスポンジを置き，上下の眼瞼縁を2 mm 程度，結膜および瞬膜とあわせて切除した後，眼瞼を単純縫合にて閉鎖する.

眼球虚脱法では,結膜を切開した後,メイヨー剪刀を用いて強膜および強膜小骨を切断する．その後，鉗子を用いて眼球後部にアクセスする．その際，経耳アプローチ法で記載したのと同様の手技で眼球を切離する.

眼球内容除去は，眼球摘出の代替として検討される手法である．この手法は，愛玩鳥種において頭部の自然な対称性を維持するために行われる(眼瞼縁は虚脱し，眼窩を覆ってしまうが)．瞼板縫合の前に，角膜，第三眼瞼および結膜を切除する.

白内障手術

鳥の水晶体は非常に軟らかいため,簡単に吸引でき,術後の感染に対しては比較的抵抗性を示す．鳥は白内障摘出後にも，眼の焦点を合わせることができるようである.オウム類で両側の摘出手術を実施した例では,飛翔し止まり木に着地することができた．白内障手術は比較的容易で，実施する価値のある治療である.

水晶体超音波乳化吸引は，単針のチップから放出された超音波を用いる手法である．チップには灌流用および吸引用の管が内蔵されており，鳥類の白内障摘出に使用され成功している.本手法に用いられる機器は,小型のオウムインコ類の眼には大きすぎるため使用できない.

1 cc のシリンジに26 G の注射針を付けて，水晶体吸引を実施することもできる.

1. 強膜の付近，5時の方向から水晶体に向けて角膜に針を刺す．虹彩は容易に出血するため，触れないように注意しながら，水晶体に針を挿入する.
2. 水晶体を摘出するため，その内容物の吸引と注入を行う.水晶体の内容物がすべて除去できるまで,吸引と注入を繰り返す.
3. 針を挿入した部位の角膜を，0.5 metric(7/0)の吸収糸で1糸のみ縫合する.

水晶体吸引および水晶体超音波乳化吸引の術後の管理は，人工涙液，非ステロイド系抗炎症薬(カルプロフェンまたはメロキシカム)の局所投与および非経口投与，抗生物質の局所投与を約10日間行う.

20

非感染性の全身疾患

Alistair lawrie

肝疾患

肝疾患は，オウムインコ類においてよく見られるものの，肝疾患の存在に気付くことや，他の疾患と鑑別することが臨床獣医師にとって難しい場合がある．肝臓はさまざまな病態によって障害されるものの，肝臓の中の障害を受けていない部分が正常に機能しているために，症状や生化学的な異常が現れない場合がある．肝疾患がよく診断されるのは，ボウシインコ，オカメインコ，セキセイインコ，バタン類である．

肝疾患は，急性あるいは慢性に分類できるが，急性肝疾患の多くは感染症（13章）あるいは中毒である．非感染性の肝疾患には，肝リピドーシス（脂肪肝），線維症，ヘモクロマトーシス，中毒，アミロイドーシス，腫瘍，うっ血などがある．

臨床症状

臨床症状は非特異的であり，しばしば典型的な「病気の鳥」の症状を呈す．すなわち，食欲不振，膨羽，沈うつ，多渇，多尿である．羽の質および状態の悪化，羽の「暗色化」が見られることもある．また，嘴と爪が過長し，脆弱となることもある．

緑色尿は，重篤な肝疾患の徴候として最も顕著なものであり，罹患鳥は緑または黄色の尿酸塩を排泄する．鳥では，赤血球が分解されてもビリルビンがほとんど産生されないため，肝機能障害の徴候として，皮膚や強膜における明らかな黄疸（高ビリルビン血症）が見られることは一般的ではない．嘔吐，体腔の膨満，脱水が見られることがある．また，肝腫大による体腔の膨満により，肺や気嚢が圧迫され，呼吸促迫や呼吸困難を引き起こすことがある．

「脂肪肝症候群」の場合は，血液の粘性や脂肪含有量が増加することにより，頻脈や呼吸促迫が見られることがある．多食にもかかわらず体重が減少するのは，慢性疾患の可能性がある．

肝性脳症では，振せんや発作などの神経学的症状が見られる．これは単に血中アンモニア濃度の増加だけでなく，タンパク分解によるその他の代謝物質が存在することにも起因する．健康なオウム類における血中アンモニア濃度には，非常に幅があることが報告されているため，症状と血中アンモニア濃度を相関付けることはできない．

症例によっては，腫大した肝臓の尾側辺縁が胸骨縁の先に触知できる．正常なオウムインコ類の「腹部」は小さいため，臓器腫大や腹水貯留による腹部の突出や膨満は確認しやすい．肝腫大により筋胃が変位し，容易に触診できる場合もある．痩せた小型の鳥では，皮膚表面を消毒用エタノールで濡らすことで肝辺縁を視認できることがある．

診　断

詳細な問診とともに，症状の観察，網羅的な検査が必要である．採血し，詳細な血液学的および血漿生化学的検査を実施した後に，X線検査で肝臓の大きさを評価する（正常より大きい場合も小さい場合もある）．肝臓の構造を評価するには，超音波検査を行う．膿瘍，嚢胞，転移病巣を確認することも可能であり，特に腹水貯留の症例ではX線検査より有用である．腹腔鏡検査および肝生検を実施しなければ，確定診断できないことも多い（図9.20，9.21参照）．

血液学的検査

血中血球容積（packed cell volume；PCV），ヘモグロビン，白血球数から，脱水や貧血の程度，感染の可能性について，ある程度評価できる．

血漿生化学的検査

鳥の肝疾患では，血漿生化学的検査が特異的な結果を示すことはまれである（7章）．アスパラギン酸アミノ酸転移酵素（aspartate aminotransferase；AST）は筋細胞の損傷によっても上昇するため，その結果だけで肝疾患を診断することはできない．筋損傷との鑑別のために，胆汁酸およびクレアチンキナーゼ（筋損傷で上昇するが肝障害では上昇しない）もあわせて測定する必要がある．慢性肝疾患では，AST は必ずしも上昇せず，比較的重篤な症例でも正常値を示すことがある．

中等度から重度の胆汁酸の上昇（250～700 μmol/L）は，肝機能の著しい喪失と予後不良を示唆する（例えば，重度の肝線維症，胆管の腫瘍，感染症）．軽度の上昇（50～150 μmol/L）の場合は，病変部とは別に，正常な機能を有する部分が残っていることを示唆する（リンパ腫や胆管癌などの進行した腫瘍性の肝病変）．線維症，リピドーシス，肝細胞空胞化，胆管炎では，さまざまな程度の胆汁酸濃度の上昇が見られる．溶血や脂肪血があると，誤って数値が上昇してしまうので注意する．

画像診断

しばしば肝臓の陰影の拡大が見られるが（図20.1），原因を推測することはできない．前胃の拡大（9章）と間違えないよう注意し，必要であれば両者を鑑別するためにバリウム造影を行う（図21.6参照）．腹背方向の撮影において，正常な肝臓の陰影は，肩関節と股関節を結んだ線の内側に入る．心不全や心嚢液貯留によって，心臓および肝臓が拡大するため，両者の形と関連性についても評価する．小肝症はコンゴウインコとバタン類で見られることがあるが，病理学的意義は不明である．

ここまでに述べた疾患の鑑別に，超音波検査が有用な場合がある．

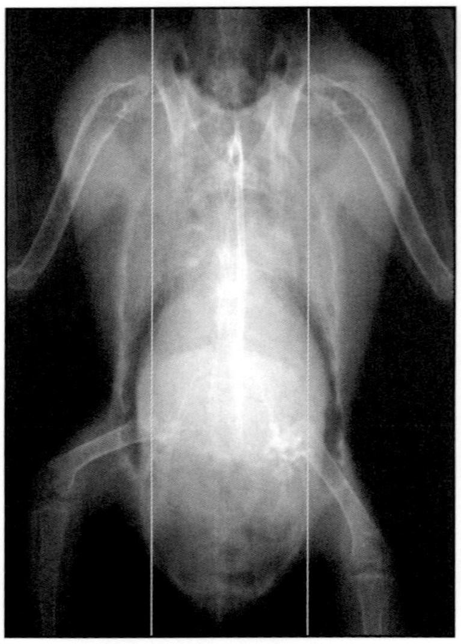

図20.1　ボウシインコの肝腫大．肝臓の陰影が，肩関節と股関節を結んだ線の外側まで広がっている．

生　検

肝疾患の確定診断には，肝生検が必要である．手技は比較的簡単ではあるものの（10章），肝疾患の症例では血液凝固能が低下している場合があるため，実施にはリスクを伴う．静脈穿刺後の出血時間が長い個体や，血小板減少が見られる個体では，肝生検を実施しない方が良い．

明らかな肉眼的病変が存在する個体や，治療にもかかわらず高い胆汁酸値が持続している個体（感染性疾患であることが多い）では肝生検を実施する（13章）．

腹水検査

腹水を採取（胸骨下方の正中から）して検査を行うが，色，内容物，pH，比重については必ず評価する．肝臓に関連した腹水は，透明な漏出液または変化した漏出液であることが多い．腹水は，生殖路，心臓，腹膜の疾患，あるいは感染性疾患によっても貯留するため，採取した腹水の細胞学的検査は必須である（7章）．

治　療

肝疾患の中には，治療法が限られるものや，あるいは全くないものもある．診断結果によっては安楽死を検討すべき症例もある．非感染性の肝疾患の場合，ほとんどの症例で支持療法および対症療法による治療となる．

- 加温と補液療法に加えて，1日3～4回の嗉嚢給餌．
- 低アルブミン血症の鳥では，補液療法により浮腫が生じるため，膠質液が必要となる場合がある．
- ラクツロースシロップの投与は，腸内のアンモニア産生を低減し，pH を低下させるのに有用な場合がある．またオオアザミ抽出物の投与は肝細胞の機能を補助すると考えられている．
- ビタミン補給と食餌改善は（特にリピドーシスの症例で）間違いなく有益である．適量のビオチン，コリン，メチオニンを補給する．
- 原因となる微生物が確認された場合は，適切な抗生物質による治療を行う．

肝疾患

表20.1にさまざまな肝疾患についてまとめた．

肝リピドーシス

肝リピドーシスは，肝臓に過剰な脂肪が蓄積および沈着する症候群である．病因には栄養性（例えば，高脂肪食，アミノ酸欠乏，ビタミン欠乏；12章），遺伝性あるいは中毒性（鉛，ヒ素，リン，アフラトキシン）がある．ボウシインコとオカメインコで，リピドーシスの発生率が高い．産卵中の鳥では，肝細胞における卵黄形成により悪化する（X線検査で骨髄骨が確認できる場合もある）．不活発であることや運動ができな

表20.1 肝疾患の例（種類別）

代謝性
• 痛風（内臓） • 脂肪変性（不適切な食餌，糖尿病，甲状腺機能低下症，コルチコステロイド投与，飢餓，中毒，遺伝性代謝疾患，アミロイドーシスなど）
腫瘍
• 胆管癌，胆管腺腫，リンパ球性白血病，線維肉腫，血管肉腫
中毒性
• アフラトキシン中毒症，コルチコステロイド，ヘモクロマトーシス
感染性
• **ウイルス**：ヘルペスウイルス（パチェコ氏病），ポリオーマウイルス，アデノウイルス，白血病・肉腫ウイルス • **細菌**：*Mycobacterium avium*，*Pasteurella multocida*，*Salmonella*，*Yersinia pseudotuberculosis*，*Escherichia coli*，*Chlamydia psittaci* • **真菌**：*Aspergillus fumigatus* • **寄生虫**：*Plasmodium*，吸虫

いことも発生要因となりうる．

臨床症状：症状は多様であるが，沈うつ，食欲不振，多尿，下痢，緑色尿，羽の状態の悪化，呼吸困難，腹部膨満，肥満などが見られる．重度の肝機能障害がある場合は，肝性脳症の症状（運動失調，痙攣，筋振せん）を呈することもある．

診断：診断には，詳細な身体検査と血漿生化学的検査を行う．多くの症例で，苺ミルクシェイク様を呈す重度の脂肪血が見られるが（図20.2），このような場合は，血漿酵素の測定値は不正確となることがある．胆汁酸，AST，コレステロールの値が上昇し，総タンパクおよびアルブミンの値は低下する．X線検査で肝腫大が認められることが多いが，確定診断には肝生検が必要である．

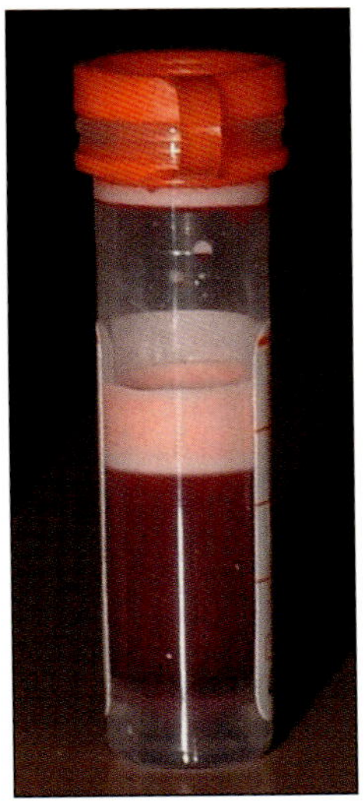

図20.2 コンゴウインコで見られた脂肪血．

治療：低脂肪食を給与するが，それにより「飢餓」状態にならないよう注意する．理想的な食餌としては，栄養バランスのとれたペレット（12章）とともに果物や野菜を与える．罹患鳥の多くは高脂肪の種子が「やめられない」ため，食餌の変更は困難な場合がある．補液，加温，嗉嚢チューブによる給餌などの集中的な治療が必要な症例もある．このような症例は来院時にすでに重篤な状態であり，治療を行っても死に至る場合がある．

肝機能補助のためのオオアザミ抽出物投与，血中アンモニア濃度低減および腸内容物の酸性化のためのラクツロース投与が推奨される．セキセイインコにおいて，L-カルニチン補給によるトリグリセリドおよび脂肪酸の血中濃度の低下が報告されている（De Voe *et al*., 2003）．

痛　風

内臓痛風は，肝臓や他の臓器（腎臓，心嚢など；図20.3a）の漿膜表面に尿酸結晶（白い斑点状を呈す）が沈着することで発生する．予後不良の重篤な疾患である．関節痛風は，皮下あるいは関節周囲（図20.3b）に沈着が見られ，内臓痛風と同様に腎疾患の他，食餌性のタンパク質，カルシウム，ビタミンD_3過剰症に続発することがある．

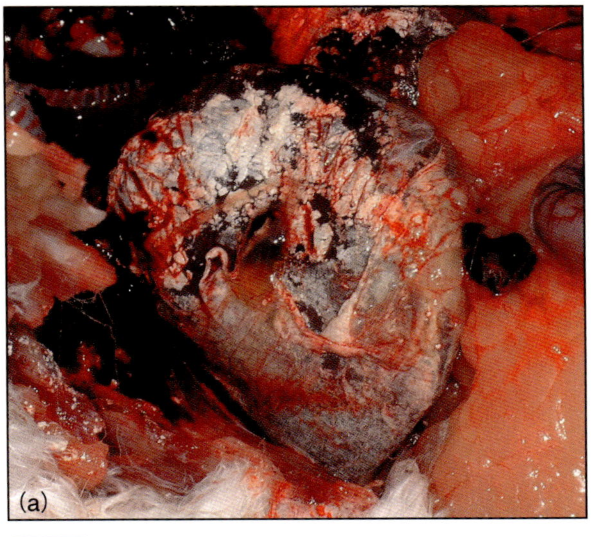

図20.3 (a)心嚢の痛風．（続く）

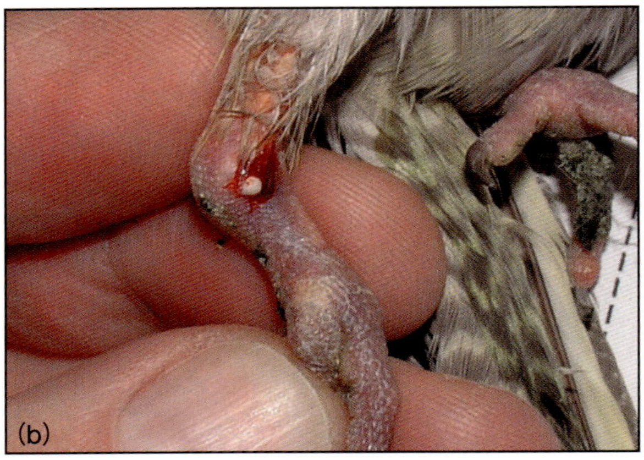

図20.3　(続き)(b)関節痛風．罹患部位の上の皮膚を小さく切開(23 Gの注射針を使用)したところ，皮下のペースト様の尿酸が排出したことにより診断された．

臨床症状：症状は非特異的であるが，体重減少，食欲不振，衰弱などが見られる．突然死もまれではなく，心嚢および心外膜の尿酸塩沈着に起因する心機能障害による可能性がある．

診断：血漿中の尿酸値の上昇が見られるのが一般的であるが，他の病態でも上昇する場合があるため，それだけで診断することはできない．疑わしい症例では，腹腔鏡が唯一の有用な診断方法である．多くの症例では死後剖検で初めて確定診断される(**表7.20**参照)．

治療：急性の症例では，集中的な支持療法(特に補液)とともにビタミンA補給と食餌改善が必要である．アロプリノールの投与は，血漿尿酸値の低減に有用であるが，すでに沈着した尿酸塩に対する効果はない．

ヘモクロマトーシス

ヘモクロマトーシスは，鉄の過剰な蓄積により，肝臓(および他の臓器)に病的変化が生じることで引き起こされる．オオハシとキュウカンチョウで診断されることが多いが，オウムインコ類(特にローリー類)でも見られることがある．この病態は，小腸における鉄の吸収が変化することにより発生し，おそらく遺伝的なものと考えられるが，食餌中の鉄含有量が多い場合にも起こりうる．

- 鉄の含有量が多い食品には，濃い緑色の野菜，ブドウ，干しブドウ，卵黄などがある．
- 鉄の含有量が少ない食品には，リンゴ，バナナ，梨，プラム，パイナップル，イチジク，メロン，トウモロコシなどがある．

臨床症状：症状は肝臓の物理的変化，すなわち肝腫大が見られずに突然死することもまれではない．

診断：血漿生化学的検査では，AST上昇とタンパク低下が見られることがあり，X線検査では肝腫大，腹水貯留が見られ，時に心拡大が見られることもある．腹水は黄色を帯びた漏出液である．肝生検により，確定診断(プルシアンブルー染色による鉄の確認)および病状のモニタリング(複数回の生検)を行う．

治療：呼吸困難を呈している場合には，腹水抜去が必須である．その後は，症状の改善が見られるまで，あるいはヘマトクリットがその種の正常値下限に達するまで，血液量の1～2％を毎日除去する．体重の約1％の血液を除去するため，週1回の瀉血を行う場合もある．血漿アルブミンをモニタリングし，低アルブミン血症になっていないことを確認する．

鉄含有量が少ないペレット(果実食性の鳥であれば100 ppm未満，可能であれば25 ppm程度)を，ビタミンC含有量が少ない食物(柑橘類，イチゴ，キウイ，トマトは鉄吸収を促進してしまう)とともに与える．体組織の鉄濃度を低減するため，デフェロキサミンを投与したり，水の代わりにお茶(タンニンは鉄吸収を抑える)を飲ませるのも良い．血清中の鉄濃度の正常値は200 μg/dLである．

集中的な治療を行っても，予後は不良である．死亡は心筋壊死による可能性がある．

アミロイドーシス

本疾患のオウムインコ類での報告はまれであり，通常は慢性の感染症あるいは炎症性病態に続発する．生検により診断するが，病態は進行性で，致死性であることも多い．有用な治療法は，コルヒチンおよびアスコルビン酸の投与である(7章)．

腫　瘍

転移性あるいは原発性の腫瘍が発生する．肝臓の腫瘍で最も多いのは胆管癌であり，ボウシインコとベニコンゴウインコでよく見られる．総排泄腔の乳頭腫に罹患した鳥では，後に胆管癌や膵臓腫瘍を発現することがある．原発性のリンパ腫，血管腫，腺腫も発生することがある(7章)．

肝毒性

肝毒性により肝実質細胞が壊死すると，線維への置換やリピドーシスが引き起こされ，当初の毒物がもはや存在しなくても，進行性の病態となることがある(慢性活動性肝炎)．広範囲な線維症は肝硬変へと進行する．

腎疾患

鳥類では，腎疾患は診断されないことが多い．なぜなら，疾患が重篤となるまでは，症状が軽微あるいは非特異的なためである．飼い主の「下痢」という主訴は，多尿であることが多い．

解剖学と生理学

鳥類の腎臓は，解剖と生理のどちらにおいても哺乳類とは明らかに異なる(2章)．

鳥における主な窒素排泄物は尿酸であり，そのほとんどは肝臓で合成される．一部は糸球体で濾過されるものの，健康なオウムインコ類では90%以上が近位尿細管の細胞から分泌される．尿中では，タンパク性粘液と混ざり合い，あの白いコロイド状の凝集物となる．

尿酸分泌は，尿流量が非常に低下して沈殿物となり，尿細管を透過できなくなるまでは，糸球体濾過率による影響を受けることはほとんどない．脱水のオウムインコ類においても，それが重度になるまでは，血中尿酸値が上昇しない傾向がある．したがって，尿酸値の上昇が見られる場合は重度の脱水か近位尿細管の重篤な損傷が示唆される(腎機能が正常の30%未満にまで低下すると，尿酸値の上昇が見られる)．

尿酸値が600 μmol/Lを超えると痛風結節(尿酸結晶)が発現し，関節内および関節周囲への沈着(関節痛風)あるいは内臓への沈着(内臓痛風)が引き起こされる．

重篤な腎障害の症例でも，尿酸値が正常を示す場合がある．それは，(1)尿細管分泌に障害があるにもかかわらず，一部の尿酸が濾過により排泄されるため，(2)腎不全の症例では多渇/多尿が見られることが多く，その結果濾過率が上昇するため，(3)肝機能低下や食欲不振により尿酸産生が低下するため，という理由が考えられる．

ナトリウムと水の排泄の制御は，アルドステロン-バソトシン-レニン-アンギオテンシン系による．水分喪失が生じると，鳥では(哺乳類と異なり)徐々に血漿浸透圧を上昇させることができる．またこれも哺乳類とは異なるが，腎不全の症例では，血漿のカリウムやリンの濃度は上昇しない傾向があり，またカルシウム濃度も低下しない．

尿

健康なオウム類のほとんどは，白い尿酸塩を含む中等度の量の尿を排泄する(付録2)．さまざまな理由により，尿色は変化する(表20.2)．排泄後すぐに確認をしなければ，他の色が混じってしまう(例えば，便の成分や新聞紙など)．

表20.2 鳥類の尿酸塩(付録2参照)

色	考えられる原因
白色	• 正常
緑色	• 緑色尿-重度の肝疾患(クラミジア症，ヘルペス性肝炎，脂肪肝症候群など)
茶色を帯びる/黄色または金色を帯びた黄色	• 肝疾患 • ビタミン補給 • ヘルペス性肝炎
赤色/茶色/チョコレート色	• 鉛中毒/他の毒物 • 腎炎 • 溶血 • ポリオーマウイルス • ワルファリンおよび類似物質の中毒

尿酸塩と糞便は密接な関係にあるため，尿だけを分析するのは困難であるものの，尿沈渣の検査には意義がある．

- 正常な検体では，円柱(ごく僅か)，少量の細胞(おそらく総排泄腔上皮)，少量のグラム陽性菌(糞便/総排泄腔から)，少量の赤血球と白血球(正常では高倍率の1視野で3個未満)を含む．円柱が多数見られる場合は泌尿器系の疾患が示唆される．
- 尿比重は哺乳類より低い(1.005～1.020 g/mL)．
- pHは6.5～8.0の範囲で，タンパク質が検出されることもある．
- ウロビリノーゲンは尿中に存在しない．
- 尿糖が検出されることがあり，ストレスに関連しているか，あるいは近位尿細管の損傷を示す場合がある．
- 糖尿病の症例やデキストロースの非経口投与後に高値の尿糖が検出される．
- 泌尿生殖器以外の原因による乏尿は，脱水によることが最も多い．
- 多尿は必ずしも腎疾患の徴候というわけではなく，ストレスを含むさまざまな原因で見られる(**表20.3**)．

表20.3 多尿の原因(続く)

疾患の種類	例
食餌性	• 果物の過剰摂取またはペレット食，ビタミンA欠乏症，ビタミンD_3過剰症，塩分あるいは水分の過剰摂取
心因性あるいはストレス	• 離乳直後，恐怖，興奮

表20.3　(続き)多尿の原因

疾患の種類	例
低カルシウム血症	
糖尿病	• 糖尿
下垂体腫瘍	• 特にセキセイインコ，尿崩症，クッシング症候群
全身性の感染症および腹膜炎	• ポリオーマウイルス
肝炎	• ヘルペス，クラミジア症，腫瘍，細菌感染
腎疾患	• 腎炎，腫瘍，痛風
中毒	• 鉛，亜鉛，塩，マイコトキシン
慢性疾患	• アスペルギルス症
医原性	• 抗生物質(アミノグリコシド系)，ステロイド，利尿薬
生理的	• 産卵中の雌

臨床症状

ほとんどの症例では，症状は軽微であり，腎疾患が疑われないことすらある．鳥類では，複数の臓器に病変が生じる全身性疾患の際に尿路病変が見られることが多いが，尿路のみに病変が生じる疾患も少しはある．

- 異常な排尿には，多尿，無尿，乏尿がある．
- 多渇は，多尿とともに見られることが多く，沈うつ，脱水，痙攣が見られることもある．
- 多渇は，多尿の原因(行動性)である場合と，多尿の結果(腎臓性，内分泌性)である場合がある．非特異的な症状であるため，詳しい検査が必要である．
- 腎疾患の中には排尿に変化が見られないものもある．
- 「正常な」排尿は，年齢，種，生理的状態によって差があるため，「腎疾患」を疑う場合にはそれらの要因も考慮しなくてはならない．

腎疾患の症状として跛行が見られることがある．これは腫大した腎臓が坐骨神経を圧迫することにより引き起こされる(19章)．

病　因

感　染

詳細は13章に記載したが，その他の内容を記載する．

細菌感染：細菌感染は血行性であることが多く，間質性腎炎および糸球体腎炎のどちらも引き起こす．

オウム目において上行性感染はまれであるが，発生した場合には急性かつ致死性となりやすい．尿中の白血球，細菌および円柱が増加する可能性がある．尿の培養が推奨される．血液培養については，健康な鳥でも菌血症の場合があるため，解釈が困難である．敗血症では全身性疾患の症状を呈することが多い．

腎臓に病変が認められない細菌感染で，しばしば多尿が見られる．また，肝炎による緑色尿が見られた個体において，胆汁性ネフローゼが報告されている．

ウイルス感染：ヘルペスウイルス，アデノウイルス，パラミクソウイルス，鳥ポックスウイルスなど，多くのウイルスが，全身的な感染の一環として腎臓に病変を引き起こす．ポリオーマウイルス感染では，オウムインコ類のヒナで免疫複合体型糸球体腎炎が生じることがあるものの，罹患鳥は感染による他の症状によって死亡することが多いため，腎病変そのものの臨床的な重要性はない．

真菌感染：腎臓における真菌感染は，主に *Aspergillus* spp. を原因とする呼吸器真菌症により生じた気嚢肉芽腫からの直接的な拡散であることが多い．感染が限局的であるため，腎疾患に特異的な症状が見られることは少ないが，症例によっては重度の腎障害に付随する症状(多尿など)を呈することもある．末期の真菌感染では，腎臓において菌糸による血栓病変が見られることがあるが，これは臨床的診断というよりは病理学的所見として確認される．

原虫感染：ボタンインコ類の腎炎に関連して，ミクロスポリジアの検出が報告されている．ミクロスポリジアが尿中に確認されることはあるものの，常に炎症の組織学的所見と関連しているわけではない．

中　毒

ボウシインコにおける重金属中毒では，血尿と多尿が見られることが多い．肝疾患や緑色尿とともにネフローゼが発生することがある．ミオグロビンおよびヘモグロビンは哺乳類で腎疾患を引き起こすことが知られているが，鳥類では挫滅外傷と関連する．有毒植物，アミノグリコシド系抗生物質，その他の薬剤は，鳥類における腎毒性を引き起こす可能性があり，炎症性反応を生じることなく直接的に尿細管上皮を障害する場合がある．毒血症，マイコトキシン症および食餌中の過剰な塩分によって多尿が見られる．

腎機能障害

ビタミンDの過剰摂取(食餌1kgに対して100 IU

を超える)は，腎臓および他の軟部組織に転移性のミネラル沈着を引き起こす．多尿，多渇の他，尿濃縮能の低下が見られ，尿酸血および痛風が引き起こされる．痛風，ヘモクロマトーシス，アミロイドーシスなどの代謝性疾患により腎機能障害が生じることが報告されている．

重度の脱水により，尿管閉塞が生じる(図20.4)．ビタミンA欠乏症においても発生する可能性があるが，これは尿管上皮に扁平上皮化生が生じ，尿管を閉塞するためである．総排泄腔内の結石，腫瘍，卵塞による圧迫，その他の原因によっても尿管閉塞が生じる．これらの症例では尿酸値の上昇が見られる．

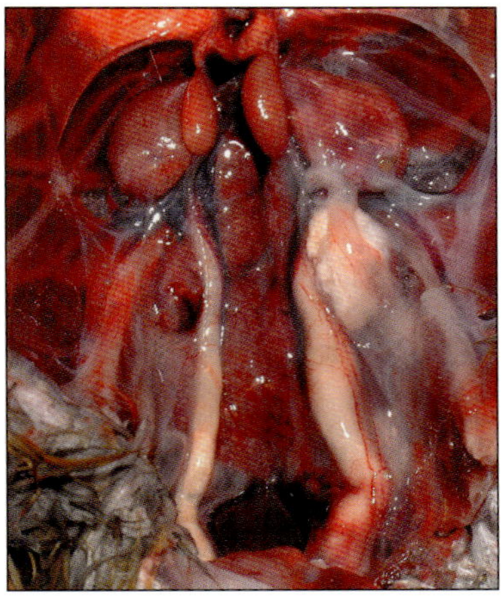

図20.4 ボウシインコにおいて腎不全，尿管閉塞，拡張，裂傷が見られる．

診　断

症状および問診により腎疾患が示唆される場合もあるが，症状が非特異的な場合もある(多尿など)．常に詳細な身体検査を行う．腎疾患を正確に診断するためには，腎生検を含めた網羅的な臨床検査が必要である．

- 止まり木の下にセロファン紙あるいは耐油紙を置き，汚染されていない尿検体を，可能であればシリンジや毛細管で吸引採取して尿検査を行う．
- 同様の症状を引き起こす他の臓器の疾患を除外するため，通常の血液学的検査と網羅的な血液生化学的検査が必要である．
- X線検査は必須である．腎臓の大きさや密度を確認するには，超音波検査が有用である．腎臓の密度と大きさは，脱水(小さく，密度が高い)，痛風，腎炎(腫脹している場合もあり)によって変化する．大きさを評価するには，ラテラル像のX線撮影が最適である．
- 内視鏡検査により，腎臓の色(正常では均一な暗赤色/茶色)，大きさ，形を容易に観察でき，腎臓に著しい損傷を与えることなく生検を実施することができる．また，嚢胞，腫瘍，腎臓あるいは内臓痛風，アスペルギルス症，腎腫大だけでなく，腎欠損までも確認することができる．
- 鳥類の腎臓では，ネフロンが分葉状に配置しているため，哺乳類に比べて生検は容易である．通常は，体側から後胸気嚢を経由してアプローチし，前葉あるいは中葉から採取する(9章)．凝固障害が疑われる場合は，生検を実施すべきではない．

その他の検査には以下のものがある．

- 血漿の尿酸，総タンパクおよびアルブミン濃度は有用な指標であり，PCVにより脱水の評価ができる．
- 血漿尿酸値の上昇が見られるまでに，濾過能の70～80%が失われている．多数の尿細管が損傷していなければ，尿酸値は上昇しないため，腎疾患のある症例であっても，尿酸値は正常値を示す場合がある．
- 鳥では，腎不全の徴候として顕著な高リン血症は認められないが，検体の溶血，筋壊死，代謝性骨障害の場合には見られることがある．同様に，溶血(血漿は直ちに分離するか，臨床現場即時検査を行う)および筋壊死は，誤った高カリウム血漿の原因となる．

治　療

診断できるまでは，対症療法が最も重要である．その後，原因の特定と治療を行う．腎疾患が疑われるすべてのオウムインコ類では，加温，栄養学的支持，特に嗉嚢チューブを介した補液を行う．重症例では，静脈内あるいは骨内への非経口補液が必要である(6章)．

衰弱した鳥では，すぐに治療の効果として，食欲の増加，体重増加および一般状態の改善が見られる．回復期の症例では，血中尿酸値の低下も見られる．

無尿および乏尿

無尿あるいは乏尿が見られる症例では，補液は1日の体液喪失に相当する20 mL/kg/日に留める．水和の過剰あるいは不足をモニタリングするため，毎日正確に体重を測定する．利尿を促進するためフロセミドを投与する．良質な低タンパク食，あるいは高カロリーでタンパク質，ナトリウム，カリウムを全くあるいはほとんど含まない食餌を与える．

多　尿

急性腎不全で多尿の見られる鳥では，脱水，低ナトリウム血症，低カリウム血症を防ぐために，水和状態と電解質濃度のモニタリングを行う．ラクトリンゲル液（ハルトマン液）を投与する．腸内細菌が門脈を介して腎臓に感染しやすくなるため，すべての症例において，抗生物質の投与が推奨される．

腎機能が低下したオウムインコ類においては，腎毒性のない抗生物質の投与が必須であり，また腎毒性を示す可能性のあるその他の薬剤も十分な考慮の上で投与する．

不適切な食餌を給与されている場合，あるいは尿酸値が高い場合には，尿細管の変性が生じている可能性があるため，ビタミンAを投与する．これらの症例では，貧血，肝疾患，食欲不振といった他の症状を呈することも多いため，ビタミンEとビタミンBの複合体の投与も有用である．

理論的には，アロプリノールの経口投与により尿酸値が低下するが，長期投与により腎障害を引き起こす可能性があることに留意する．重篤な症例では，コルヒチンの併用が有用な場合がある．

内分泌疾患

生殖ホルモンについては18章に記載した．

糖尿病

糖尿病は，セキセイインコとオカメインコで最もよく見られるが，ボウシインコ，コンゴウインコ，ヨウムなどでも報告されている．原因は，低インスリン血症というよりは，グルカゴン過剰症（鳥類の血漿グルカゴン濃度は哺乳類の10～50倍である）と関連しているようである．

鳥類において，インスリンの重要性はよく理解されておらず，ブドウ糖に限らずさまざまな刺激によって分泌される．また，インスリンに比べて，副腎皮質刺激ホルモンやプロラクチンの方が血糖に対して大きな作用を持つようである．事実，糖尿病の症例の多くはクッシング様を呈す．したがって，ミトタンの投与が奏効する可能性がある．セキセイインコでは下垂体腫瘍がよく見られる（Schlumberger, 1954）．正常であれば，ブドウ糖，インスリン，ソマトスタチンによりグルカゴン分泌は抑制される．鳥類の血糖値は哺乳類より高く，20 mmol/L よりも高い値が持続していなければ糖尿病の診断を下すことはできない．尿糖は，尿酸の混入，総排泄腔内での便と尿の混和，あるいは腎疾患によっても生じるため，尿糖が見られることだけで糖尿病を疑ってはならない．

臨床症状：多渇，多尿，多食，不活発，沈うつが一般的な症状である．多食にもかかわらず，体重減少が見られることもある．

診断：持続的な高血糖が見られること，およびブドウ糖負荷試験（絶食させた鳥に，2 g/kg のブドウ糖を経口投与し，10分後と90分後に血糖値を測定する）により診断する．

治療：治療は必ずしも容易ではなく，成功しない場合もある．比較的小さな症例が多く，個体ごとにインスリン投与量はバラつきが大きく，またインスリン投与に対する飼い主の治療遵守も問題となる．インスリン耐性が生じることがあり，膵臓の機能不全および萎縮が付随する場合もある．

インスリン投与量は，12～24時間あたり0.067～3.3 IU/kg と幅があるが，ほとんどの症例では0.1～0.2 IU/kg の範囲で治療を開始することが多い．投与量と頻度を算出するため，血糖曲線を記録する．投与頻度は，1日2回から，数日に1回までと幅がある．

栄養バランスの取れた1種類のペレットのみを与えるといった，低炭水化物の食餌療法だけで改善する症例も多い．肥満と肝リピドーシスの見られる症例もあるため，ビタミン補給と肝庇護療法も有用な場合がある．

低血糖は避けなければならないが，もし発生した場合には注射用デキストリンを投与する．症状が改善しても，尿糖および高血糖が持続する症例がある．その場合は，ACTH の測定と抗糖質コルチコイド治療を考慮する．

甲状腺疾患

甲状腺機能低下症と甲状腺の過形成（甲状腺腫）は，小型のオウム目で見られることが多い（21章）．オウムインコ類で甲状腺機能低下症が疑われる症例は多いが，病態の報告例は少ない（16章）．症例の多くは，ヨードの摂取量が不足しているかもしれない．

臨床症状：羽の状態の悪化（色の異常，構造的欠陥など），肥満，成長阻害，換羽の消失，脂肪腫の形成などが見られる．哺乳類と同様にチロキシン（T_4）値の低下が見られるが，その要因はさまざまである（全身性疾患，ストレス，薬剤投与など）．鳥類では，T_3値とT_4値に明らかな日内変動があり，正常値の下限では検出できない場合がある．これにより診断が困難なものとなっている．これらのホルモンの急速な分解により半減期が非常に短くなる（数時間）．

診断：確定診断は，甲状腺刺激ホルモン（thyroid-stimulating hormone；TSH）刺激試験による．ベースラインのT_4値を測定し，TSH 投与（オウムインコ類では1 IU/kg)の6時間後に再度測定する．上昇がベースラインの2～3倍未満の場合には，甲状腺機能低下症と診断される．低値のT_4を正確に測定できる検査機関を見つけること，またTSH(牛またはヒト)を入手することが困難な場合がある．治療に対する明確な反応のみで，甲状腺機能低下症を診断すべきではない．

治療：1日1回または2回のレボチロキシン投与を行う．診断できていない鳥，あるいは甲状腺機能が正常な鳥に対する過剰投与は，多渇，多尿，頻脈，体重減少，痙攣，あるいは死亡を引き起こすことがあるため禁忌である．

上皮小体疾患

血漿カルシウム濃度の低下に反応して，パラトルモン(parathormone；PTH)が分泌される．標的器官は腎臓と骨である．産卵中には卵殻形成のため骨髄骨からのカルシウム動員が生じるが，その際にPTHは非常に重要となる．

腎臓におけるビタミンD_3産生は(PTHにより制御される)，小腸における吸収を増加させることにより，血中のカルシウム濃度および無機リン酸塩濃度を上昇させる．また，腎臓におけるカルシウム吸収およびリン酸塩排出を促進するとも考えられている(12章)．エストロジェンとプロラクチンも腎臓におけるビタミンD_3産生を刺激するため，排卵の約4日前には血中カルシウム濃度の著しい上昇が見られる(一部は卵黄タンパク結合カルシウムによる)．

栄養性の二次性上皮小体機能亢進症(12章)は，上皮小体の疾患として最も多いものである．これは，食餌中のカルシウムとビタミンD_3の欠乏あるいは，不適切なカルシウム/リン比により発生する．その結果「代謝性骨」疾患を生じ，さまざまな程度の筋力低下，テタニー，発作が見られる．ヨウムは，血中カルシウム濃度の維持が困難な場合があるため，本病態が多く発生する．

副腎疾患

明瞭な皮質と髄質はない．コルチコステロイド，アルドステロン，エピネフリン，ノルエピネフリンが分泌される．副腎の疾患は，病鳥の死後剖検で確認されるため，副腎皮質機能低下/亢進症は存在すると考えられる．しかし症状は，他の病態により隠されてしまうものと思われる．副腎の腫瘍はまれである．

心血管系疾患

長年にわたり，オウムインコ類における心血管系疾患は，診断されないことが多かった．しかし，これらの疾患が存在することを意識するのは重要であり，現在の診断技術では心臓の検査が可能である．心血管系疾患を理解できるまでに，心電図(electrocardiogams；ECG)，X線検査，超音波検査の技術は向上したが，未だに情報は不足している．

臨床獣医師にとって，心血管系の検査は困難な場合がある．心拍数が早いため，心雑音や不整脈が聴取しにくく，末梢脈拍を確認することも難しいためである．

臨床症状

疾患が重篤になるにつれて，心疾患の症状はより明確になる．哺乳類と同様の症状も見られる(図20.5)．肝うっ血，呼吸困難，腹水が見られることはあるが，ケージで飼育されている鳥で咳や運動不耐が観察されることはまれである．先行する症状が見られずに突然死することもある．しかしながら，呼吸困難も腹水も，鳥類では他のさまざまな原因によって発生しうる．

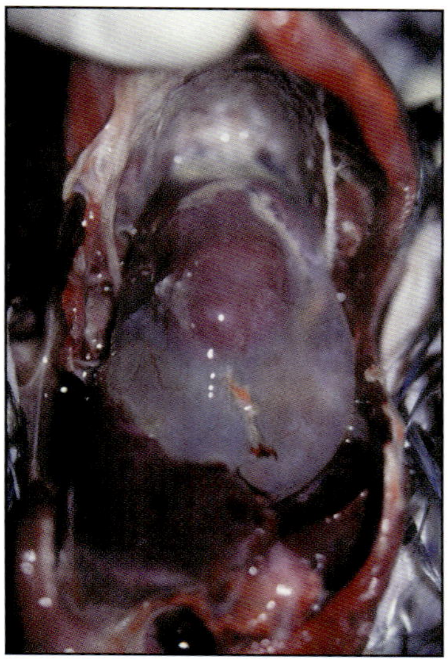

図20.5 うっ血性心不全と心嚢液が見られるヨウム．

診　断

診断は，問診，身体検査(簡潔にすませなくてはいけない場合もある)，聴診に基づいて行う．網羅的な血液学的検査，血漿生化学的検査とあわせて，X線検査，ECG，超音波検査も実施すべきである．

心雑音を収縮期か拡張期かに分類することは困難である．心音が減弱化している場合があるが，これは肝腫大あるいは心外膜液による可能性がある．X線検査と超音波検査により，心臓/肝臓の陰影を評価でき，心肥大，心外膜液，肝腫大，腹水の有無だけでなく，小心症を確認することも可能である．小心症は血液量減少や脱水により見られることが多い．

心電図

紙送り速度は，100 mm／秒，1 cm＝1 mV が望ましい．測定は，麻酔下で仰臥位に保定し，四肢の皮膚（前翼膜と大腿内側）に装着した 25 G 針の金属部分にリード線を接続して行う（図 20.6）．あるいは，リード線を接続できる ECG 用の粘着性パッドを使用することも可能である．モニタリングおよび診断には，第Ⅱ誘導を用いるのが一般的である．

鳥類では，波形の振幅が小さい傾向があり，ECG では心臓の病理や変性に関する情報はほとんど得られない．主な異常所見の意義は哺乳類と同様であると考えられる（心房細動，心室性期外収縮，房室ブロックなど）．ECG の異常所見については表 20.4 に記載した．

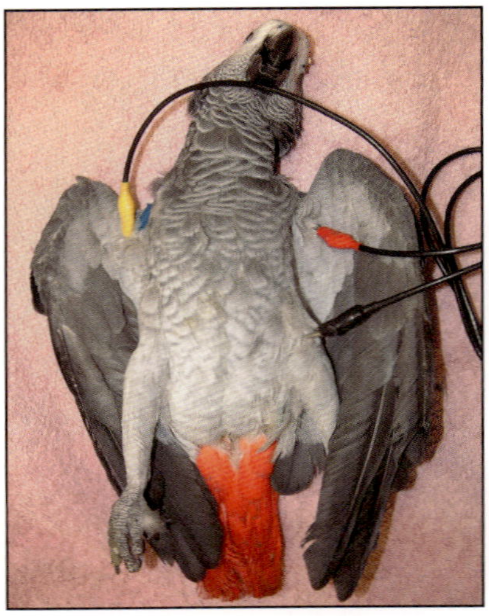

図 20.6 ECG リード線を装着したヨウム．心血管系疾患の診断には，麻酔下にて，ECG，X 線検査，超音波検査を実施するのが最も有用であろう．

表 20.4 心電図の異常所見

異常所見	考えられる原因
心房性期外収縮，細動，粗動	• 弁閉鎖不全による重度の動脈拡張
心室性期外収縮	• 低カリウム血症，チアミン欠乏，ビタミン A 欠乏，パラミクソウイルス，鳥インフルエンザ，心筋梗塞（鉛中毒による），ジゴキシン中毒
心室性頻脈，細動，期外収縮	• 低酸素状態，T 波の変化は低酸素症を示唆し，さらに重篤な異常が生じるかもしれない．
房室（AV）ブロック	• 薬剤投与（キシラジンなど），うっ血性心不全，アテローム性動脈硬化
T 波の低下および R 波の上昇	• 深麻酔
不整脈	• 低体温

心疾患

心筋炎と心膜炎が見られることがある．うっ血性心不全の症例で，心外膜液と腹水について報告されている．さまざまな病原体により心外膜液の貯留が生じる（*Chlamydia*，*Mycobacterium*，その他の細菌）．細菌性弁膜炎および弁閉鎖不全も確認されている．

老齢のオウム類では，アテローム性動脈硬化がよく見られ，大動脈（図 20.7），心筋血管，腕頭動脈で確認されることが多い．死後剖検で診断されることが多いが，X 線検査や超音波検査で石灰化した血管が確認されることもある．

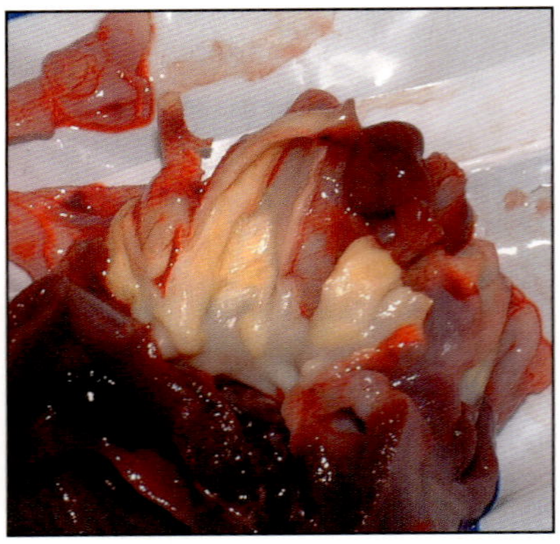

図 20.7 ヨウムの大動脈で見られたアテローム性動脈硬化．

治　療

哺乳類の治療計画に基づいて治療する．

- 頻脈と収縮不全は，毎日のジゴキシン投与により改善する．ジゴキシンは，房室ブロック，徐脈，心房細動などの重篤な副作用を引き起こすことがあるため，ECG で反応を見ながら注意して使用する．
- フロセミドなどの利尿薬を投与して，腹水の低減を試みることは可能である．血液量減少と低カリウム血症を防ぐため，体重とカリウム濃度をモニタリングすると良い．特に，ジゴキシンとフロセミドを併用する際には重要である．
- アンギオテンシン変換酵素（angiotensin-converting enzyme；ACE）阻害薬も治療に用いられているが，その使用に関する情報はほとんどない．

中毒学

中毒による病態は，感染による病態に比べて少ないが，オウム目の多くの種が知的好奇心と噛み癖を有することから，中毒の可能性を常に考慮する（表 20.5）．

表20.5　中毒の経路

経　路	例
摂食性	• 食物ではない物/異物 • ヒトや他の動物に処方された薬剤 • 毒性のある食物(チョコレート，塩) • 感染した/劣化した食物 • 蓄積症(マイコトキシン) • 重金属(鉛，亜鉛)
吸引性	• ポリテトラフルオロエチレン(PTFE)，エアロゾル
接触性	• ニコチン • 殺虫剤 • トリコテセン
医原性	• 飼い主または獣医師による薬剤投与(イベルメクチンなど)

野生のコンゴウインコは，泥を摂取することで，摂取した有毒植物を中和する能力を有する(Gilardi, 1996)．飼育下の鳥も同様に，毒物を摂取する習性を有するものの，必要な解毒剤を摂取することができない．鳥類は非常に効率的な呼吸器系を有するため，吸引性の中毒により急速かつ広範囲に影響が生じる．鳥が吸引性中毒に対して高い感受性を示すことは昔から知られている．

英国では，中毒の場合に Veterinary Poisons Information Service(VPIS，獣医中毒情報サービス)に連絡をし，急性中毒に対する治療について多面的な助言を得ることは有用である．また情報を提供することで，彼らにとってもデータベースを増やすのに役立つ．VPIS に登録した動物病院は，以下に電話することで，24時間いつでも助言を得ることができる．(リーズ)0113 245 0530，(ロンドン)020 7635 9195.

表20.6に中毒の一般的な治療について概説した．

表20.6　中毒の一般的な治療(続く)

更なる毒物への暴露を防ぐ

毒物の供給源から鳥を移動させる．

羽，皮膚，眼の毒物を除去する．

- 生理食塩水で30分間洗眼する．温めた低刺激性の洗剤で羽を洗う．
- 十分に洗い流す．
- 酸性水または苛性アルカリ水をかける(重曹や酢酸で中和しようとしないこと．発熱反応によりさらなる損傷が生じることがある)．

表20.6　(続き)中毒の一般的な治療

消化管からの吸収を低減する．

- 活性炭か生理食塩水を，嗉嚢または前胃にチューブで繰り返し投与して洗浄する．誤嚥を防ぐため必ず挿管する．毒物への暴露の3時間以内に実施するのが望ましい．
- 固形物の外科的除去．
- 毒物が下部消化管に存在する場合は，下剤として硫酸ナトリウムまたは硫酸マグネシウム(0.5～1 g/kg，経口投与)を用いる．

支持療法を開始する．

- 加温
- 温めた酸素
- 補液－必要であれば酸-塩基平衡の改善も行う．
- ストレスの低減

特異的な解毒剤があれば投与する．

摂食性中毒

鉛中毒

オウムインコ類において，鉛の摂取は中毒の一般的な原因である．家庭内，特に古い家には鉛が多く存在している．比較的よく見られるのは，カーテンのおもり，窓枠，パテ，ペンキ，はんだ，電気や配管の留め具などである．車の排ガスや，鉛のバッテリーを舐めたり噛んだりしたことによる慢性中毒も見られることがある．

摂取すると，粒子状の物質が筋胃に留まることが多く，X線検査で容易に確認できる(鉛はX線不透過性のため)．鉛の粒子が既に鳥の腸管を通過してしまっていたり，あるいは，そもそも摂取した鉛が粒子状ではなかった(吸引したり，舐めたりした)という可能性にも留意する必要がある．

鉛と鉛塩はどちらかというと非水溶性であるが，一部は溶解して消化管から吸収され，骨や軟部組織に蓄積する．また鉛は非常にゆっくりと(数カ月以上かけて)腎臓から排出される．

臨床症状：鉛中毒の症状は(**表20.7**)，体内のさまざまな器官に鉛が及ぼす影響と関連しており，失明，痙攣，振せん，不全麻痺，沈うつ，衰弱，嘔吐，多渇/多尿，ヘモグロビン尿(ボウシインコとヨウムでの報告がある)および死亡などが見られる．

症状の重篤度は，中毒が急性か慢性かによって異なる．また，発症までの期間や重症度は，摂取した鉛粒子の大きさ(小さな粒子は表面積が大きい)や，筋胃内に存在する砂粒の量によっても変化する．

表20.7　鉛中毒の症状

症　状	症状の原因
食欲不振, 逆流, 嘔吐, 下痢（糞便内の出血がある場合とない場合がある）	• 消化管壊死
貧血	• 赤血球の障害，骨髄抑制
衰弱と多尿	• 肝臓の変性および壊死
発作，失明，頭位傾斜，運動失調，後肢および翼の不全麻痺	• 毛細血管の障害，脳浮腫
緑色/黄色の尿酸塩	• 肝機能障害による緑色尿
ピンク色，赤色または淡黄褐色の尿酸塩	• 血尿/ヘモグロビン尿－特にボウシインコとヨウム

診断：症状と問診から暫定的に診断し，X線検査と血中鉛濃度の上昇を確認することで裏づけをする．X線検査では，消化管内に強いX線不透過性を示す物質が認められ，時には上部消化管で閉塞が認められる場合もある（通常，筋肉内に打ち込まれた鉛弾で，鉛中毒の症状を呈することはない）．

血液検査の際は，全血をヘパリンリチウム管（EDTAではなく）に採取する．

- 0.2 ppm（20 µg/dL，1.25 µmol/dL）を超える場合は，鉛中毒が示唆される．
- 0.5 ppm（50 µg/dL，2.5 µmol/dL）以上の場合は，鉛中毒と診断できる．

治療：鉛中毒の症状を示す鳥の多くは非常に状態が悪いため，診断に必要なすべての検査を行う前に，支持療法を開始する必要がある．

支持療法：まずは痙攣を抑え（ジアゼパム），その後に体液の補正を行う．これは一部の症例では嘔吐を呈し，また多くの症例で多尿を呈しているからである．嘔吐が見られる症例では，補液は非経口的に行う（5章）．加温，酸素化，加湿を行い，静かな環境で休ませる．低い止まり木を設置しても良いが，中枢神経症状が見られる場合には止まり木の除去を検討する．

キレート剤療法：エデト酸カルシウム二ナトリウム（CaEDTA）またはベルセネートを筋肉内注射する．ペニシラミンを単体で，あるいは上記の薬剤と組み合わせて投与しても良い．

キレート剤療法は，中毒症状が消失するまで継続する（図20.8）．CaEDTAは哺乳類において腎障害を誘発することが知られているため，治療は筋肉内に5日間投与した後，2日間休薬し，必要に応じてそれを反復することが一般的には推奨されている．この他に，10日を限度に連続投与したり，隔日で10～14日間投与する方法もある．ペニシラミンの経口投与は36週間継続が必要となる場合もあるが，これはまれな例である．

図20.8　鉛中毒を呈したルリコンゴウインコの(a)治療前，(b) CaEDTAによる治療後．

鉛粒子の除去：キレート剤療法を行っている間，そして改善が見られている間は，内視鏡あるいは外科手術による処置を延期することが可能である．小さな粒子であれば，小腸の運動性が回復し，食餌量が増えれば，通過する可能性がある（7日後にX線検査で確認）．小さな粒子の消化管内通過を促進するため，鉱物油，ピーナッツバター，コーン油，硫酸ナトリウム，硫酸マグネシウム，膨脹性下剤を用いることができる．誘発された下痢の治療が必要となる場合もある．

手術：症例の状態が安定化したら，内視鏡下あるいは外科的に鉛粒子の除去を実施する．内視鏡は，症例の大きさによって，経口あるいは経嗉嚢ルートで挿入する（10章）．

筋胃内洗浄：洗浄による鉛粒子の除去については議論が分かれるところである．それは，液体の誤嚥によるリスクが伴うこと，また手技に耐えられるほど症例の生理学的状態が安定している必要がある，ということによる．麻酔下にて適正なサイズの気管チューブを挿入する．鳥の下半身を高くし，頭部と頸部が下向きになるように保定する．こうすることで，体温にまで加温した生理食塩水（高体温・低体温の両方のリスクがあることに注意）を用いて，筋胃の内容物を洗浄し，口から排出させることができる．排出された内容物を集めて，鉛粒子が含まれていることを調べるか，あるいはX線検査にて除去できたことを確認する．

亜鉛中毒

オウムインコ類における真の亜鉛中毒は，診断されているよりも多く発生している可能性がある．反対に，羽かじりの原因としては実際よりも多く診断されている可能性がある．最も多いのは，亜鉛メッキをした新しい針金によるものである．これらは本来であれば，禽舎で使用する前に，ブラシと薄い酢酸溶液を用いて亜鉛の粉や粒子を除去すべきである．亜鉛メッキされた皿，硬貨，車の鍵，針金，ホチキスの針，モノポリーゲームの駒だけでなく，脚環（一部の製品は純粋なアルミニウムではなく，17％もの亜鉛を含む）や一部の肥料までもが亜鉛の供給源となる．

鉛中毒とは異なり，亜鉛粒子の摂取は一般的ではないため，X線検査はあまり有用な診断方法ではない．亜鉛の蓄積は，骨ではなく，主に軟部組織で起こるため，理論的には亜鉛の供給源を除去することで，体内の亜鉛濃度も低下するはずである．

臨床症状：衰弱，多渇，多尿，消化管障害，体重減少，貧血，高血糖，痙攣などが見られる．倦怠，体重減少，嚥下障害，沈うつは慢性症例で見られることが多く，急性症例では運動失調，臥位，痙攣，下痢が見られることが多い．症状は亜鉛による軟部組織への沈着と障害によるものである．すなわち，膵臓壊死の他，腎臓，肝臓，消化管の障害などである．羽むしりや羽かじりの見られる鳥の中には，血中亜鉛濃度が上昇している個体がある（16章）．

診断：X線検査で，筋胃に金属の陰影が認められなくても，亜鉛中毒が存在している可能性がある．疑わしい症例で裏づけをするためには，血清亜鉛濃度の測定が必要である．採血は注意して行う．採血に用いるシリンジはプラスチックだけで作られたものとし，血液をゴム（ゴム製の栓やシリンジプランジャー）に接触させないようにして，ガラスまたはプラスチック製の容器に入れる．血清亜鉛濃度が2 ppm（200 μg/L，32 μmol/L）を超える場合は亜鉛中毒が示唆される．死後剖検で亜鉛濃度を確認するには，膵臓が最も適した組織である．

治療：亜鉛中毒の治療は，鉛中毒と同様である．

その他の金属中毒

銅や水銀などのその他の金属が，それ単体で，あるいは鉛や亜鉛とともに金属中毒に関与している場合がある．銅中毒の治療には，ペニシラミンを用いる．

チョコレート中毒

オウムインコ類では，ごく少量のチョコレートの摂取であっても致死的な場合がある．毒性の程度は，カカオ，テオブロミン，カフェインの含有量に依存する．一般的に，ビター（ダーク）チョコレートは，ミルクチョコレートに比べて毒性が高い．突然死することもあるが，より多く見られる症状は，嘔吐，下痢，暗色便の排泄である．発作，不整脈，活動亢進が見られ，最終的に死に至る場合もある．治療は，消化管保護剤，下剤の投与に加えて，支持療法および対症療法を行う．活性炭の投与によりテオブオミンの半減期は明らかに短くなる．

塩中毒

塩の過剰摂取により，塩中毒の症状が見られることがある．脳浮腫と出血に関連した症状を呈し，多渇，多尿に加えて神経障害（振せん，後弓反張，運動失調，痙攣）が見られることがあり，死に至ることもある．利尿薬（フロセミド）の投与と低ナトリウムの補液を行う．

アボカド中毒

オウムインコ類に対しては，アボカド（*Persea* spp.）のどの部位も毒性を示す可能性がある（種子も果肉も-毒物は特定されていない）．毒性はアボカドの種類によって異なるが，いずれも鳥に与えてはならない．アボカド摂取の僅か10分後に死亡した例もあるが，多くは10～15時間後である．症状は食欲不振，膨羽，呼吸回数の増加，翼の伸展，そして死亡である．いくつかの症例で皮下浮腫の報告があり，死後剖検で肺うっ血が確認されている．治療は非特異的で，加温，補液，酸素化などの支持療法および対症療法を行う．利尿薬と活性炭を投与しても良い．

家庭内植物による中毒

多くの家庭内植物が，鳥類に毒性を示す可能性があるが（表20.8），中毒を引き起こすことはそれほど多くない．なぜなら多くの場合，鳥はそれらの植物の葉を摂取するというよりは，むしろ割いて噛んでいるだけだからである．また腸通過時間が短いため，毒性も軽減される．野生のオウム目のいくつかの種では，有害な植物毒を吸着するために，意図的に泥を摂取していることを明らかにした研究がある．治療は対症療法である．

表20.8 オウムインコ類に毒性を示す植物の一例

一般名	種	一般名	種
アロエ	*Aloeaceae* spp.	カランコエ	*Kalanchoe* spp.
シノブボウキ	*Asparagus plumosus*	ドイツスズラン	*Convallaria* spp.
コルチカム	*Colchicum autumnale*	ルピナス	*Lupinus* spp.
アボカド	*Persea americana*	ヤドリギ	*Viscum album*
ツツジ	*Rhododendron* spp.	サンセベリア	*Sansevieria trifasciate*
トウゴマの実	*Ricinus communis*	シロバナスイセン	*Narcissus* spp.
クリスマスローズ	*Helleborus* spp.	セイヨウキョウチクトウ	*Nerium oleander*
クレマチス	*Clematis* spp.	玉ねぎ	*Allium* spp.
シクラメン	*Cyclamen persicum*	フィロデンドロン	*Philodendron bipinnatifidum*
スイセン	*Narcissus* spp.	ポインセチア	*Euphorbia pulcherrima*
ベラドンナ	*Atropa belladonna*	シャクナゲ	*Rhododendron* spp.
セイヨウキヅタ	*Hedera helix*	モンステラ	*Monstera deliciosa*
キツネノテブクロ	*Digitalia* spp.	オニユリ	*Lilium lancifolium*
グラジオラス	*Gladiolus* spp.	トマトの木	*Lycopersicon esculentum*
ヒイラギ	*Ilex* spp.	チューリップ	*Tulipa* spp.
ヒヤシンス	*Hyacinthus* spp.	アメリカヅタ	*Parthenocissus quinquefolia*
アジサイ	*Hydrangea* spp.	イチイ	*Taxus* spp.
アイリス	*Iris* spp.		

マイコトキシン

マイコトキシンは，一部の真菌によって産生される化学的代謝産物であり，特定の真菌は，非常に特殊な条件下でのみマイコトキシンを産生する．マイコトキシンにはさまざまな種類があるが，オウムインコ類において臨床的に重要なのはアフラトキシン，オクラトキシン，デオキシニバレノール(嘔吐トキシン)，トリコテセン(接触性皮膚炎はトリコテセンによる可能性がある)である．

マイコトキシンを視覚，嗅覚，味覚で検出することはできず，カビ(真菌)の増殖が見られなくても存在する場合がある(ピーナッツ内のアフラトキシンなど)．産生される毒素の量には幅があり，また一塊の食品であっても部位によって毒素の量は異なる．濡れた種子や発芽した種子を鳥に与える場合は，細菌や真菌の増殖を防ぐため，必ず十分に種子を洗い流さなくてはならない．

臨床症状：肝毒性，凝固時間延長，腎機能障害，免疫系機能抑制に関連した症状が発現する．沈うつ，出血，食欲不振，多尿，口腔粘膜のびらん，趾の絞扼，免疫抑制，神経学的異常が見られることがある．

診断：症状は非特異的かつ曖昧で，他の疾患と類似しているため，生きている鳥で診断するのは困難である．食餌中あるいは消化管内でマイコトキシンを検出することにより診断する．残念なことに，すでに食餌がすべて消費されてしまっており，検査が実施できない場合もある．真菌を培養してマイコトキシンを検出するのは非常に時間がかかる場合がある．

死後剖検：

- アフラトキシン(*Aspergillus* spp.)は肝毒性を示し，肝細胞の変性と胆管壊死を引き起こす．死後剖検では，腫大し淡色化した肝臓と，脾臓，膵臓の腫大が見られる．凝固能の低下により，消化管出血が見られることも多い．しばしばピーナッツの摂取と関連している．
- トリコテセン(*Fusarium* spp.)は，中咽頭と消化管において，潰瘍に起因する壊死性病変を引き起こす．
- オクラトキシン(*Penicillium* と *Aspergillus* spp.)の症状は非特異的であり，免疫抑制による二次感染(気嚢炎など)が見られることも多い．これもまた肝毒性および腎毒性を示す．

殺虫剤

殺虫剤中毒は，鳥に直接散布された場合，間接的(防虫剤が浸透した紙片など)に接触した場合，あるいは家庭内の殺虫剤に接触した場合に生じる．食餌中に残留する殺虫剤のリスクについては不明である．偶発的な殺虫剤の摂取も起こりうる(防虫剤に含まれるナフタリン，パラジクロロベンゼンなど)．

ピレトリン(ピペロニルブトキシドと組み合わされ

ることが多い）が局所的に散布された場合，鳥に対する毒性は非常に低いが，高濃度に散布された場合や吸引した場合には中毒を引き起こす可能性がある．

臨床症状：殺虫剤中毒の症状は，衰弱，食欲不振，中枢神経症状，呼吸困難，死亡である．有機リンに暴露してから，7～10日後に遅発性中毒が発生することもある．その場合の症状は，アセチルコリン蓄積というよりは神経障害によって生じるものである．

診断：問診で得られた殺虫剤への暴露の可能性と，症状によって診断をする．血漿コリンエステラーゼの分析（コリンエステラーゼの減少を測定する）により，有機リン中毒およびカーバメート剤中毒が裏づけられることがある．死後剖検では，消化管の内容物あるいは組織から診断することが可能である．

治療：急性の有機リン中毒の場合は，アトロピンと塩化プラリドキシム（2-PAM）を投与し，カーバメート剤中毒の場合はアトロピンのみを投与する．支持療法および肺水腫の治療が必要な場合もある．

吸引性中毒

ポリテトラフルオロエチレン（polytetrafluoroethylene；PTFE）中毒

PTFE は，テフロンなどの焦げつかないコーティングを熱すると発生するガスである．テフロンは，鉄の表面，アイロン台カバー，焦げつかないフライパンなどに使用されている（14章）．260℃（華氏530度）まで加熱すると，熱分解し PTFE ガス（フッ化水素，フッ化カルボニル，ペルフルオロイソブチレンと刺激性粒子）が発生するが，ガスは無臭かつ無色である．鳥における本毒素の最初の暴露部位は肺である．

臨床症状：本中毒の症状としては，突然死または虚脱が最も一般的である．鳥がまだ生きている場合は，肺の出血やうっ血に関連した症状，すなわち喘鳴，呼吸困難，ラッセル音，運動失調，末期痙攣が見られる．

治療：短時間で死に至るため，治療が施せないことが多い．症例がまだ生きている場合は，集中的な治療を行う．酸素室に入れ，プレドニゾロンの全身投与と吸入，ヘパリン投与を行う．加温，補液，広域スペクトルの抗生物質に加えて，肺水腫の治療として利尿薬（フロセミド）が有用である．

裏づけ：死後剖検により肺の出血とうっ血を確認する．PTFE 粒子が組織学的に確認されることもある．

ニコチン中毒

ヘビースモーカーの家族がいる家庭で飼育されているオウムインコ類では，受動喫煙が生じる．中毒は，煙草そのものの誤食や羽からの摂取により引き起こされることもある．同居の喫煙者とほぼ同じ濃度のコチニン（ニコチンの代謝物質）が，鳥の体内でも確認されている（7章）．

臨床症状：呼吸器症状または眼症状が見られる．くしゃみ，咳，副鼻洞炎，気道の慢性刺激による結膜炎などが生じる．ニコチン暴露は，羽かじり・羽むしり症候群や接触性皮膚病の要因となっている場合がある．接触性皮膚病とは，顔面の皮膚病（ヨウムやコンゴウインコなど無羽域のある種），足の皮膚病（16章）などである．ニコチンが付着した指に触れるだけでも，症状が発現する．自傷行為の他に，興奮，嘔吐，下痢，発作などが見られる．現在のところ，鳥における喫煙やニコチンに関連した疾患（心疾患，癌，アレルギー）の発生率については不明である．たとえ少量であってもニコチンの摂取は致死性となりうる．

治療：摂食した場合は，支持療法（活性炭，鉱物油，補液）と対症療法を行う．吸引の場合は，鳥をニコチンの発生源から移動させる．

家庭内における中毒

家庭内のほとんどのエアロゾルは，フッ化炭素含有量または粒子状物質によって，オウムインコ類の呼吸器系を直接的に刺激する．デオドラントスプレー，香水，その他のエアロゾルを使用する際には注意しなくてはならない．

家庭内のガス漏れや一酸化炭素濃度の上昇は，鳥の突然死を引き起こすことがある．一酸化炭素がヘモグロビンと結合して，一酸化炭素ヘモグロビンを形成すると，ヘモグロビンから酸素が遊離しにくくなる．症例は，暖房器具のスイッチが入れられる晩秋に発生することが多い．呼吸困難と嗜眠の症状を呈し，低酸素症により死亡する．死後剖検では，組織や血液が鮮やかなピンク色を呈することがある．治療は，酸素化した環境で安静にさせることである（ただし，純酸素を長時間供給すると，酸素中毒が生じることがある）．

調理油の過加熱でも，毒性のアクロレインが放出され，煙吸引性の症状を引き起こす．煙により空気中の酸素が置換され，低酸素血症が生じるとともに，呼吸器系の熱傷も生じる．加湿および酸素化した，ストレスのない環境に鳥を置き，肺水腫と気管支痙攣に対する支持療法を施すことで，ガスによる刺激で生じた肺不全を遅延させることができる．暴露後，3週間にわたって治療とモニタリングが必要な場合がある．

医原性中毒

ビタミンの過剰投与とビタミン補給については，12章を参照のこと．

イベルメクチン

イベルメクチン注射後に死亡した例がある．イベルメクチンの過剰投与の可能性もあるが，小型のオウム目(セキセイインコなど)ではプロピレングリコール中毒の可能性もある．失明，発作，死亡の可能性がある．集中的な看護と補液により，回復する症例もある．中毒の症例では，デキサメサゾン投与が有用な場合がある．

ジメトリダゾール/メトロニダゾール

中毒症状は，振せん，痙攣，伸展強直である．セキセイインコとオカメインコで，飲水に混和した後に死亡が見られている．飲水量が増加する産卵中や育雛中の雌では，中毒のリスクが高まる．またそのような状況では，ヒナもリスクにさらされる．中毒は補液により回復する．死後剖検では複数の出血および，淡色化し腫大した肝臓と腎臓が確認される．

抗生物質

アミノグリコシドの投与による腎毒性が見られ，灌流障害が生じる．セファロスポリン，テトラサイクリン，非経口のアムホテリシンBも腎毒性を引き起こす可能性がある．

薬　剤

中毒と分類されるものではないが，いくつかの薬剤は特定の種に消化管障害を引き起こす．コンゴウインコは，特にトリメトプリム/スルホンアミド，ドキシサイクリン懸濁液，ケトコナゾールに高い感受性を示し，顔面の皮膚の発赤，嘔吐，沈うつを呈する．

嘔　吐

嘔吐を示す鳥を診断するのは困難なことであり，確定診断には網羅的な検査が必要となることも少なくない．消化管疾患により嘔吐する鳥もあるが(15章)，多くは消化管疾患以外の問題に起因している(表20.9)．

嘔吐と逆流の鑑別が必要である．

- 逆流は，嗉嚢内の摂取物の排出であり，生理学的に正常である(求愛や仲間・飼い主・鏡に対する給餌)．
- 嘔吐は前胃または嗉嚢からの摂取物の排出であるが，病気の症状(一般的には沈うつや脱水)とともに見られる．嘔吐は，単独で発現することもあれば，他の消化管症状とともに見られることもある．

表20.9 嘔吐の原因

病原体(13章)
• ウイルス • 細菌：グラム陰性菌，*Chlamydia*，*Mycobacterium* • 真菌：*Candida albicans*，*Mucor*，「メガバクテリア」 • 寄生虫
代謝障害
• 肝臓：感染，代謝変化(脂肪肝，ヘモクロマトーシス)，中毒，腫瘍 • 腎臓：痛風，腎炎，感染 • 内分泌：甲状腺過形成，膵炎か • 繁殖関連：卵塞，卵黄性腹膜炎
中　毒
• 殺虫剤：有機リン，カーバメート剤，有機塩素剤 • 家庭内の毒物：塩素，洗剤，消毒薬，マッチ，PTFE(テフロン)，有毒植物 • 重金属：鉛，亜鉛，水銀，銅 • 食物：マイコトキシン，チョコレート，アルコール，アボカド，塩 • 薬剤：レバミゾール，エンロフロキサシン，ドキシサイクリン，トリメトプリム，アゾール
その他
• 行動学的：恐怖，興奮，乗り物酔い，求愛 • 生理学的：過食 • 栄養学的：食物アレルギー，ビタミンA欠乏症，ビタミンE欠乏症 • 嗉嚢の状態：細菌または酵母感染，不適切な温度の人工給餌，栓塞，嗉嚢下垂 • 異物：嗉嚢石 • 腫瘍 • 甲状腺腫 • 腸重積 • 腸閉塞 • 烏口骨骨折後の仮骨形成

症　状

食べ物や粘膜が，ケージの床や壁，羽，顔(しばしば頭頂部)，止まり木の上などに認められる．鳥の様子を観察し，多渇/多尿を確認することが重要である．

特定の種でよく見られる症状もある．例えば，セキセイインコは*Trichomonas*感染，ボウシインコは肝炎とグラム陰性菌感染，セキセイインコはメガバクテリアと甲状腺過形成(甲状腺腫)，ローリー類はヘモクロマトーシスに罹患することが多い．

問　診

多くの鳥が罹患しているのであれば，感染または中毒の可能性が高い．単独飼育の鳥が罹患した場合は，中毒，異物，繁殖関連，栄養性あるいは腫瘍の可能性が高い．

年齢も重要である．例えば，人工育雛の場合であればカンジダ症か嗉嚢の熱傷の可能性が高い．同様に食餌内容（食餌の種類，鮮度，鉄含有量の高さ，砂粒の過食）も重要である．

身体検査

詳細な身体検査が必須である．

- 口腔内病変（潰瘍，斑，乳頭腫，肉芽腫，ポックス病変など）を確認する．
- 嗉嚢を触診し，栓塞，拡張，異物，過剰な砂粒あるいは熱傷がないかを確認する．
- 体重減少を示すことがある．また腹部膨満や消化管症状（しぶりや異常な排泄など）は，ある場合とない場合がある．
- 呼吸器症状が見られる場合があり，全身性疾患に伴うこともあれば，肝腫大による気嚢拡張の制限によることもある．卵塞の可能性も考慮する．

嘔吐と神経学的症状が見られる場合は，ウイルス性疾患（パチェコ氏病，ポリオーマウイルス感染，前胃拡張症（13章）など），肝疾患，鉛あるいは亜鉛中毒の可能性がある．

検　査

診断のための計画が必須である．重症例については，負荷の大きい検査を実施する前に状態を安定化させておくことが重要である．問診，症状，身体検査，排泄物を評価した結果に基づいて，実施する検査を決定する．

- 口腔内病変の塗抹標本を作製する（7章）．続いて嗉嚢吸引を実施し，ウェットマウント標本の作製およびグラム染色を行う．真菌の培養および感受性試験は実施する場合と，しない場合がある．
- 糞便検査は，肉眼的観察，寄生虫検査のための浮遊法，細菌および鳥消化管酵母の検査のためのグラム染色を必ず行う．排泄物の色と形状（付録2），また未消化の種子の有無を確認することも重要である．これらの検査は簡単かつ安価であり，比較的負荷の小さいものであるため，常に実施すべきである．
- 網羅的な血液検査と血液生化学的検査を実施し，感染，炎症，代謝性疾患，中毒の可能性について調べる．アスパラギン酸アミノ転換酵素（aspartate aminotransferase；AST），尿素，クレアチンキナーゼ（creatine kinase；CK），総タンパク，アミラーゼ，リパーゼの他，もし肝臓の問題が疑われる場合は胆汁酸も測定する．
- X線検査も重要である．鉛や亜鉛の粒子，砂粒，嗉嚢石，腸炎，異物，外傷を検出できるだけでなく，肝臓や前胃の大きさ，気道や腹腔内臓器（卵を含む）の評価も可能である．ただし，X線検査で所見がなくても，鉛中毒や亜鉛中毒が生じている場合があることに注意する．

以下の検査も有用であるが，費用面，経験不足，設備の問題などから，一般の動物病院での実施は難しいかもしれない．

- 透視検査/バリウム検査により，前胃の運動や拡張について評価できる．必要があれば生検や内視鏡検査も実施する．
- *Chlamydia* やポリオーマウイルスなど，特定の病原体についてはPCR検査が有用である．

治　療

当然のことながら，嘔吐の原因により治療は異なるため，特異的診断が必要である（表20.10）．

- 原因疾患の治療を行うとともに，その間は支持療法（補液など）を行う．
- 嘔吐が止まるまで絶食させる．
- メトクロプラミドの筋肉内投与（1日2回）を行うが，副作用（鎮静および錐体外路作用）の可能性に留意する．

表20.10 嘔吐の治療（続く）

疾　患	治　療
口腔内病変	• ポックスウイルス，ビタミンA補給，細菌感染：対症療法
嗉嚢病変	• 手術－熱傷，異物の場合，嗉嚢洗浄；嗉嚢下垂には「ブラ」による支持（図18.7参照），前胃チューブ設置，液体食の給餌による脱水の補正，甲状腺腫の場合はヨード投与
カンジダ症	• ナイスタチン，フルコナゾールまたはケトコナゾール
トリコモナス症	• メトロニダゾール，ジメトリダゾールまたはカルニダゾール

表 20.10　（続き）嘔吐の治療

疾　患	治　療
前胃病変	• メガバクテリア症：アムホテリシンBに加えてリンゴ酢サイダーの飲水混和
前胃拡張症	• 13，15章参照
筋胃寄生虫	• フェンベンダゾールまたはイベルメクチン
腸内細菌疾患	• 培養および感受性試験に基づいて治療
肝疾患	• 支持療法：抗生物質，ビタミンB群，コリン，ラクツロースシロップ，オオアザミ抽出物，低タンパク・高炭水化物食，結腸の細菌数を減らすためにメトロニダゾールまたはネオマイシン投与
中毒	• 中毒学を参照
繁殖関連	• 18章を参照－原因を治療

腹部／体腔の膨満

健康なオウムインコ類の正常な「腹部」は比較的小さく，骨盤から胸骨の間は凹形の外観を呈す．腹壁は薄く，皮膚，筋肉，腹膜で構成されている．腹腔内臓器の拡大または液体貯留は容易に確認することができるものの，腹部膨満に飼い主が気付くのは，病状がかなり進行してからの場合もある．

わかりやすい徴候は，総排泄腔の付近に糞便が付着していることである．これは，腹部膨満により，総排泄腔が背側に変位することにより生じる．腹部膨満により，腹部の脱羽が生じたり，止まり木に止まるのが困難になったり，皮膚に外傷を生じることもある．筋肉や皮膚の病的変化（黄色腫症など）により，衰弱やヘルニアが生じることもある（図 20.9）．

鳥類では横隔膜がないため，体腔圧の増加によりさまざまな器官に影響が生じて，多様な症状を呈する．気嚢拡張が制限され，重度の「呼吸器」症状が生じることもある（14章）．同様に，嘔吐，食欲不振，腸閉塞の症状や排泄困難が見られることもある．

新生ヒナでは，腹部膨満は正常な所見であり，大きな肝臓や内臓が観察される．

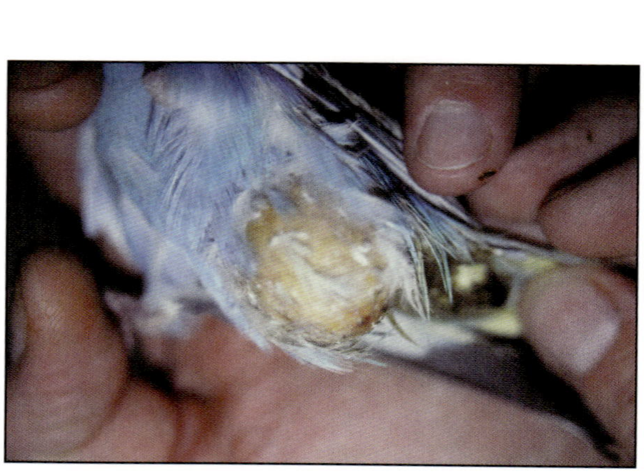

図 20.9　体腔膨満とヘルニアが見られるセキセイインコ．

臓器の拡大による腹部膨満

正常な肝臓は，胸骨縁よりも内側にあるため触診することはできない．肝臓の腫大は感染（13, 15章），うっ血（心不全），腫瘍，その他の病態（肝硬変，ヘモクロマトーシス，リピドーシス，肝癌）により生じる（図 7.14参照）．痩せた鳥では，皮膚に消毒用アルコールを塗布することで，腫大した肝臓の辺縁を観察できることが多い．肝腫大の原因として *Chlamydia* 感染を常に疑うことは重要である．肝腫大はX線検査により確認できる．

脾腫は，全身性感染症の際に肝腫大とともに生じることが多い．脾臓の腫瘍やリンパ球浸潤についても疑う必要がある．X線検査で容易に脾臓を確認できる（9章）．

体腔膨満の原因として，腎臓の軽度の腫大が確認されることはないが，その他の症状（跛行など）を引き起こすことはある．重度の腎腫大がある場合は，明らかな体腔膨満が生じ，他の臓器（筋胃など）の変位を引き起こす．触診やX線検査で，臓器の変位が確認できることもある．セキセイインコでは，白血病・肉腫ウイルスによる腎臓の腫瘍に関連した症候群がよく見られ，体腔膨満と片側性の跛行を呈することが多い．

消化管疾患でも腹部膨満が見られることがあるが，これは腫瘍の浸潤あるいは消化管のさまざまな部位の拡大によるものである．前胃拡張により明らかな腹部膨満が生じるが，その他のさまざまな原因によっても見られる（15章）．このような症例では，X線検査（単純または造影）および透視検査が特に有用である．

小型で痩せたオウムインコ類では，重度の寄生虫感染（回虫）により腸管腔の拡張が生じ，明らかな体腔膨満と腸閉塞の症状を呈することがある（15，21章）．糞便検査により診断できる．

生殖路の疾患は，体腔膨満の原因として珍しくないため，症例の性別を確認する必要がある．繁殖状態にある雄の精巣の生理的腫大の場合（時には顕著な腫大が見られることもあるが)，通常は腹部膨満を呈することはない．精巣炎の場合も同様である．しかしながら，精巣腫瘍ではかなりの大きさとなる場合があり，腹部膨満とともにさまざまな症状が見られることがある．例えば，雌性化，嘔吐，体重減少，跛行などである．セミノーマとセルトリ細胞腫(18章)，またレトロウイルス誘発性腫瘍(白血病・肉腫ウイルス)が発生しうる．

雌の生殖路の疾患(18章)は，体腔膨満を生じることが多い．単純な卵塞から，慢性的な卵管炎，卵管拡張，卵管腫瘍まで，さまざまな病態が考えられる．卵巣の嚢胞や腫瘍も発生することがある．高齢の雌では，生殖路の疾患に伴って腹腔ヘルニアが見られることもある．卵黄性腹膜炎は，体腔内の液体貯留を引き起こすことがある．卵は，体腔内に直接排卵される場合と，蠕動により卵管から放出される場合とがある．診断には，穿刺，貯留液の細胞学的検査，血中の「卵黄」の検出が有用である(7章)．

敗血症(腸穿孔など)や腫瘍からの滲出により液体が貯留する場合もある．体腔内出血が生じる場合もある．うっ血性心不全や肝障害による腹腔内液は，純粋な「腹水」である．その他の症状を確認し，貯留液を分析することが，診断には有用である．

上部気道の閉塞(アスペルギルス症など)により，後胸気嚢および腹気嚢から空気を排出することができない場合には，気嚢の拡張により体腔膨満が見られることがある．重度の肥満や腹腔内の脂肪腫がある場合にも，やはり腹部膨満が見られる．

検　査

腹部膨満の見られる症例では，観察，視診した後に軽く触診する．その際に，臓器や貯留液により気嚢が破裂し，呼吸困難で死亡する危険があることに注意する．筋胃を触診し，その位置を確認することで，腹部の腫瘤の位置を推測することができる．腹腔穿刺を行う際には，気嚢に貯留液が侵入することのないよう注意する．上手な保定，無菌的操作とともに，胸骨下における正中の正確な穿刺が必要である．

呼吸機能が低下しているため，X線検査や超音波検査で，症例を仰臥位に保定する際には十分に注意する．段ボール箱に鳥を入れ立位で探索的X線検査を実施する方が，ずっと安全である(図9.7)．雌では，大腿骨と上腕骨における骨髄骨の有無により，排卵の状況が示唆される．

診断や治療のため，最終的には臓器生検や試験開腹が必要となる場合もある(10章)．原因によって治療は異なり，内科的，外科的のどちらの場合もある．

削痩した鳥

多くのオウム類では，その種の適正体重に大きな幅があるため(ヨウムでは385～585 g)，胸筋の大きさや皮下脂肪の量によって体型を評価する．「削痩」はさまざまな病態の末期の可能性がある．オウムインコ類では，飢餓，食欲不振，疾患に伴う悪液質などにより削痩が見られる．

栄養不良の診断には，その症例の栄養学的事項に関する稟告と，疾患に関連する症状がないことを確認する必要がある．与えられている食餌の種類と量を確認するとともに，より重要なのは実際に摂取している量を把握することである．

鳥が食餌を食べることができるかどうか(口腔内病変，嘴の損傷など)を評価すること，また鳥が与えられた物を「食べ物」として認識しているかどうか(種子からペレットへの変更)を確認することが必要である(表20.11)．食餌を食べたくても，より優位な同居の個体のせいで餌に近づくことができない鳥もいる．あるいは，正常な生理学的状態のために痩せている場合もある．例えば，ヒナへの継続的な給餌の後などである．

体重減少に加えて脱水が生じることで，より削痩しているように見える場合もある．したがって，初診時に水和状態の評価と体重測定を行うことが必要である．脱水は，飲水量の不足よる場合もあるが，それよりも嘔吐や下痢による過剰な体液喪失に起因する場合の方が多い．

当然のことながら，削痩した鳥の多くは正常あるいは過剰な食欲を示すが，それは原因となっている病態よって異なる(表20.12)．

削痩の原因を調べるためには，詳細な検査が必要であり(6，7，9章)，血液学的検査，生化学的検査，嗉嚢と糞便の細胞学的検査，X線検査などを行う．消耗の原因を診断するためには検査(付録1)が必須である．重症例あるいは衰弱した鳥では，詳しい検査や侵襲性のある検査を行う前に，状態の安定化をはかる必要がある．

前胃拡張

前胃拡張は，特定の神経学的疾患(PDD)(13章)や非特異的な要因(前胃拡張症候群)(表20.13)によって生じる．

臨床症状

症状は，急性の閉塞や，慢性的な消化管の運動性低下，摂取した毒物による他の徴候に関連したものであ

表20.11 食べない原因

疾患の種類	例
全身性疾患	• 肝炎/脾炎/気囊炎 • 呼吸器疾患により呼吸困難や呼吸促迫を呈する場合は，摂食が困難となる． • 副鼻洞炎や眼の炎症によっても，食欲が大きく減退する．
消化管疾患	• 口腔内－嘴の外傷，ビタミン A 欠乏症による舌病変，乳頭腫症 • 嗉囊病変－栓塞，感染，閉塞(甲状腺の腫大など)，嗉囊石 • 前胃拡張症，メガバクテリア(前胃潰瘍による疼痛か) • 腸閉塞(寄生虫など) • 体腔内腫瘤－腫瘍，気囊腫瘤，卵，体液貯留 • 中毒－重金属の摂取(鉛，亜鉛など)
末期の病態	• 状態が悪すぎて食べられない．
関節痛	• 摂食時に足を使う鳥(バタン類など)の場合，後肢に疼痛があると摂食が困難な場合がある．

表20.12 食欲が正常または亢進する体重減少の原因

疾患の種類	例
消化器疾患	• 寄生虫感染：回虫，原虫(ジアルジア，トリコモナスなど)，条虫感染 • 腸炎：細菌感染による慢性炎症 • 真菌感染：「メガバクテリア症」による前胃の pH および消化機能の変化；カンジダ症により体重が減少または増加しない(特に若齢鳥) • 潰瘍による潜行性の失血から全身性の衰弱が生じる場合がある． • 腫瘍：消化管内のあらゆる部位や，膵臓，胆囊などの消化に関連する臓器(特に，総排泄腔の乳頭腫が見られる高齢のコンゴウインコとボウシインコ) • 慢性肝疾患：慢性肝炎，肝臓におけるその他の疾患 • 慢性あるいは軽度の前胃拡張症
腎疾患	• 腎炎：診断数は実際の発生数よりも少ない．多尿や血尿などの明らかな症状を示す場合もある．腎生検(10章)などを含む網羅的な検査を実施した場合に診断されることが多い．
慢性感染(13章)	• *Mycobacterium avium*，*Aspergillus* spp.，*Chlamydia*(重度の肝障害により削痩を引き起こす) • 慢性腹膜炎－特に産卵中の雌
筋骨格系疾患	• 翼の外傷(骨折の不整癒合，関節の強直など)により飛翔できなくなると，胸筋の萎縮が生じる．削痩以外は健康．若齢時に翼を大きく羽切りすると，胸筋が正常に発達しないことがある．

表20.13 前胃拡張症候群の原因

疾患の種類	例
神経学的	• 前胃拡張症(PDD)(15章) • 鉛または他の重金属の摂取による閉塞
非神経学的	• 異物の摂取，腸重積または栓塞 • 管腔外の腫瘤または圧迫による拡張 • 新生物性の変化(ウイルス性乳頭腫による閉塞とそれに続発する拡張)
炎症性疾患または感染	• 粘膜病変による運動性の変化

る．閉塞の場合は，排便の消失または減少が見られる．

診　断

診断は，問診，身体検査，詳細な血液生化学的および血液学的検査，X線検査により行う．血中の鉛と亜鉛の濃度を測定するための特殊な採血も行う(中毒学を参照)．X線検査では，嗉囊の栓塞，および前胃拡張が確認できる．

前胃拡張と肝腫大を鑑別するために，バリウム造影が有用であることが多い．意識のある鳥にバリウムを投与し，段ボール箱内に設置した止まり木に止まらせてX線検査あるいは透視検査を行うことで，前胃の機能を速やかに評価することができる．PDD の場合は，消化管の部分的な機能障害が見られることもある．

X線検査で鉛または亜鉛の粒子が確認されることがあるが，もしそれらが見られなかったとしても中毒を除外してはならない．

PDD が疑われる時には，嗉囊(または前胃)の生検(血管を含めることで神経も採材できる)を実施する．ただし，結果が陰性であっても PDD を除外することはできない．

治　療

診断に基づいて特異的な治療(重金属中毒など)を行うか，または PDD の場合は支持療法と抗炎症剤の投与を行う(13章)．

易消化性の食餌の嗉囊給餌，下剤，補液が必要な場合もある．

腫瘍学

病理組織学的検査の検体のうち，腫瘍は3%から4%を占める．このうちセキセイインコが，少なくとも3分の2を占め，脂肪腫が最も多い(セキセイインコの腫瘍のうち10～40%）．下垂体腫瘍もよく見られる（Schlumberger, 1954）．

腫瘍は，その由来組織（結合組織，線維組織，筋肉など），構成する細胞とその活動性（良性または悪性など）に基づいて分類される．ほとんどの腫瘍の原因は不明であるが，ウイルス感染に起因するものもある．例えば表皮乳頭腫（パピローマウイルス），総排泄腔乳頭腫（ヘルペスウイルス），一部のセキセイインコの腎腫瘍（白血病・肉腫ウイルス）などである．触知できる明らかな腫瘤（一部の皮膚腫瘍など）が見られる場合もあれば，初期には診断が困難な主要臓器（肝臓や性腺など）に発生する場合もある（**表20.14**）．

リンパ肉腫

鳥類では，体内のさまざまな部位において，血管周囲にリンパ系細胞の集合が見られるが，被嚢化されたリンパ節は存在しないため，腫瘍性疾患の際にリンパ節腫大は生じない．リンパ球性白血病は骨髄由来である．リンパ肉腫は一次あるいは二次リンパ器官に由来し，体内の他の部位に拡散するのが一般的である．多中心性リンパ肉腫も発生し，これがリンパ系腫瘍の中で最も多いものである．び漫性または巣状に発生し，好発器官は肝臓，次いで脾臓，腎臓である．その他に多く浸潤する組織は，皮膚，骨髄，消化管，甲状腺，卵管，肺，副鼻洞，脳，眼窩周囲の筋肉，膵臓，精巣，

表20.14　新生物（続く）

外　皮	
パピローマ	• 顔面，足，脚の皮膚に発生する．ウイルス誘発性であることが確認されている（パピローマウイルスがヨウムとコイネズミヨウムで確認されている）．
扁平上皮癌	• 潰瘍あるいは不整形の増殖性腫瘤の外観を呈する悪性腫瘍 • 転移の可能性は低いが，局所侵襲性を示す傾向があり，病変部に慢性的な刺激を引き起こす． • さまざまな部位の皮膚で発生が確認されているが，嘴や尾腺にも発生する．
腺腫または腺癌	• 尾腺に発生する．診断および鑑別（腺炎，ビタミンA欠乏症による化生）のために組織学的検査が必要 • セキセイインコでの発生が多く，早期の外科的切除が推奨される．
基底細胞腫	• 全身の皮膚に発生する．硬く，無茎性であり，中心部が潰瘍化していることが多い．
悪性メラノーマ	• ヨウムの嘴と顔面での発生が報告されている．
皮膚型リンパ腫	• 顔面の周辺で，多中心性かつび漫性の黄色/灰色の皮膚肥厚として見られることが多い．
脂肪腫	• 良性の脂肪腫瘤で，セキセイインコ，オカメインコ，ボウシインコの胸骨領域で見られることが多い．また，腹部皮下，腹腔内，大腿内側皮下でも見られる．増殖が速く，覆っている皮膚の血管新生，潰瘍形成が見られることもある． • 脂肪肉腫はまれであるが，より硬く，より血管に富み，浸潤性である．
悪性線維肉腫	• 良性の線維腫よりも報告が多い．局所浸潤性を示すが，転移はまれである． • 潰瘍化することが多い． • 切除後に再発する可能性があるため，翼や脚の切断が選択されることも多い．顔面，嘴，内臓での発生も報告されている（**図20.10**）．
良性血管腫	• 淡い赤色から黒色の境界明瞭な腫瘤．悪性血管肉腫はまれ．メラノーマに類似した外観を呈すことがある．
骨肉腫	• 蠟膜下や嘴の腫脹，または嘴の亀裂が見られることがある．翼にも発生する．
非腫瘍性の皮膚腫瘤	• ケラチンを充満した羽包嚢腫や黄色腫（16章）が腫瘍に類似した外観を呈す．
消化管	
口腔内の乳頭腫	• 皮膚型との鑑別が必要である．口腔内型はヘルペスウイルス感染に関連し，総排泄腔や消化管全体（閉塞を引き起こすこともある）にも発生する可能性がある． • 総排泄腔内に赤色の脆弱な腫瘤が認められる．また，胆管および膵臓の新生物が続発する場合がある．ボウシインコ，ヒオウギインコ，コンゴウインコに好発する．局所切除，凍結療法，焼灼，粘膜剥離により治療する． • 総排泄腔乳頭腫のある個体は，他の個体への感染源となり得ることを認識し，感染を防ぐための適切な手段を講じること．
扁平上皮癌	• 総排泄腔乳頭腫に類似の外観を呈すことがある．嘴，食道，口腔内，前胃にも発生する．
浸潤性腺癌	• 前胃/胃境界部に発生し，逆流や慢性的な消耗を引き起こすことがある．壊死と出血を伴う壁肥厚が生じる．診断には造影X線検査か内視鏡生検が必要である．
平滑筋腫と平滑筋肉腫	• 腸管壁の平滑筋に見られることがある腫瘍．転移はまれ
メラノーマ	• ヨウムの嘴領域．浸潤性かつ転移性
リンパ腫	• 嘴での発生が報告されている．

表20.14（続き）新生物

肝臓および膵臓	
肝腫瘍	• 原発性（胆管，肝細胞，肝臓の間質細胞に由来）または転移性．転移病巣に明確な特徴はないが，肝実質全体に多発する巣状病変として見られることが多い． • 診断には病理組織学的検査が必要．多量の出血が生じることがあるため，肝生検は注意して行う．肝疾患では，ビタミンK依存性凝固因子が低下する場合がある．実施前のビタミンK投与を検討する．
胆管癌	• 肝臓で最も多く見られる腫瘍．小腸の乳頭腫に関連する．単発性あるいは多発性の硬い白色の腫瘤
肝細胞腫および肝細胞癌	• 単発性，単一肝葉にのみ発生，あるいは複数の肝葉に発生のいずれの場合もある．浸潤性に増殖し，腫瘍性壊死が生じることもある．
リンパ肉腫	• オウムインコ類のリンパ系新生物で最も多く見られる．リンパ肉腫のすべての症例で白血化が生じるわけではないため，血液学的検査が診断に特に有用というわけではない．
血管新生物	• 肝臓に発生することもある．
悪性リンパ腫	• ボウシインコの2例で高カルシウム血症が報告されている．多臓器または単一臓器に発生し，甚大な病巣を形成
膵臓腫瘍	• 腺腫，腺癌または癌．通常は硬く，灰白色の腫瘤．先行する総排泄腔/腸のパピローマウイルス感染と関連する可能性（図20.11）
泌尿生殖器系	
腎臓の腺癌および腺腫	• 跛行や腹部膨満を呈するセキセイインコで最もよく見られる．跛行は通常片側性で，腫大した腎臓の下を走行する坐骨神経の圧迫により生じる． • セキセイインコでは，白血病・肉腫ウイルス感染と関連する．外科的治療ができない場合が多い．
精巣腫瘍	• セミノーマ，セルトリ細胞腫，間質細胞腫．精巣腫瘍はセキセイインコで好発する． • X線検査では腹部腫瘤が確認でき，セルトリ細胞腫では複数の骨内で骨化過剰症が見られることがある（エストロジェン濃度の上昇による）．外科的治療が可能な場合がある．
卵巣腫瘍	• 腺癌，癌，嚢胞腺腫，顆粒膜細胞腫．オカメインコとセキセイインコで発生することが多い．体重減少，腹部膨満，腹水貯留（細胞学的検査が有用）が見られる． • 嚢胞腺癌の症例で左足の麻痺が報告されている．卵巣癌は広範囲に転移することがある．
卵管癌および卵管腫	• 孤在性であれば卵管切除により治療できる場合がある．それ以外の場合は，腹腔内に播種するため，手術はできない．
筋骨格系	
骨肉腫および骨腫瘍	• 後肢および翼の長骨での発生が確認されている．容易に切除できない硬い腫瘤．X線検査では，新しい骨増殖像または骨融解像が見られる．組織学的検査により診断
横紋筋肉腫	• セキセイインコで転移例が報告されている．筋肉の腫瘍はまれである．
線維肉腫	• 翼および後肢に発生する．断脚が必要な場合もある．
呼吸器系	
上部気道	• さまざまな腫瘍が確認されている．後鼻孔乳頭腫，扁平上皮癌，メラノーマ，副鼻洞と口腔内のリンパ腫など．赤色の浸潤性の腫瘤が見られ，顔面骨の変形を引き起こすことがある．
下部気道	• 腫瘍病変はまれ．腺癌，線維肉腫，他の臓器からの転移性病変が報告されている．長骨内および腹腔内の気嚢において腺癌が発生する場合がある． • X線では占拠性病巣が確認できる場合がある．
内分泌系	
甲状腺腫および甲状腺癌（あまり一般的ではない）	• オカメインコとセキセイインコで最も多く報告されている（21章）．胸郭入口で発生し，鳴き声の変化（鳴管の圧迫）や嗉嚢の部分的閉塞を引き起こすことがある． • より発生の多い甲状腺過形成との鑑別が必要．甲状腺過形成は両側性の場合が多く，食餌にヨードを添加することで内科的に管理することができる．
下垂体腺腫	• セキセイインコでの報告が多い．脳の占拠性病変に関連した症状を引き起こす．協調運動失調，発作，失明，眼球突出など．多尿/多渇は，抗利尿ホルモンの低下または副腎皮質刺激ホルモンの増加，およびACTH濃度上昇による糖尿によって生じる．

胸腺である．皮膚病変は，白色または黄色の孤在性結節で，潰瘍化している場合もある．

オウムインコ類では（ニワトリとは異なり），ウイルス性のものは未だ確認されていない．典型的な組織学的所見は，リンパ芽球および成熟リンパ球から成る集合体の形成である．有糸分裂像がよく見られる．

通常は，生検によって診断される．なぜなら鳥のリンパ肉腫では，白血化しないことが多く，血液学的検査は有用ではないためである．罹患した臓器は拡大し，淡色化するのが一般的である．鑑別すべき疾患は，アミロイド，脂肪肝，肝炎，マイコバクテリア感染および他の腫瘍である．

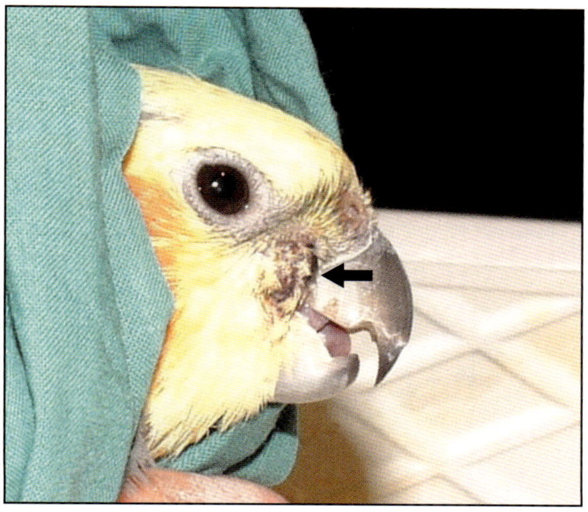

図20.10　12歳齢のオカメインコの上嘴と下嘴の接合部に発生した線維肉腫(矢印).

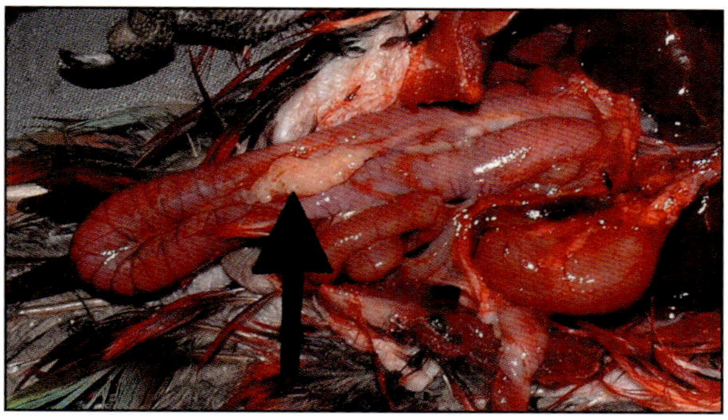

図20.11　ベニコンゴウインコの膵臓癌. 本症例では, 総排泄腔の乳頭腫症と関連していた(図15.15と比較).

確定診断

生検と病理組織学的検査によってのみ確定診断が可能である. 腫瘍の存在は, 一部のあるいはすべての検査から疑うことができる. 内臓の腫瘍であれば, X線検査, 超音波検査, 臨床化学的検査, 生検のすべてを実施する必要があるかもしれない.

治　療

治療は単純な切除あるいは凍結療法である. しかしながら, 化学療法や放射線療法など, その他の治療手段も次第に発達し, 適用されつつある.

手　術

ほとんどの新生物腫瘤の治療で選択されるのは, 完全切除である. この中には, 局所的な手術, 切断, 総排泄腔粘膜の剥離なども含まれる. 多くの腫瘍は, 播種性または切除不可能なため, その他の治療方法が発達しつつある. 複数の治療方法の併用が必要な場合もある. 外科的デバルキング, 化学療法, 腫瘍内注射, 放射線療法などである.

化学療法

化学療法剤と投与計画については表20.15に概説した.

放射線療法

いくつかの症例(リンパ網内系腫瘍と扁平上皮癌)において, 低エネルギーX線(常用電圧)による治療が, 単独または化学療法との併用で実施されている(Quesenberry, 1997). 4 Gyの線量が用いられており, 照射間隔や治療期間はさまざまである(週3回で10週間, あるいは, より多い線量で週1回など). 放射線療法には特殊な設備が必要である. 治療の成果は良好であるが, 化学療法/放射線療法の併用療法のプロトコルは未だ発達途上である.

表20.15　化学療法：これまでに使用された薬剤とプロトコル

薬　剤	腫瘍	症　例	投与経路と容量	治療期間
ドキソルビシン	骨肉腫	ボウシインコ	静脈内60 mg/m^2	月1回×4カ月
シスプラチン	線維肉腫	コンゴウインコ	腫瘍内	加えて過電圧のX線照射, 週3回を11週間
クロラムブシル	リンパ球腫	コンゴウインコ	20 mg/m^2	週1回を6週間, 12週間後に再度実施
ビンクリスチンとクロラムブシル	皮膚型リンパ肉腫	バタン類	静脈内0.1 mg/kg(ビンクリスチン) 経口2 mg/kg(クロラムブシル)	症例が死亡あるいは寛解するまで週1回, あるいは週2回を17週間
カルボプラチン	扁平上皮癌	ボウシインコ	病変内5 mg/kg(ゴマ油中)	単回投与
シスプラチン	健康な鳥	キバタン	1 mg/kg, 1時間以上かけて点滴	治療可能な血漿濃度のプラチナを投与

21

小型のオウムインコ類の疾患

Ron Ress Davies

はじめに

腹立たしいことに，病院を受診するオウムインコ類のうち最も一般的なものは，最も対処が困難なものでもある．すなわち，小型オウム類やパラキート類が，「体調が悪い」とか，「膨羽している」といった主訴で来院する．小型の愛玩種ではセキセイインコとオカメインコが最も一般的で，その他にはボタンインコやキキョウインコなどがいる．

そのような症例では，診断にさまざまな困難が伴う．鳥の大きさにより，身体検査で得られる情報が制限され，臨床病理学的なサンプルの量も制限される．鳥が弱いため，検査の侵襲性や治療方法も制限される．一部の症例では（すべてではないが），診療における費用面での制約も大きいため，診断が可能な疾患であっても，慢性的な病態に気付かず，末期になって初めて受診することもある．

小型のオウムインコ類の診療で最も困難な局面は，治療の可能性と費用的な制約の狭間で取り乱した飼い主とのコミュニケーションかもしれない．一部の症例では，動物愛護の観点から，検査や治療ではなく，安楽死を選択する必要がある．

本章では，これらのすべての問題に対する臨床的示唆を提供する．本書の別の章に記載した基本的な情報と重複する内容もあるため，詳細は割愛する（詳細については当該の別章を参照してもらいたい）．

問　診

小型のオウムインコ類の診療は，その鳥の飼育状況に関する情報を中心として展開していく．一般的に飼い主は，今生じている病状の詳細を訴えようと必死になっているが，こちらは一歩引いて，鳥が病気になる前の環境に関する多くの重要な情報についての聴取から始めることが必須である．その方法は，口頭で質問しても，質問用紙に記入してもらっても，どちらでも構わない．問題が明らかな鳥（外傷など）が来院した際に，詳細な問診は不要と思えるかもしれない．しかしながら，そのような症例に対しても包括的なアプローチをすることで，原因となった飼育上の問題点を改善し，予防措置を講じることができる可能性がある．

入手方法と飼育期間

長年ケージの中で単独飼育されてきた個体に比べて，最近大きな店舗から購入してきた個体の方が，可能性を検討しなければならない疾患の幅は広い．

飼育方法

飼育方法（一般家庭，室内禽舎，屋外禽舎，繁殖群）だけで，可能性のある疾患が決まるわけではないが，重要なのは，疾患に対して求められるアプローチの仕方は異なるであろうという点である．繁殖用のセキセイインコを200羽飼育している飼い主は，個々の病鳥に対する手厚い診療を望まない可能性が高いし，反対に，家庭で愛玩用に飼育している飼い主は淘汰や死後剖検に関心を示すことはないだろう．特に群れで飼育されている鳥は（それが屋外禽舎である場合はさらに），寄生虫に感染しやすい（回虫症，トリコモナス症，赤ダニ感染など）．また特定の飼育方法でなければ発生しない疾患もある（ダニに関連した疾患は屋外禽舎，のように）．

普段のケージ

ケージに関するさまざまな要因は重要である．設置場所（キッチンであればポリテトラフルオロエチレンと調理時の煙，直射日光の当たる場所であれば温度変化，など），材質（ケージの材質の破片を摂取したことによる鉛中毒や亜鉛中毒，止まり木に施された殺虫剤やその他の加工処理），照度と光周期（雌の繁殖障害の要因）などである．

他の鳥との接触

家庭で飼育されている鳥においてまれではあるものの，小型のオウムインコ類が罹患する可能性のある感染症は多い．その中には，オウム病(クラミジア症)，トリコモナス症，ジアルジア症，そしてパラミクソウイルス，ポリオーマウイルス，サーコウイルス，レオウイルス(Box 21.1)などのウイルスである．

最近，鳥が別の個体と接触した場合には，感染症の可能性が高くなる．例えば，飼い主の休暇中に預けられたとか，品評会に連れて行ったとか，新しい個体を飼い始めた，などである．脂粉などの媒介物によって感染する疾患もあり，飼い主が禽舎，バードショー，ペットショップを訪問した際に服に付着して感染源となる場合もあれば，症状が顕在化するまでの長い期間(数カ月から数年)にわたり不顕性感染している場合もある．

BOX21.1　2002年のセキセイインコにおけるレオウイルス流行(JR Baker，私信，2004)

本著の執筆中(2004年半ば)に，英国での展示会においてセキセイインコに疾患の流行が起こっていた．初期の未確認情報によると，2002年初めにセキセイインコの繁殖群で多数が死亡した．その後の確かな情報では，2002年から2003年にかけての冬と2003年春に流行が見られた．その後は一旦休止したものの，2003年終わりから2004年初めにかけて，さらに4箇所での流行が起こった．鳥の供給元をたどると，ほぼすべての事例がイングランド南東部のある1箇所に行き着くことがわかった．これまでに合計で約30もの事例にのぼっている．

ウェーブリッジの中央獣医学研究所(Central Veterinary Laboratory)におけるウイルス分離により，レオウイルスが確認された．疫学研究により，ウイルスの潜伏期間は約10日間，致死率は45～95%であり，回復した鳥は少なくとも6カ月間は「キャリア」となることが示唆された．感染は，糞口経路と考えられるが，口から口や，脂粉を介した伝播の可能性もある．

罹患鳥は非特異的な症状(膨羽と食欲不振)を示し，ケージの床で見つかる．すべての症例で下痢と中枢神経障害(振せん，協調運動失調)が見られる．急死する個体もある．流行の際には，短期間で多数が死亡する場合もあるが，典型例は1日に数羽が死亡し，それが数週間も続くというものである．多くの罹患鳥でクラミジア症や*Escherichia coli*感染などの併発が見られることから，ウイルスによる免疫抑制も疑われる．

本疾患のコントロールの一助として，禽舎におけるF10の「噴霧」と殺菌剤の飲水混和が有用な可能性がある．

食　餌

小型のオウムインコ類においては，大型のオウム類に比べて，食餌内容が問題となる可能性は低い．なぜなら，彼らのほとんどはパラキート類であり，野生では種子を主食としているため，普通の「インコ用混合餌」で基本的な栄養素を摂取することができるからである．しかし，与える種子のばらつきや供給元によって，さまざまな栄養学的問題が生じる可能性もある(セキセイインコのヨード反応性甲状腺腫など)．また，適度な運動をせずにいつでも餌を食べられることで肥満になる個体もある．

飼い主のハンドリング能力

小型のオウムインコ類で特に問題となるのは，飼い主が全く鳥をハンドリングできず，投薬することもできないということである．動物病院を受診する際にも，ケージに入れたまま連れて来られ，鳥はそのケージから何年も外に出たことがないという場合もある．このような場合は，投薬経路や治療プロトコルを選択する際に制約が伴う．

ケージ内における検査

可能であれば，鳥が普段暮らしているケージに入れて受診するよう飼い主に促すべきである．ケージが鳥に合っているか，維持の仕方はどうか(そして動物愛護法的に適切か)といった点について，自分の眼で確認することができるため，飼育方法ついてさまざまな質問をするよりも，ずっと多くの情報を得ることができる．ケージが運びにくい物でなければ，そこに入れて連れて来られる方が鳥にとってもストレスが少ないことが多い．

ケージを観察することで，排泄物の状態，逆流や嘔吐の有無，床に落ちた羽の数や状態を確認することができ，獣医師にとってはすでに鳥の状態の評価を開始できていることになる．この段階で排泄物の検査をしておくと，後ほど鳥の身体検査を実施する際に有用な場合がある．飼い主には，受診前に「大掃除」をしてこないこと，またケージの床に白い紙を敷いてくるよう指示することで，どの排泄物が新鮮なものかを識別し，その性状を評価しやすくし(付録2)，また顕微鏡検査時に邪魔になる砂粒の混入(ウェットマウント標本の検査が非常に困難になる)を防ぐことができる．

閉鎖的な段ボール箱ではなく，いつものケージに鳥を入れて受診することで，鳥が休んでいる状態を問診中に観察することもできる．これが重要な理由は，多くの鳥はストレスのかかる状況(家からの移動やうるさい待合室など)に置かれたり，観察されていることを意識すると，病気の徴候を上手く隠してしまうためである．もし閉鎖的な箱に入れられて受診した場合は，院内のケージに鳥を移して問診中に観察すると良い．

シグナルメント

タイプ

受診した鳥の種とタイプもこの段階で評価する．小型のオウムインコ類の中には，何世代にもわたって飼育下で繁殖されており，さまざまな「突然変異色」が存在するものがある．そのうちのいくつか，特に「イノ」(アルビノとルチノー)は，野生種に比べて免疫系が弱いようである．選択的繁殖の影響は，セキセイインコで顕著であるように思われる．1940年代の飼育数が制約となって，その後の近親交配により，大きさと羽の密度の極端な選択が行われた結果，二つの亜集団が形成された．「ペットタイプ」は，小さく滑らかで，平均寿命は10～15歳齢である．「ショータイプ」は大きく，その羽から粗い(バフ様の)外観を呈し，寿命は非常に短い(繁殖家は僅か18カ月から3年の平均寿命しか期待していない)．

年　齢

外観から年齢を推定することは通常不可能である．しかし成鳥と若齢鳥とで明らかに羽が異なる種もある．好例はセキセイインコであり，若齢鳥には前頭部に細い水平の線が複数あるが，12週齢で換羽すると消失する．色によってはこの特徴が見えないこともあるが，経験を積むことで羽の質感の違いがわかるようになる．

虹彩の色から推測できる場合もある．多くの種では，ヒナの虹彩は暗い色をしているが，年齢とともに明るい色になってくる．セキセイインコでは，羽の色にかかわらず，ヒナの虹彩は黒いことが多く，4カ月齢をすぎると灰色がかってきて，最終的には8～10カ月齢で銀色または白色になる．

それ以外には，脚環を装着していない限り，鳥の年齢を推定することはできない．通常，閉鎖式の脚環には年が刻印されているため，その鳥が最高で何歳齢なのかを知ることはできる．プラスチック製の脚環や割り環には鳥の年齢に関する有用な情報は記載されていない．

性　別

セキセイインコとオカメインコでは，ケージ内における検査の段階で，雌雄鑑別が可能な場合がある．しかしながら，それらの特徴の多くは成鳥になるまで明らかではなく，また特定の突然変異色では不明確あるいは見られないこともある．小型のオウムインコ類の雌雄鑑別に役立つ特徴については，**表21.1**と**図21.1**にまとめた．セキセイインコでは，病気になると蠟膜の色が変化したり，明らかな推移を示すことがあり，

表21.1 小型のオウムインコ類の雌雄鑑別に役立つ一般的な特徴(続く)

種/タイプ	雄	雌
セキセイインコ： 未成熟	• 3～5カ月齢までは，雌雄とも紫から肌色の平滑な蠟膜(嘴の上の肉厚な領域)を有する．	
セキセイインコ： 成鳥(ほとんどのタイプ)	• 青く平滑な蠟膜．繁殖期には，より明るく，光沢を持つ．	• 蠟膜は淡黄褐色からチョコレート色で，粗い外観を呈する．繁殖期には深く濃い茶色になる．
セキセイインコ： 一部の突然変異色(特にアルビノ，ルチノー，劣勢パイド，レースウイング)	• 青色はない．蠟膜は若齢鳥のような肌色のまま，平滑であるが，やがて青味がかった光沢を持つようになることもある．	• 他の色と同様．より明らかな茶色になることも多い．
オカメインコ： 未成熟	• 6～8カ月齢まではすべての個体が，成鳥の雌のような，あいまいな顔面の模様(僅かな黄色い斑)，明確で規則的な黄色い「斑」または「縞」，あるいは暗い色の翼羽と尾羽を有する．冠羽は通常は灰色	
オカメインコ： 「通常の灰色」タイプ(灰色と黄色)の成鳥	• 明るい黄色の顔，濃いオレンジ色の頬．翼羽と尾羽に薄い色の規則的な模様はない．冠羽は黄色で，先端だけが灰色	• 未成熟な羽と同様の外観．あいまいな顔面の模様と，翼羽と尾羽の明確な縞模様
オカメインコ： その他の灰色のタイプ	• その他の多くの灰色タイプと模様は同じであるが，顔は黄色くない．雄の冠羽と顔は白色，雌は灰色のままで，尾に縞模様がある．	
オカメインコ： ルチノー	• ルチノーのオカメインコは灰色の色素がなく，代わりに白からクリーム色の地色を持つ．残った模様(頬の明るい斑，雄ではより黄色い冠羽，雌では黄色にクリーム色の縞)から鑑別できる場合もあるが，色が淡い個体では判断が難しい．尾羽や翼羽を光にかざすと，規則的な斑または縞が見えるかもしれない．	
オカメインコ： ルチノー，白顔，パイド	• 外観から鑑別することはできない．	
アキクサインコ	• 胸はより青色かつピンク色で，前頭部はより青い．	• 成熟すると尾の下に縞ができる．

表21.1　(続き)小型のオウムインコ類の雌雄鑑別に役立つ一般的な特徴

種/タイプ	雄	雌
ヒムネキキョウインコ	• 青い頭部，赤い冠羽	• 頭部に青色はなく，赤い冠羽もない．全体的にあいまいな色
キキョウインコ	• 翼に赤茶色	• 翼に赤茶色はなく，全体的にあいまいな色
ビセイインコ	• 赤い尻部の斑	• 尻部は緑色．成熟すると翼の下に縞模様
ヒムネキキョウインコ	• 胸部の羽は赤色	• 胸部の羽は緑色
ハツハナインコ	• 前頭部，眼と嘴の間に赤い斑	• 赤い斑はない．
カルカヤインコ	• 灰色の頭部，頸部，胸部	• 緑色の頭部，頸部，胸部
他のボタンインコ種	• 外観から鑑別することはできない．	
備　考		
• 性別が判明している他の個体や飼い主に対するふるまいは，雌雄鑑別として信頼できる方法ではない．		
• 雄のオカメインコは雌よりも多くさえずり，鳴く．これは雌雄鑑別として信頼できる方法ではないが，成鳥への換羽の前に顕著となる場合がある．雄のセキセイインコは雌よりも，しゃべる訓練をしやすい．		
• いくつかの突然変異色は，遺伝的に「性別と関連」していることが多いため，繁殖家は血統に基づいて，個体の性別を正確に鑑定できる場合があり，それは未だ巣にいるヒナの段階で可能なこともある．		

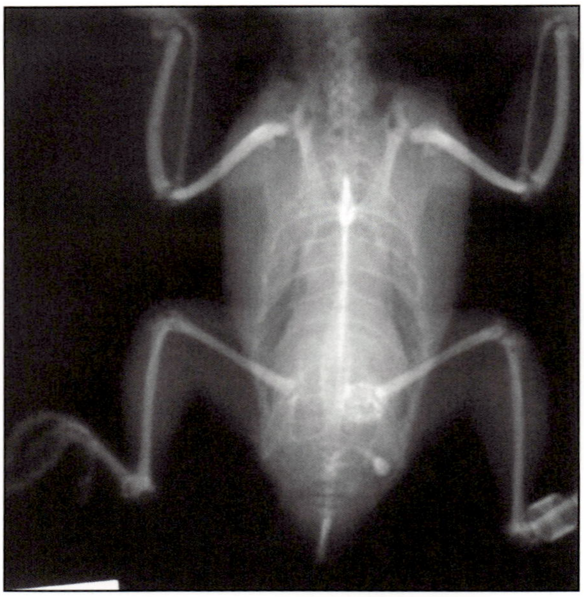

図21.1　雌のセキセイインコにおける骨髄骨の形成．臨床獣医師は，この所見から鳥が雌であり(すでに性別が判明していなければ)，繁殖可能な状態にあり，疾患の発現と関連があるかもしれない，と注意しなければならない．

特に性腺の新生物がある場合に顕著である．

身体検査

保定とハンドリング

鳥を検査するためには，捕獲をする必要がある．多くの獣医師が，鳥をハンドリングすると「恐怖で急死してしまう」のでは，と不安や心配を感じているが，そのようなことは非常にまれであり，もともと瀕死の鳥を検査した結果として生じる場合がほとんどであると認識することが重要である．とはいえ，ケージ内における検査の段階で，鳥が非常に弱っているように見える場合は，獣医師は飼い主に対してリスクを説明するとともに，鳥を助けられる唯一の可能性は検査であることも伝える．

しっかりと保定すれば鳥はあまり暴れないため，軽く保定する場合よりも，医原性の外傷が生じる危険が少ない．可能であれば，タオル(薄い布巾やハンカチが理想的ではあるが，ペーパータオルでも十分である)を用いて鳥のハンドリングを行うことで，翼を包んで保定することができ(4章)，また獣医師の手の汗によって不必要に羽が抜けるのを防ぐこともできる．鳥によっては，特にオカメインコは，軽くハンドリングしただけで多数の羽が抜けてしまう．

多くの場合，身体検査は簡潔に済ませ，鳥に過剰なストレスを与えないようにすべきである．検査に必要となるものは，すべて手許に準備しておく．ケージ内における検査の際に，特に弱っていると判断された鳥については，再度ハンドリングしなくて済むように，「ショットガン療法」に適した何種類かの薬剤を事前に準備しておくと良い．

小型のオウムインコ類の身体検査は，目に見える基準がないため困難なものに思えるかもしれない．しかしながら，後述する点に注意することで，鑑別すべき疾患を減らすことが可能である．

体型の評価

胸骨を触診することで，現在の栄養状態や代謝状態についての適正な指標を得ることができる．正常な個体では，竜骨と同じ高さで左右に凸状の胸筋があるため，竜骨は僅かに触知できる程度である．しかしこれは，その個体が飛翔している時間の長さによっても異なる．筋肉の形からも，疾患の慢性度が推測できる．最初の筋肉量の低減は比較的急速に生じる．これは異化というよりも，貯留したグリコーゲンの枯渇による可能性がある．凸状の筋肉は，数日間で明らかな凹状となる．数週間から数カ月にわたる消耗性疾患によって筋肉量低下が徐々に進行し，胸筋の塊がほぼ完全に消失すると，下にある骨の形が容易に確認できるようになる．

肥満の個体では，胸骨領域の皮下脂肪層が触知できる．亜急性疾患では，明らかに胸筋量が低下しているものの，未だに肥満の状態ということが起こりうる，と認識しておくのが重要である．さらに複雑なのは，特にセキセイインコにおいて，胸骨は脂肪沈着および脂肪腫の好発部位であるという点である（図21.2）．

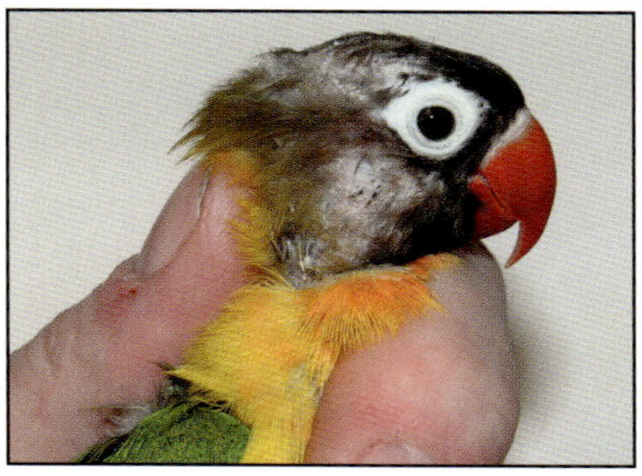

図21.3　「羽むしり」のもう一つの原因は，同居の個体によるいじめである．

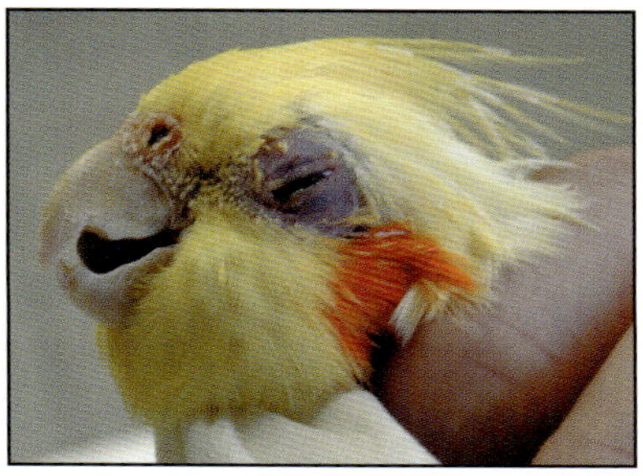

図21.4　オカメインコの副鼻洞炎/結膜炎．*Chlamydia psittaci* 感染に関連していることが多い．

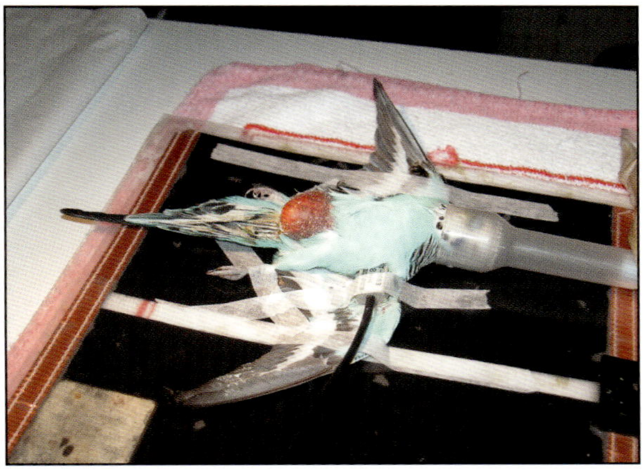

図21.2　セキセイインコの腹部に発生した脂肪腫．症例は麻酔下にて手術を受けるところである．導入マスクとしてシリンジ外筒を用いていること，また翼にドップラー血流プローブを装着して，脈拍の回数と強度をモニタリングしていることに注意．体温の僅かな喪失も生命の危険に繋がるため，温熱マットの上に保定し，羽の抜去は最小限の領域に留めている．

頭　部

頭部の羽を確認する．「筆毛（羽鞘に包まれた成長中の羽）」があれば，最近換羽があったことがわかる（「羽むしり」や「羽かじり」をする小型のオウムインコ類がただの換羽であったとか，筆毛をダニと勘違いしたという報告例はまれではない）．真の脱羽が見られる場合は，鳥が自分でやったのか，同居の個体にやられたのか（図21.3）を確認しなくてはならない．眼や耳道の周囲，あるいは鼻孔の上の羽が固まりになっている場合は，そこから異常な分泌があることを意味する．小型のオウムインコ類，特にオカメインコは，クラミジア症による結膜炎に罹患しやすい（図21.4）．

嘔吐や逆流の証拠が見られる場合がある．種によっては（特にセキセイインコ），嘔吐時に頭を上向きに動かすため，吐物が付着して前頭部の羽が固まりやすく，独特の臭いがすることも多い．性的な逆流をしている鳥は，頭を上下に動かすが，逆流した種子（通常，不快な臭いはしない）はケージ内の物，同居の個体，飼い主に付着するか，単に下顎の下に垂れることが多い．

さまざまな要因により，頭部の異常が生じる．

- トリヒゼンダニ寄生などによる顔面の皮膚の異常では，落屑や増殖が生じ，嘴やその周囲に，ハチの巣状あるいは針で刺したような外観を呈す（主にセキセイインコで見られるが，他の小型種の顔面や足の皮膚に見られることもある）．
- 蠟膜の肥大性変化が見られることがあり，特に雌のセキセイインコでは「茶色い肥大」として知られている．過剰なケラチン物質は，第一趾の爪とともに剥離することが多く，臨床的に問題となることはまれであるが，時に他の疾患での来院時に，鼻孔が閉塞しているのが見つかることがある．
- 正常な個体で，嘴のトリミングが必要となることはない．嘴の過長や脆弱性，破砕が見られる場合は，先行する外傷や医原性の要因が存在した可能性がある．あるいは，「肝皮症候群」の徴候の一つである可能性もあるため，肝臓の検査を考慮するのが望ましい．一度嘴の異常な増殖が始まると，その鳥は，定期的な嘴のトリミングを一生行わなければならない．
- 結膜炎も生じるが，眼の周囲の腫脹は副鼻洞の感染に起因することが多い．結膜の異物（粒餌の殻，砂など）ですら，すでに炎症が生じていた眼周囲を擦ったことによる二次的なものの可能性がある．洞の腫脹は，口角と内眼角の間に嚢状の突出として見られることがある．鼻孔や眼からの分泌物，あるいは副鼻洞の洗浄液（図21.5）を採取し，細胞学的検査，培養，あるいはDNA検査を行うことができる．

口腔内の検査は困難であるが，さまざまな大きさのクリップを開口器として用いることができる．膿瘍や異常な分泌物が見られることがあるが，まれである．多くの個体では粘膜が灰色がかったり，色素沈着しているため，粘膜色の評価は意味がないことが多い．

図21.5 副鼻洞炎の治療において，副鼻洞の洗浄は有用である．流しの上で鳥を逆さまに保定し，抗微生物薬を容れたシリンジを鼻孔に押し当てて，液を注入する．洗浄液は副鼻洞を通過して，反対側の鼻孔，後鼻孔，結膜嚢から排出される．検査用に採材する際には，滅菌生理食塩水を用いて洗浄し，滅菌容器に洗浄液を回収する．

嗉　嚢

嗉嚢の触診は有用である．正常な鳥では，嗉嚢には少量から中等量の種子が触知され，液体はほとんどない．嗉嚢が空虚な場合は食欲不振か，あるいは単に長い移動中に食餌ができなかったことを示唆する．鳥がさっき食べていた，と飼い主がいっているにもかかわらず，嗉嚢が空虚な場合は，餌皿の中に，外皮を外した種子（特に粒餌中の非常に色の濃い種子）がないかを確認する．食欲不振を呈す小型のオウムインコ類（特にメガバクテリア症のセキセイインコ）は，「偽の摂食」行動を示すことがある．これは，正常な食欲があるように見えて，実は外皮を外した種子を餌皿に落としているというものである．

嗉嚢に液体が触知できる場合は，消化管停滞，嗉嚢感染（嗉嚢炎），多渇の可能性がある．また嗉嚢内に気体がある場合は，嗉嚢内の物質の発酵，呼吸困難による空気嚥下，あるいは嗉嚢の穿孔や裂傷による嗉嚢周囲の気腫かもしれない．

小型のオウムインコ類の診察において，嗉嚢内容の吸引は有用であり，費用のかからない検査である．先端が球状になった金属の嗉嚢チューブ（または経口ゾンデ）を口腔から嗉嚢に向けてゆっくりと挿入すると，先端が触知できる．液体があれば吸引する．嗉嚢が空虚な場合は，加温した生理食塩水0.7 mLと0.3 mLの空気を注入し，短時間で優しくマッサージした後に回収することで，検査用の採材が可能である．

トリコモナス症（図7.16参照）は，セキセイインコの嗉嚢炎と嘔吐の原因として一般的であり，特に群れで飼育されている場合（限定されるわけではないが）によく見られる．細菌と酵母の過剰増殖も多く見られるが，これは消化管停滞に続発する二次的な問題である場合がある．

腹　部

「腹部」の触診は，頭側は胸骨縁まで，外側は肋骨から骨盤までの領域に限られる．親指とその他の指で体の外側を頭側から骨盤に向けて触診し，その後は1本の指で骨盤の間の正中領域を触診する．正常な個体であれば，この領域で触知できるのは筋胃だけである．筋胃は平滑な球状の構造（直径5～10 mm）で，腹部を十字に4分割すると頭側の左外側に確認される．これを，卵や腫瘍と誤認しないように注意する．ただし，肝腫大や占拠性腫瘤が存在する場合には，筋胃が変位して，正常よりも触知しやすい場所に確認されることがある（図21.6）．筋胃以外に，この領域には何も触知されないはずである．

「充満感」あるいは「スポンジ様」の感触は肥満の徴候であるが，時に腹腔内の軟部組織の増大を示唆する場合がある．例えば，雌の生殖路の拡大（産卵時には正常）や消化管の拡張である．卵や腫瘍が触知できることもある．特にオカメインコは，卵黄性腹膜炎に罹患しやすい．これは卵管の捻転に続発する可能性がある．腹腔内の液体貯留は，腹部全体の膨満を引き起こす．

吸引を実施することもできるが，気嚢内に液体が侵入する医原性のリスクがあることに留意する．一般的には腹部正中からアプローチするのが最も安全である．

総排泄腔と尾腺

総排泄腔とその周囲の羽を確認する．下痢や多尿が見られる鳥では，その領域の羽が固まり，色がついていることが多い．しかしながら，羽づくろいができない，あるいはしたがらない個体でも，糞便の付着（べたつき）が見られることがある．

尾腺と周囲の領域は，潰瘍，左右非対称，疼痛あるい

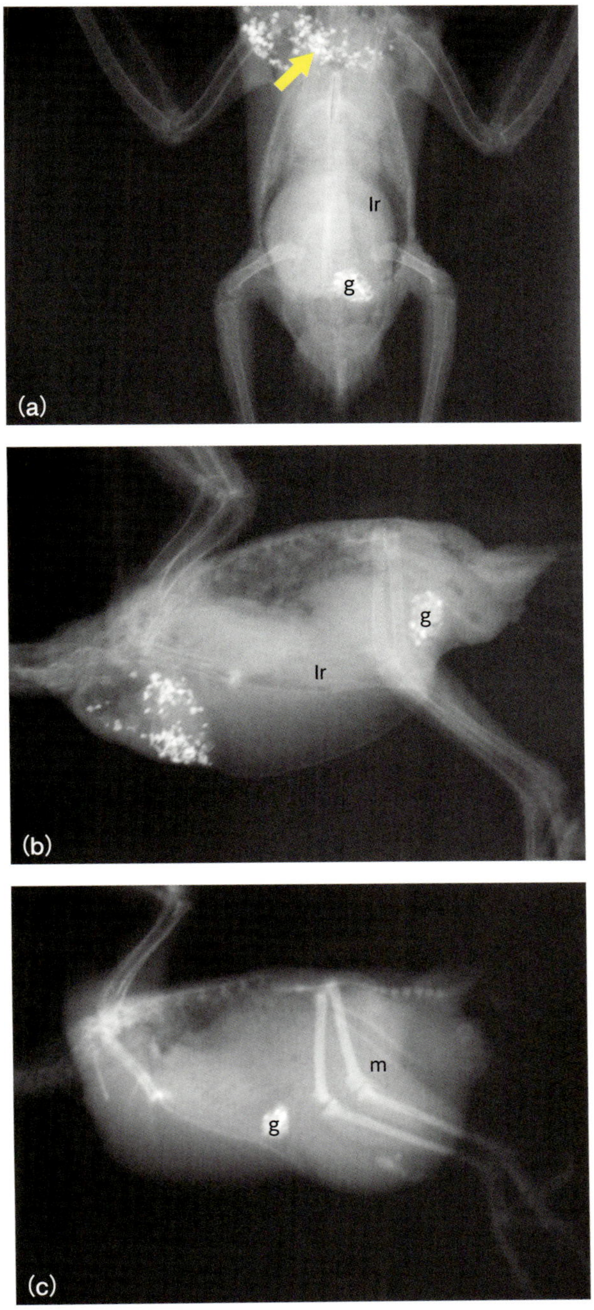

図21.6 筋胃の位置によって，その変位を生じさせている腫瘤の特徴が明らかとなる．筋胃内にX線不透過性の物質が存在すると，陽性造影剤として機能する．(a, b)このオカメインコでは，腫大した肝臓(lr)によって筋胃(g)が尾側に変位している．この症例では，X線不透過性物質(矢印)は金属であり，後に亜鉛であることが確認された．嗉嚢内にこの金属が確認されたことは，摂取が最近のことであり，現在も継続していることを意味する．この所見によって，亜鉛の摂取源が，鳥のすぐ近くの環境中にあることを特定できる．(c)このセキセイインコの筋胃(g)は，腹腔内の大きな腫瘤(m)によって，頭側に変位している．この腫瘤は後に，卵巣腫瘍であることが確認された(John Chittyのご厚意による)．

は自傷(特にボタンインコで問題となる部位)がないかどうかを確認する．尾腺は扁平上皮癌の好発部位である．

四　肢

左右の翼を触診し，伸展させて，外傷，変形，異常な腫瘤(翼の遠位端は羽包嚢腫と黄色腫(図21.7)の好発部位である)がないかを確認する．また，肘の内側の無羽域(複数の静脈が目視できる)も確認する．これは皮膚や静脈の外観が，脱水や貧血の大まかな指標となるためである．この領域と腋窩は，特にオカメインコで，自傷行為がよく見られる部位でもある．

足も確認する．特に関節と足底部において，食餌性の異常(ビタミンA欠乏症)，止まり木の問題(図21.8)，代謝性の異常(痛風)などがないかを確認する．足にはさまざまな程度の摩耗が見られるが，あまり摩耗していない場合は，ある程度の期間にわたり鳥の足が不自由な状態にあることを示唆する．

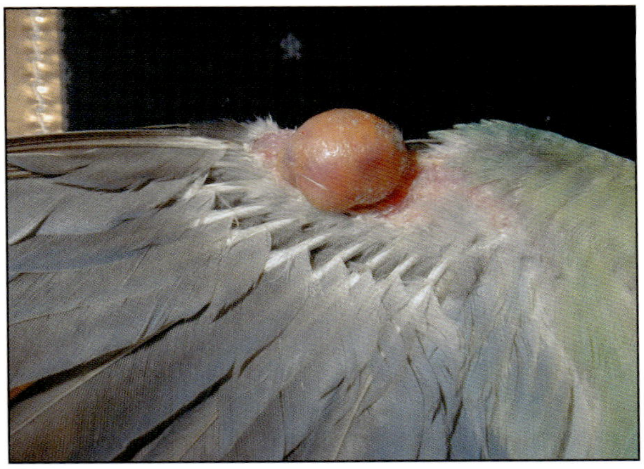

図21.7 ボタンインコの翼に発生した黄色腫．

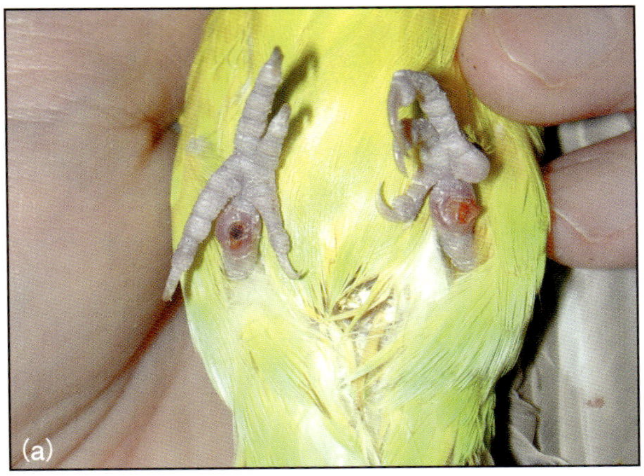

図21.8 (a)不適切な止まり木によって，足に重篤な病変が生じている．(続く)

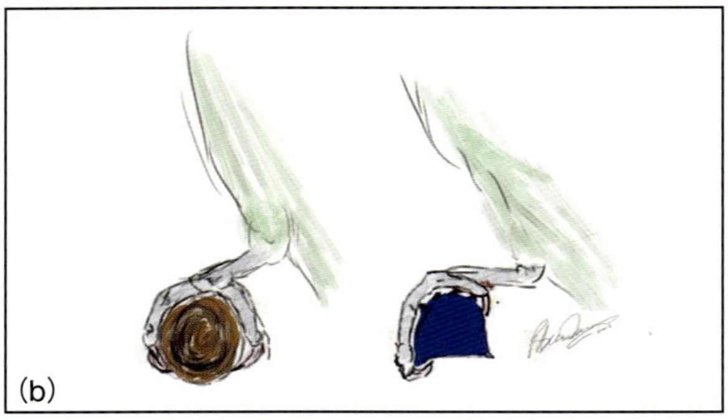

図21.8 (続き)(b)止まり木に止まっている足への体重分散を示す．適切な形状の止まり木(左)は，均等に体重をかけることができるが，不適切な形状の止まり木(右)では異常な負荷のかかる部位が生じる．

臨床病理

費用と検査サンプルの量の問題から，実施できる検査には制約がある．入手したサンプルを最も効率的に用いるための検討を行うことが重要である．

細胞学的検査

単純な細胞学的検査は，迅速かつ安価な検査手法(7章)であるにもかかわらず，多くの情報が得られる．嗉嚢から吸引採取したサンプルや，新鮮な糞便(あるいは総排泄腔の洗浄液)を検査することができる．最初に直接ウェットマウント標本(運動性原虫，線虫，条虫，炎症性細胞)を確認する．その後に，その標本を乾燥，固定させて，迅速細胞染色(ディフ・クイック染色やRapi-Diff染色など)により炎症性細胞とその他の宿主細胞の構成について調べるか，あるいはグラム染色により，抗微生物薬の選択(投与の必要があれば)に役立つ情報を得る．後者は特に「メガバクテリア」酵母の検査に有用である(図21.9)．

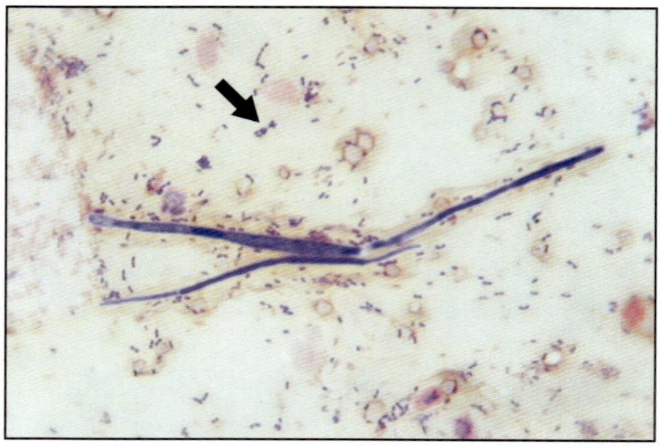

図21.9 「メガバクテリア」．この酵母は*Macrorhabdus ornithogaster*と分類しなおされた．比較のため，二つの球菌を矢印で示す(グラム染色，元の拡大率は1000倍)．

*Chlamydia psittaci*感染が疑われる場合に，外部の検査機関で実施可能な糞便検査にはさまざまなものがある．修正された抗酸性染色法，免疫蛍光染色法，DNA検査などである．同様に，*Mycobacterium*感染を診断する際にも抗酸性染色法を用いることができる．

鳥の場合，尿検査の有用性は限られるが，尿もまた鳥にストレスを与えることなく採取できるため，実施する価値はある．試験紙を用いた検査は，糞便と尿の成分が混合して解釈が複雑となるため，尿糖や尿タンパクが陽性であっても必ずしも重要視する必要はない．しかしながら，多渇を示す鳥で尿糖が陰性であれば糖尿病を除外することができる(特にコルチコステロイドの使用後に，類似した症状がオカメインコで見られることが多い)．腎炎の場合には，細胞学的検査により，血球や腎円柱が見られることがある．

細胞学的検査は，腫瘤や腫脹の症例では必ず実施する．特に，痛風による関節の腫脹では白いペースト様の物質が生じ，吸引した細胞学的標本を顕微鏡下にて観察すると，特徴的な針状結晶が確認される．結晶の成分は，「ムレキシド」検査により確認できる．吸引したサンプルと硝酸1滴をスライドグラス上で混合し，ガスバーナーで蒸発させ，冷却した後，アンモニア1滴を添加する．尿酸塩の成分が存在すれば赤紫色に変化する．

採　血

小型のオウムインコ類で採血を検討する場合は，優先順位を決めることが重要である．採血量は最大でも鳥の体重の1%に留める必要があるため，標準的で健康な35 gのセキセイインコであれば，最大で0.35 mLとなる．しかしながら現代の検査技術では，その程度のサンプルで驚くほどさまざまな検査が実施可能である．

採血の前に，可能性のある鑑別診断一覧を作成し，適切な検査項目について検討する．鳥ではあまり精度の高くない検査項目もある(例えばタンパク質の測定．血清タンパク電気泳動の方がより良い代替手法ではあるが，広く実施されている検査ではなく，必要なサンプル量も多い)．あるいは有用性が疑わしい検査項目もある(ASTとLDHは最も広く用いられる「肝臓」の酵素であるが，数値が上昇しやすい傾向があり，痩せた鳥で筋肉の異化が生じただけで数値が反応する)．生化学検査に比べて，より多くのサンプルが必要となる検査もある(網羅的な血液学的検査，胆汁酸)．採血を実施する前に，適切なサンプルについて検査機関に相談すべきである．容量の小さいヘパリンチューブもあるため，採血量が少量であれば，通常の大きさのチューブではなく，小さいものを用いる．抗凝固薬を入れていない血液の塗抹標本(自然乾燥したもの)2枚を送付することで，病理学者により多くの情報を提供することができるであろう．

非特異的な症状を呈す「病気の小鳥」について，現実的な鑑別診断一覧を作成することはできない．著者が好んで実施する検査の順序を記載する．

- 白血球の総数(可能であれば全血から，あるいは必要であればPCVのバフィーコートから白血球を分離する)
- 血中血球容積(PCV)
- 尿酸
- カルシウム：測定可能であればイオン化(Ca^{2+})を，サンプル量が許せば総カルシウムも測定
- 胆汁酸(もしサンプル量が許せば)
- 亜鉛と鉛(測定が可能で，サンプル量が許せば)
- 総タンパク
- アルブミン(そして「グロブリン」を算出する)
- アスパラギン酸アミノ酸転移酵素(AST)
- クレアチンキナーゼ(CK)
- ブドウ糖
- コレステロール
- 電解質
- アミラーゼ
- 乳酸脱水素酵素(LDH)
- リン
- トリグリセリド
- γ-グルタミルトランスフェラーゼ(GGT)
- クレアチニン

画像診断

X線検査は有用な手法である．しかし，検査対象が小さい場合に，良質な画像を撮影するには練習が必要である．無麻酔で実施する場合には，保定によるストレスが生じるが，理想的なポジションで撮影するためには，軽いイソフルラン麻酔が必要となるため，どちらの場合でも難点がある．さまざまな体重の鳥に用いる，正確な露出線図を作成するためには，過去のX線写真を解析するか，あるいは必要であれば小鳥の死体を撮影する．それでもなお，多くの場合において露出条件は確定してしまわない方が良い．すなわち，同じ個体を，同じポジショニングで，同じカセッテを用いて，複数の異なる露出条件で撮影する．保定にはアクリル板を用いる．複数の撮影を行うと，麻酔時間は多少長くなるものの，追加の被曝量を大幅に減らすことが可能である．

さらに有用な装置は，デジタルX線である．X線写真を撮影するのにデジタルカメラを用いることで，画像を拡大したり，明るさ，コントラスト，彩度を変更して，特定の構造の陰影を強調することが可能である．画像を直接コンピューターの記録媒体に転送し，プリントアウトして飼い主に渡すこともできる．

小型のオウムインコ類で，X線検査が特に有用なのは，骨折，摂取した金属異物(図21.6)，雌の卵停滞の診断だけでなく，バリウム造影を行えば，胃腸障害，特に体腔内における腸管外の腫瘤による腸管の変位も確認できる．

その他の画像診断技術は，体が小さいために実施が困難か(超音波検査)，あるいは費用的な制約のために利用されない(CT，MRI)．

鑑別診断

来院する小型のオウムインコ類の主訴と，考えられるいくつかの鑑別疾患，それらの鑑別のための検査を表21.2にまとめた．

表21.2　特定の症状の鑑別疾患(続く)

症　状	鑑　別	推奨される検査	備　考
「膨羽」を呈した病鳥	慢性疾患の末期	• 血液学的検査と生化学的検査	• 身体検査により筋肉および脂肪の低減が確認できる．多くの症例では二次的な細菌，酵母，真菌感染が見られる．
	食欲不振	• 問診 • 身体検査とケージの確認	• 嗉嚢内の食餌を確認．単純な飢えでなければ，原因疾患を調べる．特にセキセイインコは「偽の摂食」行動(餌皿の横で種子の外皮を外すが，それを飲み込まない)を示すことがある．外皮を外した種子がないか餌皿を確認する．特にメガバクテリア症(「メガバクテリア」酵母感染)でよく見られる．
	全身性感染症	• 血液学的検査 • クラミジア症の検査	• クラミジア症の治療にはドキシサイクリンが選択される．

表21.2 (続き)特定の症状の鑑別疾患(続く)

症　状	鑑　別	推奨される検査	備　考
「膨羽」を呈した病鳥	肝リピドーシス	• シグナルメント(特にセキセイインコと糖尿病のオカメインコでよく見られる) • 身体検査 • X線検査による肝臓腫大 • 生化学的検査(AST, 胆汁酸) • 生検/病理組織学的検査	• 小型のオウムインコ類のほとんどは，進化の過程において，種子を主食(高脂肪・高炭水化物)とし，またそれを消費する高い運動性を持つようになった(野生のセキセイインコの群れは食べ物を探して数百マイルを飛翔する)．飼育下における不活発かつ過食(セキセイインコではヨード欠乏症による甲状腺機能不全が併発している可能性もある)の状態は，脂肪過剰を引き起こし，慢性の肝リピドーシスや肝皮症(嘴や爪の過長や変形の一般的な原因)，明らかな脂肪腫が発現する場合がある． • 慢性リピドーシスは，明らかな肝障害の急性症候群として発現し，倦怠と食欲不振を呈する． • 急性リピドーシスはコルチコステロイド療法によっても生じる． • 治療：短期的な支持療法(ラクツロース，タンパク同化ステロイド)と長期的な栄養改善(運動量の増加，ヨード補給，食餌内容の改善)の両方を行う．
	急性臓器不全	• 血液学的検査と生化学的検査	
逆流	トリコモナス症	• 嗉嚢洗浄液の細胞学的検査(図7.16参照)	• 接触した個体にも感染(不顕性の場合もあり)している可能性 • 清浄群においては，野鳥からの感染の可能性を考慮
	メガバクテリア症(前胃の「メガバクテリア」酵母感染)	• 糞便のグラム染色(図21.9参照)	• 一般的に慢性の体重減少を呈し，「偽の摂食」行動を示すことも多い(食欲不振の項を参照)． • 急性出血性胃潰瘍により突然死することもあり． • アムホテリシンBにより病原体の抑制は可能であるが，消失することはまれであるため再発の可能性がある．
	重金属中毒	• X線検査 • 血清中の金属分析 • 血液学的検査(鉛) • アミラーゼ(亜鉛)	• EDTAによるキレート療法が可能
	全身性感染症，気嚢感染	• 血液学的検査 • 生化学的検査 • クラミジア症の検査	
	慢性疾患の末期	• 血液学的検査と生化学的検査	• 身体検査により筋肉および脂肪の低減が確認できる．多くの症例では二次的な細菌，酵母，真菌感染が見られる．
	嗉嚢内の異物，嗉嚢から胸郭侵入部にかけての腫瘤	• 身体検査 • X線検査	• 呼吸困難の項に記載した甲状腺機能低下性の甲状腺腫を参照
	急性代謝障害	• 血液学的検査と生化学的検査	
	前胃拡張症(PDD)	• 継続的なX線検査 • 嗉嚢生検	• 小型のオウムインコ類ではまれであるが，特にオカメインコで見られる場合がある．
多尿/多渇	肝疾患	• 生化学的検査 • X線検査	
	腎疾患	• 跛行 • 生化学的検査	
	重金属中毒	• X線検査 • 血清中の金属分析 • 血液学的検査(鉛) • アミラーゼ(亜鉛)	
	ステロイド投与	• 問診	• ステロイド投与により肝障害，医原性クッシングや糖尿病に類似した症候群が引き起こされることがある．突然の休薬によりアジソン病に類似の症候群が誘発されることがある．小型のオウムインコ類ではステロイドの投与を避けるべきである．

表21.2　(続き)特定の症状の鑑別疾患(続く)

症　状	鑑　別	推奨される検査	備　考
多尿/多渇	糖尿病	• 体重減少 • 尿糖 • 持続的な高血糖 • フルクトサミン	• 真の糖尿病が存在するかどうかは議論が分かれる．糖尿病を示唆する症状は，副腎皮質機能亢進症，ステロイド投与，グルカゴノーマによる可能性がある．
下痢			• 一般的ではない．問診中およびケージの確認をする際に，真の「下痢」(排泄物中の糞便成分の異常)と，より一般的な尿や尿酸塩の異常とを鑑別する必要がある． • 下痢は食餌性の要因の可能性がある．
	産卵時の 生理的なもの	• 問診 • シグナルメント(性別) • 身体検査	• 雌は産卵期の前後に，多量の糞便および尿酸塩を排泄するのが普通である．
	排泄口の汚れ	• 身体検査	• 排泄口周囲の羽に排泄物が付着 • 非特異的な徴候で，膨羽を呈す鳥によく見られる(姿勢のため，また全身的衰弱により羽づくろいをしなくなるため)．肥満の他，ショータイプのセキセイインコ(「バフ様」の羽のため)でも見られることがある．
	総排泄腔炎/ 総排泄腔結石	• 新鮮な排泄物の検査を含めた身体検査 • 腹部触診	• 総排泄腔炎では，排泄物の付着が見られることがある． • 排泄物は，糞便と尿酸塩が混合しており，点状に血液が混じることもある．
	線虫	• 糞便のウェットマウント標本による細胞学的検査 • 浮遊法による糞便検査	• 家庭で飼育されている鳥ではまれではあるが，見られることがある．群れで飼育されているパラキート種で見られることが多い． • 体重減少を引き起こし，腸閉塞のため最終的には死に至る．
	原虫(ジアルジア)	• 糞便のウェットマウント標本による細胞学的検査(図7.2参照)	• 米国のオカメインコでは広く報告されているが，英国ではまれである．
	クラミジア症	• 糞便検査 • 人獣共通感染症の症状	• 小型のオウムインコ類では，不顕性のキャリア状態であることが多い． • 治療にはドキシサイクリンが選択される． • 接触したすべての個体の検査または治療を行う． • 人獣共通感染症の症状について飼い主に注意を促す．
	前胃拡張症(PDD)	• 継続的なX線検査 • 嗉嚢生検	
	重金属中毒	• X線検査 • 血清中の金属分析 • 血液学的検査(鉛) • アミラーゼ(亜鉛)	
	腸炎	• 細菌学的検査 • 問診(症例が多発しているか)	
跛行	外傷－筋肉/靱帯 骨折 脱臼(まれ)	• 問診 • 身体検査 • X線検査	
	産卵中あるいは産卵後の骨盤挫傷	• 問診 • シグナルメント • X線検査	
	腎臓あるいは性腺の腫瘍	• 腹部触診 • X線検査±造影	• セキセイインコは特に性腺および泌尿器の腫瘍が発生しやすい．後肢に分布する神経は腎臓/性腺と複合仙骨の間を走行しており，腫瘍が神経を圧迫することにより，後肢の「しびれ」を引き起こすと思われる．
	脊髄疾患	• 身体検査/神経学的検査 • X線検査での異常所見	
脱羽，羽むしり，自傷	行動学的	• 内臓疾患および感染性疾患の除外	• 確定診断および治療は困難

表21.2 (続き)特定の症状の鑑別疾患(続く)

症　状	鑑　別	推奨される検査	備　考
脱羽,羽むしり,自傷	全身性感染症 代謝性疾患	• 血液学的検査 • 生化学的検査	
	皮膚炎	• 身体検査 • 羽髄の細胞学的検査 • 皮膚生検	• 細菌性および真菌性のさまざまな皮膚病が発生するが，原発する感染性の疾患を，自傷による二次的な炎症と鑑別するのは困難．あるいは自傷が内臓疾患により生じている場合もある．
	サーコウイルス(オウムインコ類の嘴と羽毛病，PBDF) ポリオーマウイルス	• 血液および羽髄(サーコウイルス)または総排泄腔スワブ(ポリオーマウイルス)のDNA-PCR検査	• どちらのウイルスも，セキセイインコの若齢鳥に「フレンチモルト」を引き起す．またすべての種に典型的な皮膚症状と免疫抑制症状を引き起こす(ポリオーマウイルスはセキセイインコのヒナに特異的な死亡の原因ともなる)．
	疼痛	• 身体検査 • X線検査での異常所見	
	ダニ(まれ)	• 全身性の瘙痒(±貧血)：*Dermanyssus* 検査のため禽舎またはケージを確認	• 罹患鳥の治療を行うだけでなく，環境における根絶が必要
		• 局所病変：身体検査により *Cnemidocoptes* 感染に典型的な顔面や脚の痂疲を確認	• アベルメクチン，フィプロニル，その他の抗寄生虫薬の局所投与に顕著な反応を示す．
慢性的な体重減少	急性 vs 慢性	• 判断が難しい場合が多い． 急性症例は，胸筋の中程度の減少とその他の症状(逆流，膨羽など)を呈すことが多い．皮下脂肪はまだ存在するか，あるいは著しく急性の体重減少の場合には，過剰な皮下脂肪が見られる場合もある． • 慢性症例では，症状はより進行しており，脂肪はほとんど見られない．	
	メガバクテリア症(前胃の「メガバクテリア」酵母感染)	• 糞便のグラム染色および「嗉嚢洗浄液」の標本	• 一般的に慢性の体重減少を呈し，「偽の摂食」行動を示すことも多い(食欲不振の項を参照)． • 急性出血性胃潰瘍により突然死することもあり． • アムホテリシンBにより病原体の抑制は可能であるが，消失することはまれであるため再発の可能性がある．
	寄生虫感染	• 糞便のウェットマウント標本による細胞学的検査と浮遊法 • 禽舎での *Dermanyssus* 確認	
	全身性感染症 臓器機能不全	• 血液学的検査 • 生化学的検査 • クラミジア症の検査	
	糖尿病	• 尿糖 • 持続的な高血糖 • フルクトサミン	• 前述の「多尿/多渇」の項を参照
	マイコバクテリア症	• 糞便の抗酸性染色法による細胞学的検査(図7.10参照) • 病変部の生検	• マイコバクテリア(鳥型結核菌)感染は腸管型が一般的
呼吸困難	気嚢感染症 クラミジア症 アスペルギルス症(一般的ではない)	• X線検査 • 血液学的検査 • クラミジア症の検査 • 細菌学的検査 • 内視鏡検査	
	甲状腺過形成	• 身体検査 • 食餌についての問診	• 主に種子の混合餌を与えられているセキセイインコ • 呼気時に特徴的なクリック音，喘鳴，きしみ音，うなり音 • 罹患鳥の多くは肥満であるが，機能性の甲状腺機能低下症とは無関係であることが示唆される． • ヨードの投与に反応する個体が多い．
	呼吸器系以外の要因	• 血液学的検査 • 生化学的検査 • X線検査±造影	• 呼吸困難は，占拠性の「異常な病変」による気嚢の換気低下によることが一般的．すなわち，卵，卵黄性腹膜炎，腹水，肝腫大，腫瘍など．

表21.2　(続き)特定の症状の鑑別疾患

症　状	鑑　別	推奨される検査	備　考
顔面腫脹または分泌物	*Cnemidocoptes*	• 身体検査 • 細胞学的検査	• セキセイインコにおいて，嘴や蠟膜の周囲(時に脚)に非常に特徴的なハチの巣状の痂疲形成が見られる． • 他の種ではまれ． • 臨床的に明らかな症状を呈するまで，長期間にわたり無症状の場合がある－免疫抑制的な誘発因子を考慮
	副鼻洞炎	• 身体検査 • 鼻孔の分泌物または副鼻洞洗浄液の細胞学的検査 • クラミジア症の検査 • 細菌学的検査	• 小型のオウムインコ類における明らかな「眼科」疾患の多くは，実際には副鼻洞感染である．
	鼻炎/鼻石	• 身体検査	• 副鼻洞炎に関連する可能性が高い(上記参照)．
	結膜嚢の異物	• 眼科検査	• 副鼻洞炎が原発し，擦ったことにより二次的に発生した可能性
	耳炎	• 耳周囲の腫脹または分泌物	• 一般的ではない．
	腫瘍	• 細胞学的検査 • 生検	
	マイコバクテリア症	• 糞便の抗酸性染色法による細胞学的検査または病理組織学的検査	• 局所的な腫瘍として発現する場合がある． • 鳥の皮膚マイコバクテリア症は，ニワトリ型（*M. avium-intracellulare* complex）よりもヒト型(*Mycobacterium tuberculosis*)と関連する可能性がある．後者は呼吸器に病原性を示し，低温で増殖可能である．

治　療

治療に対する理想的なアプローチは，正確かつ特異的な診断を行った後に計画されるものであり，それが常に治療の目的である．しかしながら，さまざまな理由でそこに到達できない場合も多い．したがって，前述した検査で得られた所見に留意しながらも，ある程度一般化した治療を行う必要がある．

小型のオウムインコ類の診療で特に遭遇することが多いのは，いかに薬剤を到達させるかという問題である．飼い主の多くは，自分の鳥をハンドリングするのが難しい，あるいは不可能だと感じている．また重篤な症例では，繰り返しハンドリングするのを避ける必要がある．このような場合に，長時間作用型の注射が有用であるが，小さな鳥では注射に対する副作用(特に投与量が多い場合)が懸念される．吸入療法は，湿度の高い空気を供給する方法として(ある程度の水和も可能)，また呼吸器感染に対する薬剤を投与する方法として，鳥を全くハンドリングすることなく実施できる短期的な治療法である．長期間の場合，ほとんどの症例では，注射を繰り返すか(鳥を入院させる必要があるだろう)，あるいは経口的に投薬する．食餌に薬を混ぜることも可能であるが(薬を混ぜた「軟らかい食餌」や潰した果物を鳥が食べるのであれば)，きちんと薬を摂取したかどうかが信頼できない結果となる場合がある．同様に，薬の飲水混和も最終手段として選択されることが多いが，砂漠に生息するパラキート種(特にセキセイインコ)は，水がない時に飲水量を劇的に低減できるよう発達を遂げた鳥である．病態によっては，食餌量や飲水量が著しく変化し，食欲や飲水量の低下あるいは多渇が生じる場合もある．

最も信頼できる投薬方法は，直接的な経口投与である．投与量が多い場合は嗉嚢チューブを用いるか，あるいはほとんどの薬剤の場合には単純に数滴(0.1 mLを上限とする)を直接口腔内に垂らして投与する．薬剤の嗜好性が問題となるが，果物のジュースやシロップで香りづけをしたり，ジャムやピーナッツバター，蜂蜜に混ぜることで，鳥が受け入れやすくなる場合がある．アベルメクチンなどの一部の薬剤は，経皮的に吸収されやすいため，局所投与が可能である．

オウムインコ類に適した治療薬についての詳細は，巻末の処方集(付録3)を参照してもらいたい．**表21.3**には，小型のオウムインコ類でよく用いられる薬剤について参考までにまとめている．その中には，臨床的に鑑別することができないさまざまな疾患の治療として使用しやすい，「ショットガン療法」や汎用性の高い薬剤についても記載している．

表21.3 小型のオウムインコ類に使用される治療薬(続く)

薬剤	用量(セキセイインコを30～45 g, オカメインコを90～120 g と仮定し，英国で一般的な製剤について，臨床的な「おおよその量」の指標を[ ]で示す)	適用/利点	欠点/副作用
アモキシシリン	• 150 mg/kg，筋肉内，24時間ごと(長時間作用型) [Duphamox LA injection 150 mg/mL(Fort Dodge)：セキセイインコは0.05 mL；オカメインコは0.1 mL] • 150 mg/kg，経口，12時間ごと [Duphamox palatable drops 50 mg/mL(Fort Dodge)：セキセイインコは0.1 mL；オカメインコは0.3 mL]	• 細菌感染 • 長時間作用型の注射を1日1回投与することも可能(長時間作用型ペニシリンで代替しないこと). • 重度の細菌感染が疑われる場合には，エンロフロキサシンと併用することで，グラム陽性菌と嫌気性菌に対応できる.	• 経口投与も可能ではあるが，1日2～3回投与する必要がある. • 飲水混和も可能であるが，鶏舎/ハト舎用の大容量の製品しか販売されていない.
ドキシサイクリン	• 25～50 mg/kg，経口，24時間ごと • 520 mg/L 水中 [英国で認可：Ornicure (Alpharma)] • 100 mg/kg，筋肉内，7日ごと [Vibravenos injection 100 mg/5 mL (Pfizer)：セキセイインコは0.2 mL；オカメインコは0.5 mL]	• 広域スペクトルを有し，*Chlamydia psittaci* とマイコプラズマに対しても作用する.	• 経口投与に適した懸濁液がなく，分散錠を使用 • 飲水混和の認可はあるが，個々の鳥の飲水量が異なり，またドキシサイクリンにより飲水の嗜好性が低下する可能性がある. • 経口投与中は，キレート作用を有するためカルシウムの補給(砂粒やイカを含む)を避ける. • 投薬のためハンドリングできない個体では注射が有用であるが，英国では「特別な治療許可；special treatment authorization」のもとでのみ使用可能
エデト酸カルシウム二ナトリウム(EDTA)	• 35 mg/kg，筋肉内，12～24時間ごと • 100 mg/kg，筋肉内，1回	• 重金属中毒と診断された症例あるいは疑わしい症例に適用	• 腎毒性の可能性 • 投与前に生理食塩水で6倍希釈して注射するのが好ましい場合もあり.
エンロフロキサシン(英国で認可)	• 10～15 mg/kg，筋肉内，経口，12時間ごと [Baytril 2.5% (Bayel)：セキセイインコは0.05 mL=1滴；オカメインコは0.1 mL=2滴]	• 細菌感染 • *Chlamydia*や*Mycoplasma*を含む鳥のさまざまな病原細菌に対して作用する広域スペクトルを有する. • 飲水混和し経口投与も可能	• 飲水混和は完全に信頼できる方法ではない. • 食欲低下(飲水混和の場合は飲水量も低下)の可能性 • 嫌気性菌と一部のグラム陽性菌には効果がない.
補液療法	• 15～20 mL/kg，経口，皮内，静脈内，骨内，6～24時間ごと [セキセイインコは1 mL；オカメインコは2 mL]	• 多くの小型のオウムインコ類の症例で適用され，投与経路は経口，皮下，重症例では静脈内，骨内	• 気嚢破裂の危険があるため腹腔内投与は避ける.
ヨード	• 「Lugols」または「Aqueous Iodine」 [7.5 mL の水に0.5 mL を溶解して保存用溶液を作成し，褐色瓶で保管．100 mL の飲水に対し3滴混和]	• セキセイインコの甲状腺腫と，場合によっては肥満の症例に投与	
メトロニダゾール	• 40 mg/kg，経口，24時間ごと • 25 mg/kg，経口，12時間ごと [Flagyl suspension 40 mg/mL (Hawgreen)：セキセイインコは1滴；オカメインコは0.1 mL]	• 主な使用はセキセイインコのトリコモナス症とジアルジア症 • 嫌気性菌に対する作用－敗血症が疑われる症例では，エンロフロキサシンまたはドキシサイクリンとの併用が効果的	

表21.3 (続き)小型のオウムインコ類に使用される治療薬(続く)

薬剤	用量(セキセイインコを30～45g, オカメインコを90～120gと仮定し, 英国で一般的な製剤について, 臨床的な「おおよその量」の指標を[ ]で示す)	適用/利点	欠点/副作用
複合ビタミン剤	• さまざまな剤型がある. • 各製品の能書を参照のこと. • 同時に複数の製剤を使用しないこと.	• 欠乏症, 特にビタミンA	• 飲水混和は信頼できない. • 種子にかけるのも信頼できない. • 鳥が食べるのであれば, 新鮮な食物や軟らかい食餌に粉をかけるのが最も良い投与法である. • ビタミンA過剰症の可能性, 特に複合製剤を使用の場合や製剤の推奨量を超えて投与した場合
非ステロイド系抗炎症薬(NSAIDs)	• メロキシカム:0.2 mg/kg, 経口, 筋肉内, 24時間ごと [Metacam oral solution 0.05 mg per drop (Boehringer Ingelheim):セキセイインコは4分の1滴, オカメインコは2分の1滴] 必要があれば投与の直前に蜂蜜に混ぜることも可 • カルプロフェン:4 mg/kg, 筋肉内, 24時間ごと [Rimadyl 50 mg/mL 注射 (Pfizer):1羽に対して0.001 mL]	• 疼痛, 炎症 • 英国ではメロキシカムの経口製剤が入手可能	• 消化管潰瘍と腎障害の可能性 • オウムインコ類での副作用はまれ
ナイスタチン アムホテリシンB	• ナイスタチン:300,000 IU/kg, 経口, 12時間ごと [Generic nystatin suspension 100,000 IU/mL:セキセイインコは0.1 mL;オカメインコは0.3 mL] • アムホテリシンB: 100～300 mg/kg, 経口, 12時間ごと [Fungilin oral suspension 100 mg/mL (Bristol-Myers Squibb):セキセイインコは1～2滴]	• 口腔または嗉嚢の酵母感染 • 全身性には吸収されない-接触部位に作用 •「メガバクテリア」の抑制にはアムホテリシンBが効果的	• 感染部位に投与する必要－嗉嚢チューブによる投与では口腔内および近位食道の病変部に投与できない. • ナイスタチンは「メガバクテリア」には効果がない.
強化スルホンアミド	• 100 mg/kg, 経口, 12時間ごと [Septrin Paediatric Suspension 240 mg/5 mL (GlaxoSmithKline):セキセイインコは0.1 mL;オカメインコは0.2 mL]	• 広域スペクトルを有する.	• 英国では便利で嗜好性の高いバナナ味の懸濁液が入手可能
プロバイオティクス	• 飲水や食餌に混和するさまざまな製品がある.	• 消化管細菌叢の変化;ストレス	
消化管運動促進薬(シサプリド, メトクロプラミド)	• シサプリド:1 mg/kg, 経口, 8～12時間ごと [Prepulsid suspension 1 mg/mL (Janssen-Cilag):セキセイインコは1滴, オカメインコは2滴] • メトクロプラミド:0.5 mg/kg 経口, 筋肉内, 8時間ごと [Generic 5 mg/mL 注射:セキセイインコは0.005 mL;オカメインコは0.1 mL;1 mg/mL 経口製剤は1羽に対して1滴]	• 消化管運動性の変化, 特に逆流および嗉嚢うっ滞	• シサプリドの方がより効果的に感じられるが, 英国では「特別な治療許可;special treatment authorization」のもとでのみ使用可能(Prepulsid suspension)

表21.3　(続き)小型のオウムインコ類に使用される治療薬

薬剤	用量(セキセイインコを30～45 g, オカメインコを90～120 g と仮定し，英国で一般的な製剤について，臨床的な「おおよその量」の指標を[　]で示す)	適用/利点	欠点/副作用
有用な併用療法： 以下の混合使用については薬剤の安定性に関するデータがほとんどない．しかしながら投与が簡単で，著者および監修者が使用し明らかに成功している．			
アムホテリシンBとメトロニダゾール	• Fungilin と Flagyl を1：4で混合 [セキセイインコは0.1 mL，12時間ごと]	• セキセイインコで原因が診断されていない嘔吐または逆流の症例に適用．*Candida*，「メガバクテリア」，*Trichomonas*，*Giardia*，その他一部の細菌感染に対して有効	
エンロフロキサシンとメロキシカム	• バイトリル2.5 %経口とメタカム経口を10：1で混合 [セキセイインコは1滴；オカメインコは2滴；12時間ごと]	• 細菌感染の可能性がある炎症や疼痛(外傷や外科的な創傷など)の治療に有用	

22

人獣共通感染症，法律および倫理

Peter Scott

人獣共通感染症

多くの人獣共通感染症がオウムインコ類から感染するため（**表22.1**），これらの疾病に対する法律面での理解が重要となる．ここでは，業務上の健康と安全に関する法律（Health and Safety at Work Act，HSWA）（1974）および健康有害物質の管理（Control of Substances Hazardous to Health，COSHH）に関する規則（1988）を取り上げる．過失に対しては民法も関係し，感染したり怪我をしたりする可能性のある顧客や現実的には獣医師に関係する（Animals Act 1971）．現在は，人獣共通感染症に関係するCOSHHの書類作成が求められる．

オウム病（クラミジア感染症）

オウム病は，おそらくオウムインコ類に関係する最

表22.1 オウムインコ類が関係する人獣共通感染症

疾病	原因	感染経路	宿主への影響		予防方法	備考
			鳥	ヒト		
サルモネラ症	• *Salmonella* spp.	• 通常は経口，時として他の経路	• 不顕性から急性の全身症状まで多様	• 多様，しばしば胃腸症状，時に発熱	• 衛生管理，日常の健康管理	• 一部の種では潜伏感染が一般的
クラミジア症（オウム病，オルニトーシス）	• *Chlamydia psittaci*	• 通常は吸入，時として他の経路	• 不顕性から急性の全身症状まで多様	• 不顕性から重篤な呼吸器症状まで多様，致死的な場合がある．	• 最小限の接触，衛生管理，日常の健康管理，入院動物のスクリーニング検査，安全な剖検の実施	• 他の鳥類（オウムインコ類以外）からも感染がある．
エルシニア症（偽結核）	• *Yersinia pseudotubulosis* と *Y.enterocolitica*	• 通常は経口	• 不顕性から急性疾患	• 消化器症状	• げっ歯類の制御，げっ歯類や野鳥による餌の汚染の防止，衛生管理	• 動物宿主域は広い．
結核（マイコバクテリア症）	• *Mycobacteriumu* spp.	• 通常は経口，時として他の経路	• 局所病変から全身症状まで多様．皮膚病変は通常 *M. tuberculosis*，全身病変は通常 *M. avium* 感染による．	• 局所病変から呼吸器症状や尿路系の症状を含む広範囲の病変	• 衛生管理，日常の健康管理	• 免疫抑制状態の人々は特に非定型種を含む結核菌に感受性がある．
外部寄生虫感染	• 多くの種類，特に *Dermanyssus gallinae*	• 接触	• 不顕性から瘙痒および貧血まで多様	• 瘙痒および皮膚病変	• 衛生管理，日常の健康管理	• 一部の鳥は特に感受性が高い．

も重要な人獣共通感染症であり，飼育鳥からの感染で死亡例があることを十分に認識しておく必要がある．一方で，ペットの鳥との接触後によく診断(または誤診)される疾病でもある．

動物衛生法(Animal Health Act 1981)の下に制定された**人獣共通感染症に関する規則(Zoonoses Order 1989)**は，*Salmonella* 属および *Brucella* 属を人獣共通感染症の病原体として指定し，動物衛生法の下，これら病原体がヒトの健康に与えるあらゆる危険を低減するために必要な権限(家禽のと殺に関連する権限を含む)を与えている．この規則において「家禽」という用語はあらゆる鳥種を含むよう拡大されてきた．この規則では，検疫，移動制限，洗浄および消毒などによる管理義務を規定している．

オウム病とオルニトーシスに関する規則(Psittacosis and Ornithosis Order 1953)は，鳥の収容と隔離および疾病の拡散防止に必要なその他の権限を規定している．この規則は，動物の疾病に関する法律(Diseases of Animals Act 1950)に「オウム病」または「オルニトーシス」を含めるために「疾病」の定義を拡大している．また，この規則はこの疾病に罹患した(または感染が疑われる)鳥の収容と隔離，その施設と飼育に使用していた器具等の洗浄および消毒について規定している．動物の疾病に関する規則(家禽の定義を拡大)[Diseases of Animals(extension of Definition of Poultry)Order 1953]とともに，この規則はどのような形であってもオウム病あるいはオルニトーシスに暴露または感染した鳥について，大臣の判断により強制的な殺処分の対象とすることを可能にしている．この規則では「オウムインコ類」を家禽として定義づけている．

オウム病によるオウムインコ類の強制的な殺処分は，これまで実施されたことはない．法的措置の過程で多くの臨床獣医師が殺処分を提言してきたが，英国では必要とされず(実際，著者の意見においても必要はなかった)，殺処分は補償金の要求に繋がる可能性がある．飼育者の健康に関するある特別な状況(免疫抑制)や危険の度合い(一般市民への制御できない暴露)があった場合には鳥の安楽死が決定されるかもしれない．

オウム病については多様な治療方法が報告されており(13章)，英国で使用が認可されている薬剤にはドキシサイクリン(Ornicure)(付表3参照)がある．鳥の所有者には人獣共通感染症の危険性と病原体を完全に清浄化するための問題と困難さについて十分な説明をしなければならない．オウム病への対応として求められる条件は国によって異なることがあるため，臨床獣医師はその国の必要条件について確認しておく必要がある．

英国においてヒトのオウム病は現在のところ届出伝染病とはなっていない．現在のところ情報収集のため，3箇所の地方自治体(ケンブリッジ，南ケンブリッジシャー，および東ケンブリッジシャー)において届出義務がある．オウム病の鳥について診断を行っているDEFRA(英国環境・食糧・農村地域省)の研究所は通常，疾病の発生を地方の保健所職員に報告し，保健所職員はその症例を臨床獣医師が扱っているか，飼育者に対して治療と消毒について助言をしているかの確認をする．

動物の疾病(没収)に関する規則[Diseases of Animals(Seizure)Order 1993]は，オウム病(オルニトーシス)をこの規則が対象とする疾病の一つとして記載し，以下の事項について規定している．

- 検査官または獣医検査官は，動物衛生法(Animal Health Act 1981)の35条(1)が定める疾病が運ばれたり伝播したりする可能性があると認めた場合，元気があってもなくても，生体を除くあらゆる物品を強制的に没収することができる．
- この規則に基づいて権限を執行する検査官または獣医検査官は，疾病の拡散を防ぐための方法として，破棄，埋却，処理またはその他の方法により，没収した物品への対応方法を決定しなければならない．

この規則は本来，ニューカッスル病や鳥インフルエンザの清浄化に必要となる材料採取に備えた規則である．

オウムインコ類における鳥インフルエンザおよびニューカッスル病

現在のところ，英国での DEFRA の政府見解では，**家禽の疾病(イングランド)に関する規則[Diseases of Poultry(England)Order 2003]**において，鳥インフルエンザとニューカッスル病は届出義務がある．このことは，どんな人であっても鳥またはその死体からこれらの疾病のいずれかを疑った場合には，その地方の DEFRA 部門獣医管理者(DVM)に連絡しなければならないということである．どんな鳥であっても，生体や死体を使って研究や検査を行っている人，あるいは生体や死体から材料を採取し解析を行っている人にこれらの疾病が疑われた場合にも同じことが適用される．

DVM は，電話による助言やその報告を調査するための準備をする．疾病が疑われた住居の所有者や責任者には，例えば，鳥を居住域またはその他の隔離された別の場所に飼育することや，疾病の伝播に関連する物品の家屋からの移動制限について通知がある(規則の別表1のパート1)．

疾病が確認されれば，疾病制御の目的はウイルスの産生を防ぐことになる．現在のところ最も効果的な方法は，感染鳥の殺処分である．疾病に暴露された可能性のあるその他の鳥を明らかにするため，接触についての追跡調査が必要になる．疾病が家禽において確認された場合，感染が認められた場所を公表しその範囲には制限を適用する（半径最低10 km）．しかし，もし疾病が飼育下の鳥類やレース鳩に認められた場合，その疾病が家禽に対して深刻な危険とならないようなら，このようなことは実施されないことがある．

動物衛生法（Animal Health Act 1981）により，鳥インフルエンザまたはニューカッスル病の発生によって，感染していない鳥でも殺処分となった場合には，その鳥に対する補償金が支払われる．

健康に対する危険因子の管理（Control of Substances Hazardous to Health，COSHH）に関する規則

COSHHに関する規則は生物学的因子に対して適用され，一般的なCOSHH要件に加え，生物学的因子の承認実施基準（Biological Agents Approved Code of Practice，ACOP）が規定されている．生物学的因子は1群から4群に分類され，危険性の最も低いのが1群，最も高いものが4群に分類される．生物学的因子の意図的利用（研究や診療など）または業務に伴って発生しうるすべての暴露（獣医師の診療や農場での作業など）について適切かつ十分なリスク評価（**表22.2**）を実施しなければならない．評価は，危険因子，その形状，影響と危険の及ぶ集団，発生しうる暴露と疾病，より危険性の少ない因子と置き換わる可能性，制御方法，監視と健康状態の調査について網羅している必要がある．適切な制御方法，特に生物学的因子の意図的利用のための制御方法については，詳細な指導を受けることができる．生物学的因子の使用，保存または委託に際しては，衛生安全委員会事務局（Health and Safety Executive，HSE）に通知しなければならない．防護服や装備は，それ自体が病原体を媒介しないよう注意しなければならない．適切な技術があれば暴露の監視を実施する．特に感染性が高い病原体を扱うときには，従業員に対し情報を文書で通達する必要がある．

その他の法律

人獣共通感染症に関連するその他の法律を以下に示す．

- **公衆衛生（疾病制御）に関する法律［Public Health（Control of Disease）Act 1984］**
  この法律は感染症を対象とする重要な法律として認識され，衛生局に様々な権限を与えている．
- **公衆衛生（感染症）に関する規則［Public Health（Infectious Diseases）Regulations 1988］**
  この規則には，ヒトにおける届出伝染病の一覧および最新の管理法が記載されている．この規則には，狂犬病，結核，レプトスピラ症および炭疽が含まれる．

絶滅危惧種に関する規制

CITES

絶滅のおそれのある野生動植物の種の国際取引に関する条約（ワシントン条約）はCITESとして広く知られ，特定の植物および動物の保護を目的として国際取引の監視と規制を行っている．この条約は1975年に

表22.2　リスク評価（続く）

考慮すべき危険因子
- すべての危険因子の特定－潜在的に危険性のある作業の局面
  - 内容
  - 設備
  - 作業の工程
  - 作業の組織
  - 生物学的因子
- 遵守すべき規則の確認
- あらゆる危険性の評価－確認された危険因子から起こりうる危害
- 系統的な取組
- 仕事のすべての局面における安全確保
  - 待合室
  - 診察室
  - 検査室
  - 手術室/準備室
  - 動物舎/入院施設

表22.2　(続き)リスク評価

• 職員の手引き書やマニュアルで実施すべきことではなく，仕事場で実際に起こっていることに対応する． • 感染の可能性があるすべての人(以下に例示する職員など)を考慮するよう努める． 　獣医療従事者(獣医師および看護師，飼育職員) 　事務職員 　夜間の清掃員 　保守担当者 　来訪者 • 下に示したような特に危険のある職員のグループの確認 　若い職員 　経験の浅い職員 　単独で働く職員 　障害のある職員 　妊娠中の職員 • 現在ある予防手段や予防措置およびこれら予防措置が適切に働いているかどうかに注意を払う． 　隔離 　治療効果 　消毒 　空気の循環 　リスク評価

発効され，英国は1976年に締約国となった．現在では，150カ国以上が参加している．CITES事務局は国連環境計画(UNEP)によって運営されている．

CITESで対象とされている種は，必要とされる保護の度合いによって3つの附属書に示されている．

- 附属書Ⅰには，絶滅のおそれのある種が含まれる．これらの種の標本の取引は例外的な場合にのみ認められる．
- 附属書Ⅱには，絶滅のおそれはないが商取引が彼らの生存を脅かす可能性があり，これを避けるために取引を管理する必要のある種が含まれる．
- 附属書Ⅲには，少なくとも1カ国で保護され，その国が取引を管理するよう他のCITES締約国に支援を求めている種が含まれる．

これらの附属書に記載されたオウムインコ類を**表22.3**に示す．

CITESに記載された種の標本は，出国または入国の通関手続の際にあらかじめ取得した適切な証明書が提出された場合にのみ，この条約を締結しているある国から輸入または輸出(または再輸出)されることがある．ある国から別の国に移動する際に必要な手続は国によりいくらかの違いがあるため，国内法令を常に確認する必要がある．

EC野生生物取引規制

欧州連合(EU)では，1984年から多くの規制によってCITESが施行されている．

- **理事会規則(EC)No. 338/97**は，野生動植物種の取引を規制することによりこれらの保護に対応している．
- **委員会規則(EC)No. 1808/2001(No. 939/37に代わり)**は，対象となる種の輸出入および再輸出における規則を設けている．取引規則は，要件が満たされた場合に発行される許可証と証明書による方法を基本にしている．

EU内では，リストがⅠ，Ⅱ，Ⅲではなく，A，B，Cとして記載されている．このことは混乱を招くことがあるが，その内容の違いは僅かである．このシステムは，おそらくその他の地域で運用されているシステムより厳格で，その根拠としてCITESを運用しながら，その一方でEUはある生物種に与えられる「管理」レベルを高めている．

欧州連合において，CITESの附属書は，EC規則338/97の附属書に置き換えられている．現在の保護対象種リストはUNEP世界自然保護モニタリングセンターによって管理されており，センターのウェブサイトで確認することができる．

- 附属書Aには，CITESの附属書Ⅰに記載されているすべての種に加え，同レベルの保護を必要としているその他の種，もしくは同じ属に分類されている希少種で，効果的な保護が必要と考えられる他の種が含まれる．
- 附属書Bには，CITESの附属書Ⅱに記載されている残りのすべての種に加え，類似の基準に基づき，取引レベルが対象種または地域個体群の生存

表22.3 CITESの附属書に掲載されているオウムインコ類（訳者註：この表は原書出版時の2005年の附属書掲載種である．数年ごとに見直しが行われ，最新版はCITESもしくは経済産業省のHPで確認できる．付録4に平成28年3月10日発効のものを記載したので参照のこと）

附属書Ⅰ	
Amazona arausiaca（アカノドボウシインコ）	*Cyanopsitta spixii*（アオコンゴウインコ）
Amazona barbadensis（キボウシインコ）	*Cyanoramphus forbesi*（チャタムアオハシインコ）
Amazona brasiliensis（アカオボウシインコ）	*Cyanoramphus novaezelandiae*（アオハシインコ）
Amazona guildingii（オウボウシインコ）	*Cyclopsitta diophthalma coxeni*（アカガオイチジクインコ）
Amazona imperialis（ミカドボウシインコ）	*Eos histrio*（ヤクシャインコ）
Amazona leucocephala（サクラボウシインコ）	*Eunymphicus cornutus*（ヘイワインコ）
Amazona ochrocephala auropalliata（キエリボウシインコ）	*Geopsittacus occidentalis*（ヒメフクロウインコ）おそらく絶滅
Amazona o. belizensis（マツバヤシキボウシインコ）	*Guarouba guarouba*（ニョオウインコ）
Amazona o. caribaea（和名なし）	*Neophema chrysogaster*（アカハラワカバインコ）
Amazona o. oratrix（オオキボウシインコ）	*Ognorhynchus icterotis*（キミミインコ）
Amazona o. parvipes（アシボソキエリボウシインコ）	*Pezoporus wallicus*（キジインコ）
Amazona o. tresmariae（オオキボウシモドキインコ）	*Pionopsitta pileata*（ヒガシラインコ）
Amazona pretrei（アカソデボウシインコ）	*Probosciger aterrimus*（ヤシオウム）
Amazona rhodocorytha（アカボウシインコ）	*Propyrrhuracouloni*（ヤマヒメコンゴウインコ）
Amazona tucumana（カラカネボウシインコ）	*Propyrrhura maracana*（アカビタイヒメコンゴウインコ）
Amazona versicolor（イロマジリボウシインコ）	*Psephotus chrysopterygius*（キビタイヒスイインコ）
Amazona vinacea（ブドウイロボウシインコ）	*Psephotus dissimilis*（ヒスイインコ）
Amazona viridigenalis（メキシコアカボウシインコ）	*Psephotus pulcherrimus*（ゴクラクインコ）おそらく絶滅
Amazona vittata（アカビタイボウシインコ）	*Psittacula echo*（シマホンセイインコ）
Anodorhynchus spp.（スミレコンゴウインコ属）	*Pyrrhura cruentata*（アオマエカケインコ）
Ara ambiguus（ヒワコンゴウインコ）	*Rhynchopsitta* spp.（ハシブトインコ属）
Ara couloni（ヤマヒメコンゴウインコ）	*Strigops habroptilus*（フクロウオウム）
Ara glaucogularis（*Aracaninde* として取引されることもよくある）（アオキコンゴウインコ）	*Vini ultramarina*（コンセイインコ）
Ara macao（コンゴウインコ）	**附属書Ⅱ**
Ara militaris（ミドリコンゴウインコ）	附属書Ⅰ，Ⅲに掲載されていないセキセイインコとオカメインコを除く，その他のオウム目全種（例えば，アオボウシインコ，ヨウム）
Ara rubrogenys（アカミミコンゴウインコ）	
Cacatua goffini（シロビタイムジオウム）	**附属書Ⅲ**
Cacatua haematuropygia（フィリピンオウム）	
Cacatua moluccensis（オオバタン）	*Psittacula krameri*（Ghana）ホンセイインコ（ガーナ）

を脅かす可能性がある種や，取引が固有種にとって生態的驚異となる種が記載されている．

- 附属書CはCITESの附属書Ⅲに記載されている残りのすべての種が記載されている．
- 附属書Dには，附属書AおよびCに記載されていないCITES非該当種が記載されており，適切な監視下で欧州連合に多数輸入されている種が含まれている．

取引の制限（下記参照）とは別に，CITESは附属書Aに記載されているいかなる種も商業目的で展示または繁殖を行う場合，第10条に基づいてspecimen specific licenceと呼ばれる許可証が必要なことを定めている．鳥の販売には第10条の認可が必要となる．アオハシインコ（*Cyanoramphus novaezelandiae*）とヒスイインコ（*Psephotus dissimilus*）は，飼育下で多く繁殖されており，第32(a)条によりこれらの要件が免除されている．そのため，上記の鳥種は第10条の認可を必要とすることなく，販売，交換または展示を行うことができる．しかし，そのような鳥には脚環を装着し，必ず飼育下で繁殖されたものであることの証明書が必要となる．附属書Aに記載されている多くの動物がいる動物園では通常，収集された生物のために，保有している動植物のすべてに一括して許可を出す第30条の許可証の適用を受けている．附属書Aに記載されたすべての鳥類は，脚環またはマイクロチップにより取り外しができない標識をしなければならない．

CITES規制の実施

DEFRAの世界野生生物部は英国におけるCITESの運用を担当し，英国における本条約実施に対する責任を負っている．その役割として，許可書の発行と施行およびCITESで示されている標本の輸出入または商業利用に関する証明を行っている．そのため，第

10条の許可証供与に関するすべての質問は，この部署に照会されることになる．CITES許可の適用については，対象となる種の保全状況についてCITESが指名した有識者による科学的意見が付託される．

英国においてCITESは，主としてCOTES(Control of Trade in Endangered Species)として知られる**絶滅危惧種の取引管理(実施)規則1997**により執行されている．この法律下では摘発が比較的稀であったため，自然保護団体はこの法律の権限の弱さを強く感じており，その結果2003年により厳しい罰則が導入されている．COTESには，登録の権限や法人による違反についての条項がある．訴追には，輸入違反のため，関税法1979が関連する場合もあり，その場合にはより厳しい罰則が科せられる．

対象となる動植物の一覧はかなり頻繁に変更されるため，インターネットやDEFRAで最新のリストを確認することを勧める．

- Global Wildlife Division of DEFRA(DEFRA世界野生生物部)：www.defra.gov.uk/wildlife-countryside/gwd/cites/index.htm
- UK CITES：www.ukcites.gov.uk
- UNEP World Conservation Monitoring Centre (UNEP世界自然保護モニタリングセンター)：www.unep-wcmc.org

その他のサイト
- Joint Nature Conservation Committee(共同自然保護委員会)：www.jncc.gov.uk
- Red List of Endangered Species(絶滅危惧種レッドリスト)：www.redlist.org

輸出入

オウムインコ類のEU内から英国への輸入は，EEC 92/65指令(Balai指令)の対象とされている．この場合，公的な輸出健康証明が必要になる．

第三国(EU外の国など)からの輸入は，現在のところ国際獣疫事務局(OIE)の加盟国からに限られており，委員会決定2000/666/ECで定められた許可証が必要となる．輸入鳥には定められた書式に従った健康証明書を必ず添付し，定められた施設で30日間の検疫を受けなければならない．検疫期間中，対象となる鳥は，感染症検知用のニワトリとともに飼育される．このニワトリは検疫機関の最後に血液検査が行われ，ニューカッスル病および鳥インフルエンザに感染していないことが確認される．飼育者が個人的にペット用の鳥類を輸入する場合，飼育者の家で検疫を行うことも可能な場合がある．鳥は，当局の獣医師により到着から24時間以内と35日後に再度検査を受ける必要がある．鳥からのあらゆる廃棄物は，この期間中に必ず破棄し，どんな疾病であってもその地区の獣医管理官に報告をしなければならない．輸入に際しては，鳥類，家禽および種卵の輸入に関する規則1979に従わなければならない．

輸出も同様に扱われる．輸出入のための鳥類の証明は複雑で常にDEFRAへの相談が求められる．輸出のための証明書には，該当のエリアがニューカッスル病に汚染されていないことの証明が求められる場合が多く，このことは事前のDEFRAの証明と許可がなければ不可能である．

輸出入に関連したいくつかの実際上の注意点を以下に示す．

種を同定する．このことは，簡単なようで実際に行うのは容易ではない．また，鳥を別の国に移動させる場合には極めて重要な意味を持つことがある．

所有者へ
- すべてのCITESの必要条件について，DEFRAの世界野生生物部に相談する．適切な場合には，証明書を取得し相手国が輸入の承認を認めるよう相手国のCITES担当部署に提出する(これに失敗すると没収されることがある)．
- CITESの承認のためDEFRAに従う．輸入証明書が発行される．

獣医師へ
- 世界野生生物部(Global Wildlife Division)の状況を明確にするため，鳥の所有者に助言を行う．
- DEFRAの動物衛生部(Animal Health Division)に相談する．

商業目的の輸入

これは，CITESおよび国内の衛生管理の双方に関連するため，多数の段階を必要とする複雑な仕事である．

1. 輸入に先立ち，輸入者は事前に原産国からの輸出許可書を準備しなければならない．
2. これを英国CITES事務局(DEFRA)に提出すると，DEFRAは政府の科学的管理当局である共同自然保護委員会(JNCC)に相談し，ここが申請を検討する．
3. JNCCが認可した場合，DEFRAに許可証の発行を通知する．
4. 次に鳥はヒースローに送られ，そこで鳥と証明書が税関のCITES担当者により確認される．
5. 鳥は検疫を受け，販売に出されるまでに3回の検査を受ける．

CITESの附属書Ⅰに示されている種は商業目的での取引はできないが，申請は同じ方法で進められる．

輸入に際して覚えておかなくてはならない事項には以下のことがある．

- 原産国から事前に輸出許可証を取得する．
- CITESの許可を得るため，DEFRAに申請する．

CITESの規則は，世界でも場所が異なれば，異なった運用がされていることを認識する必要がある．
パフォーマンス用の動物が，ある特定の仕事のために数日間または数年間の契約である国に輸入される場合は特に問題となる．もし滞在が長期間でも所有権に変更がない場合，単に書類更新のためだけに原産国に動物を戻さなければならない場合がある．

生物学的および獣医学的診断用サンプル

現在，CITESの規則はCITESで指定された標本からのすべての組織に適用され，診断目的で採取された試料もこれに含まれる．DEFRAの世界野生生物部に連絡し，試料をEU外に送付する前に適切な事務手続を行う必要がある．

動物園に関する規則(英国)

改正動物園ライセンス法(イングランドおよびウェールズ)規則[Zoo Licensing Act 1981(Amendment)(England and Wales) Regulations 2002]では，英国において年間7日間以上，料金徴収の有無にかかわらず，通常の家畜以外の動物を公開展示しているすべての場所を対象にしている．これには，従来の動物園や鳥類展示施設から地方自治体が運営している禽舎のある公園が含まれる．この法律は，第一に市民の安全を念頭に置いているが，動物福祉の問題も対象としている．最近の改正点は，良質で標準的な動物管理を提供するためにEC動物園指令(1999/22/EC)の条件を満たし，さらに動物園が保全，研究および教育に参画するための体制を定めている．
近代動物園運営のための政府基準(The Secretary of State's Standards for Modern Zoo Practice)は，英国において動物園や水族館が実施しなければならない基準を定めている．一般基準は，以下の原則として示されている「5つの自由」を基礎としている．

- **餌と水の給与**－栄養成分，給餌方法および動物または鳥の本来の行動に配慮する．
- **適切な環境の提供**－対象種に適した環境を提供する．ここには適切な三次元環境として求められる広さも含まれている．
- **動物の健康管理**－動物を怪我や疾病から守る．
- **最も自然な行動を可能にする配慮**－質の向上と管理のガイドラインの考慮
- **不安や苦痛から守る配慮**－群れ構成，性比および飼育密度を含む．

これらの原則は，オウムインコ類のあらゆる飼育施設を評価するための良い仕組みになっている．現在の基準はインターネットまたは直接DEFRAから入手することができる．

パフォーマンス用の動物(英国)

パフォーマンス用動物(規制)に関する法律[Performing Animals(Regulation) Act]およびパフォーマンス用動物に関する規則(Performing Animals Rules 1968)は，いかなるパフォーマンスをする(脊椎)動物についても展示したり訓練をしたりしているすべての人が，地方自治体に登録することを義務づけている．「展示」という言葉は，有料・無料によらず公に認められたあらゆる娯楽の場での公開として定義されている．「訓練」は，そのような展示のための訓練を意味している．
この法律は，動物にパフォーマンスをさせるサーカスやその他の状況(キャバレー，映画制作および演劇など)に適用され，動物園は除外されていない．この法律の定義は，動物園で行われる動物のパフォーマンスや訓練の一部も対象としているようである．しかし，日常における動物の管理に必要な訓練(パフォーマンスのための準備ではない)は登録の対象にならないだろう．

倫理規定

オウムインコ類は，ごく僅かな種(セキセイインコとオカメインコ)を除いて，その飼育はまだ比較的浅いため家禽化されているとはいえない．
オウムインコ類の飼育に関しては，いくつかの倫理上の問題がある．
従来，オウムインコ類の飼育はさまざまなレベルで満足できない状況にあった．鳥が人の「管理」または「所有権」のもとにあることを配慮すべきである．人は自分の都合によってオウムインコ類の飼育を行う．鳥は，自由を失ったこと以外は，野生の状態からは何も変わっていない．彼らに対して僅かにできることといえば，彼らが望むものを与えることだけである．前述した5つの自由は，動物が関係する広い範囲で動物福祉の評価に用いられており，ここにも適用することができる．

ペットの鳥が示す異常行動は，飼育環境にあまり適応していない可能性を示す徴候と考えることができる．典型的な例としてヨウムがある．すなわち，野生では主として一つの餌(油ヤシの実)を食べ，群れを成しているこの鳥が多数捕獲されると，流通機構を通して輸送され，最後には小さな鳥かごに一羽だけになることがある．いくつかの段階で餌が変更され，最終的には主としてヒマワリの種子(ヨウムが野生では見たことがない種子だが，脂質含有量が高いため摂取するようになる)からなる粗末な餌になる．こういった鳥は，頻繁に毛引きを行うようになる．このような問題行動の原因は多様だが，原因の多くは人間にある．飼育下で生まれたヨウムでもよく同様の問題が見られる．

飼育環境への導入

まだ一部の種はペット用の商取引のために野生から捕獲されているが(ヨウムなど)，現在，大多数の鳥種は飼育下で繁殖されている．持続可能な野生生物資源という考えは，この飼育下繁殖を支持し，その考えは，現在いくつかの野生生物の保全団体から支持されており，無視できない状況にある．

現在多様なオウムインコ類(アオコンゴウインコを含む)で行われている飼育下繁殖という最も重要な仕事は，動物園よりはむしろ，真摯な鳥類飼養家たちによる先駆的な活動を基礎としている．本格的な動物園の貢献は比較的最近になってからのことである．しかし，単なるペットとしての飼育者と鳥類飼養家の区別は非常に重要である(とはいえ，すべての鳥類飼養家はおそらくかつてはペットとしての飼育者だったのだが)．

基本的な飼育法の慣習

ペット用の鳥かごは，ほとんど満足できるものではない．多くの鳥は，彼らが翼を広げるには狭すぎるケージで飼育されている．

野生生物および田園地帯保護法(Wildlife & Countryside Act 1981)の第8条には，飼育されるどんな鳥(家禽を除く)についてもケージの大きさを規制する規則がある．鳥がいかなる方法で移動中の場合，鳥が展示中で72時間未満でその状況にある場合，鳥が獣医師により治療中または検査中である場合，あるいは展示のための訓練中で24時間以内に1時間未満の場合を除き，ケージやその他のケースは，鳥が翼を自由に広げるのに適した高さ，長さまたは広さがなければならない．

実際のところ，このことはコンゴウインコ類では，適したケージの調達が難しく，現在使用されているオウム用のケージの多くを暗に違法なものにしている．法律の目的は称賛するが，むしろ結果として，より良い施設を自らの鳥のために準備するよう教育しなければならない多くの人々が刑事罰の対象となってしまったのである．本来は，鳥を不適切なケージとともに販売している業者こそが，摘発されるべきである．

ペットの鳥に与える餌は，頻繁に問題になる．鳥の所有者は不精者か鳥に必要なものに無頓着であるため(鳥は種子を食べているんだろ？)，彼らは単に鳥が選ぶものを餌として与えていることがある(例えば，栄養的に不足していても味の良いヒマワリの種子)．現在のところ，オウムインコ類が本当に必要とする餌については，科学的にもほとんどわかっていない．しかし現在では，餌を見つけたり，種子の皮を剥いだり，果物を絞ったりするような行動上の報酬を何も与えない「完全食」に切り替わってきている．鳥は，与えられたものを食べているので，もし栄養的あるいは行動的な問題で栄養が不足すれば，それは所有者の責任である．

訓練のための羽切りは問題の原因となる．鳥が飼育されている場合，訓練，ハーネスあるいは羽のトリミングによりその飛翔をコントロールすることは，特定の仕事をしやすくしてくれる．何年もの間，これらの鳥では羽切りが行われてきた(この文脈では不要な切除として広く受け入れられている)．

翼の羽切りは，鳥との接触を容易にし自由を与えるため良いことであるが，現実にはこれは単に飼育者の生活を楽にしているだけという議論があり，その判断は難しい．必要な時に一時的に飛翔をコントロールするためにハーネスを利用することは非常に有効である(図22.1)．

さまざまな技術はともかくとして，鳥の羽の切ることはバランスを悪くさせるため，鳥が怪我をしたり，また毛引きのきっかけになったりすることがある．また羽切りは，確実に鳥の飛翔能力をなくし，その結果として鳥に固有の「賜物」を失わせることになる．飛翔を奪うことは，精神的に捕食者に対して「無防備」にさせ，このことはストレスの原因になることが示されている．それまでに全く飛んだことのない若鳥に実施する場合は，精神的にさらに悪い影響を与える場合がある．

野生生物および田園地帯保護法(Wildlife &

図22.1 ハーネスと紐を装着したネズミガシラハネナガインコ．これにより，所有者が鳥を屋外に出し，連れ歩くことができるようになる．そのため，羽切りする必要がなくなる(John Chittyのご厚意による)．

Countryside Act 1981)の第14条(1)は，野生では本来英国に生息していない動物や入って来ることがない動物(鳥を含む)，あるいは別表9に記載した動物種を逃がしたり逃亡を許したりすることを違法行為として定めている．この規則は，自分の鳥を自由に飛行させたいと願っている人々(動物園および個人飼育者)に影響を与えている．もし，そのようなことをしたい人は，心配であればDEFRAの野生生物検査官に相談をして助言を求めた方が良い．

薬剤の提供

SI1997/12884(Amelia 8)で改正されたように，**薬事(動物医薬品の投与制限)規則**[Medicines (restrictions on the administration of veterinary medicinal products) regulations 1994 (SI1994/2987)]は英国の法律の下に，医薬品の処方の流れ，投薬中止期間を最短にするための要件および1990年にECにより適用された獣医師による記録保存の要件を制定している．これらの要件は，1991年に英国獣医師会(British Veterinary Association, BVA)によって導入された獣医師による医薬品処方のための倫理規約に組み込まれた．さらに，英国獣医師会が示した医療行為のための指針に盛り込まれている．

要約すると，ある動物種のある状態や限度を超えた苦痛の原因を取り除くために，認可された動物用医薬品がない場合，臨床獣医師は単独あるいは少数の動物に対し，以下に記載する手順に従って細心の注意の下に処方することができる．

(i)　他の動物種に対する使用や同一種を対象に異なる使用法が認可されている動物用医薬品の使用(承認適応症外使用)

(ii)　英国において人への使用が認められている薬剤の使用

(iii)　獣医師または適切な権限を有している者により，原則として一度限りの使用として処方される薬剤の使用

食用となる動物の治療には，さらに追加条件が要求される．

一般的ではない種あるいはエキゾチック種であって食用にならない動物の場合，「少数の動物」の制限や厳格に決められている上記の3つの事項に従う必要はない．動物用医薬品局は運用規則の中で「一般的ではない種あるいはエキゾチック種」の中には，犬や猫を除くすべての愛玩動物，実験動物および動物園動物(その動物の生産物が食品として利用される可能性のないすべての動物)が含まれることを示している．

オウムインコ類に関係するその他の英国の法律

動物保護法[Protection of Animals Act 1911(1912 Scotland)]は，不要な苦痛について以下のように扱っている．

> 1.1　いかなる人も，
>
> a)　動物をひどく叩いたり，蹴ったり，虐待したり，無理に乗ったり，無理に使役させたり，過度の積み荷を載せたり，折檻したり，怒ったり，あるいは怖がらせたり，または，そのような扱いを許したり，度を越えてあるいは不当なふるまいをしたり，何らかの措置を怠ったり，そのようなふるまいを命じたり，見逃したことが不要な苦痛の原因となったり，所有者があらゆる不要な苦痛を動物に与えることを許した場合
>
> b)　動物が不要な苦痛を受ける方法や状況で運搬したり持ち運んだり，あるいは所有者としてそういった方法や状況で動物を運搬したり持ち運ぶことを認めた場合
>
> そのような人はこの法律により，残酷な行為の違反で有罪となる．

Cooper(1987)は，このことの意味について詳細な考察を行い，第一条の違反を示すためには，苦痛の原因とその行為が不必要であったことを示さなければならないことを説明している．

愛玩動物法(Pet Animals Act 1951)**および改正愛玩動物法**[Pet Animals Act 1951 (Amendment) Act 1982]のもとで，BVAおよび地方自治体の諮問委員会が販売店のためにケージの大きさや規格を規定した検査用ガイドラインを示している．検査対象となる事項を以下に示す．

- 概説した5つの基本的自由または5つの原則
- 適切な食餌
- 野生生物および田園地帯保護法(Wildlife and Countryside Act)により規定されたケージの大きさ
- 必要に応じた隔離または個別施設への収容
- 行動上の問題の徴候(例えば，毛引き)

この法律の一部は，鳥の展示やオークションにおける鳥(主にオウムインコ類)の売買を管理するために適用されてきた．

> 2. いかなる人も，通りや公的な場所，マーケットの露天や屋台で動物を愛玩用に商用販売した場合，違法行為として有罪となることがある．

もともとの法律では，公式な場であり管理が容易な正規販売店で動物の販売を行うことで，マーケットの多くの人々から動物を保護し，動物を天候の影響から守ることを念頭に置いていたようである．ペットショップとして手数料を徴収して「一般の人々」が入場する施設については，単に「開放された場」ではないため許可を出すことには議論がある．

こういった販売フェアは，ブリーダー(とはいえ許可は受けていない)が一堂に会し，適切に管理され検査を受けた環境での余剰の鳥の販売を可能にしている．

動物の遺棄に関する法律(Abandonment of Animals Act 1960)は，合理的な理由なく動物を放棄し苦痛を与える可能性がある場合，動物保護法における残酷な行為として違法行為となることを定めている．ペットのオカメインコを所有者が引っ越しする際に放鳥し，告訴されたことがある．

改正動物実験法[Animals (Scientific Procedures) Act 1986]において，脊椎動物およびタコの生体に，痛み，苦痛，苦しみあるいは持続的な危害を与える行為は，法律に定められた方法で認可を受けなければならない．この法律は動物園やフィールド研究には適用されるが，獣医事，農業および畜産に関わる事項として認められた行為には適用されない．行動観察のほとんどはこの法律の適用外である．

動物法(Animal Act 1971)は，動物によって被った損害に対する民事責任についての条項を示している．その中では，飼育者の責任を定めており，ここでいう飼育者は必ずしも所有者である必要はない．

その他の有益なウェブサイト

- Health Protection Agency(英国健康保護局)：www.hpa.org.uk
- Health and Safety Executive(英国安全衛生庁)：www.hse.gov.uk/pubnslais2.pdf

リーフレットAIS2「*Common Zoonoses in Agriculture*(農場においてよく見られる人獣共通感染症)」は，安全衛生庁のサイトで閲覧することができる．安全衛生庁は，「*The Occupational Zoonoses*(職務上の人獣共通感染症)」という冊子も出版している．

参考文献および参考図書

参考文献

Aguilar RF and Redig PT (1995) Diagnosis and treatment of avian aspergillosis. In: *Kirk's Current Veterinary Therapy XII*, ed. JD Bonagura, pp. 1294–1299. WB Saunders, Philadelphia

Alexander DJ (1987) Taxonomy and nomenclature of avian paramyxoviruses. *Avian Pathology* **16**, 547–552

Altmann RB, Clubb SL, Dorrestein GM and Quesenberry K (1997) *Avian Medicine and Surgery*. WB Saunders, Philadelphia

André J and Delverdier M (1999) Primary bronchial carcinoma with osseous metastasis in an African grey parrot (*Psittacus erithacus*). *Journal of Avian Medicine and Surgery* **13**, 180–186

Antinoff N (2001) Understanding and treating the infraorbital sinus and respiratory system. *Proceedings of the Annual Conference and Expo of the Association of Avian Veterinarians, Orlando, Florida, August 22–24,* pp. 245–260

Antinoff N, Hoefer HL, Rosenthal KL and Bartick TE (1997) Smooth muscle neoplasia of suspected oviductal origin in the cloaca of a blue fronted Amazon parrot (*Amazona aestiva*). *Journal of Avian Medicine and Surgery* **11**, 268–272

Antinoff N and Hottinger HA (2000) Treatment of a cloacal papilloma by mucosal stripping in an Amazon parrot. In: *Proceedings of the Annual Conference of the Association of Avian Veterinarians, Denver, USA*, pp. 97–100

Bartels KE (ed.) (2002) Lasers in Medicine and Surgery. *Veterinary Clinics of North America* **32**(3)

Bauck L (1995) Nutritional problems in pet birds. *Seminars in Avian and Exotic Pet Medicine* **4**, 3-8.

Bauck L, Hillyer E and Hoefer H (1992) Rhinitis: case reports. *Proceedings of the Annual Conference and Expo of the Association of Avian Veterinarians*, pp. 134–139

Baumgartner R, Hoop RK and Widmar R (1994) Atypical nocardiosis in a red-lored Amazon parrot (*Amazona autumnalis autumnalis*). *Journal of the Association of Avian Veterinarians* **8**, 125–127

Bavellar FJ and Beynen AC (2003) Influence of amount and type of dietary fat on plasma cholesterol concentrations in African Grey Parrots. *Journal of Applied Research in Veterinary Medicine* **1**, 1–7

Bennett RA (2002) Reproductive surgery in birds. *Proceedings, North American Veterinary Conference*

Best R (1996) Breeding problems. In: *Manual of Raptors, Pigeons and Waterfowl*, ed. PH Beynon, NA Forbes and NH Harcourt-Brown, pp. 208–215. BSAVA, Cheltenham

Blanchard S (2000) Teaching your parrot self-soothing techniques. *Pet Bird Report* **9**(6), 52–53

Bowles HL and Zantop DW (2002) A novel surgical technique for luxation repair of the femorotibial joint in the Monk parakeet (*Myiopsitta monachus*). *Journal of Avian Medicine and Surgery* **16**, 34–38

Brooks DE (1997) Avian cataracts. *Seminars in Avian and Exotic Pet Medicine* **6**, 131–137

Brown RE, Kovacs CE, Butler JP *et al.* (1995) The avian lung: is there an aerodynamic expiratory valve? *Journal of Experimental Biology* **198**, 2349–2357

Burgmann PM (1994) Pulmonary fibrosarcoma with hepatic metastases in a cockatiel (*Nymphicus hollandicus*). *Journal of American Medicine and Surgery* **8**, 81–84

Buyukmihci NC, Murphy CJ, Paul-Murphy J *et al.* (1990) Eyelid malformation in four cockatiels. *Journal of the American Veterinary Medicine Association* **196**, 1490–1492

Campbell VL, Drobatz KJ and Perkowski SZ (2003) Postoperative hypoxemia and hypercarbia in healthy dogs undergoing routine ovariohysterectomy or castration and receiving butorphanol or hydromorphone for analgesia. *Journal of the American Veterinary Medicine Association* **222**, 330–336

Carpenter MB (1978) *Core Text of Neuroanatomy, 2nd edition.* Williams and Wilkins, Baltimore, Maryland

Chitty JR (2002a) A novel disinfectant in psittacine respiratory disease *Proceedings of the Annual Conference and Expo of the Association of Avian Veterinarians*, pp. 25–27

Chitty JR (2002b) Cytological sampling in avian skin disease. *Proceedings of the 23rd Annual Conference and Exposition of the Association of Avian Veterinarians, Monterey, August 26–30*, pp. 355–358

Ciembor P, Murray MJ, Gregory CR *et al.* (1999) Sex determination in Psittaciformes. *Proceedings of the 20th Annual Conference Association of Avian Veterinarians*, pp. 37–39

Clark P (2000) The optimal environment. Part IV: The social climate. *Pet Bird Report* **9** (6), 26–31

Clippinger TL, Bennett RA and Platt SR (1996) The avian neurological examination and ancillary neurodiagnostic techniques. *Journal of Avian Medicine and Surgery* **10**, 221–247

Clubb KJ, Skidmore D, Schubot RM and Clubb SL (1992) Growth rates of handfed psittacine chicks. In: *Psittacine Aviculture: Perspectives, Techniques, and Research*, ed. RM Schubot, SL Clubb and KJ Clubb, pp. 14.1–14.19. Avicultural Breeding and Research Center, Loxahatchee, Florida

Clubb KJ and Swigert T (1992) Common sense incubation. In: *Psittacine Aviculture: Perspectives, Techniques, and Research*, ed. RM Schubot, SL Clubb and KJ Clubb, pp. 9.1–9.15. Avicultural Breeding and Research Center, Loxahatchee, Florida

Clubb SL, Clubb KJ, Skidmore D, Wolf S and Phillips A (1992) Psittacine neonatal care and hand-feeding. In: *Psittacine Aviculture: Perspectives, Techniques, and Research*, ed. RM Schubot, SL Clubb and KJ Clubb, pp. 11.1–11.12. Avicultural Breeding and Research Center, Loxahatchee, Florida

Clubb SL and Karpinski L (1993) Aging in macaws. *Journal of the Association of Avian Veterinarians* **7**, 31–33

Clubb SL and Phillips A (1992) Psittacine embryonic mortality. In: *Psittacine Aviculture: Perspectives, Techniques, and Research*, ed. RM Schubot, SL Clubb and KJ Clubb, pp. 10.1–10.9. Avicultural Breeding and Research Center, Loxahatchee, Florida

Clyde VL and Patton S (2000) Parasitism of caged birds. In: *Manual of Avian Medicine,* ed. GH Olsen and SE Orosz, pp. 424-448. Mosby, St Louis, Missouri

Coles B (1996) Wing problems. In: *BSAVA Manual of Psittacine Birds*, ed. PE Beynon, NA Forbes and MPC Lawton, pp. 134–146. BSAVA, Cheltenham

Collar NJ (1997) Psittacidae (Parrots). In: *Handbook of the Birds of the World, Volume 4: Sandgrouse to Cuckoos*, ed. J del Hoyo, A Elliot and J Sargatal, pp. 290–339. Lynx Edicions, Barcelona

Colombini S *et al.* (2000) Intradermal skin testing in Hispaniolan parrots. *Veterinary Dermatology* **11**, 271–276

Cooper JE and Harrison GJ (1994) Dermatology. In: *Avian Medicine: Principles and Application*, ed. BW Ritchie, GJ Harrison and LR Harrison, pp. 607–639. Wingers, Lake Worth, Florida

Cray C (1997) Plasma protein electrophoresis: an update. *Proceedings of the Annual Conference and Expo of the Association of Avian Veterinarians*, pp. 209–212

Cray C, Bossart G and Harris D (1995) Plasma protein electrophoresis: principles and diagnosis of infectious disease. *Proceedings of the Annual Conference and Expo of the Association of Avian Veterinarians*, pp. 55–59

Cray C and Tatum LM (1998) Applications of protein electrophoresis in avian diagnostics. *Journal of Avian Medicine and Surgery* **12**, 4–10

Cray C, Zielezienski-Roberts K and Roskos J (2003) Nicotine metabolites in birds exposed to second-hand smoke. *Proceedings of 24th Annual Conference of the Association of Avian Veterinarians*, pp. 13–14

Cribb PH (1984) Cloacal papilloma in an Amazon parrot. *Proceedings of the Annual Conference of the Association of Avian Veterinarians, Denver, USA*, pp. 35–37
Cruickshank AJ, Gautier JP and Chappuis C (1993) Vocal mimicry in wild African Grey Parrots *Psittacus erithacus*. *Ibis* **135**, 293–299
Curro TG, Brunson DB and Paul-Murphy J (1994) Determination of the ED50 of isoflurane and evaluation of the isoflurane-sparing effect of butorphanol in Cockatoos (*Cacatua* spp.). *Veterinary Surgery* **23**, 429–433
Dahlhausen E, Lindstrom JG and Radabaugh S (2000) The use of terbinafine hydrochloride in the treatment of avian fungal disease. *Proceedings of the Annual Conference and Expo of the Association of Avian Veterinarians*, pp. 35–39
Davis C (1997) Behavior. In: *Avian Medicine and Surgery*, ed. RB Altman, SL Clubb, GM Dorrestein and KJ Quesenberry, pp. 96–100. WB Saunders, Philadelphia
Dawson CO, Wheeldon BE and McNeil PE (1976) Air sac and renal mucormycosis in an African grey parrot (*Psittacus erithacus*). *Avian Diseases* **20**, 593–600
De Voe RS, Trogdon M and Flammer K (2003) Diet modification and l-carnitine supplementation in lipomatous Budgerigars. *Proceedings of the Annual Conference of the Association of Avian Veterinarians 2003*, pp. 161–163
De Wit M, Schoemaker NJ, Kik M and Westerhof I (2003) Hypercalcaemia in two Amazons with malignant lymphoma. *Proceedings of 7th European Association of Avian Veterinarians Conference, Tenerife*, pp. 9–10
Dennis PM, Bennett RA, Newell SM and Heard DJ (1999) Diagnosis and treatment of tracheal obstruction in a cockatiel (*Nymphicus hollandicus*). *Journal of Avian Medicine and Surgery* **13**, 275–278
Doneley RJT (2001) Acute pancreatitis in parrots. *Australian Veterinary Journal* **79**, 409–411
Doolen M (1994) Crop biopsy – a low risk diagnosis for neuropathic gastric dilation. *Proceedings of the Annual Conference of the Association of Avian Veterinarians, Denver, USA*, pp. 193–196
Dorrestein GM (1996) Cytology and haemocytology. In: *Manual of Psittacine Birds*, ed. PH Beynon, NA Forbes and MPC Lawton, pp. 38–48. BSAVA, Cheltenham
Dorrestein GM (1997) Diagnostic necropsy and pathology. In: *Avian Medicine and Surgery*, ed. RB Altman, SL Clubb, GM Dorrestein and K Quesenberry, pp. 158–169. WBSaunders, Philadelphia
Driggers JC and Comar CL (1949) The secretion of radioactive calcium in the hen's egg. *Poultry Science* **28**, 420–424
Dvorak L, Bennett A and Cranor K (1998) Cloacotomy for excision of cloacal papillomas in a Catalina Macaw. *Journal of Avian Medicine and Surgery* **12**, 11–15
Echols SM (1999) Collecting diagnostic samples in avian patients. *Veterinary Clinics of North America: Exotic Animal Practice* **2,** 621–649
Echols SM (2002) Surgery of the avian reproductive tract. *Seminars in Avian and Exotic Pet Medicine* **11**, 177–195
Echols SM (2003) Practical gross necropsy of exotic animal species: introduction. *Seminars in Avian and Exotic Pet Medicine* **12,** 57–58
Edling TM (2001) Gas anesthesia – how to successfully monitor and keep them alive. *Proceedings of the Annual Conference and Expo of the Association of Avian Veterinarians*, 289–301
Edling TM, Degernes L, Flammer K and Horne WB (2001) Capnographic monitoring of African Grey Parrots during positive pressure ventilation. *Journal of the American Veterinary Medical Association* **219,** 1714–1717
Eger EI (1993) New inhalational agents – desflurane and sevoflurane. *Canadian Journal of Anaesthesia* **40**(5), R3–R5
Evans HE (1969) Anatomy of the Budgerigar. In: *Diseases of Cage and Aviary Birds*, ed. ML Petrak, pp. 45–112. Lea and Febiger, Philadelphia
Fillipich LJ, Bucher A and Charles B (1999) The pharmackinetics of cisplatin in Sulfur-crested Cockatoos (*Cacatua galerita*). *Proceedings of 20th Annual Conference of the Association of Avian Veterinarians*, pp. 229–233
Flammer K (1994) Antimicrobial therapy. In: *Avian Medicine: Principles and Application*, ed. BW Ritchie, GJ Harrison and LR Harrison, pp. 434–456. Wingers, Lake Worth, Florida
Flammer K and Clubb S (1994) Neonatology. In: *Avian Medicine: Principles and Application*, ed. BW Ritchie, GJ Harrison and LR Harrison, pp. 805–838. Wingers, Lake Worth, Florida
Forbes NA (1992) Diagnosis of avian aspergillosis and treatment with itraconazole. *Veterinary Record* **130**, 519–520
Franchetti DR and Kilde AM (1978) Restraint and anaesthesia. In: *Zoo and Wild Animal Medicine*, ed. ME Fowler, pp. 359–364. WB Saunders, Philadelphia
Fraser M (2002) Avian allergic skin disease. *Proceedings of the British Veterinary Dermatology Study Group Spring Meeting, Birmingham, 3rd April*, pp. 31–34
Friedman SG and Brinker B (2000) Early socialization: a biological need and the key to companionability. *The Original Flying Machine* **2**, 7–8
Fudge AM (1997) Avian clinical pathology – haematology and chemistry. In: *Avian Medicine and Surgery*, ed. RB Altman, SL Clubb, G Dorrestein and K Quesenberry K, p. 151. WB Saunders, Philadelphia
Fudge AM (2000a) Laboratory reference ranges for selected avian, mammalian, and reptilian species. In: *Laboratory Medicine – Avian and Exotic Pets*, ed AM Fudge, pp. 376-400. WB Saunders, Philadelphia
Fudge AM (2000b) Liver and gastrointestinal testing. In: *Laboratory Medicine – Avian and Exotic Pets*, ed. AM Fudge, pp. 47–55. WB Saunders, Philadelphia
Garner M (2003) Air sac adenocarcinomas in birds: 7 cases. *Proceedings of 24th Annual Conference of the Association of Avian Veterinarians*, pp. 55–57
Gerlach H (1994) Chlamydia. In: *Avian Medicine: Principles and Application*, ed. BW Ritchie, GJ Harrison and LR Harrison, pp. 984–996. Wingers, Lake Worth, Florida
Gerlach H (1994) Bacteria. In: *Avian Medicine: Principles and Application*, ed. BW Ritchie, GJ Harrison and LR Harrison, pp. 949–983. Wingers Publishing, Lake Worth, Florida
Gfeller RW and Messonnier SP (2004) *Small Animal Toxicology and Poisonings. 2nd edition.* Mosby, St Louis
Gilardi JB (1996) Ecology of parrots in the Peruvian Amazon: habitat use, nutrition and geophagy . PhD Thesis, University of California, Davis, California
Gilardi JD, Duffrey SS, Munn CA and Tell LS (1999) Biochemical functions of geophagy in parrots: detoxification of dietary toxins and cytoprotective effects. *Journal of Chemical Ecology* **25**, 898–899
Gill JH (2001) Avian skin diseases. *Veterinary Clinics of North America: Exotic Animal Practice* **4**, 463–492
Gionfriddo JP and Best LB (1995) Grit use by house sparrows: effects of diet and grit size. *The Condor* **97**, 57–67
Girling SJ (2002) Plasma protein electrophoresis: variations in health and disease in the family Psittaciformes (a study into the variation in blood protein electrophoresis distribution in differing species and ages of healthy and *Aspergillus fumigatus* infected Psittaciformes). Dissertation for RCVS Diploma of Zoological Medicine (Avian). Royal College of Veterinary Surgeons Library
Girling SJ (2003) Diagnosis and management of viral diseases in psittacine birds. *In Practice* **25**, 402–405
Girling SJ (2003) Viral diseases of psittacine birds. *Journal of Veterinary Postgraduate Clinical Study – In Practice* **25**, 396–407
Goldstein DL and Skadhauge E (2000) Renal and extrarenal regulation of body fluid composition. In: *Sturkie's Avian Physiology, 5th edn*, ed. GC Whittow, pp. 265–297. Academic Press, Harcourt Science and Technology, California
Graham DL (1991) Internal papillomatous disease – a pathologist's view. *Proceedings of the Annual Conference of the Association of Avian Veterinarians*, pp. 141–143
Graham DL and Heyer GW (1992) Diseases of the exocrine pancreas in pet, exotic and wild birds: a pathologist's perspective. *Proceedings of the Annual Conference of the Association of Avian Veterinarians, Denver*, pp. 190–193
Greenacre CB (2004) Physiologic responses of Amazon Parrots (*Amazona* species) to manual restraint. *Journal of Avian Medicine and Surgery* **18**, 19–22
Greenacre CB and Behrend EN (1999) Evaluation of total T4 levels in selected psittacines using a new testing method. *Proceedings of the 20th Annual Conference and Expo of the Association of Avian Veterinarians, New Orleans, September 1–3*, pp. 25–28
Greenacre CB, Latimer KS and Ritchie BW (1992) Leg paresis in a black palm cockatoo (*Probosciger aturimus*) caused by aspergillosis. *Journal of Zoo and Wildlife Medicine* **23**, 122–126
Greenacre CB and Lusby AL (2004) Physiological responses of Amazon Parrots (*Amazona* species) to manual restraint. *Journal of Avian Medicine and Surgery* **18**, 19–22
Greenacre CB and Quandt JE (1997) Comparison of sevoflurane to isoflurane in psittaciformes. *Proceedings of the Annual Conference and Expo of the Association of Avian Veterinarians,* pp. 124
Greenacre CB, Watson E and Ritchie BW (1993) Choanal atresia in an African grey parrot (*Psittacus erithacus erithacus*) and an umbrella cockatoo (*Cacatua alba*). *Journal of the Association of Avian Veterinarians* **7**, 19–22
Harcourt-Brown NH (1996a) Torsion and displacement of the oviduct as a cause of egg-binding in four psittacine birds. *Journal of Avian Medicine and Surgery* **10**, 262–267
Harcourt-Brown NH (1996b) Leg problems. In: *BSAVA Manual of Psittacine Birds*, ed PE Beynon, NA Forbes and MPC Lawton, pp. 123–133. BSAVA, Cheltenham
Harcourt-Brown NH (2003) The incidence of juvenile osteodystrophy in hand-reared grey parrots (*Psittacus e. erithacus*). *Veterinary Record* **152**, 438–439

Harcourt-Brown NH (2004) Development of the skeleton and feathers of dusky parrots (*Pionus fuscus*) in relation to their behaviour. *Veterinary Record* **154**, 42–48

Hargis AM, Stauber E, Casteel S and Eitner D (1989) Avocado intoxication in caged birds. *Journal of the American Veterinary Medical Association* **194**, 64–66

Harris D (1999) Resolution of choanal atresia in African Grey Parrots. *Exotic DVM Veterinary Magazine* **1**, 13–17

Harris J (1997) The human–avian bond. In: *Avian Medicine and Surgery*, ed. RB Altman, SL Clubb, GM Dorrestein and K Quesenberry, pp. 993–1002. WB Saunders, Philadelphia

Harrison GJ (1989) Medroxyprogesterone acetate-impregnated silicone implants: preliminary results in pet birds. *Proceedings of the Annual Conference of the Association of Avian Veterinarians*, pp. 6–10

Harrison GJ (1994) Perspective on parrot behavior. In: *Avian Medicine: Principles and Application*, ed. BW Ritchie, GJ Harrison and LR Harrison, pp. 96–108. Wingers, Lake Worth, Florida

Hawkins MG and Machin KL (2004) Avian pain and analgesia. *Proceedings of the Association of Avian Veterinarians*, pp.165–174

Hellner CF, Barrie KL and Ball RL (2000) Bilateral phacoaspiration in two greater sulphur-crested cockatoos (*Cacatua galerita*). *Proceedings of the American Association of Zoo Veterinarians and International Association of Aquatic Animal Medicine Joint Conference, New Orleans*, p. 310

Hernandez-Divers SJ (2002) Endosurgical debridement and diode laser ablation of lung and air sac granulomas in psittacine birds. *Journal of Avian Medicine and Surgery* **16**,138–145

Hess L, Mauldin G and Rosenthal K (2002) Estimated nutrient content of diets commonly fed to pet birds. *Veterinary Record* **150**, 399–403

Hillyer EV (1997) Clinical manifestations of respiratory disorders. In: *Avian Medicine and Surgery,* ed. RB Altman, SL Clubb, GM Dorrestein and K Quesenberry, pp. 394–411. WB Saunders, Philadelphia

Hillyer EV, Quesenberry KE and Baer K (1989) Basic avian dermatology. *Proceedings of the Annual Conference of the Association of Avian Veterinarians*, pp. 101–121

Hochleithner M (1994) Biochemistries. In: *Avian Medicine: Principles and Application*, ed. BW Ritchie, GJ Harrison and LR Harrison, pp. 242–244. Wingers, Lake Worth Florida

Hoefer HL (1997) Diseases of the gastrointestinal tract. In: *Avian Medicine and Surgery*, ed. RB Altman, SL Clubb, GM Dorrestein and K Quesenberry, pp. 419–453. WB Saunders, Philadelphia

Holick MF (1981) The cutaneous photosynthesis of previtamin D3: a unique photoendocrine system. *Journal of Investigative Dermatology* **77**, 51

Hooijmeier J (2003) Organizing parrot walks/picnics as prevention, as therapy, to educate and for fun. *Proceedings of the 7th Conference of the European Association of Avian Veterinarians, Tenerife, April 22–26*, pp. 385–386

Horwitz D (1999) Playtime: how to have fun with your pet. *Proceedings of the North American Veterinary Conference*, p. 31.

Ivey ES (2000) Serologic and plasma protein electrophoresis findings in 7 psittacine birds with aspergillosis. *Journal of Avian Medicine and Surgery* **14**, 103–106

Jenkins J (1991) Use of computed tomography (CT) in pet bird practice. *Proceedings of the 1991 Annual Conference of the Association of Avian Veterinarians*, pp. 276–279

Jenkins JR (1997) Avian critical care and emergency medicine. In: *Avian Medicine and Surgery*, ed. RB Altman, SL Clubb, GM Dorrestein and K Quesenberry, pp. 839–863. WB Saunders, Philadelphia

Johne R, Konrath A, Krautwald-Junghanns ME *et al.* (2002) Herpesviral, but no papovaviral sequences, are detected in cloacal papillomas of parrots. *Archives of Virology.* **147**,1869–1880

Johnson CA (1987) Chronic feather picking: a different approach to treatment. *Proceedings of the 1st International Conference of Zoological and Avian Medicine*, pp. 125–142

Johnson-Delaney CA (1992) Feather picking: diagnosis and treatment. *Journal of the Association of Avian Veterinarians* **6**, 82–83

Jones MP and Orosz SE (1996) Overview of avian neurology and neurological diseases. *Seminars of Avian Exotic Pet Medicine* **5**, 150–164

Jones MP, Orosz SE, Richman LK *et al.* (2001) Pulmonary carcinoma with metastases in a Moluccan cockatoo (*Cacatua moluccensis*). *Journal of Avian Medicine and Surgery* **15**,107–113

Joseph VJ (2000) Vomiting and regurgitation. In: *Manual of Avian Medicine*, ed. GH Olsen and SE Orosz, pp. 70–85. Mosby, St Louis

Joyner KL (1994) Theriogenology. In: *Avian Medicine: Principles and Application*, ed. BW Ritchie, GJ Harrison and LR Harrison, pp. 748–804. Wingers, Lake Worth, Florida

Kern JJ, Paul-Murphy J, Murphy CJ *et al.* (1996) Disorders of the third eyelid in birds: 17 cases. *Journal of Avian Medicine and Surgery* **10**, 12–18

King AS and McLelland J (1975) Respiratory system. In: *Outlines of Avian Anatomy*, ed. AS King and McLelland, pp. 43–64. Baillière Tindall, London

Klein DR, Novilla MN, Watkins KL *et al.* (1994) Nutritional encephalomalacia in turkeys: diagnosis and growth performance. *Avian Diseases* **38**, 653–659

Kollias GV (1984) Liver biopsy techniques in avian clinical practice. *Veterinary Clinics of North America Small Animal Practice* **14**, 287–298

Korbel R (1993) Tonometry in avian ophthalmology. *Proceedings of the Association of Avian Veterinarians, Nashville*, p. 44

Korbel R, Milovanovic A, Erhardt W *et al.* (1993) Aerosacular perfusion with isoflurane – an anesthetic procedure for head surgery in birds. *Proceedings of the 2nd Annual Conference of the European Association of Avian Veterinarians*, pp. 9–37

Koski MA (2002) Dermatologic diseases in psittacine birds: an investigational approach. *Seminars in Avian and Exotic Pet Medicine* **11**, 105–124

Koutsos EA, Matson KD and Klasing KC (2001b) Nutrition of birds in the order Psittaciformes. *Journal of Avian Medicine and Surgery* **15**, 257–275

Koutsos EA, Smith J, Woods L and Klasing KC. (2001a) Adult cockatiels (*Nymphicus hollandicus*) metabolically adapt to high protein diets. *Journal of Nutrition* **131**, 2014–2020

Krautwald-Junghans ME (1990) Befiederungsstoerungen bei Ziervoegeln (Plumage disorders in ornamental birds). *Der Praktische Tierarzt* **71**(10), 5

Krautwald-Junghans ME, Kaleta EF, Marshang RE and Pieper K (2000) Untersuchungen zur Diagnostik und Therapie der papillomatose des aviaren gastrointestinaltraktes. *Tierärztiliche Praxis.* **28**(K), 272–278

Krautwald-Junghans M, Riedal U and Neumann W (1991) Diagnostic use of ultrasonography in birds. *Proceedings of the 1991 Annual Conference of the Association of Avian Veterinarians*, pp. 269–275

LaBonde J (2003) Anaesthesia and intraoperative support of the avian patient. *AAV Newsletter and Clinical Forum*, pp. 9–11

Latimer SL and Rakich PM (1994) Necropsy examination. In: *Avian Medicine: Principles and Application,* ed. BW Ritchie, GJ Harrison and LR Harrison, pp. 355–379. Wingers, Lake Worth, Florida

Lawton MPC (1991) Avian ophthalmology. *Proceedings of the Association of Avian Veterinarians, European Conference, Vienna*, pp. 154–158

Lawton MPC (1993) Avian anterior segment disease. *Proceedings of the Association of Avian Veterinarians, Nashville*, pp. 223–228

Leijnieks DV (2004)Treatment of a mandibular fracture using a steel plate in a lesser sulfur-crested cockatoo. *Exotic DVM* **6**(4), 15–17

Lennox AM and Van Der Heyden N (1993) Haloperidol for use in treatment of psittacine self mutilation and feather picking. *Proceedings of the Annual Conference of the Association of Avian Veterinarians*, pp. 119–120

Levine J (1955) Consensual light response in birds. *Science* **122**, 690

Lichtenberger M, Chavez W, Cray C *et al.* (2003) Mortality and response to fluid resuscitation after acute blood loss in mallard ducks. *Proceedings of the Annual Conference of the Association of Avian Veterinarians*, pp. 7–10

Lindenstruth and Forst (1993) Enrofloxacin (Baytril) – an alternative for official prophylaxis and treatment of psittacosis in imported psittacine birds. *Deutsche Tierärztliche Wochenschrift* **100**, 364–368

Ludders JW and Matthews N (1996) Birds. In: *Lumb and Jones Veterinary Anesthesia, 3rd edition*, ed. JC Thurmon, WJ Tranquilli and JG Benson, pp. 645–669. Williams and Wilkins, Baltimore, Maryland

Ludders JW, Mitchell GS and Rode J (1990) Minimal anaesthetic concentration and cardiopulmonary dose response of isoflurane in ducks. *Veterinary Surgery* **19**, 304–307

Ludders JW, Rode J and Mitchell GS (1989a) Isoflurane anaesthesia in sandhill cranes (*Grus canadensis*): minimal anaesthetic concentration and cardiopulmonary dose-response during spontaneous and controlled breathing. *Anesthesia and Analgesia* (Cleveland) **68**, 511–516

Ludders JW, Rode JA and Mitchell GS (1989b) Effects of ketamine, xylazine and a combination of ketamine and xylazine in Pekin ducks. *American Journal of Veterinary Research* **50**, 245–249

Luescher UA (2004) Avian husbandry and behaviour. *The NAVTA Journal*, Spring, 37–41

Lumeij JT (1987) The diagnostic value of plasma proteins and non-protein nitrogen substances in birds. *Veterinary Quarterly* **9**, 262–268

Lumeij JT (1994a) Gastroenterology. In: *Avian Medicine: Principles and Application*, ed. BW Ritchie, GJ Harrison and LR Harrison, pp. 482–521. Wingers, Lake Worth, Florida
Lumeij JT (1994b) Hepatology. In: *Avian Medicine: Principles and Application*, ed. BW Ritchie, GJ Harrison and LR Harrison, pp. 522–537. Wingers Publishing, Lake Worth, Florida
Lumeij JT (1994c) Nephrology. In: *Avian Medicine: Principles and Application*, ed. BW Ritchie, GJ Harrison and LR Harrison, pp. 538–555. Wingers Publishing, Lake Worth, Florida
Lumeij JT (2003) Pathophysiology and clinical features of avian cardiac disease, with an emphasis on electrocardiology. *Proceedings of 7th European Association of Avian Veterinarians Conference, Tenerife*, pp. 407–415
Lumeij JT and Overduin LM (1990) Plasma chemistry reference values in psittaciformes. *Avian Pathology* **19,** 234–244
MacCoy DM (1989) Excision arthroplasty for management of coxofemoral luxation in pet birds. *Journal of the American Veterinary Medical Association* **194**, 95–97
Machin KL and Caulkert NA (1996) The cardiopulmonary effects of propofol in mallard ducks. *Proceedings of the American Association of Zoo Veterinarians*, pp. 149–154
Macmillen RE (1990) Water economy of granivorous birds: a predictive model. *Condor* **92**, 379–392
MacWhirter P (1994) Malnutrition. In: *Avian Medicine: Principles and Application*, ed. BW Ritchie, GJ Harrison and LR Harrison, pp. 842–861. Wingers, Lake Worth, Florida
Malley AD (1996) Feather and skin problems. In: *BSAVA Manual of Psittacine Birds*, ed PH Beynon, NA Forbes and MPC Lawton, pp. 96–105. BSAVA Publications, Cheltenham
Mansour A, Khachaturian LME, Akil H and Watson SJ (1988) Anatomy of CNS opioid receptors. *Trends in Neuroscience* **11**, 301–314
Matthews K, Danova G, Newman A *et al.* (2003) Ratite cancellous xenograft: effects on avian fracture healing. *Journal of Veterinary Comparative Orthopaedics and Traumatology* **12**, 50–58
McCluggage D (1992) Proventriculotomy: a study of selected cases. In: *Proceedings of the Annual Conference of the Association of Avian Veterinarians, Denver, USA*, pp. 195–200
McDonald DL (2002a) Evaluation of the use of organic formulated bird foods for large psittacines. *Proceedings of the Joint Nutrition Symposium, Antwerp,* p. 110
McDonald DL (2002b) Dietary considerations for iron storage disease in birds and implications for high vitamin A contents of formulated bird foods. *Proceedings of the Joint Nutrition Symposium, Antwerp*, p. 162
McLelland J (1989) Anatomy of the lungs and air sacs. In: *Form and Function in Birds, Vol. 4*, ed. AS King and J McLelland, pp. 221–279. Academic Press, London
McNab BK and Salisbury CA (1995) Energetics of New Zealand's temperate parrots. *New Zealand Journal of Zoology* **22**, 339–349
Meehan CL, Millam JR and Mench JA (2003) Foraging opportunity and increased physical complexity both prevent and reduce psychogenic feather picking by young Amazon parrots. *Applied Animal Behavioural Science* **80**, 71–85.
Monks D (2002) Microchipping birds. *Veterinary Times* **32**(40), 14
Moore SJ (1998) Use of an artificial gizzard to investigate the effect of grit on the breakdown of grass. *Journal of Zoology London* **246**,119–124
Morse, DH (1975) Ecological aspects of adaptive radiation in birds. *Biological Reviews* **50**, 167–214
Moulton JE (ed.) (1990) *Tumours in Domestic Animals, 3rd edition.* University of California Press, Berkley, California
Muir WW and Hubbell LA (2000a) Inhalation anesthesia. In: *Handbook of Veterinary Anesthesia*, ed. WW Muir and LA Hubbell, pp. 154–163. Mosby, St Louis, Missouri
Muir WW and Hubbell LA (2000b) Pharmacology of inhalation anesthetic drugs. In: *Handbook of Veterinary Anesthesia*, ed. WW Muir and LA Hubbell, pp. 164–181. Mosby, St Louis
Muir WW and Hubbell LA (2000c) Anesthetic machines and breathing systems. In: *Handbook of Veterinary Anesthesia*, ed. WW Muir and LA Hubbell, pp. 210–231. Mosby, St Louis
National Research Council (1994) *Nutrient Requirements of Poultry.* National Academy Press, Washington DC
Nett CS, Hodgin EC, Foil CS *et al.* (2003) A modified biopsy technique to improve histopathological evaluation of avian skin. *Veterinary Dermatology* **14**, 147–152
Nett CS and Tully TN (2003) Hypersensitivity and intradermal allergy testing in psittacines. *Compendium on Continuing Education for the Practicing Veterinarian* **25**,348–357
Neville PF (1997) Preventing problems and producing better puppies. *Proceedings of the North American Veterinary Conference*, pp. 31–32
Oliver JE and Lorenz MD (1993) Neurological history and examination. In: *Handbook of Veterinary Neurology*, ed. JE Oliver and MD Lorenz, pp. 3–45. WB Saunders, Philadelphia
Olsen GH and Clubb S (1997) Embryology, incubation, and hatching. In: *Avian Medicine and Surgery*, ed. RB Altman, SL Clubb, GM Dorrestein and K Quesenberry, pp. 54–71. WB Saunders, Philadelphia
Oppenheimer J (1991) Feather picking: systematic approach. *Proceedings of the Annual Conference of the Association of Avian Veterinarians*, pp. 314–315.
Orosz SE (1996) Principles of avian clinical neuroanatomy. *Seminars in Avian and Exotic Pet Medicine* **5**, 127–139
Orosz SE (2000) Overview of aspergillosis pathogenesis and treatment options. *Seminars in Avian and Exotic Pet Medicine* **9**, 59–65
Orosz SE and Frazier DL (1995) Antifungal agents: a review of their pharmacology and therapeutic indications. *Journal of Avian Medicine and Surgery* **9**, 8–18
Orosz SE, Frazier DL, Schroeder EC *et al.* (1996) Pharmacokinetic properties of itraconazole in blue-fronted Amazon parrots (*Amazona aestiva aestiva*). *Journal of Avian Medicine and Surgery* **10**, 168–173
Orosz SE and Johnson-Delaney CA (2003) Self-injurious behavior (SIB) of primates as a model for feather damaging behavior (FDB) in companion psittacine birds. *Proceedings of the Annual Conference of the Association of Avian Veterinarians: Another Feather Picker: That Sinking Feeling: Avian Specialty Advanced Program*, pp. 39–50
Overall KL (1997) Appendix F Terminology: necessary and sufficient conditions for behavioural diagnoses. In: *Clinical Behavioral Medicine for Small Animals*, ed. KL Overall. Mosby, St Louis, Missouri
Paul-Murphy JR, Koblik PD, Stein G and Pennick DG (1990) Psittacine skull radiography, anatomy, radiographic technique and patient application. *Veterinary Radiology* **31**, 218–224
Pees M, Straub J and Krautwald-Junghans M-E (2004) Echocardiographic examinations of 60 African grey parrots and 30 other psittacine birds. *Veterinary Record* **155**, 73–76
Pessacq-Asenjo TP (1984) The nerve endings of the glycogen body of embryonic and adult avian spinal cord: on the existence of two different varieties of nerve fibers. *Growth* **48**, 385–390
Phalen DN (2000) Avian renal disorders. In: *Laboratory Medicine – Avian and Exotic Pets*, ed. AM Fudge, pp. 61–68. WB Saunders, Philadelphia
Phalen DN, Lau MT and Filippich LJ (1997) Considerations for safely maintaining the avian patient under prolonged anaesthesia. *Proceedings of the Annual Conference and Expo of the Association of Avian Veterinarians*, pp. 111–116
Phillips A and Clubb SL (1992) Psittacine neonatal development. In: *Psittacine Aviculture: Perspectives, Techniques, and Research*, ed. RM Schubot, SL Clubb and KJ Clubb, pp. 12.1–12.26. Avicultural Breeding and Research Center, Loxahatchee, Florida
Poore SO, Ashcroft A, Sanchez-Haiman A and Goslow GE (1997) The contractile properties of the m. supracoracoideus in the pigeon and starling: a case for long axis rotation of the humerus. *Journal of Experimental Biology* **200**, 2987–3002
Poore SO, Sanchez-Haiman A and Goslow GE (1997) Wing upstroke and the evolution of flapping flight. *Nature* **387**, 799–802
Powell FL and Scheid P (1989) Physiology of gas exchange in the avian respiratory system. In: *Form and Function in Birds, Vol. 4*, ed. AS King AS and J McLelland, pp. 393–437. Academic Press, London
Proulx J (2002) Nutrition in critically ill animals. In: *The ICU Book*, pp. 202–217. Teton NewMedia, Jackson, Wyoming
Pye GW, Bennett RA, Newell SM *et al.* (2000) Magnetic resonance imaging in psittacine birds with chronic sinusitis. *Journal of Avian Medicine and Surgery* **14**, 243–256
Quesenberry K (1997) Treatment of neoplasia . In: *Avian Medicine and Surgery*, ed. RB Altman, SL Clubb, GM Dorrestein and K Quesenberry, pp. 600–603. WB Saunders, Philadelphia
Rae M (2000) Avian endocrine disorders. In: *Laboratory Medicine – Avian and Exotic Pets*, ed. AM Fudge, pp. 76–89. WB Saunders, Philadelphia
Rae MA (2003) Practical avian necropsy. *Seminars in Avian and Exotic Pet Medicine* **12,** 62–70
Raffe MR and Wingfield W (2002) Hemorrhage and hypovolemia. In: *The ICU Book*, pp. 453–477. Teton NewMedia, Jackson, Wyoming
Ramsay EC and Grindlinger H (1992) Treatment of feather picking with clomipramine. *Proceedings of the Annual Conference of the Association of Avian Veterinarians*, pp. 379–382
Raymond JT, Topham K, Shirota K *et al.* (2001) Tyzzer's disease in a neonatal Rainbow Lorikeet (*Trichoglossus haematodus*). *Veterinary Pathology* **38**, 326–327
Reavill D (2003) A review of psittacine squamous cell carcinomas submitted during 1998–2001. *Proceedings of 7th European Association of Avian Veterinarians Conference, Tenerife*, pp. 237–240
Redig PT (1983) Aspergillosis. In: *Kirk's Current Veterinary Therapy VII*, ed. RW Kirk, pp. 611–613. WB Saunders, Philadelphia

Redig PT (1993) Avian aspergillosis. In: *Zoo and Wild Animal Medicine: Current Therapy 3*, ed. ME Fowler, pp. 178–180. WB Saunders, Philadelphia
Redig PT (1996) Avian emergencies. In: *Manual of Raptors, Pigeons and Waterfowl*, ed. PH Beynon, NA Forbes and NH Harcourt-Brown, pp. 30–41. BSAVA, Cheltenham
Redig PT, Brown PA and Talbot B (1997) The ELISA as a management guide for aspergillosis in raptors. *Proceedings of the 4th Conference of the European Association of Avian Veterinarians*, pp. 223–226
Reidarson TH and McBain J (1995) Serum protein electrophoresis and aspergillus antibody titre as an aid to diagnosis of aspergillosis in penguins. *Proceedings of the Annual Conference and Expo of the Association of Avian Veterinarians*, pp. 61–64
Remple JD (1980) Avian malaria with comments on other hemosporidia in large falcons. In: *Recent Advances in the Study of Raptor Diseases. Proceedings of the International Symposium of Diseases of Birds of Prey*, ed. JE Cooper and AG Greenwood, pp. 15–19. London
Ritchie BW (1995) *Avian Viruses – Function and Control*. Wingers, Lake Worth, Florida
Ritchie BW (2003) Management of avian infectious diseases. In: *Proceedings of the 7th European Conference of the Association of Avian Veterinarians and 5th ECAMS Scientific Meeting, Tenerife, Spain*
Ritchie BW, Harrison GJ and Harrison LR (1994) *Avian Medicine: Principles and Application*. Wingers, Lake Worth,
Ritchie PA, Anderson IL and Lambert DM (2003) Evidence for specificity of psittacine beak and feather disease virus among avian hosts. *Virology* **306**, 109–115
Ritzman TK (2000) Pancreatic hypoplasia in Eclectus Parrot (*Eclectus roratus polychloros*). *Proceedings of the Annual Conference of the Association of Avian Veterinarians, Denver*, pp. 83–87
Rivera S, Reavill D and McClearen J (2002))Treatment of cutaneous lymphosarcoma in an Umbrella Cockatoo. *Proceedings of the Annual Conference of the Association of Avian Veterinarians*, pp. 99–100
Rodriguez-Quiros J, SanRoman F and Rodriguez-Bertos A (2001) Clinical and pathological changes induced by the use of corticocancellous autograft during healing process in experimental fractures of tibiotarsus in pigeons (*Columba livia*). *Proceedings of the 6th Conference of the European Association of Avian Veterinarians*, pp. 50–54
Romagnano A (1996) Avian obstetrics. *Seminars in Avian and Exotic Pet Medicine* **5**, 180–188
Rosskopf WJ and Woerpel R(1996) *Diseases of Cage and Aviary Birds, 3rd edition*. Williams and Wilkins, Baltimore, Maryland
Rowley I (1997) Cacatuidae (Cockatoos) In: *Handbook of Birds of the World, Volume 4, Sandgrouse to Cuckoos*, ed. J del Hoyo, A Elliot and J Sargatal, pp. 246–279. Lynx Edicions, Barcelona
Roze M (1990) Comparative electroretinograpy in several species of raptors. *Transactions of the American College of Veterinary Ophthalmology* **21**, 45–48
Scheid P and Piiper J (1989) Aerodynamic valving in the avian lung. *Acta Anaesthesia Scandinavica* **33**, 28–31
Schlumberger HG (1954) Neoplasia in the parakeet. I. Spontaneous chromophobe pituitary tumours. *Cancer Research* **14**, 237–245
Schmidt RE, Reavill DR and Phalen DN (2003) *Pathology of Pet and Aviary Birds*. Iowa State Press, Ames, Iowa
Schmitt PM, Gobel T and Trautvetter E (1998) Evaluation of pulse oximetry as a monitoring method in avian anesthesia. *Journal of Avian Medicine and Surgery* **12**, 91–99
Schoemaker NJ, Dorrestein GM, Latimer KS *et al.* (2000) Severe leukopenia and liver necrosis in young African grey parrots (*Psittacus erithacus erithacus*) infected with psittacine circovirus. *Avian Diseases* **44**, 470–478
Sibley CG and Ahlquist JE (1990) *Phylogeny and Classification of Birds. A Study in Molecular Evolution*. Yale University Press, New Haven, Connecticut
Simpson VR (1996) Post-mortem examination. In: *Manual of Psittacine Birds,* ed. PH Beynon, NA Forbes and MPC Lawton pp. 69–86. BSAVA Publications, Cheltenham
Sims MH (1996) Clinical electrodiagnostic evaluation in exotic animal medicine. *Seminars in Avian and Exotic Pet Medicine* **5**, 140–149
Smith IL (1999) Basic behavioral principles for the avian veterinarian. *Proceedings of the Annual Conference of the Association of Avian Veterinarians*, pp. 47–55
Spearman R and Hardy J (1985) Integument. In: *Form and Function in Birds*, ed. AS King and J McLelland, pp. 1–56. Academic Press, London
Speer BL (1998) A clinical look at the avian pancreas in health and disease. In: *Proceedings of the Annual Conference of the Association of Avian Veterinarians, Denver, USA*, pp. 57–64
Speer B (2003a) Trans-sinus pinning technique for the correction of chronic mandibular prognathism in psittacines. *Proceedings of the 5th Scientific Meeting of the European College of Avian Medicine and Surgery*, p. 3
Speer B (2003b) Trans-sinus pinning technique to address scissor beak deformity in psittacine species. *Proceedings of the 7th Conference of the European Association of Avian Veterinarians*, pp. 347–352
Speer BL and Spadafori G (1999) *Birds for Dummies,* pp. 288. IDG Books Worldwide, Indianapolis
Stamp JT, McEwen AD, Watt JAA and Nisbet DJ (1950) Enzootic abortion in ewes. *Veterinary Record* **62**, 251–254
Stanford M (2002) Effects of dietary change on faecal Gram stains in the Grey Parrot. *British Veterinary Zoological Society Proceedings November, Edinburgh Zoo*, p. 39
Stanford M (2003) The significance of serum ionized calcium and 25-hydroxy-cholecalciferol (vitamin D_3) assays in African grey parrots. *Proceedings of the International Conference on Exotics*, pp. 1–6
Stanford MD (2003a) Measurement of 25-hydroxycholecalciferol in captive grey parrots (*Psittacus e erithacus*). *Veterinary Record* **153**, 58–59
Stanford MD (2003b) Measurement of ionized calcium in African grey parrots (*Psittacus e erithacus*): the effect of diet. *Proceedings, European Association of Avian Veterinarians, Tenerife*, pp. 269–275
Stanford MD (2003c) The effect of husbandry on calcium metabolism in the grey parrot (*Psittacus e erithacus*). *Proceedings of the European Association of Avian Veterinarians, Tenerife*
Stanford MD (2004a) The effect of UV-B supplementation on calcium metabolism in psittacine birds. *Proceedings of the International Conference of Exotics, Naples, Florida*, pp. 57–60
Stanford M (2004b) Interferon treatment of circovirus infection in grey parrots (*Psittacus e erithacus*). *Veterinary Record* **154**, 435–436
Steffey EP and Howland D (1978) Isoflurane potency in the dog and cat. *American Journal of Veterinary Research* **39**, 573–577
Steffey EP, Howland D, Giri S and Eger EI (1977) Enflurane, halothane, and isoflurane potency in horses. *American Journal of Veterinary Research* **38**, 1037–1039
Stiles J and Greenacre C (2001) Infraorbital cyst in a white cockatoo (*Cacatua alba*). *Journal of Avian Medicine and Surgery* **15**, 40–43
Sturkie PD (1986) Heart and circulation: anatomy, hemodynamics, blood pressure, blood flow. In: *Avian Physiology, 4th edition*, ed. PD Sturkie, pp. 130–166. Springer-Verlag, New York
Styles DK, Phalen DN and Tomaszewski EK (2002) Elucidating the etiology of avian mucosal papillomatosis in psittacine birds. *AAV Proceedings Monterey, California*, pp. 175–178
Sundberg JP, Junge RE, O'Banion MK *et al.* (1986) Cloacal papillomatosis in psittacines. *American Journal of Veterinary Research* **47**, 928–932
Taylor EJ (1996) An evaluation of the importance of insoluble versus soluble grit in the diet of canaries. *Journal of Avian Medicine and Surgery* **10**, 248–251
Taylor M and Murray M (1999) A diagnostic approach to the avian cloaca. *Proceedings of the Annual Conference of the Association of Avian Veterinarians, Denver*, pp. 301–304
Tomaszewski E, Wilson van G, Wigle WL and Phalen DN (2001) Detection and heterogeneity of herpesviruses causing Pacheco's disease in parrots. *Journal of Clinical Microbiology* **39**, 533–538
Tudor DC and Yard C (1978) Retinal atrophy in a parakeet. *Veterinary Medicine/Small Animal Clinician* **73**, 1456
Tully TN and Carter JD (1993) Bilateral supraorbital abscesses associated with sinusitis in an orange-winged Amazon parrot (*Amazona amazonica*). *Journal of the Association of Avian Veterinarians* **7**, 157–158
Tully TN and Harrison GJ (1994) Pneumonology. In: *Avian Medicine: Principles and Application*, ed. BW Ritchie, GJ Harrison and LR Harrison, pp. 556–581. Wingers, Lake Worth, Florida
Turner R (1993) Trexan (Naltrexone hydrochloride) use in feather picking in avian species. *Proceedings of the Annual Conference of the Association of Avian Veterinarians*, pp. 116–118
Tyler JW (1990a) Hepatoencephalopathy. Part I. Clinical signs and diagnosis. *Compendium on Continuing Education for the Practicing Veterinarian* **12**, 1069–1073
Tyler JW (1990b) Hepatoencephalopathy. Part II. Pathophysiology and treatment. *Compendium on Continuing Education for the Practicing Veterinarian* **12**, 1260–1270
Van der Mast H, Dorrestein GM and Westerhof J (1990) A fatal treatment of sinusitis in an African grey. *Journal of the Association of Avian Veterinarians* **4**, 189
Van Wettere A and Redig PT (2001) A review of methods used to induce molting in raptors. *Hawk Chalk* **30**(2), 46–56
VanDerHeyden N (1988) Psittacine papillomas. *Proceedings of the Annual Conference of the Association of Avian Veterinari-*

ans, Lake Worth, Florida, pp. 23–25
VanDerHeyden N (1993) Jejunostomy and jejuno-cloacal anastomosis in macaws. *Proceedings of the Annual Conference of the Association of Avian Veterinarians, Denver*, pp. 35–37
Verschueren CP and Lumeij JT (1991) Mydriatics in birds. *Journal of Veterinary Pharmacology and Therapeutics* **14**, 206–208
Voith VL and Borchelt PL (1985) Fears and phobias in companion animals. *Compendium on Continuing Education for the Practicing Veterinarian* **7**, 209–218
Wade LL, Simpson K, McDonough P *et al.* (2003) Identification of oral spiral bacteria in Cockatiels (*Nymphicus hollandicus*). *AAV Proceedings Pittsburgh, Pennsylvania*, pp. 23–25
Walsh M (1986) Radiology. In: *Clinical Avian Medicine and Surgery*, ed. G Harrison and L Harrison, pp. 201–233. WB Saunders, Philadelphia
Ward MP, Ramer JC, Proudfoot J *et al.* (2003) Outbreak of salmonellosis in a zoologic collection of lorikeets and lories (*Trichoglossus*, *Lorius* and *Eos* spp.). *Avian Diseases* **47**, 493–498
Welle KR (1997)Avian obedience training. *Proceedings of the Annual Conference of the Association of Avian Veterinarians*, pp. 297–303
Welle KR (1998) Psittacine behavior. *Proceedings of the Annual Conference of the Association of Avian Veterinarians*, pp. 371–377
West GD, Garner M and Talcott P (2001) Haemochromatosis in several species of lories with high dietary iron. *Journal of Avian Medicine and Surgery* **15**, 297–301
Williams D (1994) Ophthalmology. In: *Avian Medicine: Principles and Application*, ed. BW Ritchie, GJ Harrison and LR Harrison, pp. 673–694. Wingers, Lake Worth, Florida
Willis AM and Wilkie DA (1999a) Avian ophthalmology, part 1: anatomy, examination and diagnostic techniques. *Journal of Avian Medicine and Surgery* **13**, 160–166
Willis AM and Wilkie DA (1999b) Avian ophthalmology, part 2: review of ophthalmic diseases. *Journal of Avian Medicine and Surgery* **13**, 245–251
Wilson FE (1997) Photoperiodism in American tree sparrows; role of the thyroid gland. In: *Perspectives in Avian Endocrinology*, ed. S Harvey and R Etches, pp. 159–172. Society for Endocrinology, Bristol
Wilson H, Graham J, Roberts R *et al.* (2000) Integumentary neoplasms in psittacine birds. *Proceedings of the Annual Conference of the Association of Avian Veterinarians, Portland, Oregon*
Wilson L (1999) What to do with biters and screamers. *Proceedings of the Annual Conference of the Association of Avian Veterinarians*, pp. 71–76
Wilson L (2000) The one person bird – prevention and rehabilitation. *Proceedings of the Annual Conference of the Association of Avian Veterinarians*, pp. 69–73
Wingfield W (2002) Fluid and electrolyte therapy. In: *The ICU Book*, pp. 453–477. Teton NewMedia, Jackson, Wyoming
Wishnow KI, Johnson DE, Grignon DJ *et al.* (1989) Regeneration of the urinary bladder mucosa after complete surgical denudation. *De Voe Journal of Urology* **141**, 1476–1479
Woerpel RW and Rosskopf WJ (1997) Heavy metal intoxication in caged birds – parts I and II. In: *Practical Avian Medicine – The Compendium Collection*, pp. 99–111. Veterinary Learning Systems, Trenton, New Jersey
Wolf ED, Amass K and Olsen J (1983) Survey of the conjunctival flora in the eye of clinically normal, captive exotic birds. *Journal of the American Veterinary Medical Association* **183**, 1232–1233
Wolf S and Clubb SL (1992) Clinical management of beak malformations in handfed psittacine chicks. In: *Psittacine Aviculture: Perspectives, Techniques, and Research*, ed. RM Schubot, SL Clubb and KJ Clubb, pp. 17.1–17.12. Avicultural Breeding and Research Center, Loxahatchee, Florida
Woolf CJ and Chong MS (1993) Preemptive analgesia – treating postoperative pain by preventing the establishment of central sensitization. *Anesthesia and Analgesia* **77**, 362–369

参考図書

Anderson-Brown AF and Robbins GES (2002) *The New Incubation Book*. World Pheasant Association, Reading, UK
Athan MS (1993) *Guide to a Well-Behaved Parrot*. Barron's, Hong Kong
Athan MS (1997) *Guide to the Quaker Parrot*. Barron's, Hong Kong
Athan MS and Deter D (2000) *The African Grey Parrot Handbook*. Barron's, Hong Kong
Bauck L (1997) Avian dermatology. In: *Avian Medicine and Surgery*, ed. RB Altman, SL Clubb, GM Dorrestein and K Quesenberry, pp. 548–562. WB Saunders, Philadelphia
Baumel JJ (ed.) (1993) *Handbook of Avian Anatomy: Nomina Anatomica Avium, 2nd edition*. Nuttall Ornithological Club, Harvard University, Massachusetts
Bennett RA (1994) Neurology. In: *Avian Medicine: Principles and Application*, ed. BW Ritchie, GJ Harrison and LR Harrison, pp. 723–787. Wingers, Lake Worth, Florida
Brue RN (1994) Nutrition. In: *Avian Medicine: Principles and Application*, ed. BW Ritchie, GJ Harrison and LR Harrison, pp. 63–95. Wingers, Lake Worth, Florida
Campbell TW (1995) *Avian Hematology and Cytology, 2nd edition*. Iowa State University Press, Ames, Iowa
Clubb S (1986) Therapeutics. In: *Clinical Avian Medicine and Surgery*, ed. GJ Harrison and LR Harrison, pp. 327–355. WB Saunders, Philadelphia
Clubb S (1997) Psittacine pediatric husbandry and medicine. In: *Avian Medicine and Surgery*, ed. RB Altman, SL Clubb, GM Dorrestein and K Quesenberry, pp. 73–95. WB Saunders, Philadelphia
Coles B (1997) *Avian Medicine and Surgery, 2nd edition*. Blackwell Scientific, Oxford
Cooper ME (1987) *An Introduction to Animal Law*. Academic Press, London
Deeming DC (ed.) (2001) *Avian Incubation – Behaviour, Environment and Evolution*. Oxford University Press, Oxford
Deeming DC (2002) *Nests, Birds and Incubators*. Brinsea Products Ltd, Sandford, UK
Del Hoyo J, Elliott A and Sargatal J (1997) *Handbook of the Birds of the World: Volume 4: Sandgrouse to Cuckoos*. Lynx Edicions, Barcelona
Dickinson EC (ed.) (2003) *The Howard and Moore Complete Checklist of Birds of the World*. Christopher Helm, London
Forbes NA (1996) Fits, incoordination and coma. In: *BSAVA Manual of Psittacine Birds*, ed. PH Beynon, NA Forbes and MPC Lawton, pp. 190–197. BSAVA, Cheltenham
Forshaw JM and Cooper WT (1989) *Parrots of the World*. Landsdowne Editions, Melbourne
Gill FB (1995*) Ornithology, 2nd edition*. WH Freeman, New York
Higgins PJ (ed.) (1999) *Handbook of Australian, New Zealand and Antarctic Birds, Volume 4*. Oxford University Press,
Juniper T and Parr M (1998) *Parrots: A Guide to Parrots of the World*. Pica Press, London
King AS and McLelland J (1979–1989) *Form and Function in Birds, Volumes I –IV*. Academic Press, London
King AS and McLelland J (1984) *Birds: Their Structure and Function, 2nd edition*. Baillière Tindall, London
Klasing K (1998) *Comparative Avian Nutrition*. CAB International, Wallingford, UK
Lucas AM and Stettenheim PR (1972) *Avian Anatomy: Integument*. US Department of Agriculture Handbook 362, Washington DC
McLelland J (1990) *A Colour Atlas of Avian Anatomy*. Wolfe Publishing, Aylesbury, UK
Olsen GH and Orosz SE (2000) *Manual of Avian Medicine*. Mosby, St Louis, Missouri
Pepperberg IM (1999) *The Alex Studies: Cognitive and Communicative Abilities of Grey Parrots*. Harvard University Press, Cambridge, Massachusetts
Petrak ML (1969) *Diseases of Cage and Aviary Birds*. Lea and Febiger, Philadelphia
Proctor NS and Lynch PJ (1993) *Manual of Ornithology*. Yale University Press, New Haven, Connecticut
Rach JA (1998) *Why Does my Bird Do That: A Guide to Parrot Behavior*. Howell Book House, New York
Romagnano A and Heard D (2000) Avian dermatology. In: *Manual of Avian Medicine*, ed. G Olsen and S Orosz, pp. 95–123. Mosby, St Louis
Rubel G, Isenbugel E and Wolvekamp P (1991) *Atlas of Diagnostic Radiology of Exotic Pets*. Wolfe Publishing, London
Rupley AE (1997) *Manual of Avian Practice*. WB Saunders, Philadelphia
Samour J (2000) *Avian Medicine*. Mosby (Harcourt Publishers), London
Smith SA and Smith BJ (1992) *An Atlas of Radiographic Anatomy*. WB Saunders, Philadelphia
Snyder NFR, Wiley JW and Kepler CB (1987) *The Parrots of Luquillo: Natural History and Conservation of the Puerto Rican Parrot*. Western Foundation of Vertebrate Zoology, Los Angeles
Stark JM and Ricklefs RE (eds) (1998) *Avian Growth and Development*. Oxford University Press, Oxford
Surai PF (2002) *Natural Antioxidants in Avian Nutrition and Reproduction*. Nottingham University Press, Nottingham, UK
Voitkevic, AA (1966) *The Feathers and Plumage of Birds*. Sidgwick & Jackson, London
Welle KR (1999) *Psittacine Behavior Handbook*. Association of Avian Veterinarians Publication Office, Bedford, Texas
Welty JC (ed.) (1982) *The Life of Birds, 3rd edition*. Saunders College Publishing, Philadelphia

Whittow GC (ed.) (2000) *Sturkie's Avian Physiology, 5th edition.* Academic Press, Harcourt Science and Technology, California

処方集

Bishop Y (2004) *The Veterinary Formulary, 6th Edition.* Pharmaceutical Press, London
Carpenter JW, Mashima TY and Rupiper DJ (2001) *Exotic Animal Formulary, 2nd edition.* WB Saunders, Philadelphia
Hawk CT and Leary SL (1999) *Formulary for Laboratory Animals, 2nd edition.* Iowa State University Press, Ames, Iowa
Marx KL and Roston MA (1996) *The Exotic Animal Drug Compendium; An International Formulary.* Veterinary Learning Systems, Trenton NJ
Tully TN (1997) Formulary. In: *Avian Medicine and Surgery*, ed. RB Altman, SL Clubb, GM Dorrestein and KE Quesenberry, pp. 671–687. WB Saunders, Philadelphia

付録 1

種々の臨床徴候に対する臨床的アプローチ

John Chitty

鳥が病気になると，多様な症状を示し診断が困難な場合がよく見られる．このフローチャートは以下に示す状態へのアプローチの手順を示すだけでなく，臨床医にとって，よく見られる状態を診断する大きな助けになると思われる．丸の中の番号は，診断方法が詳細に記述された章の番号を示す．

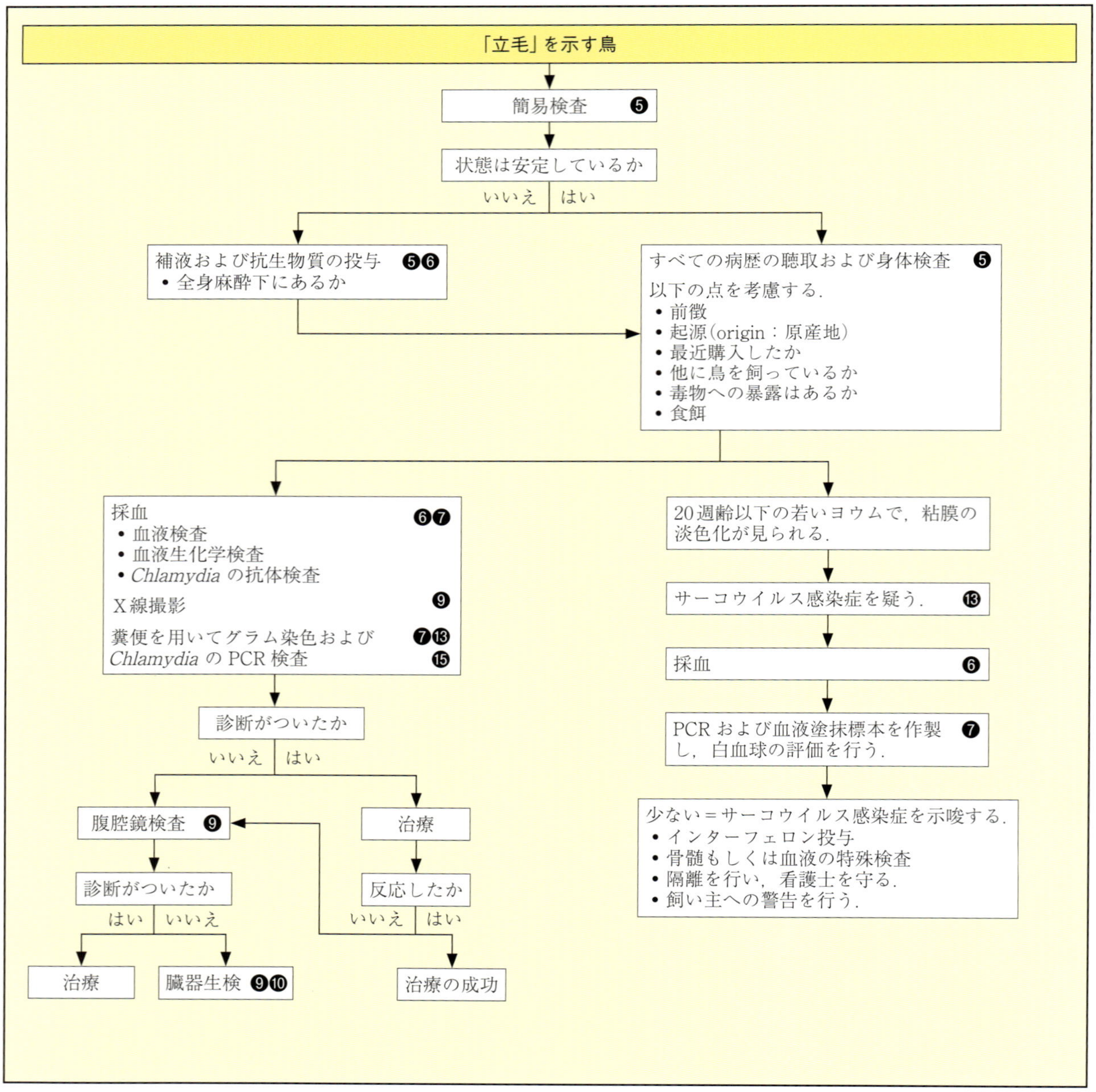

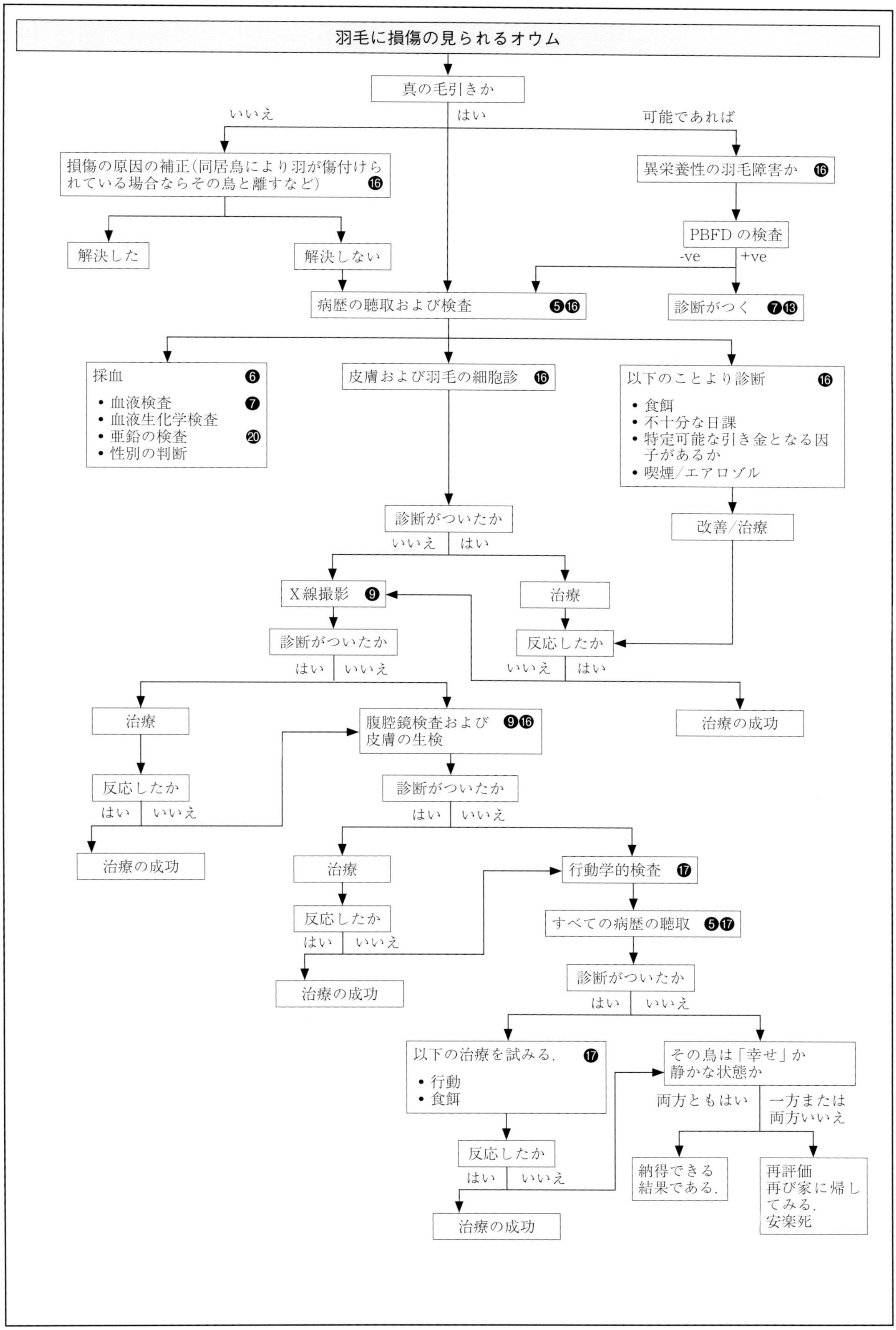
羽毛に損傷の見られるオウム
真の毛引きか
いいえ
はい
可能であれば
損傷の原因の補正(同居鳥により羽が傷付けられている場合ならその鳥と離すなど) ⓰
異栄養性の羽毛障害か ⓰
PBFD の検査
-ve
+ve
解決した
解決しない
病歴の聴取および検査 ❺⓰
診断がつく ❼⓭
採血 ❻
• 血液検査 ❼
• 血液生化学検査
• 亜鉛の検査 ⓴
• 性別の判断
皮膚および羽毛の細胞診 ⓰
以下のことより診断 ⓰
• 食餌
• 不十分な日課
• 特定可能な引き金となる因子があるか
• 喫煙/エアロゾル
診断がついたか
いいえ
はい
改善/治療
X 線撮影 ❾
治療
診断がついたか
反応したか
はい
いいえ
いいえ
はい
治療
腹腔鏡検査および皮膚の生検 ❾⓰
治療の成功
反応したか
はい
いいえ
診断がついたか
はい
いいえ
治療の成功
治療
行動学的検査 ⓱
反応したか
はい
いいえ
すべての病歴の聴取 ❺⓱
治療の成功
診断がついたか
はい
いいえ
以下の治療を試みる. ⓱
• 行動
• 食餌
その鳥は「幸せ」か静かな状態か
両方ともはい
一方または両方いいえ
反応したか
はい
いいえ
納得できる結果である.
再評価
再び家に帰してみる.
安楽死
治療の成功

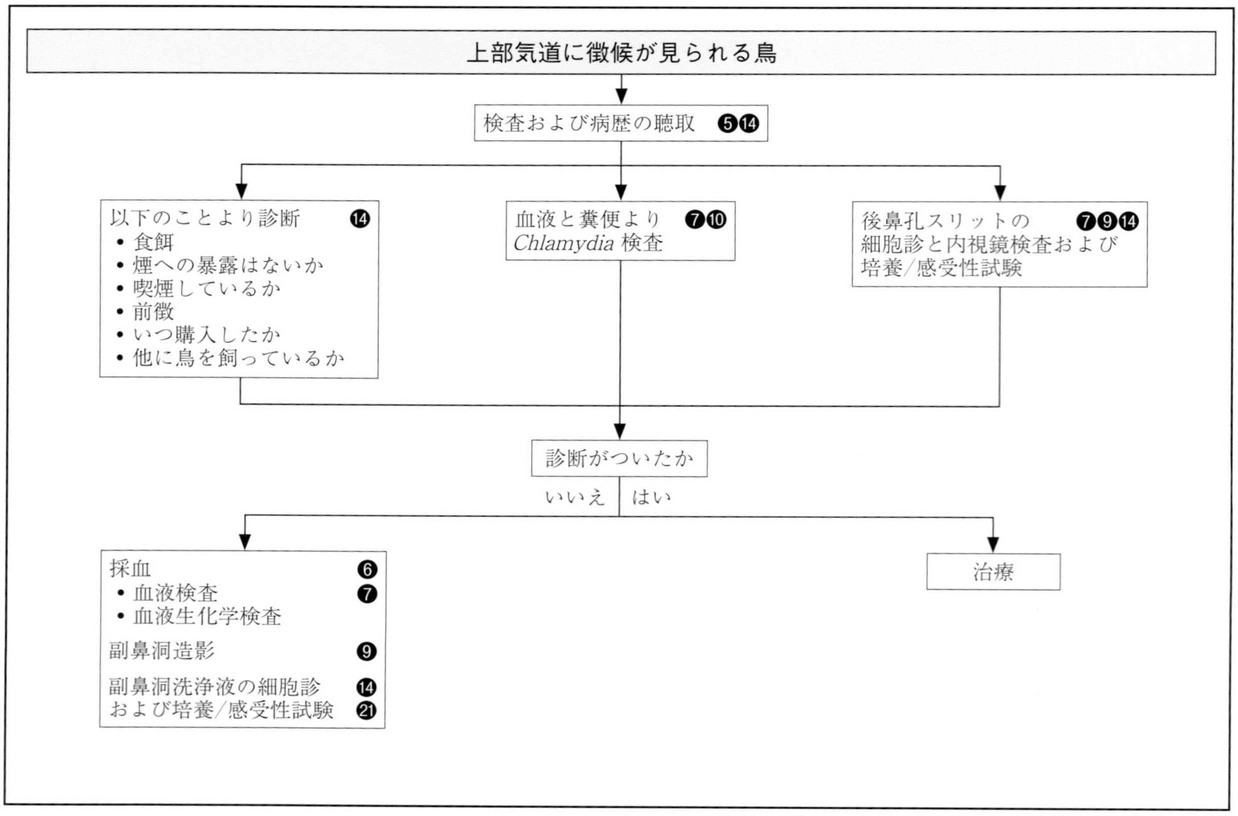
上部気道に徴候が見られる鳥
検査および病歴の聴取 ❺⓮
以下のことより診断 ⓮
• 食餌
• 煙への暴露はないか
• 喫煙しているか
• 前徴
• いつ購入したか
• 他に鳥を飼っているか
血液と糞便より ❼❿
Chlamydia 検査
後鼻孔スリットの ❼❾⓮
細胞診と内視鏡検査および
培養／感受性試験
診断がついたか
いいえ
はい
採血 ❻
• 血液検査 ❼
• 血液生化学検査
副鼻洞造影 ❾
副鼻洞洗浄液の細胞診 ⓮
および培養／感受性試験 ㉑
治療

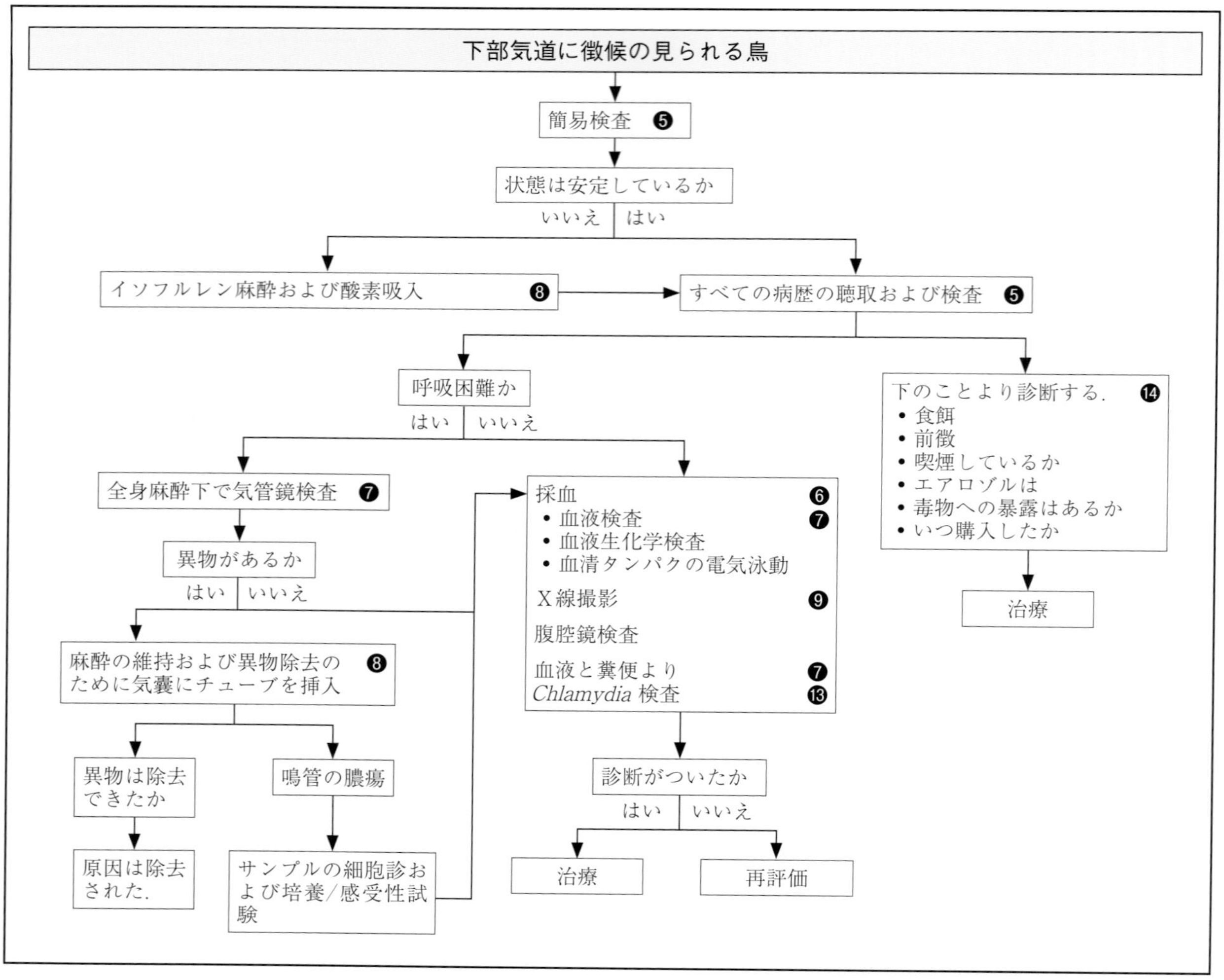
下部気道に徴候の見られる鳥
簡易検査 ❺
状態は安定しているか
いいえ
はい
イソフルレン麻酔および酸素吸入 ❽
すべての病歴の聴取および検査 ❺
呼吸困難か
はい
いいえ
下のことより診断する． ⓮
• 食餌
• 前徴
• 喫煙しているか
• エアロゾルは
• 毒物への暴露はあるか
• いつ購入したか
治療
全身麻酔下で気管鏡検査 ❼
異物があるか
はい
いいえ
採血 ❻
• 血液検査 ❼
• 血液生化学検査
• 血清タンパクの電気泳動
X 線撮影 ❾
腹腔鏡検査
血液と糞便より ❼
Chlamydia 検査 ⓭
麻酔の維持および異物除去の ❽
ために気嚢にチューブを挿入
異物は除去
できたか
鳴管の膿瘍
原因は除去
された．
サンプルの細胞診お
よび培養／感受性試
験
診断がついたか
はい
いいえ
治療
再評価

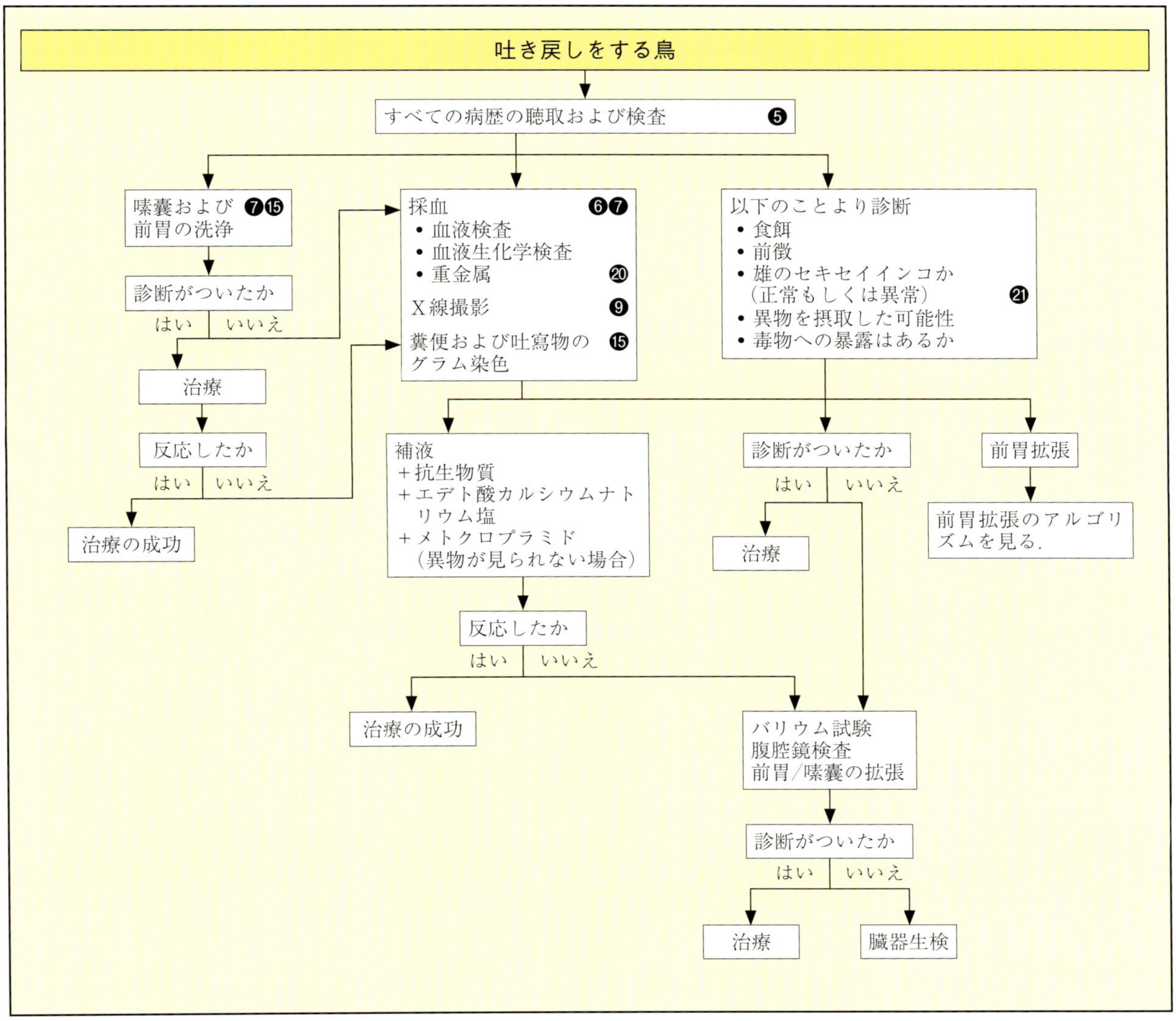
吐き戻しをする鳥
すべての病歴の聴取および検査 ❺
嗉嚢および前胃の洗浄 ❼⓯
診断がついたか
はい
いいえ
治療
反応したか
はい
いいえ
治療の成功
採血 ❻❼
• 血液検査
• 血液生化学検査
• 重金属 ⓴
X線撮影 ❾
糞便および吐瀉物のグラム染色 ⓯
以下のことより診断
• 食餌
• 前徴
• 雄のセキセイインコか（正常もしくは異常） ㉑
• 異物を摂取した可能性
• 毒物への暴露はあるか
補液
＋抗生物質
＋エデト酸カルシウムナトリウム塩
＋メトクロプラミド（異物が見られない場合）
反応したか
はい
いいえ
治療の成功
診断がついたか
はい
いいえ
治療
前胃拡張
前胃拡張のアルゴリズムを見る．
バリウム試験
腹腔鏡検査
前胃/嗉嚢の拡張
診断がついたか
はい
いいえ
治療
臓器生検

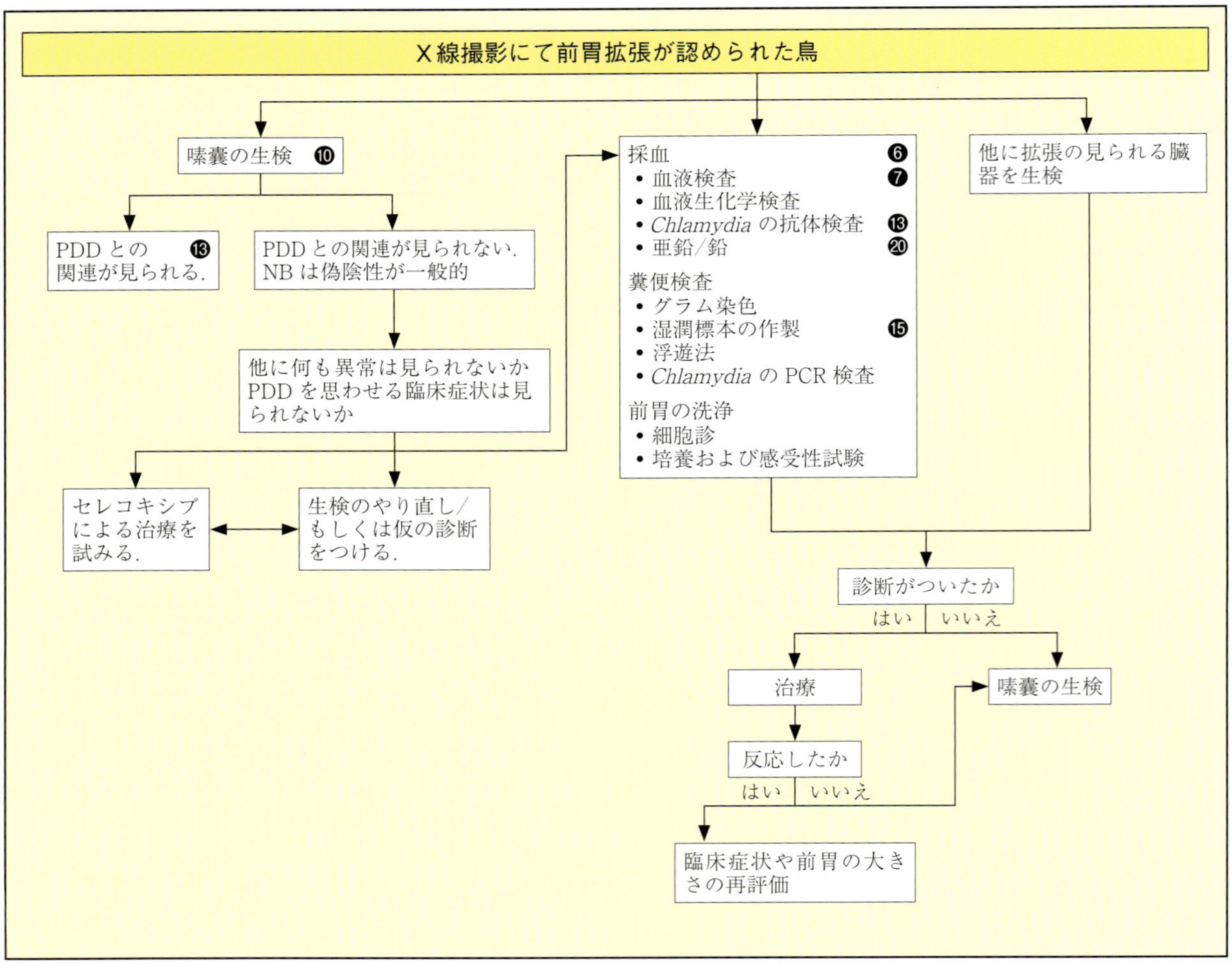
X 線撮影にて前胃拡張が認められた鳥
嗉嚢の生検 ❿
PDD との関連が見られる. ⓭
PDD との関連が見られない. NB は偽陰性が一般的
他に何も異常は見られないか PDD を思わせる臨床症状は見られないか
セレコキシブによる治療を試みる.
生検のやり直し/もしくは仮の診断をつける.
採血 ❻
• 血液検査 ❼
• 血液生化学検査
• *Chlamydia* の抗体検査 ⓭
• 亜鉛/鉛 ⓴
糞便検査
• グラム染色
• 湿潤標本の作製 ⓯
• 浮遊法
• *Chlamydia* の PCR 検査
前胃の洗浄
• 細胞診
• 培養および感受性試験
他に拡張の見られる臓器を生検
診断がついたか
はい
いいえ
治療
嗉嚢の生検
反応したか
はい
いいえ
臨床症状や前胃の大きさの再評価

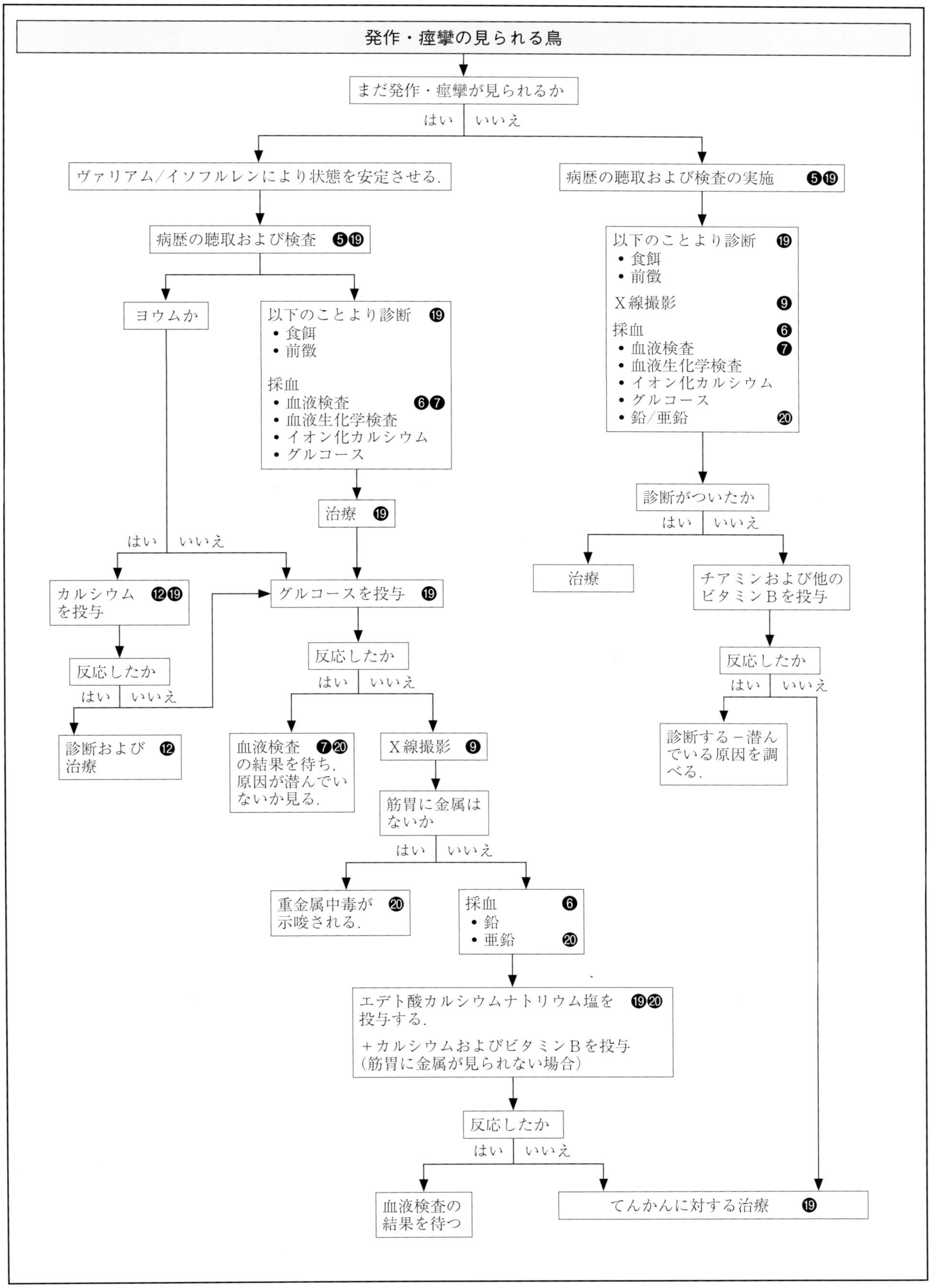
発作・痙攣の見られる鳥
まだ発作・痙攣が見られるか
はい
いいえ
ヴァリアム/イソフルレンにより状態を安定させる.
病歴の聴取および検査の実施 ❺⓳
病歴の聴取および検査 ❺⓳
ヨウムか
以下のことより診断 ⓳
• 食餌
• 前徴
採血
• 血液検査 ❻❼
• 血液生化学検査
• イオン化カルシウム
• グルコース
治療 ⓳
はい
いいえ
カルシウムを投与 ⓬⓳
グルコースを投与 ⓳
反応したか
はい
いいえ
診断および治療 ⓬
反応したか
はい
いいえ
血液検査 ❼⓴ の結果を待ち，原因が潜んでいないか見る.
X線撮影 ❾
筋胃に金属はないか
はい
いいえ
重金属中毒が示唆される. ⓴
採血 ❻
• 鉛
• 亜鉛 ⓴
エデト酸カルシウムナトリウム塩を投与する. ⓳⓴
＋カルシウムおよびビタミンBを投与（筋胃に金属が見られない場合）
反応したか
はい
いいえ
血液検査の結果を待つ
てんかんに対する治療 ⓳
以下のことより診断 ⓳
• 食餌
• 前徴
X線撮影 ❾
採血 ❻
• 血液検査 ❼
• 血液生化学検査
• イオン化カルシウム
• グルコース
• 鉛/亜鉛 ⓴
診断がついたか
はい
いいえ
治療
チアミンおよび他のビタミンBを投与
反応したか
はい
いいえ
診断する－潜んでいる原因を調べる.

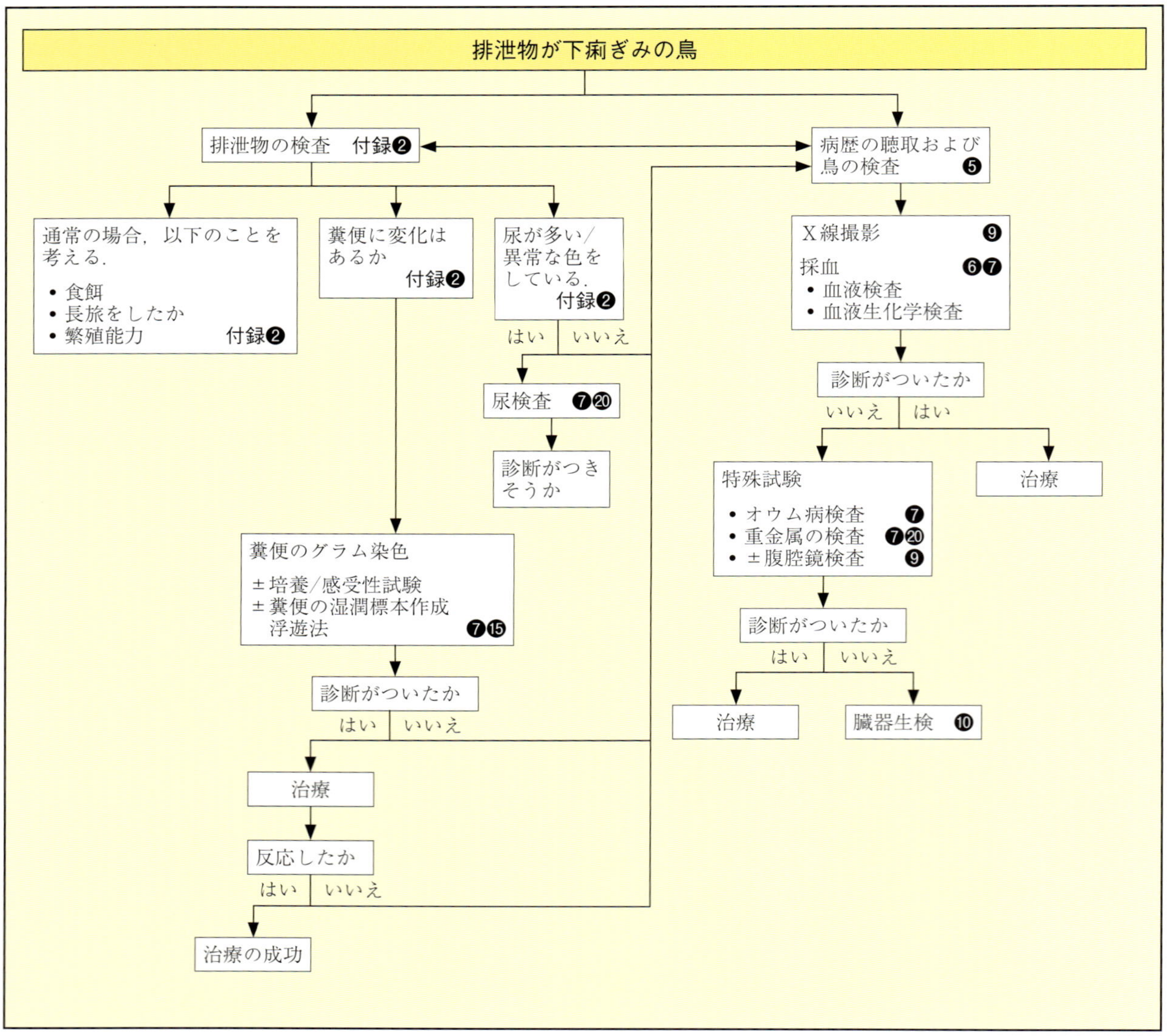

排泄物が下痢ぎみの鳥
排泄物の検査　付録❷
病歴の聴取および鳥の検査 ❺
通常の場合，以下のことを考える．
• 食餌
• 長旅をしたか
• 繁殖能力　付録❷
糞便に変化はあるか　付録❷
尿が多い／異常な色をしている．付録❷
はい　いいえ
尿検査 ❼⓴
診断がつきそうか
糞便のグラム染色
± 培養／感受性試験
± 糞便の湿潤標本作成
浮遊法 ❼⓯
診断がついたか
はい　いいえ
治療
反応したか
はい　いいえ
治療の成功
X線撮影 ❾
採血 ❻❼
• 血液検査
• 血液生化学検査
診断がついたか
いいえ　はい
特殊試験
• オウム病検査 ❼
• 重金属の検査 ❼⓴
• ± 腹腔鏡検査 ❾
治療
診断がついたか
はい　いいえ
治療
臓器生検 ❿

付録2

ケージの床から見る健康な鳥と病鳥の違い

Nigel Harcourt-Brown

はじめに

オウムインコ類において彼らの体調が悪そうな時，状態を知るためによく使われる方法としてケージの床を見る方法がある．多くの鳥は床に敷かれた紙の上に排泄する．排泄物は種々の老廃物が混ざったもので，排泄孔を通り同時に体外へ排泄される．オウムインコ類の糞便はたいてい糞洞の形に沿った虫状の形をしている．その鳥が食べた食物の量と種類により糞便の大きさが決まり，排泄物の水分含有量や不消化物の量が変わる．尿成分は不溶性の尿酸塩の形をとり，液性の尿が腸で再吸収されることはない．鳥が食べたものを吐き戻す/逆流していれば，ケージの床を見ることでわかる．

健康な鳥の排泄物

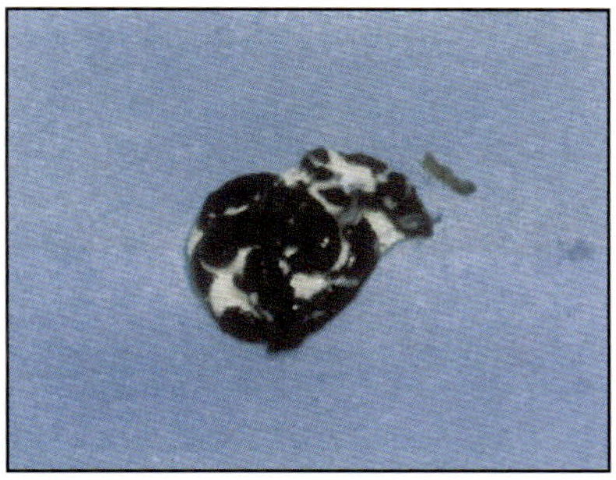

5日間種子で育てられたアケボノインコの正常な排泄物．この食餌は繊維が少なく，非常に水分が少ない．そのため糞便は虫状で少ない．尿酸は白い．尿は排泄される前にすべて再吸収された．

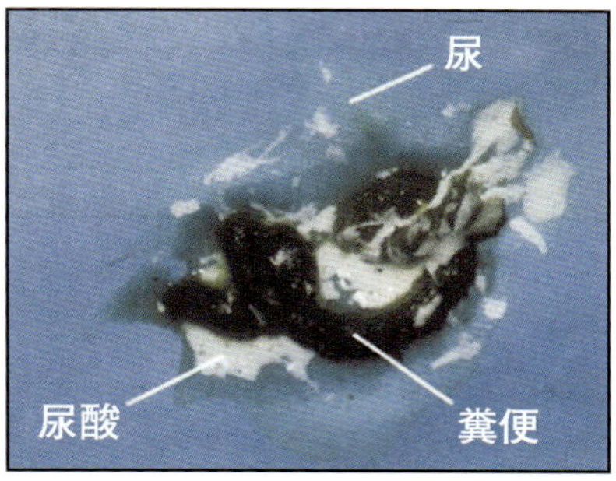

5日間豆類の食餌で育てられた同じアケボノインコの正常な排泄物．この食餌は種子より繊維・水分ともに多く，尿酸と同じくらいまで尿が増えたため糞便は種子のものより大きく水っぽい．

このオウムは総合栄養食のドライフードで育てられた．多くの総合栄養食は水分が少なく繊維が多いため，糞便は茶色(餌の色)で虫状をしている．尿は少なく，尿酸は白色である．

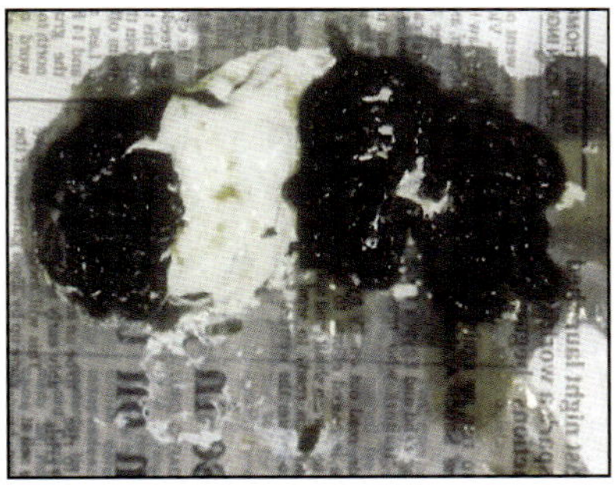

水分の多い餌で育てられた，正常なベニコンゴウインコの排泄物．

ドライシードを餌とするセキセイインコの正常な排泄物．コンマ型で尿は少なく，尿酸が付いている．このような排泄物は多くの小型のオーストラリア原産のパラキート，特に乾いたところに住む鳥に特徴的である．

蜜を餌とするロリキートの正常な排泄物．糞便は少量で水分が多い．尿酸が少なく，液性の尿が多いのが特徴である．

同じ健康なオウムの二つの排泄物．左の排泄物：手術のために輸送されていた時のもの．右の排泄物：輸送前のもの．
鳥は怖がると排泄腔を空にする．そのため，尿が十分に再吸収される前に排泄されたので糞塊は水分を多く含む(2章参照)．糞便自体は正常なのだが，この水分量のため見間違うこともある．その時通常の糞便が判断の助けになる．

卵を孵しているオウムを1，2日間隣のケージへ移動させたら，多量の排泄物を出した．下が五つの卵を孵している雌のオウム，上が雄のオウムの排泄物(比較)である．
これらの鳥は豆類の食餌を食べている．大きさの変化は雌のインコに，初めて卵を産む数日前に見られた．

種々の物質による排泄物の色の変化．ニワトコの実やビートを食べると，尿・尿酸が赤から紫色になる．体に吸収されたものや，代謝の異常により尿・尿酸が色を失うこともある．新聞紙のインクが排泄物に滲むこともある．
この鳥は怪我をして，プロフラビンのオイルでドレッシングされ包帯を巻かれていた．プロフラビンの色(黄色)が吸収され，尿中に排泄された．この糞便は正常な色である．他の二つの排泄物は治療前のものである．

病鳥の排泄物

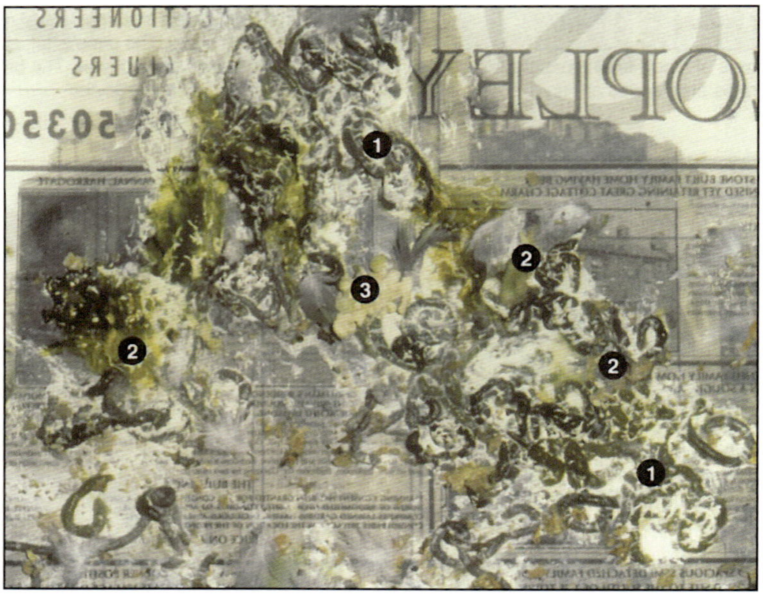

多くの場合，病鳥の居るケージの床の「汚い」様子は病歴を知るのに有効な材料となる．この鳥は，初めはよく餌を食べていたようだ(❶：いくつかの正常な排泄物)．しかし，急に具合が悪くなったと思われる．腸が炎症を起こしたせいで，便が水っぽく，少量で，粘液もしくはタンパク質の付着が認められる(❷)—これより腸の病気だと思われる．病歴や排泄物の様子より，数日間この状態が続いていたと思われる．尿酸が再び白色に戻ったことより，肝臓に影響はないものと思われる．この鳥は穀物を吐き戻していたようである(❸)．これは最近のものと思われる．この吐き戻しはおそらく病気によるものと考えられるが，手術のために輸送された際の乗り物酔いが原因である可能性もある．正常な糞便のスメアを染色し観察すると，大部分がグラム陽性の球菌である．しかし下痢をしているものではほとんどがグラム陰性の桿菌(*Eschehichia coli*)である．糞便の湿潤標本やマックマスター法では寄生虫は観察されなかった．このオウムは細菌性腸炎を起こしており，エンロフロキサシンに反応した．

多くの状態が鳥に穀物を吐き戻させる原因となる：前胃拡張症；腸閉塞；乗り物酔い；刺激薬の経口/非経口投与．

このバタン類は体重が減少し，排泄物の中に未消化の種子が見られる．この種子は胆汁の色に染まり，尿酸に包まれている．この原因は前胃拡張症である．

ここに示す下痢は，オウムには通常見られないものである．尿酸は正常であるが水分量が増している．糞便は形がなく，茶色や緑色など多様な色をしている．

具合の悪いオウムの排泄物．糞便は少量で柔らかいが正常な形をしている．しかし尿酸が「青りんご」の色をしている．これは軽度の閉塞性の細菌性肝炎を示唆する．

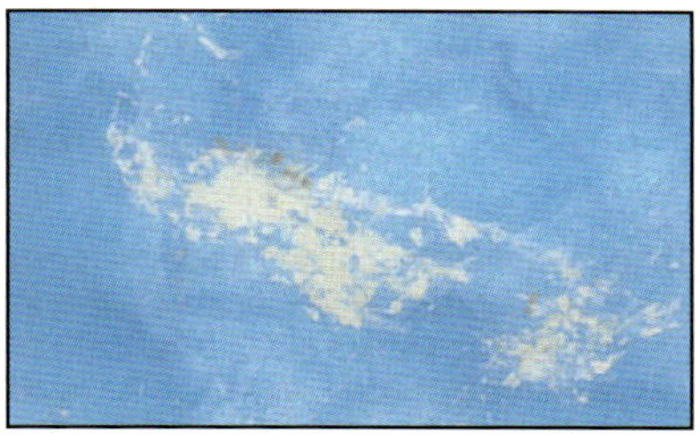

状態の非常に悪い若いルリコンゴウインコの尿成分の多い排泄物．この鳥は排便をしておらず，これは24時間以上餌を食べていないことを示す．この黄色／緑色の尿酸は肝炎の指標であり，多尿はおそらく腎炎によるものだと思われる．

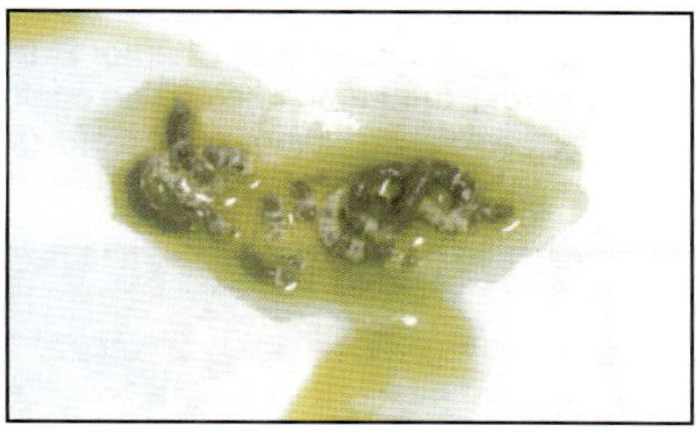

急性の *Chlamydia* 感染を示した8週齢のボウシインコ．排泄物は緑色で，下痢である．糞便は柔らかく色が薄い．尿および尿酸は濃いビリベルジンの色をしている．

明るい緑色の尿酸を伴う排泄物は，*Chlamydia* 感染症による重篤な肝炎を示唆している．

総排泄腔の乳頭腫からの出血による血色の排泄物．尿酸および糞便は正常である．

このオウムの排泄物は，大きさは正常だが濃い胆汁の色をしている．尿にはヘモグロビンが多量に含まれているが赤血球は含まれていない．この鳥は貧血で，赤血球の自己凝集が見られた．

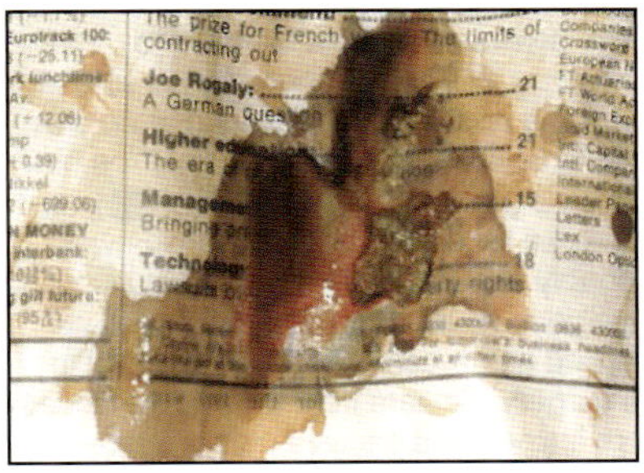

このボウシインコは形のない，尿酸および血液成分の混じった大きな糞塊を排泄した．尿道生殖は柔らかい総排泄腔結石で一杯であった．

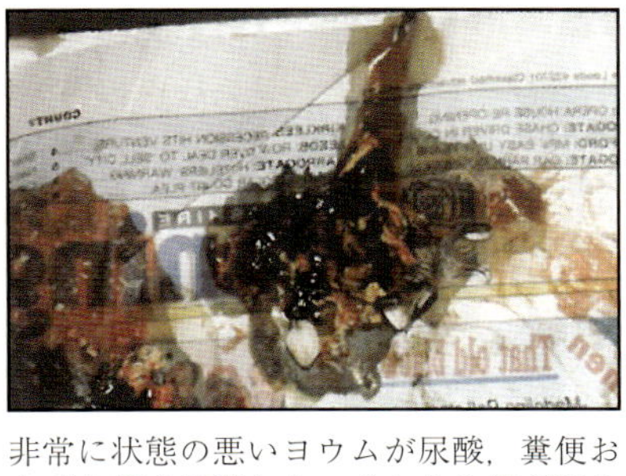

非常に状態の悪いヨウムが尿酸，糞便および血液を排泄した．それから便が出なくなった．X線撮影により腸内にガスが見られた．手術により腸重積の治療を行った．

付録3

処方集

この処方集は鳥に使われる薬の完璧なリストを目的としているのではなく，むしろ説明書に書かれている薬の要約である．より包括的な薬の一覧はMarx and Roston(1996), Carpenter *et al.*(2001), Bishop(2004)に示されている．一般名が普遍的に用いられているが，製品名や商品名の方が国の間では広まっているかもしれない．

薬　物	薬用量および投与方法	注意事項・用途
抗ウイルス薬		
アシクロビル	• 80 mg／kg，経口投与・静脈内・筋肉内，8時間ごと • 240 mg／kg，餌に混ぜて投与	• パチェコ氏病
抗生物質		
アモキシシリン	• 150～175 mg／kg，経口投与，12時間ごと • 150 mg／kg，筋肉内，24時間ごと	• 注射には長時間作用性の調剤を用いる．
アモキシシリン/クラブラン酸	• 125 mg／kg，経口投与，12時間ごと • 125 mg／kg，筋肉内，24時間ごと	
クロルテトラサイクリン	• 2,500～5,000 mg／kg，餌に混ぜて45日間投与	• ドイツでは，オウム病の治療として法的に定められている方法の一つである．
クリンダマイシン	• 25 mg／kg，経口投与，8時間ごと • 50 mg／kg，経口投与，12時間ごと • 100 mg／kg，経口投与，24時間ごと	
ドキシサイクリン	• 15～50 mg／kg，経口投与，24時間ごと • 1,000 mg／kg，殻を取った種子もしくは柔らかい餌に混ぜる． • ビブラベノス：75～100 mg／kg，7日間ごと	• オルニキュア(Genitrix)：英国では唯一愛玩鳥のオウム病治療薬として認可されている．25 mg／kg，経口投与，24時間ごとで45日間続ける．飲み水に混ぜたり，餌に混ぜたり，直接口に入れるなどして投与する．飲水投与は鳥の飲水量があてにならないため推奨されていない．Genitrixはオルニキュアを用いた治療について書かれているパンフレットを作成している． • ビブラベノス(Pfizer)：これはより大きな鳥のオウム病治療薬として推奨されている．コンゴウインコは他のオウム類よりも副作用に対する感受性が強い．副作用は嘔吐/逆流である．注射は非常に刺激が強い．もし注入する薬剤の量が多くなる場合には，何回かに分けて注射する．皮下注射を行うと皮膚の脱落が生じる可能性がある．ドイツではオウム病の治療として法的に定められている推奨された方法であり，75 mg／kg，筋肉内，5日間ごとを6回，その後4日間ごとを3回行う．数々の試験により75～100 mg／kg，7日間ごとを6回の投与が*Chlamydia psittaci*の排除に十分であると示唆しているが，完全にはあてにならない．英国では，ビブラベノスはVeterinary Medicine Directorateに公認されている有効な治療薬として唯一使用可能な薬剤である．

薬　物	薬用量および投与方法	注意事項・用途
エンロフロキサシン	• 10～15 mg／kg，経口投与・筋肉内，12時間ごと • 100～200 mg／L，飲水投与 • オウム病には15 mg／kg，筋肉内もしくは経口投与，12時間ごとを45日間続けることが推奨されている． • ドイツではオウム病には10 mg／kg, 筋肉内，24時間ごとを21日間；餌に混ぜて投与する場合は1000 mg／kg をトウモロコシ（ローリーもしくはロリキート類の鳥は花蜜）に混ぜただけの餌を21日間投与，もしくは500ppm を飲水に混ぜ21日間投与	• 英国では鳥用の調剤が認められている．10～15 mg／kg，12時間ごと，経口投与もしくは筋肉内（多くの著者はより高い濃度を推奨している）． • 注射は刺激が強いので，なるべく早く経口投与に切り替えるのが良い．**注射の場合は薬の濃度を2.5%以下にすること．** • エンロフロキサシンは，ドイツにおいてオウム病の治療として法的に定められている方法の一つである．
マルボフロキサシン	• 10 mg／kg，経口投与/筋肉内，24時間ごと	
ネオマイシン	• 80～100 mg／L，飲水投与，24時間ごと	
オキシテトラサイクリン	• 50 mg／kg，筋肉内，24時間ごと	• 注射には長時間作用性の調剤を用いる．調剤によっては刺激が強い場合もある．
ポリミキシンB	• 10～15 mg／kg，筋肉内，24時間ごと • 50,000 IU／L，飲水投与	• 腸で吸収されない．
トリメトプリム／スルホンアミド（ST合剤）	• 8 mg／kg，筋肉内，12時間ごと • 20～100 mg／kg, 経口投与，8～12時間ごと	• 逆流を起こした場合，容量を減らす．
抗真菌薬		
アムホテリシンB	• 1.5 mg／kg，静脈内，8時間ごとを3日間 • 1 mg／kg，気管内投与，8～12時間ごと • メガバクテリウムの場合：100～300 mg／kg，経口投与，12～24時間ごと	• 経口投与以外の方法では腎毒性がある．**慎重に使用する．**補液を同時に行うと良い． • アスペルギルス症において，アゾール系化合物を用いた治療の補助療法として用いると効果的である．腸で吸収されないので，全身感染の時は経口投与を用いてはならない．
クロトリマゾール	• 10 mg／kg，内視鏡を用いて，直接気嚢の病巣に投与する；もしくは10 mg／mL の濃度で鼻腔内洗浄を行う（洗浄液の容量は20 mL／kg）．	• 使用前にプロピレングリコールで2.5 mg／mL に希釈する．必要に応じて反復投与しても良いが，用量を超えないように注意する．**毒性があり，特にヨウムに毒性が強い．**
フルコナゾール	• 5 mg／kg，経口投与，24時間ごと	• 肝毒性があり，嘔吐を起こす可能性がある．
イトラコナゾール	• 5～10 mg／kg，経口投与，12時間ごと	• ケトコナゾールに比べ肝毒性は少ないが，**多くのヨウムは特異体質により死に至る可能性がある．**より少ない用量においては耐過する個体もいる．
ケトコナゾール	• 30 mg／kg，経口投与，12時間ごと	• 肝毒性があり，嘔吐を起こす可能性がある．
ナイスタチン	• 300,000 IU／kg，経口投与，12時間ごと	• 腸で吸収されない．
テルビナフィン	• 15 mg／kg，経口投与，12時間ごと	• イトラコナゾールに比べヨウムに対する毒性は低い．アゾール系化合物に比べ作用が発現するのが早い．
抗原虫薬		
カルニダゾール	• 30～50 mg／kg, 経口投与，14日後に再投薬	• トリコモナス症
クロロキン	• まず25 mg／kg を経口投与した後，12時間後，24時間後，48時間後に15 mg／kg を経口投与	• *Plasmodium* 感染
フェンベンダゾール	• GI 線虫：20～100 mg／kg，1回経口投与（再投薬する場合は14日後に行う • ジアルジア：50 mg／kg，経口投与，24時間ごとを3日間	
フィプロニル	• 脱脂綿に染み込ませ，後頭部，翼下，尾の付け根に押しあてる．	• 外部寄生虫．**鳥を薬剤に浸漬してはいけない（低体温の原因となる）．**滴下投与は勧められない．
イベルメクチン	• 200 μg／kg，皮下，経口投与，2～4週間ごと	• 英国では，小型の鳥には0.1% 濃度の薬剤を後頭部および毛の抜けた肌に滴下する方法が用いられている． • 開業医からは，家畜用の注射液を希釈せずに同様の方法で滴下し，副作用もないという報告もある．ダニ（特に *Cnemidocoptes*）および腸に寄生する線虫に効果がある．**注射の場合は用量を超えないように注意する．**経口および皮膚への投与の方が安全である．

薬　物	薬用量および投与方法	注意事項・用途
レバミゾール	• GI 線虫：20 mg／kg，1回経口投与 • カピラリア症：40 mg／kg，1回経口投与	• 嘔吐を起こす可能性がある．
メトロニダゾール	• 30 mg／kg，経口投与，12時間ごと	• ジアルジアに効果的
ペルメトリン／ピリプロキシフェンスプレー	• 環境中に噴霧する．	• マダニおよびワクモの制御
プラジカンテル	• 10 mg／kg，筋肉内，経口投与，10日後に再投薬	• 吸虫および条虫感染
ピランテル	• 7 mg／kg，経口投与，14日後に再投薬	• GI 線虫
ピリメタミン	• 0.5 mg／kg，経口投与，12時間ごとを14日間	• *Leucocytozoon* 感染
トルトラズリル	• 7 mg／kg，経口投与，24時間ごとを3日間	• コクシジウム症
鎮痛薬／抗炎症薬		
アセチルサリチル酸	• 5 mg／kg，経口投与，8時間ごと • 325 mg／250 mL で飲水投与	
ブトルファノール	• 1 mg／kg，筋肉内，1回投与 • 0.02～0.04 mg／kg，静脈内，1回投与	
カルプロフェン	• 5 mg／kg，筋肉内・経口投与，24時間ごと	
セレコキシブ	• 1～10 mg／kg，経口投与，12時間ごともしくは24時間ごと	• 前胃拡張症に用いる．
デキサメサゾン	• 抗炎症：1 mg／kg，筋肉内，1回投与 • ショック：2～4 mg／kg，静脈内，1回投与	• ダニに対する反応に特に効果的；短時間作用型のものを用いる（Dexadreson，Intervet など）．
フルニキシンメグルミン	• 1 mg／kg，筋肉内，24時間ごと	• 麻酔薬と同様に扱う．
グルココルチコイド		• すべてのグルココルチコイドは鳥において治療薬として重用されているが，免疫抑制，肝障害および糖尿病様症候群を引き起こす可能性がある．局所に作用するものはその副作用のためほとんど用いられていない．
イブプロフェン	• 5～10 mg／kg，経口投与，8時間～12時間ごと	
ケトプロフェン	• 2 mg／kg，筋肉内・皮下，8時間～24時間ごと	
リドカイン	• 最大量1～4 mg／kg，局所麻酔	• エピネフリンを含むものを用いてはならない．生理食塩水で最低10倍に希釈して用いる．
メロキシカム	• 200 µg／kg，筋肉内，1回投与 • 200 µg／kg，経口投与，24時間ごと	• 経口投与の量は，ヨウムにおいてだいたい1.5 mg／mL の薬液を1日に1滴くらいである．
フェニルブタゾン	• 3.5～7 mg／kg，経口投与，8時間ごと	
ピロキシカム	• 0.5 mg／kg，経口投与，12時間ごと	
プレドニゾロン	• 1 mg／kg，経口投与，12時間ごと	• 瘙痒に用いる場合，可能な限り早く最小有効量まで減らす．使用前に必ず潜在的な感染症（アスペルギルス症，オウム病）の可能性を排除する．鳥が瘙痒を示して，なおかつ他の治療が効果を示さないことを投薬前に確認する必要がある．
向精神薬／鎮静薬		
アトロピン	• 上室性頻脈：0.01～0.02 mg／kg，静脈内，1回投与 • 前投薬：0.02～0.08 mg／kg，筋肉内，1回投与	• 粘膜分泌を促進するので，気管内挿管を塞ぐ可能性がある．
クロミプラミン	• 0.5～1 mg／kg，経口投与，6時間～8時間ごと	• 向精神作用と同等の抗ヒスタミン（抗瘙痒）作用がある．
ジアゼパム	• 痙攣／発作：0.1～1.0 mg／kg，静脈内．筋肉内，1回投与 • 前投薬：0.2～0.5 mg／kg，筋肉内もしくは0.05～0.15 mg／kg，静脈内 • 抗不安薬：0.5 mg／kg，経口投与，8～12時間ごとで1回投与	
ジフェンヒドラミン	• 2～4 mg／kg，経口投与，12時間ごと	• 抗ヒスタミン（抗瘙痒）作用および鎮静作用がある．

薬　物	薬用量および投与方法	注意事項・用途
ドキセピン	• 0.5～1 mg／kg，経口投与，12時間ごと • 有機リン酸中毒：0.2 mg／kg，筋肉内，4時間ごと	• 不整脈を起こす可能性がある．
フルオキセチン	• 1 mg／kg，経口投与，24時間ごと	
グリコピロレート	• 0.01 mg／kg，筋肉内・静脈内	• 前投薬として用いる．アトロピンと同様
ハロペリドール	• 0.15～0.2 mg／kg，経口投与，12時間ごと • 1～2 mg／kg，筋肉内，21日ごと	• 眠気の原因となる(特に注射の場合)．自傷症に有効
ミダゾラム	• 0.1～0.5 mg／kg，筋肉内 • 0.05～0.15 mg／kg，静脈内	• 前投薬として用いる．
ナルトレキソン	• 1.5 mg／kg，経口投与，12時間ごと	
フェノバルビタール	• 3.5～7 mg／kg，経口投与，12時間ごと	• 抗痙攣薬．てんかん，および発作による毛引きが見られる時に用いる．
その他		
酢酸	• 5 mL／600 mL の割合で飲水に混ぜて投与	• 有機リンゴ酸．腸内を酸性化し，メガバクテリア症に効果的
アロプリノール	• 10 mg／30 mL の割合で飲水に混ぜ，24時間間隔で投与	• 痛風
アスコルビン酸	• 20～40 mg.／kg，筋肉内，24時間ごと	
グルコン酸カルシウム	• 必要に応じて50～100 mg／kg，ゆっくり静脈内	• 低カルシウム血症
シサプリド	• 0.5～1.5 mg／kg，経口投与，8時間ごと	• 消化管蠕動促進剤
コルヒチン	• 0.04 mg／kg，経口投与，12時間ごと	• 痛風，肝硬変/肝線維症
デフェロキサミン	• 20 mg／kg，経口投与，4時間ごと	• 毒素のキレート剤
デキストロース	• 必要に応じて500 mg／kg，ゆっくり静脈内	• 低血糖
ジゴキシン	• 0.02 mg／kg，24時間ごと	• 陽性変力作用が求められる循環器病
ドキサプラム	• 5～10 mg／kg，静脈内・筋肉内，1回投与	• 呼吸の停止．口腔内への滴下は哺乳類では効果的だが，鳥類ではそれほど効果的ではない．
エデト酸カルシウムニナトリウム	• 35 mg／kg，筋肉内，12時間ごと	• 重金属中毒．慢性の亜鉛中毒には100 mg／kg を週に１回筋肉内投与すると効果的であるという報告がある．
エナラプニル	• 0.5 mg／kg，24時間ごと	• ACE 阻害薬．循環器疾患に用いる．
エピネフリン	• 0.1 mg／kg，静脈内・骨内・心内・気管内に1回投与	• 心停止
F10	• 鼻腔洗浄：1：250の割合で希釈し，20 mL／kg を必要に応じて用いる． • 皮膚感染症：1：250の割合で希釈し，スプレーまたは浸漬する．	• 消毒・殺菌薬．成分：0～10％未満は四級アンモニウム化合物，0～10％はポリ(ヘキサメチレンビグアナイド化合物)塩酸〔poly(hexamethylene biguanide)HCl〕，10～30％はノニルフェノールエチレン酸化縮合物(nonylphenol ethylene oxide condensate)，10～30％は EDTA 四ナトリウム塩(tetrasodium EDTA)である．
ヘパリン	• 300 IU／kg，静脈内，1回投与	• PFTE 中毒
インスリン	• 0.002～1.4 IU／kg，筋肉内	• 真性糖尿病の場合は必ず反復投与
インターフェロン	• 1,000,000 IU，24時間ごと，筋肉内を90日間	• 急性のサーコウイルス感染．鳥類のインターフェロンを用いる；猫のインターフェロンではこの量ではうまくいかなかった．量を多くすれば治療が成功するかもしれない．
イオヘキソール	• 1 mL 中にヨードが300 mg 含まれているものを500 g の鳥に1 mL の量で静脈内投与	• 静脈内の陽性造影剤
カオリン	• 2 mg／kg，経口投与，8時間ごと	• 腸の保護剤
ラクツロース	• 0.3 mg／kg，経口投与，8時間ごと	• 肝性脳症
酢酸ロイプロリド	• 250～750 μg／kg，筋肉内，2～6週間ごと	• 慢性的な産卵の場合には30日持効性製剤を用いる．高価だが，1回調整した後に一定量に分けて凍結保存しておけば6カ月は効力が持続する．
ルゴールのヨウ素液	• 1 mL のヨウ素を15 mL の水に溶かしストック溶液を調整する．250 mL の飲水に一滴滴下する．	• 甲状腺腫によるヨード欠乏

薬　物	薬用量および投与方法	注意事項・用途
酢酸メドロキシプロゲステロン	• 5～25 mg／kg，筋肉内，4～6週間ごと	• 性活動の抑制．副作用で肝障害，肥満および糖尿病を引き起こす可能性がある．
メトクロプラミド	• 0.5 mg／kg，筋肉内，8時間ごと	• 消化管蠕動促進剤
オオアザミエキス	• 5 mg／kg，経口投与，8時間ごと	• 肝障害．作用を持つ成分はシリマリン
ペニシラミン	• 55 mg／kg，経口投与，12時間ごと	• 重金属のキレート剤．治療係数は低い．薬の過量は嘔吐，低血糖および死をもたらす可能性がある．そのため薬の量は正確に滴定し，副作用をモニタリングする必要がある．
プラリドキシム	• 10～100 mg／kg，静脈内，24時間ごと	• 有機リン酸塩もしくはカルバメート系化合物中毒
プロスタグランジンE2ゲル	• 0.1 mL／100 gを直接卵管括約筋に塗布する．	• 括約筋を弛緩させ，卵の保持のため子宮の緊張を高める．
スクラルファート	• 25 mg／kg，経口投与，8時間ごと	• GIの潰瘍に対するコーティング剤
L-チロキシン	• 0.02 mg／kg，12時間ごとまたは24時間ごと	• 甲状腺機能低下症
D-ツボクラリン	• 3％の食塩水に薬剤を溶かした溶液を，27～30 Gの針を用いて0.01～0.03 mL前眼房に投与する．	• 検眼時の散瞳薬およびブドウ膜炎の治療薬として用いる． • **非常に危険；乾燥した粉で販売されているのでドラフトの中で調整を行い，吸い込んではならない．**
ビタミンA	• 2,000 IU／kg，経口投与・筋肉内	• ビタミンA欠乏症，およびポックスウイルス感染の補助的な治療に用いる．全身投与は毒性があるので，12時間ごとで投与するのがベストである．注射により投与するのならば，反復投与してはならない．
ビタミンB_1	• 3 mg／kg，筋肉内，7時間ごと	• チアミン欠乏症
ビタミンB複合体	• 1～3 mg／kg，筋肉内，1回投与	• 複数のビタミンB欠乏症
ビタミンD_3	• 6,600 IU／kg，筋肉内，1回投与	• 低カルシウム血症
ビタミンK_1	• 2.5 mg／kg，筋肉内，24時間ごと	• クマリン系化合物の抗凝固作用の毒性
局所作用薬（Topical preparations）		
アロエベラ	• 24時間ごとで皮膚の潰瘍にあてる．	• 皮膚の感染症や水疱に用いる．アロエベラ150 mgあたりにヘパリンを1000 IU加えても良い．
クロルヘキシジン	• 1：50の割合で希釈し，24時間ごとで皮膚に噴霧する．	
エキナセアクリーム	• 24時間ごとで慢性感染症に用いる．	• 免疫調整物質？　草本の形で用いる
F10軟膏	• 24時間ごとで患部に塗布する．	• 保護クリーム．成分はF10の項を参照．
フルルビプロフェン	• 1滴を12時間ごと	• NSAID．ブドウ膜炎や眼球の痛み，特に角膜の損傷に効果的
フシジン酸	• 皮膚：24時間ごとで適用 • 眼に用いる場合：12～24時間間隔で適用	• 種々の処方がある；**コルチコステロイドを含むものは避ける．**
オフロキサシン	• 1滴を12時間ごと	• フルオロキノロン系抗生物質
スルファジアジン銀クリーム	• 24時間ごとで患部に塗布する．	• 保護クリーム
ベクロニウム	• 0.8 mg／mLの溶液を生理食塩水に1滴滴下して用いる．2分後に再び投与	• 散瞳薬として用いる．眼球の後ろの部分の検査を可能にする． • **溶媒には刺激のある界面活性剤が含まれていないことを確認する．**

付録4

鳥名の一覧

ラテン名(学名)は動物学者にとって基本であり，通常は種にラテン名が一つだけ付けられている．慣用名は国によりさまざまに変化する．そのため英語(英国にも米国にも対応する)の慣用名の「基準」の一覧が，今まで何回も作成されてきた．中でも The Handbook of Birds of the World(Del Hoyo *et al*., 1997)は英語，スペイン語，ドイツ語，フランス語がセットになっていて素晴らしい．これらの名前はオウムインコ類の種々の鳥に与えられている(他の鳥類も同様)．

- このマニュアルで用いられている英語名は，鳥を飼育・繁殖している人達の間で最も一般的に用いられているものである．
- このマニュアルで用いられているラテン名および分類学は，The Howard and Moore Complete Checklist of Birds of the World(Dickinson, 2003)から引用している．

＊ 訳者註：原文は，英名・学名の綴りが間違っているものがあったため修正している。

和　名	英　名	ラテン名(学名)
サトウチョウ	Blue-crowned Hanging Parrot	*Loriculus galgulus*
ケラインコ類	Pygmy parrots	*Micropsitta* spp.
バタン類(コカトゥー類)	Cockatoos	
ヤシオウム	Palm Cockatoo	*Probosciger aterrimus*
モモイロインコ	Galah	*Elophus roseicapilla*
テンジクバタン	Slender-billed Cockatoo	*Cacatua tenuirostris*
キバタン	Greater Sulphur-crested Cockatoo	*Cacatua galerita*
アオメキバタン	Triton Cockatoo	*Cactua galerita triton*
コバタン	Lesser Sulphur-crested Cockatoo	*Cacatua sulphurea*
コキサカオウム	Citron-crested Cockatoo	*Cacatua sulphurea citronocristata*
タイハクオウム	Umbrella Cockatoo	*Cacatua alba*
オオバタン	Moluccan or Salmon-crested Cockatoo	*Cacatua moluccensis*
オカメインコ	Cockatiel	*Nymphicus hollandicus*
ローリー・ロリキート類	Lories and lorikeets	
ヒインコ	Red Lory	*Eos rubra*
ゴシキセイガイインコ	Rainbow Lorikeet	*Trichoglossus haematodus*
パラキート類	Parakeets	
アオハシインコ	Red-fronted Kakariki	*Cyanoramphus novaezelandiae*
キガシラアオハシインコ	Yellow-fronted Kakariki	*Cyanoramphus auriceps*
ヒラオインコ類	Rosella	*Platycercus* spp.
キキョウインコ類	Grass parakeets	
アキクサインコ	Bourke's Parakeet	*Neosephotus bourkii*
キキョウインコ	Turquoisine Parakeet	*Neophema pulchella*
ヒムネキキョウインコ	Splendid Parakeet	*Neophema splendida*
セキセイインコ	Budgerigar	*Melopsittacus undulatus*

和　名	英　名	ラテン名(学名)
オオハナインコ	Eclectus Parrot	*Eclectus roratus*
オオホンセイインコ	Alexandrine Parakeet	*Psittacula eupatria*
ホンセイインコ	Ringneck Parakeet	*Psittacula krameri*
コセイインコ	Blossom-headed Parakeet	*Psittacula roseata*
ボタンインコ類	Lovebirds	Agapornis spp.
カルカヤインコ	Madagascar Lovebird	*Agapornis cana*
ハツハナインコ	Abyssinian Lovebird	*Agapornis taranta*
ルリゴシボタンインコ	Fischer's Lovebird	*Agapornis fischeri*
コザクラインコ	Peach-faced Lovebird	*Agapornis roseicollis*
クロインコ	Vasa Parrot (Greater)	*Coracopsis vasa*
コクロインコ	Vasa Parrot (Lesser)	*Coracopsis nigra*
ヨウム	Grey Parrot	*Psittacus erithacus*
コイネズミヨウム	Timneh Parrot	*Psittacus erithacus timneh*
オオハネナガインコ	Cape Parrot	*Poicephalus robustus*
ムラクモインコ	Meyer's Parrot	*Poicephalus meyeri*
ネズミガシラハネナガインコ	Senegal Parrot	*Poicephalus senegalus*
コンゴウインコ類	Macaws	
スミレコンゴウインコ	Hyacinth Macaw	*Anodorhynchus hyacinthus*
ルリコンゴウインコ	Blue and Gold Macaw	*Ara ararauna*
コンゴウインコ (アカコンゴウインコ) 訳者注：グループ名としてのコンゴウインコ類と区別するために，アカコンゴウインコと表記される場合も多い	Scarlet Macaw	*Ara macao*
ベニコンゴウインコ	Green-winged Macaw	*Ara chloropterus*
ヒメコンゴウインコ	Severe Macaw	*Ara severa*
ズグロヒメコンゴウインコ	Red-bellied Macaw	*Orthopsittaca manilata*
キエリヒメコンゴウインコ	Yellow-collared Macaw	*Propyrrhura auricollis*
コミドリコンゴウインコ	Noble (Red-shouldered) Macaw	*Diopsittaca nobilis*
チュウコミドリコンゴウインコ	Hahn's Macaw	*Diopsittaca nobilis cumanensis*
コガネメキシコインコ	Sun Conure	*Aratinga solstitialis*
ナナイロメキシコ インコ	Jenday (or Janday) Conure	*Aratinga jendaya*
チャノドインコ	Brown-throated Conure	*Aratinga pertinax*
イワインコ	Patagonian Conure	*Cyanoliseus patagonus*
アオマエカケインコ	Blue-throated Conure	*Pyrrhura cruentata*
オキナインコ	Quaker (or Monk) Parakeet	*Myiopsitta monachus*
ズグロシロハラインコ	Black-headed Caique	*Pionites melanocephalus*
シロハラインコ	White-bellied Caique	*Pionites leucogaster*
キガシラマメルリハシインコ	Yellow-faced Parrotlet	*Forpus xanthops*
ハシブトルリハシインコ	Blue-winged Parrotlet	*Forpus xanthopterigius*
マメルリハインコ	Celestial Parrotlet	*Forpus coelestis*
ワタボウシミドリインコ	Grey-cheeked parakeet	*Brotgeris pyrrhoptera*
アケボノインコ類	Pionus parrots	
アケボノインコ	Blue-headed Pionus Parrot	*Pionus menstruus*
ヨゴレインコ	Coral-billed Pionus Parrot	*Pionus sordidus*
アケボノインコモドキ	Maximilian's Pionus Parrot	*Pionus maximilani*
メキシコシロガシラインコ	White-capped Pionus Parrot	*Pionus senilis*
ドウバネインコ	Bronze-winged Pionus Parrot	*Pionus chalcopterus*
スミレインコ	Dusky Pionus Parrot	*Pionus fuscus*
ボウシインコ類	Amazons	
ミミグロボウシインコ	Hispaniolan Amazon	*Amazona ventralis*
コボウシインコ	White-fronted Amazon	*Amazona albifrons*

和　名	英　名	ラテン名(学名)
キホオボウシインコ	Red-lored Amazon	*Amazona autumnalis*
アオボウシインコ	Blue-fronted Amazon	*Amazona aestiva*
オオキボウシインコ	Yellow-headed Amazon	*Amazona oratrix*
キビタイボウシインコ	Yellow-crowned (or Yellow- fronted) Amazon	*Amazona ochrocephala*
キソデボウシインコ	Orange-winged Amazon	*Amazona amazonica*
ムジボウシインコ	Mealy Amazon	*Amazona farinosa*
ムラサキ ボウシインコ	Festive Amazon	*Amazon festiva*
ヒオウギインコ	Hawk-headed Parrot	*Deroptyus accipitrinus*
イチジクインコ類	Fig parrots	*Cyclopsitta* spp.

CITES附属書に掲載されているオウムインコ類の一覧

以下の英名は，英国環境・食糧・農村地域省(DEFRA)で使われている一般名と完全には一致していない。ラテン名(学名)を使用した方が安全である。

※　訳者註：下表は原書出版時の2005年の附属書掲載種であることにご留意いただきたい.

附属書Ⅰ

和　名	英　名	ラテン名(学名)
シロビタイムジオウム	Goffin's Cockatoo	*Cacatua goffini*
フィリピンオウム	Red-vented Cockatoo	*Cacatua haematuropygia*
オオバタン	Moluccan Cockatoo	*Cacatua moluccensis*
ヤシオウム	Palm Cockatoo	*Probosciger aterrimus*
ヤクシャインコ	Red and Blue Lory	*Eos histrio*
コンセイインコ	Ultramarine Lorikeet	*Vini ultramarina*
フクロウオウム	Kakapo	*Strigops habroptilus*
アカガオイチジクインコ	Southern or Blue-browed Fig-parrot	*Cyclopsitta diophthalma coxeni*
ヘイワインコ	Horned Parakeet	*Eunymphicus cornutus*
アオハシインコ	Red-fronted Kakariki (or Parakeet)	*Cyanoramphus novaezelandiae*
チャタムアオハシインコ	Chatam Kakariki (or Parakeet)	*Cyanoramphus forbesi*
ヒスイインコ	Hooded Parakeet	*Psephotus dissimilis*
キビタイヒスイインコ	Golden-shouldered Parakeet	*Psephotus chrysopterygius*
ゴクラクインコ(おそらく絶滅)	Paradise Parakeet	*Psephotus pulcherrimus*
アカハラワカバインコ	Orange-bellied Grass-parakeet	*Neophema chrysogaster*
キジインコ	Ground Parrot	*Pezoporus wallicus*
ヒメフクロウインコ	Night Parrot	*Geopsittacus occidentalis*
シマホンセイインコ	Mauritius Parakeet	*Psittacula echo*
アオコンゴウインコ	Spix's Macaw	*Cyanopsitta spixii*
スミレコンゴウインコ属全種	Blue macaws	*Anodorhynchus* spp.
スミレコンゴウインコ	Hyacinth Macaw	*Anodorhynchus hyacinthus*
コスミレコンゴウインコ	Lears Macaw	*Anodorhynchus leari*
ウミアオコンゴウインコ	Glaucous Macaw	*Anodorhynchus glaucus*
ヒワコンゴウインコ	Buffon's Macaw	*Ara ambiguus*
ミドリコンゴウインコ	Military Macaw	*Ara militaris*
アオキコンゴウインコ	Caninde Macaw (Blue-throated Macaw)	*Ara glaucogularis*
アカミミコンゴウインコ	Red-fronted Macaw	*Ara rubrogenys*
コンゴウインコ(アカコンゴウインコ)	Scarlet Macaw	*Ara macao*
ヤマヒメコンゴウインコ	Blue-headed Macaw	*Propyrrhura couloni*

和　名	英　名	ラテン名(学名)
アカビタイヒメコンゴウインコ	Illiger's Macaw	*Propyrrhura maracana*
ハシブトインコ	Thick-billed Parrot	*Rhynchopsitta pachyrhyncha*
クリムネインコ	Maroon-fronted Parrot	*Rhynchopsitta terrisi*
キミミインコ	Yellow-eared Conure	*Ognorhynchus icterotis*
ニョオウインコ	Queen of Bavaria's Conure	*Guarouba guarouba*
アオマエカケインコ	Blue-throated Conure	*Pyrrhura cruentata*
ヒガシラインコ	Pileated Parrot	*Pionopsitta pileata*
ユーカリインコ Pileated Parakeet(*Purpureicephalus spurius*)という種があり，同じく Pileated Parrot と呼ばれることも多く非常に混乱を招く。		
アカノドボウシインコ	Red-necked Amazon	*Amazona arausiaca*
キボウシインコ	Yellow-shouldered Amazon	*Amazona barbadensis*
アカオボウシインコ	Red-tailed Amazon	*Amazona brasiliensis*
オウボウシインコ	St Vincent Amazon	*Amazona guildingii*
ミカドボウシインコ	Imperial Amazon	*Amazona imperialis*
サクラボウシインコ	Cuban Amazon	*Amazona leucocephala*
キエリボウシインコ	Yellow-naped Amazon	*Amazona ochrocephala auropalliata*
マツバヤシキボウシインコ	Belize Yellow-crowned Amazon	*Amazona o. belizensis*
和名なし	英名なし	*Amazona o. caribaea*
アシボソキエリボウシインコ	Parvipes Amazon	*Amazona o. parvipes*
オオキボウシモドキインコ	Tresmarias' Amazon	*Amazona o. tresmariae*
アカソデボウシインコ	Pretre's or Red-spectacled Amazon	*Amazona pretrei*
アカマユボウシインコ(アカボウシインコ)	Red-topped Amazon	*Amazona rhodocorytha*
カラカネボウシインコ	Tucuman Amazon	*Amazona tucumana*
イロマジリボウシインコ	St Lucia Amazon	*Amazona versicolor*
ブドウイロボウシインコ	Vinaceous Amazon	*Amazona vinacea*
メキシコアカボウシインコ	Green-cheeked Amazon	*Amazona viridigenalis*
アカビタイボウシインコ	Puerto Rican Amazon	*Amazona vittata*

附属書Ⅲ

ホンセイインコ	Ringneck Parakeet	*Psittacula krameri*

※訳者註：CITES附属書は，数年ごとに見直しが行われ，最新版はCITESもしくは経済産業省のHPで確認できる．下表は平成28年3月10日発効のもので，経済産業省のHPの掲載資料から引用した．

附属書Ⅰ

和　名	英　名	ラテン名（学名）
オウム科(Cacatuidae)：バタン類（コカトゥー類）(Cockatoos)		
シロビタイムジオウム	Goffin's Cockatoo; Tanimbar Cockatoo; Tanimbar Corella	*Cacatua goffiniana*
フィリピンオウム	Philippine Cockatoo; Red-vented Cockatoo	*Cacatua haematuropygia*
オオバタン	Moluccan Cockatoo; Salmon-crested Cockatoo	*Cacatua moluccensis*
コバタン	Yellow-crested cockatoo, Salphur-crested cockatoo	*Cacatua sulphurea*
ヤシオウム	Palm Cockatoo	*Probosciger aterrimus*
ヒインコ科(Loriidae)：ローリー類(Lories)，ロリキート類(lorikeets)		
ヤクシャインコ	Red-and-blue Lory	*Eos histrio*
コンセイインコ	Ultramarine Lorikeet; Ultramarine Lory	*Vini ultramarina*
インコ科(Psittacidae)：ボウシインコ類(Amazons)，コンゴウインコ類(macaws)，パラキート類(parakeets)，オウム類(parrots)		
アカノドボウシインコ	Jacquot; Red-necked Amazon; Red-necked Parrot	*Amazona ara usiaca*
キエリボウシインコ	Yellow-naped Parrot	*Amazona auropalliata*
〈*Amazona ochrocephalal* に含まれていた3亜種（*Amazona ochrocephala auropalliata*, *Amazona ochrocephala caribaea*, *Amazona ochrocephala parvipes*）の統合および独立の種への格上げ〉		
キボウシインコ	Yellow-shouldered Amazon; Yellow-shouldered Parrot	*Amazona barbadensis*
アカオボウシインコ	Red-tailed Amazon; Red-tailed Parrot	*Amazona brasiliensis*
フジイロボウシインコ	Lilac-crowned parrot	*Amazona finschi*
オウボウシインコ	Saint Vincent Amazon; Saint Vincent Parrot; St Vincent Amazon	*Amazona guildingii*
ミカドボウシインコ	Imperial Amazon; Imperial Parrot	*Amazona imperialis*
サクラボウシインコ	Bahamas Parrot; Caribbean Amazon; Cuban Amazon; Cuban Parrot	*Amazona leucocephala*
キガシラボウシインコ	Yellow-headed Parrot	*Amazona oratrix*
〈*Amazona ochrocephalal* にふくまれていた3亜種（*Amazona ochrocephala belizensis*, *Amazona ochrocephala oratrix*, *Amazona ochrocephala tresmariae*）の統合および独立の種への格上げ〉		
アカソデボウシインコ	Red-spectacled Amazon; Red-spectacled Parrot	*Amazona pretrei*
アカマユボウシインコ（アカボウシインコ）	Red-browed Amazon; Red-browed Parrot; Red-topped Amazon; Red-topped Parrot	*Amazona rhodocorytha*
カラカネボウシインコ	Alder Parrot; Tucuman Amazon; Tucuman Parrot	*Amazona tucumana*
イロマジリボウシインコ	Saint Lucia Amazon; Saint Lucia Parrot; St Lucia Amazon	*Amazona versicolor*
ブドウイロボウシインコ	Vinaceous Amazon; Vinaceous Parrot	*Amazona vinacea*
メキシコアカボウシインコ	Green-cheeked Amazon; Red-crowned Amazon; Red-crowned Parrot	*Amazona viridigenalis*
アカビタイボウシインコ	Puerto Rican Amazon; Puerto Rican Parrot; Red-fronted Amazon	*Amazona vittata*
スミレコンゴウインコ属全種（スミレコンゴウインコ，コスミレコンゴウインコ，ウミアオコンゴウインコ）	Glaucous Macaw; Hyacinth Macaw; Indigo Macaw ; Lear's Macaw	*Anodorhynchus* spp.
ヒワコンゴウインコ（*Ara ambigua* から種小名変更）	Buffon's Macaw ; Great Green Macaw	*Ara ambiguus*

和　名	英　名	ラテン名(学名)
アオキコンゴウインコ	Blue-throated Macaw	*Ara glaucogularis*
(*Ara caninde* との誤った名称でしばしば取引されている)		
コンゴウインコ(アカコンゴウインコ)	Scarlet Macaw	*Ara macao*
ミドリコンゴウインコ	Military Macaw	*Ara militsris*
アカミミコンゴウインコ	Red-fronted Macaw	*Ara rubrogenys*
アオコンゴウインコ	Little Blue Macaw; Spix's Macaw	*Cyanopsitta spixii*
ノーフォークインコ	Norfolk Island Parakeet	*Cyanoramphus cookii*
〈*Cyanoramphus novaezelanddiae*(アオハシインコ)に含まれていた1亜種が独立の種に格上げ〉		
チャタムアオハシインコ	Chatham Island Yellow-fronted Parakeet; Forbes's Kakariki ; Forbes's Parakeet	*Cyanoramphus forbesi*
アオハシインコ	New Zealand Parakeet; Red Crowned Parakeet; Red-fronted Kakariki; Red-fronted Parakeet	*Cyanoramphus novaezelandiae*
ニューカレドニアアオハシインコ	Red-crowned Parakeet	*Cyanoramphus saisseti*
〈*Cyanoramphus novaezelandiae*(アオハシインコ)に含まれていた1亜種が独立の種に格上げ〉		
アカガオイチジクインコ	Coxen's Blue-browed Fig Parrot; Coxen's Double-eyed Fig-Parrot; Coxen's Two-eyed Fig Parrot	*Cyclopsitta diophthalma coxeni*
ヘイワインコ	Horned Parakeet	*Eunymphicus cornutus*
ニョオウインコ	Golden Conure; Golden Parakeet; Queen of Bavaria's Oonure	*Guarouba guarouba*
アカハラワカバインコ	Orange-bellied Parakeet; Orange-bellied Parrot	*Neophema chrysogaster*
キミミインコ	Yellow-eared Conure; Yellow-eared Parrot	*Ognorhynchus icterotis*
ヒメフクロウインコ(おそらく絶滅)	Night Parrot	*Pezoporus occidentalis*
キジインコ	Ground Parakeet; Ground Parrot; Swamp Parakeet	*Pezoporus wallicus*
〈*Pezoporus wellicus* に含まれていた1亜種の種への格上げ〉		
ヒガシラインコ	Pileated Parrot; Red-capped Parrot	*Pionopsitta pileata*
ヤマヒメコンゴウインコ	Blue-headed Macaw	*Primolius couloni*
〈*Propyrrhura couloni* から属名変更〉		
アカビタイヒメコンゴウインコ	Blue-winged Macaw; Illiger's Macaw	*Primolius maracana*
〈*Propyrrhura maracana* から属名変更〉		
キビタイヒスイインコ	Golden-shouldered Parrot	*Psephotus chrysopterygius*
ヒスイインコ	Hooded Parrot	*Psephotus dissimilis*
ゴクラクインコ(おそらく絶滅)	Beautiful Parakeet; Paradise Parrot	*Psephotus pulcherrimus*
モーリシャスホンセイインコ(シマホンセイインコ)	Mauritius Parakeet; Mauritius Ring-necked Parakeet	*Psittacula echo*
アオマエカケインコ	Blue -chested Parakeet; Blue-throated Parakeet; Ochre-marked Parakeet; Red-eared Conure	*Pyrrhura cruentata*
ハシブトインコ属全種(ハシブトインコ，クリムネインコ)	Thick-billed Parrot; Maroon-fronted Parrot	*Rhynchopsitta* spp.
フクロウオウム	Kakapo; Owl Parrot	*Strigops habroptilus*

附属書Ⅱ

オウム目全種	Parrots; Psittacines
附属書Ⅰに掲げる種ならびに附属書に掲げられていない *Agapornis roseicollis*(コザクラインコ)，*Melopsittacus undulates*(セキセイインコ)，*Nymphicus hollandicus*(オカメインコ)および *Psittacula krameri*(ホンセイインコ)を除く	

付録5

換算表

生化学

血液生化学	SI 単位	換算	換算後の単位
アラニントランスフェラーゼ	IU／L	×1	IU／L
アルブミン	g／L	×0.1	g／dL
アルカリホスファターゼ	IU／L	×1	IU／L
アスパラギン酸トランスアミナーゼ	IU／L	×1	IU／L
ビリルビン	μmol／L	×0.0584	mg／dL
BUN	mmol／L	×2.8	mg／dL
カルシウム	mmol／L	×4	mg／dL
全炭酸ガス	mmol／L	×1	mEq／L
コレステロール	mmol／L	×38.61	mg／dL
塩素イオン	mmol／L	×1	mEq／L
コルチゾール	nmol／L	×0.362	ng／mL
クレアチンキナーゼ	IU／L	×1	IU／L
クレアチニン	μmol／L	×0.0113	mg／dL
グルコース	mmol／L	×18.02	mg／dL
インスリン	pmol／L	×0.1394	μIU／mL
鉄	μmol／L	×5.587	μg／dL
マグネシウム	mmol／L	×2	mEq／L
リン酸	mmol／L	×3.1	mg／dL
カリウム	mmol／L	×1	mEq／L
ナトリウム	mmol／L	×1	mEq／L
総タンパク質	g／L	×0.1	g／dL
遊離サイロキシン（T4）	pmol／L	×0.0775	ng／dL
総サイロキシン（T4）	nmol／L	×0.0775	μg／dL
トリヨードサイロニン（T3）	nmol／L	×65.1	ng／dL
トリグリセリド	mmol／L	×88.5	mg／dL

温　度

摂氏	換算	華氏
℃	（×9/5）+32	℉

血液学

	SI 単位	換算	換算後の単位
赤血球数	10^{12}／L	×1	10^{6}／μL
ヘモグロビン	g／L	×0.1	g／dL
MCH	pg／cell	×1	pg／cell
MCHC	g／L	×0.1	g／dL
MCV	fL	×1	μm^3
血小板数	10^{9}／L	×1	10^{3}／μL
白血球数	10^{9}／L	×1	10^{3}／μL

皮下注射針

	メートル法	その他
外径	0.8 mm	21 G
	0.6 mm	23 G
	0.5 mm	25 G
	0.4 mm	27 G
針の長さ	12 mm	1/2 インチ
	16 mm	5/8 インチ
	25 mm	1 インチ
	30 mm	1 ¼ インチ
	40 mm	1 ½ インチ

縫合糸のサイズ

メートル法	USP
0.1	11/0
0.2	10/0
0.3	9/0
0.4	8/0
0.5	7/0
0.7	6/0
1	5/0
1.5	4/0
2	3/0
3	2/0
3.5	0
4	1
5	2
6	3

索　引

【く】

【け】

【こ】

【す】

【せ】

【そ】

【た】

【ち】

【つ】

【て】

【と】

【な】

【に】

【ね】

【の】

【は】

【ひ】

【ふ】

【や】

【ゆ】

【よ】

【ら】

【り】

【る】

【れ】

【ろ】

【わ】

【英数】

オウムインコ類マニュアル《第二版》

2016年6月27日　第1刷発行

編　者　Nigel Harcourt-Brown, John Chitty
翻訳者　福士秀人，山口剛士，山田麻紀，坂田明子，今川智敬，
楠田哲士，西飯直仁，水上昌也，牧野幾子
発行者　山口啓子
発行所　株式会社学窓社
〒113-0024 東京都文京区西片2-16-28
電 話 03（3818）8701
FAX 03（3818）8704
http://www.gakusosha.com
印　刷　三報社印刷株式会社

定価は裏表紙に記載してあります．

Printed in Japan
ISBN 978-4-87362-752-6